国家科学技术学术著作出版基金资助出版

南海海洋环流与海气相互作用

王东晓　著

科　学　出　版　社

北　京

内 容 简 介

本书较系统地介绍了作者及其团队近年来在南海海洋环流、中尺度涡旋、海气相互作用，以及海洋观测和数据网络建设等方面开展的工作和取得的重要研究成果。本书以南海海洋环流与海气相互作用不同时空尺度的变化为主线，结合国内外同行在该领域的研究成果，探讨了南海海洋环流的变化规律和动力机制。

本书可为从事区域海洋环流动力、海气相互作用观测、数值模拟和理论研究的科研人员提供参考。

审图号：GS 京（2023）2527 号

图书在版编目（CIP）数据

南海海洋环流与海气相互作用 / 王东晓著. — 北京：科学出版社，2024.1

ISBN 978-7-03-064035-2

Ⅰ. ①南… Ⅱ. ①王… Ⅲ. ①南海-大洋环流-研究 ②南海-海气相互作用-研究 Ⅳ. ①P731.27 ②P732.6

中国版本图书馆CIP数据核字（2020）第009205号

责任编辑：朱 瑾 习慧丽 / 责任校对：严 娜

责任印制：赵 博 / 封面设计：无极书装

科学出版社 出版

北京东黄城根北街 16 号

邮政编码：100717

http://www.sciencep.com

北京建宏印刷有限公司印刷

科学出版社发行 各地新华书店经销

*

2024年1月第 一 版 开本：889×1194 1/16

2025年5月第三次印刷 印张：17 3/4

字数：571 000

定价：180.00元

（如有印装质量问题，我社负责调换）

序

南海是连接太平洋和印度洋的关键通道之一，其三维环流及海气相互作用对全球的热盐输送有非常重要的贡献。南海海洋环流不仅承担着海盆内物质、能量的交换，还是太平洋—印度洋水体交换的重要承载者。南海是连接亚洲季风与澳大利亚季风的桥梁，与其邻近海域是世界上最大海洋热库的重要组成部分，是海气相互作用关键的敏感区域之一。南海的海气相互作用既有季风区海气相互作用的特征，又有热带大洋海域的特征。因此，南海海洋环流及其海气相互作用一直是科学家研究的重点。

王东晓博士编写的《南海海洋环流与海气相互作用》一书归纳了近年在南海海洋环流及海气相互作用方面的重要发现，梳理了南海上层大尺度环流、中尺度过程和深海环流的研究新进展，从三维结构和热动力效应的角度总结了南海海洋环流研究的新成果。南海多尺度海气相互作用在全球气候变化背景下的变化引起越来越多的关注，本书从南海海洋边界层与季风、海气热通量变化、热带气旋和季节内振荡等多方面的研究进展进行了阐述，对研究南海的环流和气候变化具有重要参考价值。

希望本书在南海区域海洋学的研究中作为参考书籍发挥重要作用。

吴国雄

中国科学院大气物理研究所

2021年5月20日

前　言

南海是世界第三大陆缘海，海域面积约350万km^2，东北-西南走向，大体呈扁菱形。整个南海几乎被大陆、半岛和岛屿包围，主要由环状分布的大陆架、大陆坡和中央海盆三个部分组成，地形地貌复杂，众多海山、岛礁分布其中。南海蕴藏着丰富的自然资源，是中华民族可持续发展的重要疆域。据估计，南海储藏有石油350亿t、天然气10万亿m^3，此外，南海还蕴藏着丰富的生物资源。南海具有极其重要的战略地位，是我国的南大门，连通着台湾海峡、巴士海峡、民都洛海峡和马六甲海峡，有世界上最繁忙的多条国际航道贯通其中，是联系我国与世界各地非常重要的海上通道，也是我国21世纪海上丝绸之路的必经之地。同时，南海也是海洋自然条件恶劣且区域海洋学特征复杂的海域，为国际公认的具有特殊地理气候环境的海区，每年西太平洋进入南海的台风和南海“小气候”形成的“土台风”都会给南海周边地区带来巨大损失。

南海是一个对全球气候变迁影响十分敏感的区域，地处印度季风和亚洲季风的中间地带，与西太平洋连接处受西边界强流黑潮影响，其复杂的地形地貌特征及特殊的气候环境孕育了南海丰富的物理海洋现象，是研究区域海洋环流、海气相互作用的理想场地。

目前国际上已经有一些区域海洋环流、海气相互作用研究进展的著作，但尚没有专门针对南海海洋环流及海气相互作用研究的专著。本书旨在从不同动力尺度和物理过程出发介绍南海物理海洋环境研究成果，以南海海洋环流、海气相互作用和南海观测网络为主题，主要介绍目前尤其是笔者团队在南海大尺度上层环流（南海贯穿流、西边界流等）、中尺度涡旋活动、陆架环流动力（冲淡水、上升流等）、深海环流、热带气旋、海气界面通量、南海观测和数据网络建设等方面开展的工作和重要研究成果及未来研究方向。同时，结合国内外同行在该领域的研究成果，从不同物理过程的基本特征出发，探讨其变化规律和动力机制。期望本书的出版对于进一步认识南海海洋环流变化多尺度动力特征、海气相互作用过程，开展南海生物—地球—化学过程研究、海洋资源勘测与开发、海洋环境保护、海洋减灾防灾等工作能有所助益。

全书由王东晓与团队成员共同撰写，由王东晓统稿，内容主要基于团队的科研成果，凝结了编写团队辛勤的劳动。全书共分7章，各章主要参与撰写人员（按拼音顺序）包括：陈更新、陈举、黄财京、黄科、李健、刘大年、刘钦燕、罗琳、彭启华、石睿、舒业强、王强、肖劲根、修鹏、杨磊、姚景龙、曾丽丽、曾学智、俎婷婷等。

本书获得了国家自然科学基金委创新研究群体科学基金（41521005）的资助，在撰写过程中得到了海洋、大气研究领域诸多专家的指导、帮助和大力支持，在此一并致以衷心的感谢！书中难免存在不妥之处，敬请读者批评指正。

2021年2月24日

目　录

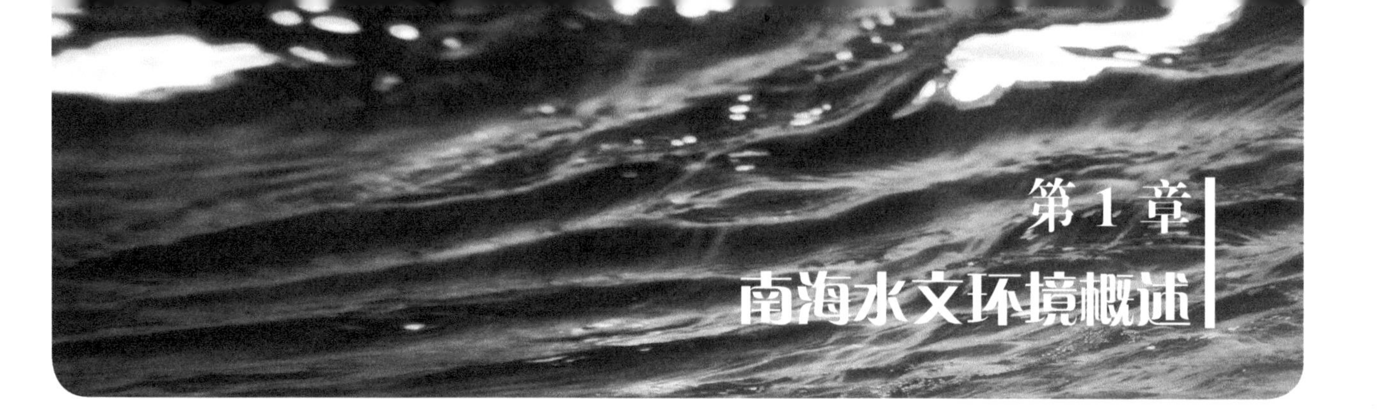

第1章 南海水文环境概述

南海地处热带和副热带低纬度地区，位于0°～23°N、99°～121°E，面积约为350万km^2，约为黄海、渤海和东海总面积的3倍，是中国最大的外海，也是世界第三大陆缘海，仅次于珊瑚海和阿拉伯海。作为西太平洋最大的半封闭边缘海，南海是沟通太平洋和印度洋的重要通道。南海北部通过台湾海峡与东海相连，东部通过吕宋海峡与西太平洋相连，东南部通过民都洛海峡和巴拉巴克海峡与苏禄海相连，西南部分别通过卡里马塔海峡和马六甲海峡与爪哇海和印度洋相连（杨海军和刘秦玉，1998）。其中，吕宋海峡是连接南海与太平洋的唯一深水通道，其海槛深度约为2500m。

南海的海底地形复杂（图1.1），主要由环状分布的大陆架、大陆坡和中央海盆三个部分组成，其平均水深约为1212m，最深处为中部的深海平原，约为5567m。大陆架沿大陆边缘和岛弧分别以不同的坡度向海盆倾斜，其中北部和南部陆架区面积宽广，深度大多小于100m。中央海盆位于南海中部偏东，深度大于1000m，是由陆坡围成的一个东北-西南走向的狭长海盆。海盆中部3000m水深等值线围成的区域呈菱形，占据了深水海盆面积的一半左右。在中央海盆和大陆架之间是陡峭的大陆坡，分为东、南、西、北四个区。在长期的地壳变化过程中形成的深海海盆，其内大部分地区比较平坦，可视为“深海平原”。虽称之为“平原”，但它的地形很复杂，其内分布着大大小小的海山和海丘（张永战，2010）。

除拥有复杂的海底地形以外，南海周边还分布着一系列的狭长山脉。其中，安南山脉是南海西边界中南半岛上的主要山脉，长约1100km，呈西北-东南走向。山脉的地形效应对南海的海气耦合系统有重要影响，在山脉的迎风面和背风面呈现差异显著的气候效应（Xie，2003；Xie et al.，2006）。

南海边界上也分布着众多的河流，主要包括湄公河、红河和珠江，这些河流向南海注入大量的淡水。湄公河在中国境内被称为澜沧江，是东南亚最长的河流，总长约4909km。珠江是中国南方最大的河系，年平均径流量约3360亿m^3。珠江出流的季节变化显著，4～9月丰水期的径流量约占全年径流量的80%，其中6～8月3个月的径流量可达全年径流量的50%以上。

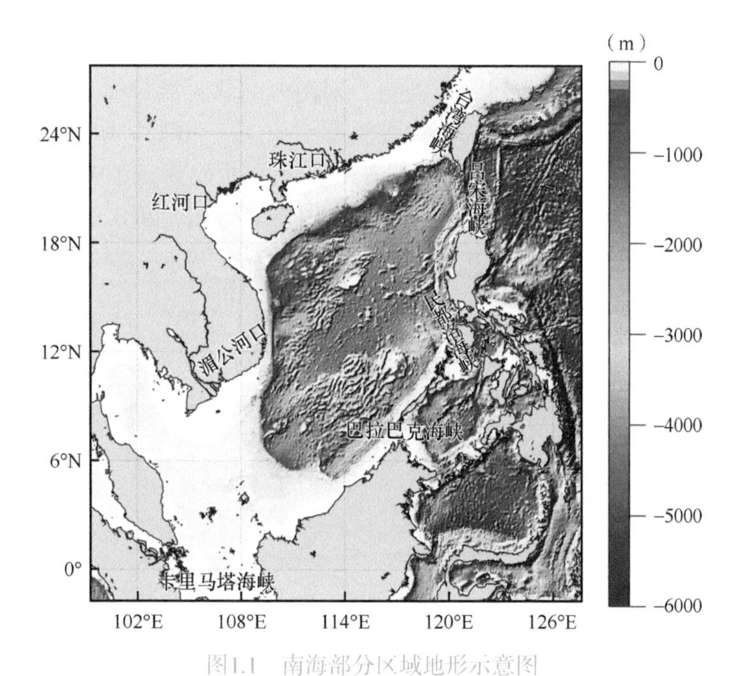

图1.1　南海部分区域地形示意图

1.1 南海海洋环流的三维结构

1.1.1 南海海洋环流的总体特征

南海地处东亚季风区，属于典型的东亚季风系统，其稳定强大的季风性大气环流是南海海洋环流的主要驱动力（Wyrtki，1961）。南海海域的气候呈现出冬半年、夏半年差异显著的半年周期特征，其转换季节很短。冬季风的基本特征为东北季风，平均风速为9m/s。夏季风为强度较弱的西南季风，平均风速为6m/s（Yang et al.，2002）。因此，冬季风时期海面风力强于夏季风时期的海面风力，春秋过渡季节的平均风速均比冬夏季节小。

在东亚季风系统控制下，南海上层海洋环流以季风驱动为主。冬季，东北季风管控南海，南海海洋环流总体表现为一个大的气旋式环流（Lu and Chan，1999；Dippner et al.，2007）；夏季，南海盛行西南季风，总环流大致表现为北部气旋式而南部反气旋式的偶极子型环流特征（Wu et al.，1998；Fang et al.，2002；Chern and Wang，2003）。风场驱动和地形特征决定了南海上层海洋环流呈现出季风驱动的季节性环流特征，并且南海北部环流主要受到吕宋海峡黑潮入侵的影响（Yang et al.，2002）。吕宋海峡水交换会将太平洋的厄尔尼诺与南方涛动（El Niño and southern oscillation，ENSO）信号传递到南海，这对南海的环流和热量收支起着重要作用（Qu et al.，2004）。大洋一方面通过水体交换（热盐交换）改变南海的密度场，进而影响南海海洋环流；另一方面则通过动量交换（黑潮入侵、黑潮分离涡等）直接作用于南海海洋环流。

以季风驱动为主的南海海域内部的中尺度涡非常活跃，中尺度涡的存在导致南海海洋环流形态表现为多涡结构（苏纪兰等，1999）。南海海洋环流具有明显的涡旋特征，冬季为气旋涡，夏季为北部气旋涡伴随着南部出现反气旋涡（徐锡祯等，1982；Hu et al.，2000）。中尺度涡演变则是大尺度环流季节性调整的主要方式，多涡结构的形成及其演变过程与大尺度环流之间能量的转换是南海能量平衡的一个重要方面。

1.1.2 南海西边界流

南海海洋环流的西向强化现象在Wyrtki（1961）的流图中有所反映，即南海西边界流。无论是冬季还是夏季，南海海洋环流的西部边界强化趋势均十分明显。风应力旋度导致的温跃层变化对海洋进行调整，从而使之达到准稳态Sverdrup平衡，并建立季节平均的大尺度环流及相应的南海西边界流（刘秦玉等，2000；Liu et al.，2001b）。南海西边界流是南海海洋环流的主要组成部分（李立等，2000；李立，2002）。此强流在冬季是南向流，在夏季是北向流，这是构成南海表层大尺度环流的一个最明显的季节变化特征。南海西边界流是贯通南海的重要输送大通道，对南海的热、盐、体积收支有重要影响。冬季南海西边界流路径、形态及其变化表明，表层南海西边界流起源于南海北部并流向西南，到达越南中部沿岸后流速加强、流辐变窄，以超过0.8m/s的流速沿越南东海岸向南流动（He and Wang，2009），行至越南东南部沿岸时，南海西边界流的最大流速超过1.4m/s（图1.2）（He and Sui，2010）。

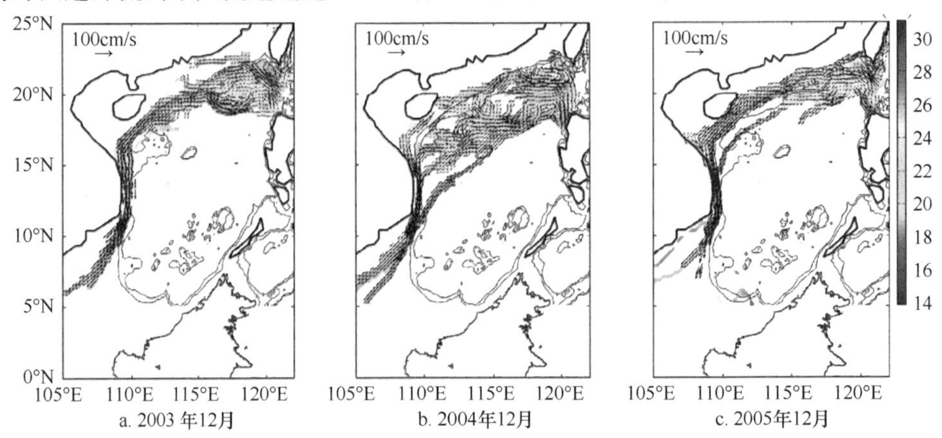

图1.2 漂流浮标得到的南海表层环流速度（矢量）和温度（阴影）分布特征（He and Sui，2010）

两条等值线分别为200m和1000m等深线

南海西边界流，尤其是越南离岸流的时间变化，主要受南海海盆尺度的风场变化所控制，而浮力驱动能够使得夏季/冬季南海西边界流加强/减弱。吕宋黑潮入侵对18°N以北的环流变化及南海西边界流非常重要，它能最终决定冬季南海西边界流的出现与否（Yang et al.，2002）。β效应对南海海洋环流西向强化也至关重要（翟丽等，2004）。海面热通量对环流季节性演变的影响是次要的（Chu et al.，1999；Yang et al.，2002）。非线性效应的涡度输送对南海西边界流区域双涡结构的产生非常重要（Wang et al.，2006b），而海底地形和风生沿岸流的相互作用是导致西边界急流在冬季和夏季离岸运动的关键因素（Gan and Qu，2008）。并且南海西边界流有明显的年际变化，如越南东南部离岸流与涡旋的相互作用的年际变化特征显著（Fang et al.，2002）。

1.1.3　南海暖流和北部上升流

除大尺度环流外，南海局地还存在诸多类似南海暖流、南海北部上升流的细致环流结构。南海暖流是一支出现在粤东沿岸海区和广东外海深水区终年流向东北的海流，因其冬季逆东北风流动，所以称为“冬季逆风海流”（管秉贤，1978，1985，1998）。南海暖流自海南岛以东沿等深线直指粤东近海，并且在东沙群岛以东其流速、流幅有顺流增加的趋势，但稳定性、持久性和连续性均较弱，具有显著的季节和年际变化特征（郭忠信等，1985）。对南海暖流的形成机制有很多讨论，如黑潮入侵和南海北部地形相互作用（Su and Wang，1987；Ma，1987；钟欢良，1990；黄企洲等，1992；袁叔尧和邓九仔，1996；Hsueh and Zhong，2004）、风应力松弛提供瞬变作用力（Chao et al.，1996；Chiang et al.，2008）、沿陆架等深线走向坡度及顺流海面坡度（曾庆存等，1989；李荣凤等，1993；Fang and Zhao，1988）、台湾海峡常年北向流（Yang et al.，2008）。

南海北部粤东近海是典型的上升流区，包含了琼东上升流和粤东上升流系统。南海北部上升流被广泛认为是风生上升流（Shaw，1992；Li，1993；Su，1998；Hu et al.，2001）。上升流的空间分布受到地形、沿岸流、珠江冲淡水等因素的调制（Gan et al.，2009a，2009b；Shu et al.，2011；Wang et al.，2012a，2014）。到目前为止，夏季沿岸西南风被认为是南海北部粤东上升流产生的主要驱动因素（管秉贤和陈上及，1964；于文泉，1987；曾流明，1986；Gan et al.，2009b；Jing et al.，2011；Gu et al.，2012）。此外，地形作用对上升流也会产生重要影响。在风驱动的上升流区域，沿岸地形的分布控制着沿岸流的方向，进而通过地转平衡调制着垂直于岸的质量输送，以此影响上升流强度的空间分布（Gan and Allen，2002）。

1.1.4　南海深海环流

学者们推测，在吕宋海峡净动量通量“三明治”结构及南海深层强混合的影响下，南海经向翻转环流具有如下结构：在吕宋海峡上层，热带太平洋次表层水流入南海，在南海上层形成南海贯穿流（South China Sea throughflow，SCSTF）（Qu et al.，2005，2006；Wang et al.，2006a；Yu et al.，2007）；而在吕宋海峡深层，热带太平洋深层水流入南海，驱动南海深层翻转环流（Qu et al.，2006；刘长建等，2008；Fang et al.，2009）。之后，太平洋深层水和次表层水在南海中层相遇、混合，并从吕宋海峡中层流出，进而形成南海中层经向翻转环流，如图1.3所示。

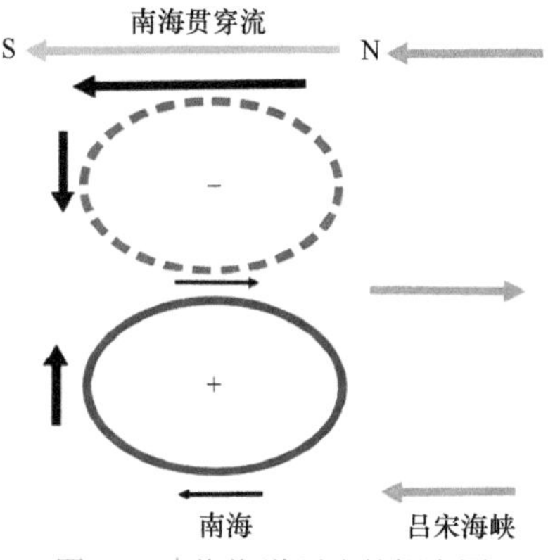

图1.3　南海海洋环流的概念图

对吕宋海峡深海流量的观测和海洋地质学的相关观测都证实了太平洋深层水溢流的入侵。依据深海环流理论（Stommel and Arons，1959a，1959b），南海深层海盆存在气旋式环流（Chao et al.，1996）。Li和Qu（2006）基于南海深层溶解氧资料提出了南海热盐环流的概念图。Wang等（2011a）诊断指出，南海深层中部海山区为气旋式环流，存在较强的深海西边界流，而南部为微弱的气旋式环流。吕宋海峡作为南海深层与太平洋深层沟通的唯一通道，对南海深海环流和经向翻转环流可以产生重大影响（Qu et al.，2006）。研究表明，南海中层水团厚度约为650m，存在明显的季节、年际和年代际变化，深海环流和中上层环流的相互作用可以影响南海水团的分布。此外，中层流在东沙海域存在一个显著的分离流：秋季在东沙群岛附近的中层流场（500m附近）存在很明显的跨等深线向深海流动的现象。

1.2 南海海洋环流的动力、热力效应

1.2.1 南海贯穿流

南海大尺度环流具有开放性的“贯通”特征，太平洋的水体经吕宋海峡进入南海后，除部分水体于南海北部经台湾海峡流出南海外，相当一部分会在南海南部分别通过卡里马塔海峡和民都洛海峡流出南海，这支太平洋—印度洋水体南海分支被统一称为南海贯穿流（Wang et al.，2006a；Qu et al.，2006；Yu et al.，2007）（图1.4）。南海贯穿流是沟通南海与邻近大洋的重要水交换形式。吕宋海峡的入流分别经台湾海峡、卡里马塔海峡和民都洛海峡流出南海，对印尼贯穿流（Indonesian throughflow，ITF）起着举足轻重的作用，而印尼贯穿流是太平洋与印度洋之间主要的水体和热输送通道，可对全球海洋环流和气候变化产生重要影响（Hirst and Godfrey，1993；Verschell et al.，1995）。

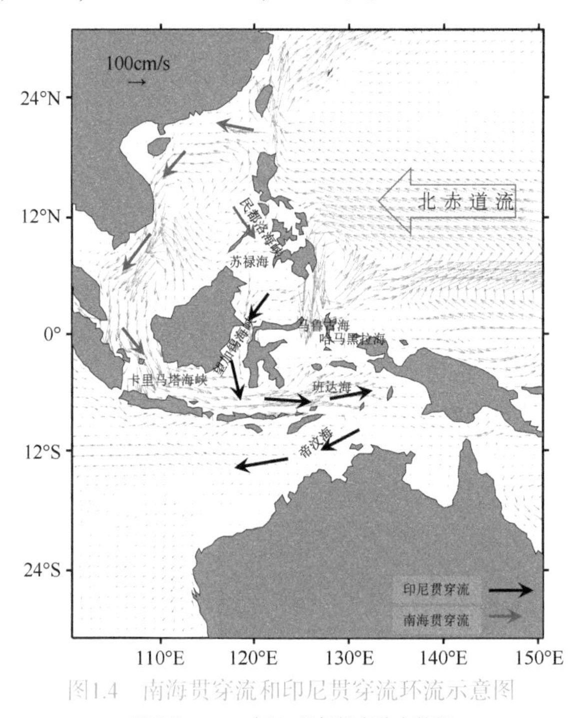

图1.4 南海贯穿流和印尼贯穿流环流示意图

环流为ORAS4产品1月气候态分布特征

就气候态平均而言，南海并没有持续增暖和变淡的根本原因在于：南海贯穿流（SCSTF）的贯通作用将热量和淡水输送到相邻的海域，从而起到冷平流的作用（Qu et al.，2006，2009；Liu et al.，2012）。SCSTF的冷平流作用，不仅会对南海的热含量产生影响（王伟文，2010），还会对周边海域的海温和热含量特征产生影响。如果南海海盆关闭，南海内部海温将升高1℃以上，其中升温最明显的区域为西边界流

下游区（Tozuka et al.，2009）。SCSTF关闭会导致望加锡海峡南向热输送产生明显差异（Tozuka et al.，2009；王伟文，2010；Wang et al.，2011b），因此南海贯穿流在气候变化系统中具有重要的潜在意义。

南海贯穿流存在重要的动力、热力效应，其南部主要海峡通道之一的卡里马塔海峡体积输送在冬季向南，为3.6Sv①（Fang et al.，2010），与印尼贯穿流的流量相当。望加锡海峡的表层环流并非局地风驱动所致，而是大尺度风场作用的结果（Qu et al.，2005；Wang et al.，2011b；Gordon et al.，2012）。SCSTF的存在会导致El Niño年份望加锡海峡南向流速减小（Tozuka et al.，2009；王伟文，2010），还会对菲律宾海西边界流产生动力反馈：除影响黑潮和棉兰老流上层流场外，还会改变北赤道流（north equatorial current，NEC）分叉点的南北移动。

1.2.2　南海涡旋的影响

南海存在具有显著季节变化特征的中尺度涡，我们称之为季节性涡旋。中尺度涡的存在导致南海海洋环流形态表现为多涡结构（苏纪兰等，1999），中尺度涡的演变则是大尺度环流季节调整的主要方式。南海海洋涡旋活动在中外历次南海水文调查中都有所反映（黄企洲等，1992）。越南以东的环流形态有明显的双涡结构（Fang et al.，2002；Shaw et al.，1999）。除了位于南海东北部的反气旋式黑潮分离涡（Li et al.，1998），还有位于吕宋岛西北海域的吕宋冷涡（杨海军和刘秦玉，1998）及吕宋暖涡等（Yuan et al.，2007；Wang et al.，2008a，2008b，2012b）。

南海边界区域是较为典型的涡旋活动活跃区，其中尤以南海西边界流区域为甚（Wang et al.，2003）。南海内部涡旋发生区域主要为越南以东至台湾西南海域（林鹏飞等，2007），近半数涡旋的生命周期为30～60d。图1.5给出了南海涡旋的传播轨迹，结合相关研究可知，气旋涡和反气旋涡有不同的季节变化特征，冬季易产生气旋涡，而夏季易产生反气旋涡，反气旋涡的生命周期较气旋涡更长（Chen et al.，2011；王东晓等，2013）。南海涡旋除了有明显的季节变化特征，还存在年际变化特征（Wang et al.，2003；Xiu et al.，2010；程旭华等，2005；林鹏飞等，2007；Chen et al.，2011；Li et al.，2014；Chu et al.，2014）。

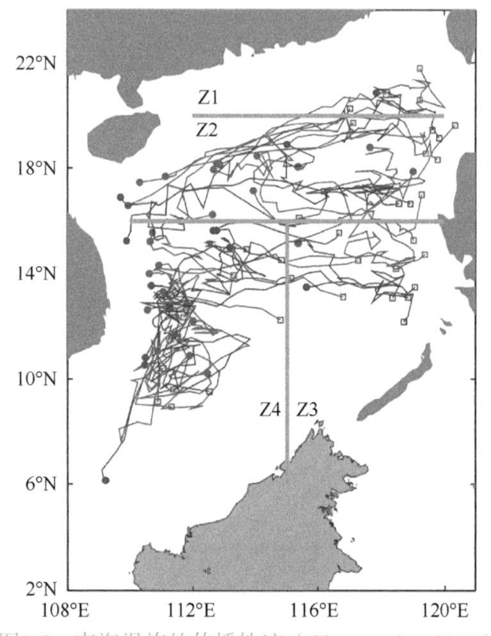

图1.5　南海涡旋的传播轨迹（Chen et al.，2011）

方块和圆点分别代表涡旋的产生和消散位置，红线和蓝线分别代表反气旋涡和气旋涡的传播路径，Z1～Z4表示四个区域

已有研究表明，风驱动是导致南海多涡的主要因素，另外黑潮入侵和流与地形的相互作用等因素对

① $1Sv=10^6m^3/s$。

南海涡旋的产生也有一定的影响（Li et al.，1998；Yang and Liu，2003；Jia and Liu，2004；Wang et al.，2006b；Yuan et al.，2006；Gan and Qu，2008；Hu et al.，2012）。中尺度涡具有显著的动力、热力特征，能够通过自身的水体和热盐输送过程，对南海温跃层及其厚度（Liu et al.，2001a）、热盐输送（Chen et al.，2012；Wang et al.，2012b）等产生影响。海洋涡旋的变化与局地海洋上层热含量、海气相互作用联系紧密，从而会进一步影响海洋环流（Frenger et al.，2013；Chelton，2013）。

1.2.3 对海气的影响

海温是上层海洋热力状态的重要标志，是海-气耦合系统中的重要因子。南海海温具有热带海洋所有时间尺度的变化特征。南海上层海洋热力结构的变化对大气环流，特别是东亚季风和我国南方天气气候，具有极其重要的影响。南海的海气通量交换是海气相互作用的关键环节，海气界面处的感热通量、潜热通量及辐射通量是影响海洋上混合层乃至季节温跃层变化的重要因子，而动量通量则是海流、海浪的动力来源。潜热通量是评估海气热通量的关键项（阎俊岳，1997；Zeng and Wang，2009），中国科学院南海海洋研究所利用航次探空观测资料在潜热通量反演和南海及东印度洋海区海洋大气波导方面开展了相关工作。

海洋锋面及中尺度涡引起的表层海温变化对大气的影响，以及后续的大气对海洋的反馈作用日益成为海气相互作用研究中的重要科学问题（Nonaka and Xie，2003）。南海北部锋面特征显著，如热盐锋、潮汐锋及上升流形成的锋面等（Wang et al.，2001），并且已有研究证明南海锋面对海表风场的局地变化存在显著影响（Shi et al.，2014）。南海热带气旋活动和海表温度具有明显的年代际变化，且南海热带气旋的东行和西行路径数目有明显的年际甚至年代际变化。海温的变化对热带气旋的生成、演变等也具有重要影响。

参考文献

程旭华, 齐义泉, 王卫强. 2005. 南海中尺度涡的季节和年际变化特征分析. 热带海洋学报, 24(4): 51-59.
管秉贤. 1978. 南海暖流——广东外海一支冬季逆风流动的海流. 海洋与湖沼, 9(2): 117-127.
管秉贤. 1985. 南海北部冬季逆风海流的一些时空分布特征. 海洋与湖沼, 16(6): 429-438.
管秉贤. 1998. 南海暖流研究回顾. 海洋与湖沼, 29(3): 322-329.
管秉贤, 陈上及. 1964. 中国近海海流系统//中华人民共和国科学技术委员会海洋组海洋综合调查办公室. 全国海洋综合调查报告: 1-85.
郭忠信, 杨天鸿, 仇德忠. 1985. 冬季南海暖流及其右侧的西南向海流. 热带海洋, 4(1): 1-9.
黄企洲, 王文质, 李毓湘, 等. 1992. 南海海流和涡旋概况. 地球科学进展, (5): 1-9.
李立. 2002. 南海上层环流观测研究进展. 应用海洋学学报, 21(1): 114-125.
李立, 吴日升, 郭小钢. 2000. 南海的季节环流——TOPEX/POSEIDON卫星测高应用研究. 海洋学报, 22(6): 13-26.
李荣凤, 曾庆存, 甘子钧, 等. 1993. 冬季南海暖流和台湾海峡海流的数值模拟. 自然科学进展——国家重点实验室通讯, 3(1): 20-25.
林鹏飞, 王凡, 陈永利, 等. 2007. 南海中尺度涡的时空变化规律: Ⅰ.统计特征分析. 海洋学报, 29(3): 14-22.
刘长建, 杜岩, 张庆荣, 等. 2008. 南海次表层和中层水团年平均和季节变化特征. 海洋与湖沼, 39(1): 55-64.
刘秦玉, 杨海军, 刘征宇. 2000. 南海Sverdrup环流的季节变化特征. 自然科学进展, 10(11): 1035-1039.
马应良, 许时耕, 钟欢良. 1990. 南海北部陆架邻近水域十年水文断面调查报告. 北京: 海洋出版社: 218-221.
苏纪兰, 许建平, 蔡树群, 等. 1999. 南海的环流和涡旋//丁一汇, 李崇银. 南海季风爆发和演变及其与海洋的相互作用. 北京: 气象出版社.
王东晓, 刘钦燕, 谢强, 等. 2013. 与南海西边界流有关的区域海洋学进展. 科学通报, 58(14): 1277-1288.
王伟文. 2010. 南海贯穿流对邻近热带大洋的热动力反馈. 中国科学院大学硕士学位论文.
徐锡祯, 邱章, 陈惠昌. 1982. 南海水平环流的概述//《海洋与湖沼》编辑部. 中国海洋湖沼学会水文气象学会学术会议(1980)论文集. 北京: 科学出版社: 137-145.
阎俊岳. 1997. 南海西南季风爆发的气候特征. 气象学报, 55(2): 174-186.
杨海军, 刘秦玉. 1998. 南海海洋环流研究综述. 地球科学进展, (4): 364-368
于文泉. 1987. 南海北部上升流的初步探讨. 海洋科学, 11(6): 7-10.
袁叔尧, 邓九仔. 1996. 南海北部冬季和夏季逆风流机制初探: I.季风逆风流诊断方程及其诊断判据. 热带海洋, (3): 44-51.
曾丽丽. 2009. 南海障碍层的时空特征和维持机制研究. 中国科学院大学博士学位论文.
曾流明. 1986. 粤东沿岸上升流迹象的初步分析. 热带海洋学报, (1): 70-75.
曾庆存, 李荣凤, 季仲贞. 1989. 南海月平均流的计算. 大气科学, 13(2): 127-138.
翟丽, 方国洪, 王凯. 2004. 南海风生正压环流动力机制的数值研究. 海洋与湖沼, 35(4): 289-298.
张永战. 2010. 透过海水看海底——中国海区及领域海底地势. 中国国家地理, (10): 28-31.
Chao S Y, Shaw P T, Wu S Y. 1996. Deep water ventilation in the South China Sea. Deep-Sea Research, Part I (Oceanographic Research Papers), 43(4): 445-466.
Chelton D. 2013. Mesoscale eddy effects. Nature Geoscience, 6: 594-595.

Chen G X, Hou Y J, Chu X Q. 2011. Mesoscale eddies in the South China Sea: Mean properties, spatiotemporal variability, and impact on thermohaline structure. Journal of Geophysical Research: Oceans, 116: C06018.

Chen G X, Wang D X, Hou Y J. 2012. The features and interannual variability mechanism of mesoscale eddies in the Bay of Bengal. Continental Shelf Research, 47: 178-185.

Chern C S, Wang J. 2003. Numerical study of the upper-layer circulation in the South China Sea. Journal of Oceanography, 59(1): 11-24.

Chiang T L, Wu C R, Chao S Y. 2008. Physical and geographical origins of the South China Sea Warm Current. Journal of Geophysical Research: Oceans, 113: C08028.

Chu P C, Edmons N L, Fan C. 1999. Dynamical mechanisms for the South China Sea seasonal circulation and thermohaline variabilities. Journal of Physical Oceanography, 29(11): 2971-2989.

Chu X, Xue H, Qi Y, et al. 2014. An exceptional anticyclonic eddy in the South China Sea in 2010. Journal of Geophysical Research: Oceans, 119(2): 881-897.

Dippner J W, Nguyen K V, Hein H, et al. 2007. Monsoon-induced upwelling off the Vietnamese coast. Ocean Dynamics, 57(1): 46-62.

Fang G, Susanto R D, Wirasantosa S, et al. 2010. Volume, heat, and freshwater transports from the South China Sea to Indonesian seas in the boreal winter of 2007-2008. Journal of Geophysical Research: Oceans, 115: C12020.

Fang G, Wang Y, Wei Z, et al. 2009. Interocean circulation and heat and freshwater budgets of the South China Sea based on a numerical model. Dynamics of Atmospheres and Oceans, 47(1-3): 55-72.

Fang G, Zhao B. 1988. A note on the main forcing of the northeastward flowing current off the Southeast China Coast. Progress in Oceanography, 21(3-4): 363-372.

Fang W D, Fang G H, Shi P, et al. 2002. Seasonal structures of upper layer circulation in the southern South China Sea from in situ observations. Journal of Geophysical Research: Oceans, 107(C11): (23-1)-(23-12).

Frenger I, Gruber N, Knutti R, et al. 2013. Imprint of Southern Ocean eddies on winds, clouds and rainfall. Nature Geoscience, 6(8): 608-612.

Gan J, Allen J S. 2002. A modeling study of shelf circulation off northern California in the region of the Coastal Ocean Dynamics Experiment 2. Simulations and comparisons with observations. Journal of Geophysical Research: Oceans, 101(C11): (5-1)-(5-21).

Gan J, Cheung A, Guo X, et al. 2009a. Intensified upwelling over a widened shelf in the northeastern South China Sea. Journal of Geophysical Research: Oceans, 114(C9): C09019.

Gan J, Li L, Wang D, et al. 2009b. Interaction of a river plume with coastal upwelling in the northeastern South China Sea. Continental Shelf Research, 29(4): 728-740.

Gan J, Qu T. 2008. Coastal jet separation and associated flow variability in the southwest South China Sea. Deep-Sea Research Part I: Oceanography Research Papers, 55(1): 1-19.

Gordon A L, Huber B A, Metzger E J, et al. 2012. South China Sea Throughflow impact on the Indonesian Throughflow. Geophysical Research Letters, 39: L11602.

Gu Y Z, Pan J Y, Lin H. 2012. Remote sensing observation and numerical modeling of an upwelling jet in Guangdong coastal water. Journal of Geophysical Research: Oceans, 117: C08019.

He Z G, Sui D D. 2010. Remote sensing and validation of the South China Sea western boundary current in December 2003, 2004 and 2005. Proceedings of Second IITA International Conference on Geoscience & Remote Sensing, 2: 515-518.

He Z G, Wang D X. 2009. Surface pattern of the South China Sea western boundary current in winter. Advances in Geosciences: 99-107.

Hirst A C, Godfrey J S. 1993. The role of Indonesian Throughflow in a global ocean GCM. Journal of Physical Oceanography, 23(6): 1057-1086.

Hsueh Y, Zhong L. 2004. A pressure-driven South China Sea Warm Current. Journal of Geophysical Research: Oceans, 109: C09014.

Hu J Y, Kawamura H, Hong H, et al. 2000. A review on the currents in the South China Sea: seasonal circulation, South China Sea warm current and Kuroshio intrusion. Journal of Oceanography, 56(6): 607-624.

Hu J Y, Kawamura H, Hong H, et al. 2001. Hydrographic and satellite observations of summertime upwelling in the Taiwan Strait, a preliminary description. Terrestrial atmospheric and oceanic sciences, 12: 415-430.

Hu J Y, Zheng Q A, Sun Z Y, et al. 2012. Penetration of nonlinear Rossby eddies into South China Sea evidenced by cruise data. Journal of Geophysical Research: Oceans, 117(C3): C03010.

Jia Y, Liu Q Y. 2004. Eddy shedding from the Kuroshio Bend at Luzon Strait. Journal of Oceanography, 60(6): 1063-1069.

Jing Z Y, Qi Y Q, Du Y. 2011. Upwelling in the continental shelf of northern South China Sea associated with 1997-1998 El Niño. Journal of Geophysical Research: Oceans, 116: C02033.

Li L. 1993. Summer upwelling system over the northern continental shelf of the South China Sea - a physical description//Su J, Chuang W S, Hsurh R Y. Proceedings of the Symposium on the Physical and Chemical Oceanography of the China Seas. Beijing: China Ocean Press: 58-68.

Li L, Nowlin W D, Jilan S. 1998. Anticyclonic rings from the Kuroshio in the South China Sea. Deep-Sea Research, Part I: Oceanographic Research Papers, 45(9): 1469-1482.

Li L, Qu T. 2006. Thermohaline circulation in the deep South China Sea Basin inferred from oxygen distributions. Journal of Geophysical Research: Oceans, 111: C05017.

Li Y, Han W, Wilkin J L, et al. 2014. Interannual variability of the surface summertime eastward jet in the South China Sea. Journal of Geophysical Research: Oceans, 119(10): 7205-7228.

Liu Q, Huang R, Wang D. 2012. Implication of the South China Sea Throughflow for the interannual variability of the regional upper-ocean heat content. Advances in Atmospheric Sciences, 29(1): 54-62.

Liu Q, Jia Y, Liu P, et al. 2001a. Seasonal and intraseasonal thermocline variability in the central South China Sea. Geophysical Research Letters, 28(23): 4467-4470.

Liu Z Y, Yang H J, Liu Q Y. 2001b. Regional dynamics of seasonal variability in the South China Sea. Journal of physical oceanography, 31: 272-284.

Lu E, Chan J C L. 1999. A unified monsoon index for south China. Journal of Climate, 12(8): 2375-2385.

Ma H. 1987. On the winter circulation of the northern South China Sea and its relation to the large scale oceanic current. Part I: Nonwind-driven circulation of the Northern South China Sea and numerical experiments. Chinese Journal of Oceanology & Limnology, 5(1): 9-21.

Nonaka M, Xie S P. 2003. Covariations of sea surface temperature and wind over the Kuroshio and its extension: Evidence for ocean-to-atmospheric feedback.

Journal of Climate, 16(9): 1404-1413.

Qu T, Du Y, Meyers G, et al. 2005. Connecting the tropical Pacific with Indian Ocean through South China Sea. Geophysical Research Letters, 32(24): 348-362.

Qu T, Du Y, Sasaki H. 2006. South China Sea Throughflow: A heat and freshwater conveyor. Geophysical Research Letters, 33: L23617.

Qu T, Kim Y Y, Yaremchuk M, et al. 2004. Can Luzon Strait transport play a role in conveying the impact of ENSO to the South China Sea? Journal of Climate, 17(18): 3644-3657.

Qu T, Song Y T, Yamagata T. 2009. An introduction to the South China Sea Throughflow: Its dynamics, variability, and application for climate. Dynamics of Atmospheres and Oceans, 47(1-3): 3-14.

Shaw P T. 1992. Shelf circulation off the southeast coast of China. Reviews in Aquatic Sciences, 6(1): 1-28.

Shaw P T, Chao S Y, Fu L L. 1999. Sea surface height variations in the South China Sea from satellite altimetry. Oceanologica Acta, 22: 1-17.

Shi R, Guo X, Wang D, et al. 2014. Seasonal variability in coastal fronts and its influence on sea surface wind in the Northern South China Sea. Deep-Sea Research Part Ⅱ: Topical Studies in Oceanography, 119: 30-39.

Shu Y Q, Wang D, Zhu J, et al. 2011. The 4-D structure of upwelling and Pearl River plume in the northern South China Sea during summer 2008 revealed by a data assimilation model. Ocean Modeling, 36: 228-241.

Stommel H, Arons A B. 1959a. On the abyssal circulation of the world ocean—Ⅰ. Stationary planetary flow patterns on a sphere. Deep-Sea Research, 6: 140-154.

Stommel H, Arons A B. 1959b. On the abyssal circulation of the world ocean—Ⅱ. An idealized model of the circulation pattern and amplitude in oceanic basins. Deep-Sea Research, 6(1-4): 217-218, IN15-IN18, 219-233.

Su J L. 1998. Circulation dynamics of the China seas north of 18°N//Robinson A R, Brink K H. The Global Coastal Ocean: Regional Studies and Syntheses. New York: John Wiley & Sons: 483-505.

Su J L, Wang W. 1987. On the sources of the Taiwan Warm Current from the South China Sea. Chinese Journal of Oceanology & Limnology, 5(4): 299-308.

Tozuka T, Qu T, Masumoto Y, et al. 2009. Impacts of the South China Sea Throughflow on seasonal and interannual variations of the Indonesian Throughflow. Dynamics of Atmospheres and Oceans, 47(1-3): 73-85.

Verschell M A, Kindle J C, O'Brien J J. 1995. Effects of Indo-Pacific throughflow on the upper tropical Pacific and Indian Oceans. Journal of Geophysical Research: Oceans, 100(C9): 18409-18420.

Wang D X, Liu Q Y, Huang R X, et al. 2006a. Interannual variability of the South China Sea Throughflow inferred from wind data and an ocean data assimilation product. Geophysical Research Letters, 33(14): L14605.

Wang D X, Liu Y, Qi Y Q, et al. 2001. Seasonal variability of thermal fronts in the northern South China Sea from satellite data. Geophysical Research Letters, 28(20): 3963-3966.

Wang D X, Shu Y Q, Xue H J, et al. 2014. Relative contributions of local wind and topography to the coastal upwelling intensity in the northern South China Sea. Journal of Geophysical Research: Oceans, 119(4): 2550-2567.

Wang D X, Xu H Z, Lin J, et al. 2008a. Anticyclonic eddies in the northeastern South China Sea during winter 2003/2004. Journal of Oceanography, 64(6): 925-935.

Wang D X, Zhuang W, Xie S P, et al. 2012a. Coastal upwelling in summer 2000 in the northeastern South China Sea. Journal of Geophysical Research: Oceans, 117(C4): C04009.

Wang G H, Chen D, Su J L. 2006b. Generation and life cycle of the dipole in the South China Sea summer circulation. Journal of Geophysical Research, 111(C6): C06002.

Wang G H, Chen D, Su J L. 2008b. Winter eddy genesis in the eastern South China Sea due to orographic wind jets. Journal of Physical Oceanography, 38(3): 726-732.

Wang G H, Li J X, Wang C Z, et al. 2012b. Interactions among the winter monsoon, ocean eddy and ocean thermal front in the South China Sea. Journal of Geophysical Research: Oceans, 117: C08002.

Wang G H, Su J L, Chu P C. 2003. Mesoscale eddies in the South China Sea observed with altimeter data. Geophysical Research Letters, 30(21): 2121.

Wang G H, Xie S P, Qu T D, et al. 2011a. Deep South China Sea circulation. Geophysical Research Letters, 38(5): 3115-3120.

Wang W W, Wang D X, Zhou W, et al. 2011b. Impact of the South China Sea Throughflow on the pacific low-latitude western boundary current: A numerical study for seasonal and interannual time scales. Advances in Atmospheric Sciences, 28(6): 1367-1376.

Wu C R, Shaw P T, Chao S Y. 1998. Seasonal and interannual variations in the velocity field of the South China Sea. Journal of Oceanography, 54(4): 361-372.

Wyrtki. 1961. Physical oceanography of the Southeast Asia waters. NAGA Report, 2: 1-195.

Xie S P. 2003. Summer upwelling in the South China Sea and its role in regional climate variations. Journal of Geophysical Research, 108(C8): 3261.

Xie S P, Hu M H, Saji N H, et al. 2006. Role of narrow mountains in large-scale organization of Asian monsoon convection. Journal of Climate, 19: 3420-3429.

Xiu P, Chai F, Shi L, et al. 2010. A census of eddy activities in the South China Sea during 1993-2007. Journal of Geophysical Research: Oceans, 115: C03012.

Yang H J, Liu Q Y. 2003. Forced Rossby wave in the northern South China Sea. Deep-Sea Research, Part I: Oceanographic Research Papers, 50(7): 917-926.

Yang H J, Liu Q Y, Liu Z Y, et al. 2002. A general circulation model study of the dynamics of the upper ocean circulation of the South China Sea. Journal of Geophysical Research, 107(C7): 3085.

Yang J, Wu D, Lin X. 2008. On the dynamics of the South China Sea Warm Current. Journal of Geophysical Research: Oceans, 113: C08003.

Yu Z, Shen S, Mccreary J P, et al. 2007. South China Sea Throughflow as evidenced by satellite images and numerical experiments. Geophysical Research Letters, 34(1): L01601.

Yuan D, Han W, Hu D. 2006. Surface Kuroshio path in the Luzon Strait area derived from satellite remote sensing data. Journal of Geophysical Research: Oceans, 111(C11): C11007.

Yuan D, Han W, Hu D. 2007. Anti-cyclonic eddies northwest of Luzon in summer-fall observed by satellite altimeters. Geophysical Research Letters, 34: L13610.

Zeng L, Wang D. 2009. Intraseasonal variability of latent-heat flux in the South China Sea. Theoretical & Applied Climatology, 97(1-2): 53-64.

第2章 南海大尺度环流动力特征

吕宋海峡是连接南海和太平洋的唯一深水通道。此处的水交换特征已经被众多学者所研究（Hu et al., 2000；Su，2004）。黄企洲（1983）利用历史水文资料的研究表明，吕宋海峡的海流空间上呈现东西向交替的特征，夏季吕宋海峡体积输送（Luzon Strait transport，LST）为4Sv，方向为从南海至太平洋。郭忠信和方文东（1988）通过分析1985年9月水文观测资料指出，存在一致西向入侵南海的黑潮（Kuroshio current，KC）分支，分支的西向体积输送达到–11Sv（0～1200m）。Shaw和Chao（1994）的研究表明，太平洋和南海的水交换主要集中在吕宋海峡上层300m区域，8月从南海流向太平洋的表层流占据整个海峡，而300m以深区域则出现北部东向、南部西向的交替海流。Xu等（2004）通过分析1994年水文观测资料认为，夏季太平洋向南海输送水体约2Sv。Tian等（2006）分析了2005年10月温盐深测量仪（conductivity-temperature-depth system，CTD）和声学多普勒海流剖面仪（acoustical Doppler current profiler，ADCP）资料认为，西向体积输送为（6 ± 3）Sv。鲍献文等（2009）通过分析2007年7～8月120°E断面的CTD资料认为，LST为3.15Sv，方向为从南海至太平洋。Zhou等（2009）指出，LST在2006年9月为3.25Sv，方向为从太平洋至南海。上述不同结果表明LST相当复杂，呈现明显的季节及年际变化。由于观测资料有限，许多学者利用模式来研究LST。Metzger和Hurlburt（1996）指出，年平均LST为3.9～4.5Sv，呈现较大的季节变化。Qu等（2004）利用海洋环流模式（oceanic general circulation model，OGCM）指出，年平均LST为2.4Sv（西向），LST在冬季达到最大（6.1Sv，西向），在夏季达到最小（0.9Sv，东向）。通过对LICOM（LASG/IAP climate system ocean model）全球模式进行900年积分，Cai等（2005）获得了南海同其连接海之间的水交换特征，并认为年平均LST为4.063Sv（西向），夏季LST为3.5Sv（西向）。Wang等（2009）认为年平均LST为4.5Sv（西向），最大流量出现在12月，约为7.6Sv（西向），最小流量出现在6月，约为2.1Sv（西向）。可以发现，数值模式结果更倾向于LST常年都是西向输送。

众所周知，印尼贯穿流（ITF）是太平洋与印度洋之间主要的水体输送和热输送载体，是维持全球海洋热量平衡和淡水平衡状态的关键因子之一。ITF在全球热盐环流变化中扮演着重要的角色。ITF及其变异特征对太平洋暖池的热含量、东印度洋环流形态及整个大洋热盐平衡关系都有重要的影响（Verschell et al., 1995），并可能对全球海洋环流和气候产生影响（Hirst and Godfrey，1993）。南海作为一个半封闭海盆，东部通过吕宋海峡与西太平洋相连，东南部通过苏禄海与印度尼西亚群岛海域相连，西南部通过巽他陆架、卡里马塔海峡与印度尼西亚（以下简称印尼）海域也有水体的交换。已有研究表明，南海的水体输送对于ITF是非常重要的，吕宋海峡入流分别经台湾海峡、卡里马塔海峡和民都洛海峡流出南海，对ITF起着举足轻重的作用。

在季节尺度上，Lebedev和Yaremchuk（2000）指出，ITF与吕宋海峡北端和班达海西部的压力梯度差密切相关，吕宋海峡的体积输送对ITF体积输送的贡献平均可达50%左右。在冬季，吕宋海峡（6.3 ± 1.5）Sv的水体注入南海后，会分别通过卡里马塔海峡［（4.4 ± 0.5）Sv］和民都洛海峡［（1.9 ± 1.5）Sv］流出；在夏季，卡里马塔海峡关闭，会以（4.7 ± 0.6）Sv的净流量通过民都洛海峡流出。民都洛海峡打开时，会在菲律宾群岛形成净气旋式环流（Metzger and Hurlburt，1996），这个气旋式环流实际上可以看作北赤道环流的延伸。

方国洪等（2002）通过一个全球大洋变网格环流数值模式得出，通过南海加入印尼贯穿流的体积、热量输送分别为5.3Sv和0.57PW，约占ITF本身体积、热量输送的1/4。冬季浮标资料结果也证实了冬季盛期太平洋—印度洋水体南海分支的存在（Fang et al., 2005），这进一步表明南海是联系太平洋与印度洋的重要通道之一。南海周边海域水体交换除在季节尺度上扮演着非常重要的角色外，在年际尺度上也起到重要的作用。吕宋海峡水交换会将太平洋的ENSO信号传递到南海，从而对环流和热量收支起到重要的作用（Qu et al.，2004）。

总体而言，对于南海海洋环流系统对ITF的贡献，目前多数研究基本上是基于气候平均或季节平均方面来探讨的，大家对于长时间尺度方面的关注还甚少。南海海洋环流在平均和长时间上，是否会作为印尼贯穿流的分支而参与到ITF区域的水体交换过程？其对于ITF的贡献到底有多大？其动力联系的机理过程如何？有什么样的气候意义？这些问题逐渐得到大家的关注，并随着研究的不断深入，取得了一系列的研究成果。

经过不断研究积累，大家对南海大尺度环流的基本特征已经得到较为清晰的认识。图2.1是南海冬季和夏季大尺度环流分布的示意图。南海大尺度环流最明显的季节变化特征之一就是西边界流流向的转变。在冬季，有一支从南海北部区域沿南海陆坡向西南流动并在西沙区域转向继续沿陆坡向南流动的西边界流，这支流是冬季沟通南海南北的重要的输送大通道，对南海的热、盐、体积收支有重要影响。在夏季，西边界流流向反转，从南部的卡里马塔海峡一直向北，经过泰国湾口沿越南沿岸直达南海北部，并且在越南东南沿岸分离出一支强劲的离岸流。

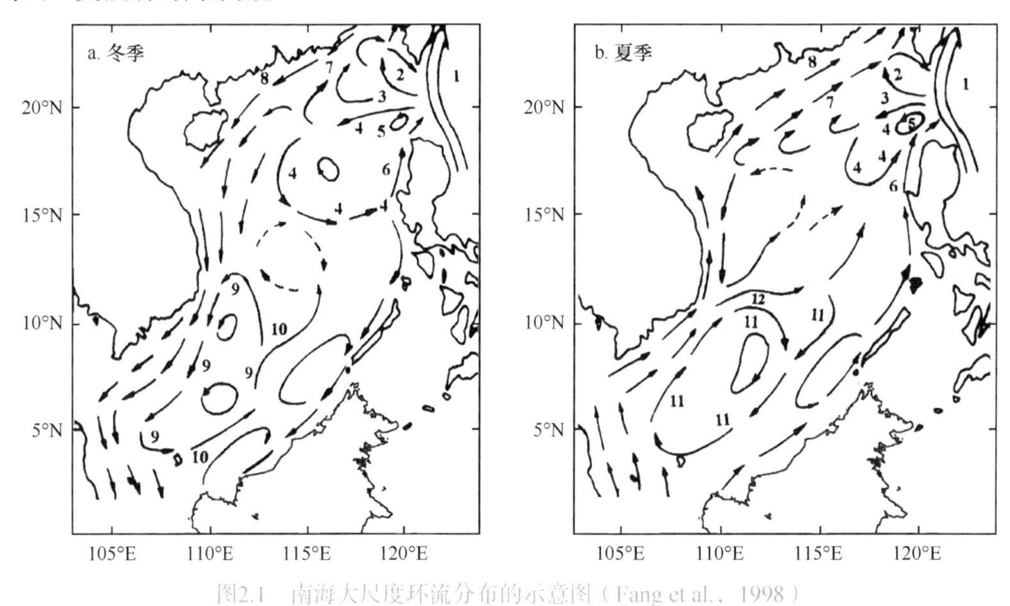

图2.1 南海大尺度环流分布的示意图（Fang et al.，1998）

1. 黑潮；2. 流套；3. 南海黑潮分支（SCSBK）；4. 西北吕宋气旋式环流；5. 西北吕宋气旋涡；6. 西北吕宋沿岸流；7. 南海暖流；8. 广东沿岸流；9. 南海南部气旋式环流；10. 纳土纳离岸流；11. 南海南部反气旋式环流；12. 越南离岸流

数值实验研究表明，南海强西边界流主要归因于强劲季风和贯穿流的共同作用（Chen and Xue，2014）。β效应虽然导致了边缘海的西向强化，但强的西边界流需要风、流和地形的合理配置才能产生。这在其他边缘海亦得到证实：虽然湾流输送了大量的水体进入墨西哥湾，但佛罗里达海峡的存在阻止了入流强化西边界流，而且墨西哥湾风应力亦是三个边缘海之中最小的。日本海的经向海脊阻止了整个海盆参与西向强化过程，并且入流对其西边界流的形成起到了不利的作用。

2.1 吕宋海峡水交换

2.1.1 吕宋海峡体积输送

表2.1对比了夏季吕宋海峡体积输送结果。通常来说，数值模式倾向于认为吕宋海峡区域水交换全年

皆是由太平洋向南海输送，输送量为3Sv左右。然而，水文观测结果却有显著差异。黄企洲（1983）和鲍献文等（2009）认为夏季水体主要由南海向太平洋输送，而Xu等（2004）和Zhou等（2009）的结果却恰恰相反。体积输送不一致的原因，一是可能该区域输送有一定的年际变化，二是估算剖面不同。Chen等（2011）的分析表明，2009年夏季120°E断面19°～21.5°N区域的净输送为4.37Sv，然而在120.5°E断面19°～21.5°N区域的净输送为–2.68Sv。相邻两个断面显著不一致的结果是吕宋海峡区域复杂的环流结构所致。类似的现象在1994年亦存在：120°E断面流向和120.3°E断面流向显著不同（Xu et al.，2004）。因此，在研究吕宋海峡区域输送之前，有必要先区分出真正贡献于南海与太平洋水交换的流。

表2.1　夏季吕宋海峡体积输送的比较

研究手段	文献	时间	体积输送（Sv）	计算区域
数值模式	刘秦玉等，2000	气候态平均	–2.9	18.8°～22°N沿着120.75°E断面
	Qu et al.，2004	气候态平均	0.9	—
	Cai et al.，2005	气候态平均	–3.5	120.5°E断面
	Wang et al.，2009	气候态平均	–2.1	120.5°E断面
水文观测	黄企洲，1983	1966年	4	19°～21.5°N沿着121°E断面
	Xu et al.，2004	1994年	–2	18°～22°N沿着120°E断面
	鲍献文等，2009	2007年	3.15	19°～21.2°N沿着120°E断面
	Zhou et al.，2009	2006年	–3.25	19.1°～21.3°N沿着120°E断面
	Chen et al.，2011	2009年	4.37	19°～21.5°N沿着120°E断面
	Chen et al.，2011	2009年	–2.68	19°～21.5°N沿着120.5°E断面

注：体积输送为负表示水体由太平洋向南海输送，反之则表示水体由南海向太平洋输送

Chen等（2011）利用2009年6月21日至7月5日吕宋海峡区域大面积CTD观测资料，研究了观测区域的水交换特征和环流结构。结果表明，黑潮在121°E断面以东上层区域呈一“e”形弯曲路径，随着深度的增加，黑潮主轴逐渐远离吕宋海峡。南海北部呈现一气旋式环流的北翼，因受局地涡旋影响，它的流向变化较大。南海水进入太平洋主要有三个通道：台湾岛南部上层区域、吕宋岛北部上层区域和吕宋岛北部深层区域（图2.2）。从南海进入太平洋的水体主要位于21°～21.5°N区域400m以上、19°～20°N区域100m以上和19°～19.5°N区域240m以下，体积输送分别为3.02Sv、1.07Sv和3.43Sv。从太平洋进入南海的体积输送为–6.39Sv，主要位于19.5°～20°N区域100～500m层（4.40Sv）。

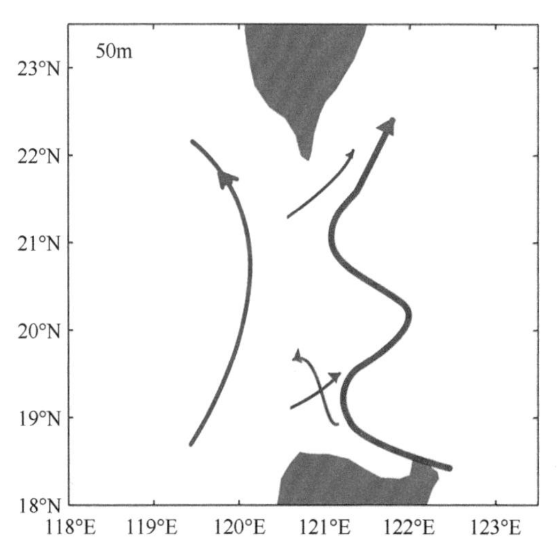

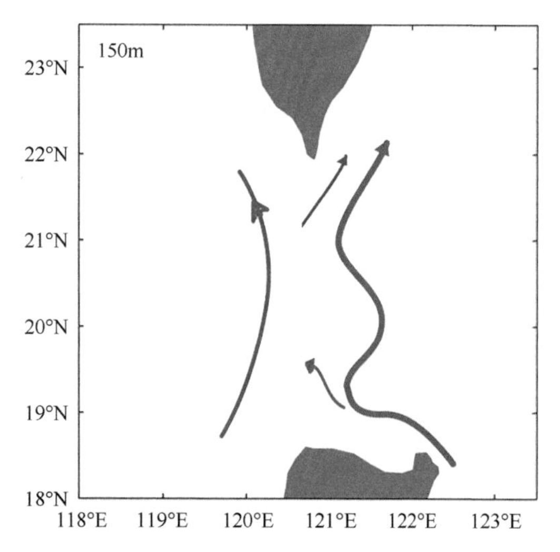

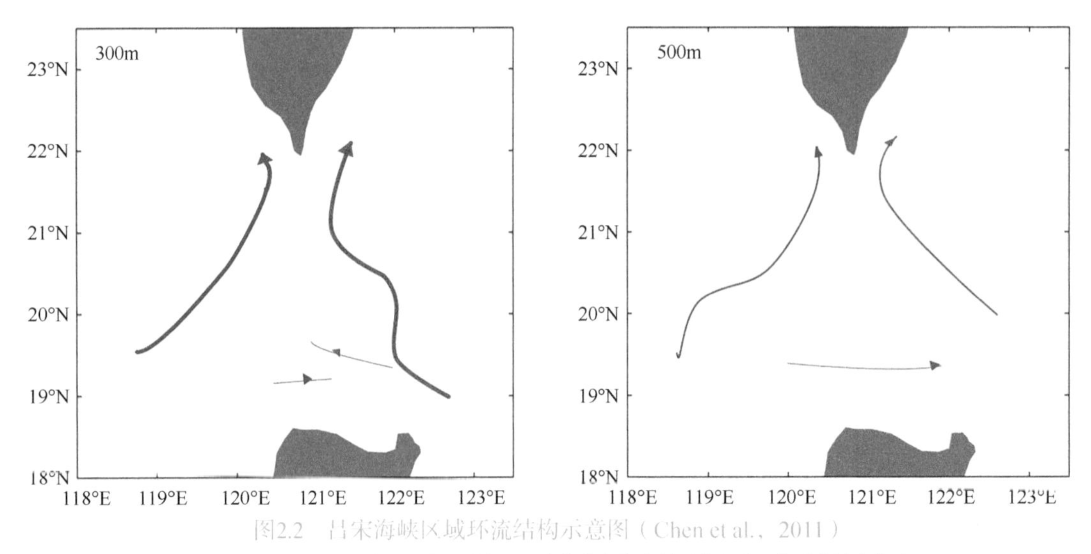

图2.2 吕宋海峡区域环流结构示意图（Chen et al.，2011）

红线代表黑潮和入侵南海的太平洋水；蓝线代表南海海洋环流和进入太平洋的东向流

2.1.2 吕宋海峡120°E断面水通量的年际变化特征

120°E断面体积输送存在明显的深度分布不均现象（图2.3a）：2005年、2007年和2011年这3年的体积输送方向为西向（正值为东向），并且方向不随深度改变，于是总输送正压结构显著，呈现准正压特性；2008年和2013年这两年表层水体积输送方向为西向，深度大约延伸至200m，中层水体积输送方向转变为东

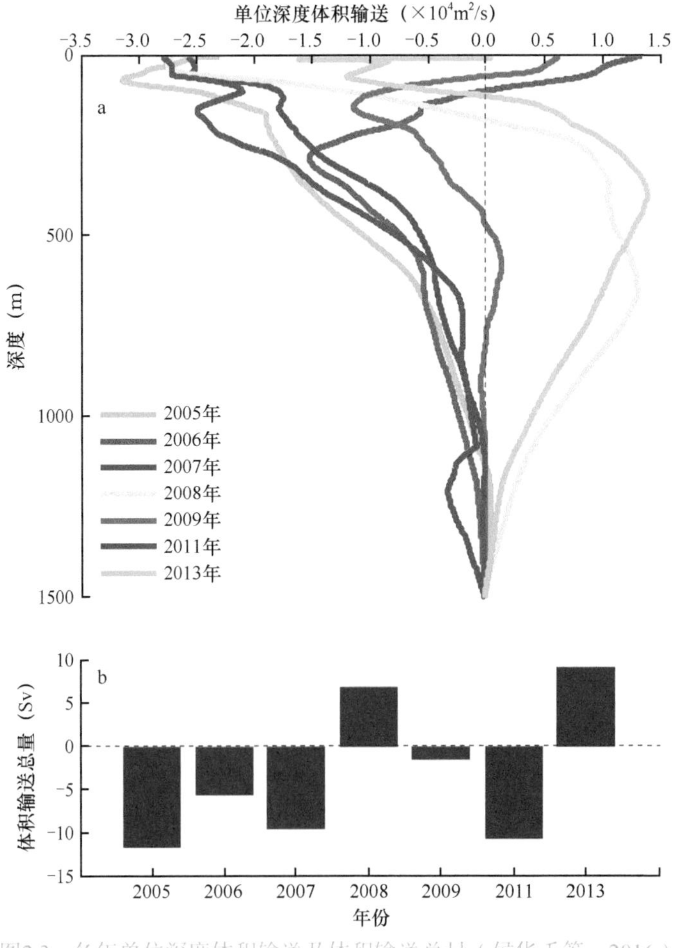

图2.3 各年单位深度体积输送及体积输送总量（侯华千等，2016）

向，因此这两年的断面总输送斜压性显著；而2006年和2009年这两年表层水体积输送方向为东向，在约50m深度处转变为西向输送，并一直延伸到计算深度，总体水输送也显示斜压性。

进一步，对单位深度体积输送沿垂向积分，得到断面的净体积输送。净体积输送呈现显著的年际变化特征（图2.3b）。其中，2005年总流量为–11.2Sv，该年份是西向体积输送最大年份；2013年总流量为9.1Sv，该年份是东向体积输送最大年份；2009年体积输送最小，仅为–1.2Sv。7年观测中，仅2008年和2013年在中层出现了东向体积输送。其中，2008年东向输送形成可能是该年吕宋海峡黑潮入侵方式为流套入侵（Chen et al.，2011），在台湾岛西南部产生大的东向体积输送所致。

2.1.3　吕宋海峡水交换与岸界Kelvin波动的可能联系

吕宋海峡的体积输送年平均为4.81Sv，台湾海峡、卡里马塔海峡和民都洛海峡的年平均体积输送分别为–1.44Sv、–1.42Sv和–2.27Sv。其中，民都洛海峡的年平均流量和Qu等（2009）的估算结果相近，他们的结果为–2.4Sv。巴拉巴克海峡的平均流量为–0.01Sv，马六甲海峡为0.27Sv，因为它们的量值比较小，而且缺乏可比性，所以后面没有对巴拉巴克海峡和马六甲海峡的流量进行进一步探讨。而利用BRAN（Bluelink ReANalysis）数据得到的四个海峡通道的体积输送的季节变化见图2.4，吕宋海峡体积输送常年进入南海，12月最强。卡里马塔海峡最大出流量发生在盛冬，夏季向北流入南海。台湾海峡常年流出南海，夏季最强，冬季减弱。民都洛海峡最大出流量也出现在秋、冬季的10～12月。

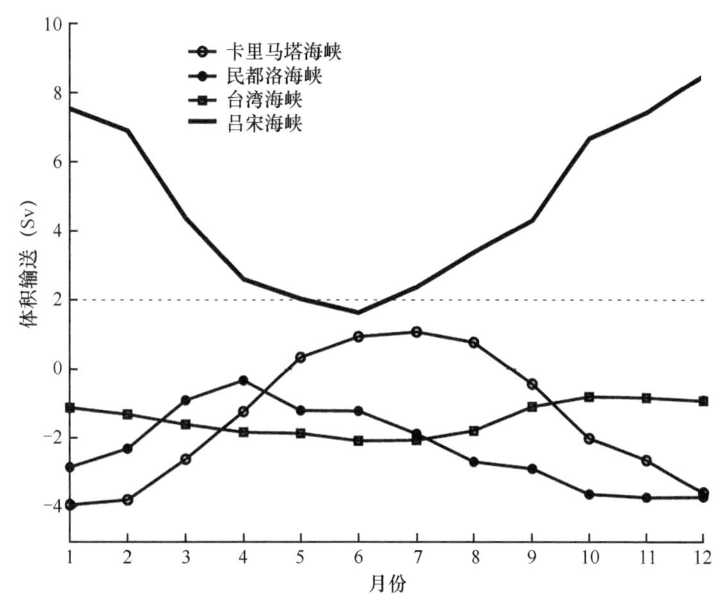

图2.4　气候态1～12月平均的南海四个海峡通道的体积输送特征（Liu et al.，2011）

正值代表体积输送为西向

在年际变化方面，利用BRAN数据得到的海表高度异常与卫星高度计数据基本一致。结果表明，在El Niño发生前期，赤道西太平洋风场异常会激发海洋罗斯贝（Rossby）波响应。在El Niño发生前6个月，西太平洋海表高度出现负异常，意味着温跃层深度开始变浅（图2.5a）。在El Niño发生前4个月，菲律宾西海岸及整个西太平洋和东印度洋的海表高度开始同步调整。在菲律宾西海岸，即南海东南部近岸区域的海表高度很快进行调整，负异常的调整像是以太平洋Rossby波激发岸界Kelvin波的形式从菲律宾群岛的南部（民都洛海峡）进入南海东南部（图2.5b）。在El Niño发生前0～2个月，整个南海东南部的海表高度负异常的调整完成，另外海表高度负异常的调整能够影响吕宋海峡口附近（图2.5c、d）。

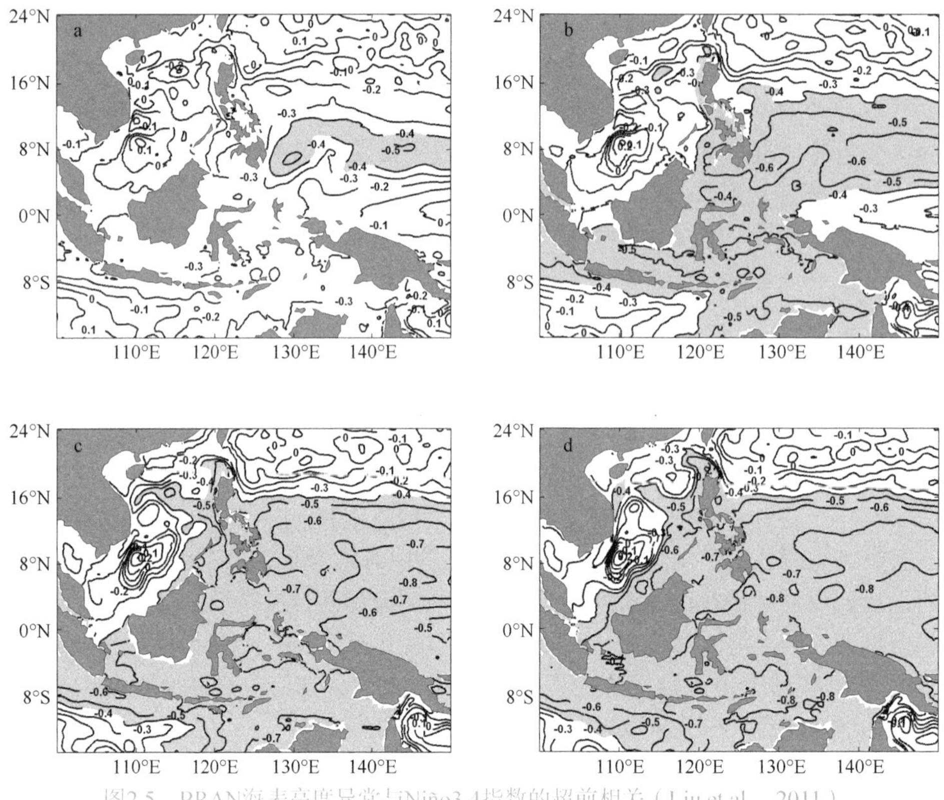

图2.5 BRAN海表高度异常与Niño3.4指数的超前相关（Liu et al.，2011）

a～d分别代表海表高度异常分别超前Niño3.4指数6、4、2、0个月

在民都洛海峡所在纬度上，其海峡宽度是平均斜压Rossby波变形半径（约100km）的一半，理论模式表明岸界Kelvin波能够有效地通过。进入南海后，Kelvin波动信号可以一直向北沿菲律宾西海岸追踪到吕宋海峡口附近（图2.5b），同时，岸界Kelvin波可以进一步激发Rossby波对南海内部的动力过程进行调整（图2.5c、d）。南海15.5°N断面的温度异常与Niño3.4指数的同期相关系数分布，可以作为岸界Kelvin波动通过民都洛海峡入侵南海东南部的一个间接证据（图2.6）。利用一层半约化重力模式对Kelvin波动通过民都洛海峡影响南海的动力过程进行数值实验（图2.7），结果表明，赤道太平洋风场异常会激发赤道两侧的厚度异常，以Rossby波动形式向西传播，当Rossby波传到西边界后激发岸界Kelvin波，从而进入东印度洋和南海东南部。此外，约$50\times10^9\text{cm}^3/\text{s}^2$以上的能量经民都洛海峡进入南海，其能量为进入印度洋的5%以上。其波动过程除了影响南海内部，还有可能进一步影响吕宋海峡口处的动力过程。但问题是，民都洛海峡通道相对较窄，另外模式分辨率较低，从而导致进入南海的能量有可能被低估。

尽管在季节尺度上，卡里马塔海峡是重要的出流通道，但在年际尺度上，民都洛海峡是出流年际变率最明显的海峡通道（图2.8）。在年际变率上，民都洛海峡的时间变异与吕宋海峡的时间变异有很好的一致性，两个海峡通道的年际变率的一致性可以通过岸界Kelvin波动理论进行解释。因为，在厄尔尼诺期间，太平洋赤道东风异常激发的近赤道上层Rossby波到达西边界即菲律宾东海岸后，会激发岸界Kelvin波，被激发的Kelvin波沿着菲律宾西海岸从苏拉威西海—苏禄海向北传播，经民都洛海峡进入南海（图2.9）。此岸界Kelvin波的传播可能会对厄尔尼诺期间南海东南部负的海表高度、民都洛海峡和吕宋海峡大的体积输送产生影响（Liu et al.，2011）。从而明确了岸界Kelvin波对沟通南海与太平洋的重要性。Zhuang等（2013）再次证实了太平洋、民都洛海峡、南海东部低频变化的一致性非局地风场的作用导致，而是通过波动过程紧密联系。假如，民都洛海峡封闭，北赤道流分叉点位置南北移动和黑潮流量的时间变率都会相应减弱。

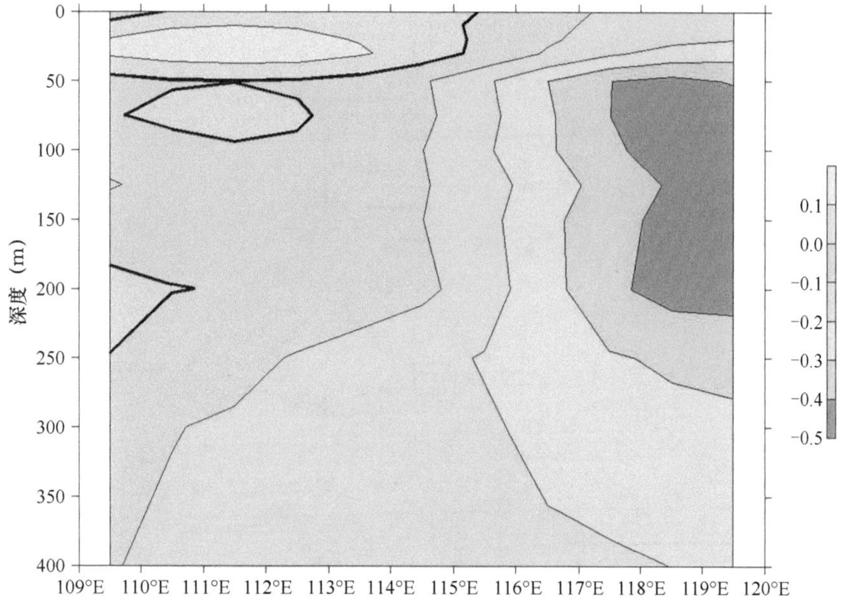

图2.6　15.5°N断面的温度异常与Niño3.4指数的同期相关系数分布（Liu et al.，2011）

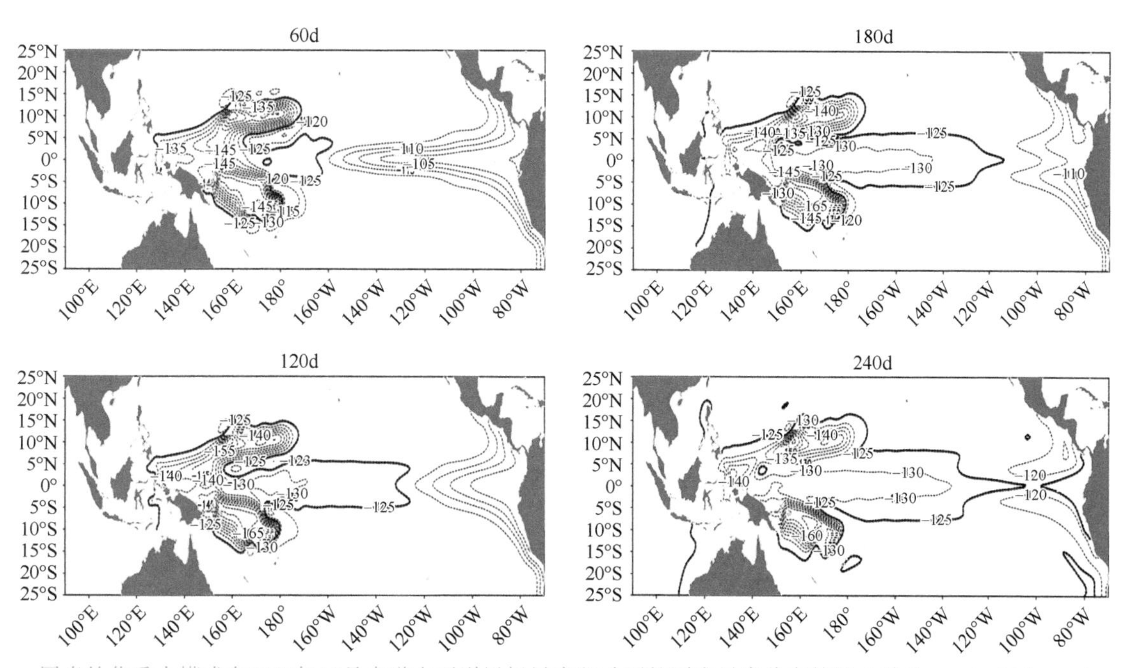

图2.7　一层半约化重力模式在1997年10月赤道太平洋风场异常驱动下的厚度异常分布特征（单位：m）（Liu et al.，2011）

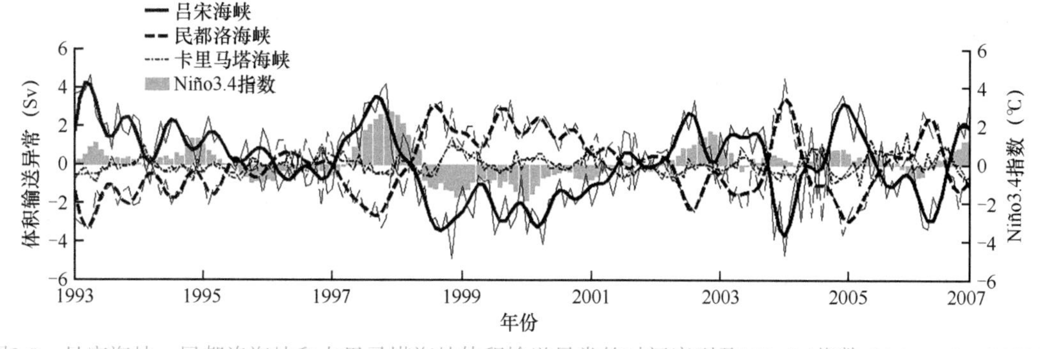

图2.8　吕宋海峡、民都洛海峡和卡里马塔海峡体积输送异常的时间序列及Niño3.4指数（Liu et al.，2011）

细线为未平滑时间序列；粗线为平滑后时间序列

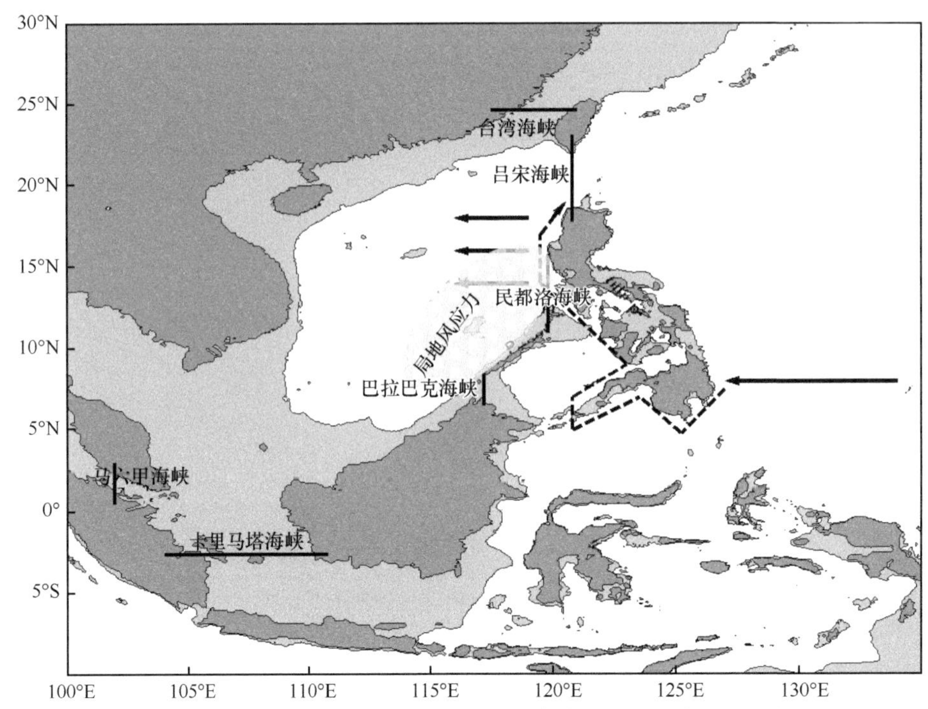

图2.9 南海及其周边海域地形特征和波动过程从太平洋经民都洛海峡进入南海的示意图（Liu et al.，2011）

深灰色代表陆地；浅灰色代表利用ETOPO5深度数据得到的海水浅于200m深度的海域。粗线代表选取用来估算体积输送的断面，分别为吕宋海峡、台湾海峡、卡里马塔海峡、民都洛海峡、巴拉巴克海峡和马六甲海峡

2.2 南海贯穿流

2.2.1 南海贯穿流的变异特征

1. 绕岛环流理论

Godfrey（1989）利用压力连续及线性无黏的Sverdrup理论，提出了绕岛环流理论（Island rule）。并且利用HR（Hellerman & Rosenstein）风应力数据，对ITF给出了比较合理的量值估计。Godfrey（1989）利用绕岛环流理论得到的ITF，与赤道太平洋和南太平洋的纬向风应力及南美洲西边界和澳大利亚西边界的沿岸风应力分量沿着各自路径积分有关。Wajsowicz等（1993）对绕岛环流理论做了进一步的完善和改进，给出了海底地形和摩擦情况下绕岛环流理论的修正表达式。

采用Godfrey（1989）利用无黏、按深度积分的Sverdrup理论提出的绕岛环流理论方法，我们对通过吕宋海峡的体积输送，即南海贯穿流的主要入流通道流量做了诊断。吕宋海峡的体积输送是南海贯穿流变化的重要组成部分，因此吕宋海峡处的体积输送可以作为其指示南海贯穿流的重要指数。其具体表达式如下：

$$T_0 = \oint_{ABCD} \tau^{(l)} \mathrm{d}l \Big/ \left[\rho_0 \left(f_D - f_A \right) \right] \tag{2.1}$$

式中，T_0为岛屿环流体积输送量；ρ_0=1035kg/m^{3}为海水平均密度；$ABCD$为风场积分路径，见图2.10；$\tau^{(l)}$为沿着风场积分路径的风应力分量；f_D为积分回路最北端（取为18.75°N）的科氏参数；f_A为积分回路最南端（取为4.75°N）的科氏参数。

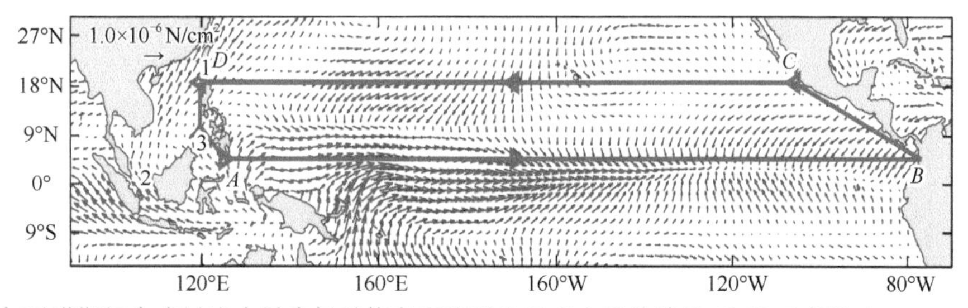

图2.10 厄尔尼诺期间合成风应力异常场及绕岛环流理论风应力积分路径*ABCD*示意图（Wang et al.，2006）

异常场的选取标准为绕岛环流理论积分得到的吕宋海峡体积输送量大于1.5Sv并且Niño3.4指数大于0.4℃。红色矢量部分代表风应力合成场通过了置信度为95%的显著性检验。数字1、2和3分别代表吕宋海峡、卡里马塔海峡和民都洛海峡

为了验证绕岛环流理论积分得到的SCSTF的合理性，对采用SODA_1.4.2（从1958年至2001年，采用ERA40风场驱动）和SODA_1.4.3（从2002年至2004年，采用QuickSCAT风场驱动）模式模拟得到的结果进行比较（Carton and Giese，2008）。沿剖面（17.25°～23.25°N，120.25°E）从表面到底层对东西向速度进行积分，可以得到模式模拟的SCSTF量值。结果表明，利用SODA（simple ocean data assimilation）得到的平均SCSTF量值为1.5Sv，处于合理的SCSTF估值范围。

根据绕岛环流理论可知，南海贯穿流主要由海盆尺度风应力的线性积分效应所控制（图2.10）。如果不考虑台湾海峡（约2Sv）、白令海峡（约0.8Sv）及菲律宾群岛摩擦力的影响（Qu et al.，2000），沿*ABCD*路径的风应力积分大致可以代表南海贯穿流的体积输送量。但是，绕岛环流理论只有在静态平衡和理想流体情况下才适用。对于吕宋海峡这么窄的海峡而言，摩擦效应和其他一些动力影响不可能完全忽略，海峡宽度和底地形等因子都可以影响南海贯穿流的平均量值和变化。但这里主要讨论海盆尺度的风应力动力过程对南海贯穿流年际、年代际等变异特征的调整作用。

需要指出，风应力数据的来源会对南海贯穿流诊断结果产生一定影响。将SODA老版本（Carton and James，2005）产品提供的风应力数据和HR风应力产品进行对比可知，由SODA风应力积分得到的南海贯穿流量值，要小于由HR估算得到的体积输送量。由HR风应力计算得到的体积输送量偏大，可能与HR风应力本身偏大有关（Hellerman and Rosenstein，1983）。孟祥凤等（2004）应用绕岛环流理论，结合SODA数据对ITF的变化特征做了机制性的探讨。

2. 南海贯穿流的年际变化及其和ENSO的联系

我们使用带通滤波得到了SCSTF的2～7.5年的年际变化特征。无论是原始时间序列还是经过带通滤波后的时间序列，其变化特征都表明，SODA模式积分得到的南海贯穿流异常和绕岛环流理论积分得到的南海贯穿流异常基本一致（图2.11），两者的同期相关系数可以达到0.32（通过了置信度为90%的显著性检验）。带通滤波后的南海贯穿流具有的均方差分别为2.3（绕岛环流理论）和0.4（SODA模式）。尽管绕岛环流理论没有考虑摩擦效应的影响，南海贯穿流的量值会有些偏大，但基本上，其年际特征的波峰波谷与SODA模式的结果基本一致。当然，也有些年份两者存在一定差异，如1965～1966年、1979～1980年、1981年、1982～1984年、1992～1994年、1998～1999年。其差异可能与绕岛环流理论采用的一些近似过程有关，如摩擦效应和非线性效应的忽略等。

同时，我们还采用中国科学院大气物理研究所（Institute of Atmospheric Physics， Chinese Academy of Sciences，IAP）大气科学和地球流体力学数值模拟国家重点实验室（State Key Laboratory of Numerical Modelling for Atmospheric Sciences and Geophysical Fluid Dynamics，LASG）发展的气候系统海洋模式（LASG/IAP climate system ocean model，LICOM）（刘海龙，2002），对南海贯穿流的年际变化特征做了模拟。结果表明，利用LICOM得到的年平均南海贯穿流体积输送异常为1.82Sv，比以往利用LICOM模拟的结果（Cai et al.，2005）偏小，这可能与模式所用强迫场不同有关。利用LICOM模拟的平均南海贯穿流与利用SODA模拟的结果十分接近，并且其年际变化特征也基本相似（图2.12），两者的同期相关系数为0.34，均通过了置信度为95%的显著性检验。LICOM模式在1975～1976年以前的模拟结果与SODA同化资料比较吻

合（只有1964～1967年模式未能模拟得到与同化数据变化趋势一致的结果），之后的吻合度相对较差，这可能与气候突变前后的资料差异有关（王伟文，2010）。

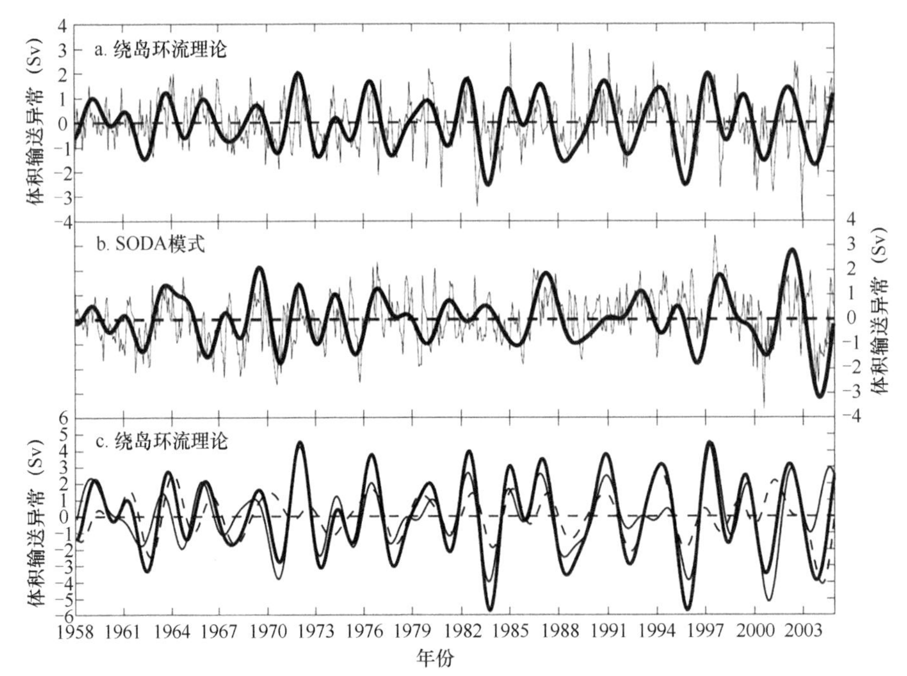

图2.11 由绕岛环流理论积分得到的南海贯穿流异常（a）、由SODA模式积分得到的南海贯穿流异常（b），以及2～7.5年带通滤波后由绕岛环流理论积分得到的南海贯穿流异常（c，粗实线）和由南端风应力积分（c，细实线）与北端风应力积分（c，细虚线）得到的各南海贯穿流异常分量（Wang et al.，2006）

a、b图中细实线代表原始异常信号，粗实线为经过带通滤波后得到的2～7.5年部分

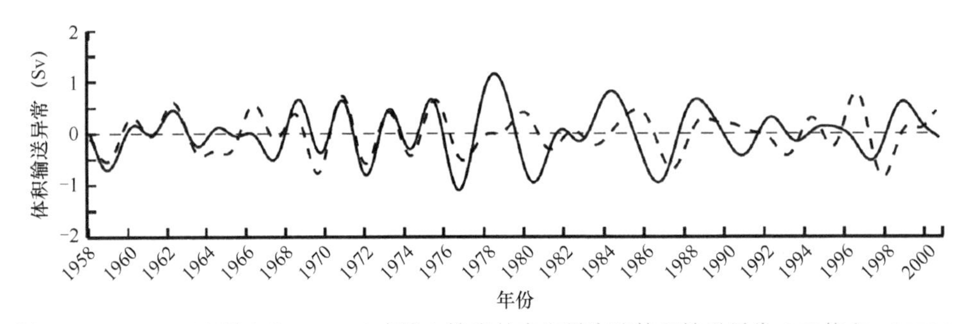

图2.12 LICOM（实线）和SODA（虚线）输出的南海贯穿流体积输送异常（王伟文，2010）

各时间序列都扣除了季节循环，然后利用带通滤波提取得到2～7.5年的年际变化特征

已有研究结果表明，太平洋的ENSO可以通过吕宋海峡水体交换进入南海，从而影响南海内部的动力和热力变化特征（Qu et al.，2004）。在厄尔尼诺期间，南海贯穿流异常偏高，在拉尼娜期间南海贯穿流异常偏低。Qu等（2006）指出，当南海贯穿流超前南方涛动指数（southern oscillation index，SOI）4个月时，其相关系数达到最大，为0.48。南海贯穿流的异常最大（小）值超前（滞后）厄尔尼诺（拉尼娜）约1个月。而我们的研究结果表明，利用SODA同化数据得到的南海贯穿流异常要超前Niño3.4指数约6个月（图2.10），具体原因并不特别清楚，可能与季风变化对南海贯穿流的调节过程有关。

3. 南海贯穿流的年代际和长期变化特征

南海贯穿流除有显著的年际变化外，还具有显著的年代际和长期变化趋势特征。南海贯穿流年代际变化与ITF年代际变化存在显著的反位相特征，当ITF处于低值阶段时，南海贯穿流处于高值阶段，反之亦然，这与两者在年际时间尺度上的变化特征相似（图2.12）。但年代际变化两者存在一定的位相差，这可能与不同海域的风场和海流的调整对太平洋十年际振荡（Pacific decadal oscillation，PDO）的响应不同有关（刘钦燕等，2007）。在此基础上，Yu和Qu（2013）进一步探讨了南海贯穿流与PDO变化之间的关系。他们指出，南海贯穿流和PDO指数的同期相关系数为0.6（通过了置信度为95%的显著性检验），这说明当PDO处于正位相时，SCSTF增加。PDO在1977年前后有显著的气候突变特征，这一突变特征在南海贯穿流上也表现得非常明显（图2.13，图2.14）。SCSTF除明显的年代际变化外，还有一定的线性变化趋势，SCSTF在1958～2006年呈现总体递增趋势，并且以秋冬季节最为明显（刘钦燕等，2007；Liu et al.，2010，2012a）。

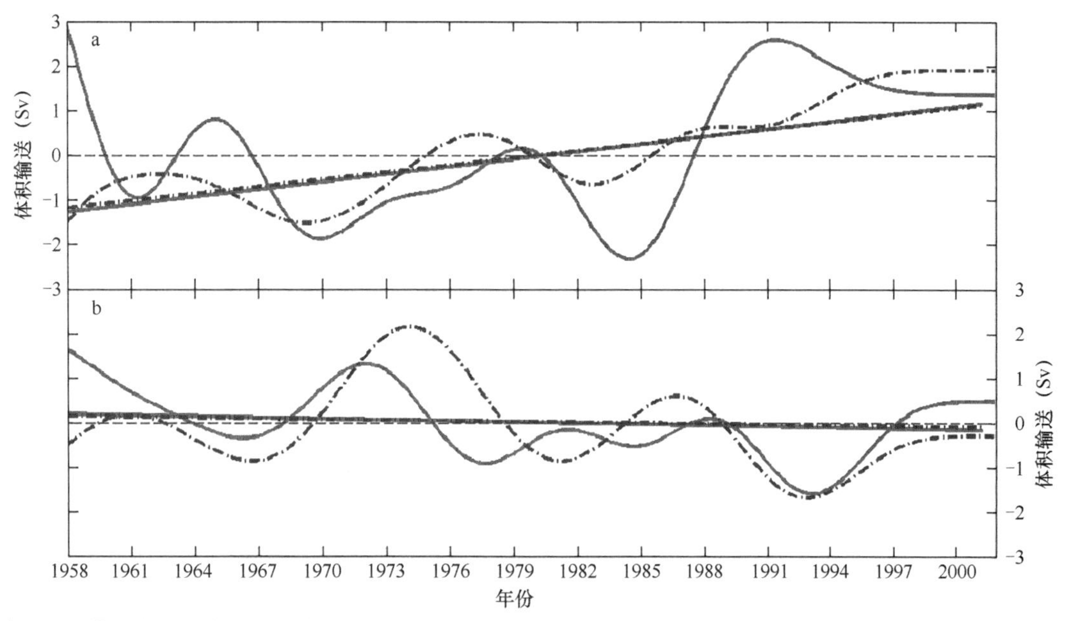

图2.13　由SODA模式产品（实线）和绕岛环流理论（虚线）积分得到的滤掉8年周期以后的SCSTF（a）和ITF（b）的年代际特征及线性趋势特征（刘钦燕等，2007）

SODA模式产品积分得到的SCSTF量值已乘上3倍；9点平均的时间序列同期相关系数分别达到0.23（a）和0.5（b）

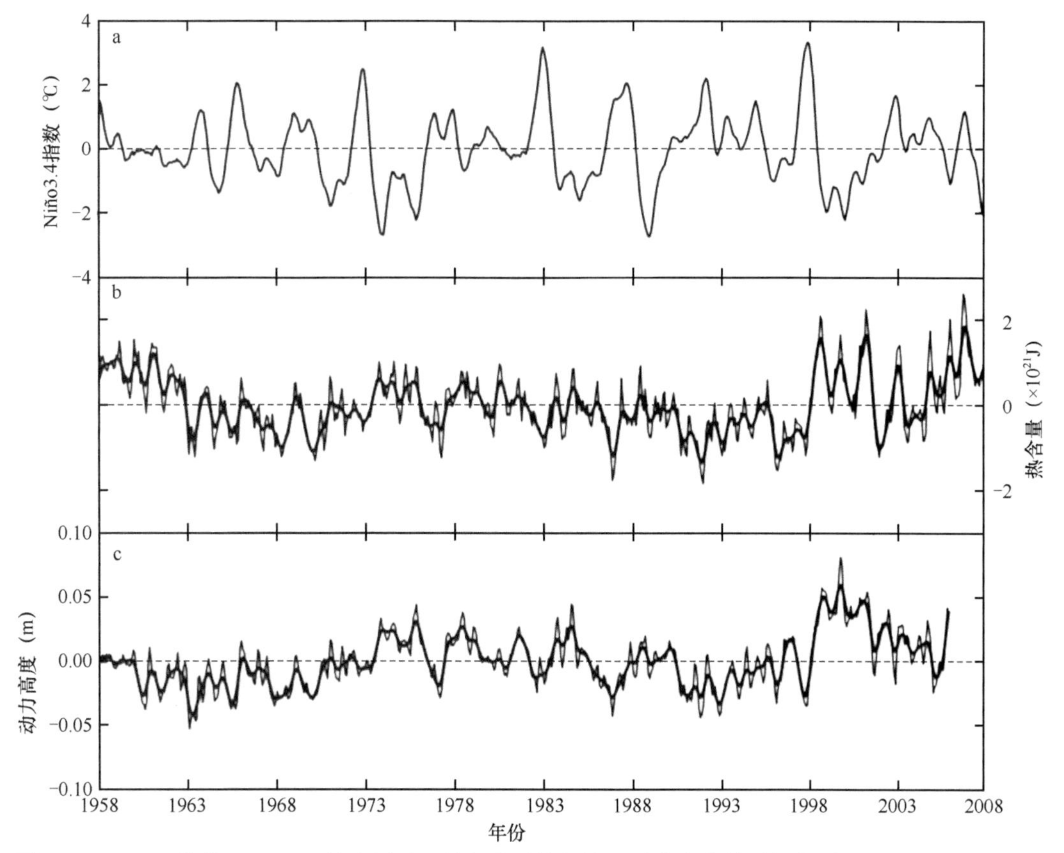

图2.14　Niño3.4指数、上465m热含量及区域积分平均的海面动力高度的时间序列（Liu et al.，2012a）

图2.15给出了由绕岛环流理论和SODA同化产品估算得到的SCSTF异常的概率分布函数图。结果表明，SCSTF平均异常在1975年后向正值方向移动，说明通过吕宋海峡进入南海的净西向体积输送增加。并且由SODA同化产品得到的SCSTF异常的概率分布特征（图2.15b），在1975年后的正向偏移量要大于由绕岛环流理论得到的结果（图2.15a）。Vecchi等（2006）和Alory等（2007）都指出，在1976/1977年气候突变发生后，赤道东风会有所减弱。因此，太平洋风场的异常也是导致SCSTF气候突变发生的重要原因。

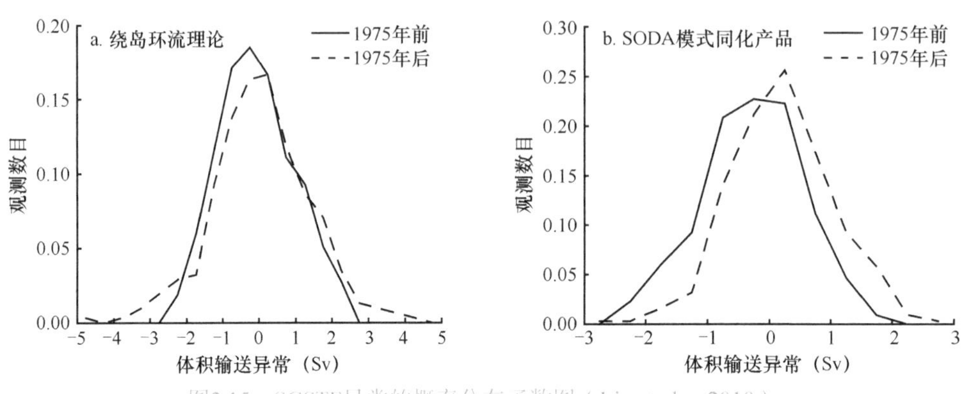

图2.15 SCSTF异常的概率分布函数图（Liu et al.，2010）

在年代际时间尺度上，南海贯穿流所引起的平流效应与南海内区的热含量年代际变化有紧密联系（Song et al.，2014）。利用世界海洋数据集（WOA09）投弃式温深仪（expendable bathythermograph，XBT）的温度数据，计算了南海（0°～25°N，90°～121°E）400m以上的海洋热含量变化。在利用XBT数据前，我们首先对XBT温度剖面进行了质量控制分析，剔除了标示为不好及超出标准偏差控制范围的数据。通过逐步质量控制，最终所用的包括23 356个温度断面的XBT数据在南海的地理分布见图2.16。

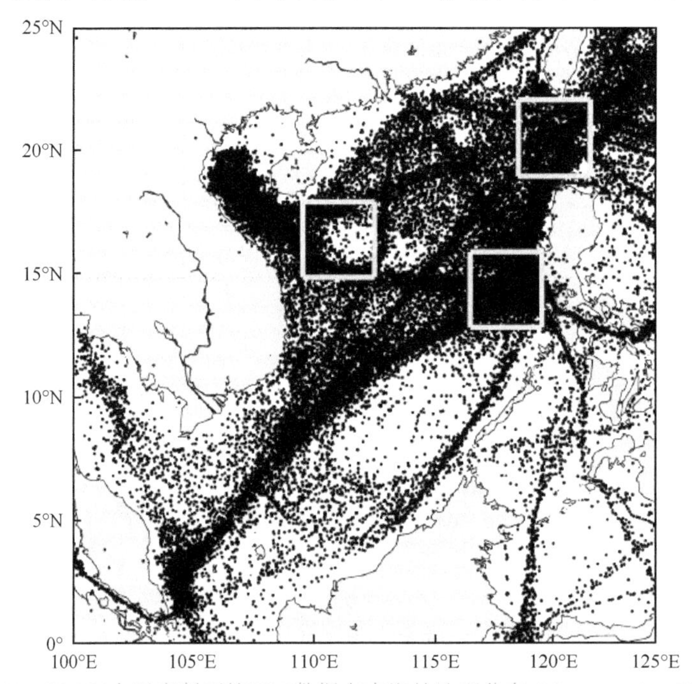

图2.16 23 356个温度断面的XBT数据在南海的地理分布（Song et al.，2014）

选定图中3个区域（图中方框）进行空间差异分析。最右侧方框代表吕宋海峡（区域1）；中间方框代表吕宋岛以西海域（区域2）；最左侧方框代表西沙暖涡区域（区域3）

图2.17给出了南海平均的温度异常垂直剖面和上层热含量随时间的变化。结果表明，在1958～2007年热含量存在两个典型的波峰和波谷。SODA数据显示的垂直温度剖面年代际变化特征要比XBT数据结果更明显。在1964年和2000年有非常明显的冷暖异常，另外，在最近十年温度有明显的上升趋势。由XBT和SODA得到的上层热含量时间变化基本一致。因此，后面会用SODA产品进行热含量诊断分析。

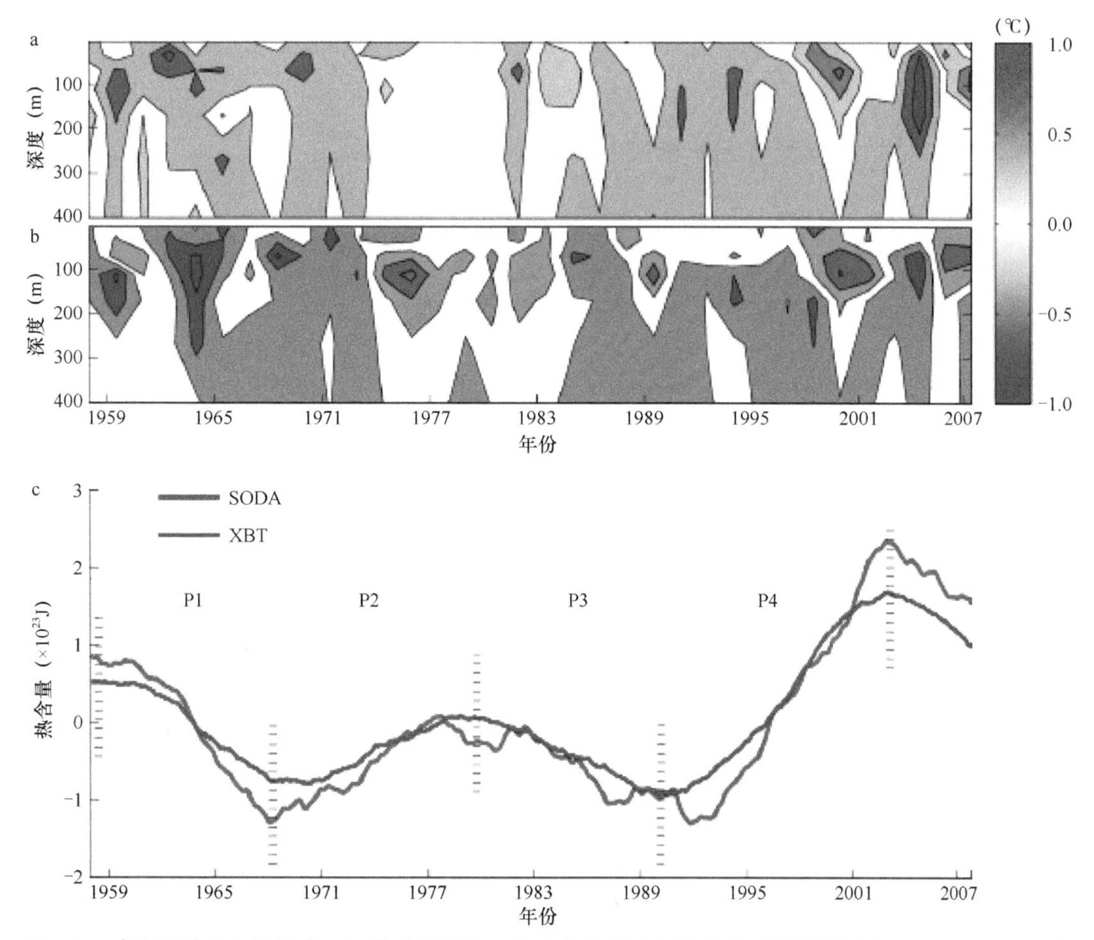

图2.17　南海平均的温度异常（扣除季节平均）及由此得到的上层热含量时间序列（Song et al.，2014）

a. XBT；b. SODA。c图同时标注了四个时间段：P1为1958～1968年；P2为1969～1980年；P3为1981～1990年；P4为1991～2003年

在吕宋海峡（区域1），净热通量和平流都不能解释此处海洋上层热含量的变化特征（图2.18a），这个地方主要受黑潮的影响，其动力过程非常复杂（如强的黑潮伴随着复杂的中尺度涡和扩散特征等）。对于区域2和区域3而言，它们都位于南海内部，并且也受太平洋入流的影响。位于西沙暖涡位置的区域3，是南海西边界流的上游及南海暖流的可能源地，这里的热含量变化主要受平流效应影响（图2.18c）。位于吕宋岛以西的区域2，通过民都洛海峡与太平洋相联系，因此平流效应的影响也非常明显（图2.18b）。

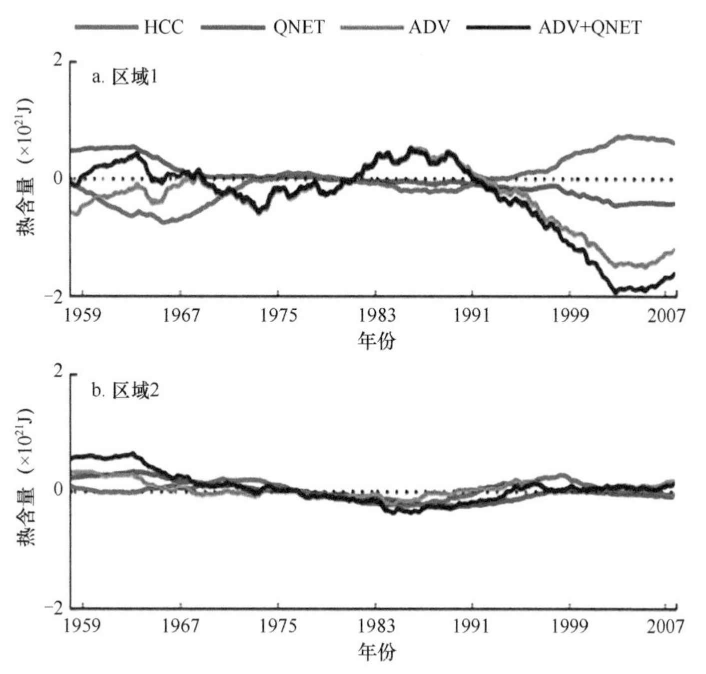

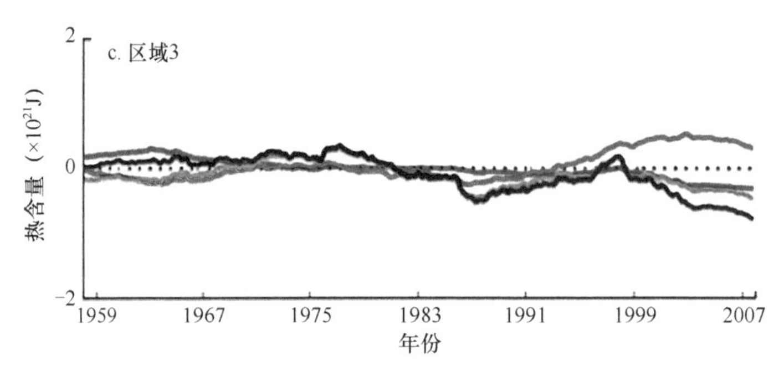

图2.18　南海平均的热含量变化异常、净热通量异常及平流异常（Song et al.，2014）

区域1为吕宋海峡；区域2为吕宋岛以西海域；区域3为西沙暖涡区域。HCC代表热含量变化异常；QNET代表净热通量异常；ADV代表平流异常

2.2.2　南海贯穿流变异的动力机制

1. 太平洋大尺度风场

为了探讨太平洋风场与SCSTF之间的关系，给出了太平洋纬向风与SCSTF的同期相关分布特征（图2.19）。由同期相关系数可以看出，热带太平洋风场异常是影响两者年际变化特征的重要因素。图2.11c给出了利用绕岛环流理论得到的沿*ABCD*总积分路径的体积输送及其各路径南北两端风应力积分得到的体积输送分量的2～7.5年滤波特征，以此来评价各积分路段对SCSTF贡献的大小。与大洋*AB*和*CD*段的贡献相比而言，*BC*和*DA*段的贡献基本可以忽略不计。分析结果表明，沿菲律宾群岛南端（*AB*）和北端（*CD*）风应力积分得到的体积输送变化量值大致相当，它们是控制总体体积输送年际变化的主要因素。在厄尔尼诺期间，赤道太平洋表现为西风异常（图2.10），在纬向东风异常的驱动下，通过吕宋海峡进入南海的体积输送有所增加。

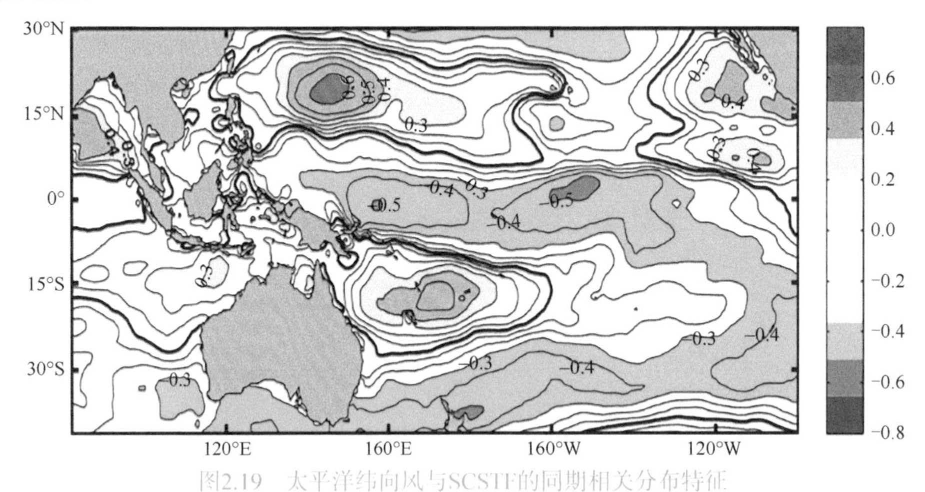

图2.19　太平洋纬向风与SCSTF的同期相关分布特征

沿南端积分得到的体积输送分量均方差为1.78，沿北端积分得到的体积输送分量均方差为1.23。从同期相关来看，南端积分得到的体积输送与总体积输送相关系数可以达到0.82，高于北端积分得到的体积输送与总体积输送的相关系数（0.63）。有些年份北端积分得到的体积输送会使总体积输送变化幅度增强，而有些年份会使总体积输送变化幅度减弱。总体而言，由绕岛环流理论得到的SCSTF异常，主要贡献来自太平洋赤道区域的风应力异常。当然，吕宋海峡东侧160°E以西副热带地区的纬向风也是影响其变化的重要因子（图2.19）。

由绕岛环流理论得到的SCSTF在1975年前的平均异常是–0.42Sv，1975年后的平均异常是0.29Sv，总体增加了0.71Sv。从绕岛环流理论各段积分分析来看，南边界增加了–0.17Sv，北边界增加了0.81Sv。这表明，在长时间尺度上，沿北端的风应力积分是导致SCSTF总体增加的主要因素。除吕宋海峡东部异常东风分量外，南海内部的异常北风也会导致SCSTF在1975年后增加。已有研究表明，局地风场的驱动及西太平洋罗斯贝（Rossby）波的传播对SCSTF的变化也起着相当重要的作用（Wyrtki，1961；刘秦玉等，2000；Hu et al.，2000）。为此，下一部分着重探讨季风系统对SCSTF变化特征的影响。

2. 季风系统

刘秦玉等（2000）利用海洋调查实测数据、海平面高度数据及模式，探讨了吕宋海峡断面流量的变化特征。他们指出，在东北季风盛行季节（10月至次年2月），经吕宋海峡流入南海的流量远远大于流出南海的流量，两者之差能达8Sv。这说明东北季风盛行时，会有较多的水从南海南部其他海峡流出南海，而夏季受局地西南季风影响，表层海水从南海流向太平洋，局地风场对吕宋海峡体积输送的作用比较明显（Wyrtki，1961）。前面的研究也表明，除太平洋大尺度风场会对SCSTF的变化产生影响外，南海内部的风应力变化也会对SCSTF产生影响（Liu et al.，2010）。季风通过改变南海的海表高度场分布特征，从而对黑潮入侵南海的季节变化产生影响（Metzger and Hurlburt，1996；Chao et al.，1996）。

为了进一步探讨季风系统与SCSTF变化之间的关系，我们对夏季（6～8月平均）和秋季（9～11月平均）的SCSTF特征分别进行了分析。结果表明，由SODA得到的SCSTF从12月至次年4月在1976年前都表现为正异常，在1976年后表现为负异常。而5～11月在1976年前表现为负异常，在1976年后表现为正异常。基于绕岛环流理论得到的SCSTF的季节变化特征，除5月与SODA的结果反号外，其他月份均与SODA同化产品得到的结果相似。总体而言，平均SCSTF异常在冬季和春季均呈现为持续递减趋势，在夏季和秋季均呈现为持续递增趋势。

图2.20给出了利用SODA同化产品得到的SCSTF异常时间序列及其线性趋势变化。结果表明，在冬季和春季，SCSTF异常有递减趋势，但其递减趋势并未通过置信度为95%的显著性检验（图2.20a、b）。而夏季和秋季平均的SCSTF异常表现为递增趋势，且其递增趋势通过了置信度为95%的显著性检验（图2.20c、d）。而根据基于绕岛环流理论得到的SCSTF异常结果，也得到了相同的结论。由SODA得到的平均SCSTF异常在夏季气候突变发生前的平均值为–0.33Sv，气候突变发生后的平均值为0.20Sv；秋季气候突变发生前的平均值为–0.61Sv，气候突变发生后的平均值为0.37Sv。而由绕岛环流理论得到的SCSTF异常在夏季气候突变前后的平均值分别为–0.29Sv和0.18Sv，秋季分别为–0.50Sv和0.31Sv。由SODA和绕岛环流理论得到的SCSTF变化趋势在夏季分别为0.17Sv/10a和0.18Sv/10a，在秋季分别为0.27Sv/10a和0.19Sv/10a（Liu et al.，2012b）。

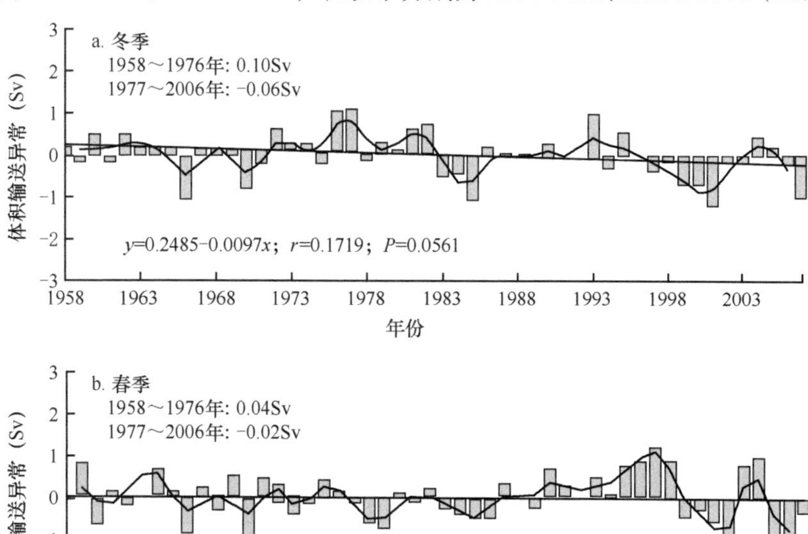

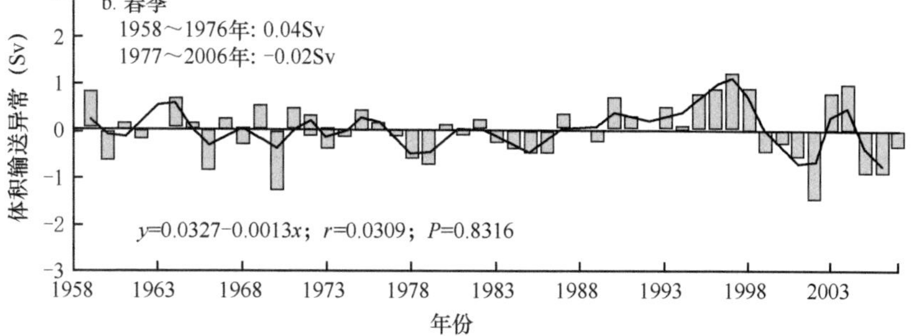

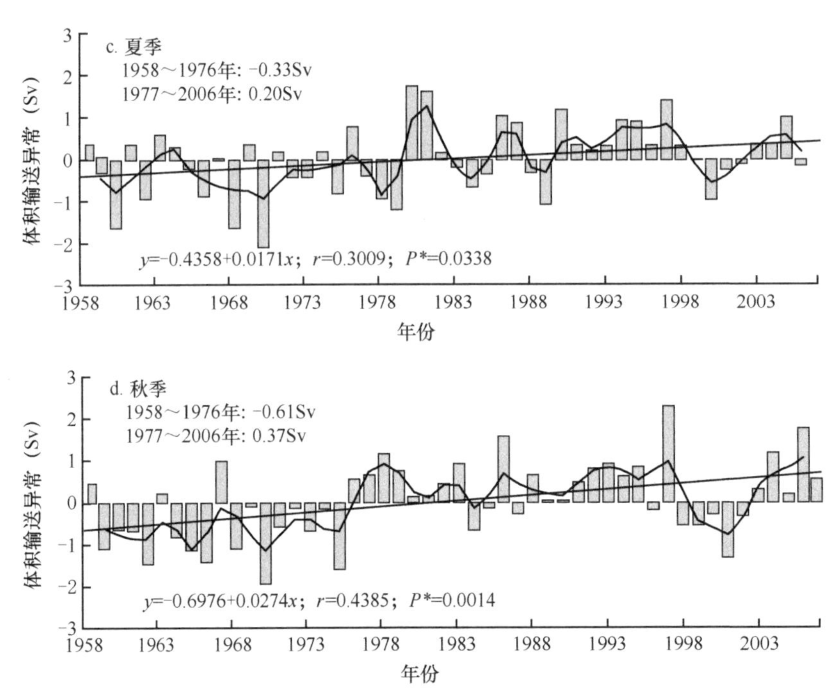

图2.20 由SODA同化产品得到的SCSTF异常四个季节平均的时间序列（柱体）及其长期变化趋势（斜直线）特征（Liu et al.，2012b）

细实线为3个月滑动平均的时间序列。*r*和*P*分别代表相关系数和回归显著性水平检验（significance test for regression），如果*P*值上标有*（即*P*值小于0.05），说明此线性回归是显著的

已有研究成果表明，南海夏季风的强度与ENSO事件存在紧密的联系（Zhou and Chan，2007）。因此，夏季季节平均的SCSTF异常的递增趋势，可能与夏季风的减弱有关。夏季，南海东南风应力在气候突变发生后减弱；秋季，南海东北季风在气候突变后增强。因此，在夏秋季节，南海内部的风应力在气候突变发生后都表现为东北风异常，并且南海内部表现为正的风应力旋度异常中心。这表明，伴随着气候突变后南海内部东北风异常，越来越多的太平洋水体经吕宋海峡进入南海。

这里可能会有疑问，既然绕岛环流理论主要反映的是太平洋大尺度风场对SCSTF的影响，那么为什么由绕岛环流理论得到的6～8月SCSTF在过去50年也表现为增长趋势？进一步分析发现，夏季，当南海内部为东北风应力异常时，菲律宾东南侧表现为西南风应力异常，西北太平洋（吕宋海峡东侧）为东风异常。这些相关联的太平洋风场异常是导致绕岛环流理论反映6～8月SCSTF表现为增长趋势的主要原因。

3. 海洋环流动力过程的调整

在厄尔尼诺期间，赤道太平洋表现为西风异常（图2.10），在西风异常的驱动下，会有更多的太平洋水体经吕宋海峡进入南海。那么，在风场驱动下，海洋环流的调整过程又是怎样的呢？

众所周知，赤道太平洋信风变化与太平洋北赤道流（north equatorial current，NEC）、北赤道逆流（north equatorial countercurrent，NECC）和南赤道流（south equatorial current，SEC）变化存在紧密的联系（Wyrtki，1974）（图2.21）。在El Niño期间，西北太平洋正的风应力旋度会通过Sverdrup动力过程导致NEC向西的流速增大（Qiu and Lukas，1996），NECC向东的流速增大，SEC向西的流速减小。由绕岛环流理论得到的SCSTF与NEC指数的同期相关系数为0.16，当SCSTF超前NEC指数6个月时相关系数最大，为0.62；与NECC指数的同期相关系数为0.55，与赤道以北的SEC指数的同期相关系数为−0.67。

黑潮流量变化、北赤道流流量变化及北赤道流（NEC）分叉点的南北移动三者存在密切的联系。在太平洋大尺度风场作用驱动下的赤道环流系统可以使低纬度的ENSO信号通过西边界流影响中纬度环流系统（Qiu et al.，1996）。Kim等（2004）研究指出，在年际时间尺度上NEC分叉点的南北移动与ENSO之间存在密切联系，温跃层深度附近的NEC分叉点与南方涛动指数的同期相关系数可以达到0.8，NEC位置的移动主要与上升（下降）Rossby波的向西传播有关。

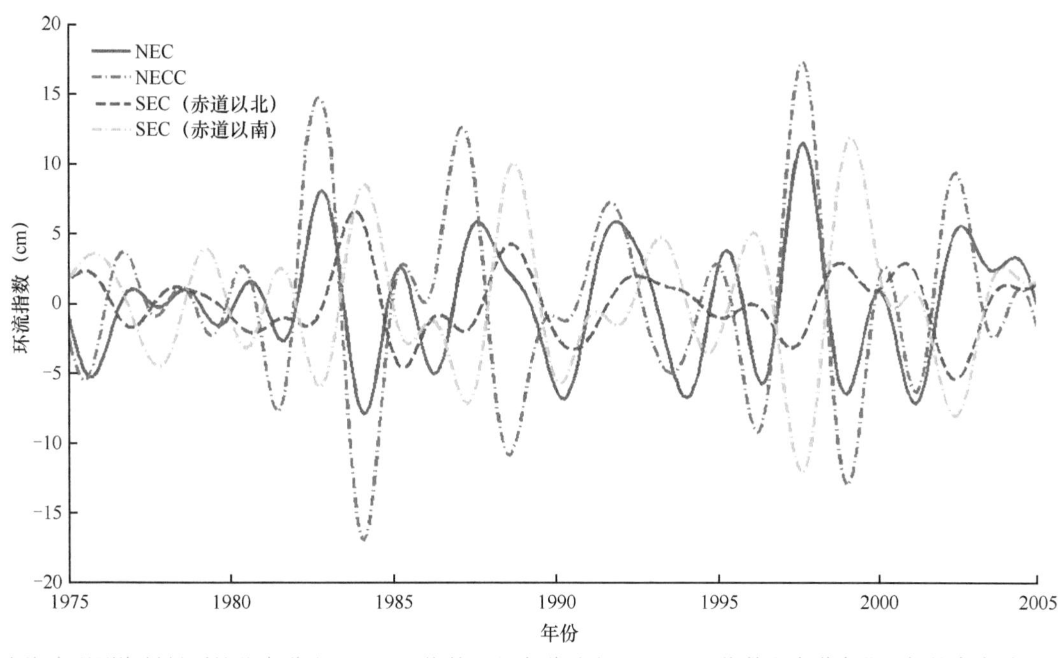

图2.21　由海表观测资料得到的北赤道流（NEC）指数、北赤道逆流（NECC）指数和赤道南北两侧的南赤道流（SEC）指数距平时间序列（刘钦燕，2005）

正/负值代表环流增强/减弱

除此以外，黑潮流量的变化会对太平洋经吕宋海峡进入南海水体的多少产生一定的影响。Sheremet（2001）的理论研究表明，西太平洋边界流流量变化会产生类似“茶壶”效应的现象，从而对SCSTF产生影响。也就是说，当惯性边界流在西边界穿越一个间隙时，如果位涡南北平流项的强度可以克服β效应，那么流体在惯性作用下就难以流入此间隙；而当南北平流输送低于特定临界值Q_{crit}（依赖于海峡宽度、β效应和喷射流体的水平垂直尺度）时，就会有部分流体沿边缘流入间隙。这种类似“茶壶”效应的现象称为“过射”（overshooting）。

Yaremchuk和Qu（2004）的模式结果分析表明，当黑潮体积输送处于15～20Sv时，惯性力作用难以克服β效应，从而有利于太平洋的水体沿着边界流入南海，这在季节尺度上证实了Sheremet（2001）的理论结果。Yuan和Wang（2011）利用一个准地转的约化重力模式，进一步诊断了西边界流在受到涡旋影响流经一个海峡时对海峡流量的影响。因此，海洋中存在过射现象，也就是说在吕宋海峡处发生的过射现象是导致ENSO年份SCSTF增强或减弱的内在因素。Wang等（2003）对涡旋的分类表明，吕宋岛西北海域涡旋的产生与黑潮入侵存在紧密联系。

2.2.3　南海贯穿流对南海的热动力影响及其气候效应

南海存在印尼贯穿流（ITF）的分支，SCSTF作为重要的一个ITF分支已经被列入了国际研究相关示意框架中（Gordon et al.，2012）。相关研究证实，SCSTF对望加锡海峡次表层速度最大值的产生具有重要作用，并且SCSTF的存在是ITF垂向结构变化的重要因素。在El Niño期间，SCSTF增强导致的南海与苏拉威西海的淡水压力梯度差，会导致望加锡海峡最大南向速度发生在次表层或更深处。而在La Niña期间，其压力梯度差消失，因此其最大南向速度层变浅。所以，研究南海贯穿流具有重要的科学意义。

为了能够清楚地认识南海贯穿流对南海内部及周边环流系统的影响，我们给出南海贯穿流示意图（图1.4）。就气候态平均而言，通过吕宋海峡进入南海的净海水体积通量为1～2Sv，通过海洋表面进入南海的净热通量为0.1～0.2PW，通过海表进入南海的净淡水体积通量为0.1～0.3Sv，南海并没有持续增暖和变淡的根本原因在于，南海贯穿流的贯通作用将此热量和淡水输送到相邻的海域，从而起到了冷平流的作用（Qu et al.，2006，2009；Liu et al.，2012a）。南海贯穿流除起到冷平流作用外，还会把流入的约0.1Sv的淡水输送到周边水域，同时起到盐度输送的作用（Qu et al.，2006）。Tozuka等（2007）的数值实验表明，南海贯穿流对望加锡海峡的热含量输送起着重要的调节作用（会有0.18PW的差异）。以下，我们将从四个方面分别讨论南海贯穿流与周边海域水体之间的相互影响及其对环流系统的影响。

1. 南海贯穿流对南海内区的热动力影响

对于海盆尺度平均来说，南海会从大气得到10～50W/m^{2}的净热通量，由OAFlux估计的净热通量为49W/m^2（Yu and Weller，2007），由COADS估计的为23W/m^2（Oberhuber，1988），NCEP得到的为18W/m^2（Qu et al.，2006）。我们利用SODA同化产品和Ishii提供的动力高度数据进一步分析了南海贯穿流和南海内部上层热含量（HC）之间的相关关系，其结果从年际尺度上证实了南海贯穿流所起的冷平流效应（图2.22）。在厄尔尼诺发生盛期的11月，除越南离岸流外，其余都一致表现为冷的热含量异常（图2.22a）；到了衰退期的9月，上层海洋热含量开始表现为以暖异常为主（图2.22b）。厄尔尼诺期间动力高度异常的合成场特征与热含量异常合成场特征基本一致（图2.22c、d），只是由于SODA同化产品分辨率比较高，因此其合成场反映的涡旋特征会更明显。

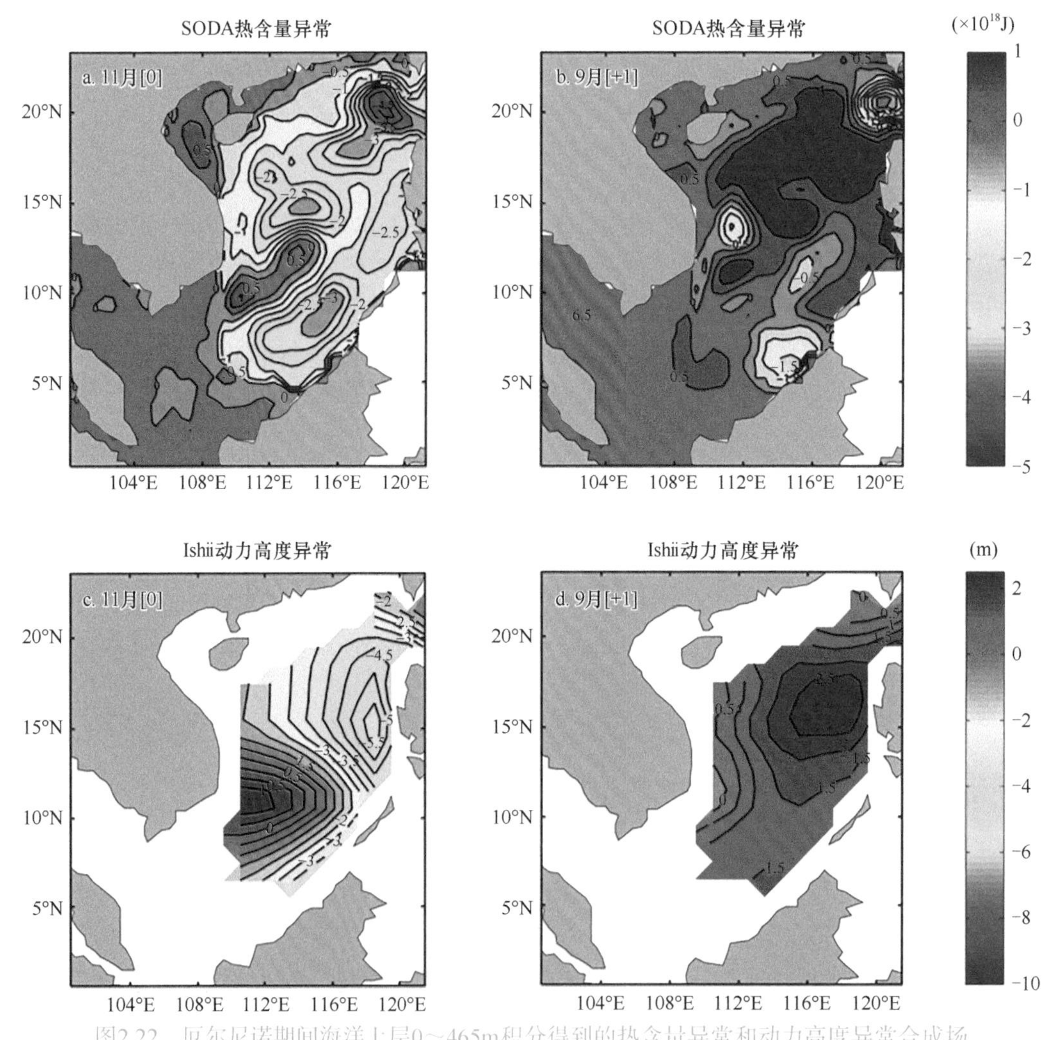

图2.22 厄尔尼诺期间海洋上层0～465m积分得到的热含量异常和动力高度异常合成场

[0]表示厄尔尼诺事件第一年；[+1]表示厄尔尼诺事件第二年

通过南海关闭的敏感性试验得出，当南海关闭以后，南海内部的海表温度将上升1℃以上，其中升温最明显的区域为南海西边界流的下游区和越南以东以南区域（Tozuka et al.，2009）。在此基础上，我们利用中国科学院大气物理研究所的LICOM模式进一步计算了模式上222m层SCSTF异常与南海每个网格点同一深度热含量异常的相关系数（通过了置信度为95%的显著性检验）（图2.23）。两者的负相关体现了南海贯穿流的冷平流作用（这里定义SCSTF流入南海为正）。就时间尺度而言，在上层热含量滞后SCSTF 1～2月

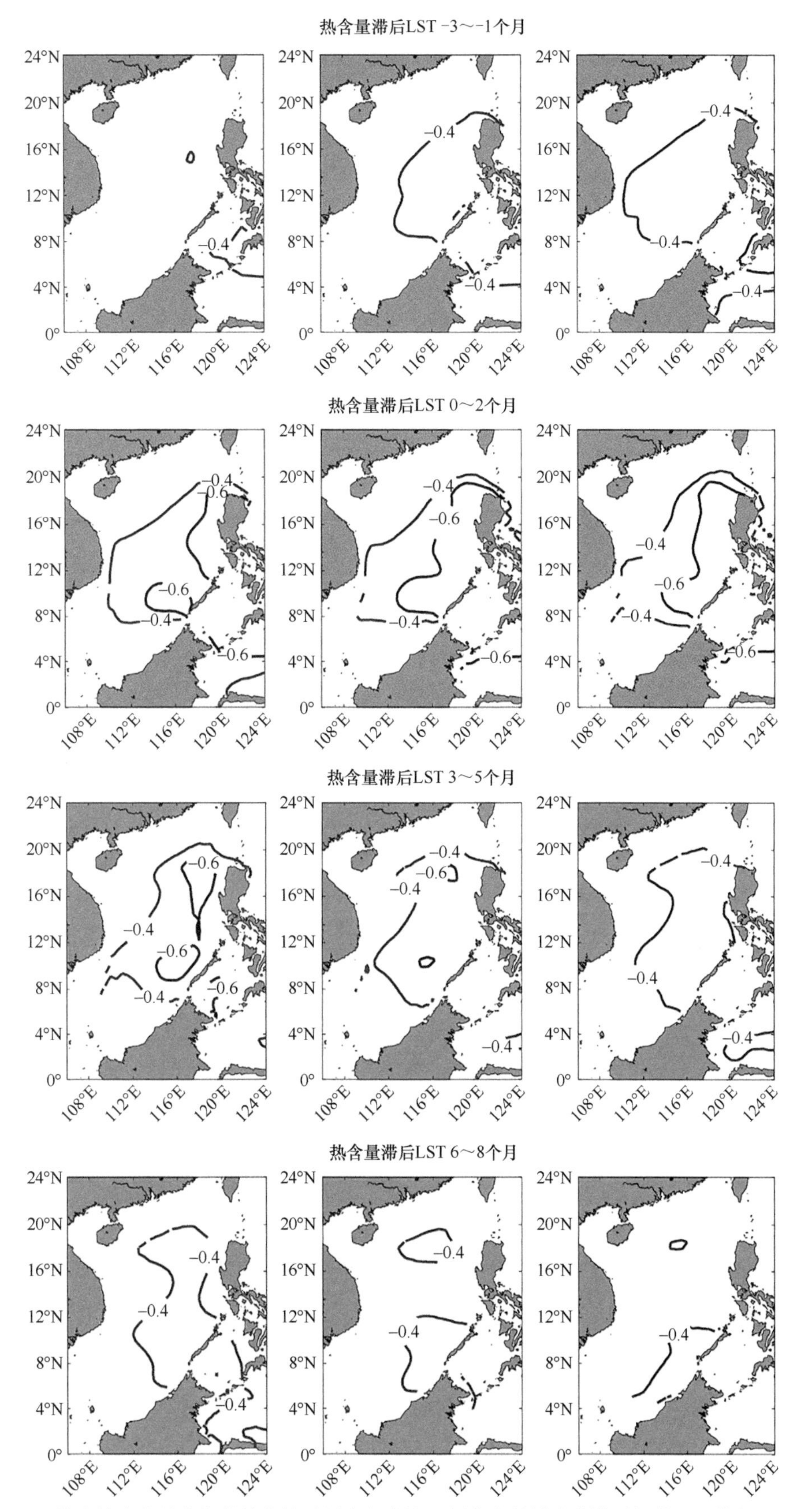

图2.23　模式输出的吕宋海峡体积输送异常与南海上层热含量异常的滞后相关（王伟文，2010）

时，两者显著负相关区域达到最大，可见其对冷平流的响应是十分迅速的。上层热含量滞后SCSTF 0个月，甚至超前1～2个月时都有显著负相关出现，这有可能是计算相关系数时的红噪声，两个时间序列如果在某个时刻高度相关，在错位1～2个时刻时相关系数并不能立刻降到最低，随着超前滞后月份的进一步增加，高相关区便逐渐消失（王伟文，2010）。

就空间分布而言，两者的显著负相关区域主要出现在南海东部的深水海盆区。造成这一现象的原因可能有两个方面：其一，北部陆架区和西边界流区上层热含量与SCSTF相关不显著，很可能是由于该区域具有十分复杂的热动力过程，上层热含量受到多方面因素的影响，如局地大气强迫，西边界流主要是西向强化的结果，而不是黑潮入侵的驱动；其二，近岸物理过程复杂，虽然模式并未加入陆地径流，但模式强迫场所用的海气热通量和海表温度（SST）强迫场及侧边界效应等也都会成为重要的影响因素。为此，我们用相同的强迫场做了一组模式敏感性试验，关闭南海与外海连通的吕宋海峡、台湾海峡、民都洛海峡和卡里马塔海峡等。图2.24给出了控制试验（南海通道打开）和南海通道关闭试验的南海上层（0～222m层）热含量异常的同期相关系数分布，从而体现南海贯穿流以外其他因素对它造成的影响。结果表明，除水深小于222m的区域没有数据及部分地形陡峭的陆坡区相关系数不能通过显著性检验外，与图2.23相比，显著相关（正相关）区出现在深水海盆外缘，表明这些区域上层热含量受到诸多因素的影响，因而南海贯穿流所造成的影响就相对变弱。

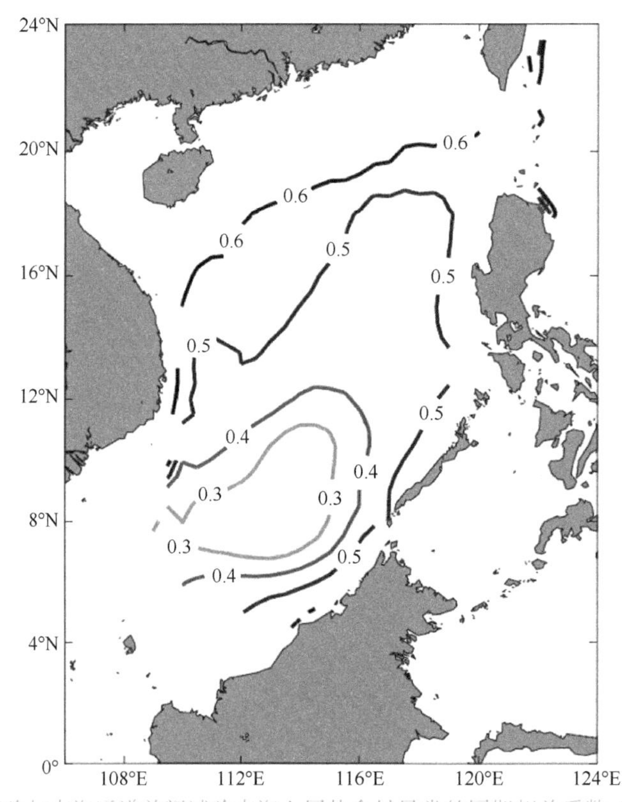

图2.24 控制试验与南海通道关闭试验南海上层热含量异常的同期相关系数（王伟文，2010）

图2.23的显著负相关区集中在东部海区也可能是因为受通过民都洛海峡和巴拉巴克海峡的平流影响，这两个海峡，尤其是民都洛海峡，也是南海贯穿流的主要通道，这也进一步显示了南海贯穿流对南海上层热含量影响的整体效应。此外，当计算增加到更深层次时，两者的相关系数会减小，即南海贯穿流主要影响南海内区的上层热含量，对中下层的影响随着深度增加而减弱。吕宋海峡深水瀑布会以何种复杂的动力形式影响南海的热力变化，还有待进一步深入研究。

计算控制试验的SCSTF异常与南海通道关闭试验的南海上层热含量异常的相关系数发现，各个网格点上的相关系数均低于0.05，或不能通过显著性检验。这是因为，南海是一个半封闭的海盆，其多时间尺度变化主要来自局地大气强迫、外部太平洋强迫和南海内部变化三个方面，我们关闭了南海与西北太平洋之间的各个通道，也就是隔断了太平洋强迫，此时南海上层热含量的变化基本来源于局地大气强迫和南海内部变化，导致控制试验的SCSTF异常与南海通道关闭试验的南海上层热含量显著负相关的消失，这正说明控制试验本身的SCSTF异常与南海上层热含量的显著负相关确实反映了南海贯穿流的冷平流贡献，而不仅仅是两者在相同气候背景场下产生的一种虚假相关现象。

关闭南海通道的模式试验进一步证实了南海贯穿流的冷平流贡献。南海与印尼海域处于印度洋—太平洋交汇区的典型海洋大陆带中，异常活跃的大气对流活动使得此海区微小的SST和上层热含量变化都可能导致剧烈的天气气候变异，南海贯穿流的重要气候学意义可见一斑（Qu et al.，2006，2009；Tozuka et al.，2009；王伟文，2010）。

进一步研究表明，由SODA数据得到的在6个厄尔尼诺事件期间上层热含量的变化（图2.25a）和由世界海洋数据集的XBT数据得到的热含量变化（图2.25b）及由Ishii06数据得到的动力高度场变化（图2.25c）基本一致，因此可用SODA对上层热含量进行定量诊断分析。定量诊断表明，在厄尔尼诺期间南海贯穿流的冷平流作用对于南海上层热含量确实起到了非常重要的作用（Liu et al.，2012b）（图2.26）。

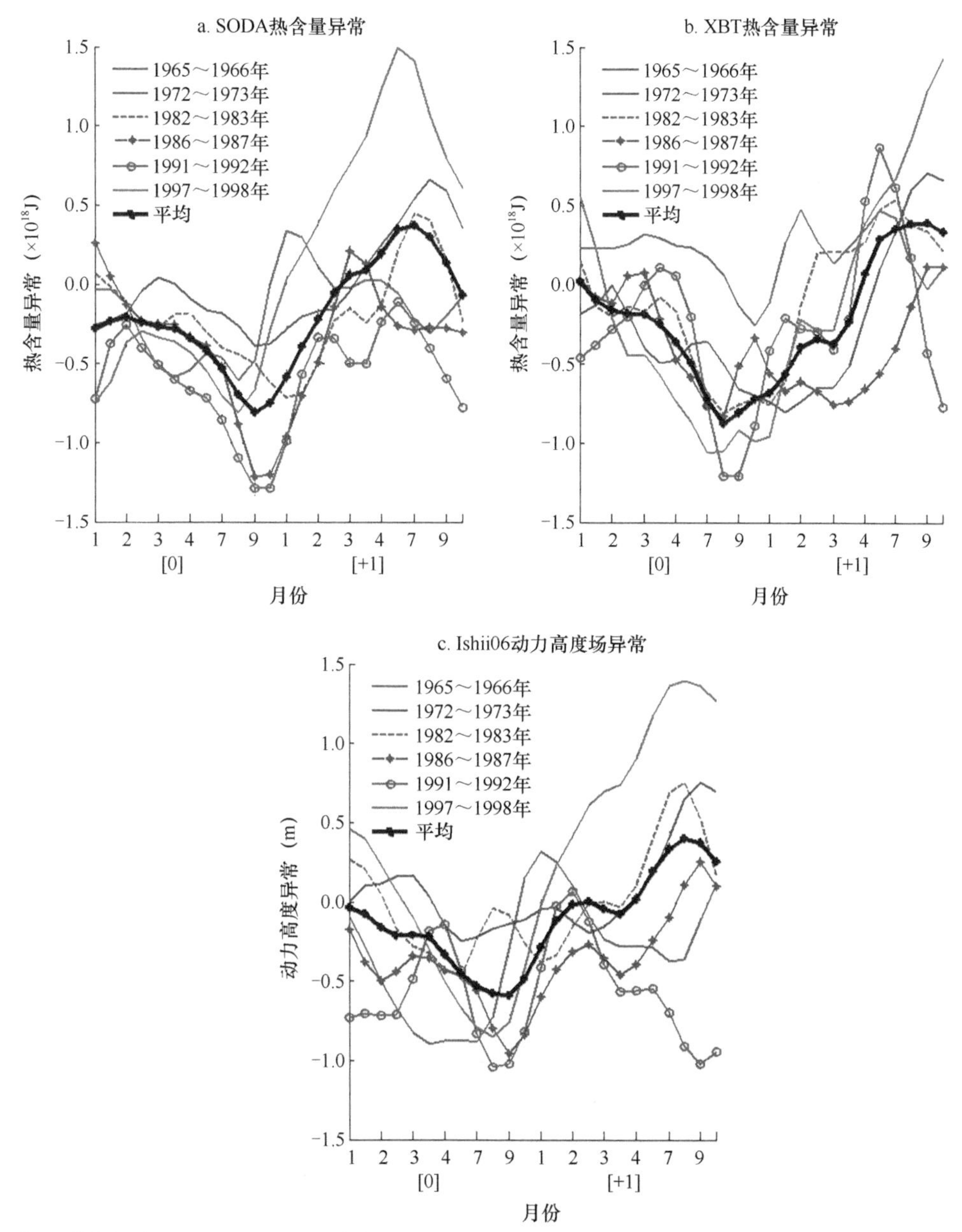

图2.25　6个厄尔尼诺期间南海平均的由SODA数据得到的海洋上层0～465m热含量异常、由XBT数据得到的热含量异常及由Ishii06数据得到的动力高度场异常（Liu et al.，2012b）

时间序列进行了3个月滑动平均。黑粗线代表扣除1965～1966年厄尔尼诺后其余5个厄尔尼诺事件的平均特征。[0]表示厄尔尼诺事件第一年；[+1] 表示厄尔尼诺事件第二年

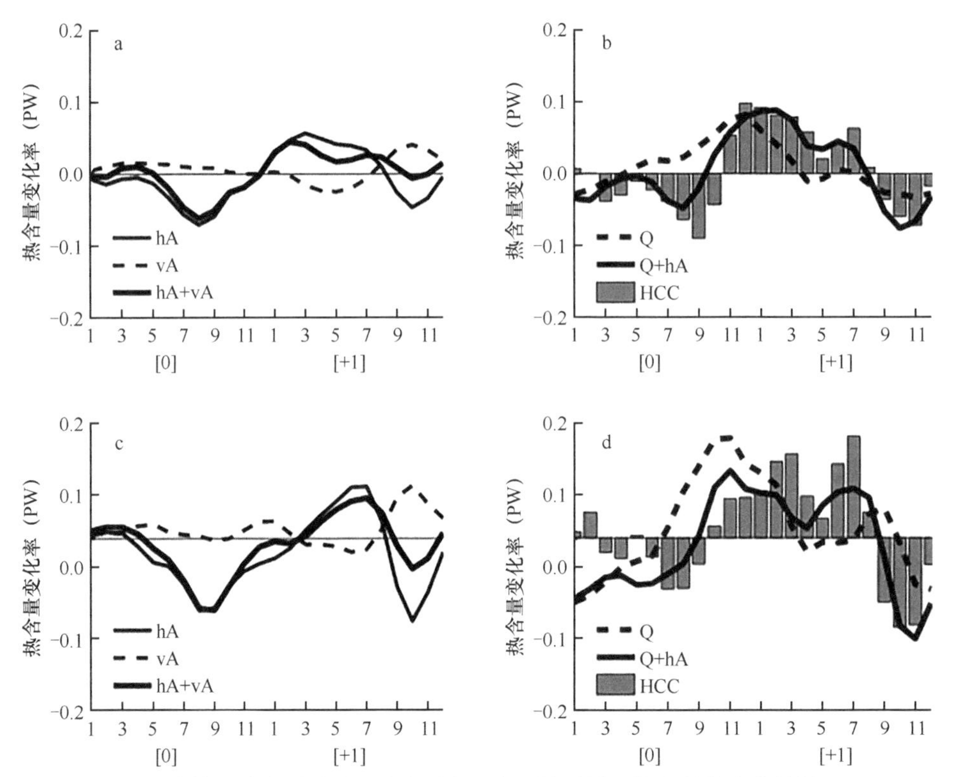

图2.26　6次厄尔尼诺事件平均水平平流、垂直平流、表面热通量、热含量的变化特征（Liu et al.，2012b）

a. 水平平流、垂直平流和总平流合成特征；b. 表面热通量、表面热通量和水平平流之和及上层0～465m热含量的变化率（阴影）；c和a相似，d和b相似，但只有1982～1983年和1997～1998年2个厄尔尼诺事件。正值代表热输送进入南海。hA代表水平平流；vA代表垂直平流；Q代表表面热通量；HCC代表热含量变化异常。[0]表示厄尔尼诺事件第一年；[+1] 表示厄尔尼诺事件第二年

基于美国国家航空航天局（National Aeronautics and Space Administration, USA，NASA）发射的Aquarius盐度卫星、中国科学院南海海洋研究所实施的现场观测和Argo观测数据（Zeng et al.，2014），首次发现了2012年南海极端淡化事件（图2.27），其上层盐度为近50年来最低值（盐度淡化可达0.4psu，并影响至100m层）。对于南海的盐度，主要影响因子为净淡水通量、河口淡水出流及由南海贯穿流主导的海峡水交换。不同于局地淡水通量和河口淡水出流，南海贯穿流带入南海大量的高温高盐水，对南海盐度的影响不容忽视。为评估引起2012年淡化现象的可能因素，我们通过简化定量计算给出上述因子引起的盐度变化量（表2.2），发现充足的淡水通量和较少的南海贯穿流流量是2012年南海上层海洋淡化的主要原因。同时发现在淡水通量更充足的2011年，南海的上层海洋盐度却显著高于2012年，这意味着南海贯穿流对此年际差异的影响尤为重要。通过对比各影响因子对2011年与2012年盐度变化的贡献，进一步证实了南海贯穿流在此年际差异中的主导作用（Zeng et al.，2014）。

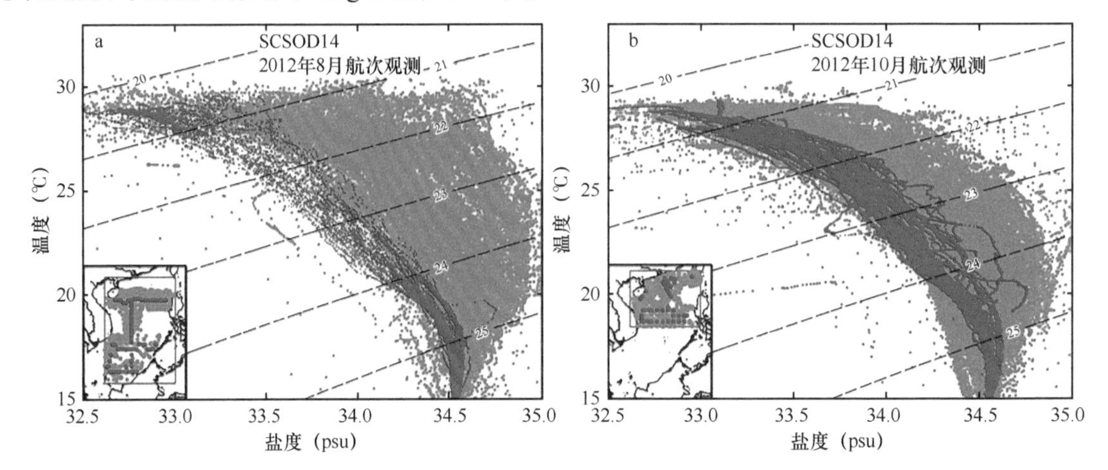

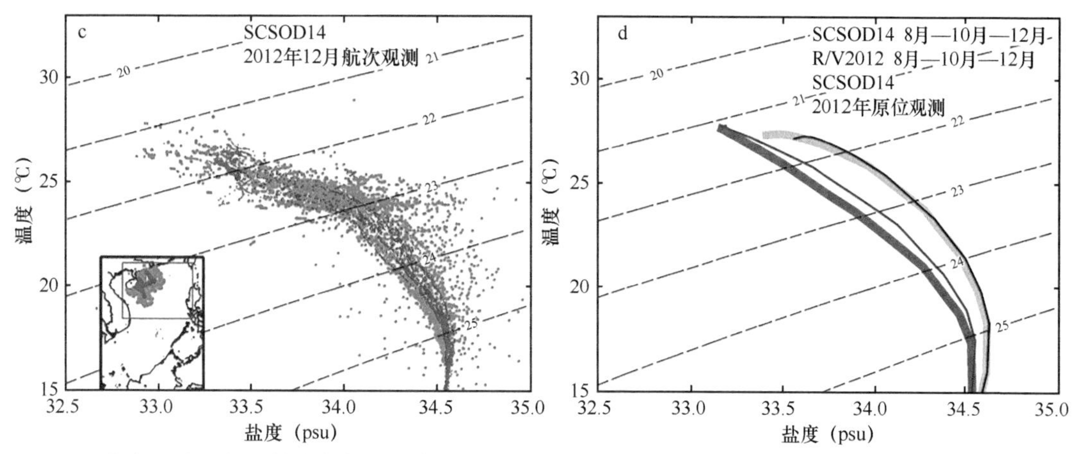

图2.27　Aquarius盐度卫星、中国科学院南海海洋研究所实施的现场观测和Argo观测数据证实的2012年南海极端淡化事件（Zeng et al., 2014）

a图中红色点是2012年8月航次的观测数据，黑色点是SCSPOD数据集中这一航次轨迹周围2度范围内的所有观测。bc类似。d图中，红黑粗线是2012年8月、10月、12月的三个航次观测平均廓线和SCSPOD这三个月的平均廓线。红黑细线是SCSPOD2012年的平均廓线和总的平均廓线a图中红色点是2012年8月航次的观测数据，黑色点是SCSPOD数据集中这一航次轨迹周围2度范围内的所有观测。b图、c图类似。d图中，红黑粗线是2012年8月、10月、12月的三个航次观测平均廓线和SCSPOD这三个月的平均廓线。红黑细线是SCSPOD2012年的平均廓线和总的平均廓线

表2.2　净淡水通量、河口淡水出流及由南海贯穿流主导的水交换引起的南海盐度变化量（Zeng et al., 2014）

南海北部盐度变化	珠江淡水出流				净淡水通量				吕宋海峡体积输送量	
	数据来源	CPC	GPCP	TRMM	数据来源	CPC	GPCP	TRMM	数据来源	ROMS
2012年–气候态	径流量差异（m^3/s）	–1044	–583	358	通量差异（mm/d）	0.87	0.60	1.72	输送量差异（Sv）	–0.86
–0.41	盐度变化量（psu）	+0.02	+0.01	–0.01	盐度变化量（psu）	–0.10	–0.07	–0.21	盐度变化量（psu）	–0.26
2012年–2011年	径流量差异（m^3/s）	–1730	–1397	–1877	通量差异（mm/d）	–1.12	–1.49	–1.43	输送量差异（Sv）	–1.74
–0.34	盐度变化量（psu）	+0.03	+0.03	+0.04	盐度变化量（psu）	+0.14	+0.19	+0.18	盐度变化量（psu）	–0.52

2. 南海贯穿流与ITF的关联

太平洋水体进入南海后，多数沿南海西边界向南流动，经卡里马塔海峡流出后，也有一部分在望加锡海峡作为表层流流出，对ITF热输送的年际变化起着重要的作用（Qu et al., 2006）。由于进入南海的水体均偏冷，而流出南海的水体偏暖，因此南海海洋环流本身具有冷平流的作用，它对北太平洋的经向环流也有一定贡献（Qu et al., 2006）。

一方面，基于风应力估算和对海洋同化数据的分析，SCSTF与ITF的年际变化的位相相反（刘钦燕等，2007）。由SODA模式得到的两者体积输送的同期相关系数为–0.67，由绕岛环流理论得到的同期相关系数为–0.57（刘钦燕等，2006）。尽管南太平洋的风场变化对于ITF和吕宋海峡东部风场变化对于SCSTF的年际变化都起着一定的作用，但赤道风场变化是导致ITF和SCSTF的年际变化反位相的最主要因素。另一方面，其结果进一步表明，ITF和SCSTF与ENSO事件存在紧密的联系。Niño3.4指数与由绕岛环流理论和海洋模式得到的ITF同期相关系数分别为–0.77和–0.62，而与SCSTF的同期相关系数分别为0.33和0.45。也就是说，在El Niño期间，赤道太平洋西风爆发，风场变化会导致ITF减少，而SCSTF增加，La Niña年份情况与之相反。

上述结果表明，赤道太平洋风场变化是导致年际时间尺度上SCSTF和ITF反位相的主要因素。那么风场变化是如何通过环流调整过程影响SCSTF和ITF的年际变化特征的呢？图2.21给出了Wyrtki（1961）定义的赤道太平洋环流指数，下面将通过环流指数结合海洋同化结果对环流调整进行讨论。NEC指数与NECC指数的同期相关系数为0.74，与SEC指数（南赤道流与北赤道流之和）的同期相关系数为–0.48。NECC指数与

SEC（南赤道流与北赤道流之和）指数的同期相关系数能够达到–0.82。正如前面所言，太平洋NEC、NECC和SEC与赤道太平洋信风变化存在紧密的联系（Wyrtki，1961）。

在El Niño期间，西北太平洋正的风应力旋度会通过Sverdrup动力过程导致NEC向西的流速异常增大（Qiu et al.，1996），由SODA模式模拟得到的NEC分叉点变化也进一步证实了此观点（图2.28）。NECC向东的流速增强，SEC向西的流速减弱。由绕岛环流理论得到的SCSTF超前NEC指数6个月时相关系数最大，为0.62，而ITF与NEC指数的同期相关系数为–0.52；SCSTF和ITF与NECC的同期相关系数分别为0.55和–0.78（刘钦燕等，2006）。可以看出，SCSTF（ITF）与NEC/NECC指数存在一定的正（负）位相关系，而与SEC指数存在负（正）位相关系。也就是说，在El Niño期间，NEC和SCSTF增加，而对应的NECC/SEC和ITF将减少。

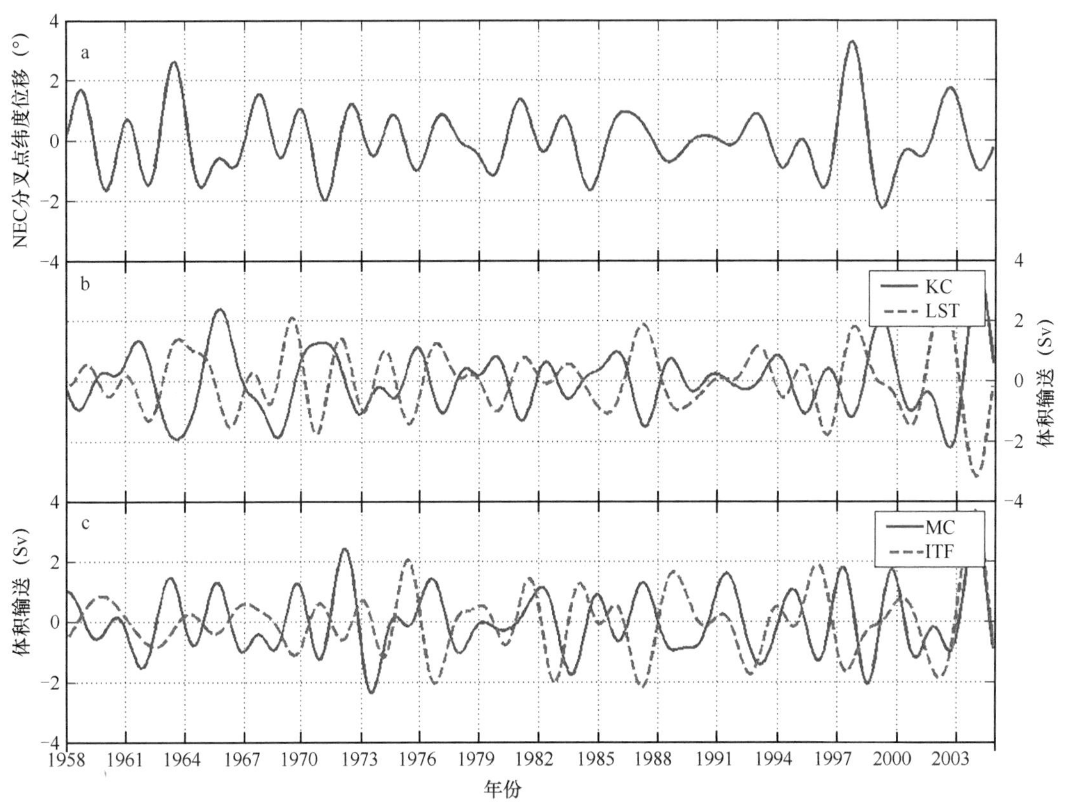

图2.28 NEC分叉点、黑潮（KC）和吕宋海峡体积输送、棉兰老流（MC）和ITF的标准化时间序列（刘钦燕等，2006）
正值代表环流增强和NEC分叉点北移

前文已经指出，黑潮边界容易产生类似"茶壶"效应的"过射"现象。当黑潮体积输送处于15～20Sv时，惯性力作用难以克服β效应，从而有利于太平洋的水体沿着边界流入南海（Yaremchuk and Qu，2004）。根据SODA同化产品我们计算了0～465m离岸2格点范围内平均的黑潮流量（KC，16.75°N）（图2.28b）。结果表明，NEC分叉点与Niño3.4指数、KC的同期相关系数分别为0.54、–0.60，分别表现为同位相、反位相关系；与KC同模式模拟得到的SCSTF同期相关系数为–0.59（刘钦燕等，2006）。当发生El Niño事件时，风场变化通过Sverdrup动力过程导致NEC分叉点北移（Kim et al.，2004），斜压Rossby波调整导致KC减弱（Tozuka et al.，2002），基于Sheremet（2001）的非线性滞后理论，弱的黑潮北向输送反而有利于太平洋水体通过吕宋海峡进入南海（Yaremchuk and Qu，2004；Qu et al.，2004）。

与黑潮边界影响SCSTF的过程类似，当KC在吕宋海峡发生"入隙"现象时，在苏拉威西—棉兰老通道处（0.75°～6.25°N，124.5°E）可能出现"跨隙"。由SODA模式得到的0～465m离岸2格点范围内平均的棉兰老流量（MC，7.25°N）结果表明，其变化超前NEC分叉点6个月时相关系数最大，为0.31。NEC分叉点与KC表现为反位相，同MC尽管在位相上存在一定的时滞性，但大致仍表现为同位相。而MC同由绕岛环流理论得到的ITF负相关，相关系数为–0.52。这表明，一方面SCSTF（ITF）的反位相特征与入隙/跨隙过程紧密联系，另一方面KC和MC两者的反位相与相应纬度上斜压Rossby波的相速不同有关（Qiu et al.，1996），这导致SCSTF与ITF在年际尺度上表现为反位相。

图2.29给出了异常事件期间0～465m深度平均的合成流场距平分布（红色矢量代表置信度超过95%的流场）。这清楚表明，在El Niño期间，赤道太平洋风场变化通过Sverdrup动力过程导致NEC分叉点北移（Kim et al.，2004），同时NEC增强（Wyrtki，1961；Qiu et al.，1996），对应不同相速的斜压Rossby波调整导致MC增强（Masumoto and Yamagata，1991），而KC减弱（Tozuka et al.，2002）。基于Sheremet（2001）的理论推断，KC的减弱有利于太平洋水体通过吕宋海峡进入南海，SCSTF增强；MC的增强不利于水体经印尼通道进入印度洋，ITF减弱。当MC增强时，NECC跟着增强，但SEC却减弱。La Niña年份的变化情况正好与之相反，即NEC分叉点南移，KC增强导致SCSTF减弱，而MC减弱导致ITF增强。总而言之，赤道太平洋风场变化引起海洋环流调整，导致在吕宋海峡和苏拉威西—棉兰老通道处产生入隙或者跨隙现象，这种动力过程的相互作用使得SCSTF异常与ITF异常在年际尺度上呈现反位相。

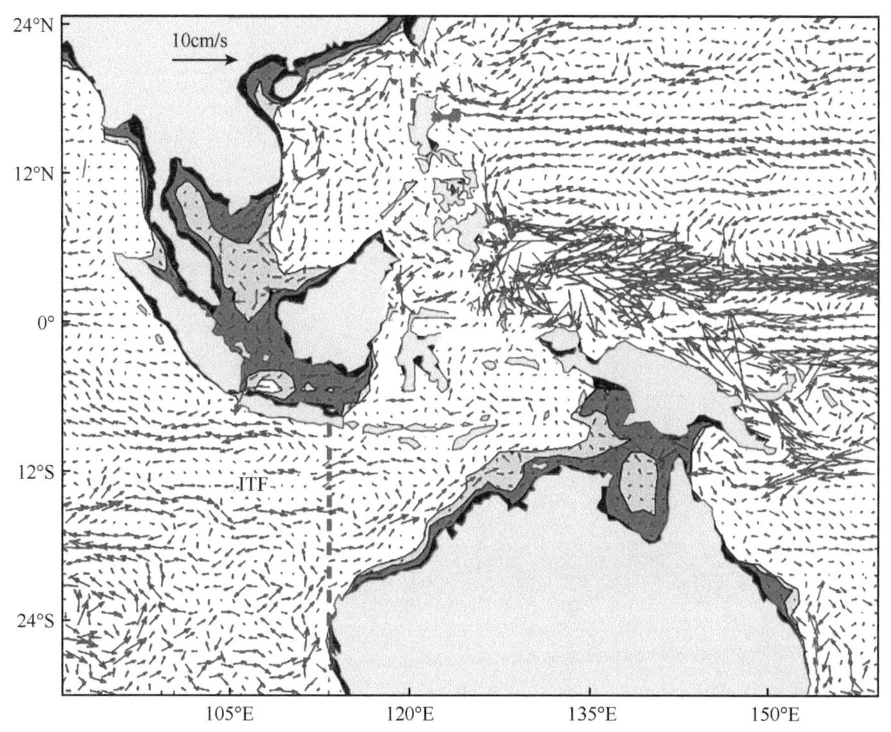

图2.29　异常事件期间0～465m深度平均的合成流场距平分布特征（刘钦燕等，2006）

异常事件选取标准：由绕岛环流理论得到的SCSTF月距平值高于1.5Sv，ITF的月距平值低于1.5Sv，而且Niño3.4指数高于0.4℃。红色矢量通过了置信度为95%的显著性检验。利用Matlab自带的地形数据，将水深浅于100m的海域用等值线标出

前文根据同化产品和诊断理论，对于SCSTF和ITF的反位相特征机制进行了探讨，但SCSTF进入南海后，经南海南部卡里马塔海峡流出，对ITF的环流和热输送到底起何种作用呢？研究表明，南海贯穿流的贯通作用将此热量和淡水输送到相邻的海域，从而起到冷平流的作用（Qu et al.，2006，2009）。SCSTF的热输送年际变化和南海表面热含量变化具有较好的一致性，但是仍有明显的差异存在（Qu et al.，2006）。SCSTF的冷平流作用，不仅会对南海的热含量产生影响，还会对周边海域的海温和热含量特征产生影响。望加锡海峡的表层环流并非局地风驱动的作用，而是大尺度风场作用的结果。

Tozuka等（2007）利用海洋数值模式进行了模拟实验，结果表明，SCSTF对于望加锡海峡次表层速度最大值具有显著影响。控制试验表明，南向最大流速发生在次表层110m，而关闭南海后其南向最大流速发生在表层，这表明SCSTF会导致望加锡海峡表层的南向最大流速减小。SCSTF的关闭和打开，会导致望加锡海峡南向热输送产生0.18PW的差异，这意味着SCSTF在印度洋—太平洋区域气候变化中起到了非常重

要的作用。SCSTF关闭后，控制试验体积输送权重温度从19.3℃变为21.4℃，体积输送从4.6Sv变为6.1Sv。另外，SCSTF的最大影响发生在冬季，SCSTF的存在解释了望加锡海峡次表层流速强化的原因。同时，SCSTF在厄尔尼诺年份增强，导致望加锡海峡南向体积输送和热量输送分别减少0.37Sv和0.05PW（Tozuka et al.，2009）。

图2.30a给出了厄尔尼诺年份（1982年、1991年、1997年、2002年、2006年）SCSTF关闭与控制试验（SCSTF打开）0～50m层环流异常的差异，其差异最明显之处在于绕菲律宾群岛和加里曼丹岛顺时针方向的环流异常。这进一步表明，当SCSTF关闭后，望加锡海峡南向流速在El Niño期间会增强，其差异分别约是望加锡海峡体积输送和热量输送控制试验的34%和36%，SCSTF的存在会导致El Niño年份望加锡海峡南向流速减小。LICOM海洋模式的模拟结果，给出了类似的结论（图2.30b）（王伟文，2010），其结果也进一步证实了LICOM模式在模拟印度洋—太平洋海域环流方面的良好性能。

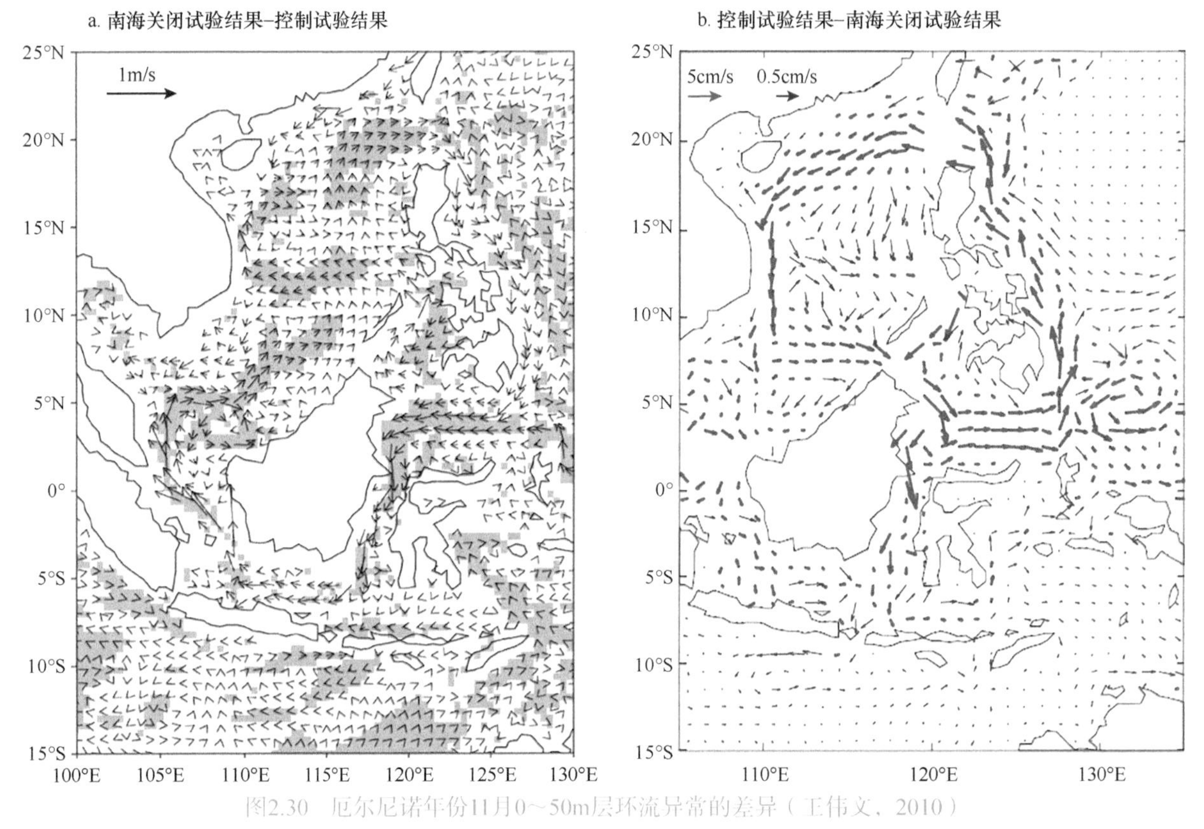

图2.30 厄尔尼诺年份11月0～50m层环流异常的差异（王伟文，2010）

a. 厄尔尼诺年份（1982年、1991年、1997年、2002年和2006年）11月0～50m层环流异常的差异，阴影代表通过置信度为90%的显著性检验（Tozuka et al.，2009）；b. 异常年份0～303m层环流异常的差异，红色矢量代表通过了置信度为95%的显著性检验

Fang等（2010）首次利用卡里马塔海峡的观测数据，证实了南海贯穿流（印度洋—太平洋南海海洋环流分支）的存在，得到的卡里马塔海峡平均体积输送为（3.6 ± 0.8）Sv，冬季SCSTF体积输送对于ITF起到重要的作用。为了验证南海南部海峡卡里马塔海峡对SCSTF出流的贡献，He等（2015）利用BRAN模式进行了粒子示踪试验（图2.31），粒子示踪结果表明，卡里马塔海峡的水体在上半年多进入印度洋，其3～4月的最大流量可以达到3Sv。对于年平均意义而言，卡里马塔海峡体积输送为ITF贡献约1.6Sv，是ITF年平均输送的13%，2～4月的贡献达到20%以上。年际时间尺度上，在厄尔尼诺期间，有更多的南海水体经卡里马塔海峡进入印度洋，而La Niña年份则相反。在La Niña和印度洋偶极子负位相期间，南海的水体也会通过卡里马塔海峡进入太平洋。

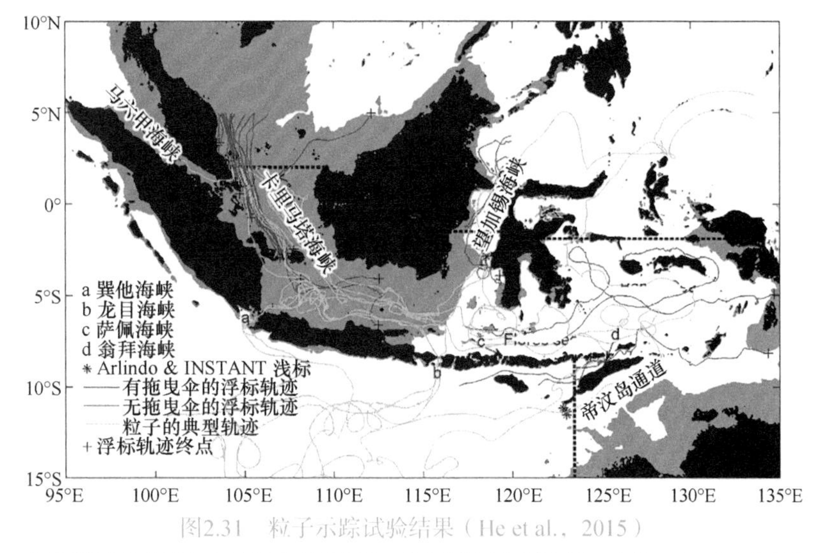

图2.31　粒子示踪试验结果（He et al.，2015）

粒子开始释放位置位于卡里马塔海峡北端，其虚线分别代表粒子进入南海、太平洋和印度洋

在季节尺度上，卡里马塔海峡是SCSTF重要的出流通道，但在年际尺度上，民都洛海峡是SCSTF出流年际变率最明显的通道（Liu et al.，2011）。SCSTF是ITF形成次表层最大流速和季节变率的主要原因（Tozuka et al.，2007，2009；Wang et al.，2011），从而确认吕宋—卡里马塔—望加锡海峡是SCSTF调节ITF变率的主要通道。Gordon等（2012）进一步证实了厄尔尼诺期间SCSTF流量增加，会将更多高温低盐的南海水通过民都洛—锡布图海峡输送进入苏拉威西海，在上层海洋形成由西向东的压力梯度，从而阻碍表层棉兰老流进入苏拉威西海，进而影响ITF的年际变化的异常特征。

利用一个以高分辨率的普林斯顿海洋模式（Princeton ocean model，POM）为基础的北太平洋区域海洋模式［ATOP，具体模式设置可参考Oey等（2013，2014）］及观测资料，Wei等（2016）重新检验了SCSTF在季节和年际尺度上对ITF的调制机制。模式分辨率为10km，模拟区域为15°S～72°N、90°E～70°W。所用时间为2004～2012年，与INSTANT观测资料时间一致。ATOP模式能够较好地模拟出NEC-ITF-SCSTF各流系的方向和流量、ITF在望加锡海峡的垂向结构及ITF-SCSTF的季节与年际变化。

Wei等（2016）的模拟结果表明，南海贯穿流沿吕宋—卡里马塔—望加锡海峡和吕宋—民都洛—锡布图—望加锡海峡路径的季节变率均表现为冬天流量增大、夏天流量减小，冬夏季流量差异大约为4Sv。印尼贯穿流由棉兰老—苏拉威西通道进入苏拉威西海的变率与南海贯穿流正好相反，即冬天流量减小、夏天流量增大，冬夏流量差异为5～6Sv。位相相反的南海贯穿流分别通过卡里马塔海峡和民都洛—锡布图海峡与印尼贯穿流汇合/抵消，最终导致印尼贯穿流在望加锡海峡的变率呈现出一个相对较弱的季节变率，并与INSTANT观测到的印尼贯穿流变率一致（图2.32）。

在季节尺度上南海贯穿流沿吕宋—民都洛—锡布图—望加锡海峡路径的分支主要是由地转平衡驱动，该分支将一部分高温低盐的南海水带入苏拉威西海，从而形成自西向东的压力梯度，阻止了部分棉兰老流进入苏拉威西海。此外，沿吕宋—卡里马塔—望加锡海峡路径的分支主要由季风驱动，将南海水由爪哇海输送进入望加锡海峡，进而阻止部分印尼贯穿流进入爪哇海。在年际尺度上，由ATOP模拟的南海贯穿流沿吕宋—民都洛—锡布图—望加锡海峡路径的分支与Niño3.4指数的相关系数为–0.79（望加锡海峡体积输送）和–0.67（锡布图海峡体积输送），沿吕宋—卡里马塔—望加锡海峡路径的分支与Niño3.4指数的相关系数为0.14（卡里马塔海峡体积输送），而棉兰老流进入苏拉威西海的分支与Niño3.4指数的相关系数为0.61。这表明在年际尺度上，南海贯穿流主要通过吕宋—民都洛—锡布图—望加锡海峡的路径来调制印尼贯穿流，而南海贯穿流在卡里马塔海峡的流量主要是受季风驱动，对印尼贯穿流年际变率的调制作用几乎可以忽略（图2.33，图2.34）。

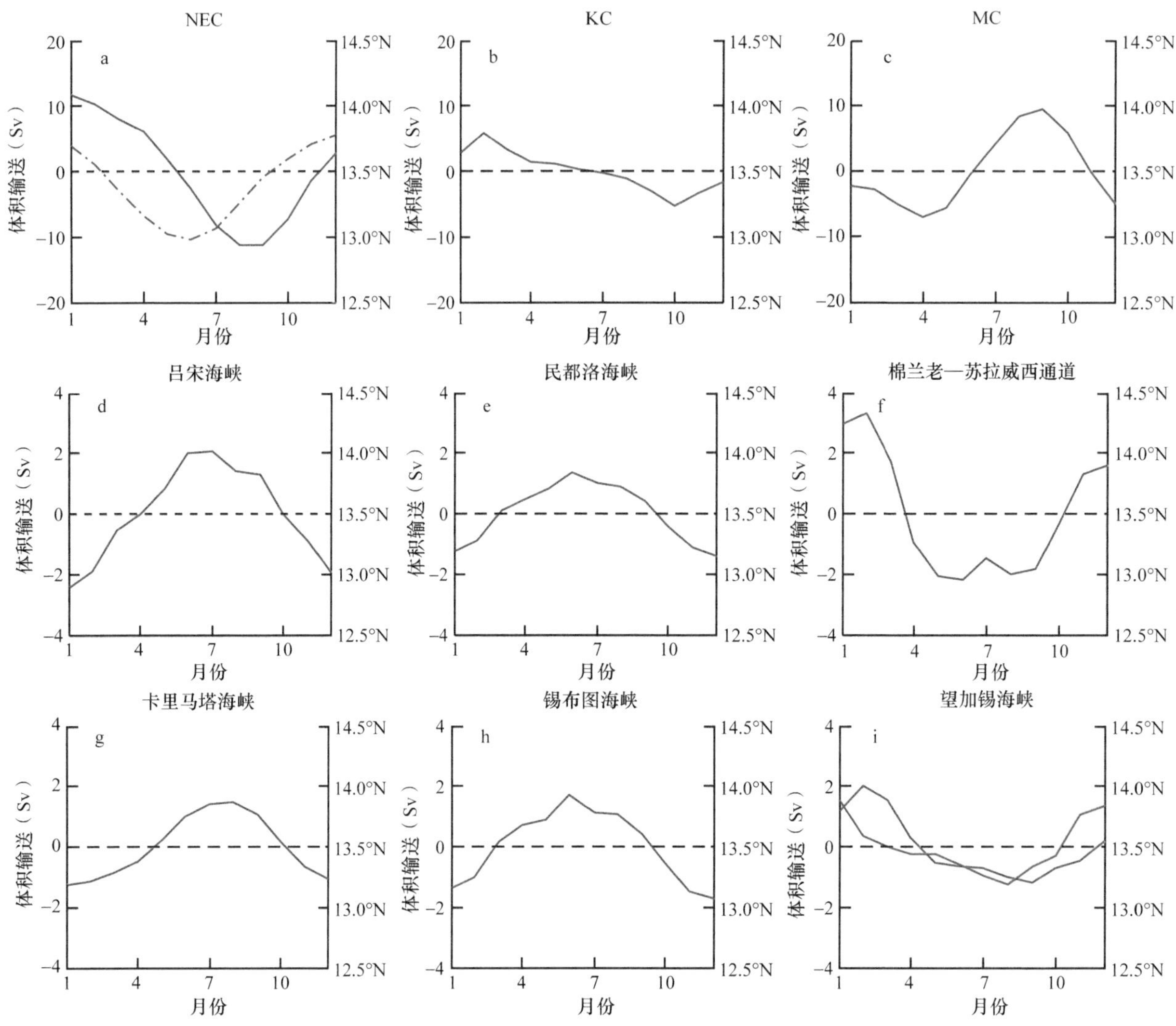

图2.32 西太平洋环流系统（北赤道流、棉兰老流和黑潮）及SCSTF和ITF的主要海峡通道的体积输送季节变化特征（Wei et al.，2016）

正值代表体积输送向北、向东异常，负值代表向南、向西异常。为了比较，北赤道流分叉点及观测得到的ITF分别叠加在a和i上（蓝线）

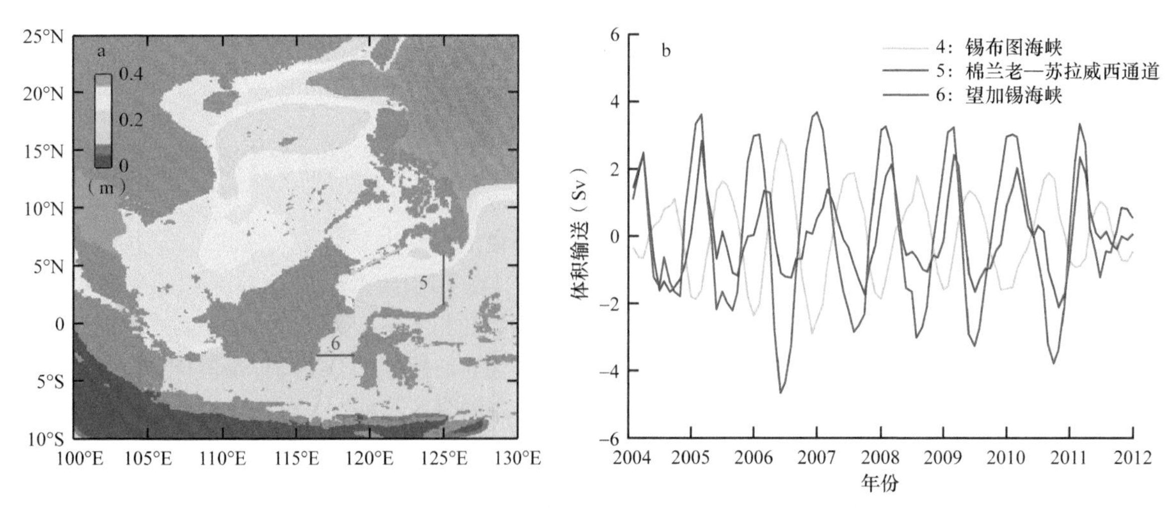

图2.33 由ATOP模式模拟得到的2004～2012年平均海表高度异常（a）和锡布图海峡、棉兰老—苏拉威西通道及望加锡海峡的体积输送（b）（Wei et al.，2016）

为了体现季节信号，对时间序列进行了12点滑动平均

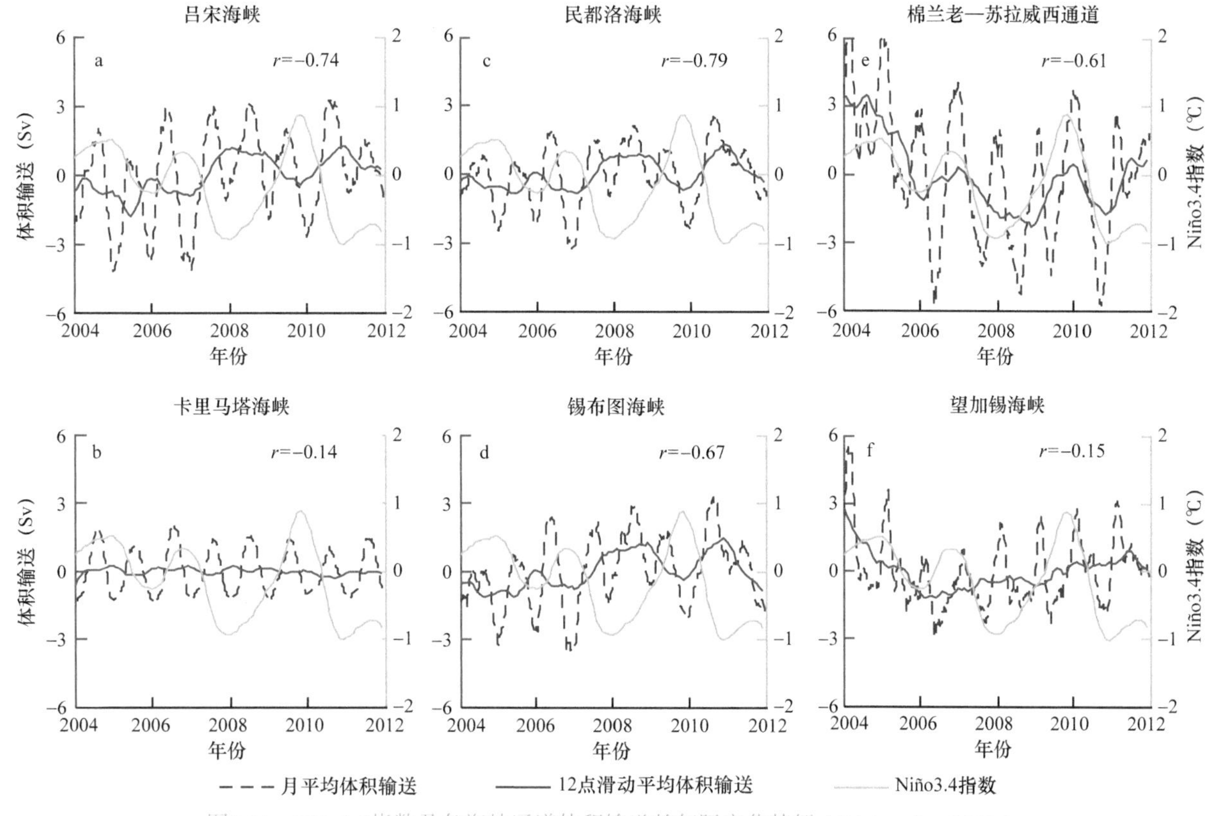

图2.34　Niño3.4指数及各海峡通道体积输送的年际变化特征（Wei et al.，2016）

标注的相关系数为蓝实线和绿线的相关

3. 南海贯穿流对西太平洋环流的影响

NEC分叉控制着黑潮和棉兰老流的体积与热盐分配，从而通过所谓的“茶壶”效应影响吕宋海峡黑潮入侵和ITF流量，导致南海贯穿流和ITF在不同时间尺度上都存在一种相互调制的机制。那么，南海贯穿流是否会对菲律宾海环流系统和NEC分叉存在反作用？下面我们将利用LICOM控制试验和南海关闭试验的模拟结果，探讨南海贯穿流对菲律宾群岛太平洋西边界流可能存在的动力反馈问题（王伟文，2010）。

南海关闭试验与LICOM控制试验结果最显著的差异在于黑潮流轴的改变，这种差异是吕宋海峡关闭、黑潮流套消失的必然结果。除此之外，平均环流场一个较为显著的现象是望加锡海峡的上层经向流速也明显增强（Tozuka et al.，2007），这很可能是卡里马塔海峡关闭后，望加锡海峡表层的北向压力梯度消失所导致的（Qu et al.，2005）。

南海的关闭试验在年平均环流模态上，对NEC-黑潮-棉兰老流的菲律宾海西边界环流系统并没有显著的影响，但季节特征却有不同的反映。图2.35给出了棉兰老岛以东1月和7月的气候态月平均0～303m层流场在两次试验中的差异。可以看到，1月的差异场中有一支沿岸北向流，而7月则有沿岸南向流，这两支流的流速量级都在5cm/s左右。从黑潮断面垂向流速剖面来看，两次试验的差异影响深度达到300m（图2.36），棉兰老流的垂向结果与此类似。

LICOM控制试验减去南海关闭试验的结果可以看成南海贯穿流的“净效应”，也就是说，南海贯穿流在棉兰老岛以东的太平洋西边界流系上的作用，犹如一支“叠加”在上层的流，这支流在冬季向北而夏季向南。南海关闭前，黑潮的体积输送在2月达到最大值16.2Sv，11月达到最小值13.1Sv；棉兰老流则在4月达到最大值–20.0Sv（负值表示向南的输送），9月达到最小值–19.0Sv。南海关闭后，黑潮体积输送的季节变化加强，在冬季减少而夏季增加，在6月达到最大值18.0Sv，11月达到最小值11.0Sv；棉兰老流的体积输送季节变化同样加强，但冬季增加而夏季减少，在1月达到最大值–22.6Sv，8月达到最小值–16.6Sv。南海关闭后，黑潮在12月减少了2.7Sv，达到当月控制试验上层输送总量的20%；6月增加了2.5Sv，达到当月控制试验上层输送总量的16%。棉兰老流在1月增加了3.0Sv，达到当月控制试验上层输送总量的15%；7月减少了

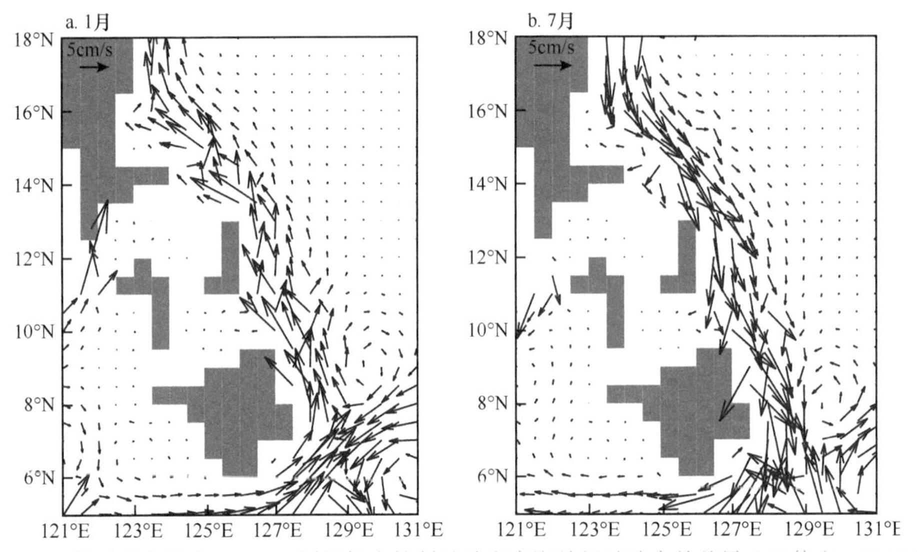

图2.35 棉兰老岛以东0～303m层流场在控制试验和南海关闭试验中的差异（王伟文，2010）

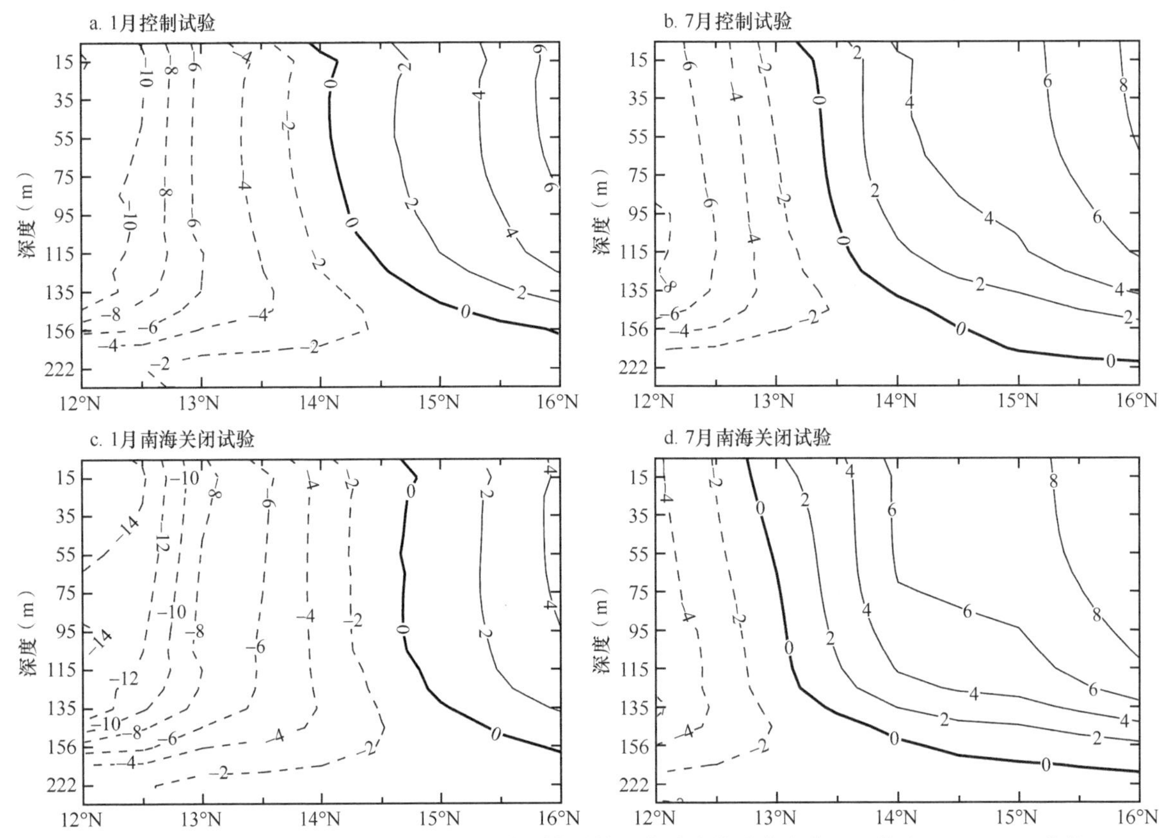

图2.36 菲律宾海岸以东5个经度（123°～128°E）范围内平均经向流速的季节变化（王伟文，2010）（单位：cm/s）
正值表示北向流，零值线表示NEC分叉点的垂向廓线

2.8Sv，达到当月控制试验上层输送总量的14%。

南海关闭试验除了影响黑潮和棉兰老流的上层流场，还改变了NEC分叉点的南北移动，南海关闭后NEC分叉点的南北移动要比南海关闭前剧烈。南海关闭前，NEC分叉点纬度在1月达到最北的14.1°N，在7月达到最南的13.1°N；南海关闭后，NEC分叉点纬度在12月达到最北的14.9°N，在7月达到最南的12.6°N。南海关闭后，相对控制试验NEC分叉点在冬季发生北移，12月达到北移的最大值0.73°；夏季相对南移，8月达到南移的最大值0.53°。控制试验的年平均NEC分叉点纬度随深度增大而北移。图2.36给出了菲律宾海岸以东123°～128°E平均经向流速的季节变化。分叉线在100m以下迅速北移，1月和7月都是如此。就南海关闭前后的差异而言，1月在最表层达到0.75°，此差异随着深度增加而减小，大约在150m以下逐渐消失。7月的差异相对较小，在表层约为0.5°，同样随着深度的增加而减小，大约在200m以下逐渐消失。

过去的研究表明，NEC分叉点在冬季北移、夏季南移，伴随着体积和热盐输送在黑潮与棉兰老流之间分配的改变。吕宋海峡以东的黑潮流量在冬季最小、夏季最大，从而通过β效应使得SCSTF在冬季大、夏季小。结合上述分析，可以把吕宋海峡关闭对菲律宾海西边界流的季节影响归纳如下：在冬季，较强的SCSTF导致较强的黑潮，以及NEC分叉点的南移，这样的结果却不利于SCSTF的进一步增强；在夏季，较弱的SCSTF导致较弱的黑潮，以及NEC分叉点的北移，这样的结果则不利于SCSTF的进一步减弱。SCSTF对NEC分叉点的南北移动及黑潮和棉兰老流之间输送量分配的反作用，可以认为是一种负反馈（图2.37）。

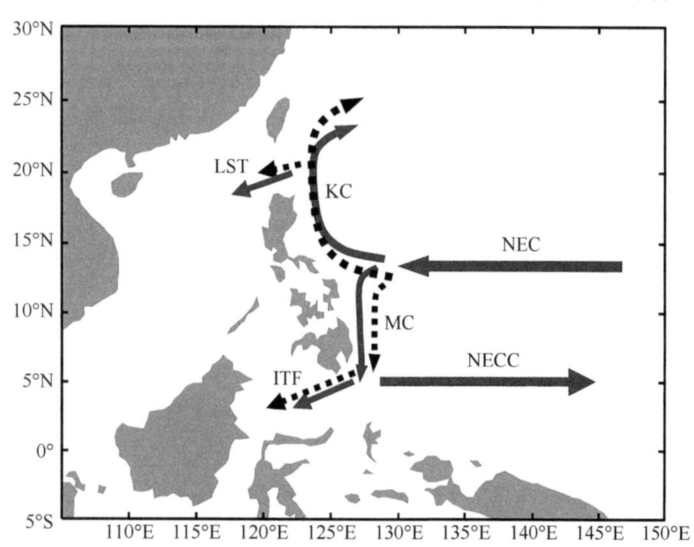

图2.37 南海贯穿流对菲律宾海西边界流的负反馈（王伟文，2010）

虚箭头表示冬季的负反馈作用：冬季SCSTF的增强导致NEC分叉点的向南移动和黑潮的增强，从而不利于SCSTF的进一步增强。夏季的情况与此相反

Metzger和Hurlburt（1996）的模式研究指出，NEC分叉点的纬度变化对地形十分敏感，Tozuka等（2009）认为这可以部分解释南海关闭前后NEC分叉点纬度的差异。然而，模式结果中NEC分叉点在南海关闭前后的南北移动主要发生在200m以浅，在这一深度上NEC分叉点远远没有到达吕宋海峡所在的位置，即地形不能完全解释这一现象。此外，LICOM模式试验中南北移动不单在冬季发生，同时也会出现在夏季，这与Tozuka等（2009）的模式结果也有所不同。南海（苏拉威西海）的存在，以及通过吕宋海峡（苏拉威西—棉兰老通道）的流场在动力上的负反馈作用，似乎可以更好地解释为什么风应力旋度纬向积分零值线的变化范围在11°～20°N，而NEC分叉点纬度的季节变化范围却相对较小。

SCSTF对菲律宾海西边界流的负反馈在年际尺度上同样起作用。南海关闭试验比控制试验具有更剧烈的经向位移，即控制试验中NEC分叉点的负异常年（偏南年），南海关闭试验具有更大的负异常（更偏南）；控制试验中NEC分叉点的正异常年（偏北年），南海关闭试验具有更大的正异常（更偏北）。因此可以认为，SCSTF在流场上的动力负反馈作用，在年际尺度上也可以部分解释NEC分叉点纬度的实际变化范围比风应力旋度纬向积分零值线变化范围小。

吕宋海峡流入、锡布图海峡流出的南海贯穿流分支对于太平洋西边界流系统具有重要的影响。就气候平均态而言，这支南海贯穿流分支通过苏拉威西海重新流入太平洋，沿着热带北太平洋西边界向北流动，使北向的黑潮增强、南向的棉兰老流减弱、北赤道流分叉点南移。更重要的是，南海贯穿流的这一分支还影响了北太平洋西边界流系统的低频变化。伴随着大气沃克环流趋势的变化，在20世纪90年代以前，北赤道流分叉点呈现向北移动的趋势，黑潮呈现线性减弱趋势；自90年代初之后，北赤道流分叉点趋向于向南移动，导致黑潮呈现线性增强趋势。在打开南海贯穿流通道的情况下，北赤道流分叉点和黑潮流量的变化幅度都减弱了约20%。特别是90年代之前和之后的趋势突变特征，受到南海贯穿流分支的调制而明显减弱（Zhuang et al.，2013）。

针对南海贯穿流分支对太平洋西边界流的上述负反馈特征，我们采用与约化重力模式相同的海-陆边界，通过时变绕岛环流解析模式计算了存在绕岛海洋通道情况下，菲律宾群岛东岸的西边界流变化。同时，还采用线性斜压罗斯贝波理论，计算了关闭绕岛海洋通道情况下的热带太平洋西边界流变化（Zhuang et al.，2013）。结果表明，由时变绕岛环流解析模式和线性斜压罗斯贝波理论计算得到的北赤道流分叉点和黑潮变化与约化重力模式类似，但由时变绕岛环流解析模式得到的黑潮和棉兰老流的低频变化振幅明显弱于线性斜压罗斯贝波理论的结果。二者之差与约化重力模式开/关绕岛海洋通道结果之差类似，较好地揭示了绕岛的南海贯穿流分支对于热带太平洋西边界流的负反馈机制。

另外，民都洛海峡在沟通太平洋与南海的过程中起着非常重要的作用，太平洋赤道东风异常激发的近赤道上升Rossby波到达西边界即菲律宾东海岸后，会激发岸界Kelvin波，其沿着菲律宾东海岸经民都洛海峡进入南海，从而对南海内部动力调整和吕宋海峡水交换产生影响（Liu et al.，2011）。吕宋海峡体积输送与民都洛海峡体积输送有颇为一致的年际变率，其一致性并不是风场导致的，而是通过岸界Kelvin波动紧密联系。为此我们用约化重力模式开展了一系列的数值实验，以进一步阐明菲律宾群岛周边的环流耦合动力过程。结果表明，西太平洋的海面变化信号主要源自北太平洋13°N以南的热带环流区风场的驱动，边缘海区的局地风场及副热带海域风场的低频变化信号的影响较小。热带太平洋风场的低频信号导致西太平洋海盆内跃层的低频振荡，这种低频变化信号通过斜压罗斯贝波西传，从而影响菲律宾群岛以东的西太平洋海区（Zhuang et al.，2013）。

同时，如果关闭锡布图海峡，苏禄海和南海东部的海平面变化会显著减弱，不再呈现与西太平洋一致的变化特征。而在关闭吕宋海峡、卡里马塔海峡等其他通道的情况下，西太平洋和边缘海的海平面低频信号都没有明显的改变（Zhuang et al.，2013）。选取绕菲律宾群岛的沿岸Kelvin波传播路径，通过该路径上海平面变化信号的超前-滞后相关分析，进一步证实了低频沿岸Kelvin波的存在，其传播的相速度大约为2.3m/s（图2.38）。印尼贯穿流的存在与否，对该波动信号的传播过程没有明显的影响。Zhuang等（2013）的研究进一步验证了Liu等（2011）的结论，证实SCSTF在沟通菲律宾群岛环流过程中起着重要的作用。

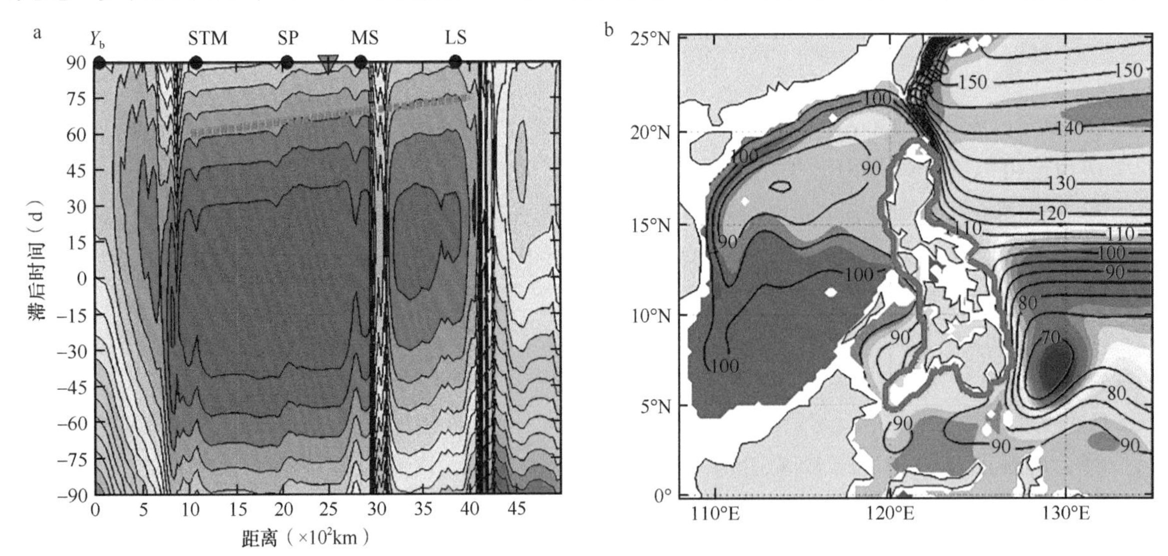

图2.38 约化重力模式模拟的菲律宾群岛周围海平面变化特征（Zhuang et al.，2013）

a. 约化重力模式模拟的海平面变化信号沿着绕菲律宾群岛的滞后相关分布图；b. 模拟的平均海平面分布（等值线）及其低频变化的方差（填色），其中紫色线表示绕菲律宾群岛的波动传播路径。LS：吕宋海峡；MS：民都洛海峡；SP：锡布图海峡；STM：棉兰老岛南端；Y_b：NEC分叉点

太平洋信号经民都洛海峡影响南海及太平洋西边界流的动力过程归纳如下：热带太平洋的风应力旋度变化驱动了跃层的下沉（上升）运动，跃层变化信号以斜压罗斯贝波的形式西传至菲律宾群岛以东沿岸，导致此处海平面升高（降低），并激发了沿岸Kelvin波，它沿着菲律宾沿岸顺时针传入南海东部（Liu et al.，2011；Zhuang et al.，2013）。西太平洋海平面升高（降低）使北赤道流分叉点南移（北移），同时黑潮流量增大（减小）。同时，受沿岸Kelvin波信号影响，南海东北部海平面升高（降低），导致吕宋海峡和锡布图海峡体积输送量减小（增大）。锡布图海峡体积输送量的变化会进一步反馈到北太平洋的西边界（Zhuang et al.，2013），在菲律宾群岛以东形成异常的南向（北向）流，从而使北赤道流分叉点北移（南

移），同时黑潮流量减小（增大）。

4. 南海贯穿流的区域气候效应

作为西北太平洋—印尼海域环流系统的重要组成部分，南海贯穿流在此环流系统中的作用很可能是多方面的。南海贯穿流通过卡里马塔海峡流出，在望加锡海峡表层形成北向压力梯度，从而影响ITF，在调节印尼海域和邻近印度洋—太平洋的SST中起到不可忽视的作用（Qu et al.，2006）。如前所述，南海贯穿流对于南海上层热含量和望加锡海峡通道处的热输送变化起着非常重要的作用，SCSTF的关闭和打开，会导致望加锡海峡南向热输送产生0.18PW的差异（Tozuka et al.，2009），因此南海贯穿流在气候变化系统中具有重要的潜在意义。

Tozuka等（2009）给出了SCSTF关闭前后（关闭后减关闭前）海表温度的差异特征。在SCSTF关闭后，南海海表温度明显增加，这和前文提到的SCSTF冷平流效应有关。经吕宋海峡进入南海的水体相对较冷，而从卡里马塔海峡和民都洛海峡出去的水体相对较暖，SCSTF对南海而言是冷平流效应。南海从表面得到0.12PW的热量，然后通过SCSTF输送出去（Qu et al.，2006）。吕宋海峡体积权重温度为19.0℃，而卡里马塔海峡为27.5℃。另一个比较显著的变化是，太平洋和印度洋的水体在SCSTF关闭后相对变冷。太平洋尤其是西太平洋水体的冷却，可以解释为望加锡海峡的南向水体热输送在没有SCSTF时（0.69PW）要比有SCSTF时（0.50PW）多0.19PW。另外，黑潮区域在无SCSTF时要冷却0.2℃，这可能与太平洋西边界流热输送减少有关，同时西边界流热输送与NEC分叉点北移有关，平均而言，在缺少SCSTF时，NEC分叉点从13.0°N北移到13.8°N。

综上所述，南海对于调整印度洋—太平洋区域的海温起到重要作用，因此SCSTF对于气候变化有重要的潜在意义。正如Tozuka等（2009）所言，SCSTF会使得El Niño期间ITF进一步减弱，因此它可能会导致El Niño时间更长，从而调整ENSO的出现频率。当SCSTF关闭后，El Niño期间望加锡海峡南向热输送会增加，这会导致西太平洋冷却1.5℃，这种变化会对印度洋—太平洋暖池海气耦合系统产生重要影响。另外，爪哇海弱的暖海温异常对印度洋偶极子模态的出现也可能产生一定影响。利用海气耦合模式，Tozuka等（2015）探讨了SCSTF关闭对ENSO发生周期的影响，结果表明SCSTF的存在可以使ENSO发生周期由5年缩短为4年，其原因可能是SCSTF缺乏时，纬向风应力异常的南北拓展更宽广，印度洋沃克环流更强。

另外，当太平洋发生东太平洋型和中太平洋型厄尔尼诺时，12月至次年2月（冬季）盛行的西太平洋—南海的环流形态也发生了非常明显的变化（Liu et al.，2014）。在这两种形态的厄尔尼诺下，其环流响应也存在明显差异（图2.39）。相对于中太平洋型厄尔尼诺而言，在东太平洋厄尔尼诺期间，南海贯穿流成为西边界流主体部分，冬季表层环流减弱的程度要大。南海南部，冬季表层环流表现为异常反气旋式环流。同时，吕宋海峡西侧异常气旋式环流形态也具有明显差异。

就气候态而言，南海从大气中得到热量，从太平洋进入的相对冷的水在南海被加热后，从南海南部海峡流出，因此南海贯穿流具有冷平流效应（Qu et al.，2006；Liu et al.，2012b）。在中太平洋型厄尔尼诺的秋冬季节，经吕宋海峡进入南海的太平洋水体增加，同时不断从大气中得到热量（其净热通量异常为

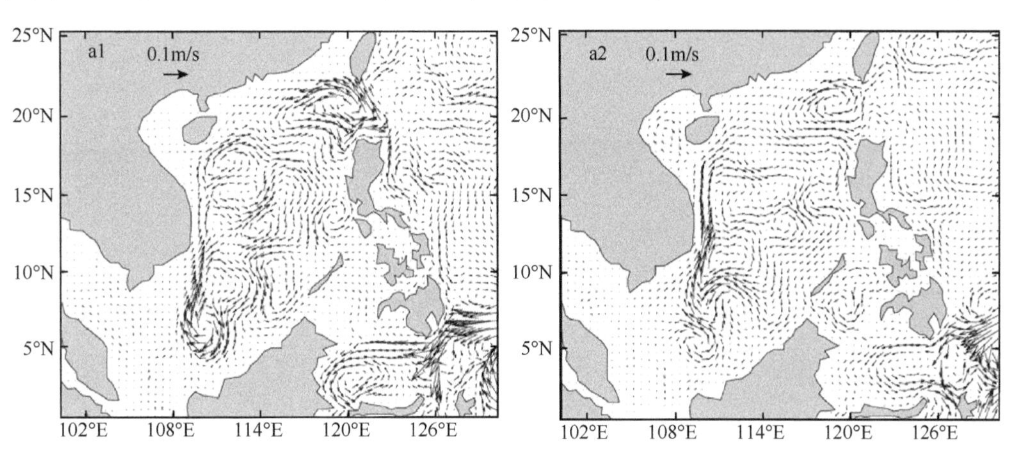

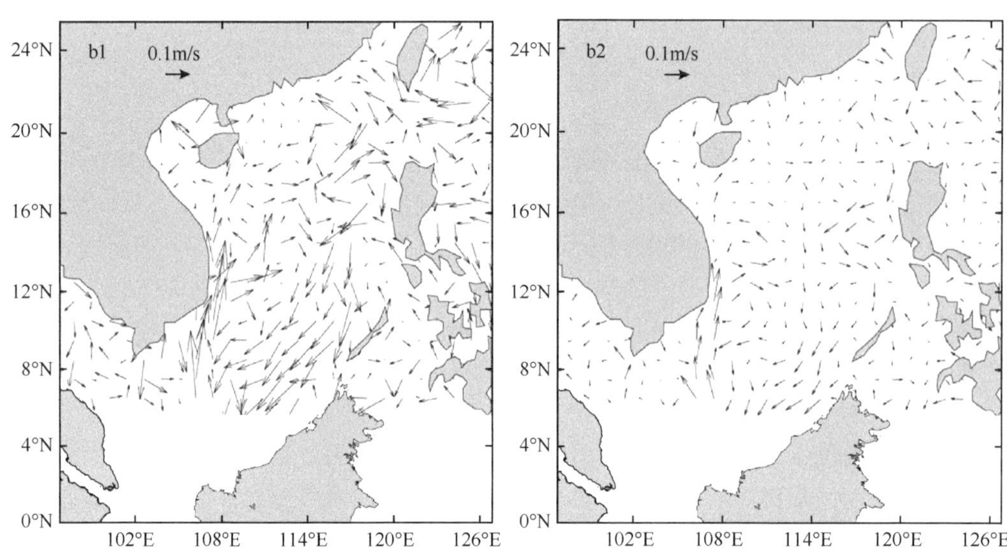

图2.39 由SODA产品得到的冬季0～46.6m深度平均的表层流场合成图（a）及由卫星高度计得到的冬季地转流合成图（b）（Liu et al.，2014）

a1、b1为东太平洋型厄尔尼诺；a2、b2为中太平洋型厄尔尼诺
（南海南端附近空白区域专题资料暂缺）

正），但南海西边界流表层环流异常的发生（Liu et al.，2014），使得海洋表面从大气中得到的热量不能通过南海贯穿流的冷平流形式经南部海峡输送出去，这可能是导致厄尔尼诺期间南海暖事件发生的重要因素之一（Wang and Wu，1997）。此结论与前面的研究结果（Liu et al.，2011）并不矛盾，这里指的是SCSTF可能对上层海温的影响。上层400m以上热含量变化同海表温度变化并不同步（图2.40），而热含量变化更

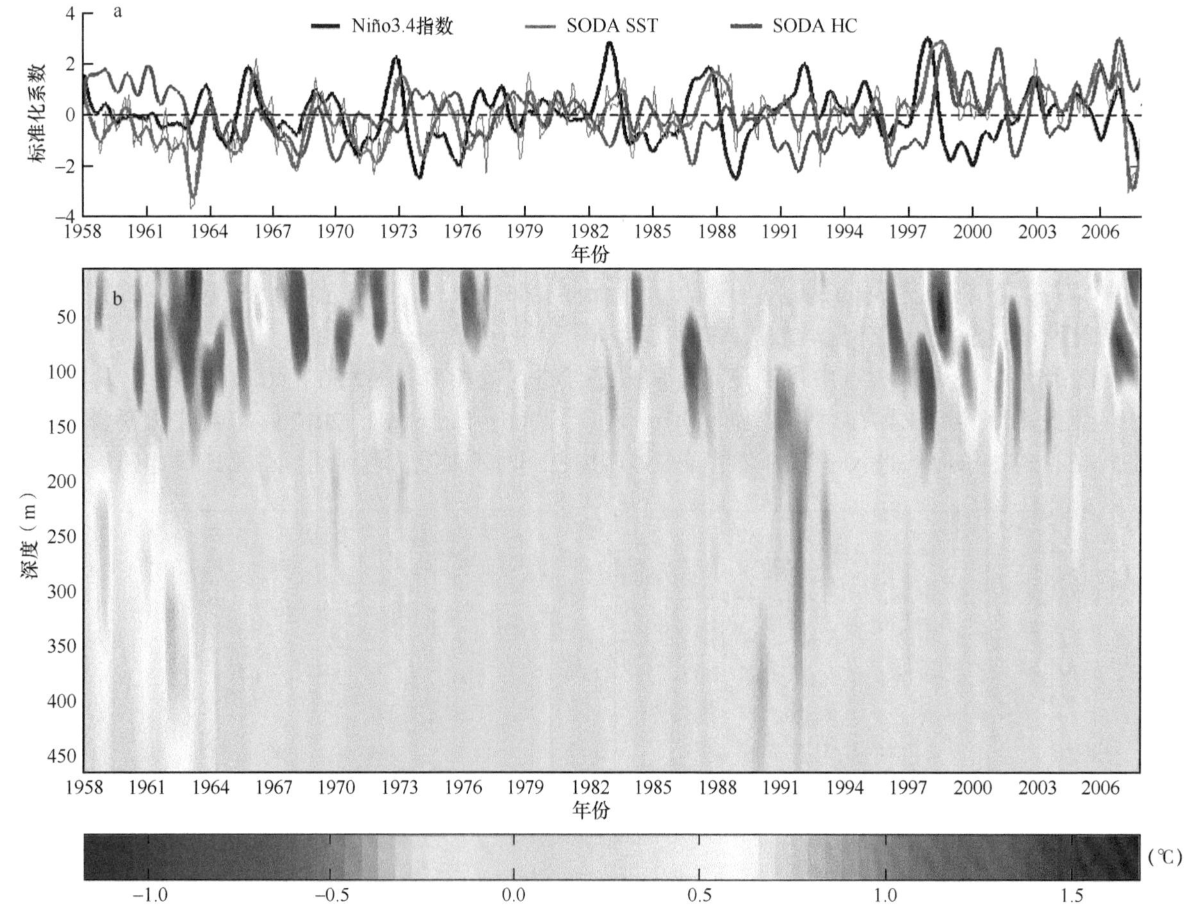

图2.40 Niño3.4指数、南海平均的SODA海表温度和南海平均的热含量标准化时间序列及南海平均的温度异常垂直分布情况（Liu et al.，2012b）

多来自次表层即温跃层以下的影响（Liu et al.，2012b），这进一步诠释了南海贯穿流在厄尔尼诺期间对南海上层热含量起到的冷平流作用。SCSTF的冷平流作用更多影响次表层热力特征，从而解释了海表温度有明显增暖的趋势，但次表层却没有的可能机制（Liu et al.，2012a）。

迄今为止，尽管对SCSTF已经有了比较多的认知，但对许多问题的认识仍不透彻。例如，SCSTF在南海的具体路径如何，SCSTF对季风系统的作用是怎样的等。此类工作，仍需要通过大量的观测数据及发展高分辨率海气耦合模式来进一步研究和探讨。

2.3　南海西边界流

2.3.1　南海西边界流的年际变化

利用7年（2007～2013年）的西沙深海海洋环境观测研究站（以下简称“西沙站”）观测资料，结合船载ADCP及卫星观测资料，揭示了西沙群岛海域南海西边界流的垂向结构特征及其年际变化。总的来说，西沙群岛海域南海西边界流在11月至次年4月是西南向，最大流速出现在冬季，超过60cm/s；7～9月为东北向，流速小于冬季；而5～6月、10月速度方向呈现多变特征，属于调整时期（图2.41，图2.42）。

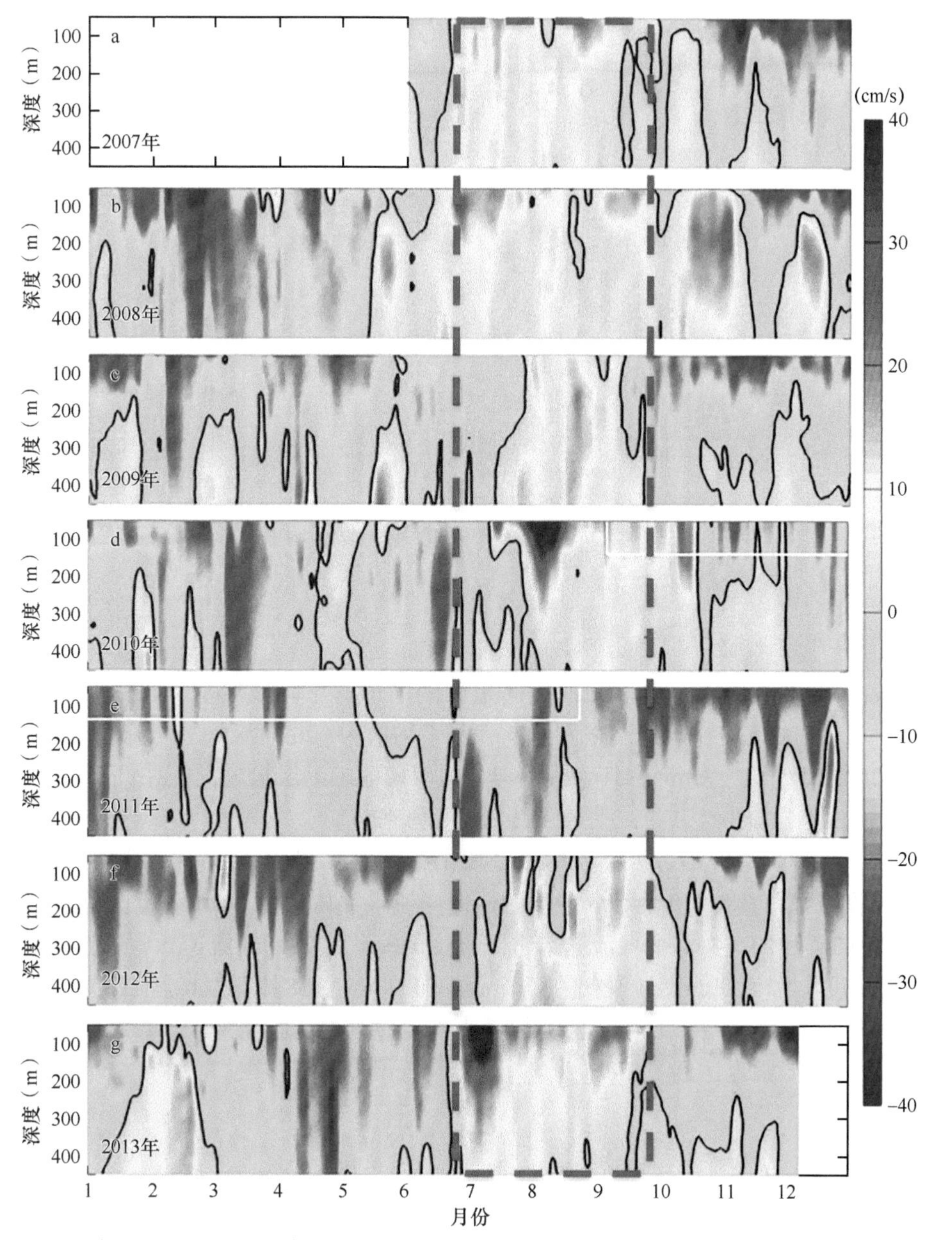

图2.41　2007～2013年西沙站ADCP观测的纬向流速廓线（Shu et al.，2016）

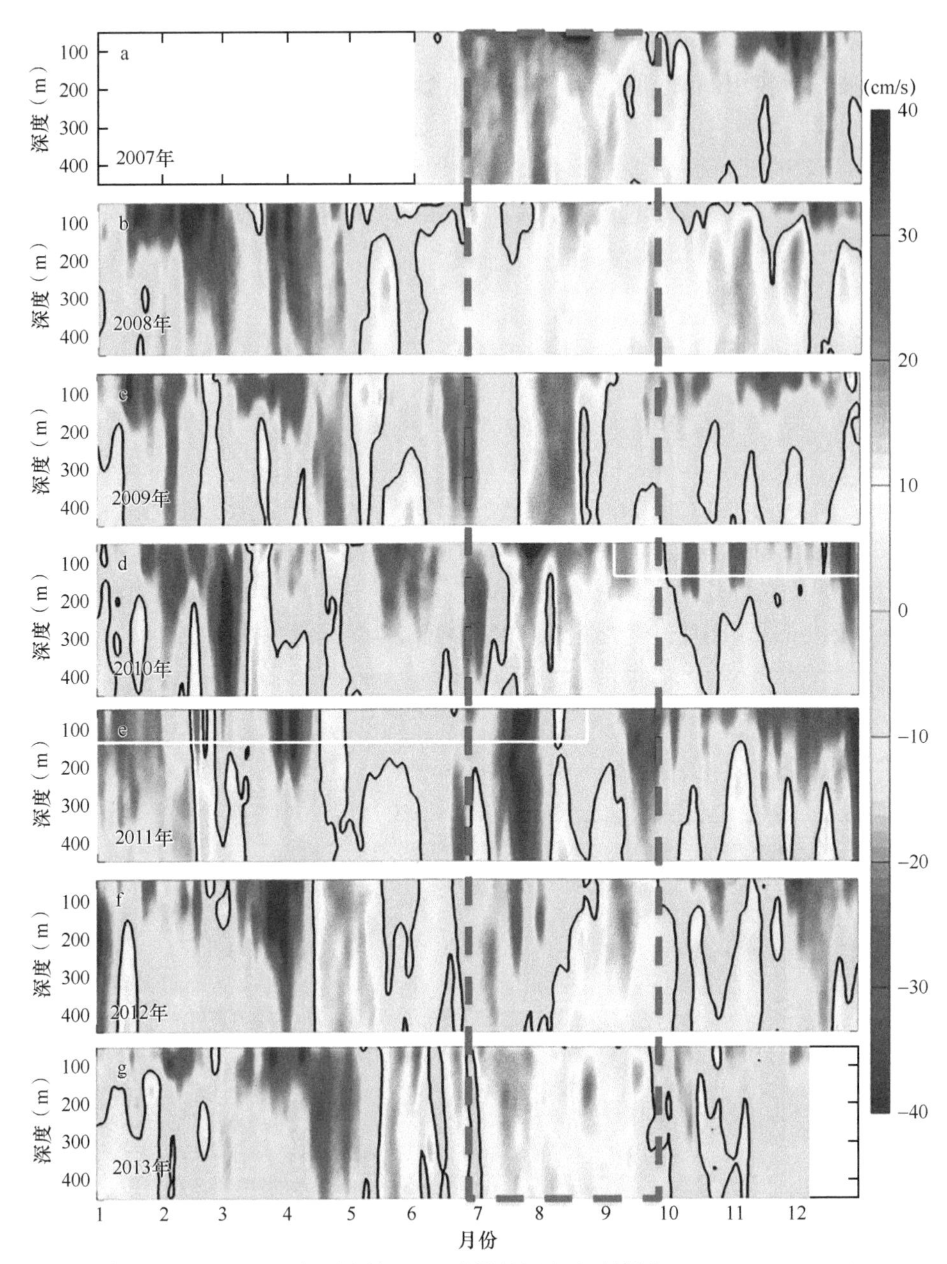

图2.42 2007～2013年西沙站ADCP观测的经向流速廓线（Shu et al.，2016）

7年平均的流表明，在气候态上西沙站的流向是西南向的，平均速度从50m的12cm/s减小到450m的1.5cm/s（图2.43a）。从气候态月平均速度来看，7～9月平均值为东北向流，平均流速在8月最大，50m深度处约为15cm/s，450m深度处约为8cm/s。其余月份均为西南向流，上层最大发生在11～12月，约为32cm/s；而450m深度上最大的西南向流发生在2～3月，约为7cm/s（图2.43）。

除强的季节性变化外，观测到的西边界流也呈现出强的年际变化特征。特别是，夏季东北向的流在2011年完全消失，呈现西南向流，50～450m平均的西南向流最大达到了20cm/s（图2.44）。对比7年平均观测，图2.45揭示了2010年和2011年月平均流速异常随深度的变化。2010年流速异常主要出现在120m以浅，纬向最大的月平均速度异常为28cm/s，经向为23cm/s，分别发生在8月和7月，但120m以深，速度异常较小，不超过5cm/s（图2.45）。而在2011年，流速异常出现在整个观测深度（50～450m）上。即使在450m深度上，月平均纬向流速负异常也达到了14cm/s，径向达到12cm/s。

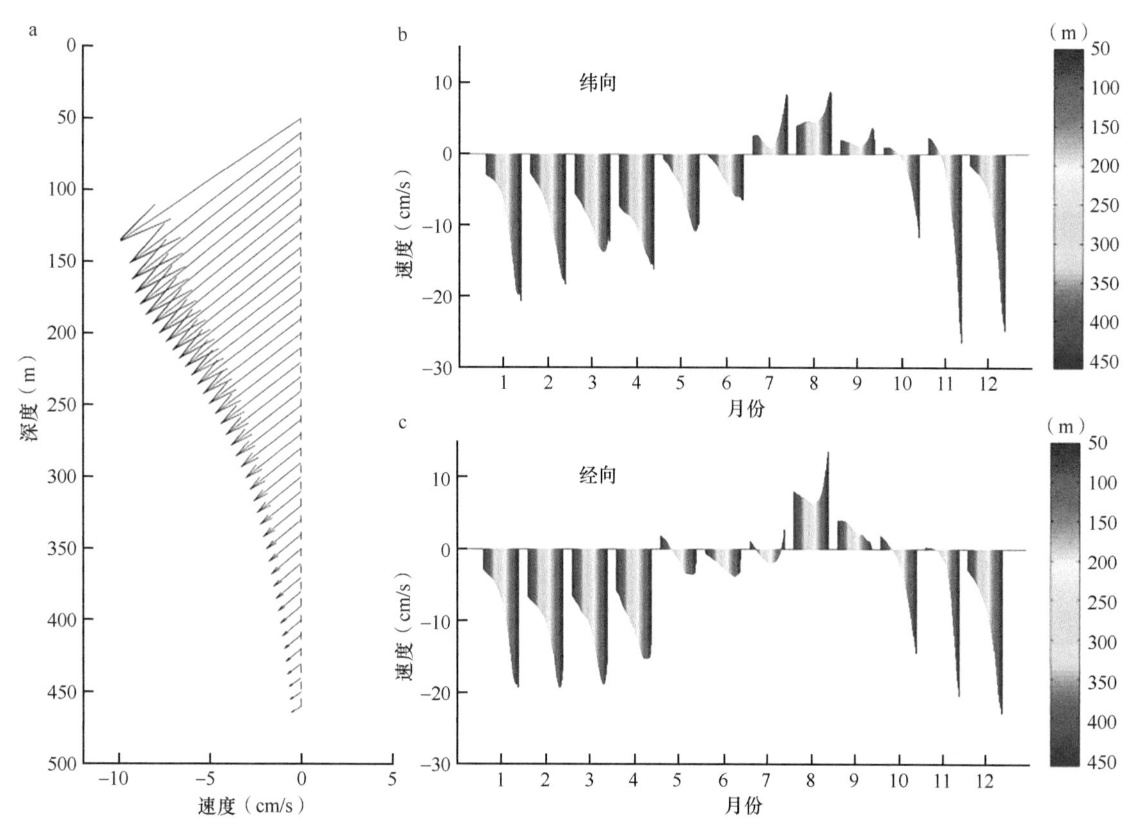

图2.43 西沙站气候态7年平均的流矢量（a）、气候态月平均的纬向（b）和径向（c）速度（Shu et al.，2016）

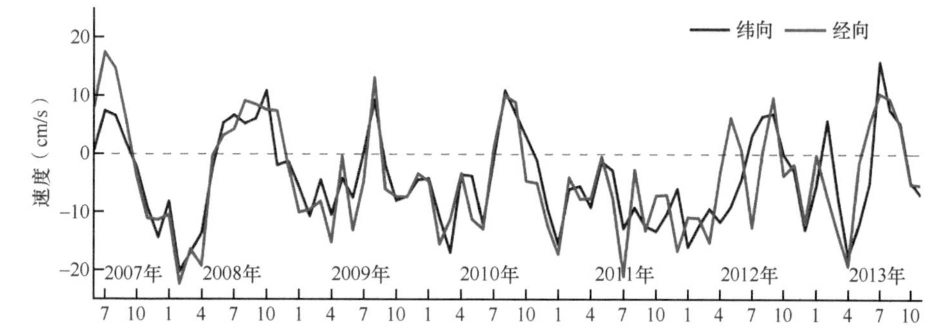

图2.44 2007～2013西沙站ADCP观测的50～450m垂向平均的速度时间序列（Shu et al.，2016）

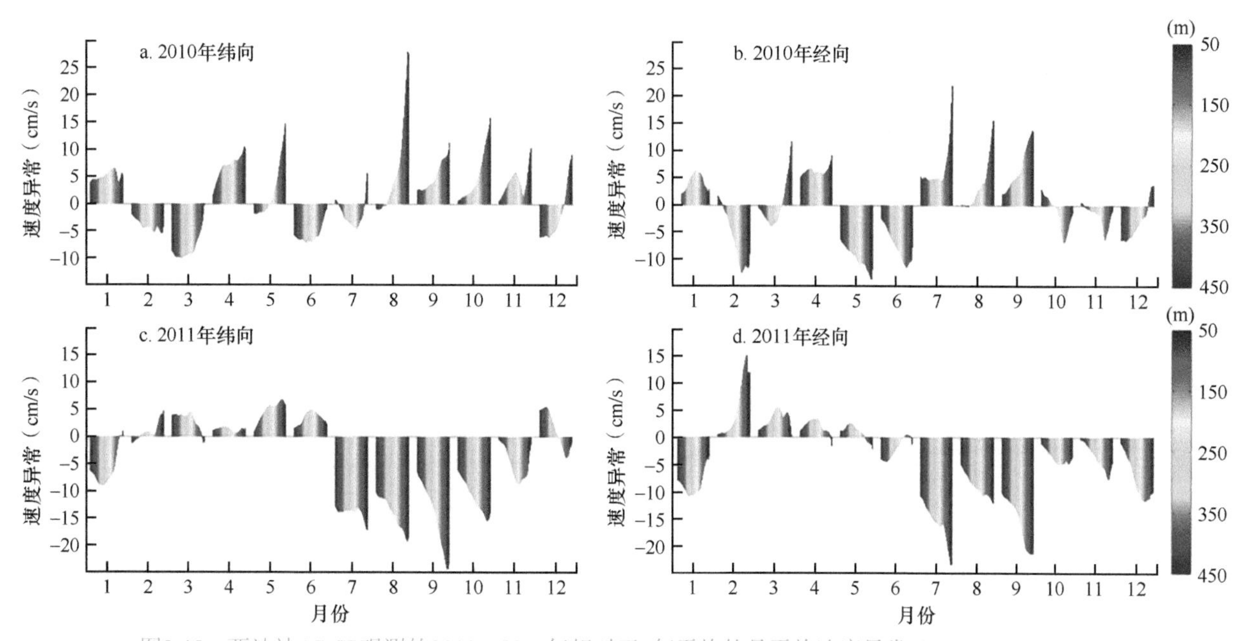

图2.45 西沙站ADCP观测的2010～2011年相对于7年平均的月平均速度异常（Shu et al.，2016）

2.3.2 南海西边界流的形成机制

在观测的基础上，Chen和Xue （2014）利用理想数值模型研究了强的西边界流为何能在南海被观测到，却不能在日本海和墨西哥湾观测到这一基本事实。结果表明，南海强西边界流主要归因于强季风和贯穿流的共同作用。虽然湾流输送大量的水体进入墨西哥湾，但佛罗里达（Florida）海峡的存在阻止了入流强化西边界流，而且墨西哥湾风应力亦是三个边缘海之中最小的。日本海的经向海脊阻止了整个海盆参与西向强化过程，并且入流对其西边界的形成起不利作用。β效应导致了边缘海的西向强化，然而强的西边界流需要风、流和地形的合理配置才能产生。强南海西边界流流量能达到近20Sv。

2.3.3 越南离岸流

在越南沿岸由于陡峭的地形，一直都存在显著的西边界流，更由于地形的变化及风场的配置等因素，该区域存在明显的分离流。

Qu等（2007）发现越南离岸流对南海西部的热力结构有重要的影响（图2.46）。肖贤俊（2006）利用同化结果分析了越南离岸流的特征。越南外海反气旋涡D在位置和强度上都很接近观测结果（图2.47），7月上旬，南海南部和中部环流以12°N为界，南部由三个涡组成，两个气旋涡中心分别在（9°N，114°E）、（7°N，109°E），一个反气旋涡中心在（7°N，113°E），我们分别称之为涡A、B、C。7月中旬，三个涡位置不变，但涡旋的北向支流都开始增强，到下旬涡C的北向支流进一步向北延伸到了12°N附近。由此，夏季的北向流形成。8月上旬，这支北向流的北段开始弯曲，涡旋B接近消亡，在其附近（12°N，113°E）出现一个反气旋涡，这就是越南外海的反气旋涡。8月中旬至下旬，越南外海反气旋涡逐渐增强，近岸的北向流也发展起来。到8月底已可以清晰看见一股北向流沿越南东南沿岸一直往北，在12°N附近转向东北方向，形成所谓的越南离岸急流（图2.47）。

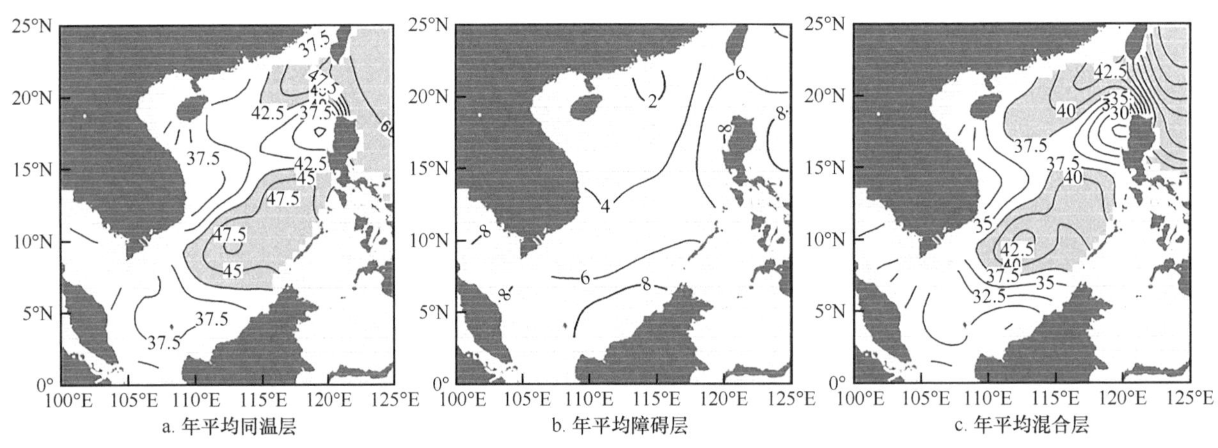

图2.46 年平均的同温层、障碍层及混合层（Qu et al.，2007）

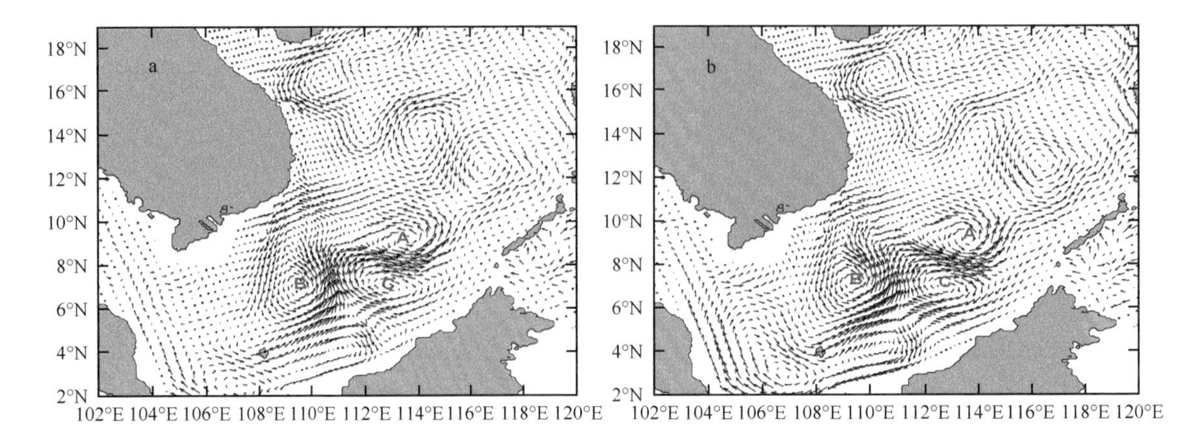

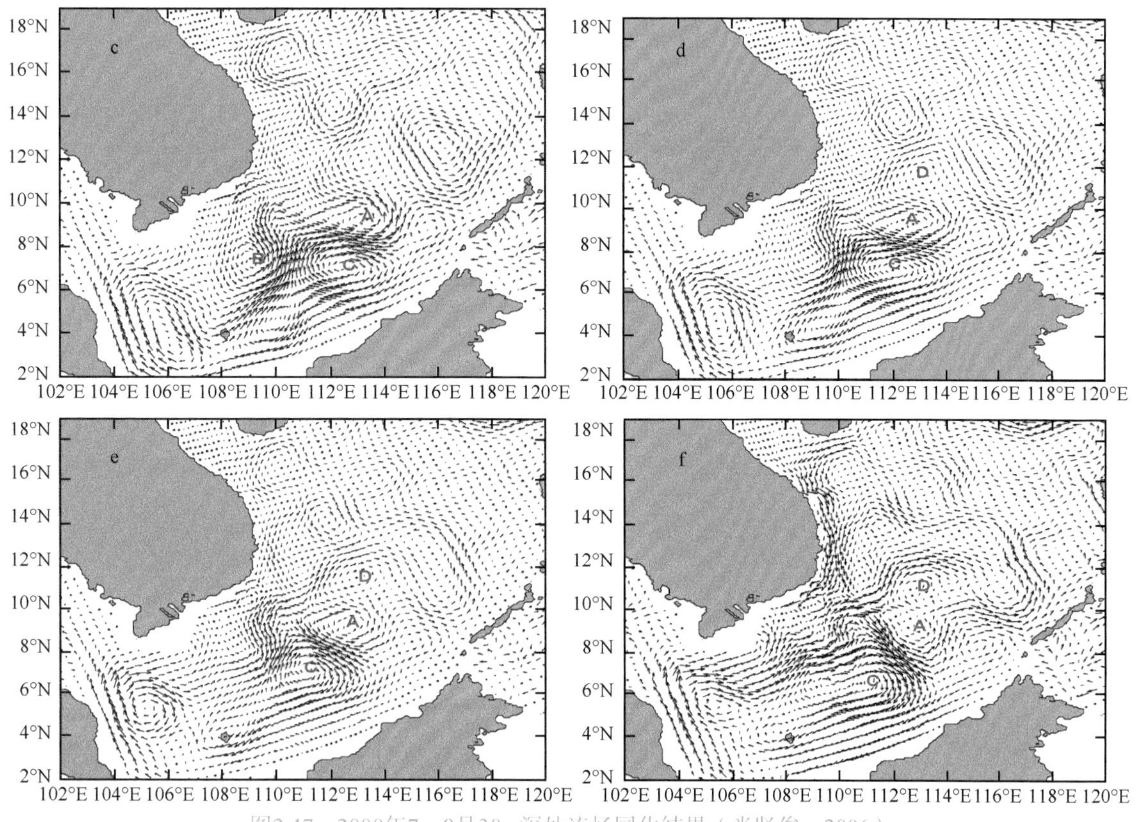

图2.47 2000年7～8月30m深处流场同化结果（肖贤俊，2006）

a～c. 7月上旬、中旬、下旬；d～f. 8月上旬、中旬、下旬

Gan和Qu（2008）指出，从春末到早秋（P1），分离流区域在x方向都是负的风应力，并且被非线性项及非地转项所平衡；从早秋到晚春（P2），非地转项变成负的并且一直加强，其与风应力项、非线性项平衡。y方向与x方向的情况类似，只是振幅小一些。这些结果表明，在近岸点的东北风及在远岸点的东风在P1阶段发挥主要作用。在P1阶段，近岸点两个方向的压力梯度力均为负值，因而负的非地转项代表净的西南向的压力梯度力。这一负的压力梯度力被东北风应力所平衡，并且与东北向的流反向，从而成为分离流的逆压力。在P2阶段是类似的，只是非地转项被风应力项和非线性项共同平衡。逆压力在狭窄的陆架上成为分离流的驱动力。远岸点的非地转项非常小，并且逆压力也不明显。因而，逆压力的形成对地形非常敏感，并且分离流与逆压力关系密切（图2.48）。

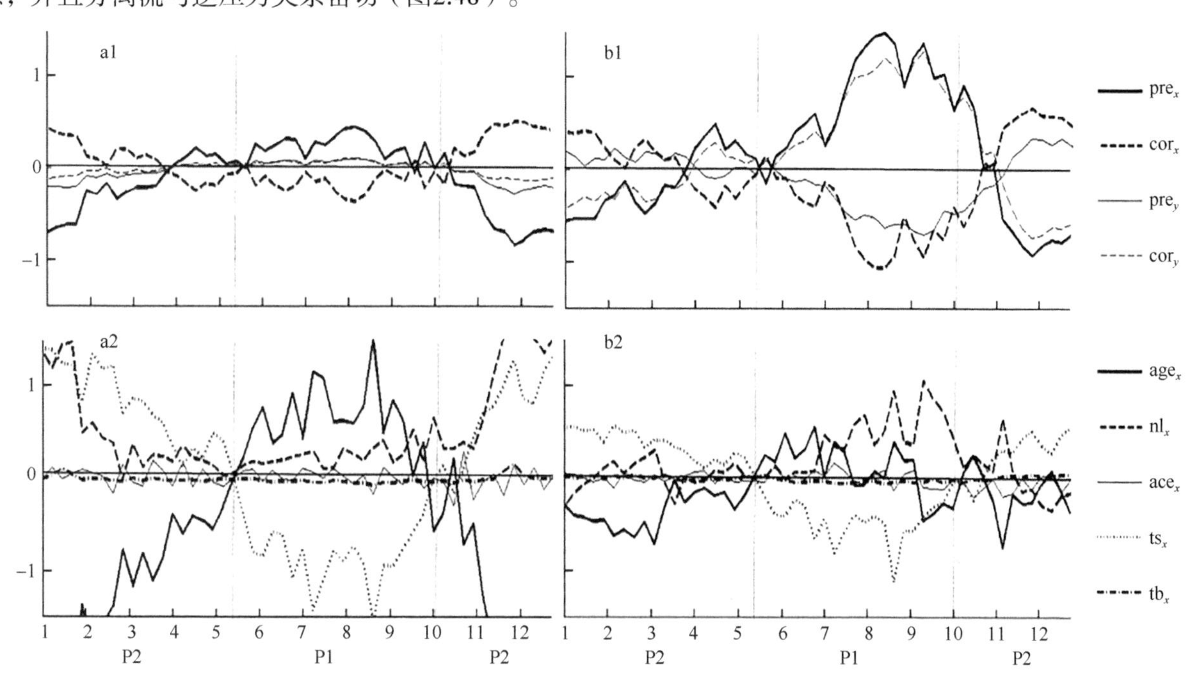

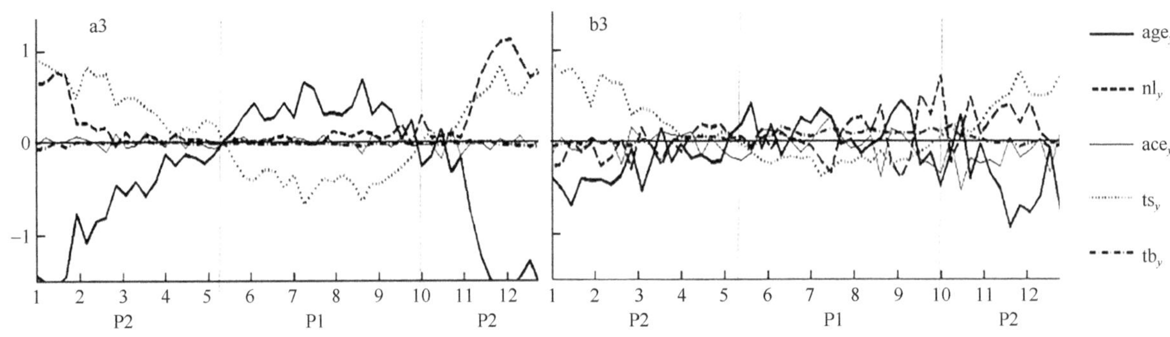

图2.48 3年平均的垂直积分的压力梯度力、科氏力、非地转项、非线性项、加速项、风应力项和底摩擦项（Gan and Qu，2008）

pre_x、pre_y分别代表x、y方向压力梯度力；cor_x、cor_y分别代表x、y方向科氏力；age_x、age_y分别代表x、y方向非地转项；nl_x、nl_y分别代表x、y方向非线性项；ace_x、ace_y分别代表x、y方向加速项；ts_x、ts_y分别代表x、y方向风应力项；tb_x、tb_y分别代表x、y方向底摩擦项。压力梯度力和科氏力均乘以了10^{-5}，其他各项均乘以了10^{-6}

2.3.4 南海西边界夏季冷涡对季风的响应

越南东部在11°30′N附近存在明显的陆地岬角地形，岬角以北越南东部海岸呈南北走向，而在岬角以南，岸界向西南折转，呈东北-西南走向。根据卫星（AVHRR）遥感海表温度（SST）的观测结果，6～9月气候态平均显示，海表的低温中心始终位于岬角东南部沿岸。其中，8月的冷中心温度最低，且向东扩展的范围最大，意味着此时冷涡最为强盛。

表层的低温中心位于岸界岬角东南（12°N以南）的近岸海域，中心温度低于28℃。其位置和卫星遥感的低温中心位置基本一致，且冷水舌有向东扩展的趋势。但由于WOA2001数据的空间分辨率较低，且经过插值平滑处理，因此其SST的空间结构不如卫星遥感的SST细致。自50m以深，越南东部和南部的等深线大致呈南北走向，不存在类似于岸界处的岬角地形。与表层不同，50m层的低温区则位于岸界岬角以北，中心位置在12°～14°N，中心温度低于22.5℃（图2.49b）。在100m深度处，低温中心的位置与50m层大致相同，中心温度低于18℃（图2.49c）。此外，在100m深度处，越南以南存在一个显著暖涡，中心温度高于22.5℃。以往现场观测的结果表明，此处存在一较强的反气旋涡。由此可以推断，反气旋涡所导致的幅聚下沉现象是此处暖涡形成的主要原因。在200m深度处，越南冷涡的影响已经很微弱，越南以东南的暖涡温度略高于周围的外海水团，但明显变小。

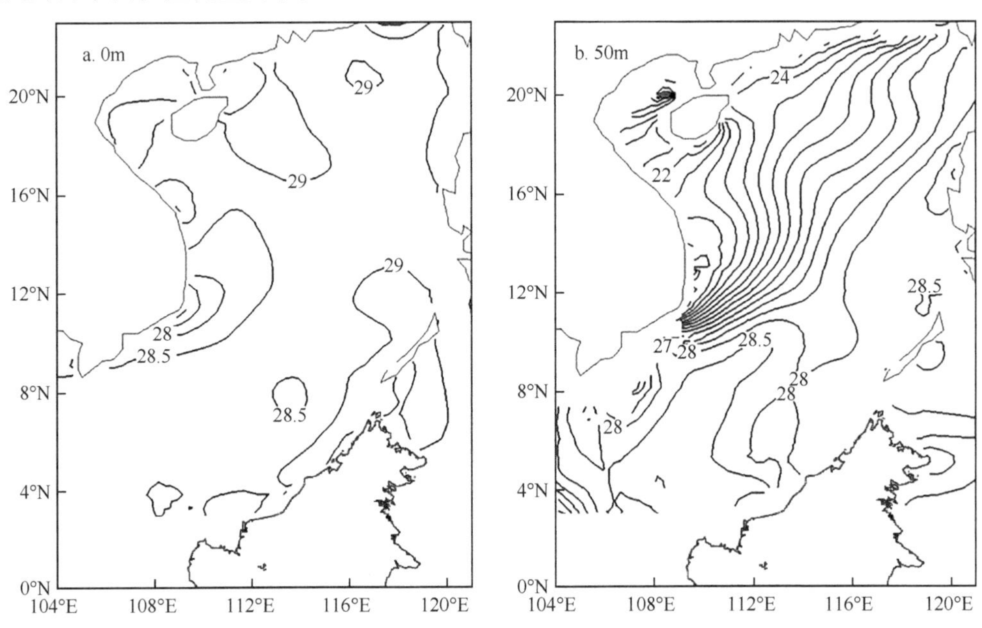

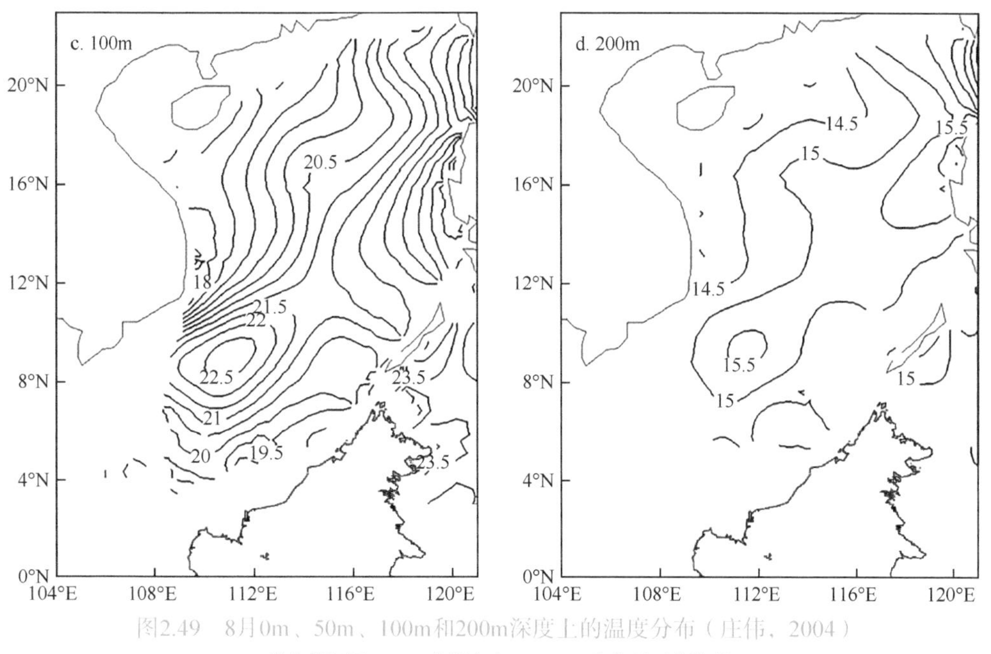

图2.49 8月0m、50m、100m和200m深度上的温度分布（庄伟，2004）

等值线间隔0.5℃；数据来自WOA2001气候月平均资料

通过1个控制试验（Epx0）和1个敏感性试验（Exp1）来研究南海夏季风对上层海洋热力结构，尤其是越南冷涡强度和空间结构的影响。Exp1中，夏季越南以东局地风应力无旋化。

由Exp0月平均上层水温分布图（图2.50）可知，从6月到8月，越南以东的水温逐渐降低，且低温

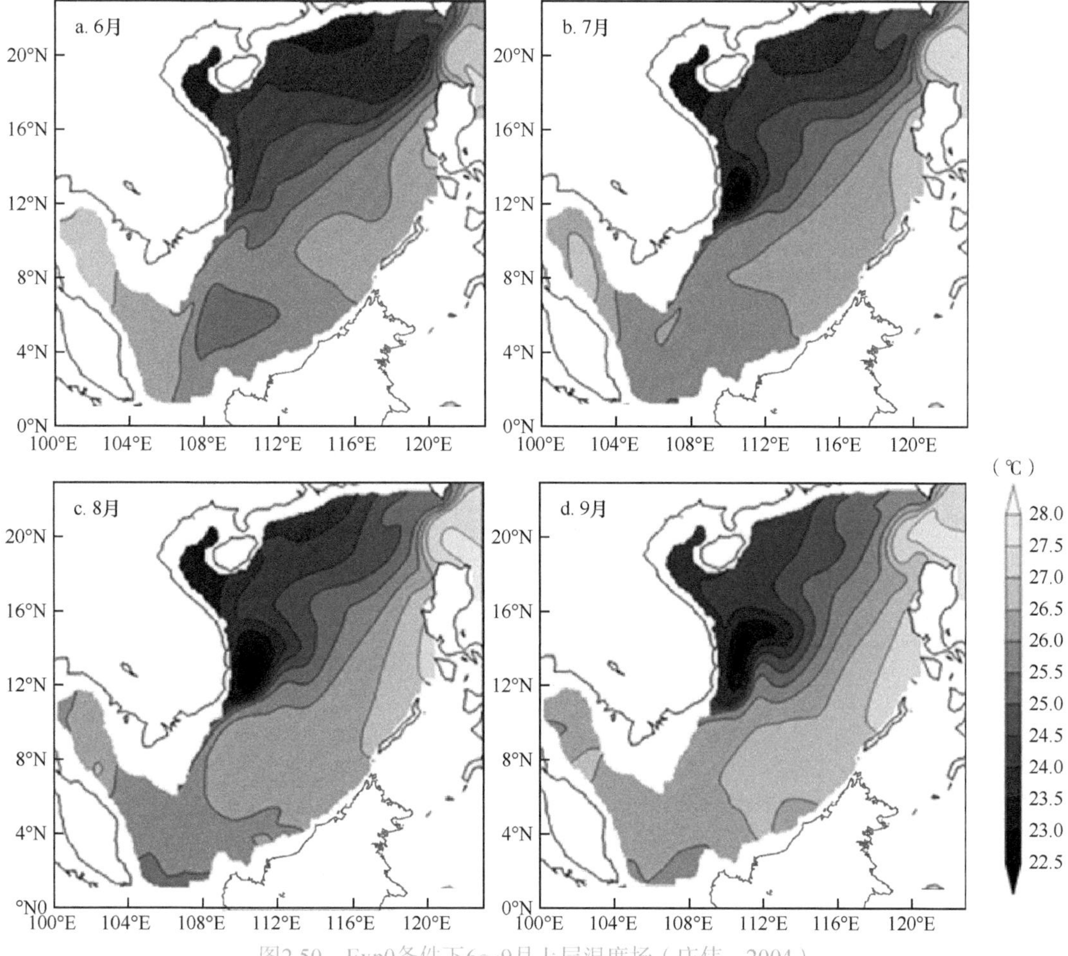

图2.50 Exp0条件下6～9月上层温度场（庄伟，2004）

区有逐渐向东扩展的趋势；至9月，低温中心的温度又逐渐回升。为了更全面地了解各种动力学和热力学因素对越南冷涡消长过程的影响，本研究选取了越南沿岸一个3°×3°正方形区域A（11°～14°N，109.5°～112.5°E），大致包含了越南冷涡所在的区域，分别计算了区域内平均的水平平流项（$-V\cdot\nabla T$）、垂向夹卷项［$-w_e(T-T_b)/h$］和海面热力强迫项（Q/h），从而揭示几种不同效应对该区域内温度变化的贡献。

图2.51a、b分别表示Exp0和Exp1条件下A区域内平均温度每隔15天相对于上一时刻的变化量和平流输送效应、垂向夹卷效应、海面加热效应随时间的变化曲线。可以清楚地看到，3～6月，在海面热力输入的作用下，A区域内的平均温度不断升高（$dT>0$），而平流输送项和垂向夹卷项的贡献几乎等于零。从6月底到8月底，平均温度则不断降低（$dT<0$），在此期间，海面的热强迫起到的是加热增温的效应，造成水温降低的原因在于垂向夹卷效应和平流输送效应的作用。其中，垂向的夹卷作用使下层的冷水涌到上层，这是导致局地水温下降最主要的原因。平流输送效应的作用可以分为经向平流输送（$-v\partial T/\partial y$）和纬向平流输送（$-u\partial T/\partial x$）两部分。由图2.51b可知，平流项的总贡献是降温，但量值明显小于垂向夹卷项，7月、8月时，其大小仅约为垂向夹卷项的1/3。通过计算A区域东、西、南、北四个边界的流量随时间的变化（图2.52），可以在一定程度上揭示平流效应变化的原因。5～8月，东边界的东向流量和南边界的北向流量

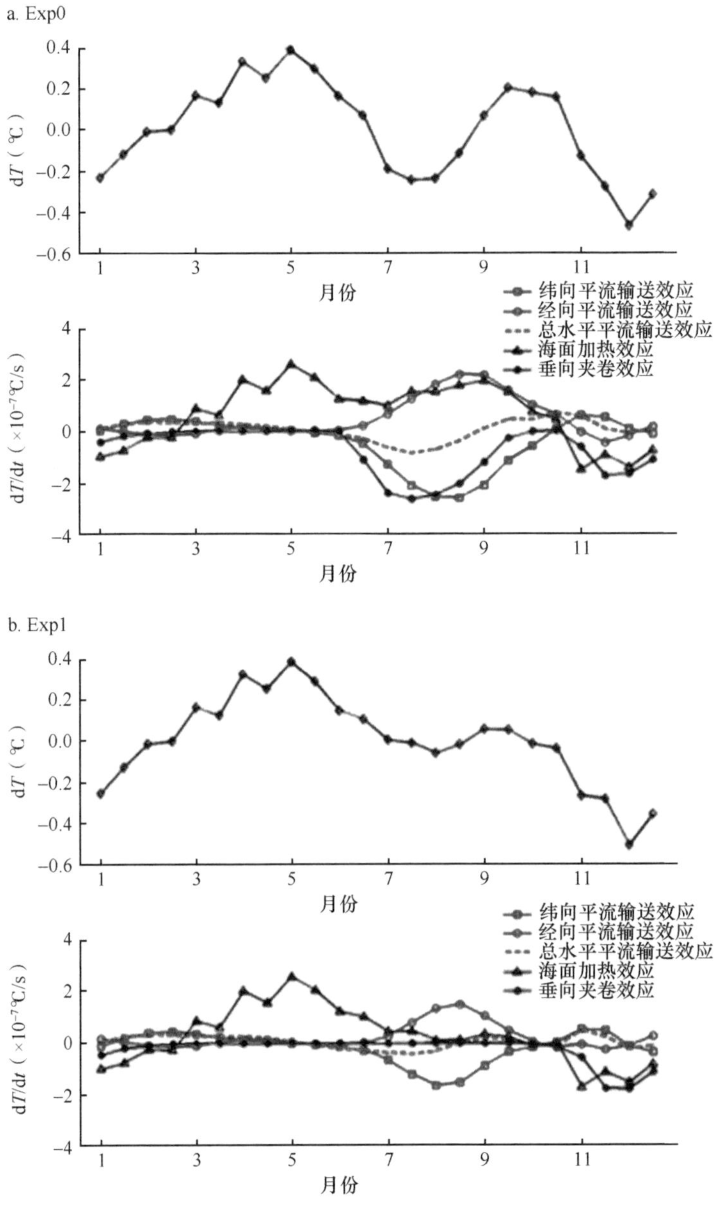

图2.51 Exp0条件下（a）和Exp1条件下（b）A区域内平均温度每隔15天的变化量，以及经向平流、纬向平流、总水平平流输送效应与垂向夹卷效应、海面加热效应随时间的变化（庄伟，2004）

不断增大，至8月达到最大值（都＞20Sv），然后迅速减小，并在10月开始转向。在此期间，西边界的东向流和北边界的北向流流量很小（＜5Sv）且变化不大，说明夏季南海南部的反气旋式环流在西边界形成很强的北向暖平流，将南部的暖水向北输送。但是，这支北向流并没有继续向北流到14°N，而是在越南沿岸转向，形成东向离岸流。这支东向流使垂向夹卷效应所产生的局地冷水向东扩展，进一步增加了冷涡的影响范围。至9月，垂向夹卷效应明显减弱，同时，由于反气旋式环流减弱，冷暖平流都迅速减小且东向的冷平流的减弱快于北向的暖平流，因此总平流项逐渐增大，变为正值。在平流输送效应和海面热力输入的共同作用下，越南冷涡开始变暖。

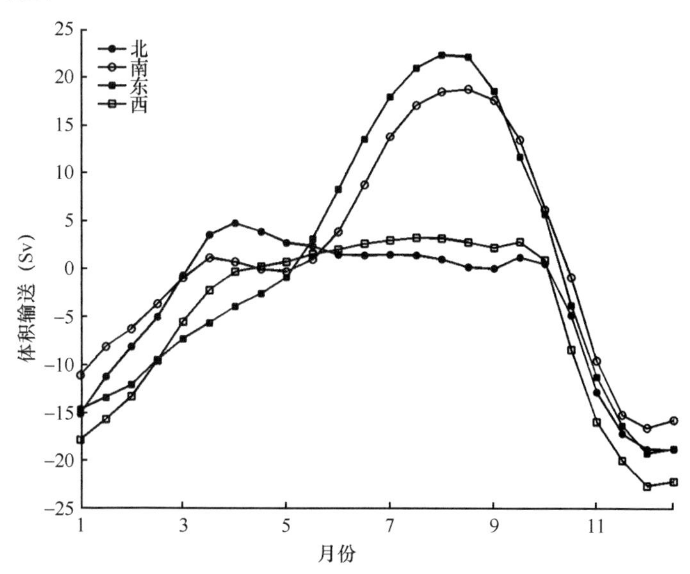

图2.52 Exp0条件下A区域东、西、南、北四个边界的断面输送年循环（庄伟，2004）

2.3.5 夏季越南近岸SST季节内变化与风应力季节内变化的关系

越南东部的风场急流和冷舌的发展不是一个平滑的季节过程，而是每年由几个季节内事件组成，间隔在45天左右（Xie et al.，2007）。在一个典型的季节内事件中，在风场急流的加剧，以及随后越南离岸流的平流作用下，一周左右后冷舌在海洋中发展起来。通过罗斯贝波调整，越南离岸流自身也在该季节内事件的影响下增强，在2～3周增长为最强。

2.4 南海南部环流

2.4.1 南海南部环流的季节演替

1. 温度和盐度季节演替

从1999年春（夏）季航次的温盐点聚图可以看出，1999年春（夏）季，南海南部海域的中层水与深层水水团属性非常稳定和单一，没有出现明显的分化，这一点与1998年的情况有比较大的差异。需要特别注意的是，1999年春季航次期间的南海表层水分布比较散，表明表层水属性变化幅度比较大；但是夏季航次期间表层水的温盐散点相对集中，这说明，1999年春季航次期间，南海南部海洋表层的混合层比较浅薄，温度和盐度垂向梯度不明显，夏季航次期间，南海具有深厚的上混合层，以混合层内水体为主体的南海表层水属性相对单一，混合层下，具有很强的温跃层和盐跃层。

2. 春夏季温度和盐度水平分布场差异

1999年7月与4月相比，海洋表层和次表层水温明显上升，水温的升幅随深度增加而减小（图2.53）；中层水的温度在夏季风爆发后略有下降。夏季，南沙群岛西北部的暖水范围明显扩大，与邻近水域的温差也明显增大（图2.53）。

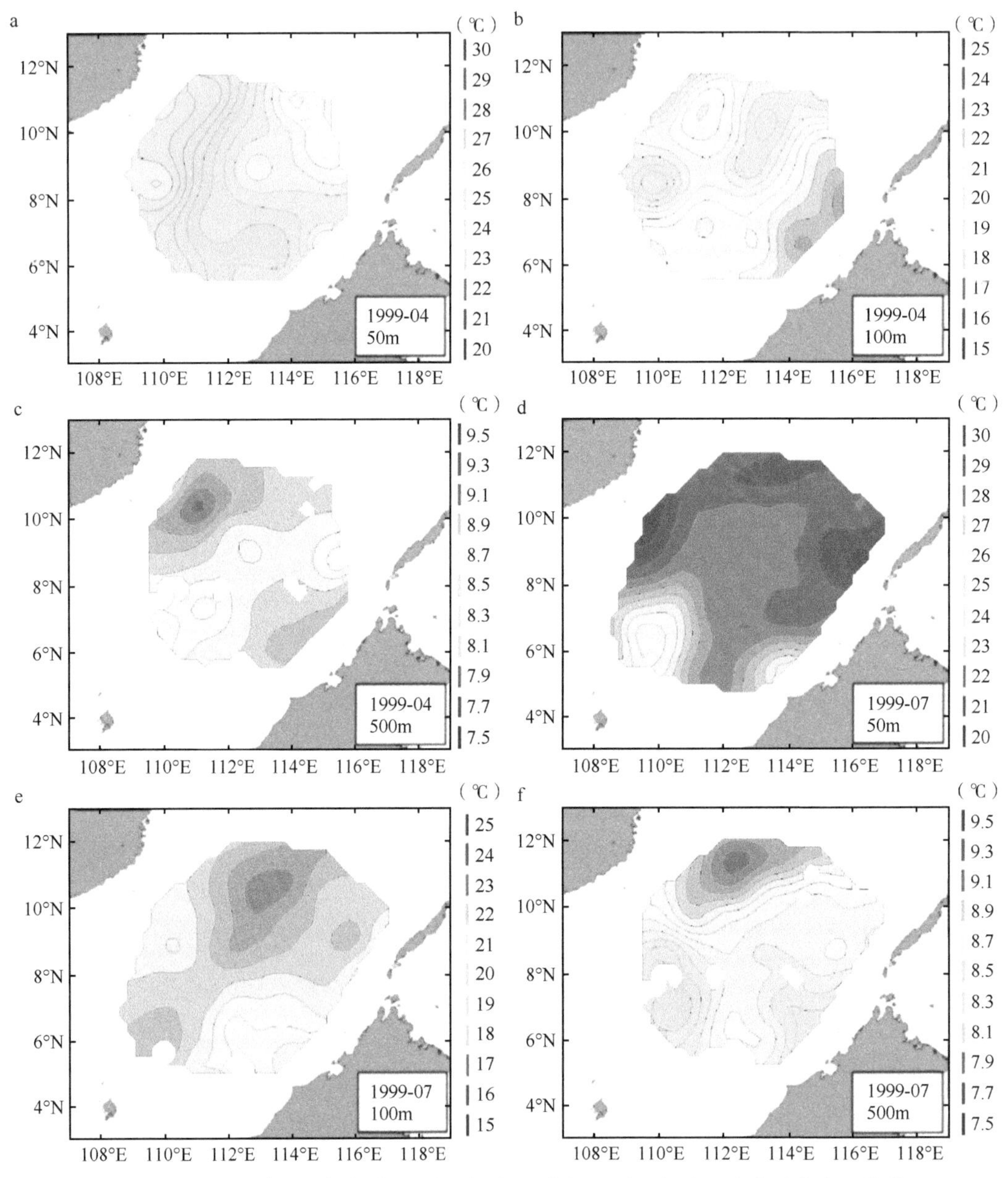

图2.53 南海南部部分海域1999年春季（4月）航次和夏季（7月）航次温度水平分布（陈举，2005）

50m、100m和500m层温度等值线间隔分别为0.5℃、0.25℃和0.05℃

1999年春季航次期间的盐度分布（图2.54）结果表明，50m和100m深度上，盐度的空间分布格局与温度的空间分布格局大致相反。也就是说，在各深度暖水活动区域盐度偏低，冷水活动区域盐度偏高。这表明50m和100m深度上盐度变化与温度变化具有比较好的反相关关系，夏季上层海水盐度降低，其变化幅度随深度迅速减小。从温度和盐度沿断面分布结果来看，夏季风爆发以后，温跃层和盐跃层的深度加深，跃层厚度变薄。和春季相比，夏季越南东南部低盐水体的范围明显增大，控制越南东南部的大片区域，其中心位置较季风爆发前略有东移。

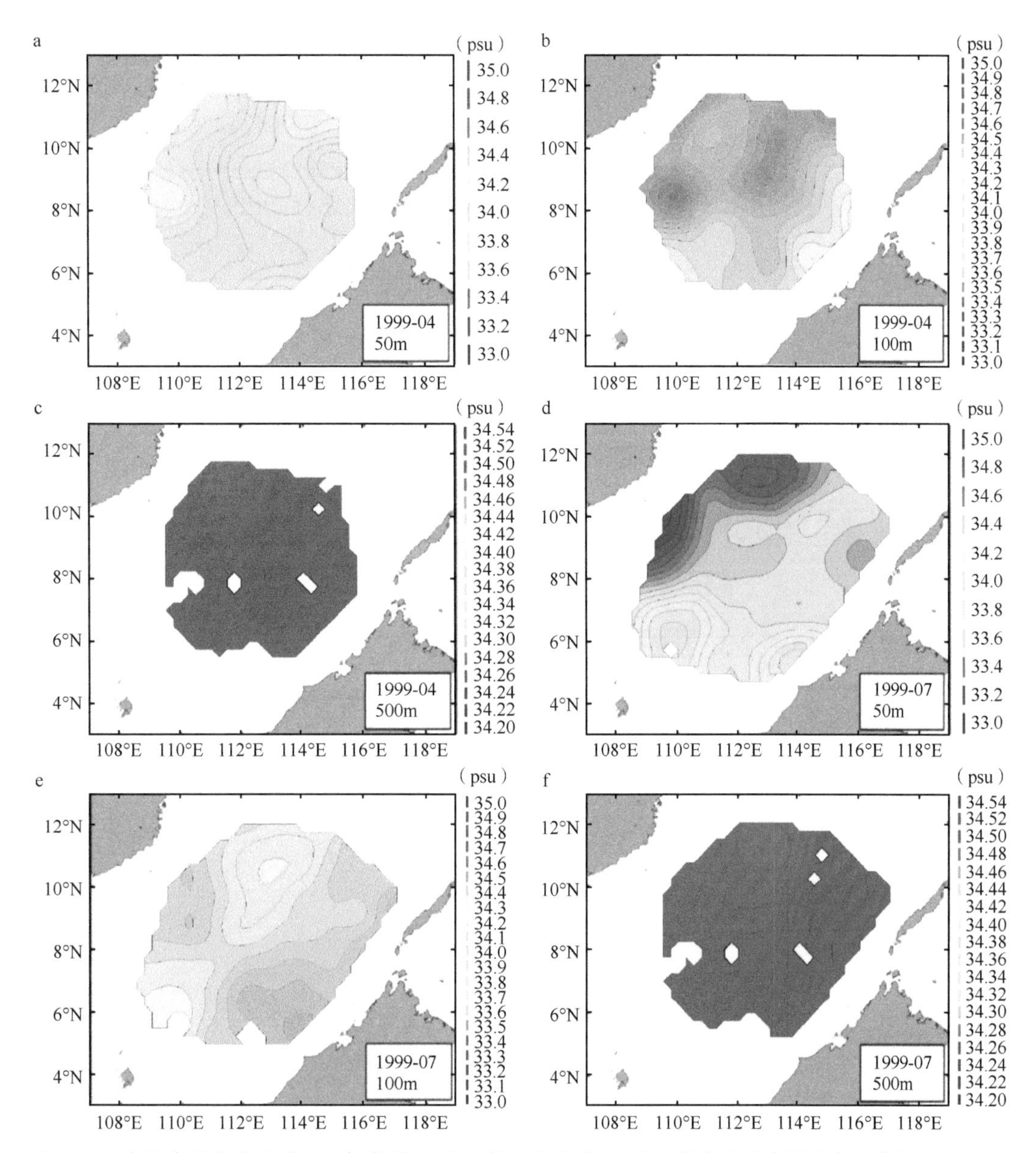

图2.54 南海南部部分海域1999年春季（4月）航次和夏季（7月）航次盐度水平分布（陈举，2005）

50m、100m和500m层盐度等值线间分别为0.05psu、0.025psu和0.0005psu

3. 环流的季节演替

地转流计算结果（图2.55）表明，春季50m深度上，调查范围内主要受气旋式环流控制，其内部分布有三个比较明显的中尺度涡：万安气旋涡、越南反气旋涡（10°N，111°E）及其东侧的椭圆形气旋涡；在100m深度上，这一环流格局仍然得以维持，同时，在北康暗沙以北形成弱的反气旋涡；500m深度上的环流相对简单，没有非常显著的涡旋活动，调查海域西部主要为东南向海流，东部和南部为东北向海流，调查范围内大致呈气旋式环流格局。

1999年4～7月由TP&ERS MSLA与多年平均海面动力高度合成的月平均地转流分布结果（图2.56）表明，4月，南海海盆依然以气旋式环流为主要特征，南海中部西沙群岛及其邻近海域和越南东南部海域主要受几个强度比较小的气旋涡控制。5月，南海北部气旋式环流依然明显，越南中部近岸海域12°N附近出现明显的气旋式弯曲，该结构强度在6月进一步增强，范围向东扩展。此外，越南东南部海域没有出现明显的反气旋涡；南海南部海盆西侧呈气旋式环流格局，东侧呈弱的反气旋趋势的环流格局。到了6月，越南东南部海域出现结构并不完整的反气旋式环流结构，该结构的中心至7月向东北方向移动到（11°N，112°E）附近海域，强度增强，范围扩大，结构发育完整，此时整个南海南部均被一个大的反气旋式环流控制。综上，从4月到7月，南海南部海域的环流格局逐渐从气旋式向反气旋式转变，其中比较明晰的特征是越南反气旋涡在北移过程中逐渐增强，范围逐渐扩大；南海北部海域的气旋式环流的强度减弱，范围缩小，中心离开菲律宾西北角向南海北部陆坡区迁移。这些特征与南海海洋环流气候态特征比较一致，但是与1998年存在明显差异。

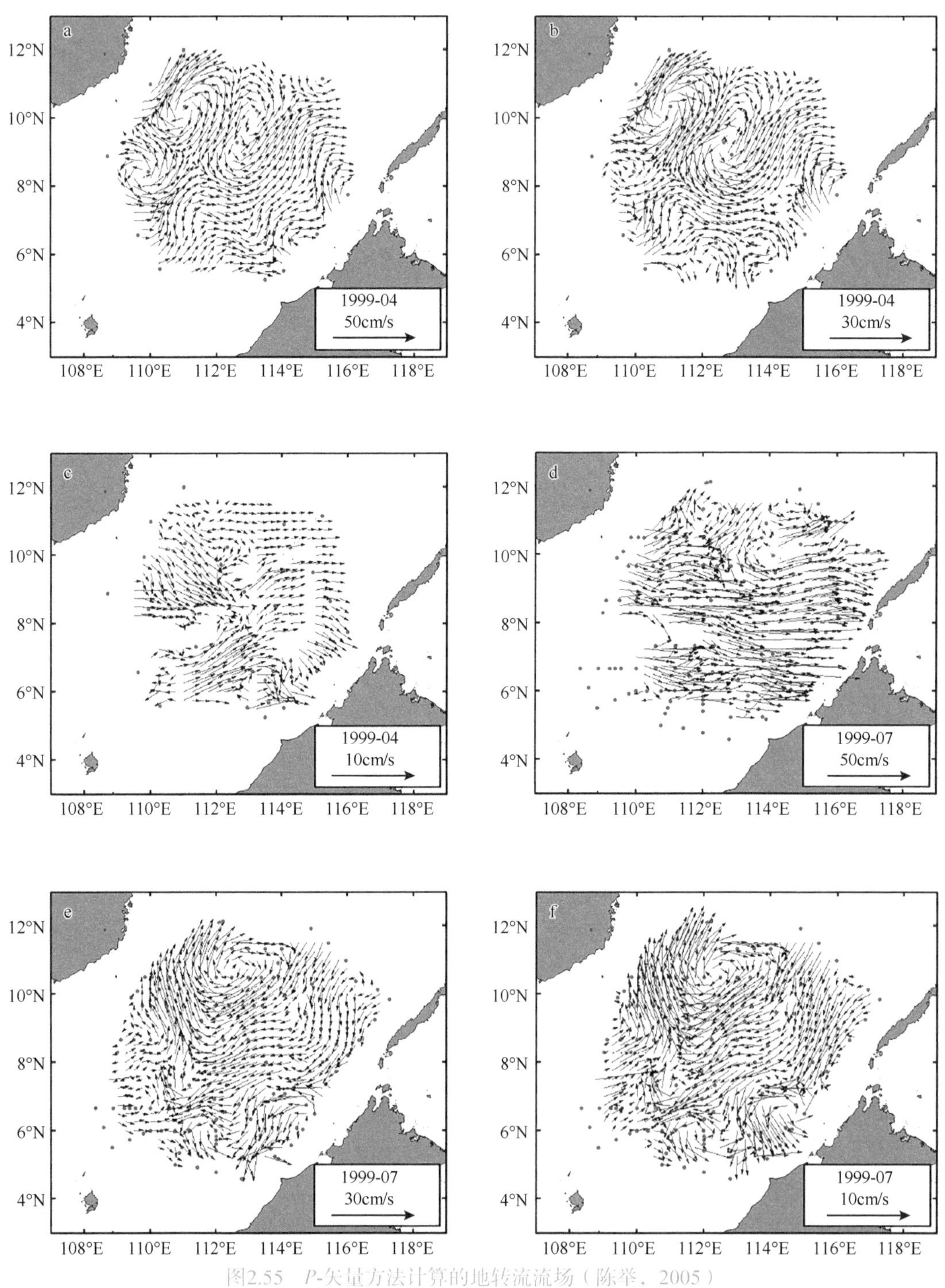

图2.55 P-矢量方法计算的地转流流场（陈举，2005）

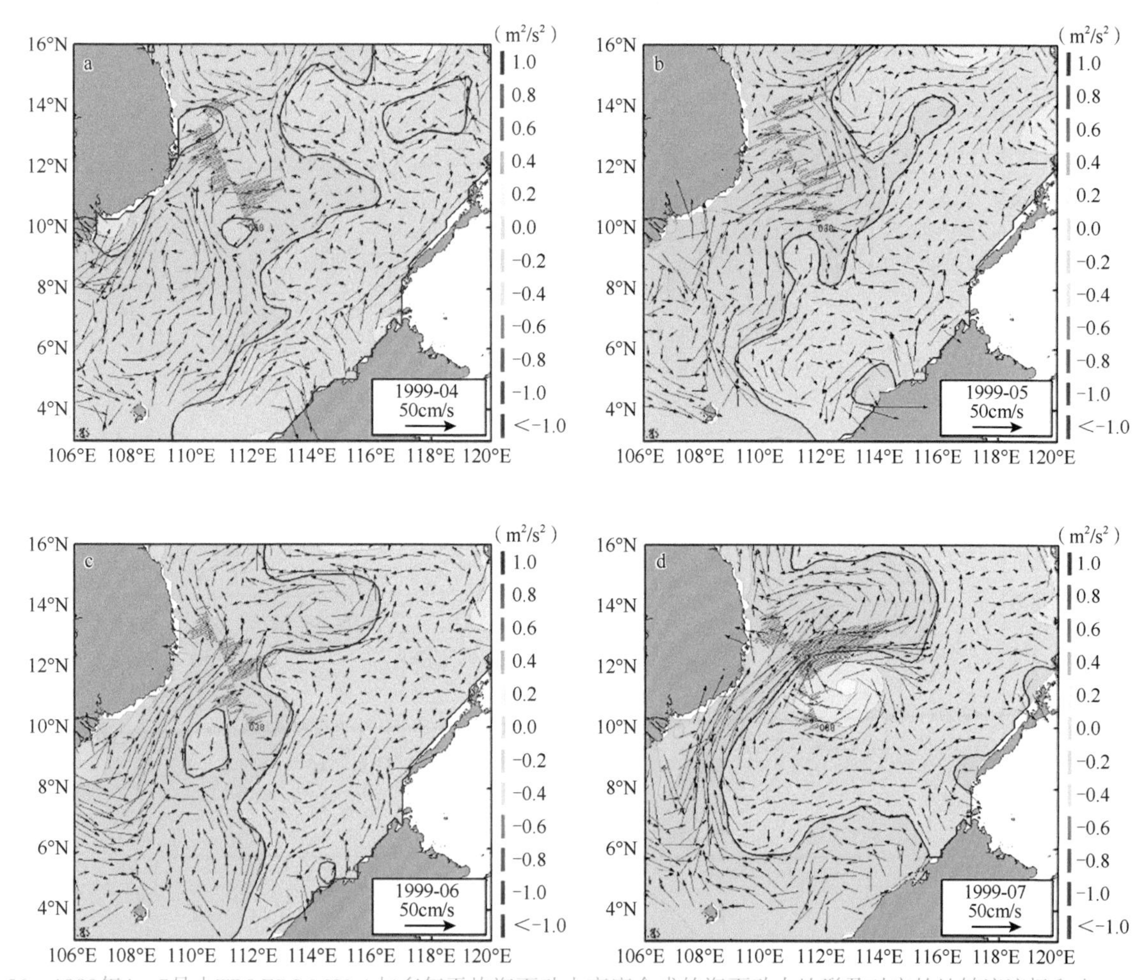

图2.56　1999年4～7月由TP&ERS MSLA与多年平均海面动力高度合成的海面动力地形及对应的地转流流场和由T/P 038轨道沿轨资料计算的垂直轨道地转流（蓝色）（陈举，2005）

2.4.2　南海南部春季水文要素的年际差异

1. 温度水平分布差异

从1985年5月、1986年4月和1987年5月三个春季航次50m深度上的温度分布图（图2.57a～c）可以看出，1987年温度的变化趋势与1986年比较接近，观测海域西侧被高温水体占据；南沙海槽区为冷水区，同时在巴拉望岛西南部还有一个比较明显的小范围暖水活动的迹象。而1985年的温度分布格局与1986年、1987年的差异明显，总体而言，这一海区的温度1985年最高，1987年次之，1986年最低，这可能与1985年春末才开始观测有一定关系。

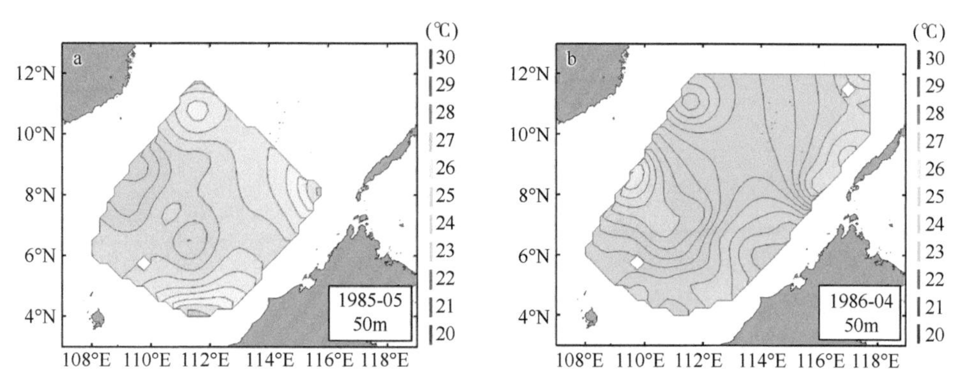

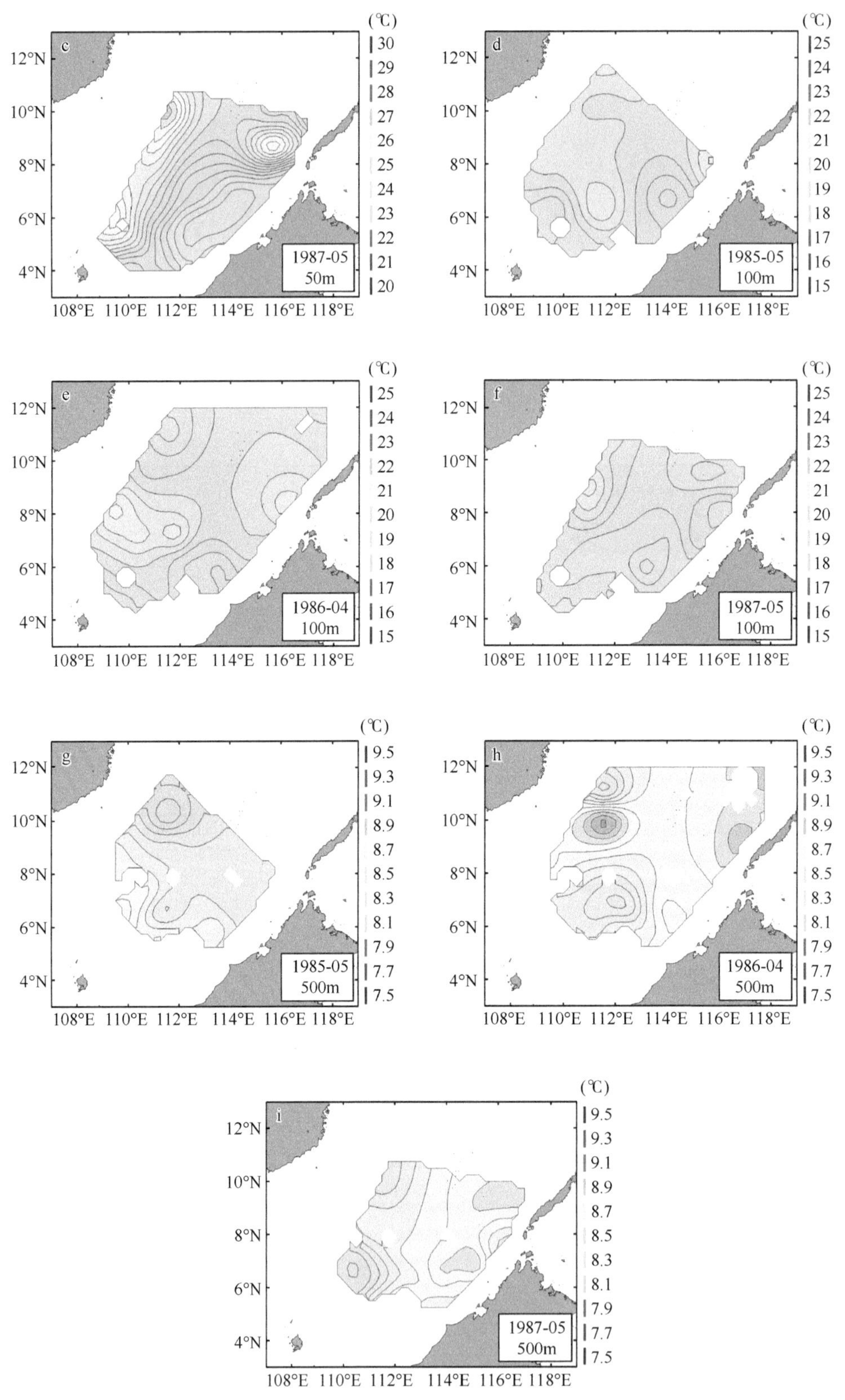

图2.57　1985年、1986年和1987年春季调查期间的温度分布（陈举，2005）

50m、100m和500m层温度等值线间隔分别0.25℃、0.25℃和0.05℃

100m深度上，1985年温度呈西高东低的分布格局，与1986年和1987年总的分布态势比较接近；这3年，南沙海槽区被低温水体占据；巴拉巴克海峡西侧在3年之中都存在暖水活动的迹象。不同之处在于，1987年南沙海槽区及其西侧海域的温度明显比前两年低0.5～1.0℃，其中心温度低于19℃，主要分布在（6°N，113.5°E），比1985年的位置偏西，比1986年的位置偏北。3年之中，1987年的水温最低，1985年和

1986年的水温差异甚微。

500m深度上，1985年的水温呈南高北低的分布格局，最高温度为8.8℃，主要分布在万安浅滩以南的深水区边缘，最低温度出现在越南东南部海域。1986年北康暗沙和万安浅滩之间的深水海盆区主要被低温水体占据；在巴拉望群岛以西为暖水，同时在（9.5°N，111.5°E）可能存在暖中心结构。1987年的温度分布格局与1986年比较相近，仅温度略低。总之，1986年和1987年的温度分布格局比较相近；3年之中，南沙海槽区的低温水在100m深度上都比较明显，但在50m深度上，仅1986年和1987年的低温特征比较明显；500m深度上，1985年与其他两年的温度分布趋势也不同。

2. 盐度水平分布差异

50m深度上，1987年观测海域的盐度最高，普遍高于34psu，最大盐度中心位于巴拉巴克海峡以西海域（＞34.15psu），最低盐度分布在曾母暗沙附近海域（图2.58）。1985年的盐度最低，除巴拉巴克海峡西部海域盐度相对较高外，其余海区的盐度低于33.8psu，最低盐度出现在曾母暗沙附近海域，大约为33.35psu。1986年的盐度居中，加里曼丹岛西北部海域分布有大范围的高盐水体，中心盐度超过33.95psu，北端一直到巴拉望岛南部，在越南东南部海域有盐度超过34.1psu的高盐水出现，这可能与南海北部高盐水体进入南海南部有关，巴拉望岛西侧主要分布盐度低于33.8psu的低盐水。

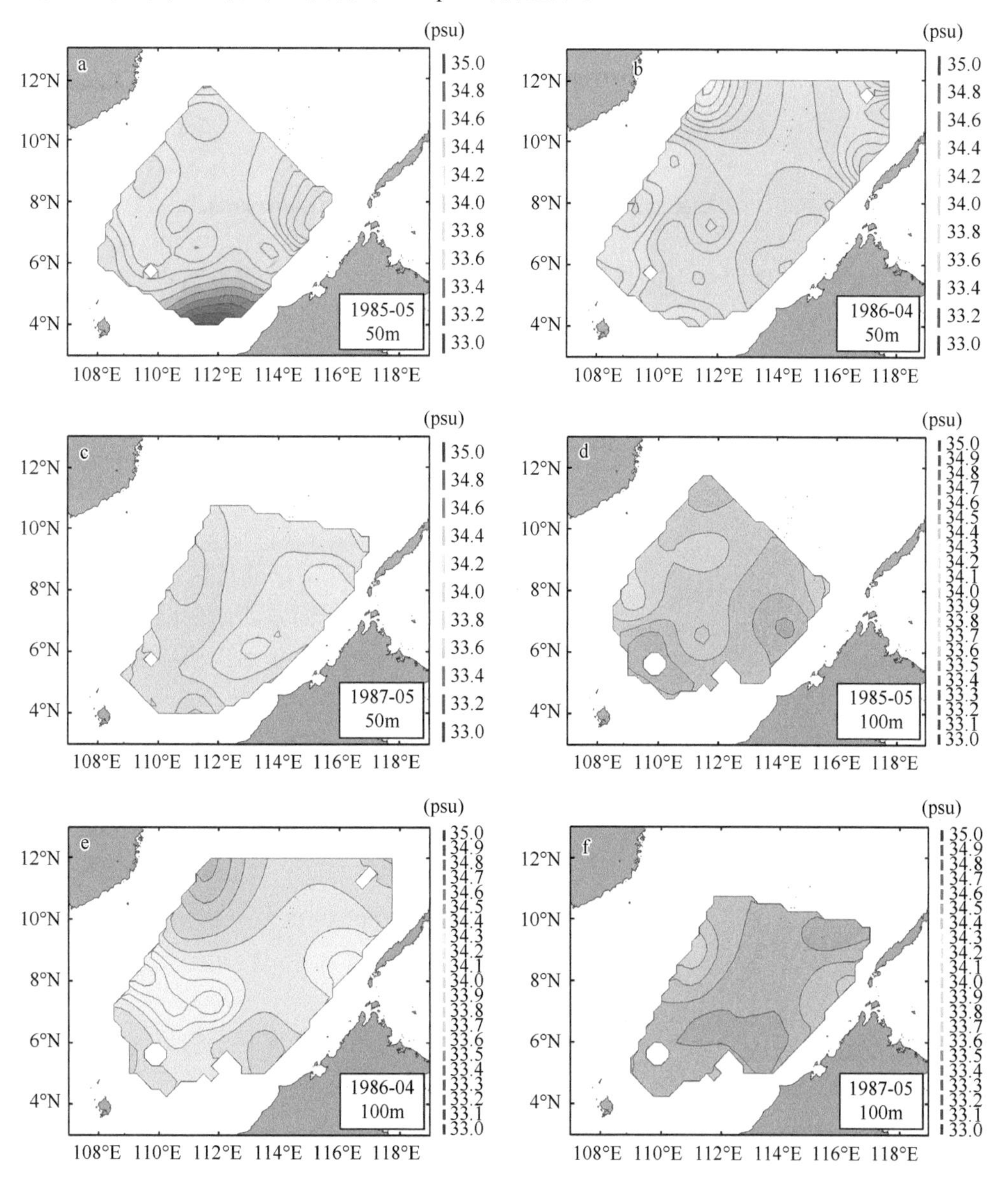

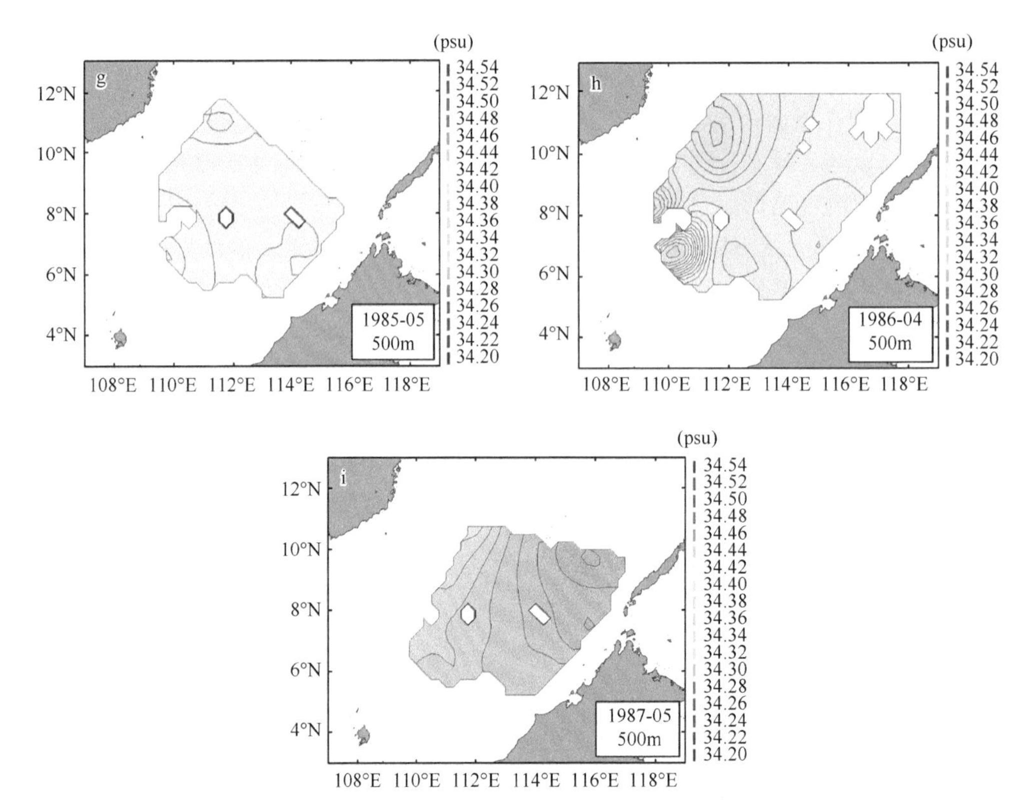

图2.58 1985年、1986年、1987年春季调查期间的盐度分布（陈举，2005）

50m、100m和500m层盐度等值线间隔分别为0.05psu、0.025psu和0.005psu

100m深度上，1986年的盐度明显小于其他两年，分布格局也有差异。具体而言，1985年的盐度呈西低东高的分布格局，东西盐度相差0.1psu；1986年在万安浅滩海域有一低盐水舌从越南近岸海域向东进入观测核心区域，其最低盐度仅为34.25psu，在越南东南部海域出现超过34.5psu的高盐水，其来源同50m深度一样，可能来源于南海北部，加里曼丹岛以西海域的盐度比其余两年低0.1psu，同时在巴拉巴克海峡以西出现小范围低盐水体；1987年的盐度普遍高于34.4psu，最低盐度出现在万安浅滩以北海域，同时在巴拉巴克海峡以西出现相对低盐水体。可见，1985年100m层的盐度分布与50m层大致相反，而1986年和1987年的100m层盐度分布与50m层的盐度分布趋势一致。

500m深度上，1985年盐度普遍为34.415～34.425psu，在海盆西南部陆坡区盐度略高，越南东南外海略低；1986年盐度为34.40～34.44psu，最大盐度和最小盐度分别位于海盆西南部陆坡区附近和越南东南外海；1987年的盐度为34.44～34.45psu，其盐度则是从海盆西南部向巴拉望岛以西海域递增，但越南东南外海盐度依然相对较低。

可见，盐度在不同层次上的分布也存在明显的差异，1986年和1987年50m层与100m层的盐度分布趋势非常一致。但1985年，50m层与100m层盐度分布趋势却大致相反。3年之中，50m层在巴拉巴克海峡西侧的高盐水，100m层在巴拉巴克海峡西侧的低盐水，暗示了苏禄海水与南海水交换的某种迹象。在中层，就盐度空间变化趋势而言，1987年明显与前两年不同。还有一点值得注意的是，1986年100m层以下的盐度是3年中最低的，而1987年则是最高的，表明该海域次表层以下水体的盐度可能存在明显的年际变化。

3. 地转流的分布差异

50m层地转流矢量分布结果（图2.59a～c）表明，3年中调查海域呈现明显的多涡结构，气旋涡与反气旋涡并存，它们的中心位置也有变化。但总的趋势是1985年和1986年在观测海域内主要表现为气旋式环流格局，1987年为反气旋式环流格局。3年之中，南沙海槽区南部主要被一个气旋涡控制，其中1985年的涡中心位置比较偏北，位于6.5°N，1986年和1987年都位于6°N，气旋涡的强度在1986年最强，1987年最弱，范围最小，在100m层上结构已经开始解体。

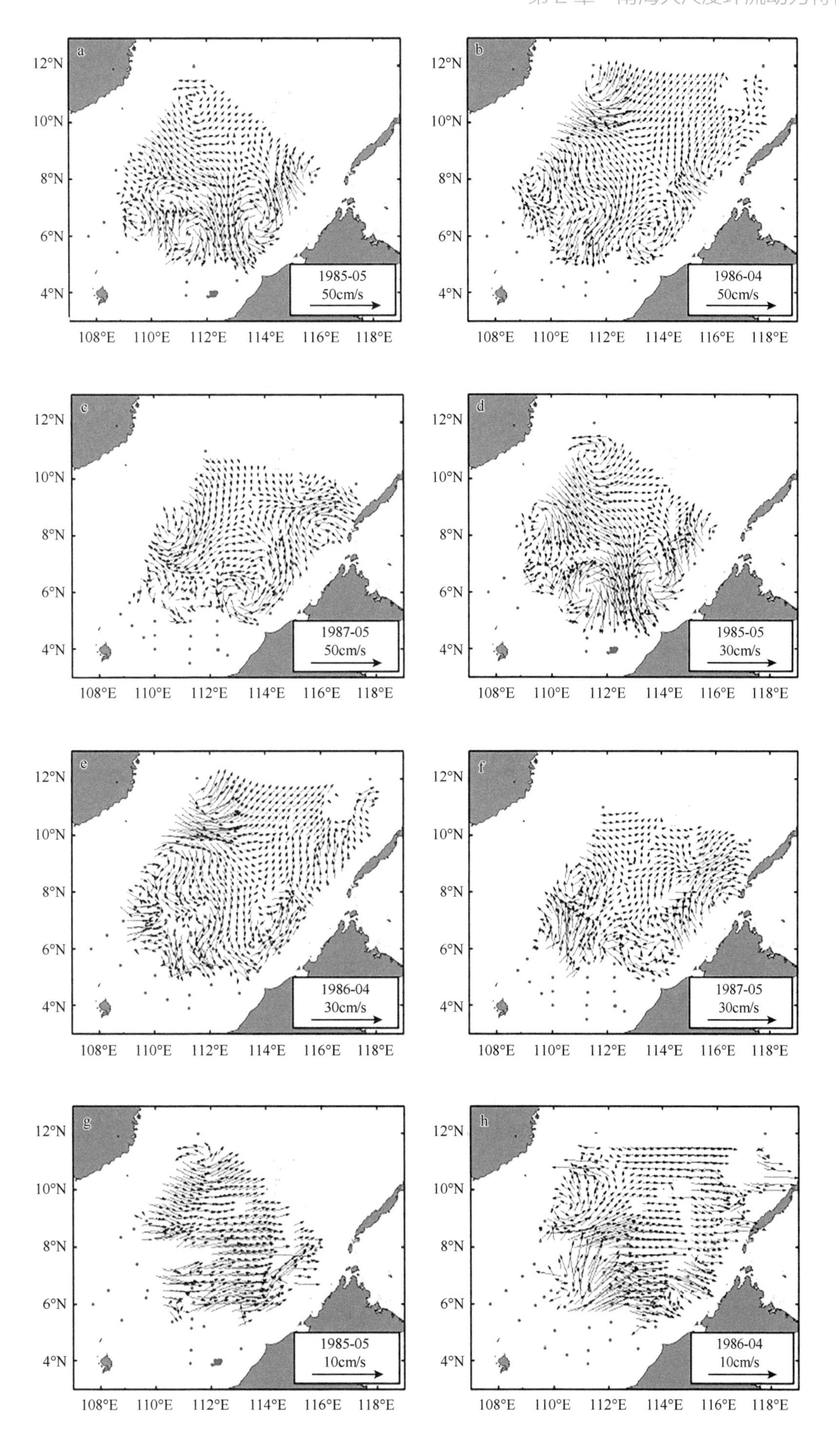
a
1985-05
50cm/s
b
1986-04
50cm/s
c
1987-05
50cm/s
d
1985-05
30cm/s
e
1986-04
30cm/s
f
1987-05
30cm/s
g
1985-05
10cm/s
h
1986-04
10cm/s
12°N
10°N
8°N
6°N
4°N
108°E
110°E
112°E
114°E
116°E
118°E

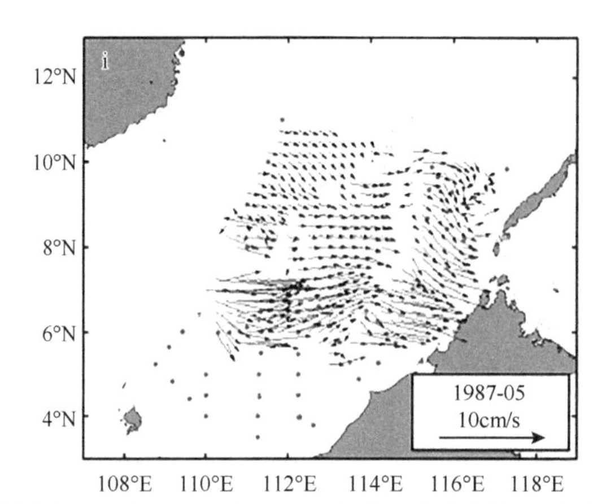

图2.59 不同深度层次上1985年、1986年和1987年春季航次期间的地转流分布（陈举，2005）

万安浅滩和北康暗沙之间的海域，1985年100m深度上除以万安浅滩为中心的反气旋涡外，在万安滩以南海域西侧还发育有一个范围较小的气旋涡，东侧发育有一个范围稍大的反气旋涡，而在50m深度上，此万安反气旋涡不明显；1986年则基本被一个反气旋趋势的环流控制；1987年同样表现为弱的反气旋趋势的环流格局。虽然3年中它们的形态有变化，但比较突出的特征则是多涡结构。

这3年的春季，50m和100m深度上巴拉巴克海峡以西都被反气旋趋势的环流控制，1987年尤为明显。500m深度上，3年都被气旋式环流控制，其中1986年在越南东南部海域存在一个气旋式环流中心，其位置比50m层和100m层的偏南，在1985年的南侧。上层气旋式环流的中心1986年比较偏北，可见1985年越南东南气旋涡的主轴向北倾斜，1986年则向南倾斜，是否与环流的斜压调整有关，需要进一步采用数值模拟手段进行研究。

2.5 小结与展望

南海大尺度环流具有开放性的“贯通”特征，太平洋的水体经吕宋海峡进入南海后，除了在北部经台湾海峡流出南海，还会在南海南部分别通过卡里马塔海峡和民都洛海峡流出南海。本章主要从南海贯穿流的角度回顾了其季节和年际变化特征及其变化机制，并深入探讨了南海贯穿流与相邻太平洋—印度洋环流之间的动力联系，揭示了在太平洋信风异常的影响下，海洋环流调整后南海贯穿流与印尼贯穿流的年际和长期变化呈反位相特征，证实了南海贯穿流挟带的水体从吕宋海峡流入南海，再经南海南部卡里马塔海峡和民都洛海峡流出后，会对经典的全球热盐输送带的重要分支印尼贯穿流产生影响，因而具有非常重要的气候意义。南海在联系大洋过程中起着热量和淡水输送的作用。通过深入了解南海贯穿流对周边海域的动力反馈，尤其是深入探讨其对印尼贯穿流的影响，可以帮助我们深入认知南海海洋环流作为广义太平洋—印度洋贯穿流的分支，对气候变化系统产生的重要潜在影响。

但是，对于南海与邻近海域海洋联系及动力机制的研究，仍存在许多尚未解决的科学问题，如南海贯穿流与周边环流动力联系是否存在季节尺度依赖性，如何更好地认知在全球气候增暖背景下南海海洋环流在沟通太平洋—印度洋系统中的重要性，仍任重而道远。

参考文献

鲍献文, 鞠霞, 吴德星. 2009. 吕宋海峡120°E断面水交换特征. 中国海洋大学学报(自然科学版), 39(1): 1-6.
陈举. 2005. 南海南部水团与环流的变化. 中国科学院大学博士学位论文.
方国洪, 魏泽勋, 崔秉昊, 等. 2002. 中国近海域际水、热、盐输运: 全球变网格模式结果. 中国科学: (D 辑), 32(12): 967-977.
郭忠信, 方文东. 1988. 1985年9月的吕宋海峡黑潮及其输送. 热带海洋学报, 2: 15-21.
侯华千, 谢强, 陈更新, 等. 2016. 2005-2009年、2011年和2013年南海东北部120°E断面秋季体积输运的年际变化. 海洋与湖沼, 47(1): 36-42.
黄企洲. 1983. 巴士海峡黑潮流速和流量的变化. 热带海洋学报, (1): 37-43.
刘海龙. 2002. 高分辨率海洋环流模式和热带太平洋上层环流的模拟研究. 中国科学院大学博士学位论文.

刘钦燕. 2005. 印度洋热力变化和印尼贯穿流. 中国科学院大学博士学位论文.
刘钦燕, 黄瑞新, 王东晓, 等. 2006. 印度尼西亚贯穿流与南海贯穿流的相互调制. 科学通报, (B11): 44-50.
刘钦燕, 王东晓, 谢强, 等. 2007. 印尼贯穿流与南海贯穿流的年代际变化特征及机制. 热带海洋学报, 26(6): 1-6.
刘秦玉, 杨海军, 李薇, 等. 2000. 吕宋海峡纬向海流及质量输送. 海洋学报, 22(2): 1-8.
孟祥凤, 吴德星, 胡瑞金, 等. 2004. 印度尼西亚贯通流年代际变化及成因分析. 科学通报, 49(15): 1547-1555.
王伟文. 2010. 南海贯穿流对邻近热带大洋的热动力反馈. 中国科学院大学硕士学位论文.
肖贤俊. 2006. 南海三维变分海洋资料同化系统. 中国科学院南海海洋研究所博士学位论文.
庄伟. 2004. 粤东和越南沿岸上升流的分布特征及形成机制. 厦门大学硕士学位论文.
Alory G, Wijffels S, Meyers G. 2007. Observed temperature trends in the Indian Ocean over 1960-1999 and associated mechanisms. Geophysical Research Letters, 34(2): 471-473.
Cai S Q, Liu H L, Li W, et al. 2005. Application of LICOM to the numerical study of the water exchange between the South China Sea and its adjacent oceans. Acta Oceanologica Sinica, 24(4): 10-19.
Carton J A, Giese B S. 2008. A reanalysis of ocean climate using Simple Ocean Data Assimilation (SODA). Monthly Weather Review, 136: 2999-3017.
Carton J A, James A. 2005. Sea level rise and the warming of the oceans in the Simple Ocean Data Assimilation (SODA) ocean reanalysis. Journal of Geophysical Research, 110(C9): C09006.
Chao S Y, Shaw P T, Wu S Y. 1996. El Niño modulation of the South China Sea circulation. Progress in Oceanography, 38: 51-93.
Chen G, Hou Y, Chu X. 2011. Water exchange and circulation structure near the Luzon Strait in early summer. Chinese Journal of Oceanology & Limnology, 29(2): 470-481.
Chen G, Xue H. 2014. Westward intensification in marginal seas. Ocean Dynamics, 64(3): 337-345.
Fang G, Fang W, Fang Y, et al. 1998. A survey of studies on the South China Sea upper ocean circulation. Acta Oceanographica Taiwanica, 37(1): 1-16.
Fang G, Susanto D, Soesilo I, et al. 2005. A note on the South China Sea shallow interocean circulation. Advances in Atmospheric Sciences, 22(6): 946-954.
Fang G, Susanto R D, Wirasantosa S, et al. 2010. Volume, heat and freshwater transports from the South China Sea to Indonesian Seas in the boreal winter of 2007-2008. Journal of Geophysical Research Oceans, 115: C12020.
Gan J P, Qu T D. 2008. Coastal jet separation and associated flow variability in the southwest South China Sea. Deep-Sea Research Part I, 55(1): 1-19.
Godfrey J S. 1989. A sverdrup model of the depth-integrated flow for the world ocean allowing for island circulations. Geophysical Fluid Dynamics, 45(1-2): 89-112.
Gordon A L, Huber B A, Metzger E J, et al. 2012. South China Sea Throughflow impact on the Indonesian Throughflow. Geophysical Research Letters, 39(11): 117-128.
He Z, Ming F, Wang D, et al. 2015. Contribution of the Karimata Strait transport to the Indonesian Throughflow as seen from a data assimilation model. Continental Shelf Research, 92: 16-22.
Hellerman S, Rosenstein M. 1983. Normal monthly wind stress over the world ocean with error estimates. Journal of Physical Oceanography, 13(13): 1093-1104.
Hirst A C, Godfrey J S. 1993. The role of Indonesian Throughflow in a global ocean GCM. Journal of Physical Oceanography, 23(6): 1057-1086.
Hu J, Kawamura H, Hong H, et al. 2000. A review on the currents in the South China Sea: Seasonal Circulation, South China Sea Warm Current and Kuroshio Intrusion. Journal of Oceanography, 56(6): 607-624.
Kim Y Y, Qu T D, Jensen T G, et al. 2004. Seasonal and interannual variations of the North Equatorial Current bifurcation in a high-resolution OGCM. Journal of Geophysical Research, 109: C03040.
Lebedev K V, Yaremchuk M I. 2000. A diagnostic study of the Indonesian Throughflow. Journal of Geophysical Research, 105: 11243-11258.
Liu Q, Feng M, Wang D. 2011. ENSO-induced interannual variability in the southeastern South China Sea. Journal of Oceanography, 67(1): 127-133.
Liu Q, Huang R, Wang D. 2012a. Implication of the South China Sea throughflow for the interannual variability of the regional upper-ocean heat content. Advances in Atmospheric Sciences, 29(1): 54-62.
Liu Q, Wang D, Wang X, et al. 2014. Thermal variations in the South China Sea associated with the eastern and central Pacific El Nino events and their mechanisms. Journal of Geophysical Research, 119(12): 8955-8972.
Liu Q, Wang D, Xie Q. 2012b. The South China Sea throughflow: linkage with local monsoon system and impact on upper thermal structure of the ocean. Chinese Journal of Oceanology and Limnology, 30(6): 1001-1009.
Liu Q, Wang D, Zhou W, et al. 2010. Covariation of the Indonesian throughflow and South China Sea throughflow associated with the 1976/77 regime shift. Advances in Atmospheric Sciences, 27(1): 87-94.
Masumoto Y, Yamagata T. 1991. Response of the western tropical Pacific to the Asian winter monsoon-the generation of the Mindanao Dome. Journal of Physical Oceanography, 21(9): 1386-1398.
Metzger E J, Hurlburt H E. 1996. Coupled dynamics of the South China Sea, the Sulu Sea, and the Pacific Ocean. Journal of Geophysical Research, 101: 12331-12352.
Oberhuber J M. 1988. An atlas based on the ‘COADS’ data set: The budgets of heat, buoyancy and turbulent kinetic energy at the surface of the global ocean. Max-Planck-Institute für Meteorology Report, 15.
Oey L Y, Chang Y L, Lin Y C, et al. 2013. ATOP-The advanced Taiwan Ocean prediction system based on the mpiPOM. Part 1: Model descriptions, analyses and results. Terrestrial Atmospheric and Oceanic Sciences, 24(1): 137-158.
Oey L Y, Chang Y L, Lin Y C, et al. 2014. Cross flows in the Taiwan strait in winter. Journal of Physical Oceanography, 44(3): 801-817.
Qiu B, Lukas R. 1996. Seasonal and interannual variability of the North Equatorial Current, the Mindanao Current, and the Kuroshio along the Pacific western boundary. Journal of Geophysical Research, 101: 12315-12330.
Qu T D, Du Y, Gan J P, et al. 2007. Mean seasonal cycle of isothermal depth in the South China Sea. Journal of Geophysical Research, 112: C02020.
Qu T D, Du Y, Meyers G, et al. 2005. Connecting the tropical Pacific with Indian Ocean through South China Sea. Geophysical Research Letters, 32: L24609.

Qu T D, Du Y, Sasaki H. 2006. South China Sea throughflow: A heat and freshwater conveyor. Geophysical Research Letters, 33: L23617.

Qu T D, Kim Y Y, Yaremchuk M, et al. 2004. Can Luzon Strait transport play a role in conveying the impact of ENSO to the South China sea. Journal of Climate, 17(18): 3644-3657.

Qu T D, Mitsudera H, Yamagata T. 2000. Intrusion of the North Pacific waters into the South China Sea. Journal of Geophysical Research, 105: 6415-6424.

Qu T D, Song Y T, Yamagata T. 2009. An introduction to the South China Sea throughflow: Its dynamics, variability, and application for climate. Dynamics of Atmospheres and Oceans, 47(1): 3-14.

Shaw P, Chao S. 1994. Surface circulation in the South China Sea. Deep-sea Research Part I, 41: 1663-1683.

Sheremet V A. 2001. Hysteresis of a western boundary current leaping across a gap. Journal of Physical Oceanography, 31(5): 1247-1259.

Shu Y, Xue H, Wang D, et al. 2016. Observed evidence of the anomalous South China Sea western boundary current during the summers of 2010 and 2011. Journal of Geophysical Research Oceans, 121(2): 1145-1159.

Song W, Lan J, Liu Q, et al. 2014. Decadal variability of heat content in the South China Sea inferred from observation data and an ocean data assimilation product. Ocean Science, 10(1): 135-139.

Su J L. 2004. Overview of the South China Sea circulation and its influence on the coastal physical oceanography outside the Pearl River Estuary. Continental Shelf Research, 24(16): 1745-1760.

Tian J, Yang Q, Liang X, et al. 2006. Observation of Luzon Strait transport. Geophysical Research Letters, 33: L19607.

Tozuka T, Kagimoto T, Masumoto Y, et al. 2002. Simulated multiscale variations in the western tropical Pacific: The Mindanao Dome revisited. Journal of Physical Oceanography, 32(5): 1338-1359.

Tozuka T, Qu T D, Masumoto Y, et al. 2009. Impacts of the South China Sea Throughflow on seasonal and interannual variations of the Indonesian Throughflow. Dynamics of Atmospheres and Oceans, 47(1): 73-85.

Tozuka T, Qu T D, Yamagata T. 2007. Dramatic impact of the South China Sea on the Indonesian Throughflow. Geophysical Research Letters, 34(12): 195-225.

Tozuka T, Qu T D, Yamagata T. 2015. Impacts of South China Sea throughflow on the mean state and El Niño/Southern Oscillation as revealed by a coupled GCM. Journal of Oceanography, 71(1): 105-114.

Vecchi G A, Soden B J, Wittenberg A T, et al. 2006. Weakening of tropical Pacific atmospheric circulation due to anthropogenic forcing. Nature, 441(7089): 73-76.

Verschell M A, Kindle J C, Obrien J J. 1995. Effects of Indo-Pacific throughflow on the upper tropical Pacific and Indian Oceans. Journal of Geophysical Research, 100: 18409-18420.

Wajsowicz R C. 1993. The circulation of the depth-integrated flow around an island with application to the Indonesian throughflow. Journal of Physical Oceanography, 23(7): 1470-1484.

Wang B, Wu R. 1997. Peculiar temporal structure of the south china sea summer monsoon. Advances in Atmospheric Sciences, 14(2): 177-194.

Wang D X, Liu Q, Huang R X, et al. 2006. Interannual variability of the South China Sea throughflow inferred from wind data and an ocean data assimilation product. Geophysical Research Letters, 33: L14605.

Wang G H, Su J L, Chu P C. 2003. Mesoscale eddies in the South China Sea observed with altimeter data. Geophysical Research Letters, 30(21): 2121.

Wang Q, Cui H, Zhang S, et al. 2009. Water transports through the four main straits around the South China Sea. Chinese Journal of Oceanology and Limnology, 27(2): 229-236.

Wang W, Wang D, Zhou W, et al. 2011. Impact of the South China Sea Throughflow on the Pacific low-latitude western boundary current: A numerical study for seasonal and interannual time scales. Advances in Atmospheric Sciences, 28(6): 1367-1376.

Wei J, Li M, Malanotterizzoli P, et al. 2016. Opposite variability of Indonesian Throughflow and South China Sea Throughflow in the Sulawesi Sea. Journal of Physical Oceanography, 46(10): 3165-3180.

Wyrtki K. 1961. Physical Oceanography of the Southeast Asian Waters. NAGA Report, 2: 1-195.

Wyrtki K. 1974. Equatorial currents in the Pacific 1950 to 1970 and their relations to the trade winds. Journal of Physical Oceanography, 4(3): 372-380.

Xie S, Chang C, Xie Q, et al. 2007. Intraseasonal variability in the summer South China Sea: Wind jet, cold filament, and recirculations. Journal of Geophysical Research, 112: C10008.

Xu J P, Shi M C, Zhu B K, et al. 2004. Several characteristics of water exchange in the Luzon Strait. Acta Oceanologica Sinica, 23(1): 11-21.

Yaremchuk M, Qu T D. 2004. Seasonal variability of the large-scale currents near the coast of the Philippines. Journal of Physical Oceanography, 34(4): 844-855.

Yu J Y, Kao H Y. 2007. Decadal changes of ENSO persistence barrier in SST and ocean heat content indices: 1958-2001. Journal of Geophysical Research, 112: D13106.

Yu J Y, Lau K M. 2005. Contrasting Indian Ocean SST variability with and without ENSO influence: A coupled atmosphere-ocean GCM study. Meteorology and Atmospheric Physics, 90(3-4): 179-191.

Yu K, Qu T D. 2013. Imprint of the Pacific decadal oscillation on the South China Sea throughflow variability. Journal of Climate, 26(24): 9797-9805.

Yu L, Weller R A. 2007. Objectively analyzed air-sea heat fluxes for the global ice-free oceans (1981-2005). Bulletin of the American Meteorological Society, 88(4): 527-539.

Yuan D, Wang Z. 2011. Hysteresis and dynamics of a western boundary current flowing by a gap forced by impingement of mesoscale eddies. Journal of Physical Oceanography, 41(5): 878-888.

Zeng L, Liu W T, Xue H, et al. 2014. Freshening in the South China Sea during 2012 revealed by Aquarius and in situ data. Journal of Geophysical Research, 119(12): 8296-8314.

Zhou H, Nan F, Shi M, et al. 2009. Characteristics of water exchange in the Luzon Strait during September 2006. Chinese Journal of Oceanology and Limnology, 27(3): 650-657.

Zhou W, Chan J C L. 2007. ENSO and the South China Sea summer monsoon onset. International Journal of Climatology, 27(2): 157-167.

Zhuang W, Qiu B, Du Y. 2013. Low-frequency western Pacific Ocean sea level and circulation changes due to the connectivity of the Philippine Archipelago. Journal of Geophysical Research, 118(12): 6759-6773.

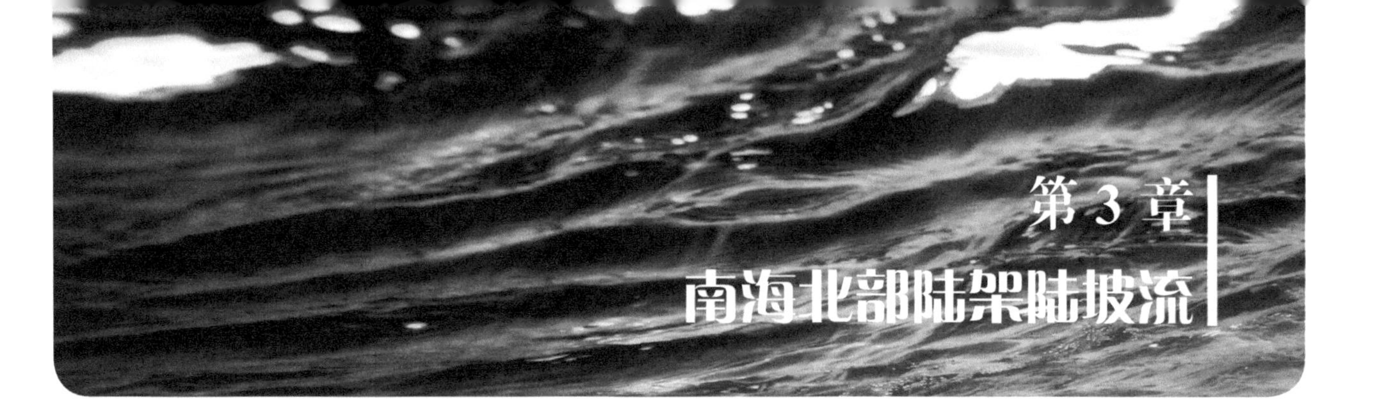

第3章 南海北部陆架陆坡流

3.1 引言

3.1.1 南海北部陆坡流

南海北部终年存在气旋式环流（Su，2004），陆坡流是南海北部气旋式环流的北翼，位于东沙群岛—海南岛—金沙湾外的大陆坡上，水深为200～1000m。早期关于陆坡流的研究认为其冬季向西南流动，夏季向东北流动。后来的多次观测证明即使在西南季风盛行的夏季，陆坡流仍然流向西南，在南海北部维持一个弱的气旋式环流。例如，许建平和苏纪兰（1997）对8～9月的ADCP资料的分析结果表明，在19°N以北陆坡处存在指向西南的陆坡流，最大速度约为0.3m/s。中国科学院南海海洋研究所1982年2～3月“南海暖流动力学实验”用海流实测结果证明了南海北部较深海域冬季流场以斜压性流为主，亦即地转流具有较好的代表性。穿越陆架方向的断面上等温线和等密度线均呈现出自陆坡向陆架抬升的分布趋势，其冬季陆坡流与南海暖流流轴所在位置的温度分别向南、北两侧递减，具有较明显的密度流性质（中国科学院南海海洋研究所，1985）。苏纪兰和刘先炳（1992）对南海海洋环流的数值模拟研究则认为黑潮在南海海盆诱发了气旋式环流，其范围遍及整个海盆，位于陆坡400m以外海区，并认为南海黑潮分支为该环流的北段，其上游并非黑潮的直接分支，而是流速小的南海水自南海东侧北上后的再循环水。李立（2002）认为冬季无论是东沙海流、南海黑潮分支还是吕宋沿岸流，都是南海北部次海盆气旋式局部环流的一部分。

南海暖流是一支出现在粤东沿岸海区和广东外海深水区终年流向东北的海流，因其冬季逆东北风流动，所以称为冬季逆风海流（管秉贤，1998）。在冬季，除表层和近岸海区是偏南向沿岸流外，在离岸较远处，至少从5m层起，南海暖流南起南海北部，通过台湾海峡，直上浙东近海逆风北上（管秉贤，1978，1985）。在风力强盛时南海暖流的表层会被西南向的漂流所掩盖，但表层以下至深层仍为东北向的流动（管秉贤，1985）。南海暖流自海南岛以东沿等深线直指粤东近海，并且东沙群岛以东南海暖流的流速、流幅要大于以西，即有顺流增加的趋势，并且南海暖流的稳定性、持久性和连续性均较弱，具有显著的季节和年际变化特征（郭忠信等，1985）。

南海暖流的特殊性在于其逆着在陆坡的西向北部环流呈东向的流动，尤其是暖流冬季逆风而行，更显得特殊。对南海暖流的形成机制有很多讨论，其大体分为以下几种。

（1）南海暖流是因黑潮入侵和南海北部地形相互作用而产生（Su and Wang，1987；Ma，1987；钟欢良，1990；黄企洲等，1992；袁叔尧和邓九仔，1996；Hsueh and Zhong，2004）。

（2）风应力松弛为南海暖流的形成提供一种瞬变的作用力，是南海暖流产生的主要原因，而黑潮入侵只是起到加强的作用（Chao et al.，1996；Chiang et al.，2008）。

（3）南海暖流是风应力引起的Ekman输送受到海岸的阻挡而使海水在海南岛以东海域产生堆积，从而自海南岛以东到浙东近海形成明显的沿陆架等深线走向的坡度所形成的（曾庆存等，1989；李荣凤等，1993）。

（4）Fang等（1998）认为顺流的海面坡度在形成南海暖流中具有控制作用；Ye（1994）认为南海北部冬季环流主要是由斜压热动力作用导致的密度流；Yang等（2008）则认为黑潮入侵和风应力松弛都不是南海暖流产生的主要机制，而台湾海峡常年的北向流才是南海暖流产生的主要机制。

3.1.2 南海粤东上升流

南海北部的粤东近海是典型的上升流区，在每年的6～9月形成粤东鱼汛。南海北部上升流包含了琼东上升流和粤东上升流系统。南海北部夏季（6～8月）盛行西南季风，粤东海区上升流发展充分，底层冷的高营养盐水体在近岸上涌到表层（吴日升和李立，2003）。南海北部上升流被广泛认为是风生上升流（Shaw，1992；Li，1993；Su，1998；Hu et al.，2001）。同时，上升流的空间分布受地形、沿岸流、珠江冲淡水等因素的调制（Gan et al.，2009a，2009b；Shu et al.，2011；Wang et al.，2012，2014）。

1. 风生上升流

沿岸风应力被认为是近岸上升流产生的最广泛、最重要的驱动因子。Wyrtki（1961）最早报道在粤东区域夏季存在上升流。同一时期，Niino和Emery（1961）也指出汕头外海存在着上升流。此后，国内外学者对于粤东上升流进行了大量的研究和机制探讨。管秉贤和陈上及（1964）根据全国海洋普查资料指出，南海北部夏季西南风是粤东上升流出现的主要驱动机制。通常认为主要有两种过程可能产生风生上升流：其一，在不考虑海底摩擦的条件下，夏季南海北部盛行的西南季风在表Ekman层会产生离岸流，表Ekman层水体的离岸运动将在近岸导致上层水体辐散，从而在底层形成深层冷水的辐合，形成粤东上升流（Rossi et al.，2010）。Wang等（2012）对卫星和航次观测进行分析，证实了粤东近岸上升流强度与风场的变化密切相关。其二，考虑底摩擦的近岸风生上升流理论表明，表Ekman层水体的离岸输送会形成一个垂直于岸的压强梯度，从而在次表层诱导一支东北向的沿岸流。由于底摩擦，这种沿岸流会在底层驱动向岸的运动，输送深层冷水爬坡，从而形成粤东上升流（Shaw，1992；Li，1993；Su，1998；Hu et al.，2001）。到目前为止，夏季沿岸西南风被认为是南海北部粤东上升流产生的主要驱动因子（于文泉，1987；曾流明，1986；Gan et al.，2009a；Jing et al.，2011；Gu et al.，2012）。

2. 地形诱导的上升流

相关研究工作表明，地形主要通过以下两种可能的途径对上升流产生影响：第一种是通过地形影响上升流强度的空间变化；第二种则是通过地形与沿岸流的相互作用，直接诱导产生上升流。Gan和Allen（2002）指出，沿岸地形是影响风生上升流强度空间分布差异的重要原因：在风驱动的上升流区域，沿岸地形的分布控制沿岸流的方向，通过地转平衡调制垂直于岸的质量输送，进而影响上升流强度的空间分布。洪启明和李立（1991）对多年历史资料进行分析，并指出夏季粤东上升流存在明显的空间差异，并有较强的年际变化。Gan等（2009b）在理想风的条件下研究了南海北部加宽的陆架地形对于上升流的影响，发现粤东区域加宽的陆架地形诱导了西向压强梯度力，进而加强了汕头附近风生上升流的强度。

Oke和Middleton（2000）指出，地形不但影响风生上升流的空间分布差异，而且其与沿岸流相互作用也可以产生上升流。对于北半球西南-东北走向的海底地形，根据层结、旋转流体理论，即使没有风的作用，东北向的沿岸流在底Ekman层也会导致底层向岸的输送，形成地形诱导的上升流（Hsuesh and O’Brien，1971）。然而，在底Ekman层与内区之间根据热成风关系，近底层向岸输送的冷、重水体将产生水平向岸的压强梯度，并导致近底层沿岸流的垂向剪切加强。这种垂向剪切使近底层沿岸流减弱，底摩擦力减小，从而抑制底层向岸的输送，导致上升流关闭（或称为浮力捕获）（Brink and Lentz，2010）。MacCready和Rhines（1993）的研究表明，如果底摩擦力在某些区域增强，增强的底摩擦力就会使垂向黏性系数增大，在底Ekman层导致强的垂向混合，减小水体垂向层结，削弱Ekman层与内区之间向岸的压强梯度，这种压强梯度会反作用于向岸的输送。因此，大的底部应力能够驱动底Ekman层内向岸的输送并产生上升流。而底部应力在某些区域的增强往往是沿岸底地形的变化引起的，因此前人的研究把这种地形与沿岸流相互作用导致的上升流称为地形诱导的上升流（topographically-induced upwelling）。

地形诱导的上升流在多个陆架区域存在，如几内亚湾流区（Ingham，1970）、东澳大利亚陆架区（Oke and Middleton，2000）、台湾东北部（Chen，1994）等。具有地形诱导的上升流的区域大多有一个明显的特点：存在沿岸方向突然加宽的陆架地形（Oke and Middleton，2000）。这与南海北部粤东区域的沿岸地形变化非常相似。Shu等（2011）在南海北部利用集合卡尔曼平滑再分析数据，发现加宽的陆架区域（特别是汕头外海）沿岸底摩擦力突然加强，地形诱导的上升流可能是该区域上升流空间分布差异的主要原因。Gan等（2015）研究了夏季粤东上升流随风场的演变，发现地形诱导的上升流在上升流维持和消亡阶段起着重要的作用。

3.1.3 珠江冲淡水羽状流

冲淡水是指淡水通过陆地上的江、河进入海洋与高盐海水混合后，在河口及陆架海区形成的低盐、低密度、浮力较大的水体。而冲淡水羽状流则是冲淡水与周边海水的密度差异导致的浮力驱动及风、潮汐、大尺度背景环流等外界强迫共同作用下的近似羽状的流动。冲淡水羽状流往往挟带大量陆源营养盐和沉积物质，因此在近岸河口区域附近很容易从水体颜色上将其与周边海水区分开来。

Zu等（2014）在对陆架冲淡水羽状流研究工作的回顾中指出，理想化的数值模拟（Chao and Boicourt，1986；Yankovsky and Chapman，1997）结果显示，在北半球不受风、潮汐、陆架环流等外界强迫影响情况下，江、河里的淡水注入陆架海区后，将形成一个如图3.1a所示的反气旋式环流结构的凸起（bulge）和一支转向右侧近岸开尔文波（Kelvin wave）传播方向运动并且宽度较凸起窄的浮力驱动流。这样的冲淡水羽状流属于超临界状态（Chao，1988a；Kourafalou et al.，1996a），漂浮在高盐海水上表现为海表-平流输送（surface-advected transport），但在自然界中并不常见（Garvine，2001）。与此对应的情况是如图3.1b所示的在河口外侧仅有较弱的（或者没有）凸起和与凸起宽度差不多的贴着近岸向右运动的浮力驱动流。这样的冲淡水羽状流属于亚临界状态（Chao，1988a；Kourafalou et al.，1996a），表现为海底-平流输送，可感受到海底摩擦，在理想数值模拟中可以通过加入与开尔文波方向一致的陆架背景环流或者有利于下降流的风应力获得（Garvine，2001）。自然环境中淡水径流、风、潮汐等外界物理强迫的变化使得更为常见的冲淡水羽状流形态是上述二者的结合，在近岸一侧表现为海底-平流输送，在离岸一侧表现为海表-平流输送。

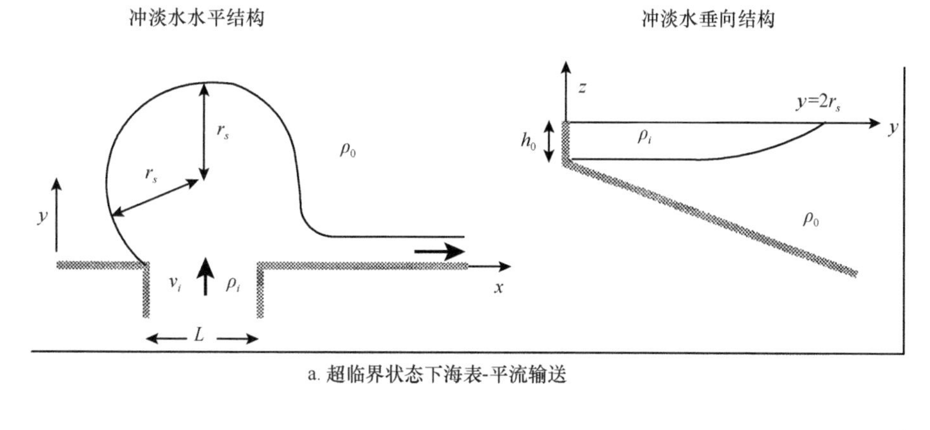

a. 超临界状态下海表-平流输送

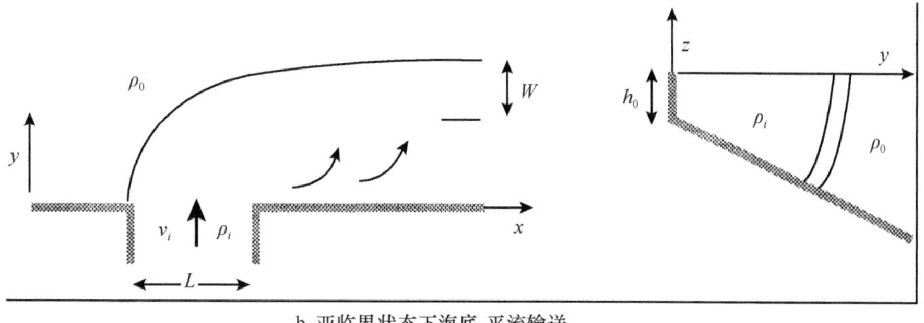

b. 亚临界状态下海底-平流输送

图3.1 冲淡水在陆架上的水平和垂向结构示意图（Yankovsky and Chapman，1997）

ρ_0：参考密度（1025kg/m^3）；ρ_i：相对ρ_0的水体密度异常；x：沿岸方向坐标；y：离岸方向坐标；z：垂向坐标；h_0：河口水深；r_s：冲淡水在河口形成的反气旋式环流结构的半径；L：河口宽度；v_i：河口处冲淡水入海流速；W：锋面宽度

自然环境中受风、潮汐、陆架环流及淡水径流量变化的影响，冲淡水羽状流表现出更为复杂的三维结构和运动特征。例如，在有利于上升流的风盛行时期，受艾克曼（Ekman）输运和风驱沿岸流（与近岸开尔文波传播方向相反）的作用，冲淡水将向离岸和与开尔文波传播相反的方向运动（Chao，1988b；Choi and Wilkin，2007；Fong and Geyer，2001；Gan et al.，2009a；Berdeal et al.，2002；Kourafalou et al.，1996b；Lentz，2004；Whitney and Garvine，2005）。冲淡水羽状流对风和沿岸环流变化的响应非常快，有利于上升流的风和沿岸流的转向会导致低盐水从冲淡水羽状流主体脱出，在陆架形成独立的低盐水团（Wolanski et al.，1999）。

除此之外，风和潮汐导致的水体混合率的变化会直接影响冲淡水羽状流的垂向结构，从而改变其运动特征（Chao，1990；Hetland，2005；Guo and Valle-Levinson，2007；Simpson，1997；Simpson et al.，1990；Xing and Davies，1999；Zu and Gan，2009）。另外，低密度的冲淡水羽状流向陆架海区输入的浮力通量，通过改变水体层结与压强梯度力也会影响陆架环流及近岸潮汐的结构。

3.2 南海暖流

3.2.1 南海暖流的数值模拟

数值模型采用普林斯顿海洋模式（Princeton ocean model，POM）（Blumberg and Mellor，1987）。模式水深采用ETOPO5数据，以10m等深线作为模式中水、陆点的分界线。网格采用曲线正交网格（图3.2），模式水平网格分辨率为13～29km，垂向σ坐标分为25层。初始场采用WAO01温盐场，侧边界采用全球同化产品SODA数据，风场采用HR资料，热通量则采用OAFlux数据。

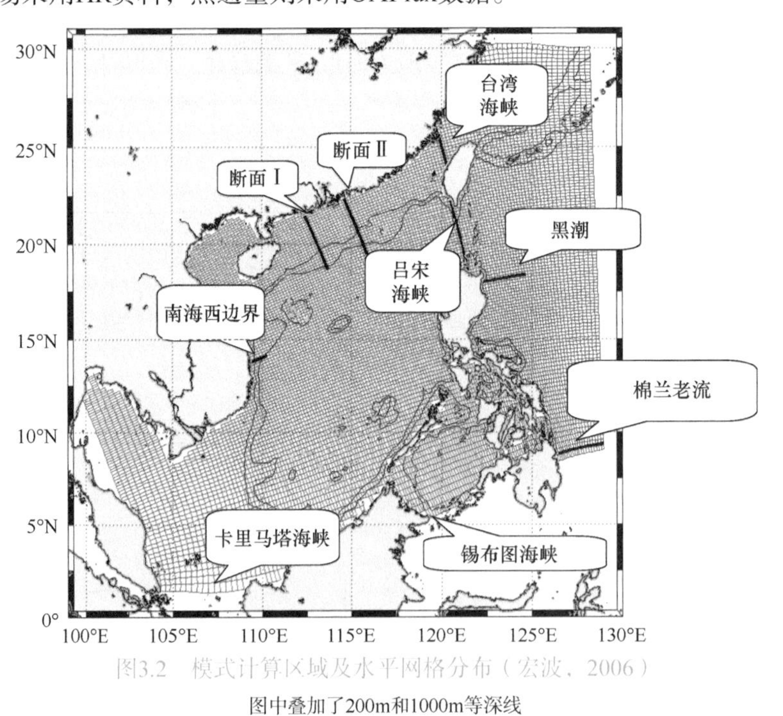

图3.2　模式计算区域及水平网格分布（宏波，2006）

图中叠加了200m和1000m等深线

南海的测流数据是比较少的，管秉贤（1985）汇总了我国东南沿岸外海在冬季10m层的观测流速（图3.3b），范围涵盖了南海北部的近岸、陆架及台湾附近的海区。为了验证模式结果，将模式模拟的10m层冬季流速绘在与图3.3b相同的区域内（图3.3a）。由图3.3a与图3.3b的对比可以看出，模式模拟的流速分布特征与观测的是比较接近的。由模拟及观测结果都可以发现，南海暖流起源于海南岛东侧，并且基本是沿等深线向台湾海峡方向流动。模拟的广东沿岸流也可以在陆架内侧清晰地看到。在南海暖流南侧的与南海暖流反向的陆坡流也可以在郭忠信等（1985）的研究中得到印证（图3.3c）。

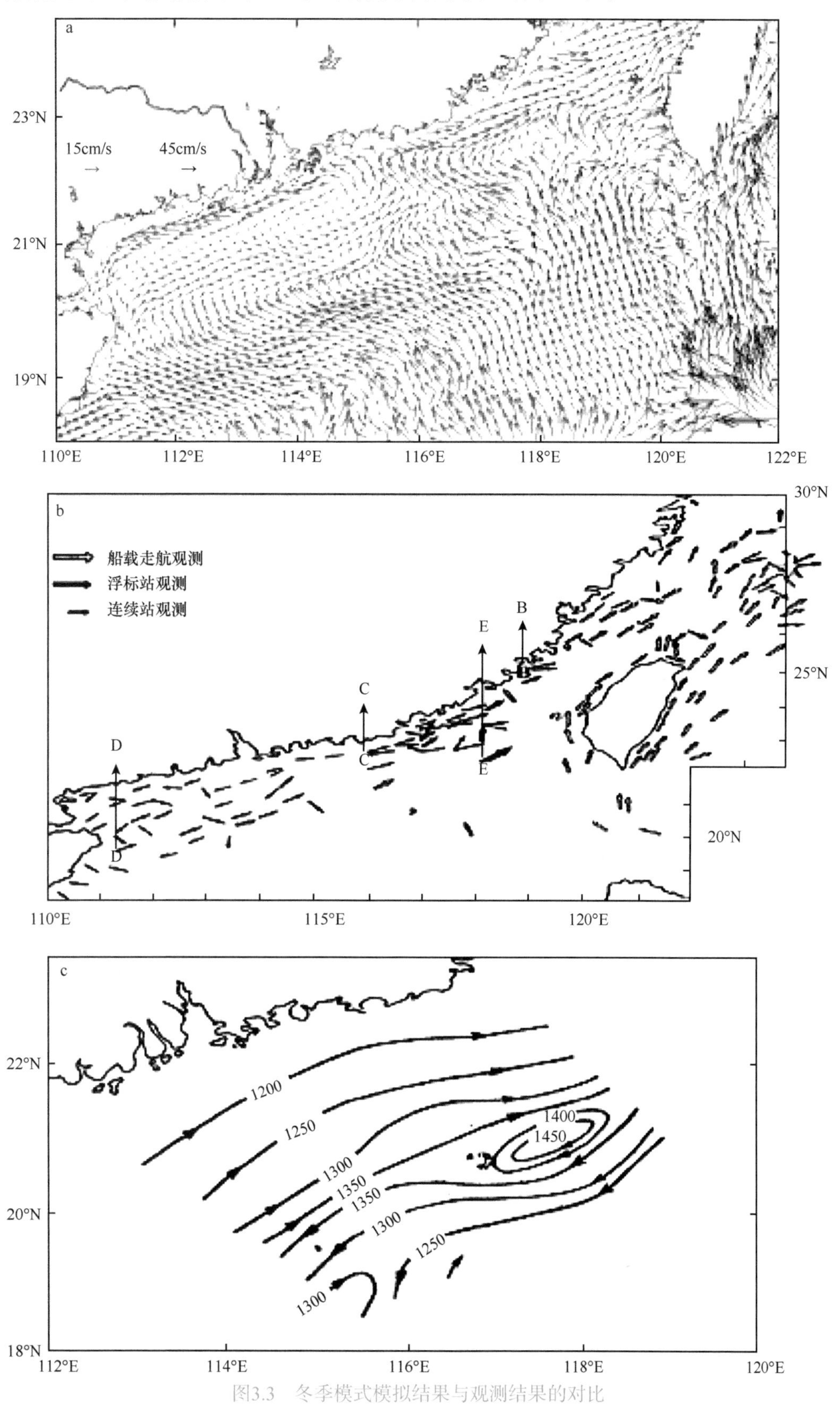

图3.3 冬季模式模拟结果与观测结果的对比

a.模式模拟的10m层流速；b.观测的10m层流速（管秉贤，1985）；c.海面动力高度（基于现场观测资料计算的相对于500db）（单位：dyn/m^2）（郭忠信等，1985）

3.2.2 南海暖流的动量平衡

三维动量方程可表示为

$$\overbrace{v_t}^{a}+\overbrace{V\cdot\nabla v-A_m v_{yy}}^{b}+\overbrace{fu}^{c}+\overbrace{P_y}^{d}-\overbrace{(K_m v_\sigma)_\sigma}^{e}=0 \tag{3.1}$$

$$\overbrace{u_t}^{a}+\overbrace{V\cdot\nabla u-A_m u_{xx}}^{b}-\overbrace{fv}^{c}+\overbrace{P_x}^{d}-\overbrace{(K_m u_\sigma)_\sigma}^{e}=0 \tag{3.2}$$

式中，V代表速度矢量（u，v，w）；f代表科氏参数；P代表压力；K_m代表垂向湍动能混合系数；A_m代表水平方向涡动黏性系数。方程中各项分别代表时间变化项（a）、非线性水平平流扩散项（b）、科氏力项（c）、压力梯度项（d）及垂直扩散项（e）。该动量方程包括了环流场的三维结构，代表真实海洋中的三维动量平衡方式。这里的水平方向涡动黏性系数和垂向湍动能混合系数全由POM模式内部的子程序计算得出。

在南海北部陆坡区选取两条穿越陆坡的断面，自西向东记作断面Ⅰ、断面Ⅱ（图3.2）。首先将方程（3.1）和方程（3.2）中的各项进行垂向积分，得到正压条件下动量方程各项的估计值。图3.4为正压条件下断面Ⅰ、Ⅱ上穿越陆坡方向与沿陆坡方向的动量方程平衡方式。由图3.4可知，在穿越陆坡方向上，动量方程各项呈现出地转平衡特征，并且自近岸至外海压强梯度力与科氏力的方向分别发生了两次改变，对应于陆架/陆坡区呈带状分布的沿岸流、南海暖流和陆坡流。在沿陆坡方向上，风应力、压强梯度力和科氏力是主要的平衡项，呈现出非地转平衡的特征。冬季南海北部盛行风向大致平行于沿陆坡方向，并且从环流场上来看，该海域流系主流轴方向均大致与陆坡方向平行，而在跨陆坡方向上不存在盛行流系。三维动量方程的诊断分析则可进一步揭示环流场内部的动力平衡方式。

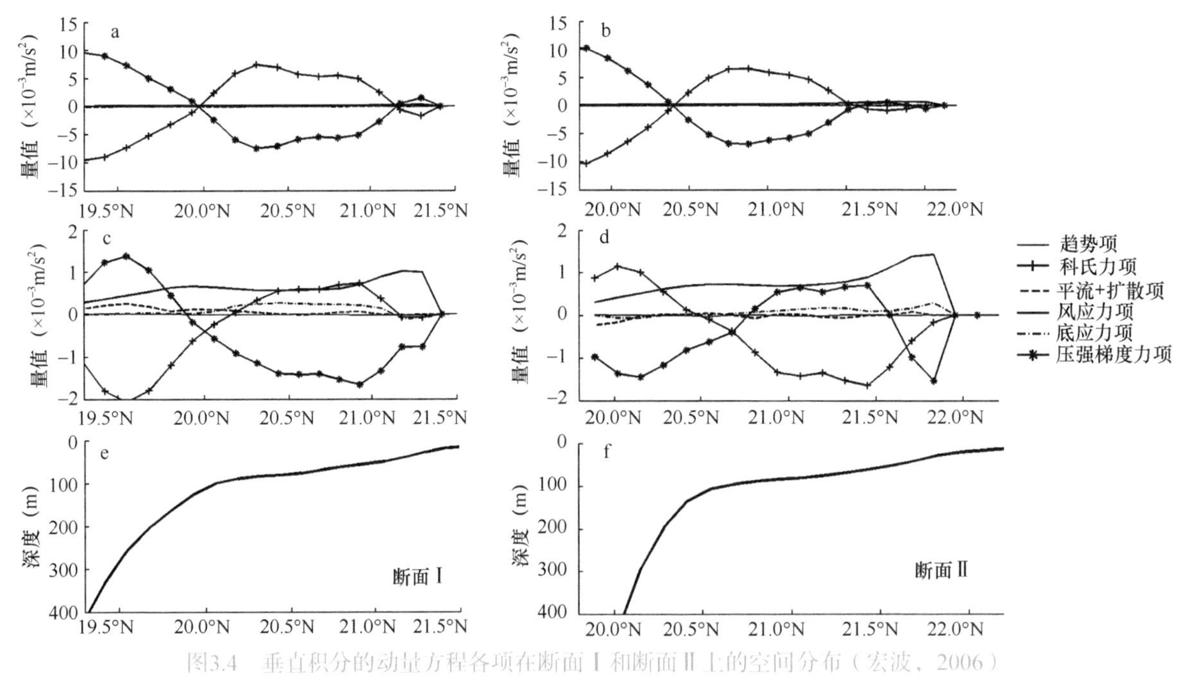

图3.4 垂直积分的动量方程各项在断面Ⅰ和断面Ⅱ上的空间分布（宏波，2006）

a、b图代表穿越陆坡方向上的动量平衡；c、d图代表沿陆坡方向上的动量平衡；e、f图代表断面所在位置的陆坡地形

穿越陆坡方向上动量方程各项在断面Ⅰ、断面Ⅱ上的空间分布特征如图3.5所示。除压强梯度项和科氏力项外，其他各项的量级都很小，表明在穿越陆坡方向上，科氏力项和压力梯度项是动量平衡的主导项，其他各项对动量平衡的贡献相对较小。从空间结构来看，压力梯度项（d）在陆架区为负值，在陆坡区为正值，即压力梯度的方向在陆架区与陆坡区分别指向近岸与外海，表明在南海北部陆架坡折带存在一压力梯度高值带，致使压力梯度在陆架区与陆坡区反向。而科氏力项（c）在陆架区与陆坡区的空间结构则表明科氏力在陆架区与陆坡区的方向相反，其在陆架区为正值表明陆架区存在一支东北向流，从环流场上来看，

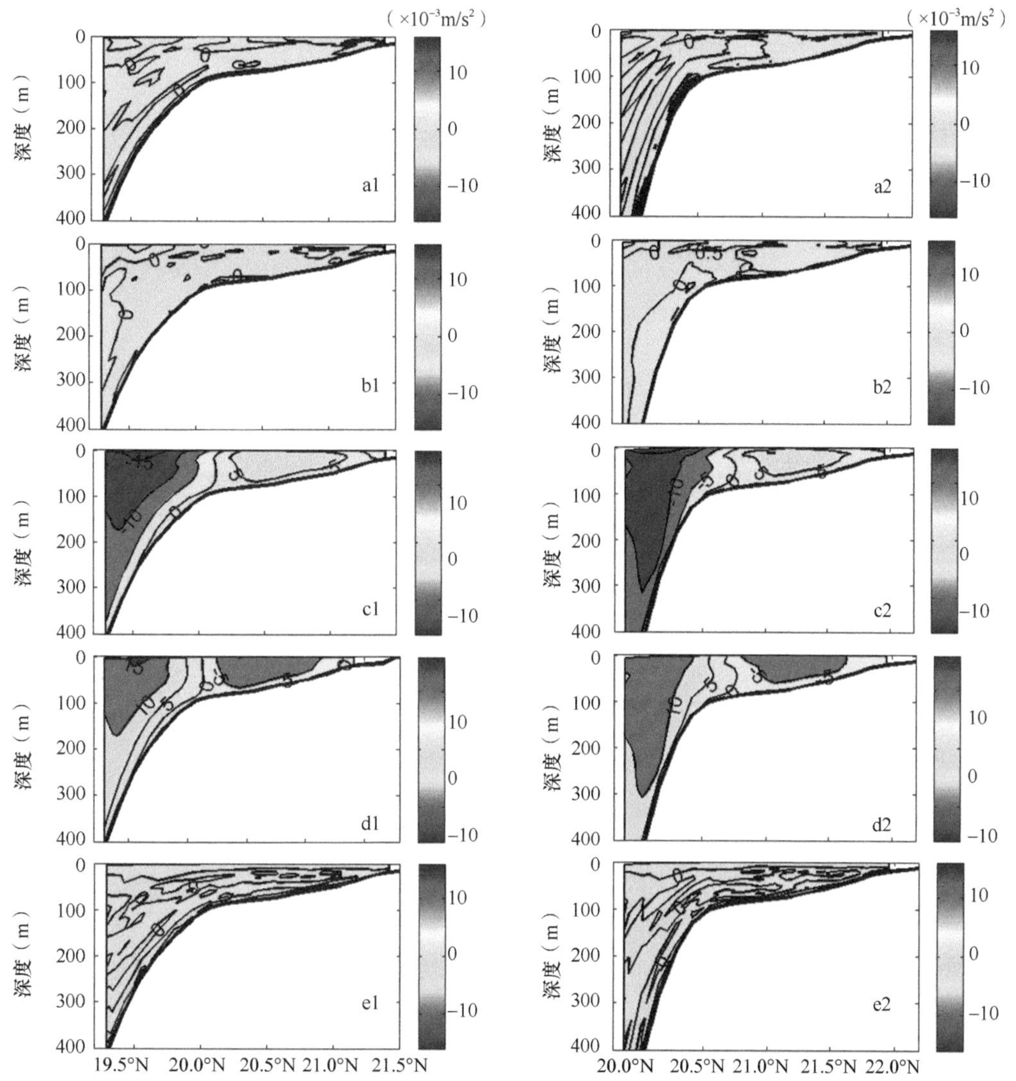

图3.5　穿越陆坡方向上动量方程各项在断面Ⅰ（a1～e1）和断面Ⅱ（a2～e2）上的空间分布（宏波，2006）

a. 时间变化项；b. 非线性水平平流扩散项；c. 科氏力项；d. 压力梯度项；e. 垂直扩散项

对应着南海暖流；其在陆坡区为负值表明陆坡区存在一支西南向流，对应着陆坡流。

图3.6为沿陆坡方向上动量方程各项的空间分布特征。由图3.6可以看出，科氏力项（c）、压力梯度项（d）和垂直扩散项（e）是陆架/陆坡区上层海洋动量平衡的主导项，其他各项的贡献很小。在沿陆坡方向上，因冬季风大致与沿陆坡方向平行，受风应力的作用上层海洋的垂向混合增强，流场处于非地转平衡状态，但在下层，陆坡流仍具有一定的地转流特征。此外，对比断面Ⅰ与断面Ⅱ中各项的空间分布可以发

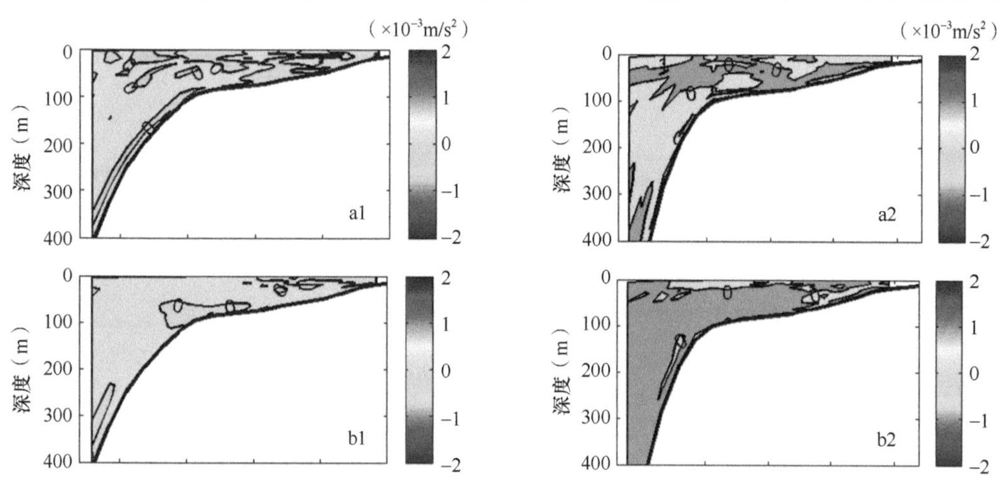

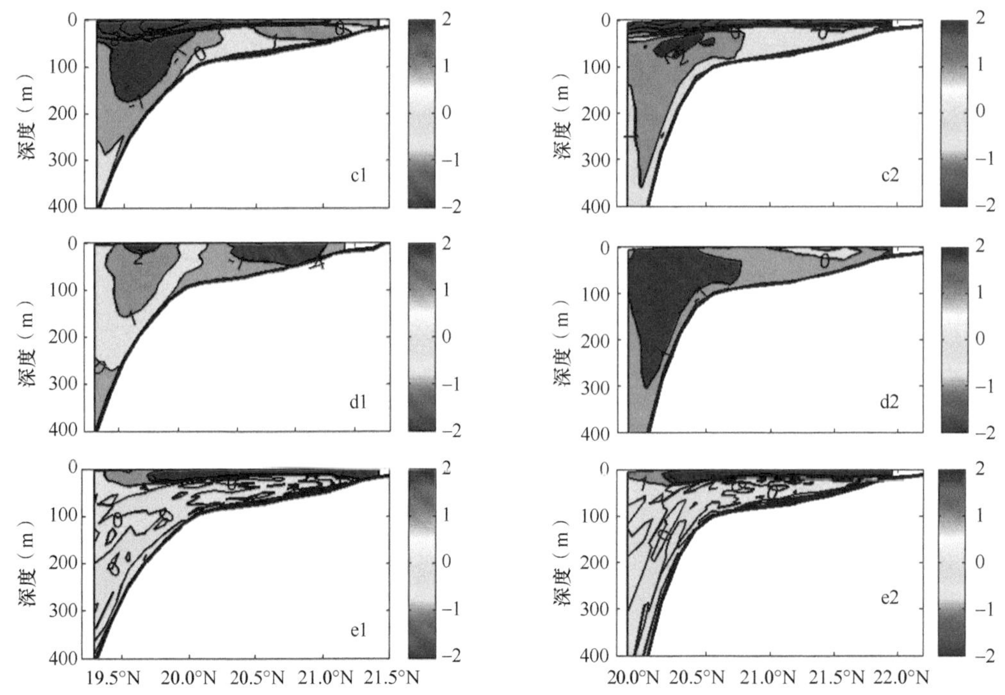

图3.6 沿陆坡方向上动量方程各项在断面Ⅰ（a1～e1）和断面Ⅱ（a2～e2）上的空间分布（宏波，2006）

a. 时间变化项；b. 非线性水平平流扩散项；c. 科氏力项；d. 压强梯度项；e. 垂直扩散项

现，断面Ⅰ的科氏力项（c）与断面Ⅱ的方向相反，其中断面Ⅰ的科氏力项为正，表明此处存在向岸的流动，而断面Ⅱ的科氏力项为负，则显示此处存在离岸的运动。这种差异说明在南海北部陆架/陆坡区存在跨陆架的输送，并且在陆架外缘似乎存在弱的反气旋式运动。比较图3.5与图3.6可以发现，沿陆坡方向上动量方程各项的量级要比穿越陆坡方向上动量方程各项的量级小，这与南海北部盛行流向为沿陆坡方向一致，也即跨陆坡输送的强度与陆坡流、南海暖流及沿岸流相比都要弱得多。南海暖流与陆坡流之间的这种动量平衡关系表明在这两支流之间存在动量和质量的交换。

3.2.3 南海暖流的涡度平衡

垂向积分的涡度方程可以写为

$$\underbrace{\frac{\partial}{\partial t}\left[\frac{\partial}{\partial x}\left(\frac{\bar{v}}{D}\right)-\frac{\partial}{\partial y}\left(\frac{\bar{u}}{D}\right)\right]}_{\text{a}}=\underbrace{-\left[\bar{u}\cdot\frac{\partial}{\partial x}\left(\frac{f}{D}\right)+\bar{v}\cdot\frac{\partial}{\partial y}\left(\frac{f}{D}\right)\right]}_{\text{b}}+\underbrace{J\left(\Phi,\frac{1}{D}\right)}_{\text{c}}$$
$$+\underbrace{\mathrm{curl}\left(\frac{\boldsymbol{F}}{D}\right)}_{\text{d}}-\underbrace{\mathrm{curl}\left(\frac{\boldsymbol{A}}{D}\right)}_{\text{e}}+\underbrace{\mathrm{curl}\left(\frac{\tau_a}{\rho_0 D}\right)}_{\text{f}}-\underbrace{\mathrm{curl}\left(\frac{\tau_b}{\rho_0 D}\right)}_{\text{g}} \tag{3.3}$$

式中，$\left(\bar{u},\bar{v}\right)=\left(\int_{-H}^{\eta}u\mathrm{d}z,\int_{-H}^{\eta}v\mathrm{d}z\right)$表示垂向积分的速度；$J\left(\Phi,\frac{1}{D}\right)$是斜压地形联合效应（JEBAR）项，其中$\Phi=\int_{-H}^{\eta}zg\rho/\rho_0\,\mathrm{d}z$是位势能量，$\rho$是密度，$\eta$是海面升高，$D=H+\eta$是水深；$(\tau_x,\tau_y)_a$和$(\tau_x,\tau_y)_b$分别是表层和底层的应力，$\boldsymbol{F}=F_x\vec{i}+F_y\vec{j}$和$\boldsymbol{A}=A_x\vec{i}+A_y\vec{j}$分别是垂向积分的水平平流项和水平扩散项。方程（3.3）左端的a项是相对涡度变化趋势项；右端的b项是行星位势涡度平流项（APV），c项是JEBAR项，d项是水平扩散项（DIF），e项是水平平流项（ADV），f项是风应力旋度项（surface stress torque），g项是海底摩擦应力旋度项（bottom stress torque）。由于本研究分析的是气候态季节平均的结果，海洋状态接近定常，因此相对涡度变化趋势项（a）近似为零。

图3.7是方程（3.3）右端各项的空间分布。APV项在陆架边缘远大于其他区域的分布，这表示在整个南海北部陆架坡折区域跨陆架输送是非常活跃的，虽然在陆架内区也有跨陆架的输送，但是相对来讲比较弱。沿陆架坡折区域APV与JEBAR是主导项。APV主要是被JEBAR平衡，其他各项中水平平流项的贡献是第二位的，而海底摩擦应力旋度与风应力旋度只是在浅水区比较明显。

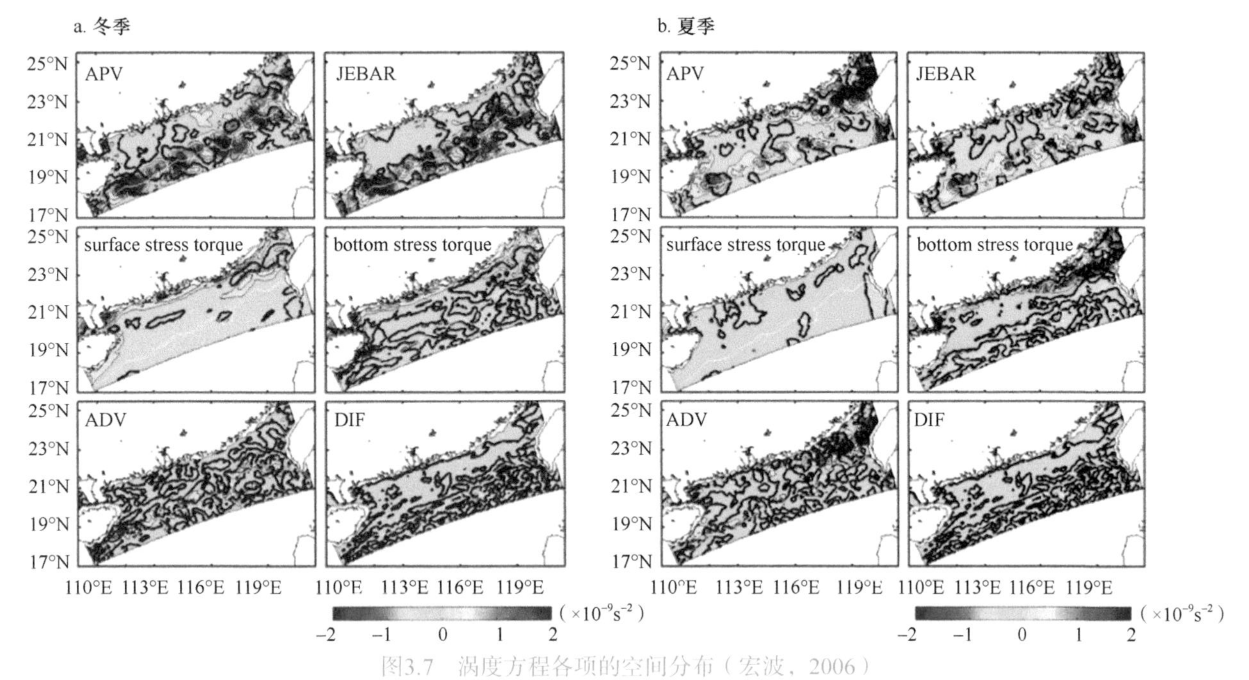

图3.7　涡度方程各项的空间分布（宏波，2006）

黑实线是零线；等值线间隔为$0.3\times10^{-9}s^{-2}$；白线为400m等深线

由于在陆架坡折处的跨陆架输送非常活跃，因此将200～600m等深线的区域作为分析的重点。将跨陆架流速及涡度方程各项沿跨陆架方向在200m与600m等深线之间进行平均（图3.8），结果显示，向岸流及离岸流在坡折区域交替存在，并且这与APV是相对应的。由涡度收支平衡可以看出，平衡APV的主要贡献来自JEBAR项。虽然这些项的大小具有季节变化，但是它们的空间分布基本是稳定的。由以上分析可以发现，JEBAR是坡折区域跨陆架输送的主要驱动力。在浅水区域做同样的分析可以发现，JEBAR不再是主导项，水平平流、风应力旋度及海底摩擦应力旋度成了主要贡献者。

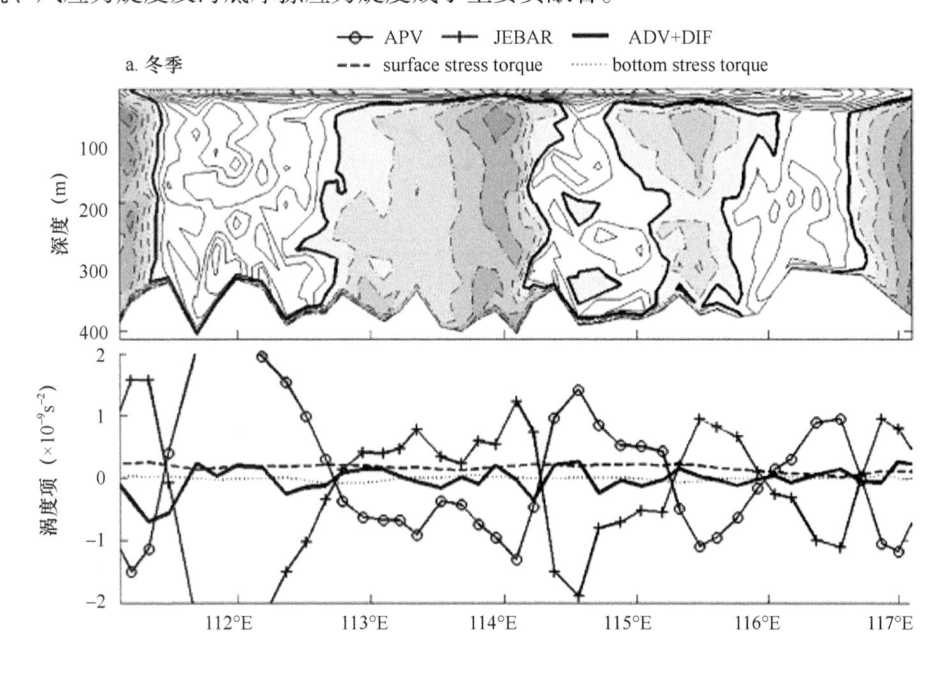

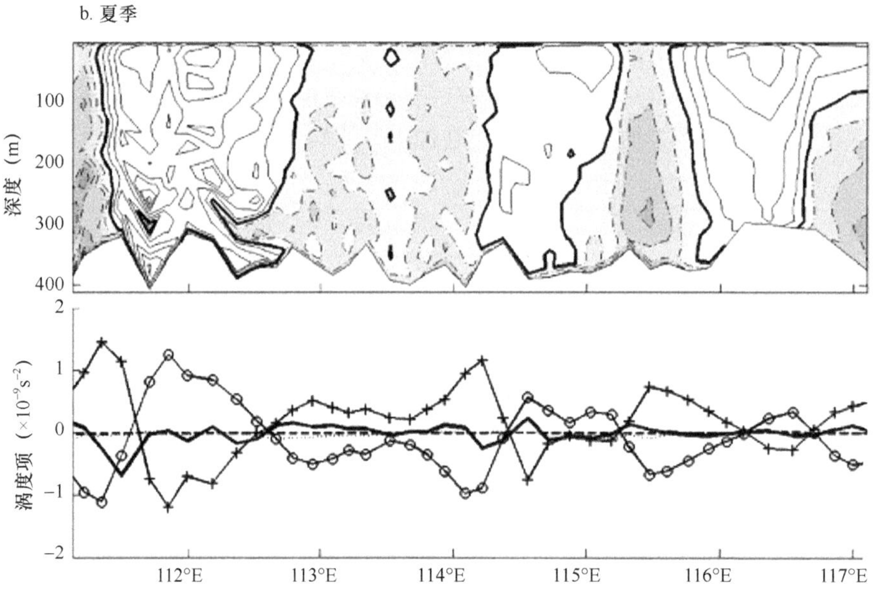

b. 夏季

图3.8 沿陆坡方向的跨陆架流速的垂直分布及涡度平衡（Wang et al.，2010）

阴影部分表示离岸流，等值线间隔是2cm/s

由于在坡折处向岸流和离岸流同时存在，因此需要计算净的跨陆架流速。如果在坡折处存在净的向岸输送，那么这种向岸输送就能够解释南海暖流水体的来源问题。基于此，计算了跨陆架输送沿200m等深线的积分结果。结果表明，全年均存在从深海向陆架区域净的水体输送，并且在冬季更强（图3.9a）。同样对APV（图3.9b）及其他的涡度项（图3.9c）进行积分。结果表明，APV表现出同样的变化趋势，并且当APV在12月达到最大值时，净的向岸输送也达到最大值（1.28Sv）。从涡度方程其他各项的演变可以看到，JEBAR是平衡APV的主导项。这种平衡方式表明，南海北部陆坡区确实存在穿越等深线的位势涡度输送。南海北部陆架/陆坡区的等深线呈东北-西南走向，当深厚的陆坡流在风场及密度场作用下向西运动时，在JEBAR效应作用下发生穿越等位涡线f/H的运动，在f不变的情况下，流体柱受地形抬升作用会被压缩，受位涡守恒原理约束爬坡流体将向右偏转，最终与向岸的压强梯度力达到地转平衡，成为南海暖流水体的来源。

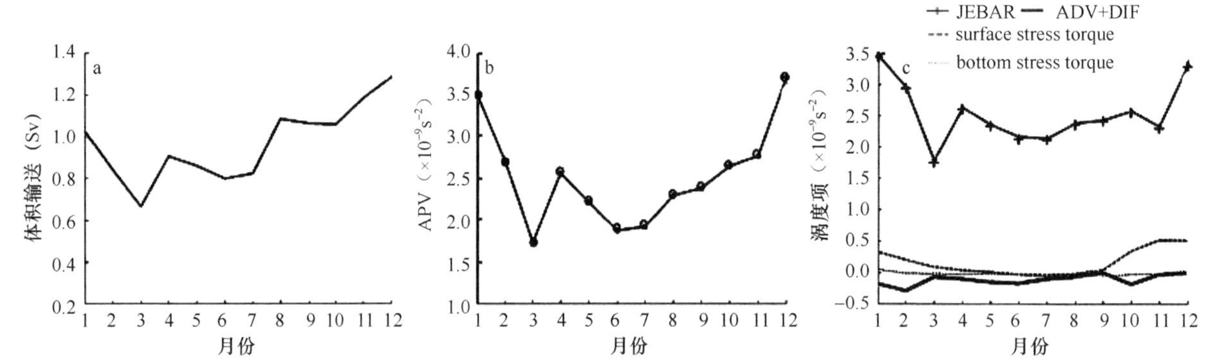

图3.9 月平均跨陆架输送（负值表示向北的输送）、APV分布及方程（3.3）右端的其他各项（Wang et al.，2010）

所有变量均为沿200m等深线从111.1°E积分到117.2°E

3.2.4 南海暖流的源头驱动力

由前文的分析可知，南海暖流跨流轴方向的控制方程可以写为（刚盖一层半约化重力模式）

$$fu=-g'\frac{\partial h}{\partial y} \tag{3.4}$$

式中，$g'=g\dfrac{\Delta\rho}{\rho_0}$为约化重力；$u$为从东西方向逆时针旋转30°方向的速度，即南海暖流顺流方向的速度；$h=h_0+h'$是温跃层厚度，其中h'是温跃层深度的扰动。

温跃层方程可以写为（Liu et al.，2001）

$$\frac{\partial h'}{\partial t}-C\frac{\partial h'}{\partial x}=-w_e \tag{3.5}$$

式中，$C=\beta L_D^2$是第一斜压Rossby波的波速，其中$L_D^2=g\dfrac{\Delta\rho}{\rho_0}\dfrac{H}{f^2}$是斜压变形半径，$H$是平均温跃层深度；$w_e=\mathrm{curl}\left(\tau/\rho_0 f\right)$是Ekman抽吸引起的温跃层垂向运动，其中$\tau$是风应力。在一阶近似下，温跃层深度与海面高度成反比，即温跃层下降，海面高度上升，反之则下降。当忽略平流作用后，温跃层深度的变化主要由Ekman抽吸的速度控制。

令方程（3.5）对时间进行偏微，并将略去波动项的方程（3.5）代入，可得

$$\frac{\partial u}{\partial t}=\frac{g'}{f}\frac{\partial w_e}{\partial y} \tag{3.6}$$

从方程（3.6）可以看出，跨南海暖流的Ekman抽吸速度的梯度可以驱动沿陆架方向的流动。方程（3.6）的右端项本质上是跨南海暖流方向的压强梯度力的时间变化，Ekman抽吸的速度在跨流轴方向上的梯度能够引起温跃层深度变化的梯度，从而诱发海面高度在跨流轴方向上的梯度。

图3.10是利用ERA40冬季气候态数据对方程（3.6）右端项的诊断结果，其中$g'=0.03\mathrm{m/s^2}$，且图中只画出50～200m的正值分布区域（表示对南海暖流正的贡献）。从图3.10可以看出，只有在海南岛以东区域，风场才能够通过Ekman抽吸驱动南海暖流，而在陆架中段作用则相反，在台湾岛以西存在弱的对南海暖流的正贡献，然而其强度非常弱，并且范围很小，几乎收缩进入了台湾海峡。

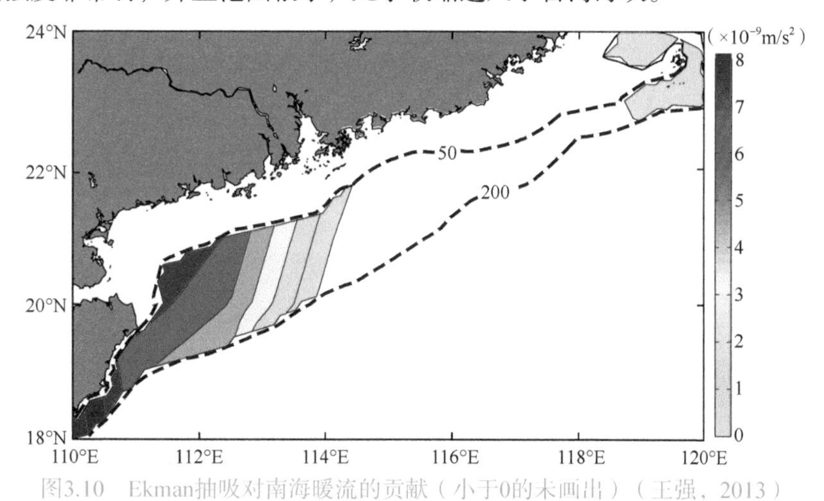

图3.10　Ekman抽吸对南海暖流的贡献（小于0的未画出）（王强，2013）

通过以上分析可以发现，风应力引起的Ekman抽吸对陆架东西两端的作用是不同的，在西段Ekman抽吸与海面高度的变化有紧密的关联，并且其空间分布所引起的跨南海暖流方向的海面高度梯度能够对南海暖流的形成提供较大的贡献。而在陆架的中段及东段，Ekman抽吸的作用则不同，一方面海面高度的变化与Ekman抽吸并未表现出太大的关联，另一方面Ekman抽吸对跨流轴方向的海面梯度的贡献弱或者是与西段相反。基于Ekman抽吸对西段南海暖流形成的正贡献，可以假设Ekman抽吸是南海暖流在源头（海南岛以东）的重要驱动机制之一。

为了研究Ekman抽吸的作用，需要在数值实验的强迫场中去掉风应力旋度的影响。去掉风应力旋度的最简单方法便是利用区域平均的风应力矢量来替代真实风应力场，然而为了得到较为真实的南海大尺度环流结构，这里只是针对南海北部的风应力进行替代。但是对区域风应力替代而非整个模拟场的风应力替代

时，需要在替代区域的边界处进行特殊处理。由于人为代替，会在边界处引入虚假的风应力梯度（即人为风应力旋度），为了减轻、避免该现象，在被替代区域的边界设置过渡层（9个格点），使替代区域的风应力在过渡层中缓慢逼近外围的真实风应力场。平均风应力替代真实风应力场之后，除消除了风应力旋度的影响外，风应力的大小也随之发生变化，因此风场替代其实是包含了风应力旋度及风应力大小两种变化。图3.11是修改后的风应力大小相对真实风应力大小改变的比例。在陆架的东端（约118°E以东）风应力替代后均为增强，且在沿岸最强，向南递减，在50m到200m等深线之间其变化量为20%～40%。而在陆架的中西端，近岸风应力增强最为明显，跨陆架向南逐渐降低，到达陆架中部（约为50m等深线到200m等深线的中线位置）后，风应力增量的符号改变，即替代后的风应力相对真实风应力减弱。在中西端的风应力的变化量为–20%～40%。东北季风与南海暖流反向，对暖流起到衰减的作用。为了分辨真实风应力被替代后，南海暖流的变化是风应力旋度的改变还是风应力大小的改变引起，本研究在第二个敏感性试验中将选中区域的风应力大小统一增强50%（边界处做同样的处理）用以探究风应力大小变化对南海暖流的影响。具体试验设计列于表3.1中。

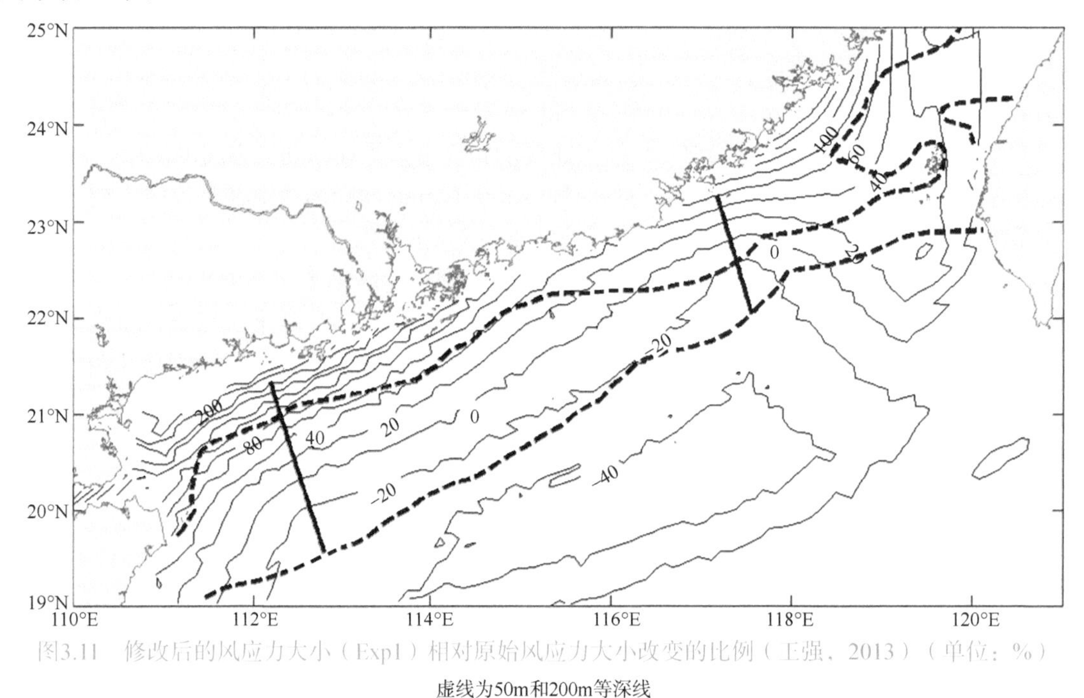

图3.11 修改后的风应力大小（Exp1）相对原始风应力大小改变的比例（王强，2013）（单位：%）

虚线为50m和200m等深线

表3.1 南海暖流敏感性试验设计

试验名称	设计	目的
控制试验	真实风场驱动	真实再现南海暖流
Exp1	均匀风场驱动	无风应力旋度情况下南海暖流的响应
Exp2	真实风场增强50%驱动	增强风应力强度的南海暖流的响应

图3.12是选取的东西两个垂直断面（标记在图3.11中）的流速分布，正值表示流速垂直于断面向东。从控制试验结果可以看出，南海暖流在西断面主要位于50m到100m等深线之间，并且从表层一直延伸到底层，最大流速处于10m层左右；而在东断面，南海暖流南边界南移到150m等深线附近，最大流速层基本上也位于10m层。比较两个断面的南海暖流可以发现，东断面南海暖流的流幅约为0.6个纬度，而西断面的南海暖流流幅跨度约为1个纬度，并且东断面的南海暖流流速明显大于西断面。当南海北部风场中的风应力旋度被去掉之后（Exp1），西断面上南海暖流几乎消失（图3.12b），仅在上20m层左右存在流速非常小的暖流中心（在0.02m/s以下），且其流幅也被极大地压缩，约为0.4个纬度；在东断面，南海暖流的流速有所下降（最大等值线由0.1m/s降到0.06m/s），但其流幅几乎没有改变，甚至向北有所扩展，但其垂直结构几乎

与控制试验维持一致。风应力增强50%之后（Exp2），南海暖流在西断面（图3.12c）的流速略微下降（最大等值线从0.06m/s下降到0.04m/s），并且其流幅有所变窄，约为0.8个纬度。通过对比Exp1、Exp2与控制试验的结果可以发现，当去掉南海北部风应力旋度的影响之后，西断面上的南海暖流几乎消失，仅留有很小的暖流中心，然而由于利用平均风应力替代真实风场，除能够消除风应力旋度的影响外，还会改变风应力大小。前面的分析已经指出在陆架西段（50m到200m等深线之间）风应力大小的改变为-20%～40%，风应力大小的变化有正有负，如果仅从风应力大小与南海暖流的关系来讲，风应力增强的区域南海暖流应当减弱，而在风应力减弱的区域南海暖流应当加强。试验结果否定了该推论，南海暖流在整个西断面上均表现出明显的减弱，这说明在陆架西段，南海暖流对风应力大小的改变不是非常敏感，而对风应力旋度的改变则异常敏感。为进一步验证上述结论，将风应力统一增强50%后，西段南海暖流的变化不是非常的明显，从而更加确定了风应力旋度对陆架西段南海暖流的重要驱动作用。但从Exp1结果可以看出，即便消除了风应力旋度的影响，西段的南海暖流并未完全消失，仍然保留弱的暖流中心，即风应力旋度是陆架西段南海暖流的重要驱动因子但并非唯一驱动因子。东断面的南海暖流对风场的响应则与西断面完全不同。去掉风应力旋度或是增强风应力大小对陆架东段的南海暖流影响均不是非常明显，从而说明风场不是陆架东段南海暖流的重要驱动机制。

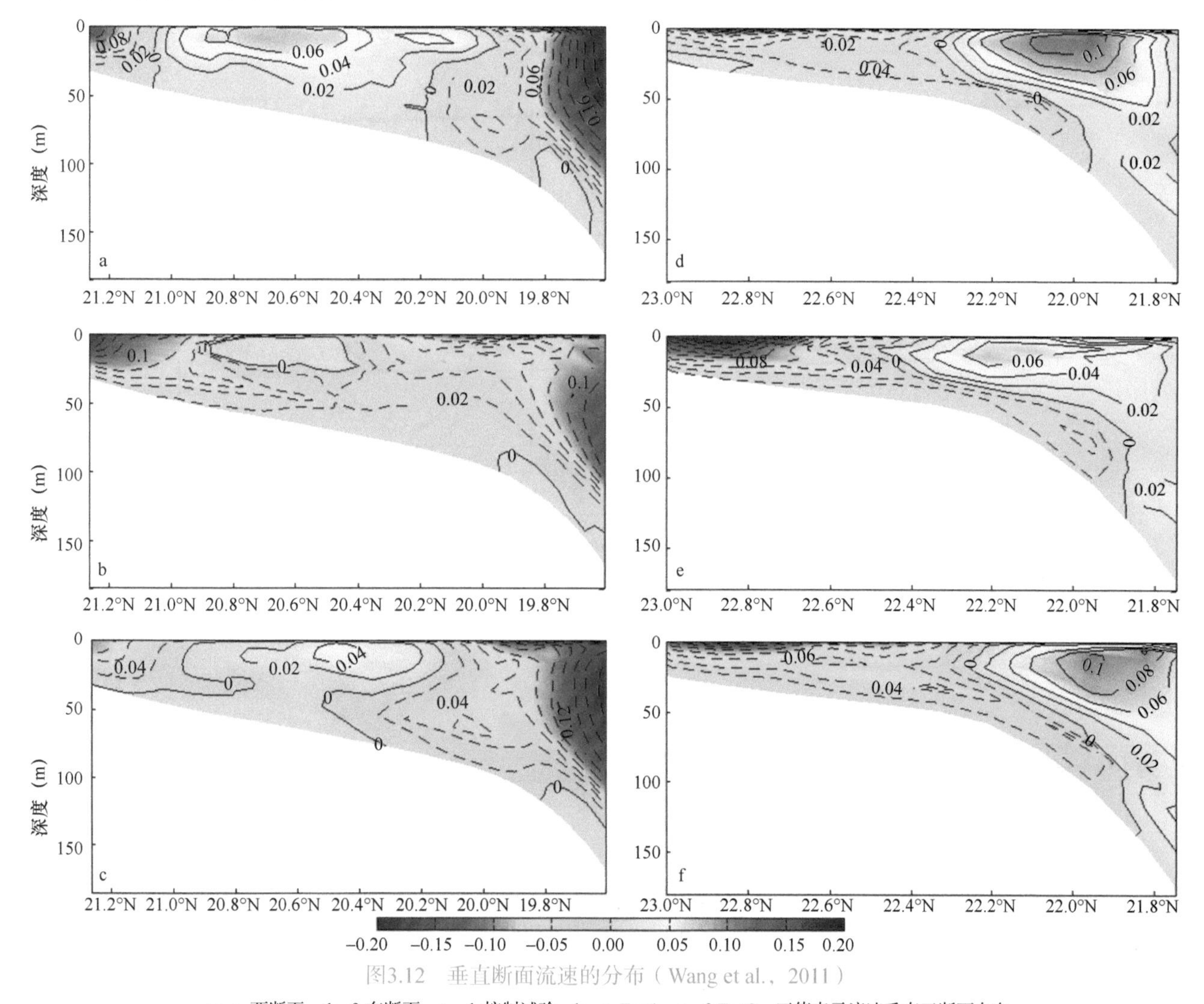

图3.12　垂直断面流速的分布（Wang et al.，2011）

a～c. 西断面；d～f. 东断面。a、d. 控制试验；b、e. Exp1；c、f. Exp2。正值表示流速垂直于断面向东

为定量分析Ekman抽吸对南海暖流在东、西段陆架不同的影响，下面对东、西两个断面上的Ekman抽吸及不同试验中的海面高度分布做进一步分析（图3.13）。沿西断面，在20°N附近存在Ekman抽吸的峰值，而控制试验计算的海面高度与此相对应地出现峰值，两者的匹配与前面的理论分析及推论假设是一致的，

即Ekman抽吸在陆架西段诱导海面高度上升，形成向近岸的海面高度梯度，成为南海暖流地转约束的主要贡献因子。而在近岸的海面高度的峰值则同Ekman输送在岸边的堆积相对应。在去掉风应力旋度的贡献后（Exp1），西断面的海面高度峰值几乎消失，仅保留很弱的峰值，这同前面的分析结果是一致的。在东断面，海面高度分布的变化则与风应力的变化关联不大。同时本研究也计算了两个断面上的垂直积分水体的辐散速度，与Ekman抽吸速度的对比可以发现，在西断面，一方面其空间分布与海面高度的分布不一致，另一方面其量值要比Ekman抽吸速度的量值至少小一个量级，这说明西段海面高度的变化主要由Ekman抽吸速度决定。当辐散为正时，海面下降，反之则海面上升，在东断面海水辐散与海面高度分布呈反位相，这种对应关系说明陆架东段的海面高度的分布主要由海洋内部的动力关系决定，在一定程度上印证了前面分析的黑潮入侵南海与东段陆架海面高度的联系。

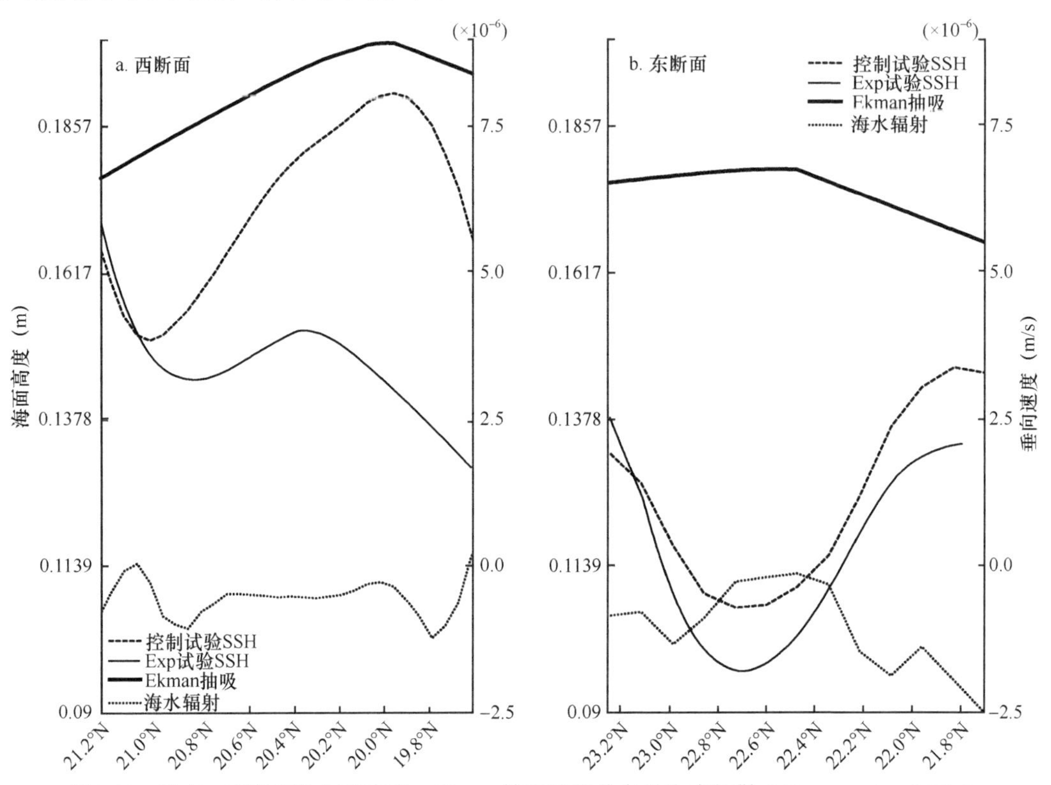

图3.13 沿东、西断面的海面高度、Ekman抽吸速度分布及海水辐散（Wang et al.，2011）

3.3 南海粤东上升流

3.3.1 南海粤东上升流的空间分布特征

南海北部存在一个宽广的陆架区域，自汕尾西侧开始，往东是一个加宽的陆架地形（图3.14）。夏季盛行的西南季风，在粤东区域驱动了一个强的上升流。粤东上升流具有很大的区域分布差异。图3.15揭示了2000年和2002年夏季观测的南海北部海表温度（Gan et al.，2009b）。夏季南海北部上升流最冷表层水温可以低至23℃。2000年航次期间盛行较强的西南季风，上升流的冷水从沿岸一直扩展到50m等深线。而2002年沿岸风速明显较2000年弱，而且自西向东逐渐减弱，因此上升流强度也不及2000年强，上升流的范围也没有2000年大。南海北部粤东上升流最强的区域分布于汕尾和汕头（图3.15）。这种区域分布差异主要由沿岸风的强度和沿岸地形决定。当西南季风较弱时，上升流范围较小，上升流强度在南海北部较强的区域有可能出现在汕尾外海；当西南季风较强时，上升流强度在南海北部最强的区域分布在汕头外海。

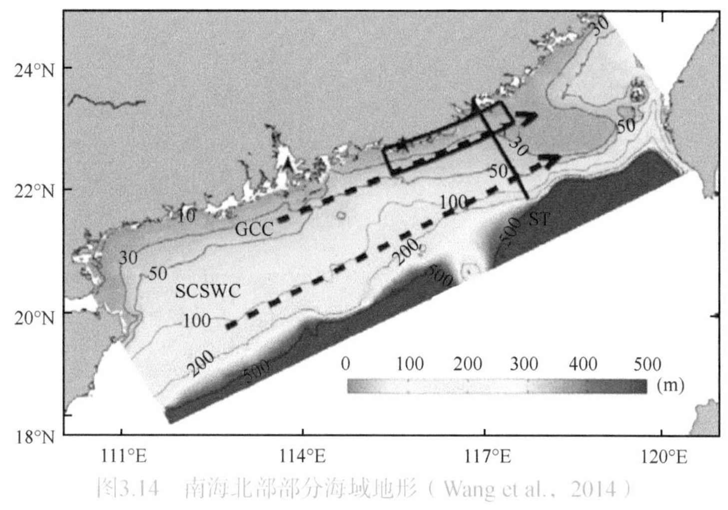

图3.14 南海北部部分海域地形（Wang et al.，2014）

GCC是夏季广东沿岸流；SCSWC是南海暖流

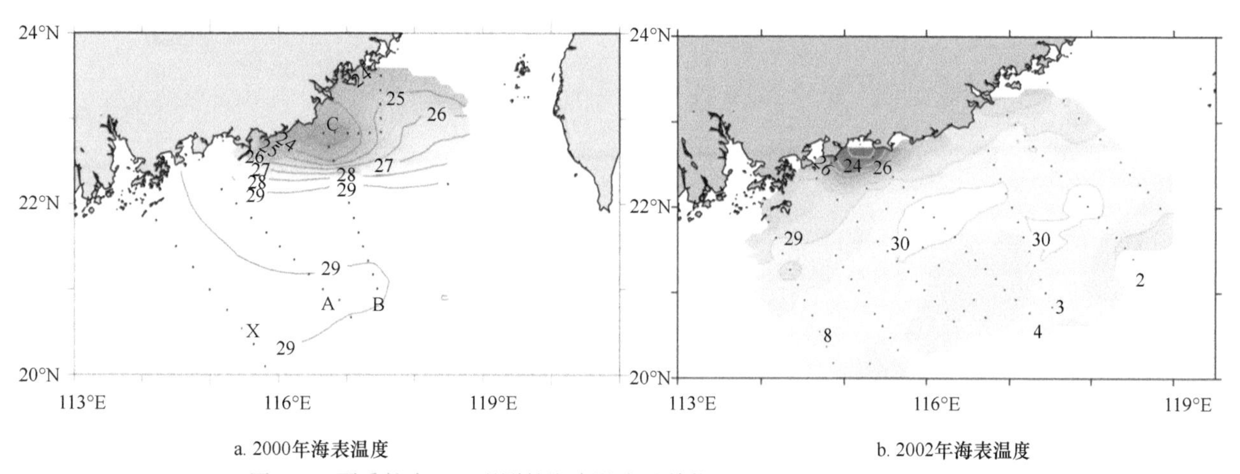

a. 2000年海表温度

b. 2002年海表温度

图3.15 夏季航次CTD观测的海表温度（单位：℃）（Gan et al.，2009b）

图3.16是由同化模式模拟的2008年自汕尾西侧至汕头东侧外海依此选取的5个断面的温度和盐度的垂向分布。可以看到，在汕尾西断面与汕尾断面上，上升流从50m等深线处沿海底向上爬升的强度相对于其余断面要强，原因是等深线在汕尾西侧外海开始收敛，沿岸流速增大；由于底摩擦力的作用，强的底层东向沿岸流导致了强的西向底摩擦力，从而诱导了强的向岸Ekman输送。因此在汕尾西侧外海，强的底部爬升作用将更深位置的底层冷水带到了近岸。但汕尾西侧和汕尾断面表层的上升流强度却相对较弱，27℃等温线在表面均没有露头。这可能是两个原因所致：一方面，由盐度断面分布可见，在这两个断面上夏季珠江冲淡水是从近岸往东扩展的，表层低盐淡水加强了垂向层结，强的层结阻碍了上升流在汕尾西侧升至表面；另一方面，Gan等（2009b）认为在加宽陆架地形的上游区域，这两个断面上沿岸流较强，底层爬升的冷水还没有来得及上升到表层时，强的沿岸流就将爬升的冷水平流输送到下游，自汕尾至汕头逐渐露头。因此，在表层，上升流的强度汕头比汕尾增强。从底层温度和盐度沿这5个断面的分布可见，在汕头，底层温度（24℃）和盐度（34psu）并不连续，这也进一步证明其底层的低温高盐水来自上游平流。当西南季风较弱时，这种平流作用相应减弱，底层爬升的冷水可在汕尾附近表层出现，进而解释了为何在西南季风很弱的情况下，偶尔观测到上升流强度在汕尾附近较其他区域强。

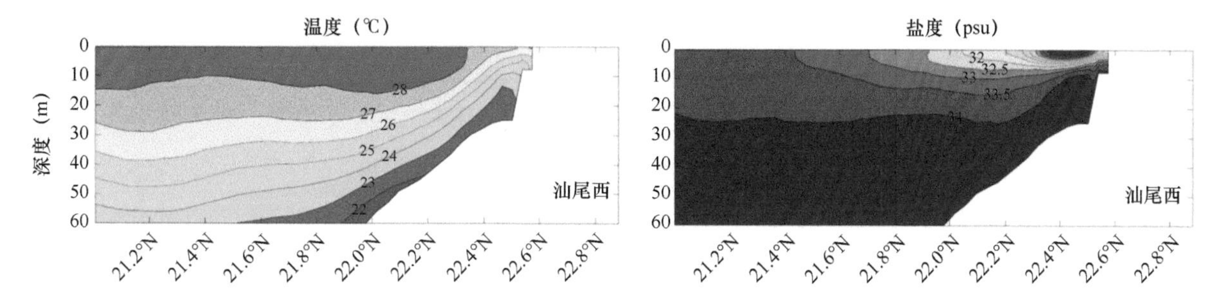

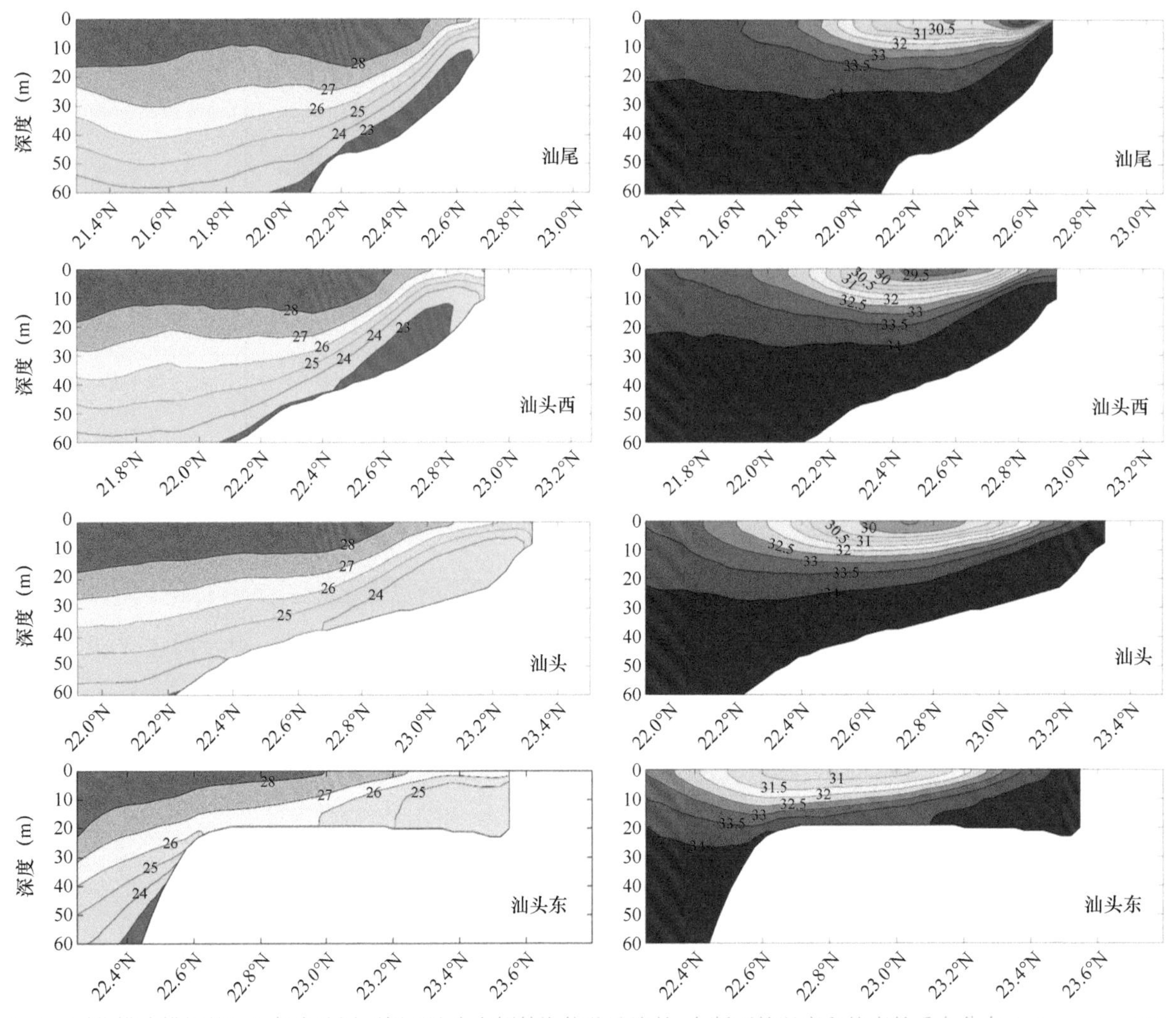

图3.16 同化模式模拟的2008年自汕尾西侧至汕头东侧外海依此选取的5个断面的温度和盐度的垂向分布（Shu et al.，2011）

3.3.2 南海粤东上升流对变化风场的响应

南海北部西南季风具有较强的时间和空间变化，西南季风期间往往伴随很多不利于上升流的风场事件（图3.17a）。在2000年夏季航次期间（7月10日至8月22日），7月21日前海表风场总的来说不利于上升流发展，从7月21日开始，有利于上升流的西南风开始在南海北部盛行。在7月21日前这一阶段，海表温度分布表明并无上升流现象发生（图3.17b）；而在7月21日之后这一阶段，在粤东区域有明显的上升流（图3.17c）。

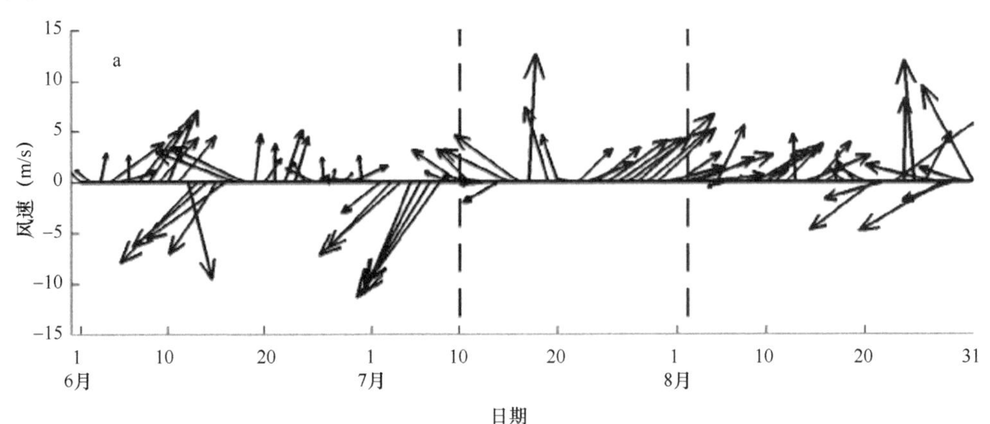

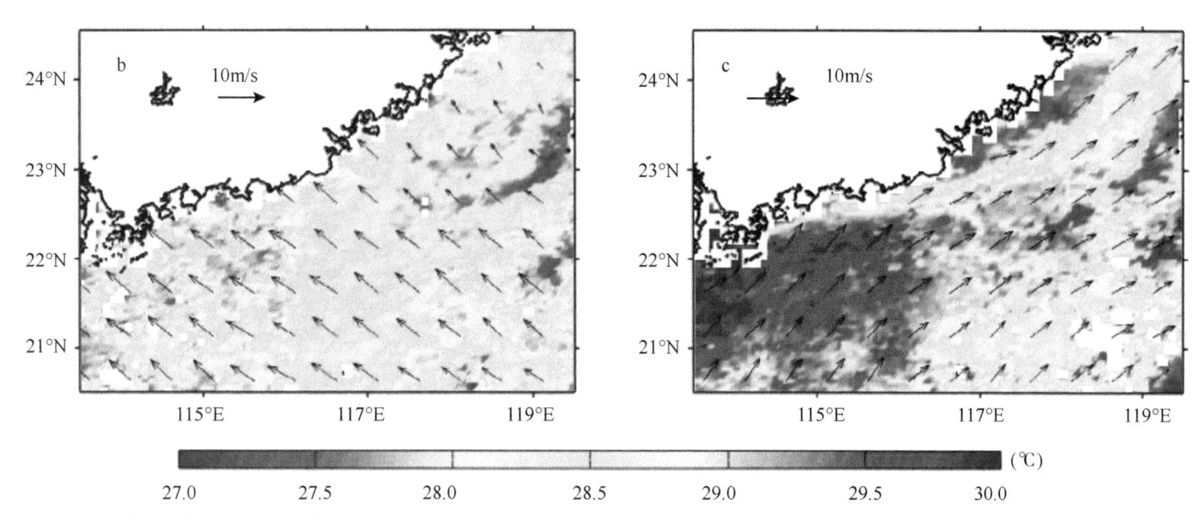

图3.17 2000年夏季QuickSCAT粤东风速（a）、2000年7月10～21日平均的风矢量及SST分布（b）和2000年7月22日至8月2日平均的风矢量及SST分布（Wang et al.，2012）

把粤东区域风场分为有利于上升流发展的西南风和抑制上升流发展的东北风两大类，然后分别对盛行这两种风场期间的海表温度进行合成分析，结果如图3.18所示。在盛行西南风时，粤东沿岸上升流主要发生在广东汕尾至福建沿岸区域。而在台湾浅滩的南侧，同样存在冷的海表温度分布。在不利于上升流发展期间，在广东汕头东南侧，冷的海表温度同样存在。这一海表冷水的形成有可能是地形与沿岸流相互作用导致的，我们将在后面讨论。另外，台湾浅滩南侧也持续存在一低温区域。这一区域的海表冷水的产生显然与风生上升流的形成机制不一样。该冷水的形成很可能是潮汐与地形的相互作用所导致，即潮致强混合导致的上升流。总之，粤东沿岸区域，特别是汕尾至汕头区域上升流强度对沿岸风场的变化相对敏感。但盛行东北风期间在汕头仍然能观测到海表低温水的事实说明该区域的上升流并没有因不利于上升流风场的强迫而完全关闭。

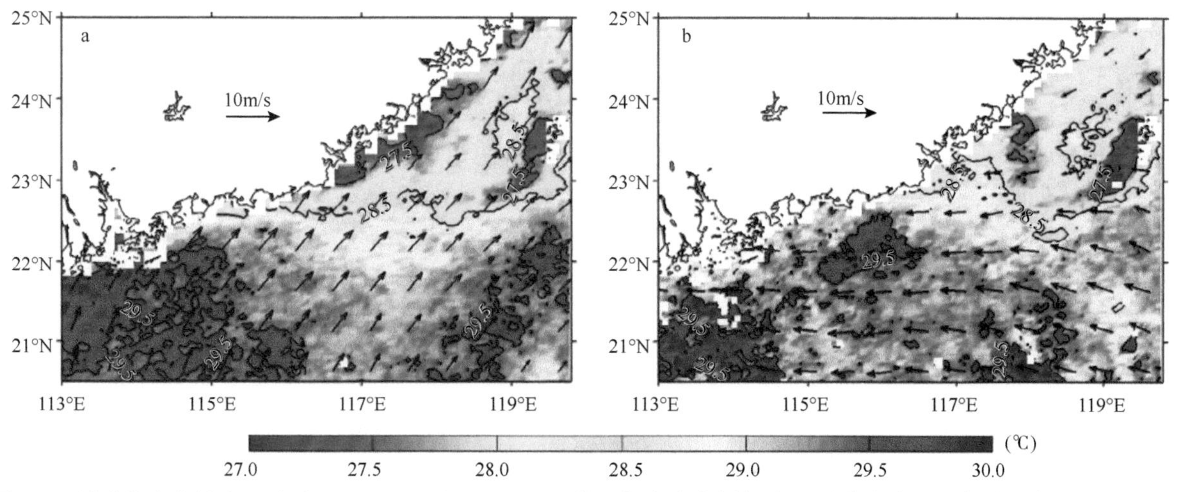

图3.18 风速纬向分量为正时对AVHRR SST和QuickSCAT的风场合成分析场（a）及纬向分量为负时的合成分析场（b）（Wang et al.，2012）

基于2000年6月1日至7月30日期间在汕尾南边（21.89°N，115.5°E）水深100m处的潜标近底层（85m处）海流观测资料，发现近底层流与汕尾验潮站海表高度异常（SLA）密切相关（图3.19）。沿岸流和垂直于岸的流与海表高度异常的相关系数分别达到了–0.92和–0.86，这主要是因为海洋内区由于地转关系，向岸的压强梯度力主要与沿岸流导致的离岸的科氏力平衡，于是近岸海表高度的变低增加向岸的压强梯度力，导致沿岸流增强。在底Ekman层内，增强的沿岸流将增强反向的底摩擦力，这样会诱导向岸的底层流，其产生的沿岸科氏力平衡增强的反向沿岸摩擦力。因此，在风生陆架上升流区域，沿岸风场、海表高度异常、底层流及上升流强度之间存在较好的相关性。这种关系在观测和模拟中均能较好地再现（图3.19）。

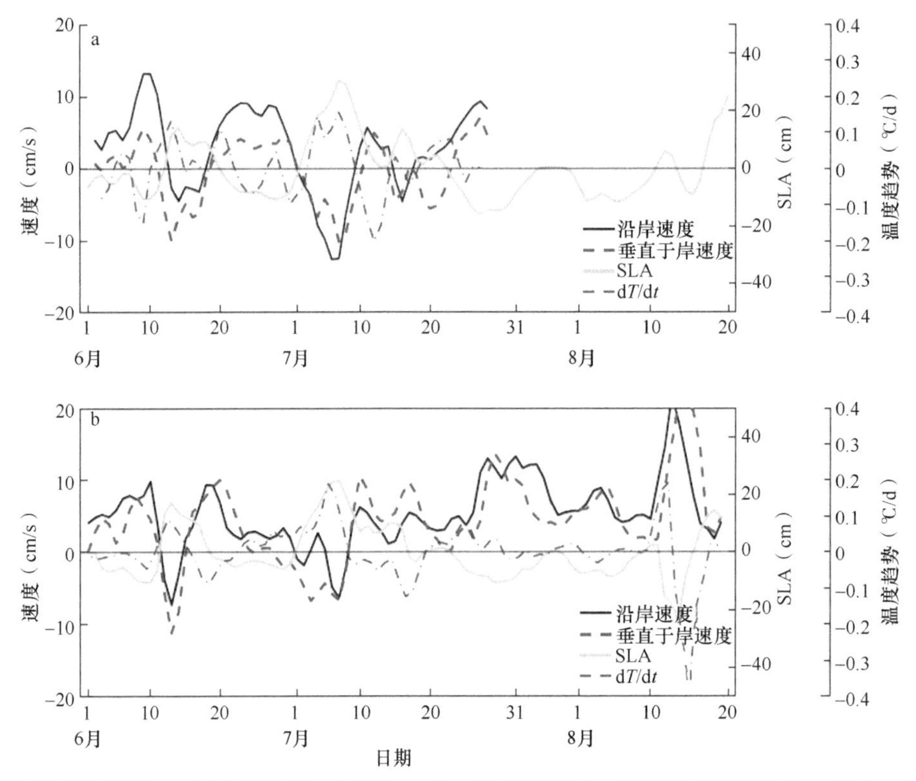

图3.19 粤东区域潜标观测（a）与模拟（b）的沿岸和垂直于岸的速度、日平均的温度趋势（dT/dt）及SLA的对比（Wang et al.，2012）

利用一个同化模式的结果，研究表层的上升流信号对于变化的风场的响应。图3.20和图3.21分别是2008年6月30日至7月10日汕尾和汕头外海断面的温度、盐度及速度断面随时间的变化。在此期间，南海北部的风场经历了从有利于上升流的风场（7月2日以前）到不利于上升流的风场（7月3～6日），再到有利于上升流的风场（7月7～10日）的转变。图3.20表明，汕尾近底层向岸爬升的冷水的强度强于汕头，然而在有利于上升流的风盛行期间，汕头表层的上升流强度稍强于汕尾。汕头底层24℃等温线并不连续，这说明汕头上升流表层的冷水并不是其外海底层冷水沿陆坡的直接爬升，而很可能是来自汕尾外海爬升的底层冷水平流到汕头近岸，进而在汕头外海爬升至表层，这与Gan等（2009b）的研究结果一致。从6月30日至7月6日，当风向从有利于上升流转为不利于上升流时，沿岸流强度及底层向岸速度减小（图3.21），而且温度的垂向结构表明上升流逐渐减弱，表层上升流信号在7月6日完全消失（图3.20）；当风场再次转为有利于上升流的风向时（7月7～10日），沿岸流强度和底层向岸速度增大，表层上升流较快发展起来（图3.20，图3.21）。总的来说，当风场转为不利于上升流的风向时，上升流强度逐渐减弱，但是当风场再次转为有利于上升流的风向时，上升流强度会很快重新建立。而且如图3.20和图3.21所示，汕尾和汕头上升流的关闭时间尺度是不一样的。7月4日汕尾上升流几乎已经关闭，但直到7月6日，汕头的上升流还持续存在。其主要原因是，当上升流风场松弛（消失）后，上升流的关闭时间尺度与局地的地形和层结密切相关（Oke and Middleton，2000）：

$$\tau_s = \frac{f}{(N\alpha)^2}$$

式中，τ_s为上升流关闭时间尺度；N为浮性频率；α为地形坡度。由于汕尾外海地形坡度较汕头外海的要大，因此其上升流关闭时间尺度也更短。

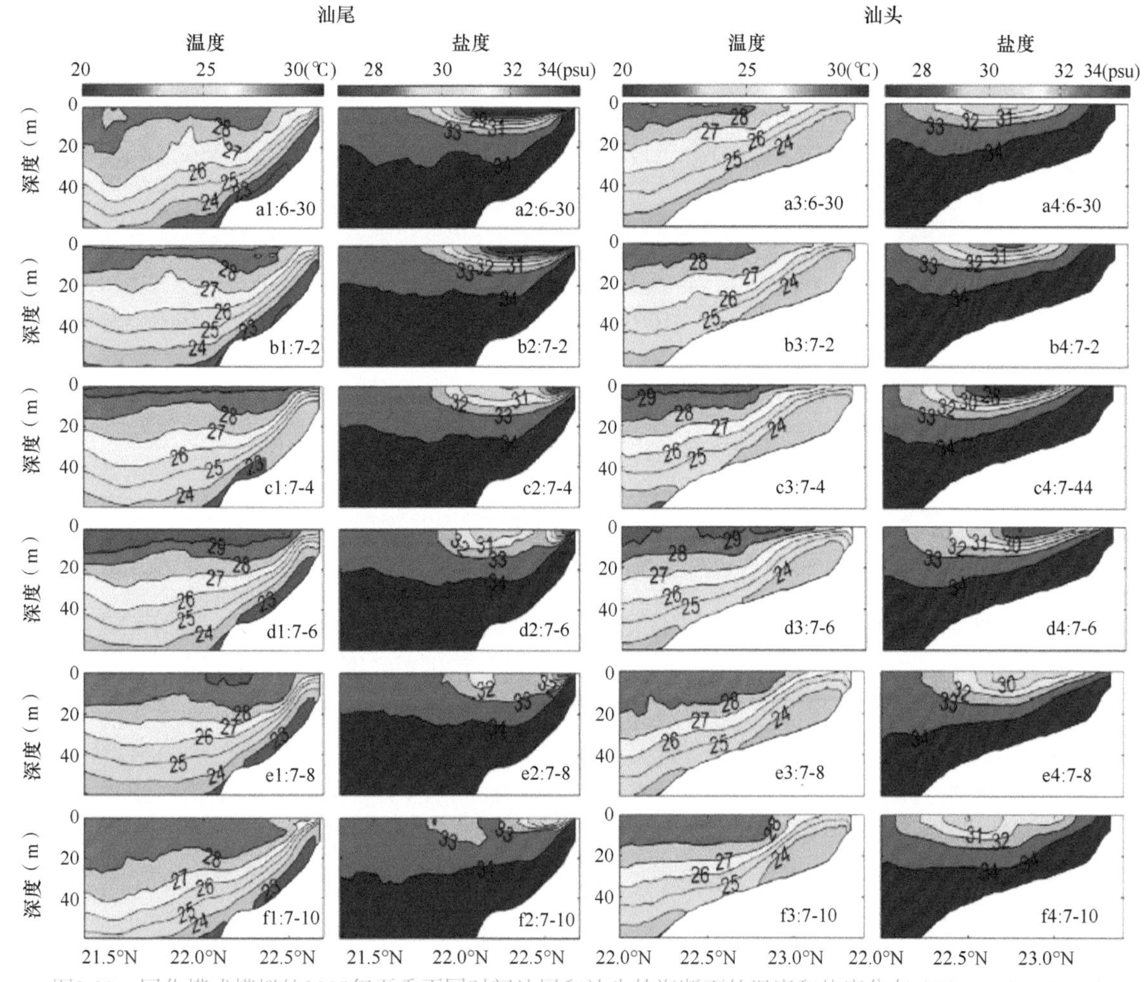

图3.20 同化模式模拟的2008年夏季不同时间汕尾和汕头外海断面的温度和盐度分布（Shu et al., 2011）

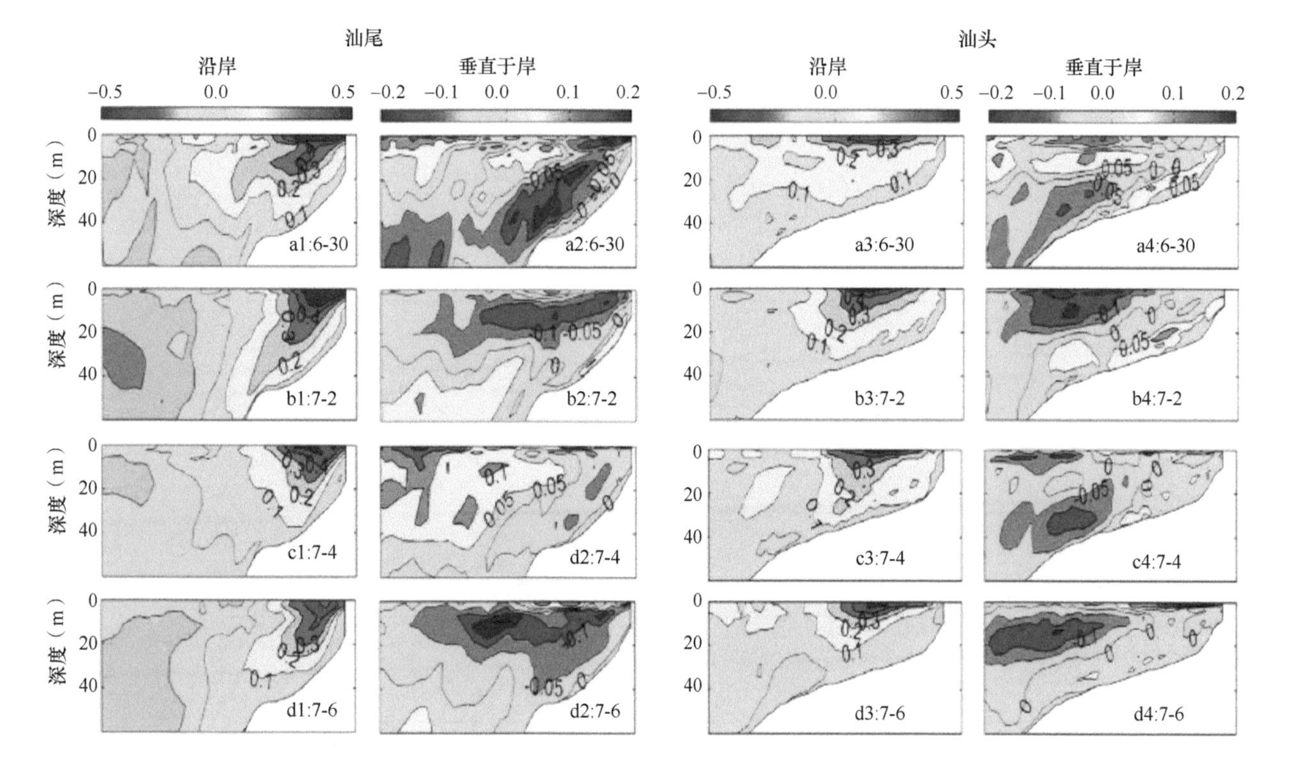

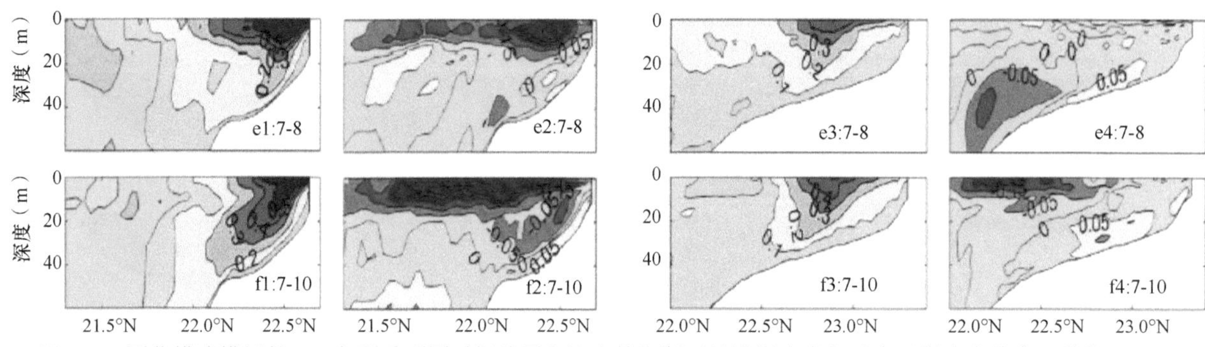

图3.21 同化模式模拟的2008年夏季不同时间汕尾和汕头外海断面的沿岸速度和垂直于岸速度分布（单位：m/s）（Shu et al.，2011）

3.3.3 风和地形对南海粤东上升流的贡献

如前文所述，变化的沿岸地形与沿岸流之间的相互作用同样可以诱导出上升流。南海北部自汕尾外海往东陆架地形加宽，而且在汕尾外海，由于台湾浅滩的存在，其浅水区再一次向外加宽。这种急剧加宽的陆架浅水地形与夏季南海北部大尺度东北向流的相互作用同样会诱发出上升流，即南海北部的上升流既有局地西南风驱动的风生上升流，也有地形诱导的上升流。

四个南海北部航次曾观测到南海北部地形诱导的上升流。这四个航次断面的观测时间均在不利于上升流的风场盛行了10余天后（图3.22）。但是断面上均观测到了底层还存在明显的低温高盐水体的爬升（图3.23，图3.24）。这种上升流现象是由于地形和大尺度环流的相互作用产生的，称为地形诱导的上升流。

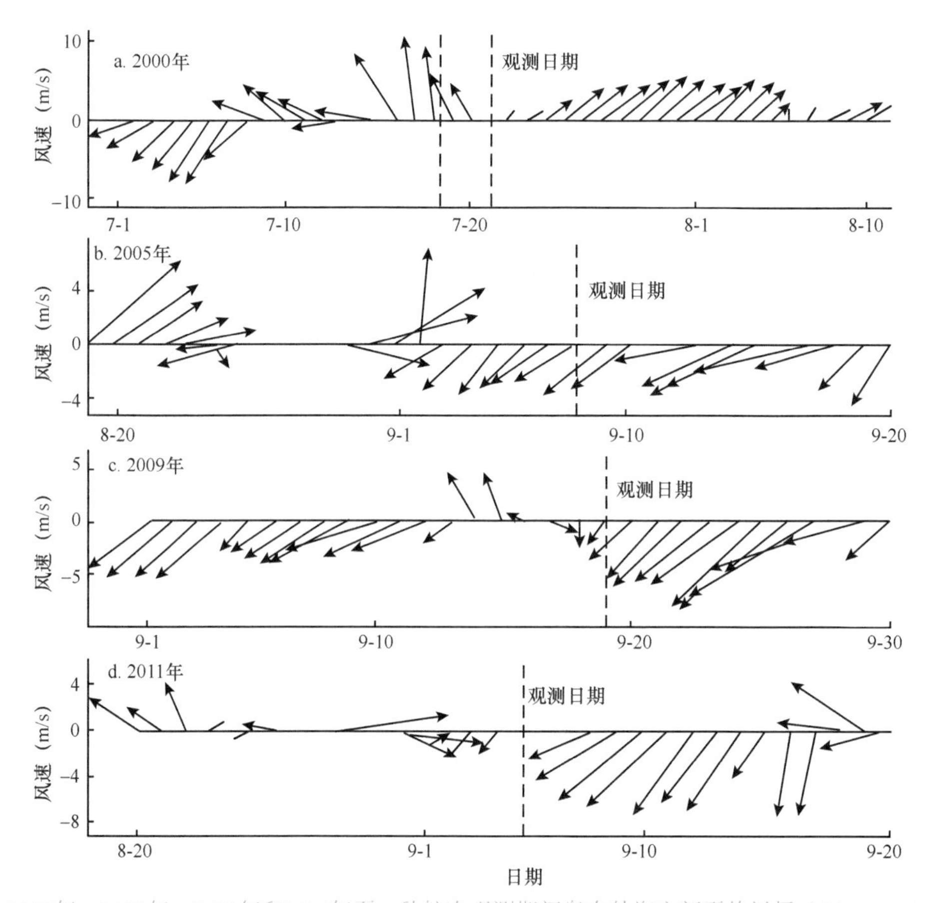

图3.22 2000年、2005年、2009年和2011年夏、秋航次观测期间粤东外海空间平均风场（Wang et al.，2014）

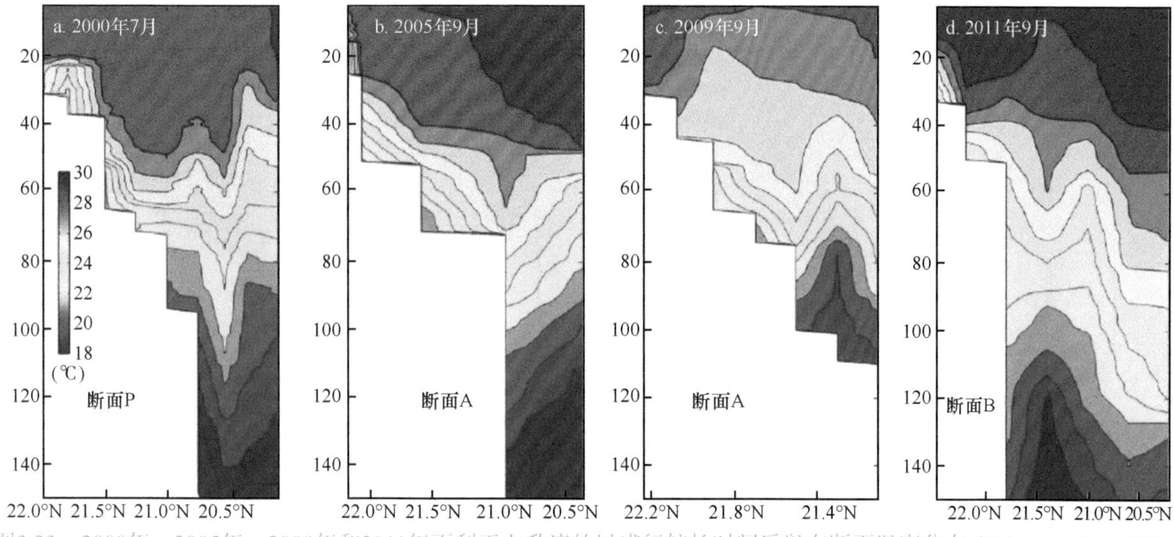

图3.23　2000年、2005年、2009年和2011年不利于上升流的风盛行较长时间后粤东断面温度分布（Wang et al.，2014）

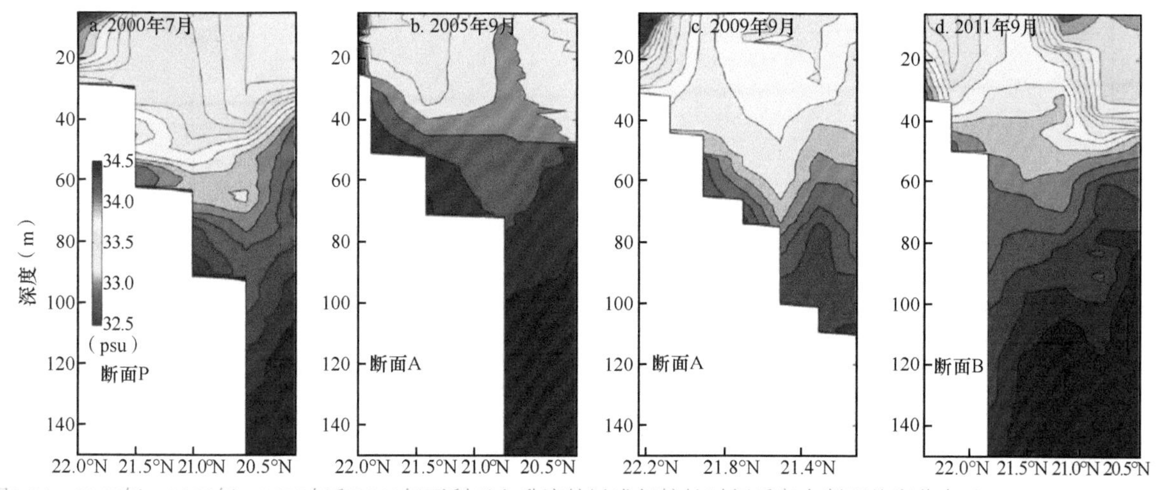

图3.24　2000年、2005年、2009年和2011年不利于上升流的风盛行较长时间后粤东断面盐度分布（Wang et al.，2014）

为了证实航次期间观测到的次表层等温线爬升现象为地形诱导的上升流，我们利用高分辨率的海洋模式，进行了4个敏感性试验，进而研究了地形和局地风场对南海北部上升流强度的相对贡献。模式区域如图3.14所示。试验中模式从静止启动，初始温度和盐度在整个区域相同，垂向层结来自8月WOA09数据集，侧边界为嵌套南海海洋环流模式提供的气候态8月入流。气候态大尺度环流信息通过侧边界传入内区。表层淡水、热通量均设为0。试验1（Exp1），设置大小为4m/s的空间一致的西南风强迫；试验2（Exp2）与试验1类似，只是表面没有风场强迫；试验3（Exp3）与试验2类似，只是侧边界入流强度减小一半，以此代表大尺度环流减小；试验4（Exp4）与试验2的区别为侧边界入流强度增加一半。

上面的敏感性试验设置表明，试验1代表夏季粤东区域气候态的上升流强度。试验2代表粤东地形诱导的上升流，试验3和试验4分别代表粤东大尺度环流变弱和加强时对地形诱导的上升流强度的影响。图3.25是第30天时4个试验模拟的海表温度。试验1模拟结果表明气候态时粤东上升流主要分布于汕尾和汕头沿岸区域（图3.25a），这与前面的研究结果一致。试验2中尽管无有利于上升流的风场强迫，而且其初始时刻全场为标准层结，但大尺度环流与地形的相互作用同样会诱导出较强的上升流（图3.25b）。这证明了粤东上升流有很大的成分是地形诱导的。而且地形诱导的上升流有2个高强度区域，一个为汕头外海，另一个是汕尾外海。这与南海北部浅水地形分别在汕尾外海和汕头外海局地加宽一致。当大尺度环流减弱一半时，地形诱导的上升流在表层基本消失（图3.25c）；同时，当大尺度环流强度增强一半时，地形诱导的上升流强度变得很强，甚至超过了气候态时风生上升流和地形诱导的上升流的总强度（图3.25d）。

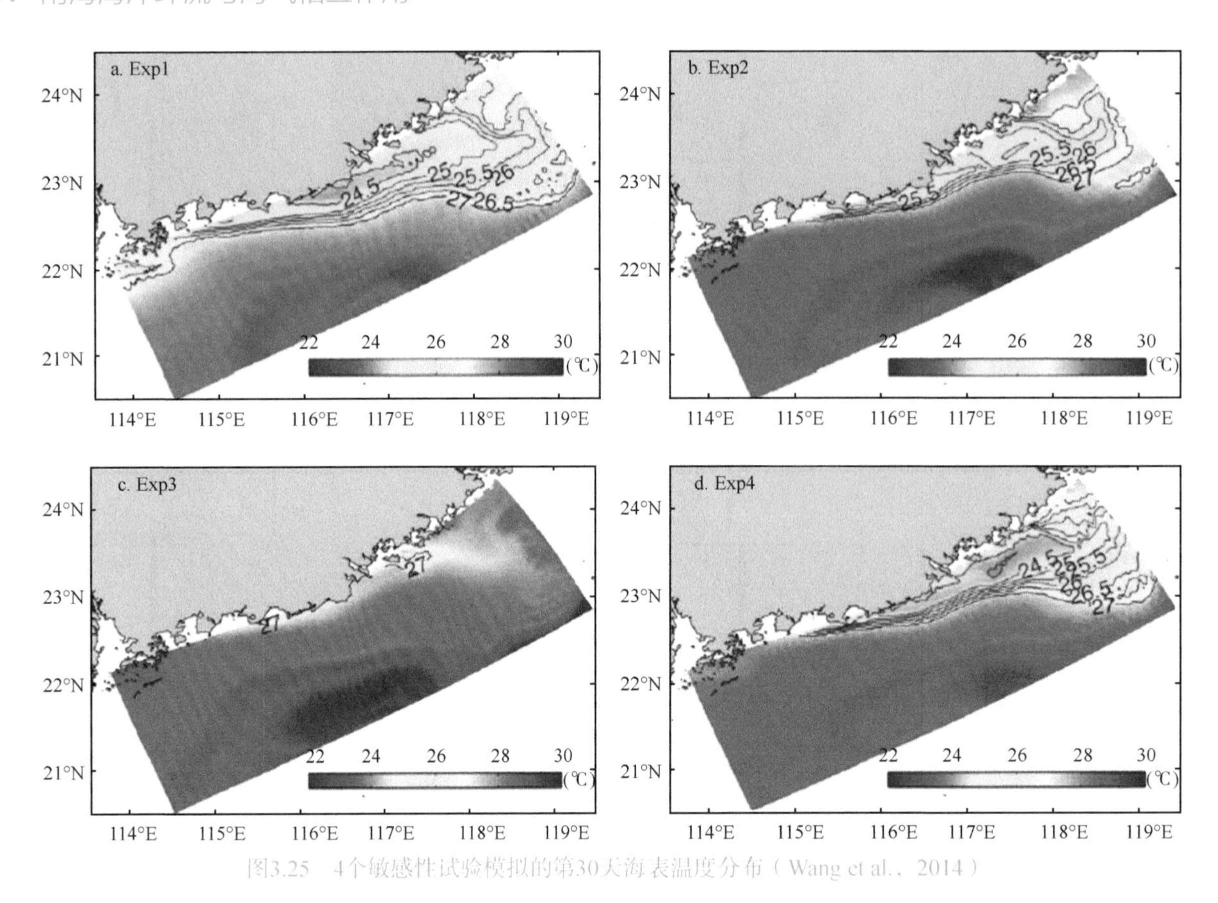

图3.25 4个敏感性试验模拟的第30天海表温度分布（Wang et al.，2014）

为了定量分析地形和局地风场对粤东上升流的贡献大小，引入上升流强度指数（Nykjær and Van Camp，1994）：

$$I_k^t = \frac{\sum_{i=1}^{N}\left(T_{i,k}^{t} - T_{i,k}^{t_0}\right)}{N} \tag{3.7}$$

式中，I是上升流强度指数；k是模式sigma层；t代表时间；t_0是模式模拟的第1天；i为模式格点；T是模拟的温度；N代表了样本个数。这里I代表上升流强度随时间的变化。考虑到上升流主要出现在汕尾和汕头之间，在此范围定义了一个方框区域（图3.14）。相对于第1天，试验1和试验2的海表上升流强度指数在第30天分别下降了3℃和2.5℃（图3.26）。当大尺度环流强度减半时（试验3），第30天的海表上升流强度指数相对第1天降低约1℃。而当大尺度环流强度增大一半时（试验4），无论是海表还是海底上升流强度指数均强于试验1。这说明在表层，上升流强度对大尺度环流的强弱较敏感。而在底层，地形诱导的上升流强度指数（试验2）只是略弱于试验1。这说明在表层地形诱导的上升流强度与风生上升流的强度是大致相当的，而在底层，大尺度环流与地形相互作用导致的地形诱导的上升流占主导。局地风场作用于局地环流而导致的近底层冷水的爬升可能不及大尺度环流所导致的爬升。

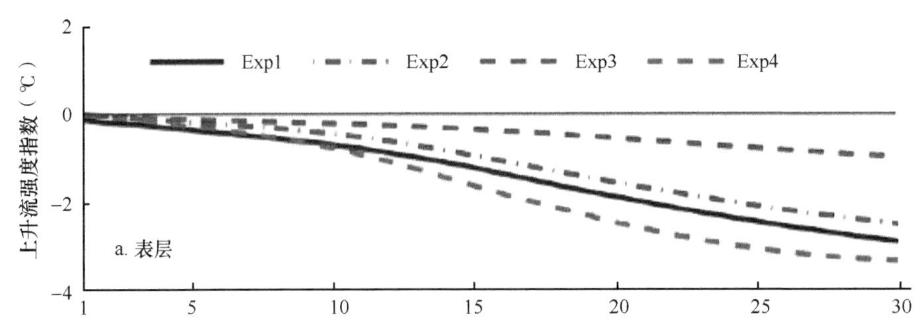

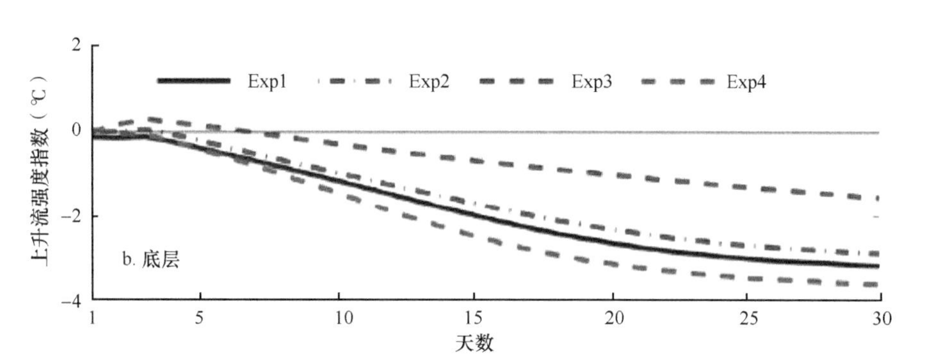

图3.26 4个敏感性试验模拟的表层与底层上升流强度指数的时间序列（Wang et al., 2014）

上升流强度应最直接表现在垂向运动上，即垂向速度。地形诱导的上升流的相对贡献可以用模拟的垂向速度直接定义：

$$C = \left.\frac{w_t}{w}\right|_{w_t>0\text{且}w>0} \tag{3.8}$$

式中，C为上升流相对强度指数；w_t为地形诱导的上升流（试验2）的垂向速度；w为试验1的垂向速度。如果C的值接近1，说明地形诱导的上升流占主导，而如果值为0，说明风生上升流占主导。试验1和试验2的垂向速度分布也表明粤东上升流主要分布在汕尾和汕头之间（图3.27）。地形诱导的上升流的相对强度指数在近底50m以浅的大部分区域接近1，这进一步说明粤东地形诱导的上升流在近底层比局地风生上升流产生的上升作用更强。

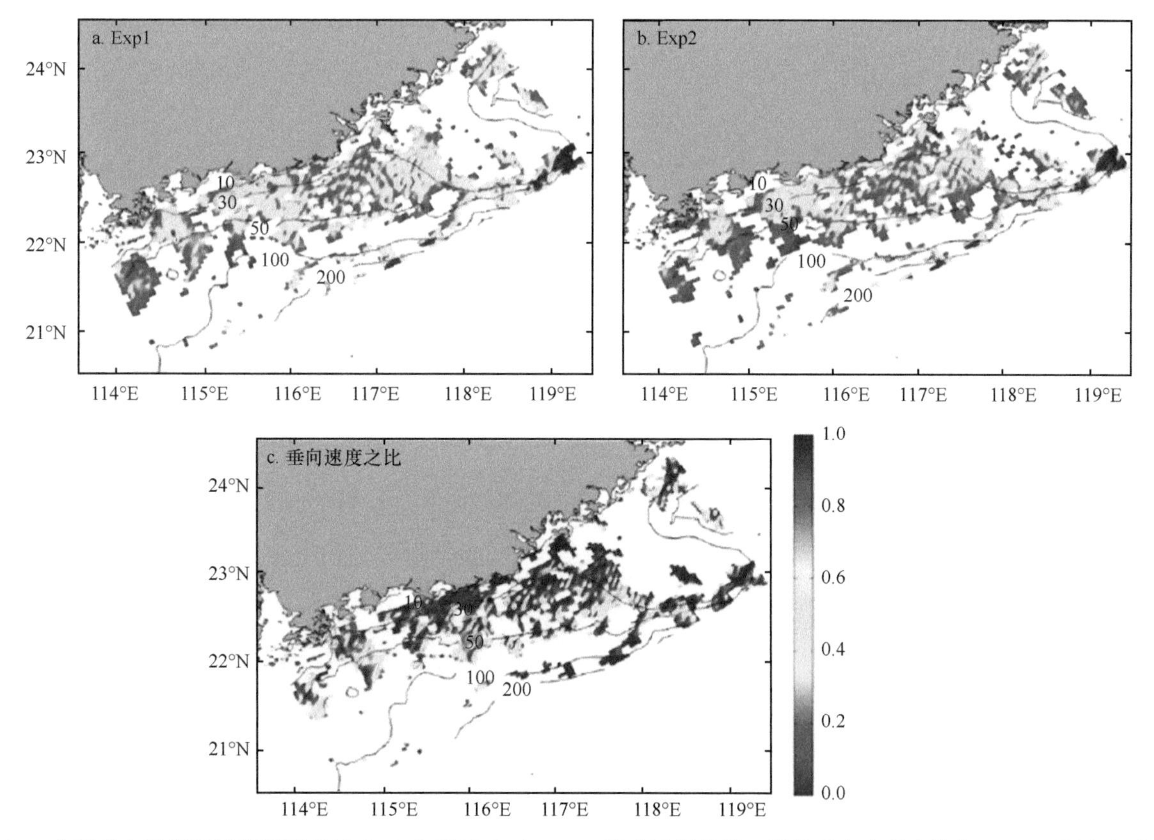

图3.27 在夏季大尺度流场背景下有风（a）和无风（b）spinup模式模拟的第30天的垂向速度（单位：m/s）及试验2与试验1的垂向速度之比（c）（Wang et al., 2014）

等值线为等深线（单位：m）

沿岸流产生的底摩擦力和变化的地形是地形诱导上升流的主要原因。其主要解释为底Ekman层的动力过程诱导了底层水的向岸爬升，而底摩擦力在汕尾和汕头外海区域最强（图3.28a、b），强的底摩擦力增大了垂向黏性系数，在底Ekman层导致强的垂向混合，减小水体垂向层结，进而导致上升流关闭时间尺度增加，使得地形诱导的上升流得以维持。也就是说，地形诱导的上升流强度与底摩擦力强度是紧密相关的。对比上升流强度（图3.27）与底摩擦力（图3.28a、b）的空间分布发现，上升流的空间分布与底摩擦力的空间分布并不一致，而是与摩擦力旋度有较好的空间一致性（图3.28c、d）。其原因分析如下。

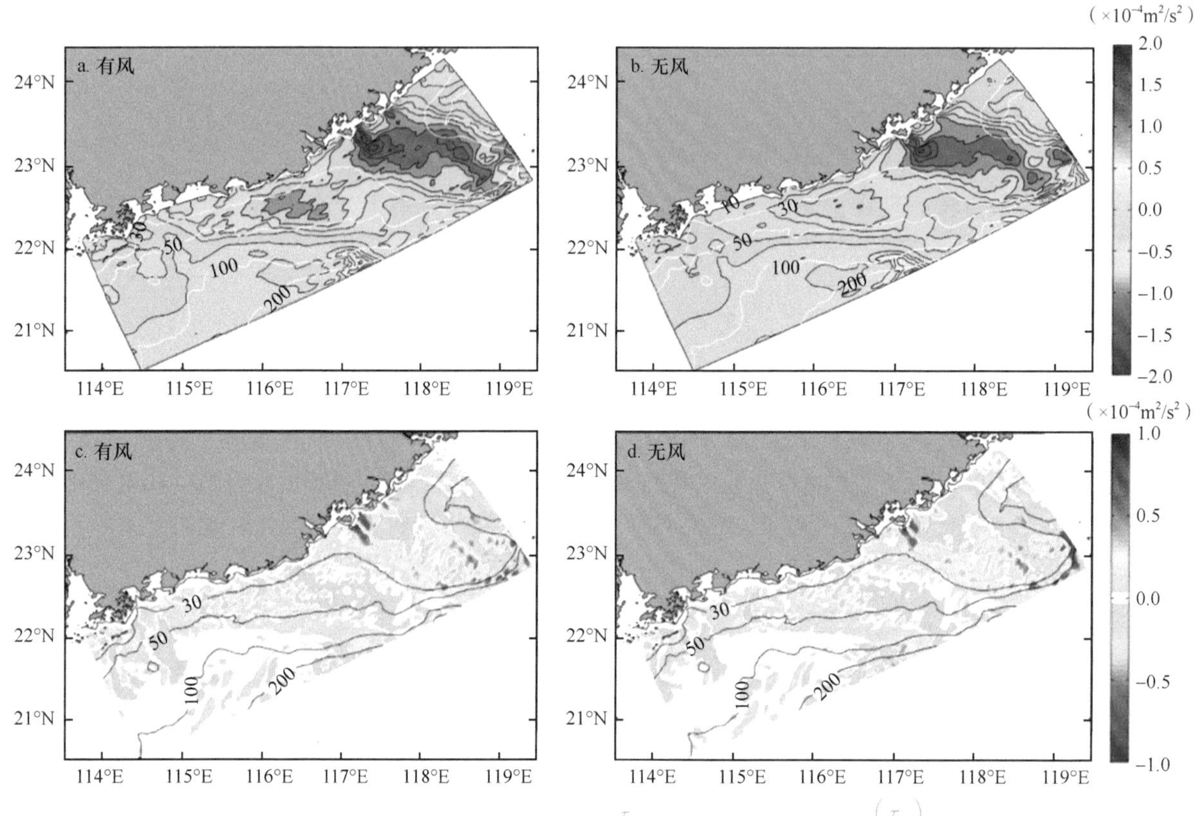

图3.28 第30天试验1（a、c）和试验2（b、d）中沿岸底摩擦力（$\frac{\tau_b}{\rho_0}$）和底摩擦力旋度（$\nabla\times\left(\frac{\tau_b}{\rho_0}\right)$）的分布（Wang et al., 2014）

在稳定状态下，当Rossby数远小于1时，垂向积分的涡度方程为

$$J\left(\frac{f}{H},\ \Psi\right)+\nabla\times\left(\frac{\tau_b}{\rho_0 H}\right)+\nabla\times\left(\frac{\tau_s}{\rho_0 H}\right)+J\left(\chi,\ \frac{1}{H}\right)=0 \tag{3.9}$$

式中，f是科氏参数；Ψ是流函数；$\chi=\frac{g}{\rho_0}\int_{-H}^{0}z\rho\mathrm{d}z$；$\rho_0$=1025kg/m^{3}为参考密度；$H$是水深；$\tau_b$和$\tau_s$分别是底摩擦力和风应力。将方程（3.9）沿等深线和垂直于等深线方向分解，在f平面上，可得

$$U_n=\frac{\tau_{bs}}{\rho_0 f}-\left(\frac{\partial H}{\partial n}\right)^{-1}\left[\left(\frac{H}{\rho_0 f}\right)\nabla\times\tau_b\right]+\frac{\tau_{ss}}{\rho_0 f}-\left(\frac{\partial H}{\partial n}\right)^{-1}\left[\left(\frac{H}{\rho_0 f}\right)\nabla\times\tau_s\right]-\frac{1}{f}\frac{\partial\chi}{\partial s} \tag{3.10}$$

式中，$U_n=-\frac{\partial\Psi}{\partial s}$，代表垂直于等深线的输送。式（3.10）右边第一项为底摩擦力导致的Ekman输送，第二项为底Ekman抽吸的作用，第三项为表Ekman输送，第四项是表Ekman抽吸，最后一项是JEBAR效应。在海表没有风的作用下，式（3.10）变为

$$U_n=\frac{\tau_{bs}}{\rho_0 f}-\left(\frac{\partial H}{\partial n}\right)^{-1}\left[\left(\frac{H}{\rho_0 f}\right)\nabla\times\tau_b\right]-\frac{1}{f}\frac{\partial\chi}{\partial s} \tag{3.11}$$

式（3.11）说明在没有风的情况下，跨越等深线向岸的输送是底Ekman输送、底Ekman抽吸及JEBAR共同作用的结果。利用此式，结合数值模式，可以定量讨论不同背景流强度条件下，Ekman输送、Ekman抽吸及

JEBAR效应对粤东上升流强度的贡献。

通过对模式结果进行诊断分析，图3.29揭示了粤东区域底摩擦力和底摩擦力旋度对地形诱导的上升流的贡献。在大尺度环流为东北向时，Ekman输送总是输送底层咸、冷水向岸运动。在汕尾至汕头区域，Ekman抽吸输送整个水柱离岸运动，减小上升流强度；而在汕尾和汕头Ekman抽吸输送水柱向岸运动，增加上升流强度。这样就解释了为何我们经常观测到上升流在汕尾和汕头较强，而在其他区域较弱。

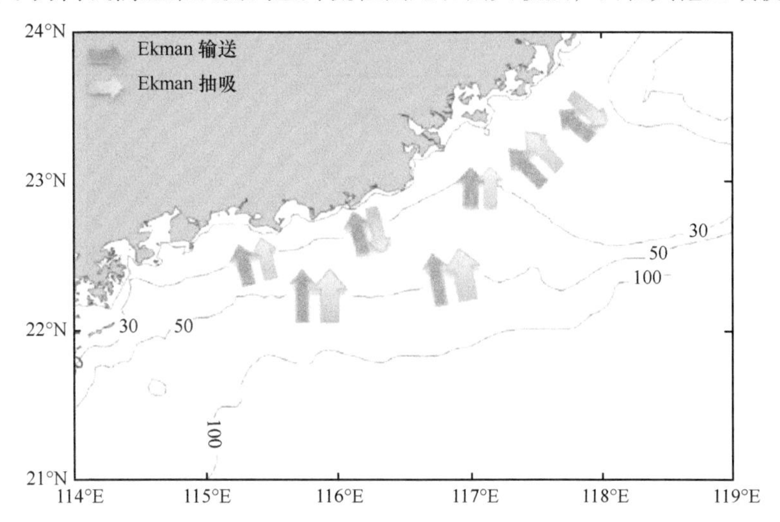

图3.29　底摩擦力和底摩擦力旋度对南海北部上升流的贡献示意图（Wang et al.，2014）
等值线为等深线（单位：m）

3.4　珠江冲淡水羽状流

3.4.1　珠江冲淡水的季节和年际变化特征

珠江水系是我国第二大水系，每年都挟带大量的淡水、泥沙、营养盐等物质进入南海北部陆架海域，形成冲淡水羽状流。冲淡水羽状流的结构变化受南海北部复杂的动力条件影响，是南海北部动力架构中的重要组成部分，对南海北部近岸环流的形成和变化有不可忽视的影响。珠江流域每年平均汇集河道径流总量约$3.36\times10^{11}\mathrm{m}^3$，在我国居第2位，仅次于长江的$8.94\times10^{11}\mathrm{m}^3$。珠江口流域主要包括西江、北江、东江三个支流，从珠江三角洲八大口门（虎门、蕉门、洪奇沥、横门、磨刀门、鸡啼门、虎跳门和崖门）注入南海。受珠江水系降雨量的季节和年际变化影响，珠江径流量的季节和年际变化十分明显。径流量主要集中在丰水期，东江、北江汛期入海流量约占全年总流量的70%以上，而西江更甚，汛期流量约占全年总流量的90%以上（图3.30）。流量的年际变化还表现在东江、北江、西江干流都具有明显的丰水、中水、枯水年份（图3.31）。

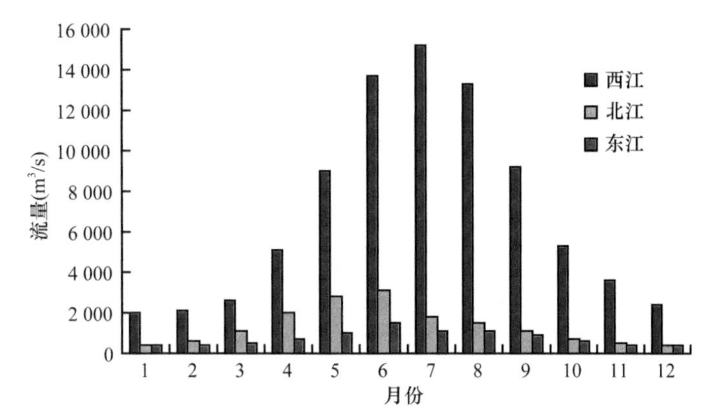

图3.30　1959～2000年平均的珠江流量月变化（欧素英，2005）

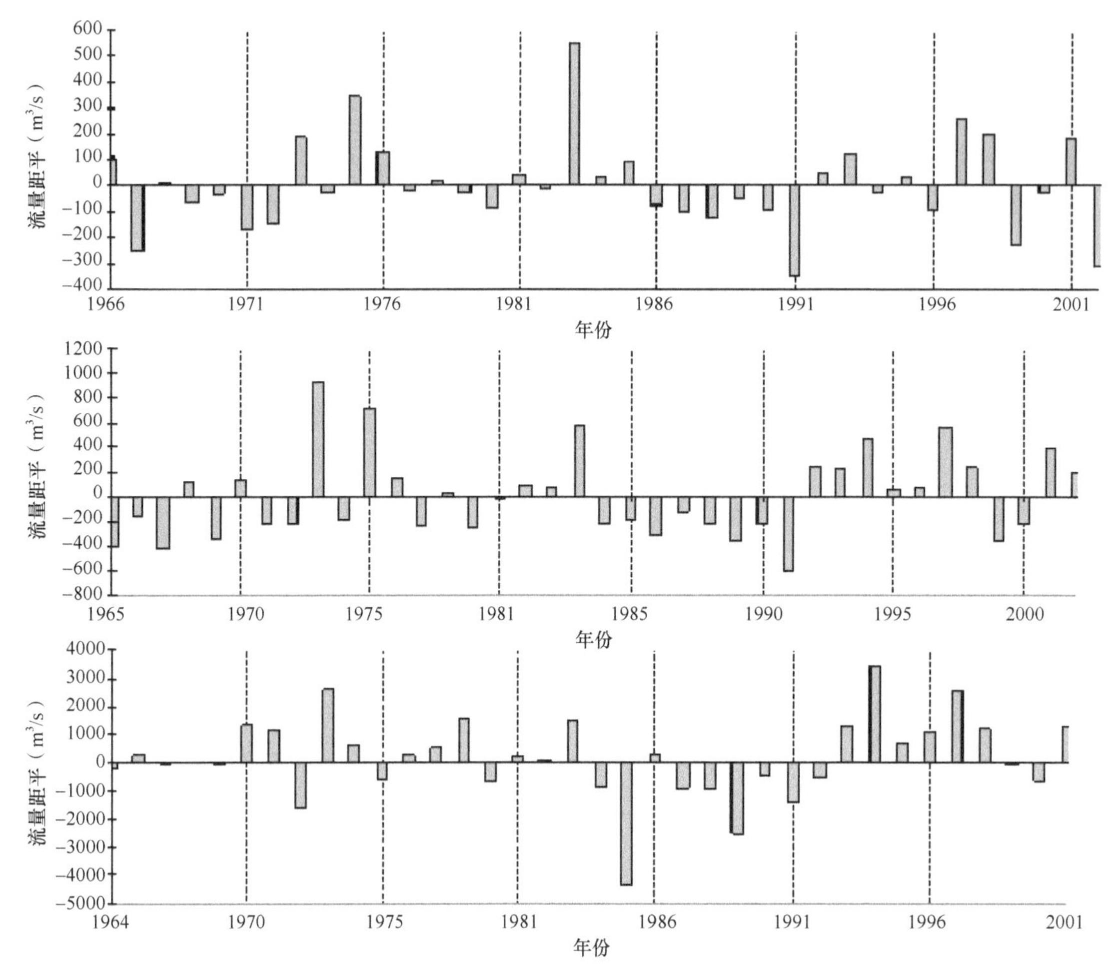

图3.31 东江博罗站、北江石角站、西江高要站年平均流量距平值变化（欧素英，2005）

此外，南海北部陆架海区受东亚季风的影响，冬季（枯水季节）盛行东北季风，有利于西南向沿岸流的形成，夏季（丰水季节）盛行西南季风，有利于东北向沿岸流的形成。在ENSO的影响下，该海区的季风强度和降雨量也显示出明显的年际变化。珠江淡水径流量和东亚季风的显著季节、年际变化使得珠江冲淡水羽状流的扩展和强度存在明显的季节、年际差异。

一方面，枯水期和丰水期的扩展范围与方向不同。冬季（枯水季节），西南向的沿岸流与珠江冲淡水进入南海后的自然扩展方向一致，近岸沿岸流与冲淡水羽状流相互加强，加速了羽状流向西运动，阻碍了其向外海的扩展。夏季（丰水季节），珠江冲淡水大量外泄，在夏季风导致的Ekman离岸输送及东北向沿岸流的平流输送作用下，冲淡水浮在近表层呈舌状向东南外海扩展，32psu等盐线向东可达到汕头外海附近。夏季，由于淡水径流量大、季风强度相对较弱和不稳定，因此冲淡水羽状流的形态更为复杂。以历史水文观测资料的表层盐度32psu为冲淡水的边缘，Ou等（2009）将珠江冲淡水在南海北部陆架的扩展方式归纳为以下四种形态。

（1）向海扩展型，此时西向和东向的扩展都很小，冲淡水局限于沿粤西沿岸很窄的范围扩散，而越过香港向粤东沿岸扩展的距离很短，珠江冲淡水主要集中在口外向海扩展。

（2）粤西扩展型，又可分为极端和非极端两种。极端粤西扩展型表现在：珠江冲淡水特别是伶仃洋出来的低盐水全部向粤西扩散，向海扩展距离近似为0，伶仃洋冲淡水未到担杆列岛，即全部向粤西沿岸扩展。最常见的粤西扩展型即非极端粤西扩展型，少部分冲淡水绕过香港扩展到红海湾海域，大部分冲淡水向海和向粤西沿岸扩展，冲淡水扩展范围因时而异，远可扩展到海南岛东端，近可扩展到水东港附近。冲淡水锋面也相应变化，近似平行于粤西岸线扩展，或有一两个弯曲的沿粤西扩展，大弯曲一般出现在阳江与水东近岸海域。

（3）粤东扩展型，以离岸扩展型为主。珠江冲淡水沿粤东的扩展形态最显著的特征就是冲淡水的离岸扩展，完全不同于粤西扩展型。冲淡水自珠江口出来后，浮在相对高盐的陆架水上向东扩展，在惠州近岸基本继续向东侧陆架海域扩展，而不是沿岸继续向汕头方向扩散，惠州及汕头段的近岸海域由高盐陆架水控制。

（4）对称扩展型，即向粤西、粤东两侧的扩展形态以珠江口为轴近似对称。在此种情况下，粤西、粤东都是沿岸扩展，冲淡水的扩展范围一般局限在靠近粤东、粤西近岸60km以内。例如，1984年6月冲淡水沿两岸扩展较远，沿粤东沿岸可扩展到汕头，沿粤西可扩展到水东港以西。此类型冲淡水扩展的锋线相对其他类型而言更为复杂多变。

另一方面，夏季不同月份的冲淡水也有各自的特征。从扩展方向看，6月珠江冲淡水多向粤西扩展，冲淡水扩展形态以粤西扩展型为主，淡水主轴往西可扩展到湛江港至琼州海峡一带，离岸30～40n mile；7月冲淡水的扩展主要表现为粤东扩展型，淡水主轴转向东，冲淡水可延伸到117°E以东海域，离岸最远可达60n mile左右。而8月冲淡水的扩展方向多变，冲淡水的四种扩展形态都存在。从扩展范围看（表3.2），7月冲淡水扩展范围最宽，从珠江口向海扩展距离可达161km，粤东、粤西扩展距离分别可达245km、286km，在陆架海域的扩展面积最大达7万多平方千米；8月扩展范围相对最小，扩展总面积多在1.5万～3万km^2。另外，从图3.32也可以清楚地看出，珠江冲淡水扩展距离和范围存在年际变化。冲淡水扩展面积最小年与最大年可相差2～3倍，6月与8月的扩展面积存在负相关关系（图3.32）。

表3.2　珠江冲淡水扩展的特征值（欧素英，2005）

年份	月份	向海扩展距离（km）	粤西扩展距离（km）	粤东扩展距离（km）	粤西扩展面积（km^2）	粤东扩展面积（km^2）	向海扩展面积（km^2）	扩展总面积（km^2）
1978	6	155	0	332	36 704	0	14 682	51 386
1979	6	66	51	184	20 329	1 129	6 776	28 234
1980	6	122	102	133	14 682	2 259	13 552	30 493
1981	6	22	0	245	27 105	0	3 388	30 493
1982	6	111	102	184	20 329	5 082	12 988	38 399
1983	6	133	296	56	6 211	32 751	12 988	51 951
1984	6	122	286	128	14 117	18 070	12 423	44 610
1978	7	161	286	133	14 682	26 540	20 329	61 551
1979	7	149	286	245	27 105	27 105	20 329	74 539
1980	7	116	31	56	6 211	3 388	14 117	23 716
1981	7	122	275	82	9 035	31 622	12 423	53 080
1978	8	33	0	112	12 423	0	5 647	18 070
1979	8	122	296	102	11 294	27 105	12 423	50 822
1980	8	89	214	5	565	15 811	9 035	25 411
1981	8	133	296	92	10 164	12 988	14 682	37 834
1982	8	55	194	87	9 600	10 164	6 776	26 540
1983	8	55	41	107	11 858	565	6 776	19 199
1984	8	89	41	41	4 517	565	10 164	15 246

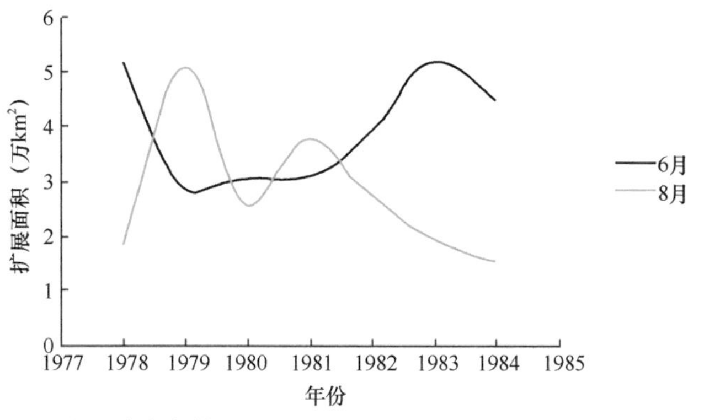

图3.32　珠江冲淡水扩展面积6月和8月的逐年变化（欧素英，2005）

就影响冲淡水扩展面积的因子而言，比较珠江冲淡水扩展面积（表3.2）与珠江月平均径流量（表3.3），可以发现冲淡水扩展面积对入海径流量大小的响应是比较明显的，在时间上与之前淡水径流量的大小也有关系。剔除1978年7月、1983年8月两个与前期冲淡水分布形态密切相关的极值，夏季珠江入海平均径流量与陆架冲淡水平均扩展面积的对应关系（图3.33）显示，冲淡水平均扩展面积与珠江入海平均径流量有很好的正相关关系，两者的相关系数达0.97。珠江入海径流量越大，大径流量持续的时间越长，扩展的范围越大，其冲淡水扩展面积越大，反之亦然。

表3.3 1978～1984年珠江月平均径流量（欧素英，2005） （单位：m^3/s）

年份	5月	6月	7月	8月
1978	21 150	23 190	11 604	10 990
1979	15 500	16 120	21 174	21 180
1980	15 459	10 920	14 389	16 820
1981	16 570	15 739	18 300	12 846
1982	16 960	17 550	9 610	15 590
1983	16 550	23 520	9 949	12 060
1984	14 050	17 360	12 405	10 497

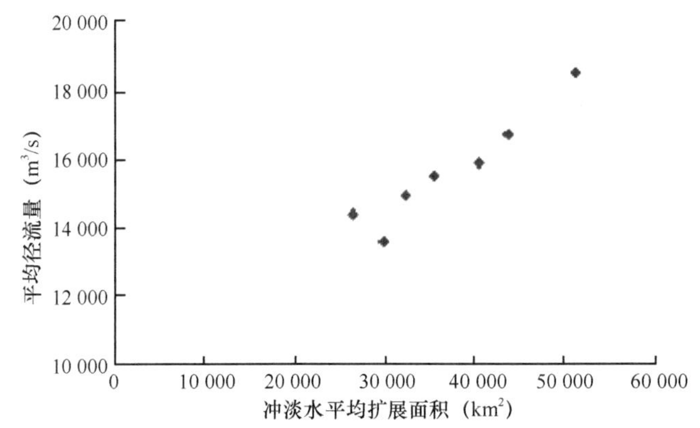

图3.33 珠江不同年份夏季平均径流量与冲淡水平均扩展面积之间的关系（欧素英，2005）

季风的年际、季节、日变化是影响珠江冲淡水扩展方向和形态的主要因子。对比1978～1984年COADS（综合海洋-大气资料集）夏季各月平均风场特征与珠江冲淡水扩展形态（表3.4），可发现珠江冲淡水扩展形态与南海北部风场有显著的因果关系，在不同风向的作用下，珠江冲淡水表现出不同的扩展形态。

表3.4 珠江冲淡水扩展形态与风向的对应关系（欧素英，2005）

年份	月份	扩展形态	月平均主风向	风速（m/s）
1979	6	粤西扩展型	E、ESE	3～7
1980	6	粤西扩展型	E、SE	3～8
1981	6	粤西扩展型	E	4～7
1982	6	粤西扩展型	S	2～5
1983	6	对称扩展型	S～SE	3～8
1984	6	对称扩展型	S、SW	3～8
1978	7	粤东扩展型	SW、SWW	4～8
1979	7	粤东扩展型	SW	3～8
1980	7	向海扩展型	S、SSE	2～4

续表

年份	月份	扩展形态	月平均主风向	风速（m/s）
1981	7	粤东扩展型	SSW、SSE	3～9
1978	8	粤西扩展型	E	3～10
1979	8	粤东扩展型	SSW、SW	3～8
1980	8	粤东扩展型	SSW	3～7
1981	8	对称扩展型	SW	1～3
1982	8	对称扩展型	SW、SSW	3～7
1983	8	粤西扩展型	S、SE	1～3
1984	8	向海扩展型	S	3～4

夏季在E、SE风的作用下，南海北部沿岸形成短时的风驱西南向流，与西南向的浮力驱动的冲淡水羽状流相互作用并增强，使得珠江冲淡水加速向粤西方向扩展。当珠江冲淡水为粤东扩展型时，南海北部的气候月平均风场无一例外为SSW或SW风场。珠江冲淡水为向海扩展型时，海域以S风为主，更重要的一点是风速较小，冲淡水向外海扩展形成凸起（类似于bulge），并在粤西沿岸形成窄的淡水带。而珠江冲淡水扩展表现为对称扩展型时，南海北部也多为SW或SSW风，Zu等（2014）指出珠江口东、西两侧陆架近岸沿岸流对夏季西南向季风松弛的不同响应是导致珠江冲淡水出现对称扩展型的主要原因，当西南季风减弱时珠江口以东陆架的东北向流动不会马上关闭，使得冲淡水继续向东扩展，而珠江口以西陆架的东北风驱沿岸流已经被浮力驱动的西向冲淡水羽状流取代，从而形成了对称扩展型。

3.4.2 珠江冲淡水及其盐度锋面对风、潮汐、淡水径流等物理驱动因子变化的快速响应

尽管观测数据揭示出冲淡水的形态、扩展方式与淡水径流和季风变化存在一定的关系，但是仅通过时空分辨率非常有限的观测资料较难获得风、潮汐、淡水径流等物理驱动因子对珠江冲淡水羽状流、盐度锋面、层结变化的影响。应用数值模式并结合数值实验可以较好地量化这些物理驱动因子的贡献。

Wong等（2003a、2003b）、Ji等（2011a，2011b）、Zu和Gan（2009，2015）、Luo等（2012）、Zu等（2014）应用POM、EFDC、ROMS等多种不同的区域模式再现了干（枯水期、冬季风）、湿（丰水期、夏季风）季节珠江口及其邻近海区冲淡水及其盐度锋面的基本结构形态（图3.34），以及冲淡水对物理驱动

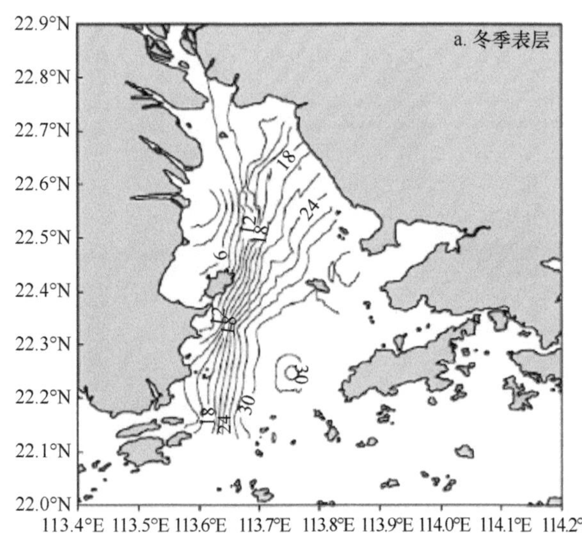

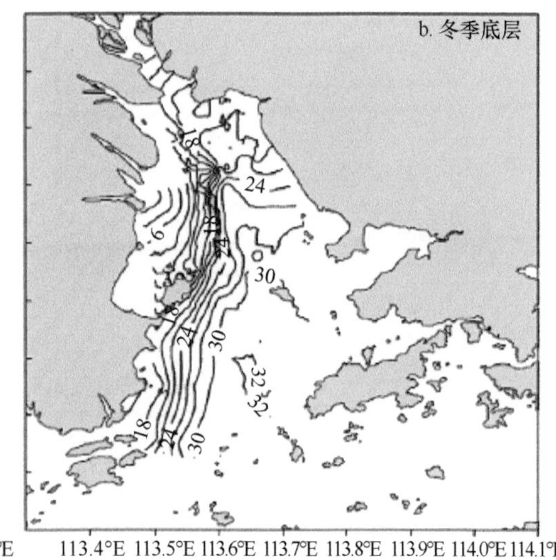

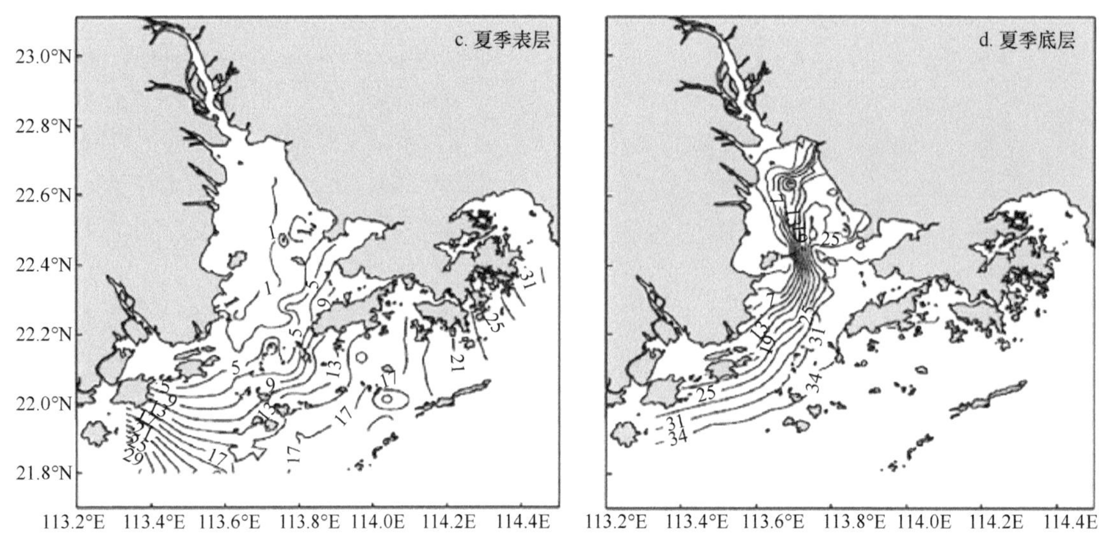

图3.34 珠江口及其邻近海区冬季（a和b，2000年1月17～24日）和夏季（c和d，1999年7月17～27日）观测的表层、底层盐度分布（单位：psu）（Wong et al.，2003a；Ji et al.，2011a）

因子变化的快速响应（图3.35）。观测与模拟结果均显示冬、夏季河口内次表层盐度锋面基本都是东北-西南走向分布的，冬季盐度锋面位置靠近河口上部，夏季则靠近河口下部与外海交汇处（图3.34）。不考虑风（RT）或者潮汐（WR）的数值敏感性试验与控制试验（同时考虑风和潮WRT）中冲淡水对物理驱动因子变化的响应（表3.5）在河口陆架系统的不同区域存在显著性差异。陆架上冲淡水的表层形态结构主要受风控制，风驱近岸环流调制冲淡水在陆架的扩展与混合；潮致混合控制河口近岸水深较浅的区域冲淡水的

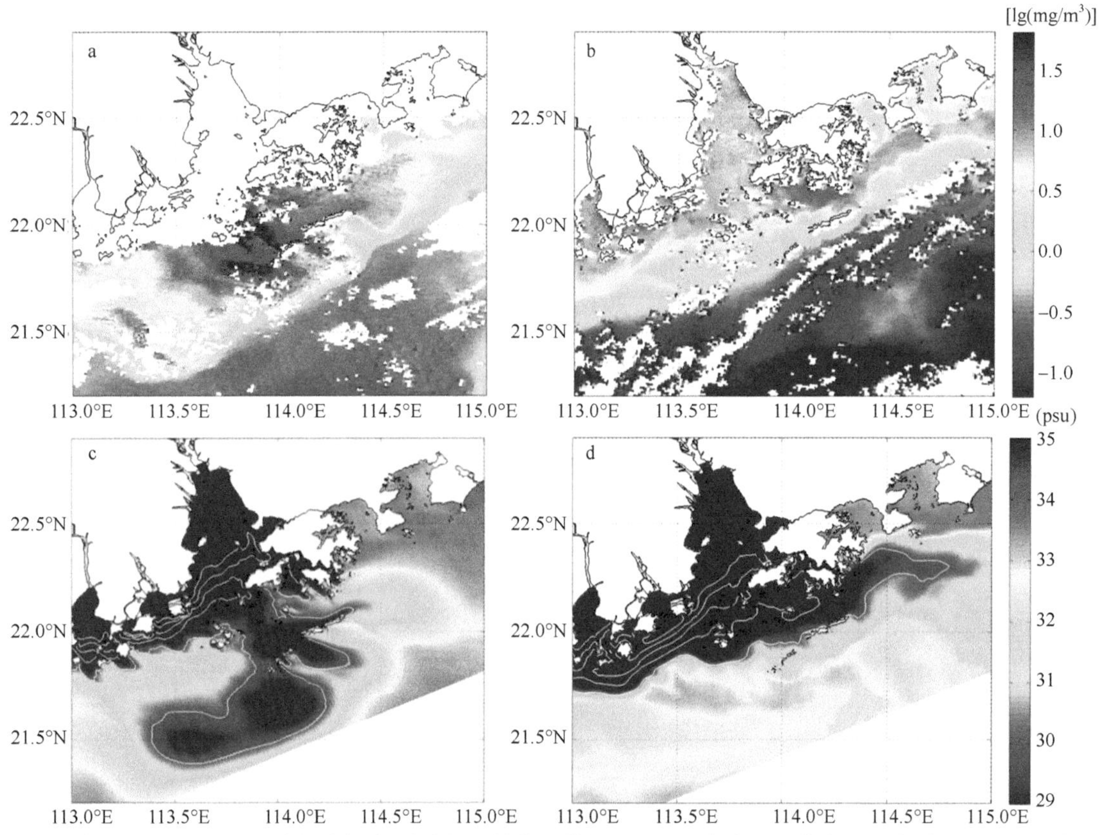

图3.35 观测［a和b，SeaWiFS反演的叶绿素a浓度的对数］和模拟（c和d，海表盐度分布）的有利于上升流形成的风盛行时期（2000年8月10日）及其衰退时期（2000年8月19日）的冲淡水分布变化（Zu and Gan，2015）

有利于上升流的风盛行时期，冲淡水向离岸方向运动，然而当有利于上升流的风减弱时，冲淡水分布向岸收缩，但继续向东扩展

垂向结构和底层形态（图3.36）。机械能收支分析显示，这是因为河口/陆架系统分别通过压强梯度力/表层应力做功从潮汐/风获得能量，而通过底摩擦/内部剪切混合耗散能量（Zu et al.，2014）。从图3.36可以看出，冲淡水表层形态可以在短时间内对风、潮汐变化做出快速响应，表现出西扩、东扩、向外海扩展等多种形态。模拟结果显示，冲淡水扩展方向和形态的变化对陆架风驱近岸环流也有显著影响（Zu and Gan，2015）。

表3.5 不同风、潮汐、淡水径流强度比较（Zu et al.，2014）

距2000年7月1日的天数	淡水径流（m^3/s）	风应力（N/m^2）	潮振幅相对于大潮振幅的比值（%）	物理驱动特征
22	11 080	～0.001	～34	弱/无风，弱潮
26	13 176	～0.07	～45	中等强度有利于上升流的风，中等强度潮
30	9 952	～0.09	～97	有利于上升流的风，大潮
37	9 602	～–0.003	～30	有利于上升流的风撤退/弱有利于下降流的风，小潮

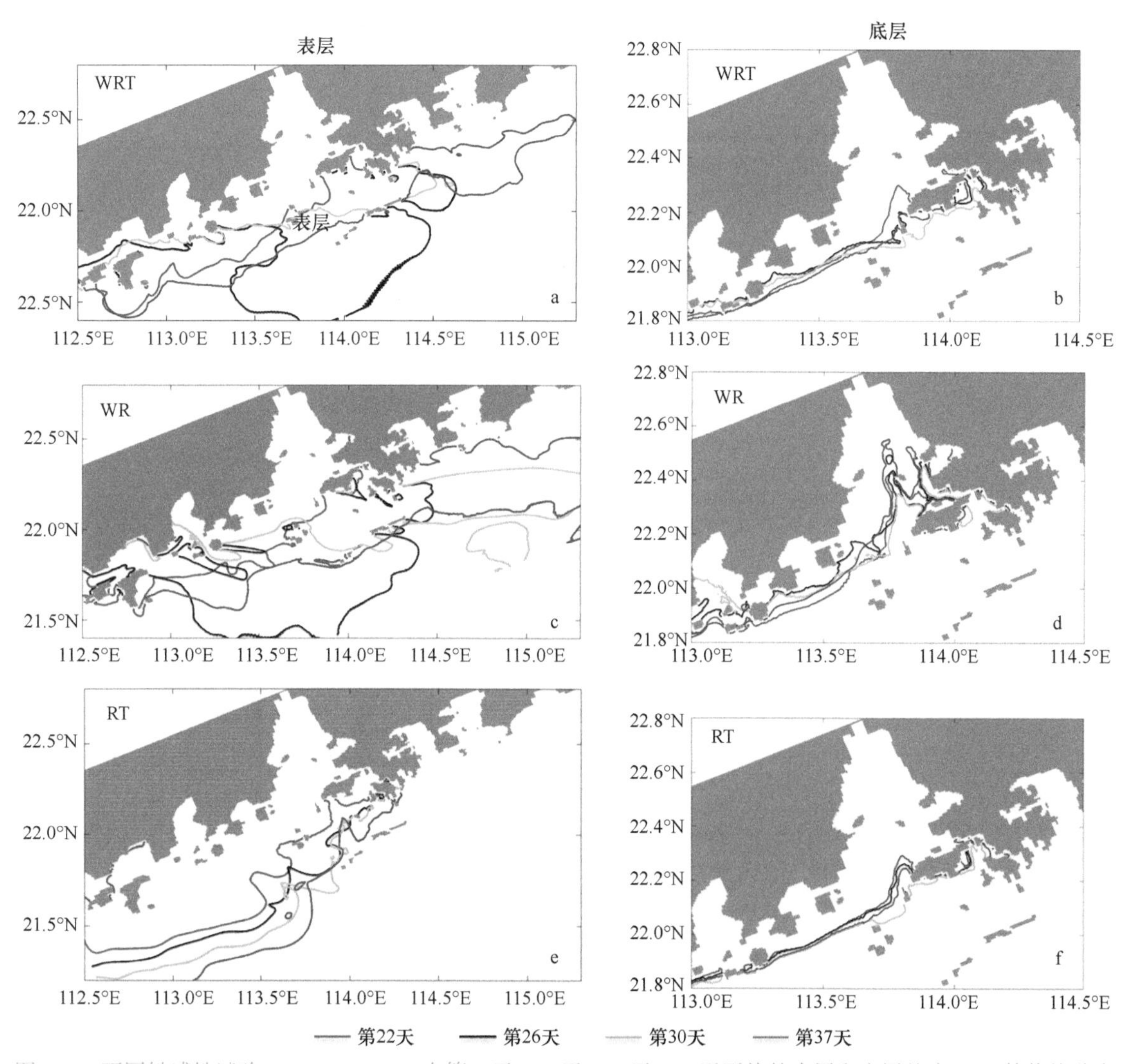

图3.36 不同敏感性试验WRT、WR、RT在第22天、26天、30天、37天平均的表层和底层盐度32psu等值线分布（Zu et al.，2014）

3.4.3 珠江冲淡水扩展对南海北部沿岸流的影响

1. 河口陆架地形对冲淡水羽状流的约束

冲淡水的扩展形态除受潮汐、风等因素的影响外，还受陆架地形及沿岸流的约束。Shu等（2011）利用航次观测的再分析数据，研究了变化风场下沿岸流和陆架地形对夏季珠江冲淡水东扩的约束作用。在短期变化的风场作用下，由有利于上升流形成的风场（西南风）转向不利于上升流的风场时，由于作用时间短，沿岸流方向还是东向的。但是由于冲淡水的动力效应，珠江口附近的流场较容易转成西向流（图3.37）。因此，夏季南海北部经常出现孤立的低盐区（图3.38）。

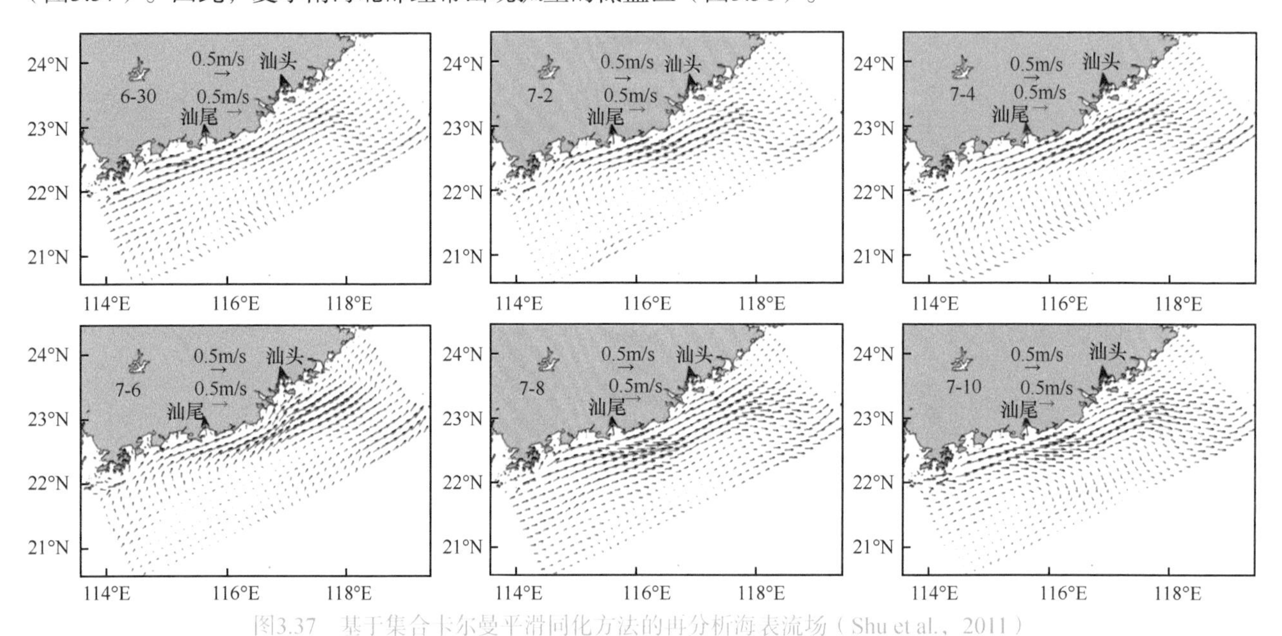

图3.37 基于集合卡尔曼平滑同化方法的再分析海表流场（Shu et al.，2011）

图3.38 基于集合卡尔曼平滑同化方法的再分析海表盐度的分布（Shu et al.，2011）

从珠江口往东，定义在同一经度上盐度最低的位置为淡水主轴的位置，这样便可以得到淡水主轴上的盐度断面分布（图3.39）。可以看到，在116°E以西，淡水盖在其主轴上的影响深度在珠江口为10m左右，但在116°E处盐度跃层突然下降，珠江冲淡水的影响深度也随之加深到15～20m。其可以用位势涡度的空间分布来解释。由于陆架地形加宽，沿岸流在116°E离岸，冲淡水从116°E以西的近岸的正涡度区平流到了116°E以东的负涡度区（图3.39）。正涡度对应上升运动，而负涡度对应下沉运动，因此冲淡水的影响深度会在116°E以东加深。

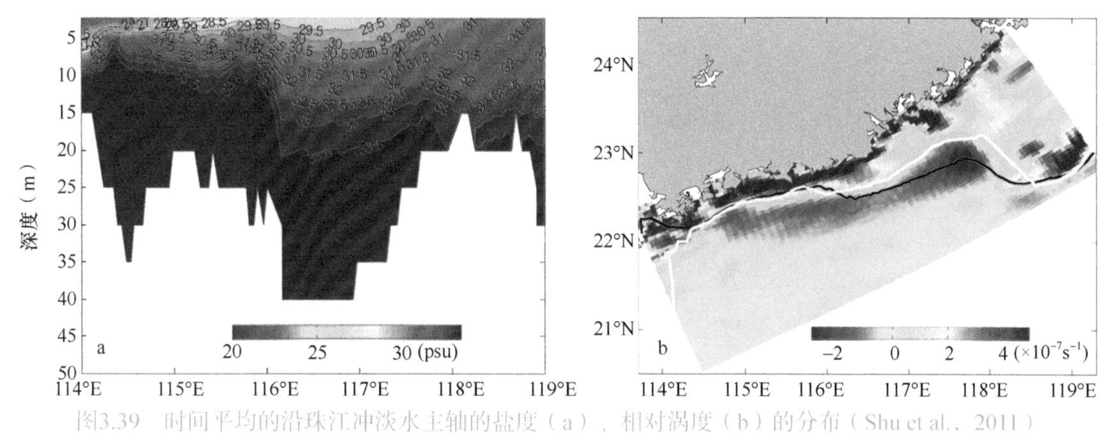

图3.39 时间平均的沿珠江冲淡水主轴的盐度（a）、相对涡度（b）的分布（Shu et al.，2011）

b图中的黑线代表冲淡水主轴位置，白线代表沿岸流流轴位置

2. 夏季珠江冲淡水羽状流对沿岸流的调制

珠江冲淡水，叠加在近岸的咸海水上面，一方面加强海水层结，进而加强海表风应力对近表层水体的作用（Lentz，2001）；另一方面，轻的淡水导致海平面变化，以及垂直于岸的压力梯度，从而调节近岸沿岸流（Chao，1988b；Rennie et al.，1999）。

Shu等（2014）利用2008年三个潜标（S205、S206、S305，详见图3.40）观测资料分析了夏季珠江冲淡水对沿岸流速的调制。观测结果表明离岸最近的S205潜标在2008年7月观测的表层流速比S206潜标和S305潜标的大（图3.40），据此可以推断S205潜标距离粤东沿岸流的主轴比S206潜标更近些（Shu et al.，2011）。分析时间平均的流速剪切发现，相距不远的三个潜标观测的流速剪切却有明显的差异。离岸较远的S305潜标流速的垂向剪切较小，而S205潜标垂向剪切最大（图3.41）。回顾2008年夏季珠江径流量，发现6月下旬，珠江流域极端降雨导致了异常增大的珠江径流量，峰值达到了68 000m^3/s。因而导致近岸流速垂向剪切差异的一个可能原因是珠江冲淡水的动力效应。受珠江冲淡水的影响，S205潜标的表层盐度远小于S206潜标和S305潜标的表层盐度（图3.42a），从而导致S205处的表层密度最小（图3.42b）。密度小的冲淡水覆盖

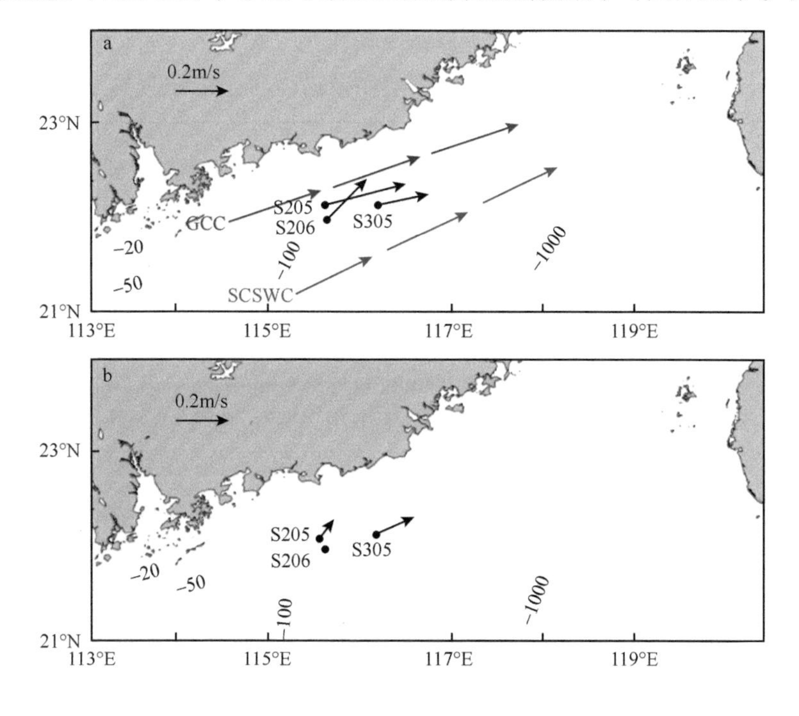

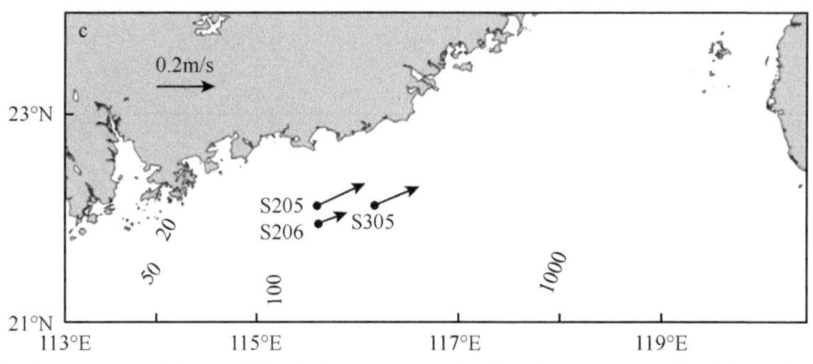

图3.40　三个潜标观测的7月1～13日上层10m平均流速（a）、近底层流速（b）和垂向平均流速（c）（Shu et al.，2014）

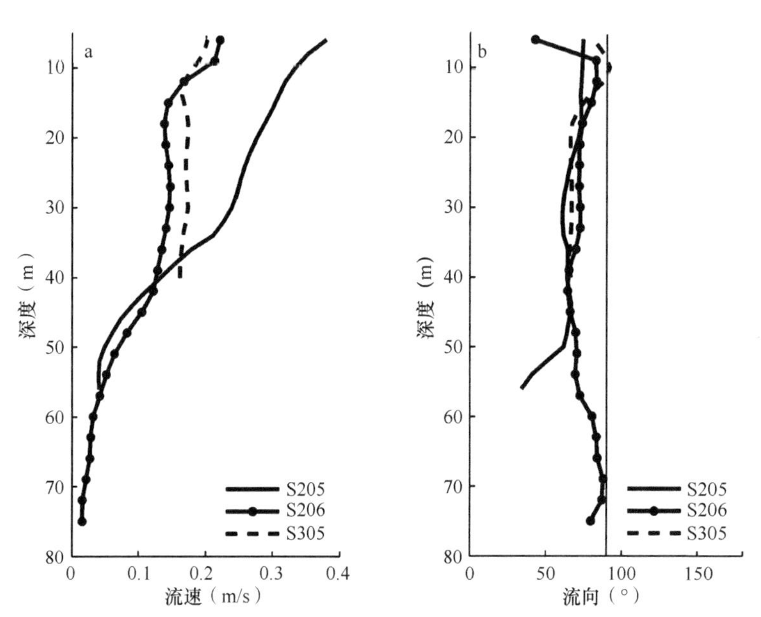

图3.41　时间平均的速度大小（a）和方向（正北为0°）（b）随深度的变化（Shu et al.，2014）

在密度大的海水上面，加强了表层层结，并减弱了垂向动量和热量交换。因此，在表层盐度更低的S205潜标，稳定的层结强化了局地风对上层的动力强迫，从而有利于形成大的垂向剪切。此外，东向扩展的珠江冲淡水抬升了海表高度。在垂直于岸方向，由于地转平衡作用，表层流在近岸的一侧被加强，而在离岸的一侧被减弱。综上所述，由于珠江冲淡水加强了表层层结及改变了上层压强梯度，因此靠近岸的S205潜标的流速垂向剪切最强。

两个数值敏感性试验进一步证实了珠江冲淡水影响沿岸流。试验1为控制试验，模式采用气候态夏季珠江径流量；而在试验2中，模式没有径流量的强迫。图3.43a展示了试验1表层的盐度及流场。试验1能很好地模拟夏季珠江冲淡水随沿岸流东向扩展的形态。对比试验1和试验2的沿岸速度差异，发现表层沿岸流在冲淡水主轴靠岸一侧加强，在离岸一侧减弱（图3.43b）；表层向岸的流在冲淡水主轴靠岸一侧加强，在离岸一侧减弱（图3.43c）。结合图3.43a中的流场方向，在冲淡水主轴靠岸侧表层速度增大，在离岸一侧减小。

Gan等（2009a）应用ROMS模型建立了南海北部陆架环流模拟系统，并结合不考虑淡水径流的数值实验详细探讨了珠江冲淡水与南海北部陆架上升流的相互作用过程。冲淡水在季风和陆架沿岸流的水平输送作用下向东部扩展，在运动过程中同时受到表Ekman漂流的影响，宽度逐渐增加。而有淡水径流与无淡水径流模拟得到的流速差异（图3.44c、d）显示，冲淡水的存在大大增强了表层的离岸输送，同时增强了底层的向岸输送，这是由于淡水浮力的输入提高了上层水体的层结和风应力做功的效率，从而增强了表层的Ekman离岸输送。然而淡水浮力的作用仅限于20m以浅的水层，因此其对水深大于20m的陆架区域的上升流影响很小。

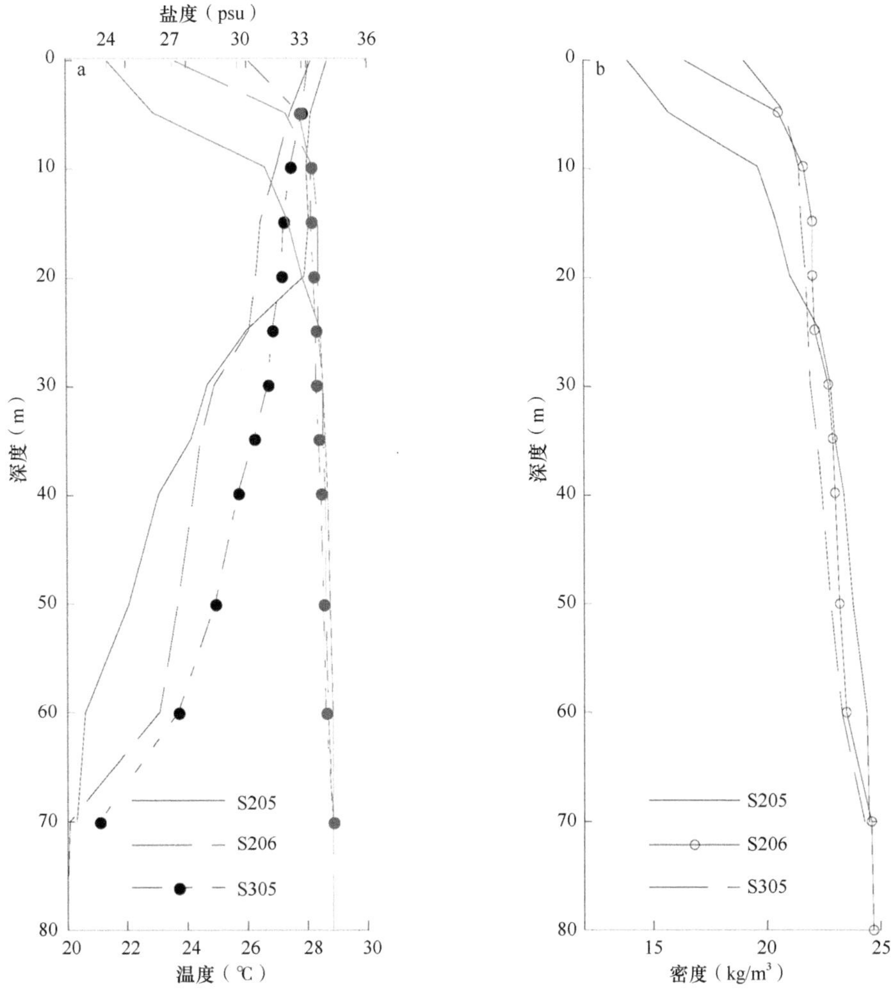

图3.42 三个潜标观测的温盐（a）和密度（b）廓线（Shu et al., 2014）

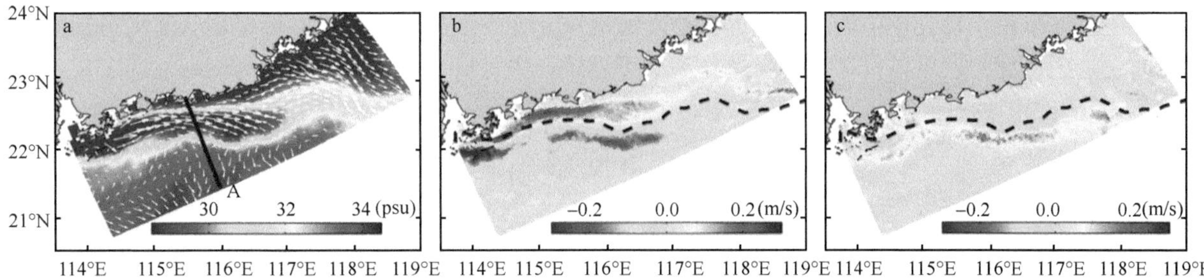

图3.43 控制试验模拟的表层盐度和流场（a）、控制试验与无珠江径流量试验模拟的沿岸速度之差（b）和垂直于岸的速度之差（c）（Shu et al., 2014）

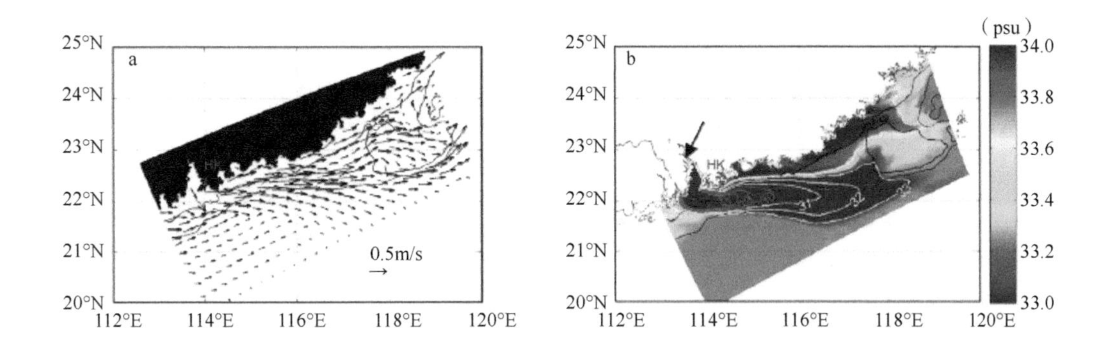

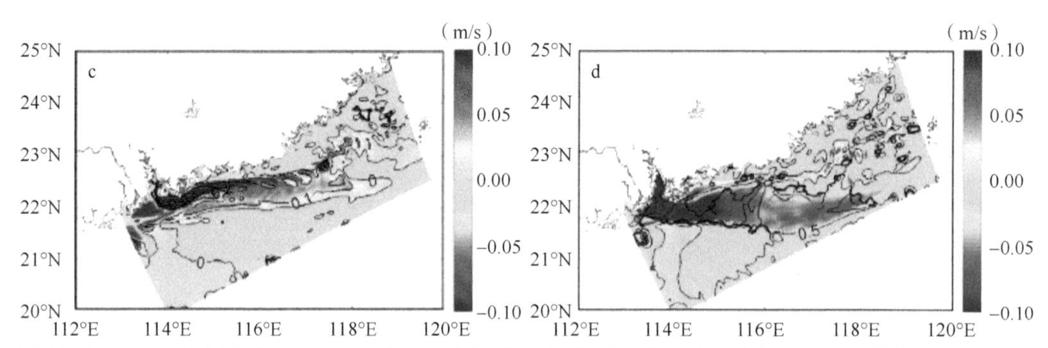

图3.44 表层流速（a）、表层盐度（b）、有淡水径流与无淡水径流算例在第30天表层流在沿岸方向（c）与跨陆架方向（d）的差异（Gan et al.，2009a）

3.5 小结与展望

本章回顾了南海暖流、粤东上升流及珠江冲淡水羽状流的特征与机制。除了早期关于南海暖流机制的探讨，本章着重分析了南海北部地形与斜压的联合效应产生南海暖流的一种潜在机制，认为该联合效应驱动了陆架外海水向陆架输运，为南海暖流行进过程中提供水体补充；本章还研究了风应力旋度对海南岛东侧南海暖流的作用，并认为其为南海暖流源头提供了驱动力。早期的研究认为粤东上升流是典型的风生上升流，本章利用观测与数值模拟等方法，认为地形诱导上升流，即在变化的地形区域大尺度陆架环流通过底摩擦效应诱导的上升流，是粤东上升流的另一重要机制。地形诱导上升流具有与局地风生上升流可比的强度，控制粤东上升流的空间分布，并在一定程度上影响上升流的年际变化。珠江冲淡水羽状流受季风、淡水径流，潮汐等的影响表现出复杂的三维结构和运动特征，并且与陆架环流相互作用，调控着夏季粤东上升流的强度和空间结构。

目前研究还缺乏陆架与陆坡之间、深水海盆与陆架之间物质、能量输运方面的系统研究。尽管前人对南海暖流研究较多，但缺乏长时间、大面积的观测证实。南海暖流是否是一支持续存在的相对稳定的流动这一问题还存在争议。存在于陆架陆坡上的冬季南海暖流、夏季上升流及珠江冲淡水羽状流均可形成强的密度锋面，这些锋面的发展以及在大气强迫作用下可导致亚中尺度动力过程，进而对南海北部多尺度相互作用及其能量串级产生重要影响，但目前这方面还缺乏针对性研究。

参考文献

管秉贤. 1978. 南海暖流——广东外海一支冬季逆风流动的海流. 海洋与湖沼, (2): 117-127.
管秉贤. 1985. 南海北部冬季逆风海流的一些时空分布特征. 海洋与湖沼, 16(6): 429-438.
管秉贤. 1998. 南海暖流研究回顾. 海洋与湖沼, (3): 322-329.
管秉贤, 陈上及. 1964. 中国近海的海流系统. 青岛: 中国科学院海洋研究所.
郭忠信, 杨天鸿, 仇德忠. 1985. 冬季南海暖流及其右侧的西南向海流. 热带海洋, (1): 1-9.
宏波. 2006. 南海北部环流季节特征及形成机制的数值研究. 中国科学院大学博士学位论文.
洪启明, 李立. 1991. 粤东陆架区夏季的上升流. 台湾海峡, 10(3): 272-277.
黄企洲, 王文质, 李毓湘, 等. 1992. 南海海流和涡旋概况. 地球科学进展, 7(5): 1-9.
李立. 2002. 南海上层环流观测研究进展. 台湾海峡, 21: 114-125.
李荣凤, 曾庆存, 甘子钧. 1993. 冬季南海暖流和台湾海峡海流的数值模拟. 自然科学进展——国家重点实验室通讯, 3(1): 21-25.
欧素英. 2005. 珠江口冲淡水扩展变化及动力机制研究. 中国科学院大学博士学位论文.
苏纪兰, 刘先炳. 1992. 南海海洋环流的数值模拟//曾庆存, 袁重光, 赵剑平, 等. 海洋环流研讨论会论文选集. 北京: 海洋出版社: 206-215.
王强. 2013. 基于改进区域海洋模型的南海北部环流研究. 中国科学院大学博士学位论文.
吴日升, 李立. 2003. 南海上升流研究概述. 台湾海峡, 22: 269-277.
许建平, 苏纪兰. 1997. 黑潮水入侵南海的水文分析Ⅱ: 1994年8～9月期间的观测结果. 热带海洋, 16: 1-23.
于文泉. 1987. 南海北部上升流的初步探讨. 海洋科学, 6: 7-10.
袁叔尧, 邓九仔. 1996. 南海北部冬季和夏季逆风流机制初探. 热带海洋, 15(3): 44-51.
曾流明. 1986. 粤东沿岸上升流迹象的初步分析. 热带海洋学报, 5(1): 68-73.

曾庆存, 李荣凤, 季仲贞, 等. 1989. 南海月平均流的计算. 大气科学, 13: 127-138.

中国科学院南海海洋研究所. 1985. 中国科学院南海海洋研究所科研成果、论文摘要汇编1979-1982. 432.

钟欢良. 1990. 密度流结构//南海北部陆架邻近水域十年水文断面调查报告. 北京: 海洋出版社: 215-239.

Berdeal I G, Hickey B M, Kawase M. 2002. Influence of wind stress and ambient flow on a high discharge river plume. Journal of Geophysical Research Oceans, 107(C9): (13-1)-(13-24).

Blumberg A F, Mellor G L. 1987. A description of a three-dimensional coastal ocean circulation model//Heaps N S. Three-Dimensional Coastal Ocean Models. Washington DC: American Geophysical Union (AGU).

Brink K H, Lentz S J. 2010. Buoyancy arrest and bottom Ekman transport. Part Ⅰ: Steady flow. Journal of Physical Oceanography, 40(4): 621-635.

Chao S Y. 1988a. River-forced estuarine plumes. Journal of Physical Oceanography, 18: 72-88.

Chao S Y. 1988b. Wind-driven motion of estuarine plumes. Journal of Physical Oceanography, 18: 1144-1166.

Chao S Y. 1990. Tidal Modulation of Estuarine Plumes. Journal of Physical Oceanography, 20(7): 1115-1123.

Chao S Y, Boicourt W C. 1986. Onset of estuarine plumes. Journal of Physical Oceanography, 16(12): 2137-2149.

Chao S Y, Shaw P T, Wu S Y. 1996. El Niño modulation of the South China Sea circulation. Progress in Oceanography, 38(1): 51-93.

Chen Y. 1994. The importance of temperature and nitrate to the distribution of phytoplankton in the Kuroshio-induced upwelling northeast of Taiwan. Proceedings of National Science Council-Part B: Life Science, 18: 44-51.

Chiang T L, Wu C R, Chao S Y. 2008. Physical and geographical origins of the South China Sea Warm Current. Journal of Geophysical Research Oceans, 113(C8): C08028.

Choi B J, Wilkin J L. 2007. The effect of wind on the dispersal of the Hudson River plume. Journal of Physical Oceanography, 37(7): 1878-1897.

Fang G, Fang W, Fang Y. 1998. A survey of studies on the South China Sea upper ocean circulation. Acta Oceanographica Taiwanica, 37: 1-16.

Fong D A, Geyer W R. 2001. Response of a river plume during an upwelling favorable wind event. Journal of Geophysical Research, 106(C1): 1067-1084.

Gan J P, Allen J S. 2002. A modeling study of shelf circulation off northern California in the region of the coastal ocean dynamics experiment: Response to relaxation of upwelling winds. Journal of Geophysical Research Oceans, 107(C9): (6-1)-(6-31).

Gan J P, Cheung A, Guo X G, et al. 2009a. Intensified upwelling over a widened shelf in the northeastern South China Sea. Journal of Geophysical Research Oceans, 114: C09019.

Gan J P, Li L, Wang D X, et al. 2009b. Interaction of a river plume with coastal upwelling in the northeastern South China Sea. Continental Shelf Research, 29(4): 728-740.

Gan J P, Wang J J, Liang L L. 2015. A modeling study of the formation, maintenance, and relaxation of upwelling circulation on the Northeastern South China Sea shelf. Deep Sea Research Part Ⅱ: Topical Studies in Oceanography, 117: 41-52.

Garvine R W. 2001. The impact of model configuration in studies of buoyant coastal discharge. Journal of Marine Research, 59: 193-225.

Gu Y Z, Pan J Y, Lin H. 2012. Remote sensing observation and numerical modeling of an upwelling jet in Guangdong coastal water. Journal of Geophysical Research: Oceans, 117: C08019.

Guo X, Valle-Levinson A. 2007. Tidal effects on estuarine circulation and outflow plume in the Chesapeake Bay. Continental Shelf Research, 27(1): 20-42.

Hetland R D. 2005. Relating river plume structure to vertical mixing. Journal of Physical Oceanography, 35(9): 1667-1688.

Hsueh Y, Zhong L J. 2004. A pressure-driven South China Sea Warm Current. Journal of Geophysical Research Oceans, 109: C09014.

Hsuesh Y, O'Brien J J. 1971. Steady coastal upwelling induced by an along-shore current. Journal of Physical Oceanography, 1(3): 180-186.

Hu J Y, Kawamura H, Hong H S, et al. 2001. Hydrographic and satellite observations of summertime upwelling in the Taiwan Strait: A preliminary description. Terrestrial, Atmospheric and Oceanic Sciences, 12(2): 415-430.

Ingham M C. 1970. Coastal upwelling in the Northwestern Gulf of Guinea. Bulletin of Marine Science, 20(1): 1-34.

Ji X M, Sheng J Y, Tang L Q, et al. 2011a. Process study of circulation in the Pearl River Estuary and adjacent coastal waters in the wet season using a triply-nested circulation model. Ocean Modelling, 38(1): 138-160.

Ji X M, Sheng J Y, Tang L Q, et al. 2011b. Process study of dry-season circulation in the Pearl River Estuary and Adjacent Coastal Waters using a triple-nested coastal circulation model. Atmosphere-Ocean, 49(2): 138-162.

Jing Z Y, Qi Y Q, Du Y. 2011. Upwelling in the continental shelf of northern South China Sea associated with 1997-1998 El Niño. Journal of Geophysical Research Oceans, 116(C2): C02033.

Kourafalou V H, Lee T N, Oey L Y, et al. 1996a. The fate of river discharge on the continental shelf: 2. Transport of coastal low-salinity waters under realistic wind and tidal forcing. Journal of Geophysical Research: Oceans, 101(C2): 3435-3455.

Kourafalou V H, Oey L Y, Wang J D, et al. 1996b. The fate of river discharge on the continental shelf: 1. Modeling the river plume and the inner shelf coastal current. Journal of Geophysical Research: Atmospheres, 101(C2): 3415-3434.

Lentz S J. 2001. The influence of stratification on the wind-driven cross-shelf circulation over the North Carolina shelf. Journal of Physical Oceanography, 31(9): 2749-2760.

Lentz S. 2004. The response of buoyant coastal plumes to upwelling-favorable winds. Journal of Physical Oceanography, 34(11): 2458-2469.

Li L. 1993. Summer upwelling system over the northern continental shelf of the South China Sea-a physical description. Proceedings of the Symposium on the Physical and Chemical Oceanography of the China Seas: 58-68.

Liu Z Y, Yang H J, Liu Q Y. 2001. Regional dynamics of seasonal variability in the South China Sea. Journal of Physical Oceanography, 31(1): 272-284.

Luo L, Zhou W, Wang D. 2012. Responses of the river plume to the external forcing in Pearl River Estuary. Aquatic Ecosystem Health & Management, 15(1): 62-69.

Ma H. 1987. On the winter circulation of the northern South China Sea and its relation to the large scale oceanic current. Chinese Journal of Oceanology and Limnology, 5: 9-21.

MacCready P, Rhines P B. 1993. Slippery bottom boundary layers on a slope. Journal of Physical Oceanography, 23(1): 5-22.

Niino H, Emery K O. 1961. Sediments of shallow portions of East China Sea and South China Sea. Geological Society of America Bulletin, 72(5): 731-762.

Nykjær L, Van Camp L. 1994. Seasonal and interannual variability of coastal upwelling along northwest Africa and Portugal from 1981 to 1991. Journal of Geophysical Research, 99(C7): 14197-14207.

Oke P R, Middleton J H. 2000. Topographically induced upwelling off eastern Australia. Journal of Physical Oceanography, 30(3): 512-531.

Ou S Y, Zhang H, Wang D X. 2009. Dynamics of the buoyant plume off the Pearl River Estuary in summer. Environmental Fluid Mechanics, 9(5): 471-492.

Rennie S E, Largier J L, Lentz S J. 1999. Observations of a pulsed buoyancy current downstream of Chesapeake Bay. Journal of Geophysical Research, 104(C8): 18227-18240.

Rossi V, Morel Y, Garçon V. 2010. Effect of the wind on the shelf dynamics: Formation of a secondary upwelling along the continental margin. Ocean Modelling, 31(3): 51-79.

Shaw P T. 1992. Shelf circulation off the southeast coast of China. Reviews in Aquatic Sciences, 6 (1): 1-28.

Shu Y Q, Chen J, Yao J L, et al. 2014. Effects of the Pearl River plume on the vertical structure of coastal currents in the Northern South China Sea during summer 2008. Ocean Dynamics, 64(12): 1743-1752.

Shu Y Q, Wang D X, Zhu J, et al. 2011. The 4-D structure of upwelling and Pearl River plume in the northern South China Sea during summer 2008 revealed by a data assimilation model. Ocean Modelling, 36(3-4): 228-241.

Simpson J H. 1997. Physical processes in the ROFI regime. Journal of Marine Systems, 12(1-4): 3-15.

Simpson J H, Brown J, Allen J M. 1990. Tidal straining, density currents, and stirring in the control of estuarine stratification. Estuaries, 13(2): 125-132.

Su J L. 1998. Circulation dynamics of the China seas north of 18°N//Robinson A R, Brink K H. The Global Coastal Ocean: Regional Studies and Syntheses. New York: John Wiley & Sons: 483-505.

Su J L. 2004. Overview of the South China Sea circulation and its influence on the coastal physical oceanography outside the Pearl River Estuary. Continental Shelf Research, 24(16): 1745-1760.

Su J L, Wang W. 1987. On the sources of the Taiwan Warm Current from the South China Sea. Chinese Journal of Oceanology & Limnology, 5(4): 299-308.

Wang D X, Hong B, Gan J P, et al. 2010. Numerical investigation on propulsion of the counter-wind current in the northern South China Sea in winter. Deep-Sea Research Part I: Oceanographic Research Papers, 57(10): 1206-1221.

Wang D X, Shu Y Q, Xue H J, et al. 2014. Relative contributions of local wind and topography to the coastal upwelling intensity in the northern South China Sea. Journal of Geophysical Research: Oceans, 119(4): 2550-2567.

Wang D X, Zhuang W, Xie S P, et al. 2012. Coastal upwelling in summer 2000 in the northeastern South China Sea. Journal of Geophysical Research Oceans, 117: C04009.

Wang Q, Wang Y X, Hong B, et al. 2011. Different roles of Ekman pumping in the west and east segments of the South China Sea Warm Current. Acta Oceanologica Sinica, 30(3): 1-13.

Whitney M M, Garvine R W. 2005. Wind influence on a coastal buoyant outflow. Journal of Geophysical Research, 110(C3): C03014.

Wolanski E, Spagnol S, King B, et al. 1999. Patchiness in the Fly River plume in Torres Strait. Journal of Marine Systems, 18(4): 369-381.

Wong L A, Chen J C, Xue H, et al. 2003a. A model study of the circulation in the Pearl River Estuary (PRE) and its adjacent coastal waters: 1. Simulations and comparison with observations. Journal of Geophysical Research, 108(C5): 3156.

Wong L A, Chen J C, Xue H, et al. 2003b. A model study of the circulation in the Pearl River Estuary (PRE) and its adjacent coastal waters: 2. Sensitivity experiments. Journal of Geophysical Research, 108(C5): 3157.

Wyrtki K. 1961. Physical Oceanography of the Southeast Asia Waters. NAGA Report, 2: 1-195.

Xing J, Davies A M. 1999. The effect of wind direction and mixing upon the spreading of a buoyant plume in a non-tidal regime. Continental Shelf Research, 19(11): 1437-1483.

Yang J Y, Wu D X, Lin X P. 2008. On the dynamics of the South China Sea Warm Current. Journal of Geophysical Research Oceans, 113: C08003.

Yankovsky A E, Chapman D C. 1997. A simple theory for the fate of buoyant coastal discharges. Journal of Physical Oceanography, 27(7): 1386-1401.

Ye L F. 1994. On the mechanism of South China Sea Warm Current and Kuroshio Branch in winter-preliminary results of 3-d baroclinic experiments. Terrestrial, Atmospheric and Oceanic Sciences, 5(4): 597-610.

Zu T T, Gan J P. 2009. Process-oriented study of the river plume and circulation in the Pearl River Estuary: Response to the wind and tidal forcing. Advances in Geosciences, 12: 213-230.

Zu T T, Gan J P. 2015. A numerical study of coupled estuary–shelf circulation around the Pearl River Estuary during summer: Responses to variable winds, tides and river discharge. Deep Sea Research Part Ⅱ: Topical Studies in Oceanography, 117: 53-64.

Zu T T, Wang D X, Gan J P, et al. 2014. On the role of wind and tide in generating variability of Pearl River plume during summer in a coupled wide estuary and shelf system. Journal of Marine Systems, 136(1): 65-79.

4.1 南海中层水团与环流

南海是西太平洋最大的半封闭边缘海，作为相对封闭的海区，其自身有独立的水团体系。根据温度、盐度、密度等典型特征，运用T-S图解、统计指标等分析方法，可将南海水团在垂向上分为4个典型水团：①南海表层水团（surface waters，SW），位于0～50m，位势密度小于23.5kg/m^3，高温低盐；②南海次表层水团（subsurface waters，SSW），位于50～300m，位势密度为23.5～25.5kg/m^3，是一个盐度极大值层，核心盐度为34.54～34.65psu；③南海中层水团（intermediate waters，IW），位于350～1000m，位势密度为26.5～27.0kg/m^3，是一个盐度极小值层，核心盐度为34.40～34.50psu；④南海深层水团（deep waters，DW），处于1000m以深，位势密度大于27.0kg/m^3，是一个低温高盐的水团（王胄和陈庆生，1997；Qu et al.，2000；谢骏，2004；田天和魏皓，2005；刘长建等，2008）。

南海次表层水团由北太平洋次表层水进入南海后变性而生成，典型特征为高盐，在吕宋海峡入口处核心层的盐度接近35.0psu，向南海内部扩展后，逐渐降低至34.50psu（李凤岐和苏育嵩，2000），空间分布上表现出北部浅薄、南部深厚的特点。李薇等（1998）利用1992年和1994年南海北部两次调查的温盐深测量仪（conductivity-temperature-depth system，CTD）资料对吕宋海峡及南海北部400m以浅水体的温盐性质进行了分析，认为调查海区基本可划分为南海次表层水团和黑潮次表层水团两种水团。王凡等（2001）分析了1998年5～8月的南海季风试验CTD资料，发现南海腹地基本上被典型的南海水团所控制，但南海的东北部尤其是吕宋海峡附近，次表层水明显受到西太平洋水的影响，表现为不同水系相互混杂且混合不充分。李凤岐等（2002）根据1998年冬夏两个航次的资料并结合1997年7月和12月的实测资料对吕宋海峡与民都洛海峡附近的温盐分布进行了分析，划分出几个主要的南海水团，并且得出只有在夏季才有黑潮次表层水入侵的结论。刘增宏（2001）同样利用1998年南海季风试验两个强化观测的CTD资料，进一步证明了南海海域的两大水系为南海水和外海水，而夏季与冬季又有所不同，差别在于冬季未能观测到黑潮表层和次表层水，这与李凤岐等（2002）的结论相一致。田天和魏皓（2005）利用2002年在南海及吕宋海峡附近太平洋海域观测所得的资料进行水团分析，揭示了夏季南海东北部存在黑潮次表层水且其分布较南海次表层水更为强势的特点。

南海中层水团厚度约为650m，其典型特征是低盐，靠近吕宋海峡处盐度最低可达34.40psu（李凤岐和苏育嵩，2000）。中层水分布于350～1000m，核心层在450～550m，而进入南海的北太平洋中层水在500～800m层性质最为典型（田天和魏皓，2005）。无论是冬季还是夏季，南海中层水几乎盘踞在整个海盆区域，温度范围在夏季为5.5～11.8℃，略高于冬季的5.27～10.37℃；盐度夏冬季未见明显区别，变化范围为34.39～34.47psu（刘增宏，2001）。

在200m以深，除了吕宋海峡这个通道，南海海盆几乎就是封闭的。关于南海与太平洋的中层水交换，Wyrtki在1961年的工作中就注意到吕宋海峡的海流在300m、400m处出现转向，由此推测中层水交换很可能与上层的相反。Nitani（1972）指出，南海中层水会沿着台湾西南沿岸流出到西北太平洋，其认为这就是台湾东部黑潮中层水最低盐度相对较高的原因。Chu（1972）也发现南海中层水经过吕宋海峡流出到太平洋。这种观点被后来的化学水文观测多次证实。Gong等（1992）分析了南海水和西北太平洋菲律宾海西侧水的化学水文性质，指出在1500m以浅吕宋海峡两侧海水性质的相似和不同：与西北太平洋高温高盐的北太平洋热带水团（north Pacific tropical waters，NPTW）和低温低盐的北太平洋中层水团（north Pacific intermediate waters，NPIW）相对应，南海也存在高盐水和低盐水；南海100～600m层海水比菲律宾海西侧水温度要低，在同温深度上富含营养盐但溶解氧含量低，而之下的中层水恰好相反。Chen和Huang（1996）通过把化学性质作为示踪物发现，在中层深度上主要是南海水流出，在122°E附近350～1350m深度上长期存在一个锋面，锋面东侧是西北太平洋水，西侧则是南海水和太平洋水的混合体。通过吕宋海峡向东流出的南海中层水被黑潮阻隔而汇入黑潮，改变了黑潮靠岸侧中层水的组成，以500m层为中心、富含营养盐的南海中层水被黑潮裹挟，可以流到冲绳海槽并上升，成为东海的主要营养盐来源（Chen and Wang，1998，1999；Chen，2005）。南海中层水还可以继续随黑潮延伸，向东流到日本南部140°E左右，而此处恰好是亲潮（Oyashio）和黑潮辐合形成北太平洋中层水的地方（Chen，2005）。Chen等（2001）利用质量守恒的箱子模型，得到在吕宋海峡350～1350m无论是干季还是湿季都是南海水流出到太平洋，干季流量（2Sv）比湿季（1.8Sv）稍微大一些。Qu（2002）的溶解氧分布图也显示，700～1500m深度上的水流出南海。

Tian等（2006）于2005年秋季第一次在吕宋海峡用大深度的LADCP（lowered acoustic Doppler current profiler）得到了中层和深层的直接观测流速，准定常流的通量结果显示，500～1500m层有5Sv净通量的南海水流出。2007年夏季的观测结果也是有流出南海的净通量，但通量值减小为2.5Sv（杨庆轩，2008）。此外，模式研究也得到了类似结果（Chao et al.，1996）。Yuan（2002）利用高分辨率MOM模式研究了吕宋海峡水体交换与南海海洋环流的关系，认为中层水流出南海与南海海盆中层的反气旋式环流有联系，与南海内部跨越密度面的混合有关系。谢玲玲（2009）利用2005年和2008年吕宋海峡及其附近海域的水文、流的强化观测资料和2009年3～4月的部分观测资料，在Tian等（2006）的研究基础上做了进一步研究，发现吕宋海峡的中层（26.8～27.3kg/m^3，500～900m）存在一个反气旋的中尺度涡，他们认为该涡旋的存在直接影响了西北太平洋和南海中层水交换的效率，并提出了流出的南海中层水团（South China Sea intermediate waters）的另一种可能路径，即它于吕宋海峡北部在中尺度涡中转向南，继而在海峡南部转向西流回南海。

与SCSIW“流出说”相反，也有部分学者持有NPIW“流入说”，认为北太平洋中层水团（NPIW）也有入侵南海。Qu（2000）分析认为，NPIW与北太平洋热带水团（NPTW）都有入侵南海，只是NPIW仅在春季经吕宋海峡以“泄漏”的方式流入南海；You等（2005）通过水文资料和模式分析得出，南海是北太平洋中层水的“死胡同”，即认为北太平洋中层水在年平均意义上对南海仍有较强入侵（估算为1.1Sv ± 0.2Sv），他们认为冬季和春季入侵南海的NPIW较强，而在夏季和秋季则是较弱的流出；刘长建等（2008）的分析也认为，NPIW有入侵南海，并指出它在春夏季入侵相对较强，在冬季几乎没有入侵南海。

上述研究对南海与太平洋通过吕宋海峡的中层水交换给出了总体情况的定性认识和净通量的定量结果，但对中层水交换具体流场形态的研究还很缺乏。对于究竟是SCSIW流入北太平洋还是NPIW入侵南海尚存在争议，没有定论，而关于两者具体交换形态的进一步研究更是缺乏。

4.1.1 南海中层水团的年平均与季节变化特征

将位势密度为26.5～27.0kg/m^{3}的盐度极小值层定义为北太平洋中层水。本小节以盐度极小值层所对应的各要素（温度、盐度、位势密度和深度）的分布状况探讨气候年平均意义下NPIW在南海的分布特征；再通过季节平均盐度极小值层的盐度分布状况探讨NPIW入侵南海的季节变化，并对其入侵机制进行初步探讨。

1. 中层水团气候态分布特征

以34.42psu等盐度线来探讨NPIW在南海区域的分布情况，从气候年平均盐度极小值层的盐度、温度、位势密度和深度分布（图4.1）可以看出，在气候年平均意义下，NPIW在南海区域的分布仅局限在吕宋海峡附近很小的区域内，南海区域的位势密度大约在26.73kg/m^3，深度为480～500m，吕宋海峡东侧的盐度明显小于南海内部的盐度，所处深度大约在600m，温度也明显低于南海内部的温度，为7.6～7.8℃。

气候年平均意义下，NPIW在南海区域的入侵范围很小，这与气候年平均意义下的南海经向翻转（图4.2）在500m左右的范围内较弱的南向运动有关。

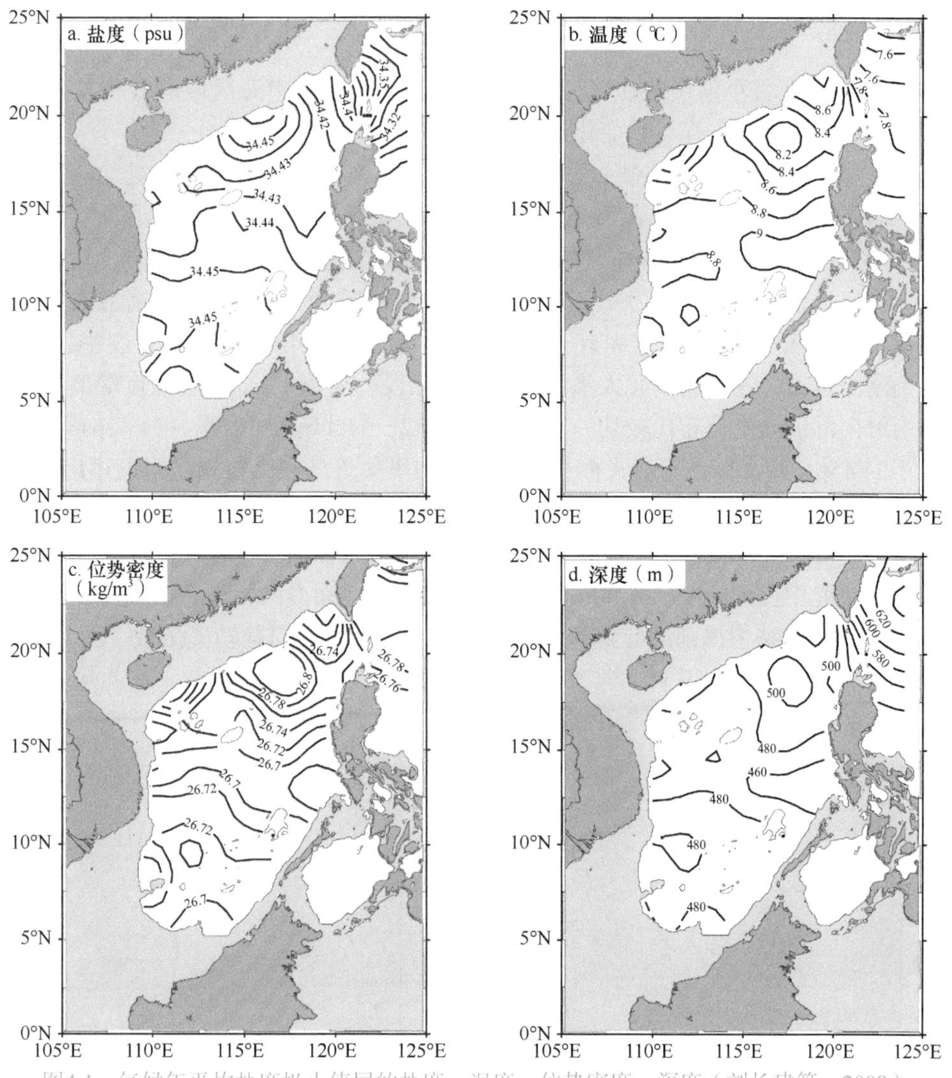

图4.1　气候年平均盐度极小值层的盐度、温度、位势密度、深度（刘长建等，2008）

水深小于500m的用颜色填充

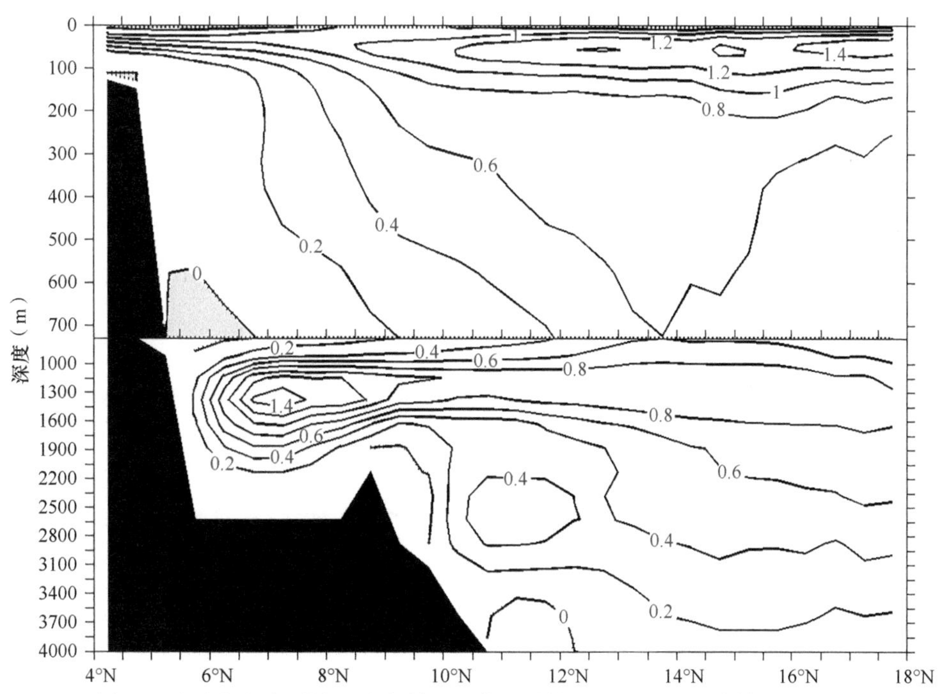

图4.2　南海气候年平均经向翻转流函数（单位：Sv）（刘长建等，2008）

2. 中层水团的季节变化特征

下面从各个季节的盐度极小值层的盐度分布情况来追踪NPIW在南海区域的分布及其随季节的变化特征，并从经向翻转环流的角度初步探讨其变化机制。

从季节平均盐度极小值层的盐度分布（图4.3）可以看出，各个季节吕宋海峡处的盐度梯度都较大，这表明海峡处的水团性质差异比较明显，南海水与北太平洋水在此处交汇，发生强混合，从而导致海峡处的盐度梯度较大。NPIW在入侵南海的过程中会与南海内部的相对高盐的水体发生混合，从而使入侵水体的盐度增加，这里以34.42psu盐度等值线作为NPIW入侵水与南海水的分界线。春季，盐度低于34.40psu的水体出现在海南岛东南海域，表明在春季NPIW有一定程度的入侵。从图4.4可以看出，春季，在500m上下深度内经向翻转环流为南向运动，这有利于北太平洋中层水的入侵。夏季，34.42psu盐度等值线基本上向东撤至吕宋海峡附近，南海内部的盐度分布比较均一，盐度为34.42～34.44psu。秋季，34.42psu盐度等值线继续东撤，同时盐度高于34.45psu的水体在南海大面积出现，在加里曼丹岛和巴拉望岛附近还出现了34.50psu的盐度高值区。冬季，除台湾西南部很小一块区域外，整个南海中层水的盐度基本上均大于34.44psu，达到了4个季节中的最大值，这是NPIW未入侵南海的有力佐证。冬季NPIW几乎没有入侵南海及春夏季入侵相对较强的现象可能与以前研究中提到的NPTW和NPIW这两个水团的运动方向相反有关。此外，我们还可以从季节平均的南海经向翻转环流结构得到部分解释。从季节平均的南海经向翻转流函数（图4.4）可以看出，冬季，在300～700m层为北向运动，遏制了北太平洋中层水的入侵，而春夏季节，在此深度范围内为南向运动，有利于北太平洋中层水的入侵。当然NPIW的入侵可能还受到其他因素的影响。

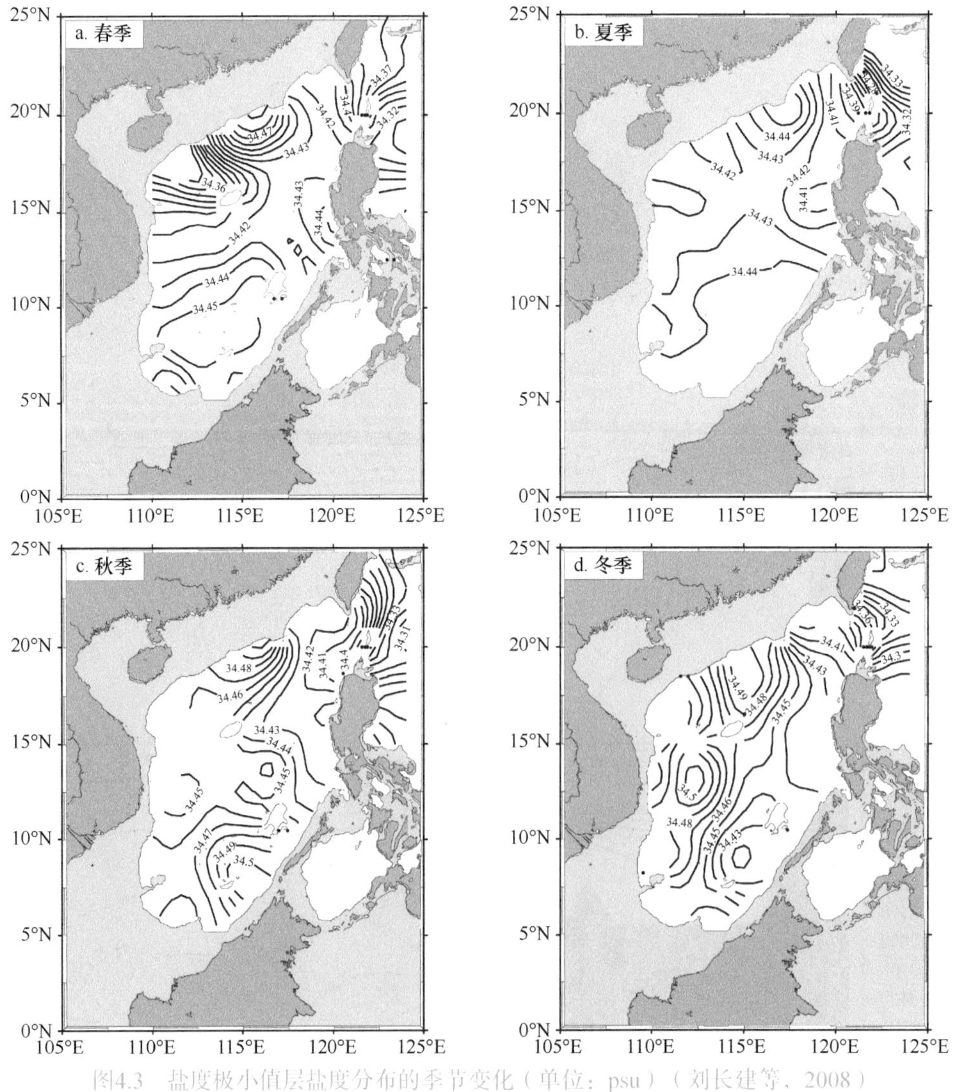

图4.3 盐度极小值层盐度分布的季节变化（单位：psu）（刘长建等，2008）

水深小于500m的地方用颜色填充

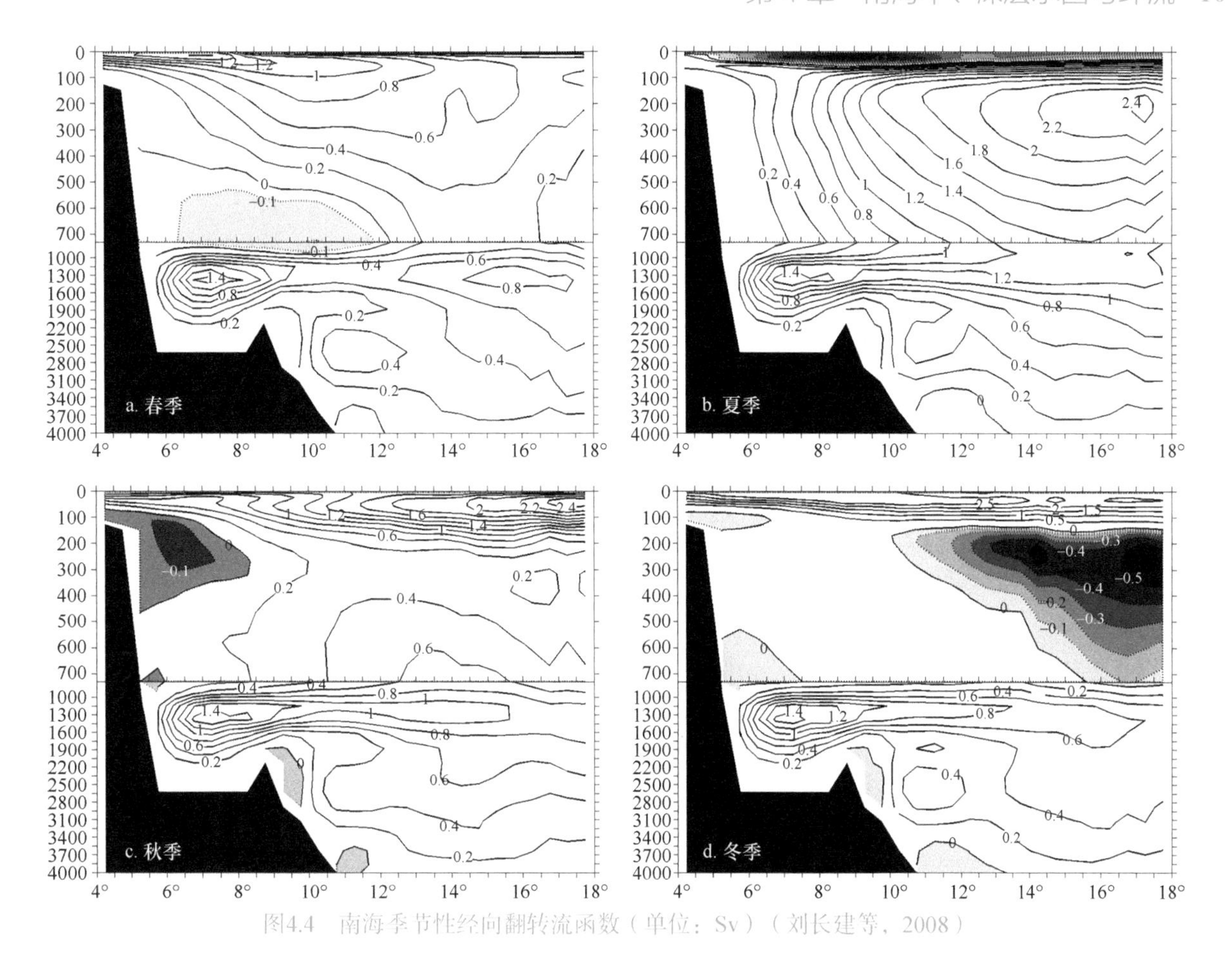

图4.4 南海季节性经向翻转流函数（单位：Sv）（刘长建等，2008）

4.1.2 南海中层水团的长时间尺度变化特征

1. 中层水团的年际变化

从图4.5按年份平均的温盐曲线中，刘长建（2006）发现温盐曲线存在明显的分化，这表明盐度在这些年份存在显著的变化。1968年相对于1966年，600～1500m的各个层次盐度都有所增加。1979年与1975年相比，盐度在500～1500m的各个层次上都较大，且1975年各层次的盐度比1966年低。从1985年至1999年，盐度也存在明显的变化，在这些年份中，500～1500m各个层次的盐度最低值均出现在1986年，盐度最高值出现在1999年。从图4.5可以看出，1986年500m层的盐度为34.40～34.41psu，与气候平均意义下中层水的盐度极小值相当。1985～1986年盐度降低，1986～1988年盐度增加，1988～1990年盐度又处在降低阶段，从1990年一直到1999年各个层次的盐度持续增加（1998年除外，1998年是一个特殊年份）。

平均温度的变化相对于平均盐度的变化而言要复杂得多，存在较大的波动，年际变化特征更为明显。由500m层的温度时间序列可知，年际变化相当明显，1966～1968年温度上升，1968～1969年温度下降，随后1969～1975年温度又呈上升趋势，1975～1981年温度下降且1981年平均温度最低，1981～1986年温度又呈上升趋势，1986～1987年温度下降，1987～1989年温度上升，1989～1991年温度又有所下降，1991～1993年温度上升，随后一直到1998年温度呈现下降趋势，1998～1999年温度又上升。可以看出，该层平均温度随时间的演变存在明显的年际变化特征，而且温度的波动幅度较大，表明该层可能与上层海洋动力过程之间存在密切关系。600m、800m、1000m这3层的平均温度随时间的演变特征较为相似，与500m层的也较为相似，存在比较明显的年际变化特征。只是在1000m层，从20世纪80年代开始温度的波动幅度明显减小，但以上各层从长期趋势来看，都存在较为明显的增暖过程。自1985年以后，1200m层的平均温度仍

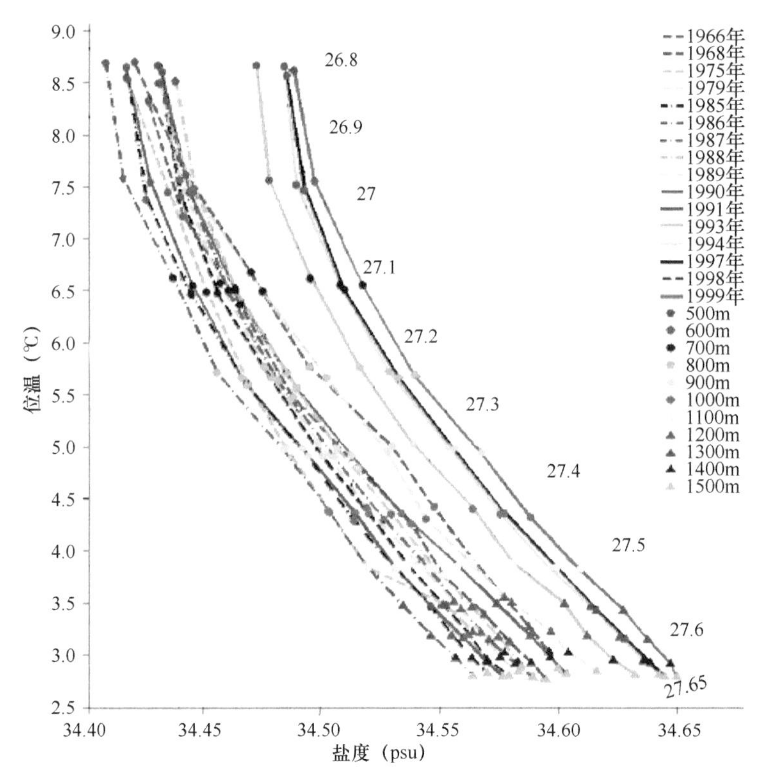

图4.5 南海118°E以西、18°N以南海域1966～1999年深水观测站按年份平均得到的温盐曲线（刘长建，2006）
图中给出了500～1500m（间隔100m）的温盐平均曲线

存在一定幅度的波动，但振幅很小并且不存在较明显的长期变化特征。1500m层的平均温度变化与以上各层的温度变化存在较大的差别，1975～1987年温度持续降低，1987～1989年存在一个升温过程，随后一直到1999年温度主要呈现下降趋势，该层平均温度的长期变化趋势比较明显。

2. 中层水团的年代际变化

刘长建（2006）根据18°N以南海域中国科学院南海海洋研究所深水站的历史观测数据和WOD01数据指出，20世纪60年代至90年代四个年代的平均盐度曲线存在明显的分化（图4.6），表明这四个年代的盐度存在明显的变化。500m深度以下各层次的平均盐度，从60年代至80年代不断下降，但90年代各层次的平均盐度显著高于前三个年代的平均盐度，且90年代的平均盐度比80年代的平均盐度最大增加了0.05psu以上。

赵德平等（2014）根据中国科学院南海海洋研究所深水站的历史观测数据和WOD2009数据指出，南海18°N断面中层水盐度也有显著的年代际变化（图4.7）。1965～2001年，南海中层水的平均盐度经历了自1965～1977年至1979～1990年时段的上升，之后在1991～2001年盐度降低，整个时间段内年代际振荡幅度在0.01psu左右。1965～1977年中层水平均盐度约为34.432 psu，而在80年代，中层水平均盐度在有效数据区间内达到最高，其平均值约为34.440psu，从60年代至80年代中层水盐度呈增大趋势。对比图4.6的结果，可以看到18°N断面的年代际变化与18°N以南海域的相反，即从20世纪60年代至90年代18°N断面中层水盐度先增大后减小，而18°N以南海域则是先减小后增大。可能是采用的数据及数据处理方法不同，也可能是受黑潮入侵的影响，导致结果存在如上所述的差异。

从图4.8可以看出，20世纪60年代至90年代4个年代的平均温度的差别相对于盐度的差别来说要小得多，特别是80年代和90年代这两个年代的平均温度差别很小。在500～1200m，60年代的平均温度均较明显低于其他三个年代的平均温度。在800m以上深度，四个年代的平均温度随时间呈增加的趋势。

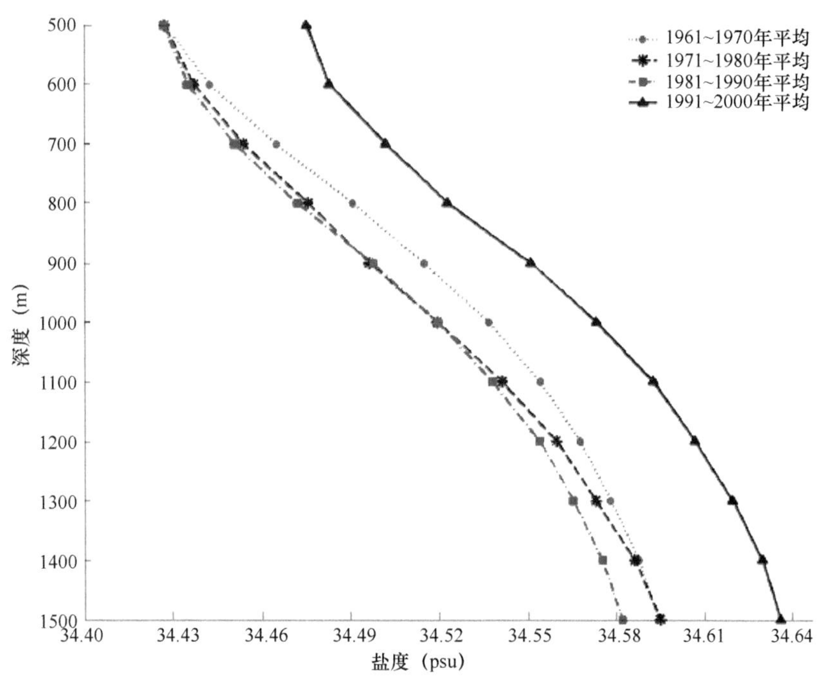

图4.6　18°N以南海域年代平均的盐度曲线（刘长建，2006）

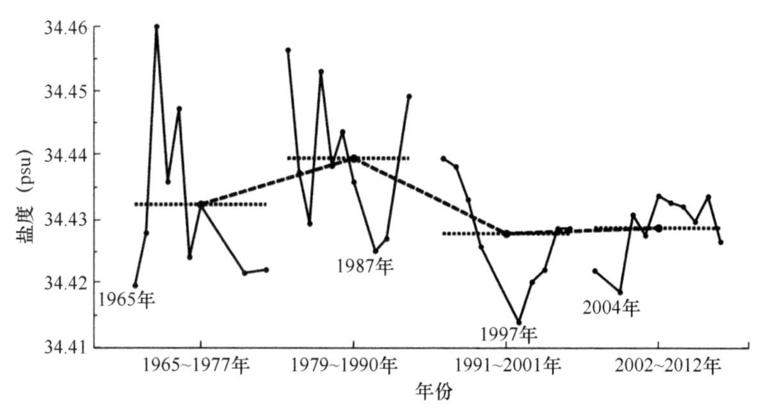

图4.7　18°N断面中层水盐度整层平均的年代际变化（赵德平等，2014）

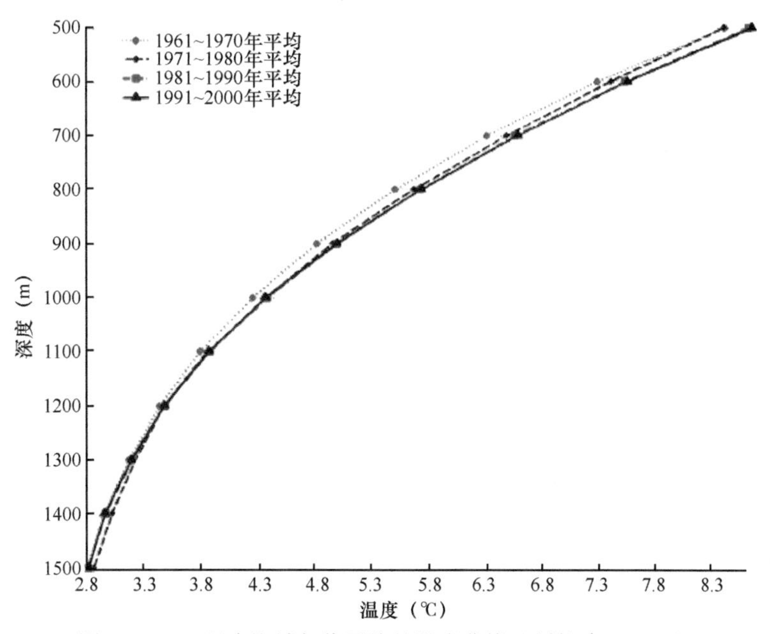

图4.8　18°N以南海域年代平均的温度曲线（刘长建，2006）

4.1.3 东沙中层分离流

在分析东沙群岛附近的观测、模拟资料时，Wang等（2013）发现，秋季在东沙群岛附近的中层流场（500m附近）存在很明显的跨等深线向深海流动的现象。本小节将针对该现象，从观测到模拟详细介绍该分离流的特征及成因。本小节中所说的分离流特指东沙群岛附近中层海水跨越等深线向深海流动的现象。

1. 观测证据

图4.9是300m及500m观测站位上的压力分布。在每个观测的断面，由浅水区向深水区压力是逐渐增大的，即沿陆坡外缘是一条高压力带。图4.9中的箭头是计算出的地转流，可以发现在300m和500m的陆坡上，地转流均从西南向东北流动。

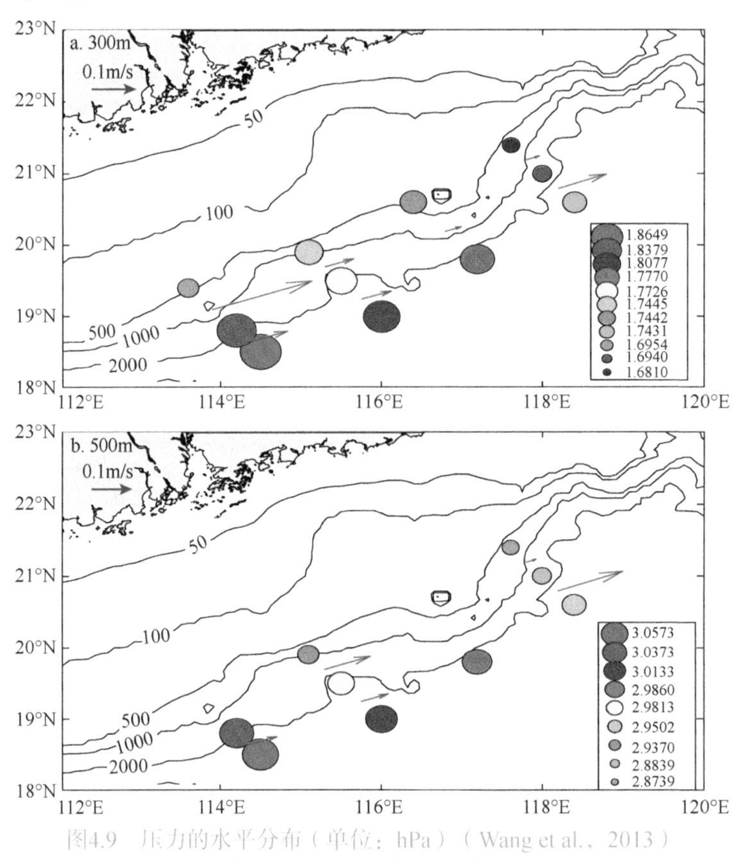

图4.9 压力的水平分布（单位：hPa）（Wang et al.，2013）

箭头是利用相邻两点计算的地转速度。压力是利用CTD数据（中国科学院南海海洋研究所开放航次，2005年9月5～23日）及对应时间的绝对动力高度（absolute dynamic altitude，ADT）换算而得

下面主要介绍船载声学多普勒海流剖面仪（acoustic Doppler current profiler，ADCP）滤潮后的结果（图4.10）。2004年的资料基本覆盖了东沙群岛，可以看到在东沙群岛以西（116°E以西），流速基本上与等深线平行，在2000m以深的区域表现为海水爬坡运动，但是在陆坡上主要表现为沿等深线流动。在东沙群岛南侧的断面上，表现为较为明显的跨越等深线向深海流动的特征，在东沙群岛以东的断面上更是表现为明显的向深海的流动，由此可以推测，在东沙群岛东南侧的区域，流速分布以跨等深线向深海流动为主。2008年的观测结果和2004年的观测结果非常相似，在东沙群岛西侧的陆坡区域同样是以沿等深线流动为主，而在东沙群岛东南侧则是非常显著的跨等深线向深海的流动。2010年仅有沿20°N一条断面的观测资料，但是从该断面的流速分布可以看到，在断面的西段（基本上以117°E为界）流速基本沿等深线，而在东段则表现出明显的跨等深线的流动。以上的观测均在9月初，并且观测结果较为一致。因此在秋初时期南海北部陆坡的中层（500m左右）流动特征可以总结为：在东沙群岛以西的陆坡海水基本沿等深线向东北方向流动，

当流到东沙群岛南侧时，海水开始脱离等深线的约束，跨越等深线向深海流动。虽然只有三年的资料，但2004年、2008年、2010年的间隔是比较大的，而观测的结果却比较一致，这在一定程度上说明该分离流的出现似乎是一种常态。

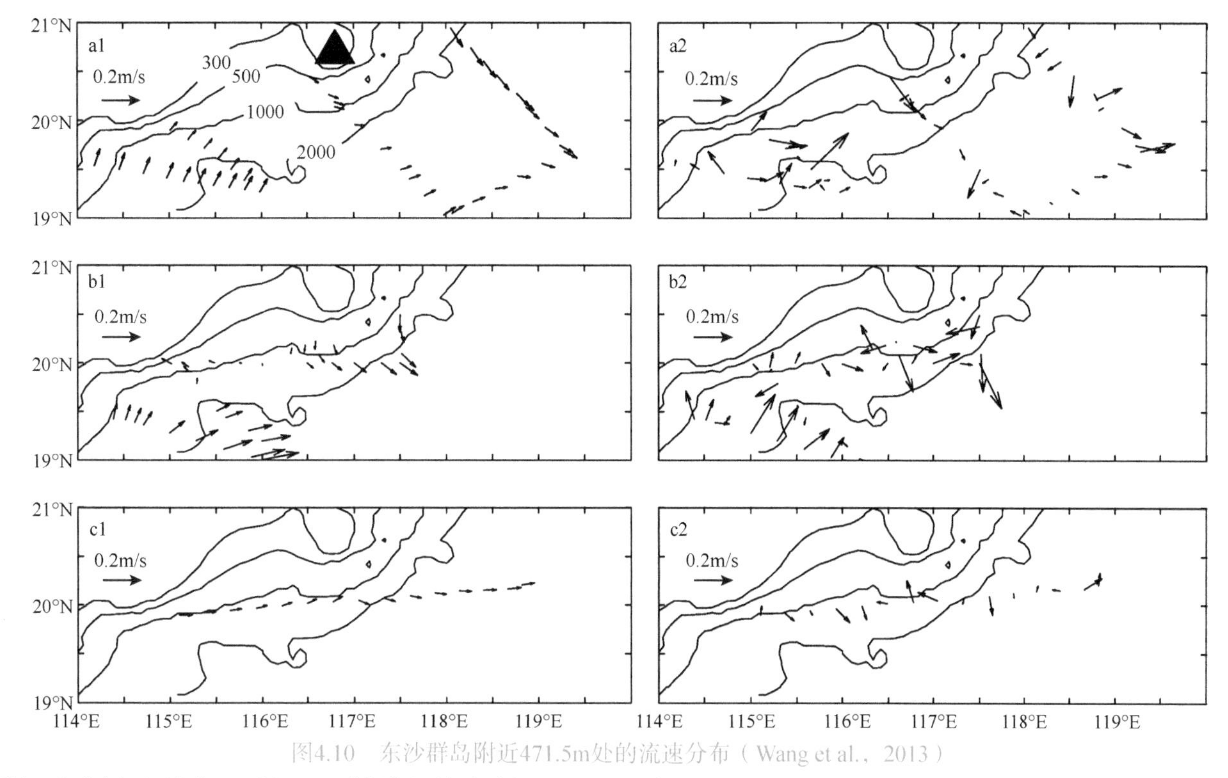

图4.10 东沙群岛附近471.5m处的流速分布（Wang et al., 2013）

黑色三角形为东沙群岛位置。走航ADCP数据获取时间分别为：a1、a2. 2004年9月5～23日；b1、b2. 2008年8月11日至9月2日；c1、c2. 2010年9月5～23日。a1～c1为滤掉潮汐后的结果，a2～c2为原始数据

分析长期定点（在东沙群岛以东约100n mile）观测的海流资料（图4.11）发现，在整个观测期间，除10

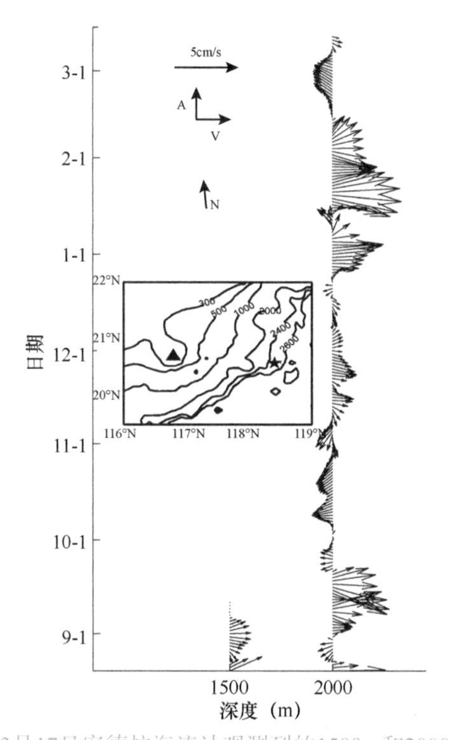

图4.11 2000年8月20日至2001年3月17日安德拉海流计观测到的1500m和2000m处的流速（Wang et al., 2013）

“A”表示沿等深线方向（向东为正），“V”表示垂直等深线方向（向浅水方向为正）；小图中的黑色五角星为观测站点位置，黑色三角形为东沙群岛位置。资料已经做7天平滑处理

月和3月出现跨等深线向浅水的流动外，其他时间均表现出非常强的跨越等深线向深海的流动。虽然该分析是仅针对单点的观测，但是长时间的连续定点观测在一定程度上说明了该海区的流动特征，与走航ADCP的分析结果基本一致。

为进一步验证该现象的常态性，下面采用WOA2001历史温盐资料及卫星高度计融合的海面动力高度数据计算南海北部地转流场的分布情况，从而了解气候态流动的特征。图4.12是计算得到的在100m、300m及500m深度的秋季地转流速的分布情况。在100m层，陆架/隆坡区的流是显著的西南向，即南海气旋式环流的北翼。在300m、500m层，等深线附近的流动仍然表现为西南向流动，但是在整个陆坡区域则是以东北向流动为主，并且在流经东沙群岛南侧时，出现分离现象。在500m层的流速分布中这种分离现象表现得更为明显。综上，整个陆坡的海流以东北向为主，但在东沙群岛南侧则表现出明显的中层水跨越等深线向深海流动的分离特征。

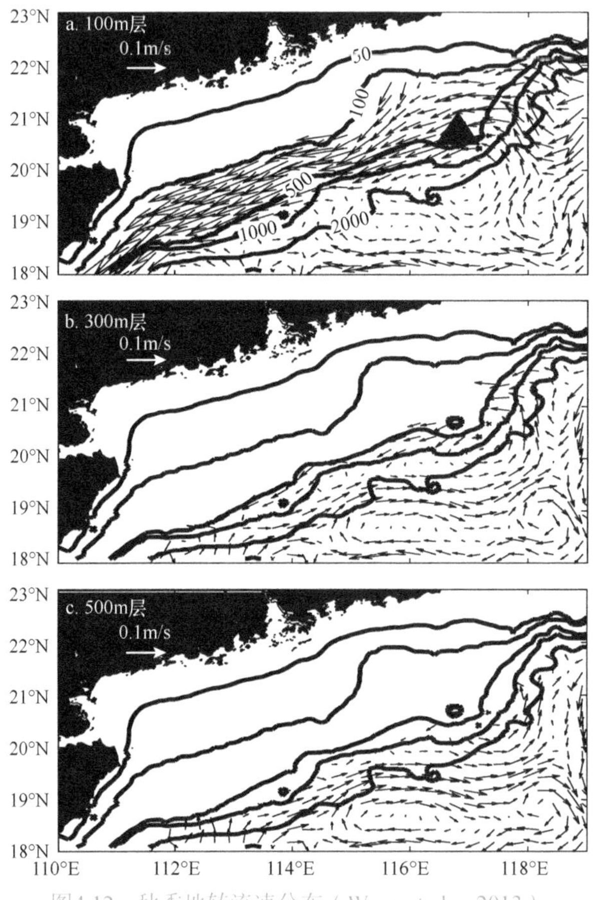

图4.12 秋季地转流速分布（Wang et al.，2013）

地转流速采用WOA2001历史温盐资料从表层向下积分计算得到，表层流速通过来自T/P卫星资料的绝对动力高度（ADT）数据计算得到。黑色三角形为东沙群岛位置

经过对多种现场观测资料及历史温盐资料的分析对比，可以归纳为：在秋季，南海北部陆坡中层流动以东北向流动为主，在东沙群岛以西主要表现为沿等深线流动，而在东沙群岛东南侧则表现出明显的海流分离特征，并且其具有常态化的特征。接下来，利用数值模拟的手段揭示分离流动的动力机制。

2. 数值模拟再现分离流

图4.13是用POM（Princeton ocean model）模式模拟得出的秋季南海北部不同深度上的流速分布。可以看到，在100m层，南海北部基本上表现为季风控制下的气旋式环流，然而与WOA2001资料诊断的地转流结果不同的是在100m等深线附近已经表现出弱的东北向流动，并且在东沙群岛东南侧出现分离现象。在300m和500m层，南海北部陆坡区均被东北向流所占据，并且在东沙群岛东南侧表现出非常强的分离现象，这与WOA2001资料的地转流结果一致。但模式模拟的发生分离的位置要比WOA2001地转流发生分离的位置偏

东，不过从实测资料的分析中可以看到，实际发生的位置似乎是比WOA2001地转流发生分离的位置偏东。这也许是WOA2001资料过度平滑及分辨率低造成的。模式模拟的结果能够很好地再现东沙群岛附近的分离现象，这为利用模式结果分析分离现象发生的动力机制提供了可行性。

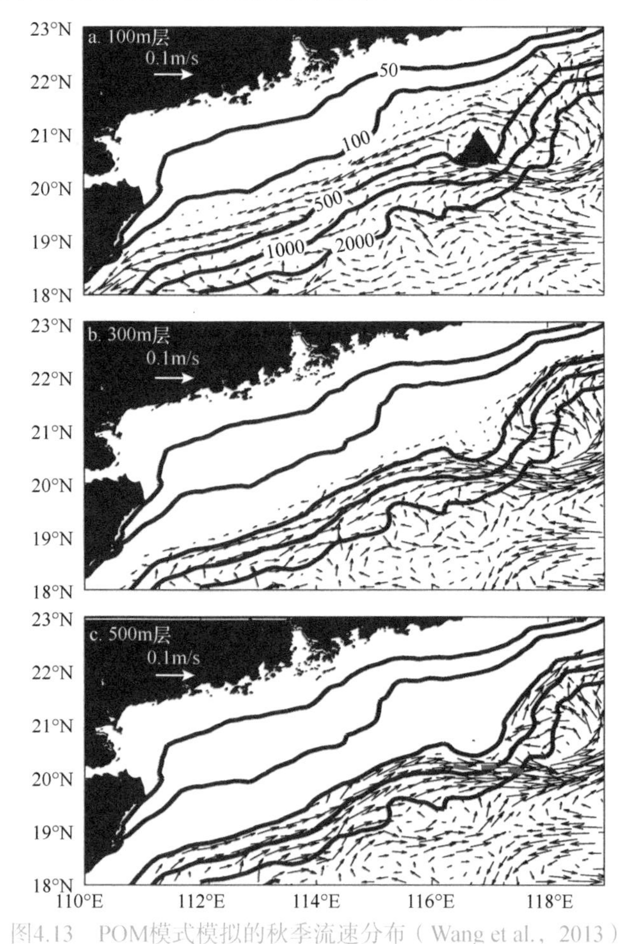

图4.13 POM模式模拟的秋季流速分布（Wang et al.，2013）

黑色三角形为东沙群岛位置；红色虚线为分析动量平衡所选择的500m处的流线

3. 动力机制分析

1）涡度平衡分析

垂向积分的涡度方程可以写为

$$\underbrace{\frac{\partial}{\partial t}\left[\frac{\partial}{\partial x}\left(\frac{\bar{v}}{D}\right)-\frac{\partial}{\partial y}\left(\frac{\bar{u}}{D}\right)\right]}_{\text{a}}=\underbrace{-\left[\bar{u}\cdot\frac{\partial}{\partial x}\left(\frac{f}{D}\right)+\bar{v}\cdot\frac{\partial}{\partial y}\left(\frac{f}{D}\right)\right]}_{\text{b}}\underbrace{+J\left(\Phi,\frac{1}{D}\right)}_{\text{c}}$$
$$\underbrace{+\operatorname{curl}\left(\frac{\boldsymbol{F}}{D}\right)}_{\text{d}}\underbrace{-\operatorname{curl}\left(\frac{\boldsymbol{A}}{D}\right)}_{\text{e}}\underbrace{+\operatorname{curl}\left(\frac{\tau_{\text{a}}}{\rho_0 D}\right)}_{\text{f}}\underbrace{-\operatorname{curl}\left(\frac{\tau_{\text{b}}}{\rho_0 D}\right)}_{\text{g}} \tag{4.1}$$

式中，$\left(\bar{u},\bar{v}\right)=\left(\int_{-H}^{\eta}u\mathrm{d}z,\ \int_{-H}^{\eta}v\mathrm{d}z\right)$表示垂向积分的速度；$J\left(\Phi,\frac{1}{D}\right)$是斜压地形联合效应（JEBAR）项，其中$\Phi=\int_{-H}^{\eta}zg\rho/\rho_0\,\mathrm{d}z$是位势能量，$\rho$是密度，$\eta$是海面升高，$D=H+\eta$是水深；$(\tau_x,\tau_y)_a$和$(\tau_x,\tau_y)_b$分别是表层和底层的应力，$\boldsymbol{F}=F_x\vec{i}+F_y\vec{j}$和$\boldsymbol{A}=A_x\vec{i}+A_y\vec{j}$分别是垂向积分的水平平流项和水平扩散项。方程（4.1）左端的a项是相对涡度变化趋势项；方程（4.1）右端的b项是行星位势涡度平流项（advection of potential planet vorticity，APV），c项是JEBAR项，d项是水平扩散项，e项是水平平流项，f项是风应力旋度项，g项是海底摩擦应力旋度项。由于本节分析的是气候态季节平均的结果，海洋状态接近定常，因此相对涡度变化趋势

项（a）近似为零。

图4.14是东沙群岛附近海区在秋季的垂向积分涡度方程［方程（4.1）］右端各项的诊断结果。可以看到，在涡度方程的各项中，JEBAR和APV两项是主导项，其次为水平平流项与水平扩散项（e+d）。而风应力旋度与海底摩擦应力旋度的贡献非常小，这主要是由于风应力与海底摩擦应力的影响范围基本被局限在了上下Ekman层中，因而进行垂向积分后，其对整个水柱的影响是非常小的。虽然上下表面应力对整体水柱的直接影响很微弱，但是其间接作用却是不可以忽略的，如其驱动的大尺度环流对温盐结构产生的影响等。由于JEBAR项和APV项是涡度平衡各项的主导量，下面将主要针对这两项进行分析。

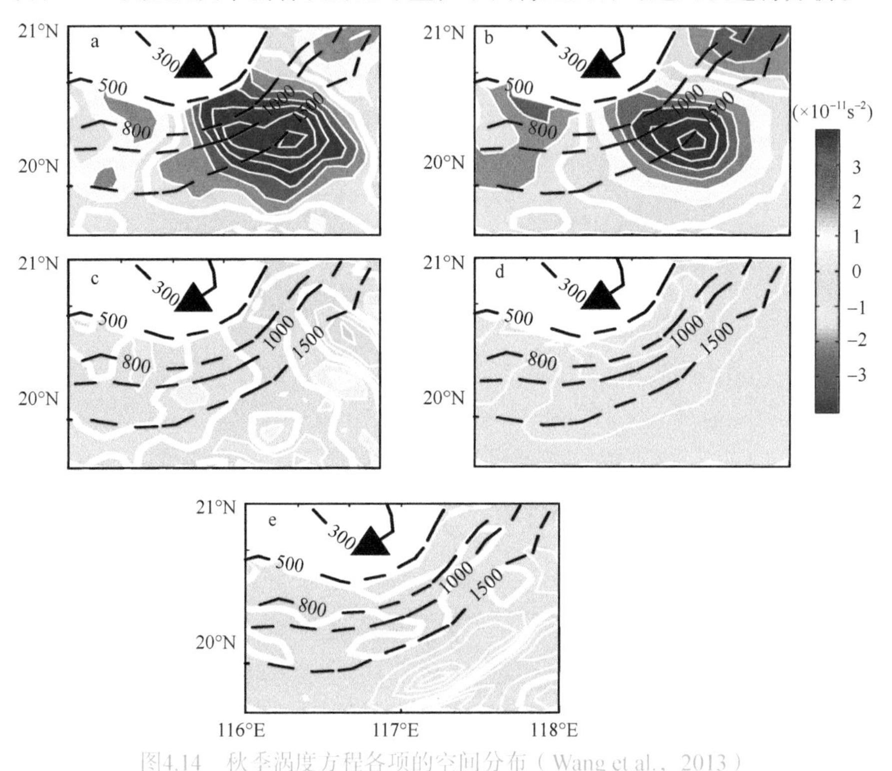

图4.14 秋季涡度方程各项的空间分布（Wang et al.，2013）

a. JEBAR项；b. APV项；c. 水平平流与扩散项；d. 风应力旋度项；e. 海底摩擦应力旋度项

如果忽略掉平流、扩散及风应力旋度的作用，方程（4.1）可以重新写为

$$\bar{u}\cdot\frac{\partial}{\partial x}\left(\frac{f}{H}\right)+\bar{v}\cdot\frac{\partial}{\partial y}\left(\frac{f}{H}\right)=J\left(\Phi,\frac{1}{H}\right) \tag{4.2}$$

由于$\left(\bar{u},\bar{v}\right)=\left(\int_{-H}^{\eta}u\mathrm{d}z,\ \int_{-H}^{\eta}v\mathrm{d}z\right)$，因此方程（4.2）可以改写为

$$\frac{\mathrm{d}}{\mathrm{d}t}\left(\frac{f}{H}\right)=\frac{\mathrm{JEBAR}}{H} \tag{4.3}$$

为验证方程（4.3）控制南海北部陆坡分离现象的有效性，在分离现象发生的海区选取一条正压流线，对方程（4.3）进行诊断分析。图4.15是诊断计算的结果。图4.15a给出了沿流线相对位势涡度及行星位势涡度的分布情况，可以看到行星位势涡度远大于相对位势涡度，并且在分离流现象发生的区域相对位势涡度的变化也远远小于行星位势涡度，从而肯定了在分析位势涡度变化时忽略相对位势涡度的可行性。并且可以看出，在分离流现象发生区域，行星位势涡度表现出显著的减小趋势。图4.15b是对方程（4.3）的诊断计算。可以看到$\frac{\mathrm{d}}{\mathrm{d}t}\left(\frac{f}{H}\right)$和$\frac{\mathrm{JEBAR}}{H}$匹配得非常好，两者的量级及变化特征颇为一致。从而说明方程（4.3）能够很好地解释东沙群岛附近中层的分离流现象。

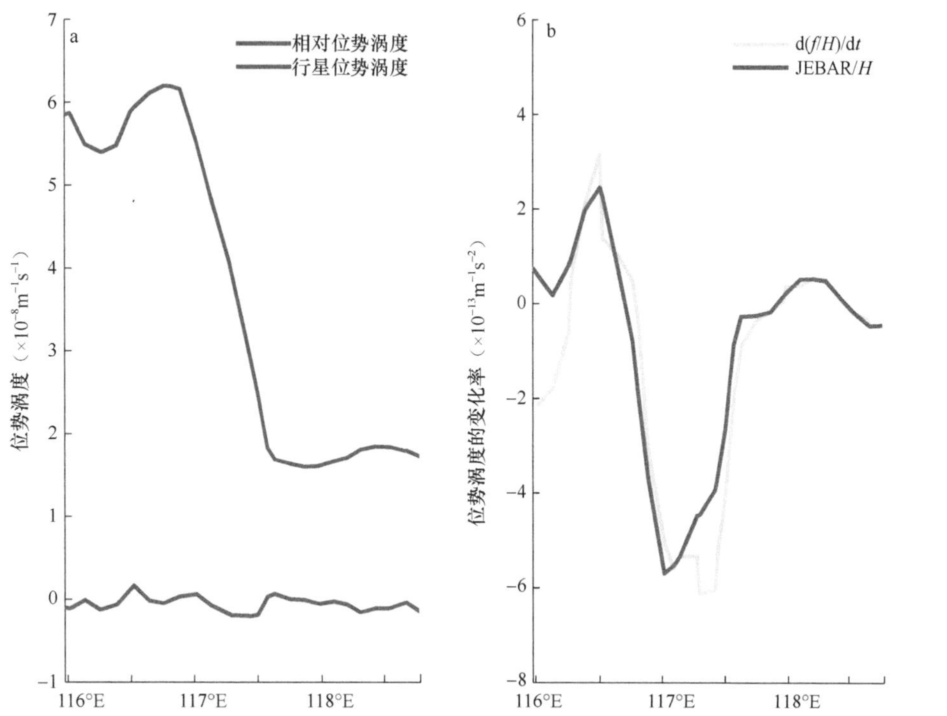

图4.15　沿流线的相对位势涡度与行星位势涡度的分布（a）及行星位势涡度变化率与JEBAR/H的分布（b）（Wang et al.，2013）

2）动量平衡分析

动量方程可以写为

$$\frac{\mathrm{d}u}{\mathrm{d}t}=F_x \qquad \frac{\mathrm{d}v}{\mathrm{d}t}=F_y \tag{4.4}$$

式中，（u，v）表示纬向及经向的速度；（F_x, F_y）表示海水纬向与经向所受的力，并且可以写为

$$F_x=\underbrace{A_m u_{xx}}_{a}\underbrace{+fv}_{b}\underbrace{-P_x}_{c}\underbrace{+\left(K_m u_\sigma\right)_\sigma}_{d} \qquad F_y=\underbrace{A_m v_{xx}}_{a}\underbrace{-fu}_{b}\underbrace{-P_y}_{c}\underbrace{+\left(K_m u_\sigma\right)_\sigma}_{d} \tag{4.5}$$

式中，a项是水平扩散项（difh）；b项是科氏力项（cor）；c项是压力梯度项（pre）；d项是垂直扩散项（difv）。

利用模式输出对动量方程进行诊断计算，可见在两个方向上地转平衡均是陆坡环流的主导项（图4.16）。在沿等深线方向，分离流现象发生，其西侧海区的速度变化表现为加速，并且地转偏差是加速度的主要贡献项。从地转平衡关系可以知道，沿等深线方向的压力梯度是正的，即正的地转偏差由压力梯度所提供。前文的分析也指出，沿陆坡方向密度梯度是指向西南的，说明压力梯度的方向是东北向，其驱动海水在沿等深线方向上加速。在跨陆坡方向，压力梯度为正，说明在陆坡外缘是高压带，这与通过CTD资料分析的南海北部陆坡区中层压力分布是一致的。东沙群岛东侧海区的速度变化表现为减速，即海水在运动过程中逐渐偏离等深线向深海方向加速，在117°E附近，海水跨陆坡方向的速度偏转为负值，即分离流现象发生。由跨陆坡方向的动力平衡关系可知，地转偏差同样是跨陆坡方向加速度的主要贡献项。跨陆坡方向的地转偏差为负，说明压力梯度无法完全抵消科氏力，而科氏力成为跨陆坡方向速度变化的主要贡献项。综合上述讨论，分离流现象发生的动力过程可以归纳为：在东沙群岛以西，海水基本沿陆坡等深线流动，沿陆坡方向东北向的压强梯度力驱动海水不断加速，使海水沿陆坡方向的速度不断增加，导致跨陆坡方向的科氏力增强，并最终超过跨陆坡方向的压力梯度，科氏力引起的地转偏差使得海水在跨陆坡方向不断减

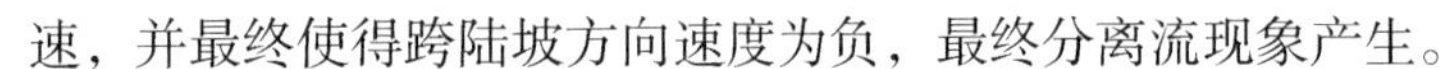

速，并最终使得跨陆坡方向速度为负，最终分离流现象产生。

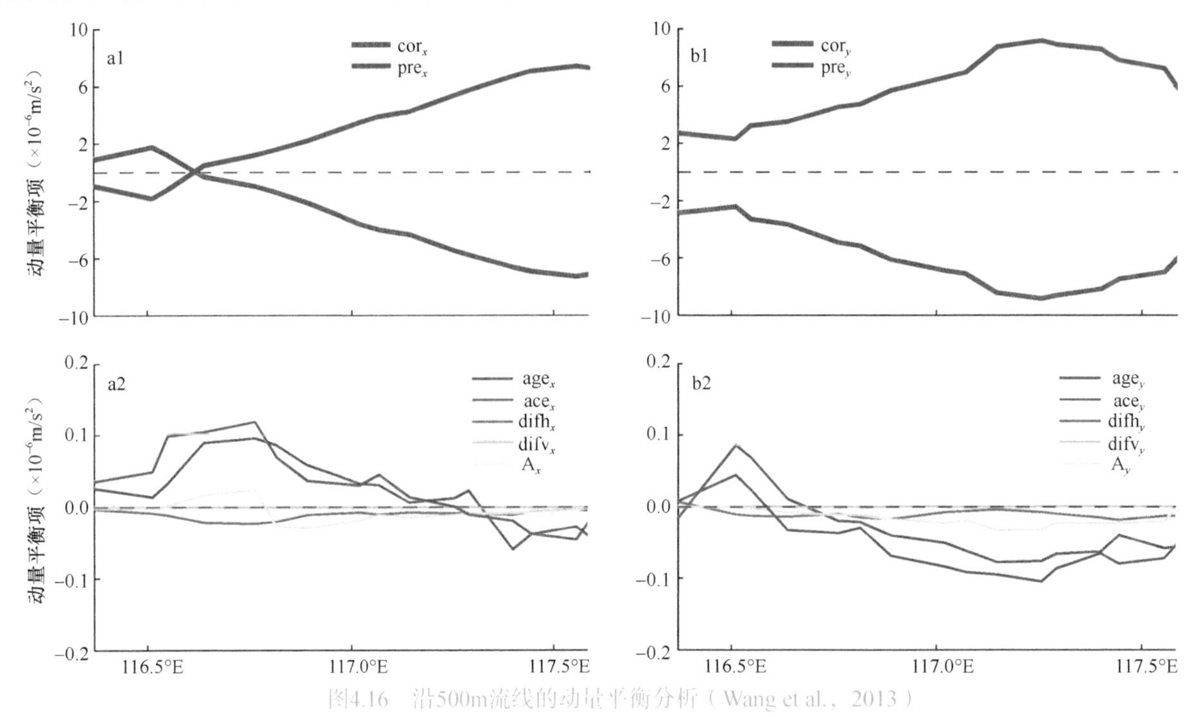

图4.16　沿500m流线的动量平衡分析（Wang et al.，2013）

cor. 科氏力项；pre. 压力梯度项；age. 非地转项；ace. 速度变化项；difh. 水平扩散项；difv. 垂直扩散项；A. 地形项。x表示沿流线方向，y表示垂直流线方向

动量分析的结果和涡度分析的结果是一致的。在涡度分析中JEBAR项产生的是沿陆坡方向的密度梯度效应，而动量分析的结果是沿陆坡方向压力梯度的贡献。这两者是同一个动力因素的不同表现形式，均是斜压与地形的联合效应。

综合以上分析，可以对东沙群岛附近分离流产生的动力机制归纳如下：在东沙群岛附近由于沿等深线存在强的密度梯度，形成了斜压地形联合效应（JEBAR）的负值中心，在JEBAR的作用下，海水的位势涡度减小，由于东沙群岛附近的位势涡度主要受地形控制，因此海水必须跨越等深线向深海流动，以满足方程（4.3）的约束关系（图4.17）。

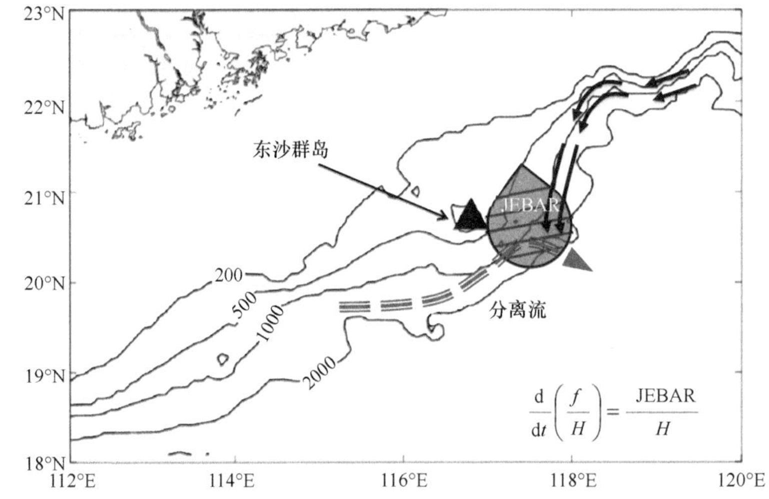

图4.17　东沙群岛附近中层分离流形成的动力机制示意图（Wang et al.，2013）

4.1.4　小结

本节回顾并总结了南海中层水团的气候态特征及其年际变化，发现南海中层水核心层深度附近的温度在

过去20年里呈上升趋势，但是700米以下的中层水下部和深层水的上部，水体温度呈下降趋势。盐度的变化与温度不同，盐度在300米以下各层上的变化趋势基本一致，都是在20世纪80年代中后期经历一次由增到减的过程，从90年代初至今主要表现为增加趋势。南海中层水的水团属性变化不是一种单调的、线性的变化过程，在某些时段变化较剧烈，存在“跳跃性”的变化；在某些时段，变化又不是很显著，水团属性演变比较缓慢。目前对于中层水的来源及其对南海三层环流的贡献尚不清楚，这需要研究人员继续在这方面努力。

4.2 南海深层水团与环流

经典深海环流理论在一个或者数个点源、维持温跃层结构的均一分布的汇及深海地形不存在变化的假定下，得出在深海内区大尺度环流满足Sverdrup关系，存在流速较小的极向流，根据质量守恒得出深海存在强烈的西边界流（Stommel，1960a，1960b）。而关于南海深海的研究，首先应该侧重深水水源的研究。由于南海属于热带海域，自身不存在深对流过程。而北太平洋深层水溢流过程对于南海深海环流相当重要。观测表明，在南海海盆，深海水的温盐特性比较均匀，且与菲律宾附近2000m左右的太平洋水的特性接近（Nitani，1972；赫崇本和管秉贤，1984；Broecker et al.，1986）。这表明南海深层水可能是来自吕宋海峡深海海槛的太平洋深层水。吕宋海峡东侧的太平洋深层水因温度较低、盐度较大而密度较大，因此当其流过吕宋海峡后将发生下沉（Wyrtki，1961）。为了补偿这种下沉运动，南海深层水会更新。在20世纪七八十年代为数不多的吕宋海峡深海流量观测，支持了高盐的太平洋水进入南海深海海盆的判断。Wang（1986）利用一维垂直平流扩散方程进行了计算，结果表明，垂向约有0.7Sv的水体通量来维持南海的深层层结。Liu C T和Liu R J（1988）的测量结果显示，吕宋海峡深海溢流为1.2Sv。Qu等（2006b）利用NODC（National Oceanographic Data Center）水文数据估算出吕宋海峡深海溢流为2.5Sv。Tian等（2006）利用收集的水文数据验证了吕宋海峡海流呈“三明治”结构，其中深层输送为2Sv。Yang等（2010）利用2007年7月与2005年10月在吕宋海峡观测的水文数据，发现深层为2Sv左右的西向流。Chang等（2010）分析了吕宋海峡两个峡谷内的测量结果，得出南部峡谷输送量为1.06Sv。Tian和Qu（2012）总结了以上观测结果，并提出了今后南海深层环流的观测构想。

此外，海洋地质学的相关观测也证实了吕宋海峡存在太平洋深层水溢流的入侵。Lüdmann等（2005）发现，在南海北部采集的沉积物样本中沿着台湾西南到南海东沙群岛之间存在沉积带，这些沉积带表明，北太平洋深层水通过吕宋海峡沿着南海北部陆坡往西北流动中上翻，来自台湾东部和南部的沉积物在上翻过程中再悬浮，最终沉淀下来，从而形成这些带状结构。Shao等（2007）根据南海东北部陆架廓线分布特征推测，从吕宋海峡进来的南海底层流沿着南海北部陆坡往西北行进，直到转入南海内部。郑红波等（2012）总结了利用反射地震方法发现的南海东北部海盆深层水通道。

由于南海深层存在从吕宋海峡进入的太平洋深层水溢流，因此南海存在类似于热盐环流的结构，这与Stommel的深海环流理论一致。Li和Qu（2006）提出了南海热盐环流的概念图，它包括吕宋海峡三层跨海峡水交换结构单元，即沿北边陆坡上层和中层的上升结构单元、深海更新单元和深海内部气旋结构单元。密度结构和氧含量分布表明，位涡和高氧都从吕宋海峡入侵，而盐度分布表明，在2000m以深其也是从吕宋海峡入侵，气旋式环流绕南海到东边界时都减小，深海环流基本是一个气旋式结构，这与Stommel的深海环流理论一致。Wang等（2011）基于GDEM3.0（generalized digital environment model 3.0）数据发现，3000m层的位温、盐度、位密分布都显示北太平洋深层水从吕宋海峡开始入侵。且他们利用动力诊断给出了南海2400m到底部的环流形势，即南海深海北部为气旋式环流，存在很强的深海西边界流，而南部为微弱的气旋式环流。

迄今为止，用模式研究南海深层环流的很少。毛明等（1992）选用三维海流模式，采用半隐式格式结合C-网格对南海各季的平均流进行了数值模拟。结果表明，在1200m以深，冬、春、夏三季基本的环流状态与中上层环流恰好相反。Chao等（1996）利用一个0.4°×0.4°的自由面海洋模式，利用气候态风应力和开边界条件，第一次提出南海深海海水的更新过程是伴随着南海东北部和越南东南部的深水上翻完成的。深海环流结构大致是西边界西南向入流，底层水更新时间大概是83年。Yuan（2002）利用MOM（modular ocean model）模式（水平分辨率为0.16°×0.16°左右），在只考虑吕宋海峡对南海深海环流结构的影响下，忽略风应力模拟出南海海洋环流的“三明治”结构，即表层和深层吕宋海峡以东的太平洋水流入南海，而中层南海水流出南海，与这种流出流入相伴随的是表层和深层南海内部为气旋式环流结构，中层为反气旋式环流结构。

4.2.1 多种模式模拟的南海中、深层环流特征

1. 资料介绍

8套模式月平均输出资料的信息见表4.1，其中SODA（simple ocean data assimilation）（版本为v2.2.4）作为对照资料。从表4.1可以看出，不同模式大气强迫场和温盐初始场不尽相同，大部分模式的水平分辨率在0.1°左右。另外，还使用了温盐资料WOA2001和GDEMv3。

表4.1 资料信息（谢强等，2013）

资料	SODA	ECCO2	OCCAM	HYCOM	JPL-R	LICOM	OFES	BRAN
海洋模式	POP	MITgcm	GFDLgcm	Hycom	ROMS	LICOM2	MOM3	MOM4
水平分辨率	0.4° × 0.25°	0.25°	0.08°	约0.08°	约0.125°	0.1°	0.1°	约0.15°
垂直分层	40	40	66	33	30	55	54	47
混合方案	KPP	KPP	PP	KPP	KPP	Canuto [28～29]	KPP	KPP
是否同化	是	是	否	是	否	否	否	是
大气强迫场	ERA-40	NCEP/NCAR	NCEP/NCAR	NOGAPS	NCEP/NCAR	NCEP/NCAR	NCEP/NCAR	ERA-40
温盐初始场	WOA1994	WOA1998	WOA1998	GDEMv3	WOA2001	WOA1998	WOA1998	WOA2001
数据长度	1986～2008年	1992～2008年	1988～2004年	2004～2009年	2001～2009年	2000～2007年	41～50年	1994～2006年

2. 南海深层水团的模拟

图4.18和图4.19分别为2800m层WOA2001和各个模式所对应的温度与盐度相对偏差。从温度相对偏差（T_{err}）的分布上看，目前模式在2800m层为负偏差。其中，LICOM（LASG/IAP climate system ocean model）相对偏差较小，而SODA和JPL-R偏差为–60%～–50%，ECCO2、OCCAM、HYCOM、OFES和BRAN相对偏差接近–40%。再看2800m层盐度相对偏差（S_{err}），其在水平分布上正偏差和负偏差都有，且量级要比温度相对偏差要小，绝对值大多在20%左右。再将T_{err}与S_{err}各个水平层在南海海盆内进行平均，得出偏差的廓线图，如图4.20a、b所示，温度的偏差在垂向上1500m以深都为负偏差。在1500～2800m，相对偏差在–100%左右，在2800m以深相对偏差幅度变大，接近–200%。而盐度相对偏差的分布与温度相对偏差的分布显然不同，除LICOM之外，其他模式的盐度相对偏差随深度增加在正负之间摇摆，越往深处正相对偏差越大。整体而言，各模式在南海深层温度偏低、盐度偏高（图4.20c、d）。可能原因是南海深层水来源于吕宋海峡东侧的北太平洋深层水，而在模式中吕宋海峡东侧北太平洋深层水温度偏低、盐度偏高。

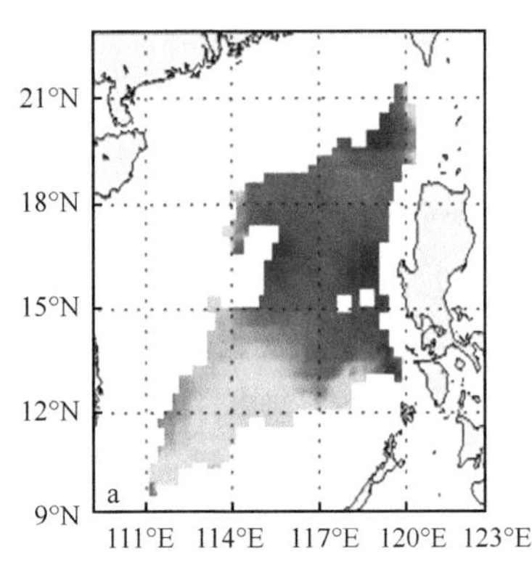

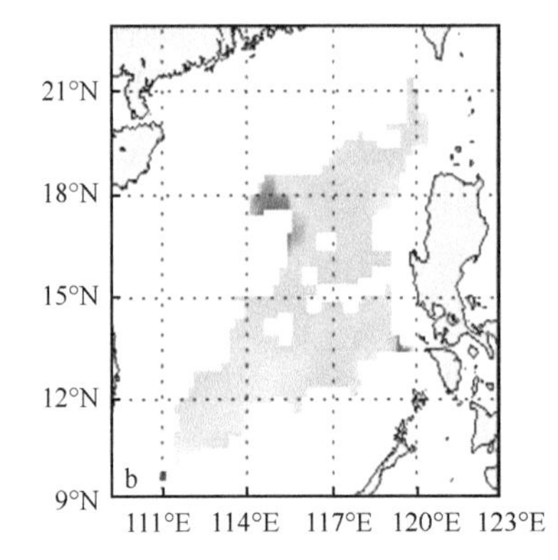

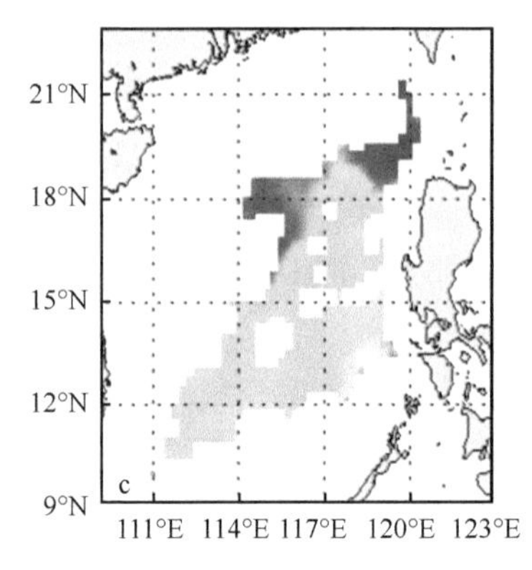

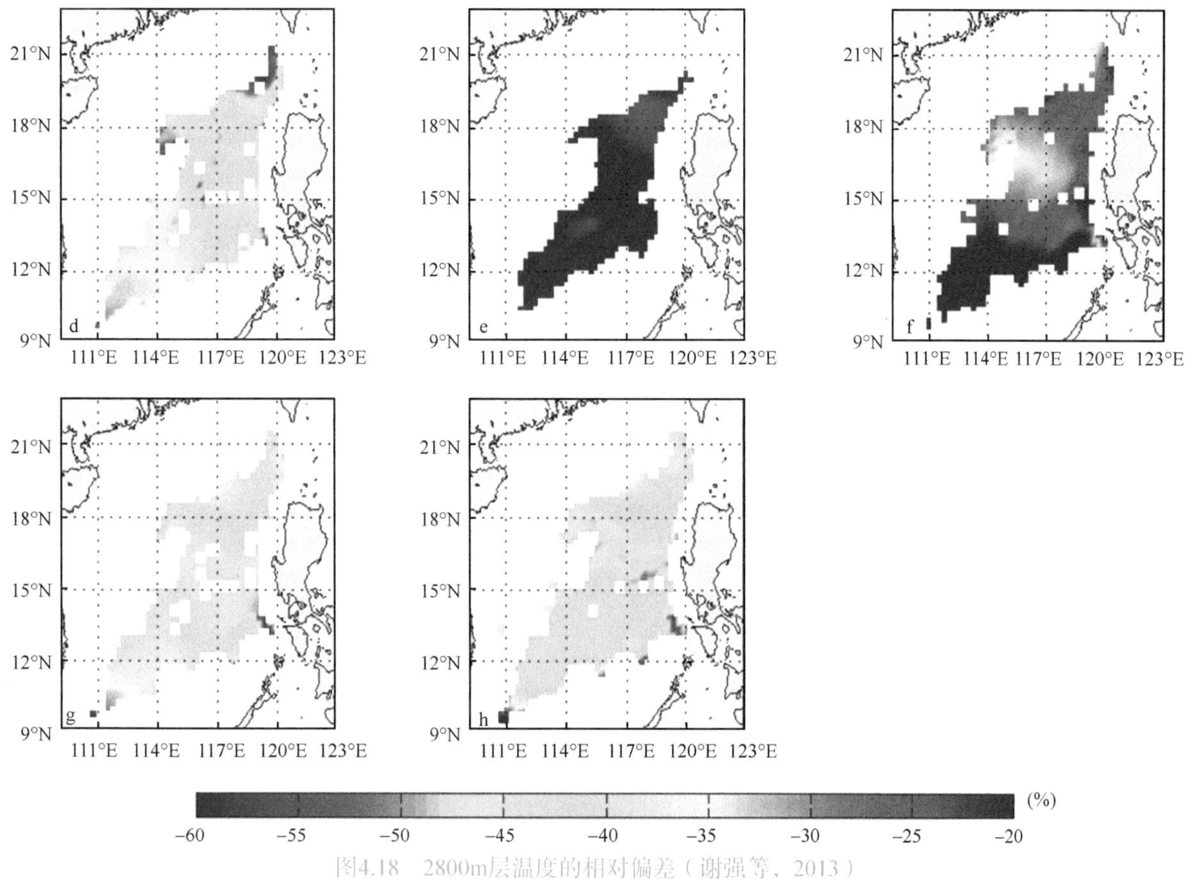

图4.18　2800m层温度的相对偏差（谢强等，2013）

a. SODA；b. ECCO2；c. OCCAM；d. HYCOM；e. JPL-R；f. LICOM；g. OFES；h. BRAN

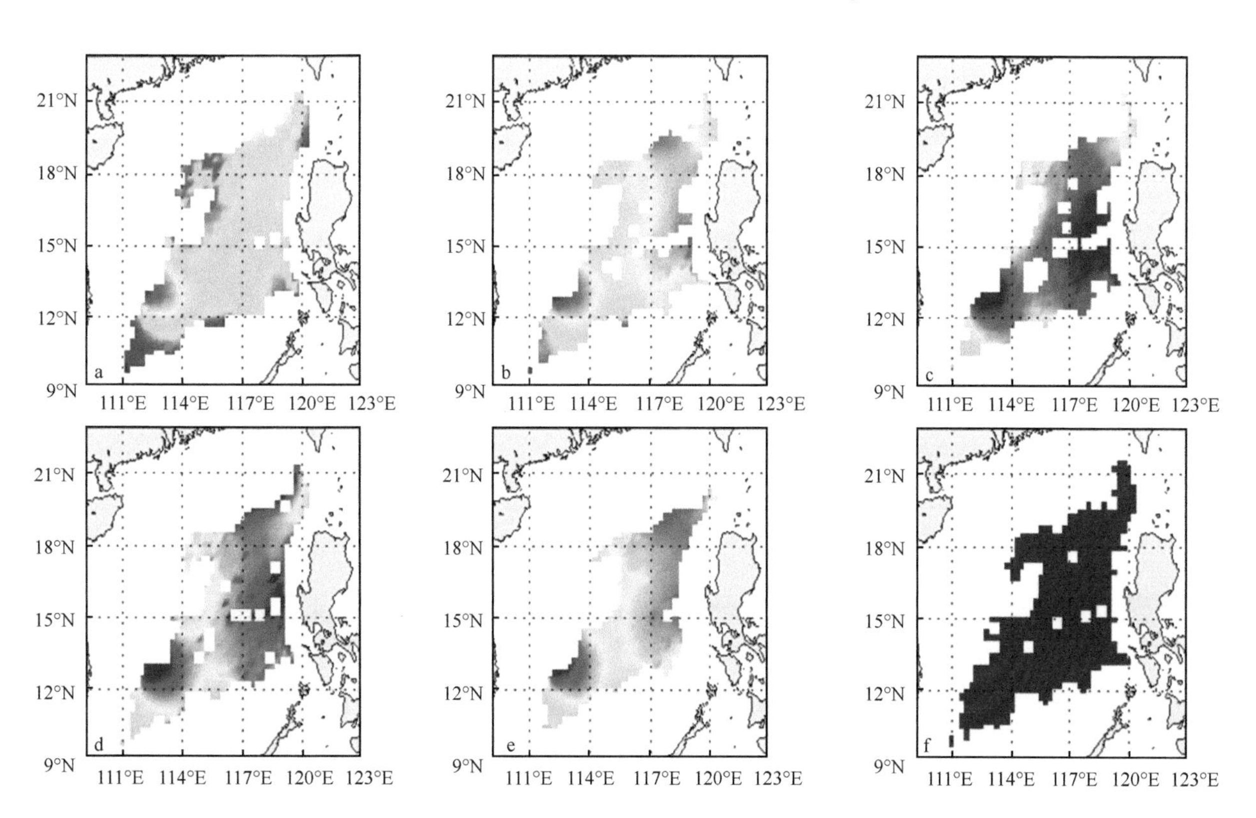

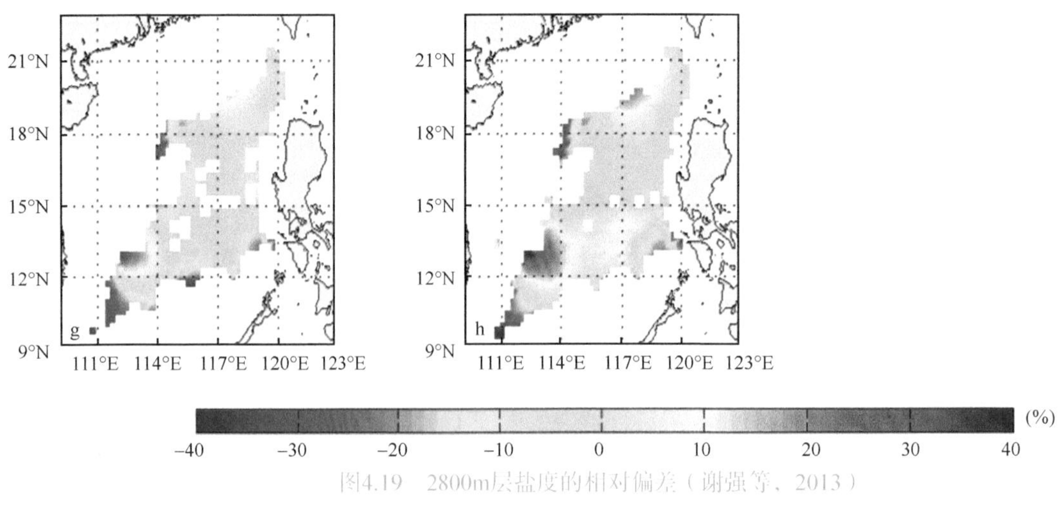

图4.19 2800m层盐度的相对偏差（谢强等，2013）

a. SODA；b. ECCO2；c. OCCAM；d. HYCOM；e. JPL-R；f. LICOM；g. OFES；h. BRAN

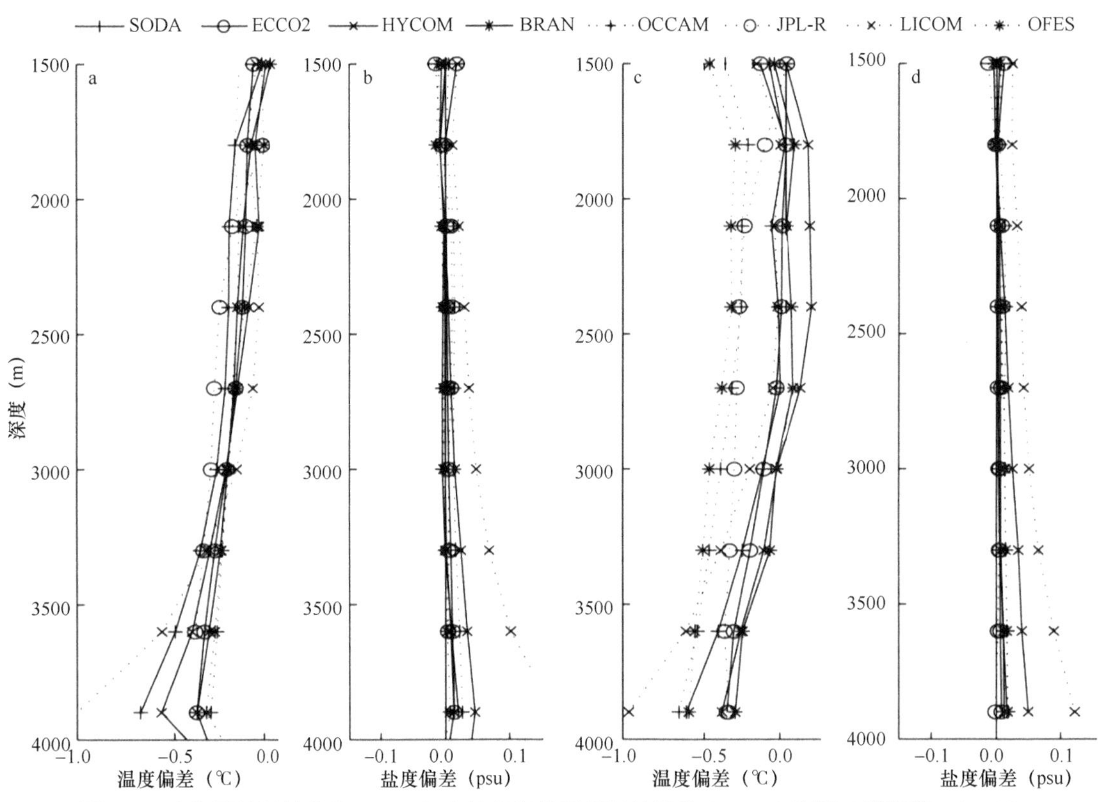

图4.20 南海平均温盐偏差（a、b）和吕宋海峡西侧温盐偏差（c、d）廓线（谢强等，2013）

3. 吕宋海峡深水瀑布

表4.2是吕宋海峡上层、中层和深层海水的海峡通量，由这些模式得出的吕宋海峡整层输送估值与已有的研究（Fang et al.，2005）比较一致。除JPL-R模式外，深层的输入量在0.50Sv左右，且都为西向，与观测结果相比，明显偏弱。8个模式的深层输入量平均值为0.36Sv，模式之间的偏差为0.22Sv，并且季节变率较大。图4.21是吕宋海峡深层（1500m以深）水交换的季节变化，可以看出，同化过的模式存在比较大的季

节变化，深层入流大多在冬季达到最大，而在春季达到最小。同化过的资料如SODA、ECCO2、HYCOM和BRAN及未同化的资料（OCCAM、LICOM和OFES）都显示在7月和10月为西向入流，这些特征与Tian等（2006）和Yang等（2010）的观测结果较为一致。从吕宋海峡深层的输送来看，同化过的资料中SODA、ECCO2、HYCOM和BRAN比较好，存在的主要问题是流量偏低。

表4.2　吕宋海峡海水体积输送及月平均标准差（谢强等，2013）　（单位：Sv）

资料	SODA	ECCO2	OCCAM	HYCOM	JPL-R	LICOM	OFES	BRAN	平均
整层	–1.70 （0.87）	–4.86 （2.23）	–4.06 （1.13）	–5.22 （1.96）	–6.02 （3.89）	–5.86 （2.46）	–3.42 （1.48）	–5.50 （2.01）	–4.92 （0.81）
上层 （0～500m）	–1.69 （1.19）	–4.56 （1.71）	–3.78 （1.48）	–5.55 （2.33）	–5.63 （3.44）	–5.66 （1.93）	–3.45 （1.68）	–7.14 （1.18）	–5.33 （1.37）
中层 （500～1500m）	0.70 （0.36）	0.01 （0.46）	0.39 （0.34）	1.03 （0.49）	–0.60 （1.13）	0.05 （0.70）	0.06 （0.38）	1.91 （0.62）	0.77 （0.79）
深层 （>1500m）	–0.71 （0.30）	–0.31 （0.45）	–0.67 （0.39）	–0.70 （0.72）	0.21 （0.23）	–0.25 （0.68）	–0.03 （0.14）	–0.26 （0.30）	–0.36 （0.22）

注：不带括号的数值表示海水体积输送，正值表示流出南海，负值表示流入南海；括号内的数值为月平均标准差

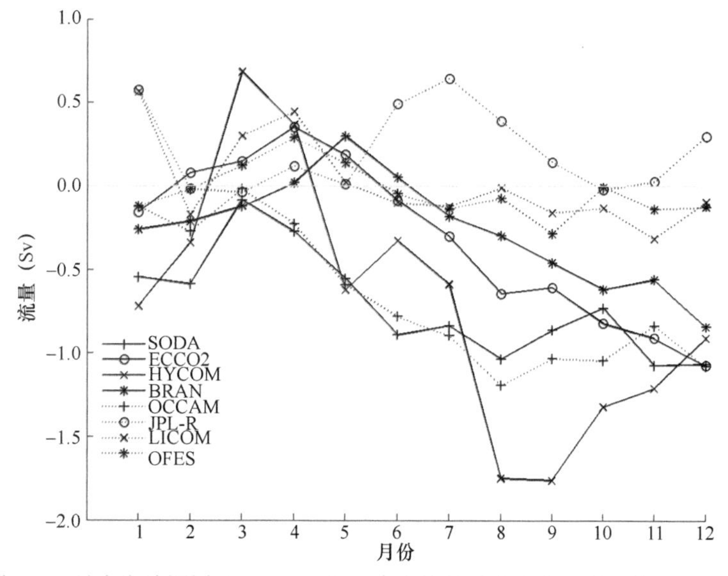

图4.21　吕宋海峡深层（1500m以深）水交换的季节变化（谢强等，2013）

4. 南海深层垂向积分流函数

利用GDEMv3气候态温盐数据集，选2400m作为零势面，算出2400m以深各层的地转流，然后垂向积分算出2400m到海底的垂向积分流函数；同时，对各个模式2400m以深的速度垂向积分获得其相应的流函数，如图4.22所示。与GDEMv3的地转流函数相比，除JPL-R之外，其他模式流函数都偏弱。南海深层存在大尺度气旋式环流，但是流函数大小及空间分布存在较大的差距。GDEMv3的地转流函数显示，低值气旋区主要存在其中部，在西南角也有一个微弱的负值气旋区。对于中部的流函数低值气旋区，模式结果都偏西。LICOM和BRAN在低负值区（对应气旋式环流）附近还夹杂着高正值区（对应反气旋式环流）。值得注意的是，JPL-R在吕宋海峡1500m以深为出流，但底部环流却是气旋式环流，这与其他模式由入流驱动的Stommel深海环流理论存在较大的差异。由于JPL-R在深层涡旋运动强烈，涡旋与南海底部地形的相互作用也可以触发深层大尺度气旋式环流，这与Holloway（1992）的涡流相互作用理论一致。

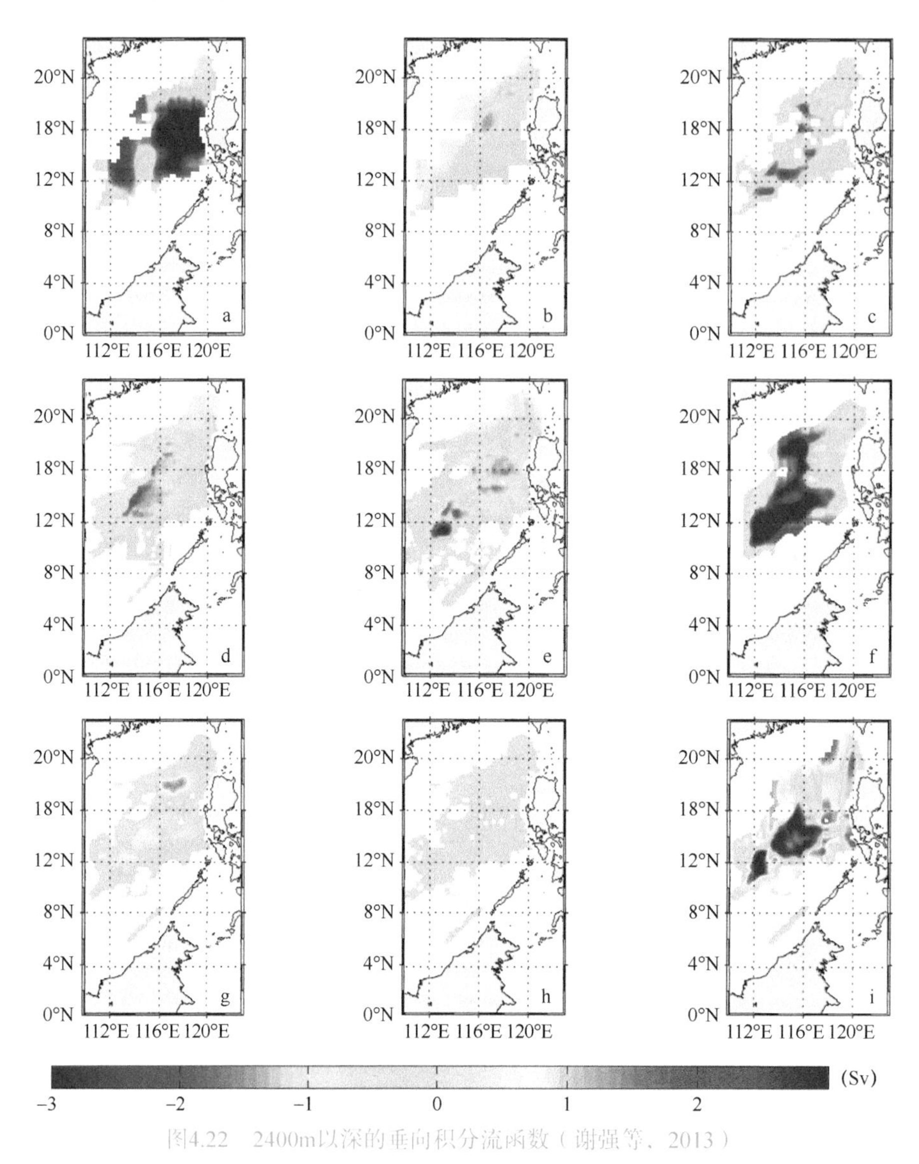

图4.22 2400m以深的垂向积分流函数（谢强等，2013）

a. GDEMv3；b. SODA；c. ECCO2；d. OCCAM；e. HYCOM；f. JPL-R；g. LICOM；h. OFES；i. BRAN

5. 小结

Xie等（2013）初步分析了8个准全球高分辨率海洋模式模拟的南海深层和底层环流，总结了南海深层和底层环流的基本特征。温盐误差分析显示，深层水温度相对偏差一致偏负，表明深层水一致偏冷，而盐度偏差随深度增加先为负偏差后为正偏差。温度的偏差幅度要大于盐度，且温盐在深层存在均一化趋势。吕宋海峡深层（1500m以深）水交换8个模式的平均值为0.36Sv，与观测值相比偏低。同化过的模式和一个未同化的模式（OCCAM）都显示，吕宋海峡深层水交换在春季最小，而在冬季达到最大。大多数模式的2400m以深垂向积分流函数显示，就大尺度而言南海深层为气旋式环流，但流函数的分布与气候态温盐数据集（GDEMv3）诊断得出的流函数相比存在较大的差异。

4.2.2 南海深层环流对地形的敏感性试验

1. 理论分析

从理论上探讨南海深层环流与地形之间的关系，浅水方程为

$$\frac{\partial \vec{u}}{\partial t}+\vec{k}\times f\vec{u}=-g\nabla\eta+\frac{\vec{\tau}}{\rho H}-\frac{R\vec{u}}{H} \tag{4.6}$$

式中，$\vec{u}$ 为流速；$\vec{k}$ 为垂直向上单位矢量；f 为科氏参数；g 为重力加速度；η 为海表高度；H 为水深；$\vec{\tau}$ 为剪切应力；ρ 为水体密度；R 为摩擦系数。对方程（4.6）取旋度，得到涡度方程为

$$\frac{\partial}{\partial t}(\nabla\times\vec{u})+J(\psi,\ \frac{f}{H})=\nabla\times\frac{\vec{\tau}}{\rho H}-\nabla\times\frac{R\vec{u}}{H} \tag{4.7}$$

式中，ψ 为流函数。将该方程无量纲化，得

$$\varepsilon\frac{\partial}{\partial t}(\nabla\times\vec{u})+J(\psi,\ \frac{f}{H})=\varepsilon\times\frac{\vec{\tau}}{H}-\varepsilon\nabla\times\frac{\vec{u}}{H} \tag{4.8}$$

式中，$\varepsilon=\dfrac{R}{f_0H_0}$ 为无量纲参数，根据南海的实际特点，取 R=0.0008m/s、$f_0\approx10^{-5}$/s、$H_0\approx1000$m，此时 ε 的量级为 10^{-1}。ε 较小，则零级近似方程为

$$J(\psi_0,\ \frac{f}{H})=0 \tag{4.9}$$

方程（4.9）表示零级近似时，流函数与等 $\dfrac{f}{H}$ 线平行。因南海深层环境位涡 $\dfrac{f}{H}$ 主要由 H 决定，所以有

$$|\vec{u}|\prec\frac{|\nabla H|}{H^2} \tag{4.10}$$

考虑到实际南海深层存在层化，对某一层进行积分，所得的涡度方程为

$$\frac{\partial}{\partial t}(\nabla\times\vec{u})+J(\psi,\ \frac{f}{H})=J(\chi,\ \frac{1}{H})+\nabla\times\frac{\vec{\tau}}{\rho H}-\nabla\times\frac{R\vec{u}}{H} \tag{4.11}$$

式中，$\chi=\dfrac{1}{\rho_0}\int_{-H}^{0}g\rho z\mathrm{d}z$；$J(\chi,\ \dfrac{1}{H})$ 为JEBAR项。考虑到深层层化较弱和坡度较强，当把JEBAR项进行面积积分时，其值近似可以忽略，则积分形式的涡度方程为

$$\iint\frac{\partial}{\partial t}(\nabla\times\vec{u})\mathrm{d}x\mathrm{d}y+\iint J(\psi,\ \frac{f}{H})\mathrm{d}x\mathrm{d}y=\iint\nabla\times\frac{\vec{\tau}}{\rho H}\mathrm{d}x\mathrm{d}y-\iint\nabla\times\frac{R\vec{u}}{H}\mathrm{d}x\mathrm{d}y \tag{4.12}$$

采取与正压涡度方程类似的无量纲化方法，同样可以得到式（4.10）。从式（4.10）可以看出，南海深层水平环流对地形的深度与坡度有很强的依赖关系。

2. 模式试验

为检验式（4.10）的合理性，采用普林斯顿海洋模式（Princeton ocean model，POM）做南海深层环流对地形的两组敏感性试验topo_h与topo_l。图4.23a为topo_h试验所用的地形，对应模式采用高分辨率地形，图4.23b为topo_l试验所用的地形，对应模式采用低分辨率地形。其他条件都相同（模式温盐初值条件取自气候态GDEMv3温盐资料，开边界流速条件取自气候态SODA再分析资料，热通量条件取自气候态NCEP/NCAR资料，风场取自气候态QuickScat风场资料。模式选择温盐固定的诊断模式）。图4.23c与图4.23d分别为topo_h试验和topo_l试验所对应的2000m层流场（流速小于1cm/s略去不画，2500m层流场类似），可以看出，南海深层环流为气旋式环流，且流速较大值基本集中在地形较为陡峭的深海陆坡区。两组试验的唯一区别是topo_h试验的深层流速要大于topo_l试验的深层流速。

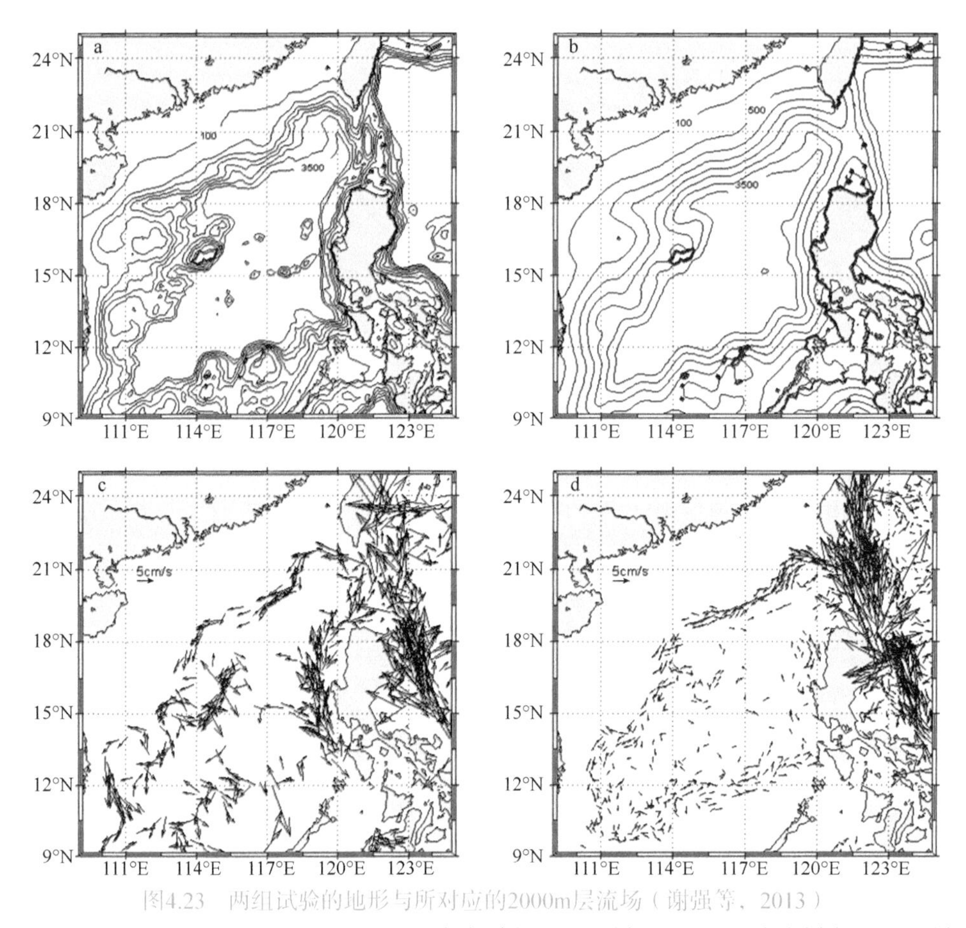

图4.23 两组试验的地形与所对应的2000m层流场（谢强等，2013）

a. topo_h试验地形；b. topo_l试验地形；c. topo_h试验所对应的2000m层流场；d. topo_l试验所对应的2000m层流场

由式（4.10）可知，地形量$\frac{|\nabla H|}{H^2}$越大，则所对应的流速$|\vec{u}|$越大。图4.24a与图4.24c为topo_h试验的地形量$\frac{|\nabla H|}{H^2}$与2000m层的$|\vec{u}|$分布图，而图4.24b与图4.24d则为topo_l试验的地形量$\frac{|\nabla H|}{H^2}$与2000m层的$|\vec{u}|$分布图。可以清晰地看到，从高分辨率地形试验到低分辨率地形试验，地形量$\frac{|\nabla H|}{H^2}$减小，则所对应的流速也随之减小。由以上的理论分析和POM敏感性试验可知，南海深层环流对地形是比较敏感的，模式地形的差异可以明显引起环流强度的变化。

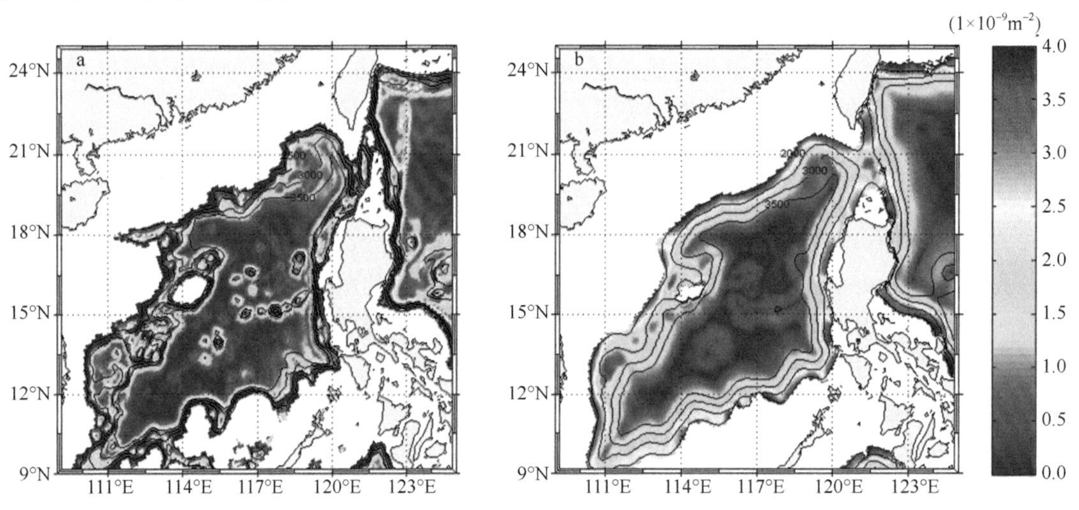

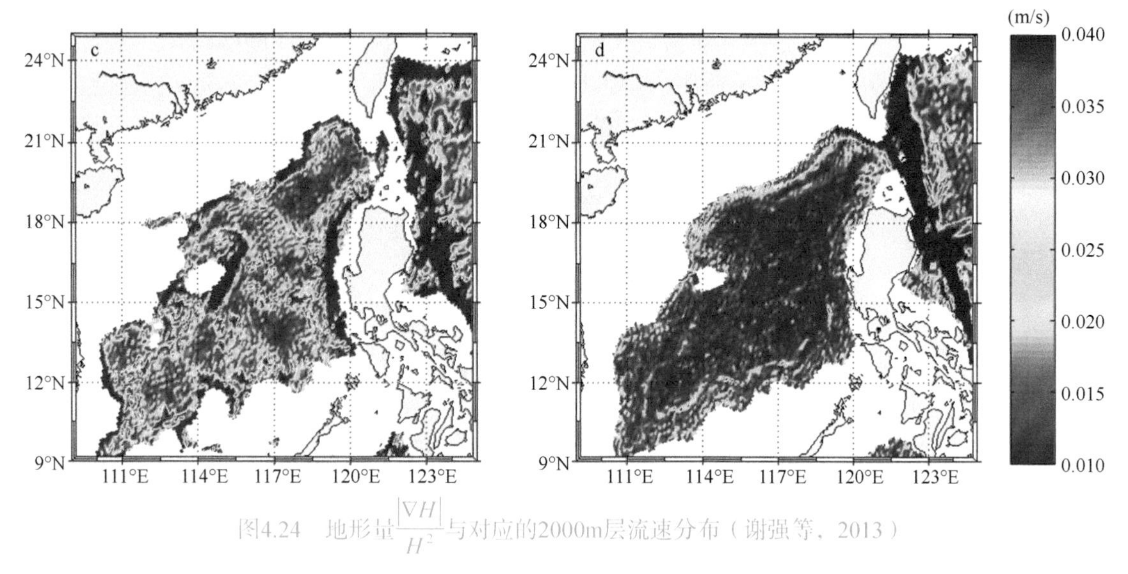

图4.24　地形量$\frac{|\nabla H|}{H^2}$与对应的2000m层流速分布（谢强等，2013）

a. topo_h试验地形量；b. topo_l试验地形量；c. topo_h试验所对应的2000m层流速；d. topo_l试验所对应的2000m层流速

4.2.3　考虑潮汐和中尺度涡影响的南海底层流诊断模型

1. 诊断模型介绍

结合南海实际的特点，肖劲根等（2013）通过在垂向速度中加入中尺度涡、潮汐与吕宋海峡“深水瀑布”的影响，重新推导新的南海底层流诊断模型。本小节的诊断模型与北冰洋的风生正压流场模型类似（Nilsson et al.，2005；Nøst and Isachsen，2003；Aaboe and Nøst，2008）。

流速可以写为

$$\vec{v}_g = \vec{v}_s + \vec{v}_b \tag{4.13}$$

式中，$\vec{v}_b$为底部速度，$\vec{v}_s$为密度水平差异引起的流速（选海底为参考面），可以表示为

$$\vec{v}_s = -\frac{g}{\rho_0 f}\vec{k} \times \int_{-H}^{z_0} (\rho_r + \rho')dz \tag{4.14}$$

式中，$\rho_r = \rho_r(H)$为参考密度。

底部速度可写为

$$\vec{v}_b = \vec{v}_{\rho_b} + \vec{v}_0 \tag{4.15}$$

式中，

$$\vec{v}_{\rho_b} = -\frac{g}{\rho_0 f}\rho_b'\vec{k} \times \nabla H \tag{4.16}$$

$$\vec{v}_0 = \frac{1}{\rho_0 f}\vec{k} \times \nabla p_0 \tag{4.17}$$

假定ρ_0只是H的函数，它正比于近底层流函数，这样得到的底层流函数等值线与等H线重合。此假定具有一定的可靠性。Bretherton和Haidvogel（1976）将二维经典湍流理论推广到二维小尺度地形下的准地转湍流，发现流函数等值线最终将与等深线重合。相关研究都得出底层流函数与地形存在明显的相关关系，即海山上部会出现反气旋式环流，而海槽处将会出现气旋式环流（Holloway，1987，1992）。同时，近底观测的流速也显示底层流与地形重合的趋势较强（Holloway，2008）。

将$\vec{v}$沿垂向积分，有$\vec{V}=\int_{-H}^{z_0}\vec{v}\mathrm{d}z$，其中$h$=$H$+$z_0$，$z_0$为某一个标准层，而$\vec{V}$可以分解为

$$\vec{V}=\vec{V}_Q+h\vec{v}_0+\vec{V}_{\mathrm{a}} \tag{4.18}$$

式中，

$$\vec{V}_Q=\int_{-H}^{z_0}(\vec{v}_s+\vec{v}_{\rho_{\mathrm{b}}})\mathrm{d}z=\vec{V}_S+h\vec{v}_{\rho_{\mathrm{b}}} \tag{4.19}$$

$$\vec{V}_S=\int_{-H}^{z_0}\vec{v}_s\mathrm{d}z=-\frac{g}{\rho_0 f}\vec{k}\times\int_{-H}^{z_0}\int_{-H}^{z_0}\nabla(\rho_{\mathrm{r}}+\rho')\mathrm{d}z\mathrm{d}z' \tag{4.20}$$

式（4.18）考虑的主要是定常流的分解，对于各个潮汐周期分量，长时间平均可以认为是0，因而潮汐的水平输送不予考虑。$\vec{V}_{\mathrm{a}}$是底Ekman层输送或表Ekman层输送。因假定底层流沿着底层等位涡线（近似为等深线），所以底层垂直速度为$W_{\mathrm{b}}=-\vec{u}_{\mathrm{b}}\cdot\nabla H=0$，而某一个水平面$z_0$处的垂直速度可以取作$W_{\mathrm{t}}$=$W_0$+$W_{\mathrm{eddy}}$+$W_{\mathrm{tide}}$，其中$W_{\mathrm{t}}$为水层顶部的垂直抽吸速率，是背景垂直上升速度$W_0$（$W_0$为模拟吕宋海峡“深水瀑布”所引起的水体抬升作用，取2.83×10^{-6}m/s，则对于2000m水层，总的垂向通量为2.40Sv）、涡致混合导致的垂直速率W_{eddy}和潮汐混合引起的垂直速率W_{tide}之和。根据$\nabla\cdot\vec{V}=-W_{\mathrm{t}}$，对式（4.18）求散度，可得

$$-\nabla\cdot(h\vec{v}_0)=-\vec{V}_Q\cdot\frac{\nabla f}{f}+\nabla\cdot\vec{V}_{\mathrm{a}}+W_{\mathrm{t}} \tag{4.21}$$

这里我们用到了$\nabla\cdot(f\vec{V}_Q)=0$，因而有$\nabla\cdot\vec{V}_Q=-\vec{V}_Q\cdot\frac{\nabla f}{f}$，另外

$$\nabla\cdot\vec{V}_{\mathrm{a}}=W_{\mathrm{s}}-W_{\mathrm{b}}=\mathrm{curl}(\frac{\vec{\tau}_{\mathrm{s}}}{\rho_0 f})-\mathrm{curl}(\frac{\vec{\tau}_{\mathrm{b}}}{\rho_0 f}) \tag{4.22}$$

式中，W_{s}为上层Ekman抽吸；W_{b}为底层Ekman抽吸。如果从海底积分到海表，则考虑上层海洋Ekman抽吸。如果积分到某一层，则不考虑上层海洋Ekman抽吸。沿着$\frac{f}{h}$积分，因$\frac{f}{h}$主要由h决定，近似可沿着等H线进行积分。根据ρ_0只是H的函数的假定，消去式（4.21）第一项，于是

$$\oint_{C(H)}\frac{\vec{\tau}_{\mathrm{b}}}{\rho_0 f}\cdot\vec{t}\mathrm{d}s=\iint_{A(H)}\left[-\vec{V}_Q\cdot\frac{\nabla f}{f}+W_{\mathrm{t}}\right]\mathrm{d}A \tag{4.23}$$

根据假定ρ_0是H的单值函数，有

$$\vec{v}_{\mathrm{b}}=\left[-\frac{g}{\rho_0 f}\rho_{\mathrm{b}}'+\frac{1}{\rho_0 f}\frac{\mathrm{d}p_0(H)}{\mathrm{d}H}\right]\vec{k}\times\nabla H \tag{4.24}$$

假定$\vec{\tau}_{\mathrm{b}}=R\rho_0\vec{v}_{\mathrm{b}}$，其中$R$为摩擦系数，代入则有

$$\frac{\mathrm{d}p_0}{\mathrm{d}H}=\frac{\rho_0}{R}\frac{\iint_{A(H)}\left[-\vec{V}_Q\cdot\frac{\nabla f}{f}+W_{\mathrm{t}}\right]\mathrm{d}A}{\oint_{C(H)}\frac{1}{f^2}(\vec{k}\times\nabla H)\cdot\vec{t}\mathrm{d}s}+g\left\langle\rho_{\mathrm{b}'}\right\rangle \tag{4.25}$$

式中，t为单位切向量。

定义$\left\langle\rho_{\mathrm{b}}\right\rangle=\frac{\oint_{C(H)}\frac{1}{f^2}\rho_{\mathrm{b}}(\vec{k}\times\nabla H)\cdot\vec{t}\mathrm{d}s}{\oint_{C(H)}\frac{1}{f^2}(\vec{k}\times\nabla H)\cdot\vec{t}\mathrm{d}s}$，则$\left\langle\rho_{\mathrm{b}'}\right\rangle$=0，可得

$$\vec{v}_{\mathrm{b}}=\frac{1}{Rf}\frac{\iint\limits_{A(H)}\left[-\vec{V}_Q\cdot\frac{\nabla f}{f}+W_{\mathrm{t}}\right]\mathrm{d}A}{\oint\limits_{C(H)}\frac{1}{f^2}(\vec{k}\times\nabla H)\cdot\vec{t}\mathrm{d}s}\vec{k}\times\nabla H+\vec{v}_{\rho_{\mathrm{b}}} \tag{4.26}$$

在式（4.26）中，将 $-\vec{V}_Q\cdot\dfrac{\nabla f}{f}$ 称为斜压强迫，而将$W_{\mathrm{t}}=W_0+W_{\mathrm{eddy}}+W_{\mathrm{tide}}$中的$W_{\mathrm{eddy}}$和$W_{\mathrm{tide}}$分别称为涡强迫和潮汐强迫。$W_0$为吕宋海峡“深水瀑布”引起的水体抬升。$\vec{v}_{\rho_{\mathrm{b}}}$ 主要是由底层密度差异引起的密度流，因底层观测资料稀少且已均一化，暂时不考虑其影响。从式（4.26）可知，底部流场与∇h的关系很大，地形坡度大的地方，所对应的流速也应该比较大，而地形坡度小的地方，所对应的流速也应该比较小。如果等深线H不封闭，如在某个海峡处，也假定 $\dfrac{\mathrm{d}p_0}{\mathrm{d}H}$ 沿着开口的等深线为一常数，则有 $\dfrac{\mathrm{d}p_0}{\mathrm{d}H}=-\rho_0 f\dfrac{\vec{v}_{\mathrm{b}}}{|\nabla H|}$，其中 $\vec{v}_{\mathrm{b}}$ 为该海峡的实测速度。还可采用二次摩擦率推导出相应的公式，与线性摩擦率定性上是一致的，但表达式较为复杂。从海底积分到某一标准层z_0，然后可按照式（4.26）求出此时等深线z_0上的流场图。本小节只计算2000～4200m的封闭等深线围成的南海海盆的底部流场。计算时，取g=9.81m/s^2，ρ_0=1025kg/m^3，R=8×10^{-4}m/s。

2. 潮汐引起的等效垂直速率W_{tide}

采用St. Laurent（2002）提出的潮汐参数化方案。该方案最后转化为垂直混合系数，其中用到了功能转化原理。按照潮汐能量最后转化为重力位能的思路进行改进，最后以改进的垂直混合速度来表示。考虑地形上的周期性流动，其产生的阻尼为

$$D=\frac{1}{2}N_{\mathrm{b}}\kappa r^2\vec{u} \tag{4.27}$$

式中，N_{b}为底部的浮力频率；κ表示内波产生的地形波数；r为地形粗糙度；$\vec{u}$ 为正压潮的流速矢量。
内波从正压潮中提取的总能量可以表示为

$$E_{\mathrm{tide}}=\frac{1}{2}\rho_0 N_{\mathrm{b}}\kappa r^2\left\langle\vec{u}^2\right\rangle \tag{4.28}$$

用于混合的有效能量可以写为

$$E_{\mathrm{ef}}^{\mathrm{tide}}=q\Gamma E_{\mathrm{tide}} \tag{4.29}$$

式中，q为内波能量用于底层混合的比率，一般取1/3；Γ为混合效率，一般取0.2。这一部分有效能量在整层水柱按照以下分布描述：

$$E_z^{\mathrm{tide}}=E_{\mathrm{ef}}^{\mathrm{tide}}F(z)=E_{\mathrm{ef}}^{\mathrm{tide}}\frac{\mathrm{e}^{-(H+z)/\xi}}{\xi(1-\mathrm{e}^{-H/\xi})} \tag{4.30}$$

式中，ξ为潮汐垂向耗散尺度，范围为300～1000m，此处取ξ=500m。

考虑由水平面z_1、z_2、z_3围成的两层水体，z_1和z_2围成的水体的平均密度为ρ_1，而z_2和z_3围成的水体的平均密度为ρ_2，且$\rho_2>\rho_1$。现在依照功能原理求界面z_2的垂直混合速率W_{tide}。因为$\rho_2>\rho_1$，潮汐的有效能量通量$E_{z3}^{\mathrm{tide}}-E_{z1}^{\mathrm{tide}}$将重的水体$\rho_2$抬升到轻的水体$\rho_1$中之后将发生静力不稳定，混合自然发生。水体混合的垂直厚度用正压潮的总潮高ϕ和矫正因子β的乘积$\beta\phi$表示，其中矫正因子β的取值范围为3～10，此处取β=8。这样根据功能转化原理可求界面z_2的垂直混合速率W_{tide}，其表达式最后为

$$W_{\mathrm{tide}}=\frac{E_{z3}^{\mathrm{tide}}-E_{z1}^{\mathrm{tide}}}{(\rho_2-\rho_1)g\alpha\phi} \tag{4.31}$$

3. 涡致等效垂直速率W_{eddy}

假设卫星高度计所测的海表高度异常η'主要表示第一斜压模的相速，则有

$$p_1'(x, y, 0, t) = \rho_0 g\eta' \tag{4.32}$$

压力扰动结构函数 $\hat{p}_n$ 可表示为

$$p_n'(x, y, z, t) = \rho_0 g\eta' \frac{\hat{p}_n(x, y, z)}{\hat{p}_n(x, y, 0)} \tag{4.33}$$

则其所代表的能量通量为

$$E_{\text{tide}} = \nabla_h \cdot (\int_{-H}^{0} \overline{u_1' \cdot p_n'} \mathrm{d}z) = -\int_{-H}^{0} \frac{\beta}{2f^2\rho_0} \frac{\partial \overline{p_n'^2}}{\partial x} \mathrm{d}z \tag{4.34}$$

将式（4.33）代入式（4.34），则有

$$E_{\text{tide}} = -\frac{\rho_0 g^2 \beta}{2f^2} \frac{\partial}{\partial x} \left(\frac{\int_{-H}^{0} \hat{p}_n^2(x, y, z)\mathrm{d}z}{\hat{p}_n^2(x, y, 0)} \overline{\eta'^2} \right) \tag{4.35}$$

令$Q = \dfrac{\int_{-H}^{0} \hat{p}_1^2(x, y, z)\mathrm{d}z}{\hat{p}_1^2(x, y, 0)}$，采用WKB近似方法，反推得

$$Q = \frac{\pi^2 c_1^2}{2N(0)\overline{N_z}H} \tag{4.36}$$

式中，c_1为第一斜压模的相速；N为浮力频率。代入式（4.35），有

$$E_{\text{eddy}} = -\frac{\rho_0 g^2 \beta}{2f^2} \frac{\partial}{\partial x} (\frac{\pi^2 c_1^2 \overline{\eta'^2}}{2N(0)\overline{N_z}H}) \tag{4.37}$$

在求等效涡致垂直速率W_{eddy}的过程中所采用的参数$F(Z)$、q、Γ和ξ与潮汐参数化方案取为一致，而β取值范围为10～20，此处取16，最终得到W_{eddy}为

$$W_{\text{eddy}} = \frac{E_{z3}^{\text{eddy}} - E_{z1}^{\text{eddy}}}{(\rho_2 - \rho_1) g\beta\overline{|\eta'|}} \tag{4.38}$$

4. 资料来源

温盐资料采用NRL（The Naval Research Laboratory）最新发布的GDEMv3气候态温盐数据集。GDEMv3水平分辨率为0.25°×0.25°，垂向上分为78层，它是目前公开的质量控制较好、分辨率较高的南海温盐数据集。还用到QuickSCAT风场气候态年平均资料、ETOPO2地形资料、OSU潮汐资料（版本为tpxo6.2，http://volkov.oce.orst.edu/tides/global.html）。另外，海表高度异常资料采用IPRC（International Pacific Research Center）的AVISO TOPEX/ERS/Jason1 融合资料，时间分辨率为1周，时间长度为1992年11月1日至2010年3月31日。

5. 斜压强迫和“深水瀑布”所驱动的底部流场

仅考虑吕宋海峡“深水瀑布”与斜压强迫，而不考虑潮汐与中尺度涡强迫。这种情形对应于以往大多数没有加潮汐混合的数值模拟结果。图4.25a～d分别是2400m、2800m、3200m和3600m层“深水瀑布”与斜压强迫之和的空间分布图，可以看出下沉运动区域主要集中在南海中部海盆，分布与斜压强迫类似。根

据以上模型，可以算出斜压效应和“深水瀑布”决定的底部流场空间分布（图4.25e）。可以看出，南海2400～3600m等深面上都是气旋式环流，流速极大值在0.09m/s左右，其量级为10^{-1}m/s。

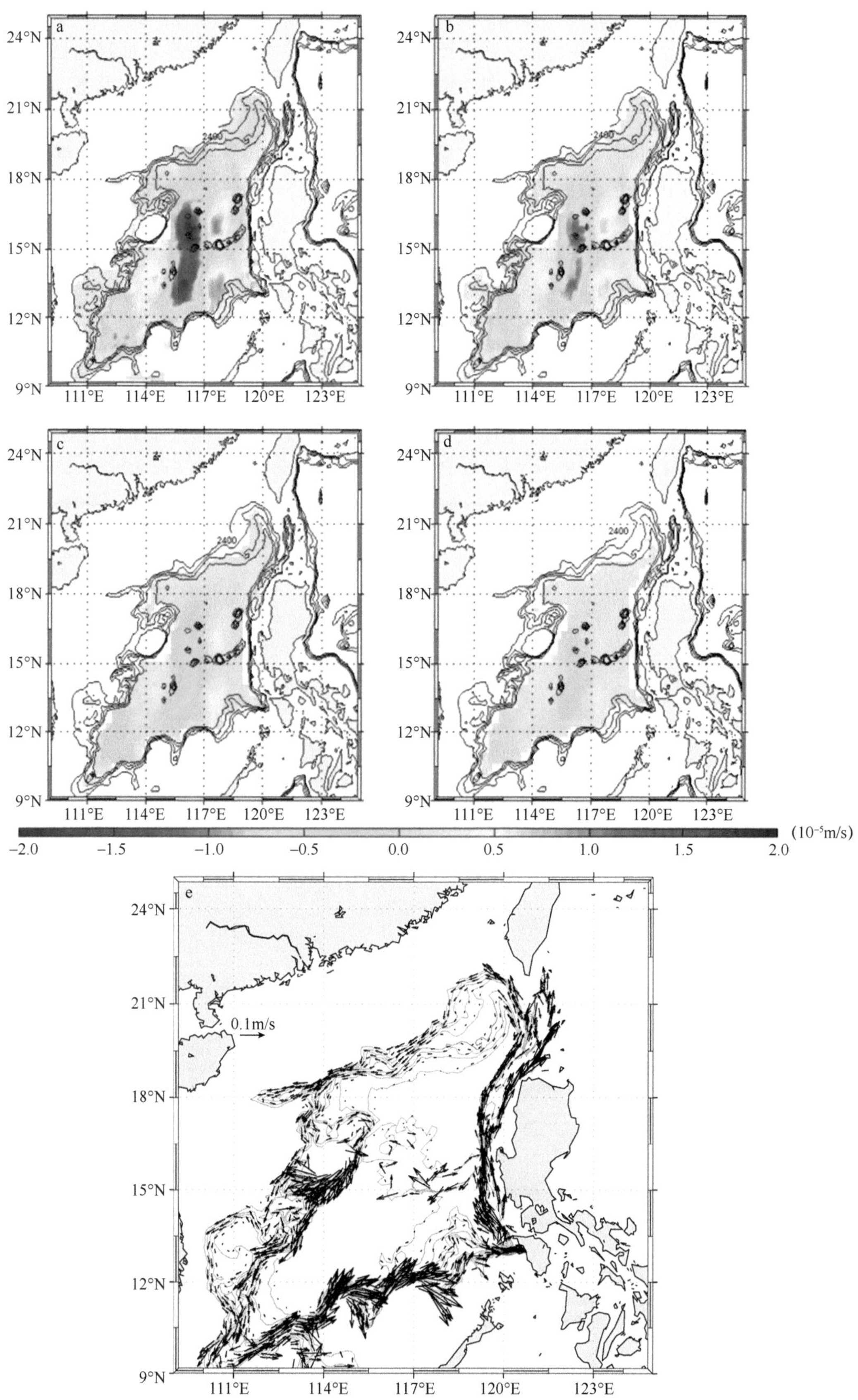

图4.25 斜压强迫（10^{-5}m/s）与“深水瀑布”的空间分布和对应的底部流场（肖劲根等，2013）

a. 2400m；b. 2800m；c. 3200m；d. 3600m

6. 潮汐和中尺度涡影响下的南海底部环流

在吕宋海峡“深水瀑布”的作用下，南海底部环流为气旋式环流，而根据式（4.26），大致可以判断潮汐强迫和涡强迫的总效应都会触发南海底部气旋式环流。因此，潮汐强迫和涡强迫都起到强化南海底层气旋式环流的作用，在“深水瀑布”的作用下，潮汐强迫和涡强迫不会改变流场的整体形态，此处将斜压强迫、涡强迫、潮汐强迫和“深水瀑布”结合起来，得到图4.26a～d。可以看出，当考虑潮汐强迫和涡强迫的影响后，垂直速率在海盆西边界和吕宋海峡附近地形陡峭区域明显增大。根据文中的潮汐混合参数化和涡致混合参数化方案，潮汐和中尺度涡的能量主要用于提高水体的重力势能，等效的垂直速度总是往上的，所诱发的环流是气旋式方向。因此，潮汐混合和涡致混合起到强化气旋式环流的作用。根据以上模型，可以算出南海底部环流的空间分布（图4.26e），基本流态与图4.25e类似。由图4.26可知，南海2400～3600m等深线上都是逆时针环流。图4.26e中的红色矢量为南海3个观测站的底层观测流速，其中吕宋海峡附近2个观测站（C01与E07观测站）的底层流速是“2008年国家863规范化外海实验”观测获得，详细介绍见谢玲玲（2009）的博士论文，二者余流流速分别为0.09m/s和0.13m/s，与之对应的模式流速分别为0.06m/s和0.11m/s；而南海海盆内区的一个观测值来自国家海洋局[①]南海分局“2006年深潜器3500m级选址调查”一个离底20m的连续站，余流流速为0.04m/s左右，与之对应的模式流速为0.02m/s左右，方向大致都沿着等深线方向。

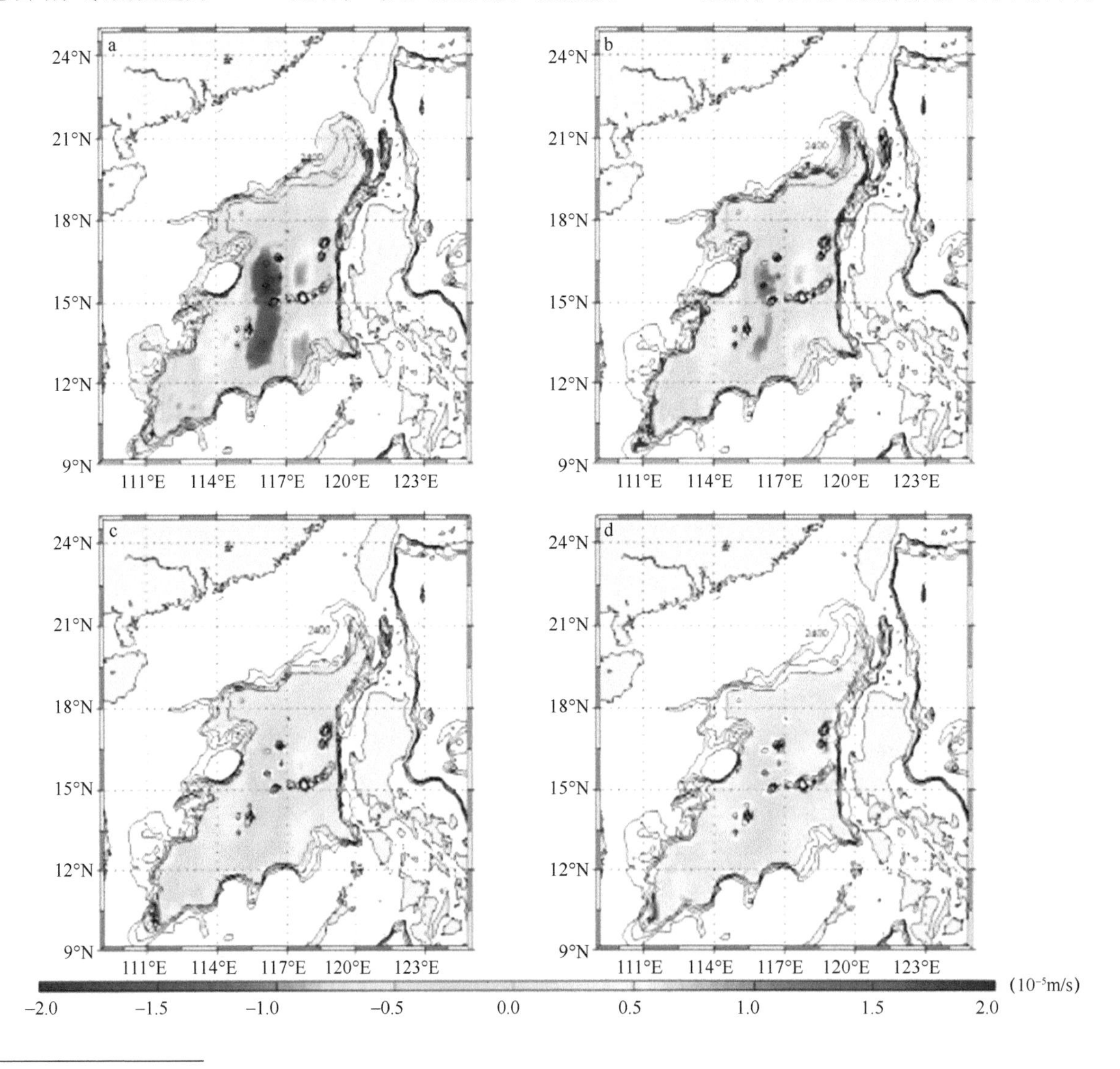

① 2018年3月，根据第十三届全国人民代表大会第一次会议批准的国务院机构改革方案，将国家海洋局的职责整合；组建中华人民共和国自然资源部，自然资源部对外保留国家海洋局牌子；将国家海洋局的海洋环境保护职责整合，组建中华人民共和国生态环境部；将国家海洋局的自然保护区、风景名胜区、自然遗产、地质公园等管理职责整合，组建中华人民共和国国家林业和草原局，由中华人民共和国自然资源部管理；不再保留国家海洋局。

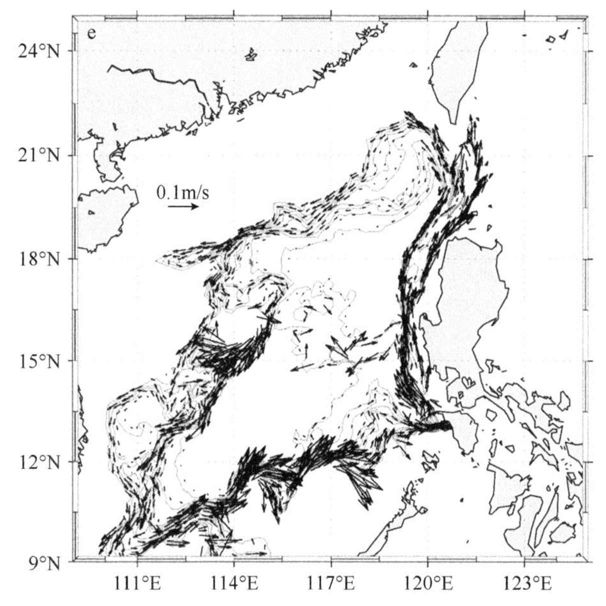

图4.26　潮汐和中尺度涡影响下总强迫的空间分布与对应的底部流场（肖劲根等，2013）

a. 2400m；b. 2800m；c. 3200m；d. 3600m。红色矢量为实测流速

7. 结论

本小节构造了一个考虑地形、中尺度涡与潮汐影响的南海底部环流诊断模型。该模型加入了底Ekman层、热成风关系、体积守恒、潮汐和中尺度涡等动力约束因素，并从尺度分析出发，分析了模型的适用性，验证了该模型的实用性，最终得出了以下结论：南海底部流场为气旋式流场；潮汐混合和涡致混合增大了气旋式环流的强度；速度的大小与地形的坡度存在密切的关系，即地形坡度较大的区域，流速也较大。

4.3　南海深层经向翻转环流

吕宋海峡（水深约为2500m）作为南海与太平洋沟通的唯一深层通道，其通量及海流结构对南海深层环流和经向翻转环流都产生重大影响。水团分析显示，南海2000m以深的水团性质与吕宋海峡东侧的菲律宾海2000m处的北太平洋深层水的水团性质类似（Nitani，1972；Broecker et al.，1986）。南海深层水由于混合变性，其密度明显小于北太平洋深层水，这种吕宋海峡两侧的深层水密度差异所构成的压力差会驱动北太平洋深层水入侵南海，形成吕宋海峡“深水瀑布”（Qu et al.，2006b）。吕宋海峡“深水瀑布”入侵南海的通量为0.7～2.5Sv（Wang，1986；Liu C T and Liu R J，1988；Qu et al.，2006b；Tian et al.，2006；Yang et al.，2010，2011；Chang et al.，2010；Zhou et al.，2014）。目前对吕宋海峡深层环流的最新认识为：吕宋海峡两端的深层压力差驱动大约0.8Sv的北太平洋深层水越过吕宋海峡的海槛形成吕宋海峡“深水瀑布”，然后“深水瀑布”沿吕宋海峡通道主轴流向吕宋海沟，最后主要从吕宋海沟的西侧豁口流向南海内区海盆（Tian and Qu，2012；Zhao et al.，2014；Zhou et al.，2014）。

在吕宋海峡净通量“三明治”结构及南海深层强混合的影响下，南海经向翻转环流可能具有如下结构：在吕宋海峡上层，热带太平洋次表层水流入南海，在南海上层形成南海贯穿流（Qu et al.，2005，2006a；Wang et al.，2006；Yu et al.，2007）；而在吕宋海峡深层太平洋深层水流入南海，在南海南部抬升，驱动南海深层翻转环流形成（Qu et al.，2006a；刘长建等，2008；Fang et al.，2009）；太平洋深层水和次表层水在南海混合，从吕宋海峡中层流出，进而形成南海中层经向翻转环流。南海经向翻转环流的“三明治”结构与南海上层气旋式环流、中层反气旋式环流及深层气旋式环流互相配置，构成了一个相当复杂的环流动力系统。

目前对南海深层水体上涌到中层的具体方式有多种假设。最为简单的是认为南海深层水均匀的上涌到中层（Qu等，2006b；Wang等，2012），这种假设在模式中易于设定，但是对于复杂地形下的南海显然是过于理想化的。另一种则是基于数值模式结果提出的多胞结构，在南海南部、中部、北部分别存在一个上升带（Shu等，2014），这种带状分布的上升区与深海地形波动有关，但是从上涌强度的空间分布能够清晰看到上涌大值区域基本上位于地形陡峭的陆坡或者岛屿附近，这其中隐含了第三种上涌方式，即深海强流与陡峭地形作用诱发的强烈上涌。Wang等（2012）利用模拟的深海潮汐耗散估算上涌速率分布，发现上涌大值区基本上位于南海陡峭的陆坡区域以及西沙-中沙等复杂岛屿区域。

Wang等（2004）利用一个*z*坐标下刚盖近似的海洋环流模式，分别在闭边界和开边界两种情况下，模拟了理想平底海底地形下南海冬季和夏季的上层经向翻转环流。模拟结果显示，黑潮影响南海上层经向翻转环流的范围可达10°N左右，从而驱动南海上层形成一个不闭合的经向翻转环流。在冬季（夏季）海水从500m（200m）左右自北向南输送，并且逐步抬升，在表层返回北部。该经向翻转环流描述了南海中层水和次表层水的运动路径。Zhang等（2014a）发现，南海400m以浅存在一个顺时针翻转环流，这个翻转环流在南海北部下沉，在次表层向南运动，在南海南部抬升，然后在表层为北向运动。其中，表层的北向运动主要与南海海盆的纬向风有关，北部下沉与南海北部的通风过程有关，而南部上升主要与Ekman抽吸引起的夏季越南中部上升流及越南海域以外的局地上升运动有关。

Fang等（2009）利用MOM2模式模拟的结果显示，在吕宋海峡上层太平洋次表层水入侵南海的西向净通量为5Sv，形成南海贯穿流，而在吕宋海峡太平洋深层水入侵南海的西向净通量为0.31Sv。太平洋次表层水与深层水在南海中层发生混合，并从吕宋海峡中层流出南海，其净通量为0.56Sv。这种吕宋海峡“三明治”的输送结构会驱动不闭合的南海经向翻转环流形成。刘长建等（2008）用SODA资料计算了多年平均的经向翻转流函数，并发现在南海中上层经向翻转环流与Wang等（2004）的结果类似，同时南海深层和底层经向翻转环流也存在不闭合现象：吕宋海峡“深水瀑布”沿着南海底部地形向南运动，在南海南部附近由于地形抬高而被抬升，一部分从卡里马塔海峡流出，另一部分与吕宋海峡入侵的太平洋次表层水汇合，然后返回表层，进入南海表层环流圈之中。而Liu等（2012）进一步利用多年南海温盐观测资料发现，与20世纪60年代、80年代相比南海中层水显得更淡，这与南海深层翻转环流的减弱有关。

4.3.1 多个模式模拟的南海经向翻转流函数

图4.27为各模式得出的年平均南海经向翻转流函数。与同化的SODA资料相比，肖劲根等（2013）发现各模式1000m以浅的经向翻转流函数较为一致，即在8°～18°N存在反气旋式中心，而在20°～22°N存在气旋式中心，此中心与黑潮的入侵对应，这与刘长建等（2008）的研究结果较为一致。但在1500m以深，各模式的经向翻转流函数的空间分布和大小都存在较大的差异。与GDEMv3 2400m以深南海经向翻转流函数相比，反气旋式结构只在HYCOM、BRAN、ECCO2和OCCAM 5个模式中出现，但都较弱，JPL-R模式则显示在10°～12°N为反气旋式结构，而在12°～18°N气旋式与反气旋式结构同时出现。上述各模式得出的南海深层经向翻转环流存在比较大的差异。而南海深层经向翻转结构的差异，反映了太平洋深层水进入南海后在南海上翻过程的差异。

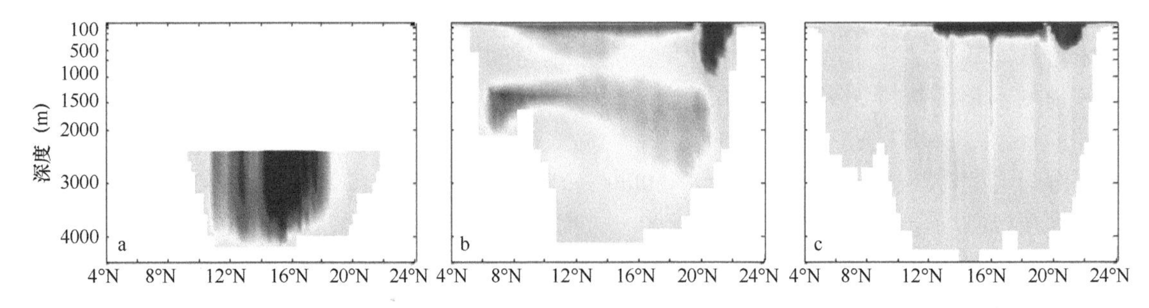

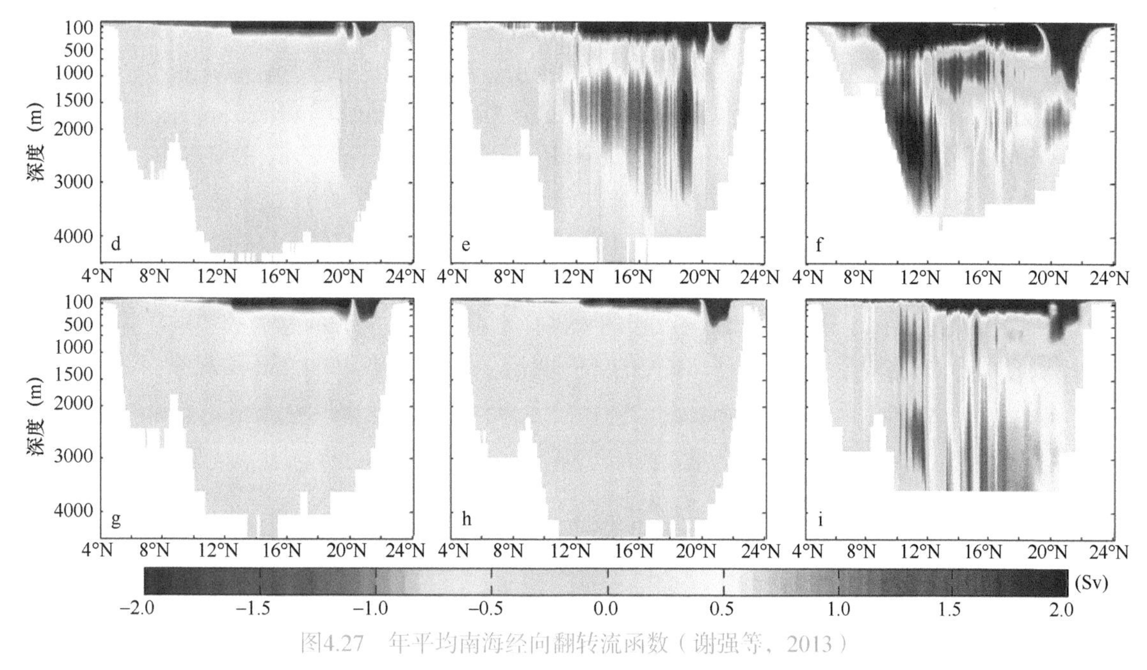

图4.27　年平均南海经向翻转流函数（谢强等，2013）

a. GDEMv3；b. SODA；c. ECCO2；d. OCCAM；e. HYCOM；f. JPL-R；g. LICOM；h. OFES；i. BRAN

4.3.2　基于TRACMASS的南海经向翻转环流诊断分析

Shu等（2014）利用拉格朗日粒子追踪方法研究了南海经向翻转环流的结构特征，给出了南海深层水上升的主要分布区域。拉格朗日粒子追踪的程序TRACMASS是由Döös开发的。TRACMASS用欧拉速度场来计算拉格朗日粒子的位置（Döös，1995；Döös et al.，2008）。示踪粒子（水团）能够随时间往前或往后积分，其代表流入或者流出任一网格的净的输送量。这种输送量在纬向和垂向上积分便可以得到经向翻转流函数。当释放的粒子足够多时，拉格朗日流函数就收敛到欧拉流函数。拉格朗日流函数可以写为

$$\Psi_{j,k}-\Psi_{j,k-1}=T_{j,k}^{y}=\sum_{i}\sum_{n}T_{i,j,k,n}^{y}\ \text{或}\ \Psi_{j,k}-\Psi_{j-1,k}=\sum_{i}\sum_{n}T_{i,j,k,n}^{z} \tag{4.39}$$

式中，$\Psi_{j,k}$是拉格朗日流函数；$T_{j,k}^{y}$是纬向积分的经向体积输送；$T_{i,j,k,n}^{y}$和$T_{i,j,k,n}^{z}$分别是示踪粒子在经向和垂向的体积输送；n代表时间步长。相应地，欧拉空间的经向流函数为

$$\psi(y,z)=\int_{x_w}^{x_e}\mathrm{d}x\int_{-H}^{z}v\mathrm{d}z \tag{4.40}$$

式中，$\psi(y,z)$代表欧拉经向流函数，x_e、x_w分别表示东西边界。

示踪粒子从南海各海峡处释放，直至它们流出南海区域为止，同时在每个网格上对所有示踪粒子的输送量进行求和，然后除以海峡处粒子释放的次数，便可以得到拉格朗日流函数。利用2004～2010年共7年HYCOM（1/12）°再分析数据集反复循环计算，得到的欧拉经向翻转流函数（Euler meridional overturning stream function，EMSF）和拉格朗日经向翻转流函数（Lagrange meridional overturning stream function，LMSF）分别如图4.28a、b所示。尽管LMSF和EMSF之间存在少量的差异，但它们的宏观结构特征是一致的。LMSF和EMSF之间的差异可能是拉格朗日积分时循环使用2004～2010年HYCOM速度场所致。为了评估拉格朗日积分过程中数据从2010年返回到2004年导致的误差，利用2004～2010年平均（气候态）的数据计算得到了拉格朗日经向翻转流函数（图4.28c）。结果表明，利用气候态数据、逐日的HYCOM GLBa0.08数据计算的LMSF与利用HYCOM GLBa0.08数据计算得到的EMSF在结构上是一致的。这表明利用HYCOM GLBa0.08数据反复循环来计算拉格朗日经向翻转流函数不会对研究经向翻转环流（meridional overturning circulation，MOC）结构产生影响。

从图4.28a～c来看，南海的MOC在上层最强，在吕宋海峡处入流下沉，并多在南海南部上升。南海MOC的另一个显著特征是“三明治”结构特征，这与海盆尺度水平的南海海洋环流的三层结构及吕宋海峡

入流的三层结构类似：一个强的顺时针MOC出现在500m以浅，表现为18°N以北海水下沉，然后从北到南逐渐抬升；弱的逆时针MOC结构出现在500～1000m的中层，强度从南至北逐渐减弱；“三明治”的第三层是顺时针方向的，位于1000m以深。深层顺时针MOC分为南部（deep southern meridional overturning circulation，DSMOC）、中部（deep middle meridional overturning circulation，DMMOC）和北部（deep northern meridional overturning circulation，DNMOC）三个子单元。应该指出的是，由于吕宋海峡深度超过2000m，因此DNMOC在吕宋海峡处是不封闭的。南海深层三个子单元的MOC结构表明，南海北部下沉的南海深层水不只是在南部上升，每个子单元MOC的南侧也是上升区域。纬向积分的拉格朗日经向体积输送［方程（4.39）］直观地表征了通过吕宋海峡入侵的太平洋水在南海经向方向输送的三层结构特征，即上层和深层往南输运，中层往北输运，这与南海MOC的“三明治”结构吻合（图4.28d）。

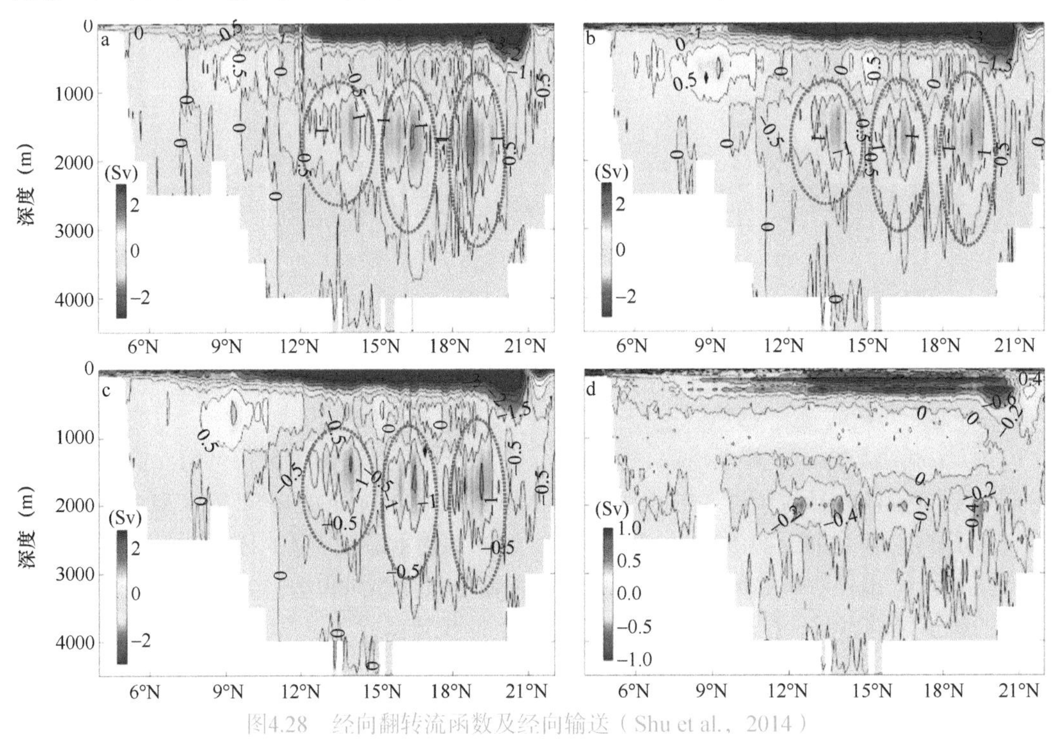

图4.28　经向翻转流函数及经向输送（Shu et al.，2014）

a. 利用HYCOM GLBa0.08数据计算的欧拉经向翻转流函数；b. 利用HYCOM GLBa0.08数据计算的拉格朗日经向翻转流函数；c. 由多年平均的气候态流场积分得到的拉格朗日经向翻转流函数；d. 拉格朗日经向输送。a～c中负值代表顺时针环流

拉格朗日翻转流函数可以分解成部分流函数，从而描述不同水源对MOC的贡献（Döös et al.，2008）。图4.29描述了不同海峡入流对南海MOC的贡献。图4.29a和图4.28a～c结构相似，表明吕宋海峡入流主导了南海MOC结构。这是可以理解的，因为吕宋海峡的入流（采用HYCOM数据，不考虑流出部分，只考虑流入部分）为16.19Sv，远大于其他三个海峡的入流，即其他三个海峡的入流对南海MOC的贡献相对较小（图4.29b～d）。

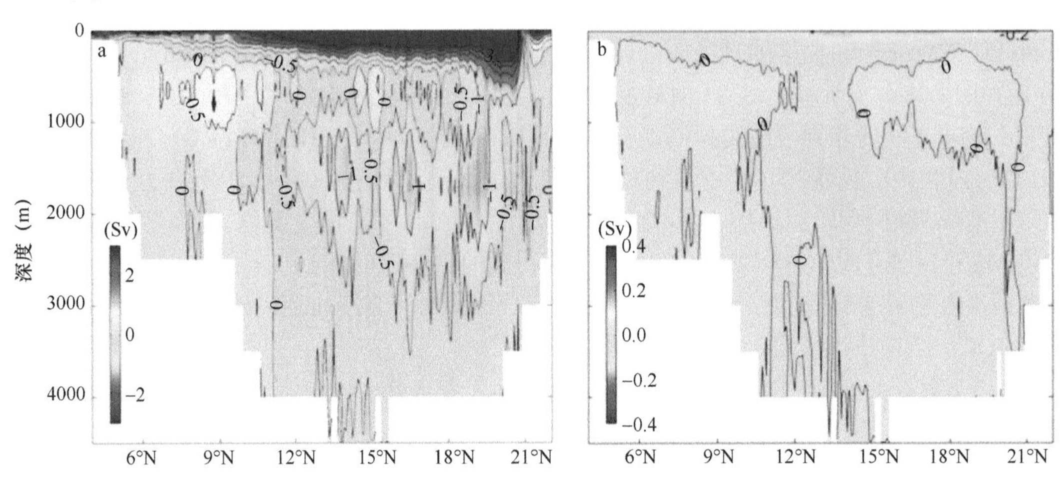

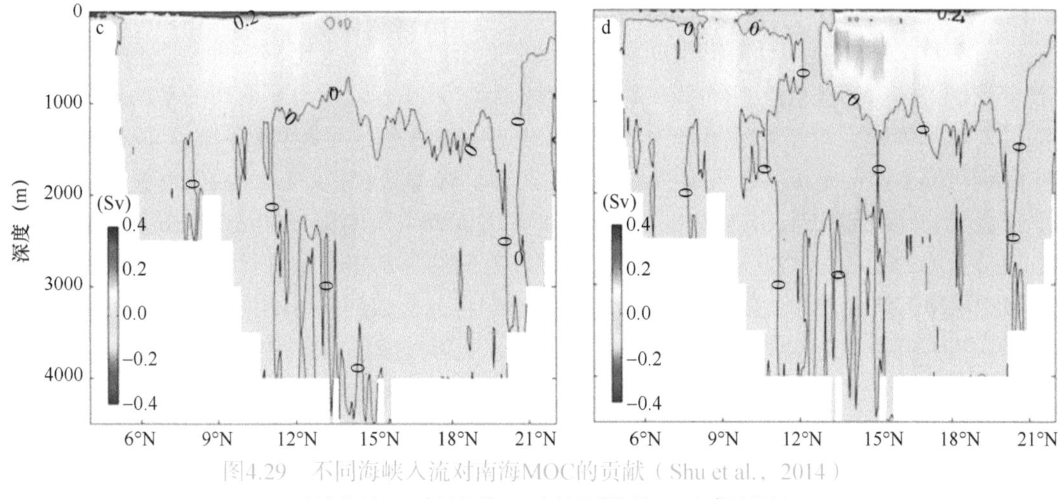

图4.29　不同海峡入流对南海MOC的贡献（Shu et al.，2014）

a. 吕宋海峡；b. 台湾海峡；c. 卡里马塔海峡；d. 民都洛海峡

类似地，图4.30揭示了吕宋海峡不同深度入流对南海经向翻转环流的贡献。吕宋海峡上层入流主导了南海经向翻转流“三明治”结构的上层和中间层。而且，吕宋海峡上层入流对南海深层经向翻转环流的贡献也较大，约为0.5Sv。吕宋海峡中层入流对上层MOC的贡献约为1Sv，对深层MOC的贡献约为0.2Sv（图4.30）。这表明，虽然吕宋海峡中层的净输送是流出的，但该层的入流对南海MOC也有相当大的作用。而吕宋海峡深层入流对深层MOC的影响主要表现在对DNMOC的贡献，其对DSMOC和DMMOC的贡献非常有限。

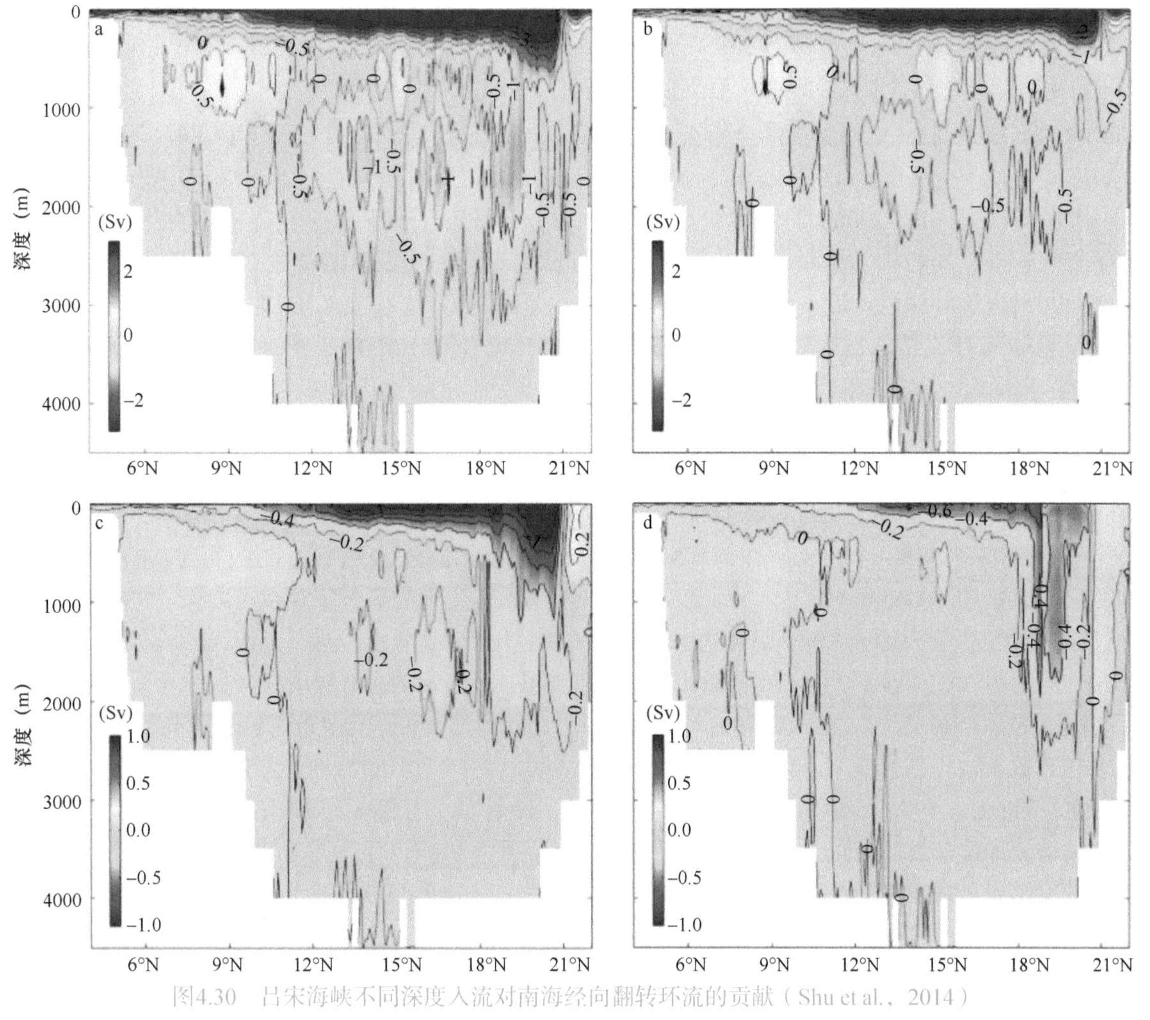

图4.30　吕宋海峡不同深度入流对南海经向翻转环流的贡献（Shu et al.，2014）

a. 整层入流；b. 上层入流；c. 中层入流；d. 深层入流

图4.31代表了归一化的滞留在南海区域的示踪粒子比例随时间的变化。图4.31a中的粒子从吕宋海峡不同深度释放，而图4.31b中的粒子从南海不同深度的水平平面释放。作为比较，将理论上时间尺度为12年和21年的指数衰减曲线作为标准也绘于图中。图4.31a表明吕宋海峡入流的水在南海的平均停留时间约短于12年。而且深层入流水体的平均停留时间略短于中层和上层入流水体的平均停留时间。原因可能是吕宋海峡深层入流在海峡西部和南部下沉后，很大一部分会在北部上升（图4.30d）。而吕宋海峡上层和中层入流的水体有一部分会混合到南部深层（图4.30b、c）。Qu等（2006b）用南海1500m层以下海盆的体积除以吕宋海峡深层净输送量（2.5Sv），估算出南海深层水的更新时间约为24年。这种计算意味着所有南海深层水均来自吕宋海峡深层净入流。然而，如图4.30所示，HYCOM再分析数据揭示的南海深层水的来源并不仅限于吕宋海峡深层入流。值得注意的是，12年时间尺度并不等于南海深层水在南海的滞留时间，严格地说，它代表的是入侵的北太平洋水在南海的平均停留时间。此外，如图4.31b所示，南海3000m深度的深层水离开南海所需要的时间大约是21年，这与Qu等（2006b）的估算结果相近。

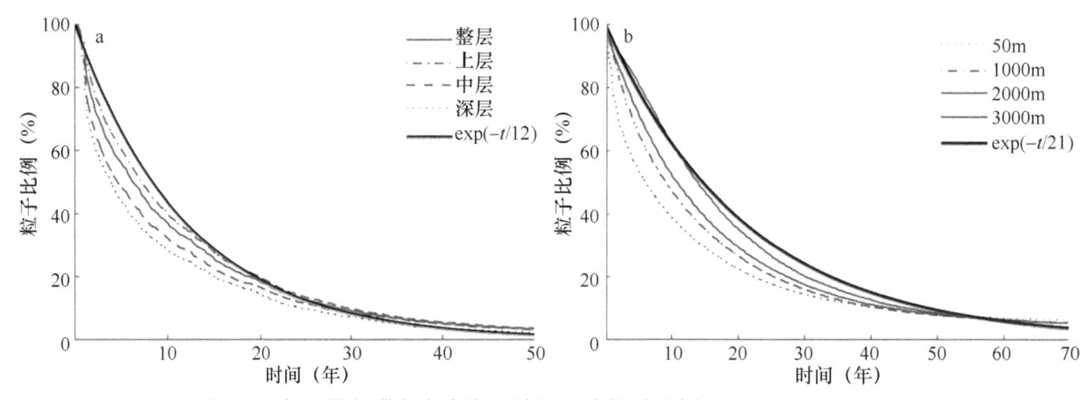

图4.31 归一化的滞留在南海区域的示踪粒子比例（Shu et al.，2014）

图a和图b中的黑实线分别表示理论上时间尺度为12年和21年的指数衰减曲线

深层水的形成是与MOC相关的一个重要因子（Stommel and Arons，1960a，1960b）。由于地处低纬度，南海不能自行产生深层水（Xie et al.，2013）。吕宋海峡“深水瀑布”（overflow）被认为是南海深层水的唯一来源（Qu et al.，2006b）。而且这种“深水瀑布”驱动了南海深层气旋式环流及深层顺时针的经向翻转环流（Yuan，2002）。然而，上述的研究结果进一步表明，南海MOC“三明治”结构的第三层分为三个子单元，吕宋海峡深层入流主要贡献于北部子单元（DNMOC）（图4.30d）。而且，吕宋海峡上层入流对南海深层MOC环流结构也有较大影响，尤其是对DMMOC和DSMOC（图4.30b）。这意味着南海深层水形成是整个南海海盆尺度垂向混合的结果。

垂向混合虽然不能直接从HYCOM GLBa0.08数据中获得，但在一定程度上可以反映在拉格朗日方法模拟的示踪粒子轨迹中。在每个水平网格上对上升（正）和下沉（负）的粒子进行计数，然后除以释放粒子的次数，获得2000m深度上示踪粒子向上和向下运动的集合平均分布（图4.32）。吕宋岛西北部示踪粒子平均向下的运动表征了吕宋海峡“深水瀑布”。然而，在18.5°N、119.5°E处有一个强的上升中心，对应着DNMOC的上升部分。另外，在海盆边缘，即3000m等深线上，示踪粒子的上升运动较强。此外，似乎存在三个从东北往西南倾斜的带状区域（图4.32中红色箭头指示区域），在这三个带状区域上升运动比较强。这三个带状区域之间对应着较强的下沉运动。这些交织的下沉和上升运动组成的区域便对应着图4.28所示的南海深层MOC的三个子单元。

值得注意的是，除三个东北-西南向的倾斜带外，西部海盆3000m等深线沿线的上升运动也很强，特别是在中沙群岛的东边（图4.32）。这些强烈的上升运动区域的产生可能与地形陷波和罗斯贝波之间的相互作用有关联（Rhines，1970；Anderson and Gill，1975；Liu et al.，1999a，1999b；Wang et al.，2003）。海洋上层的扰动（如季节性反转的季风、台风、中尺度涡旋等）可以产生地形陷波（topographically trapped wave），其沿地形陡峭的大陆斜坡在南海进行气旋式传播。当地形陷波到达东边界时往往会激发罗斯贝波（Rossby wave），当罗斯贝波西传到达西部边界时，其部分能量被耗散；部分短的罗斯贝波被反射并被很快发生频散，进而增加了西部边界流强度；剩余的能量可以再次激发地形陷波。

西传的罗斯贝波可以从沿L线的密度异常看出（图4.33）。向西传播的信号在1000m、2000m和3000m

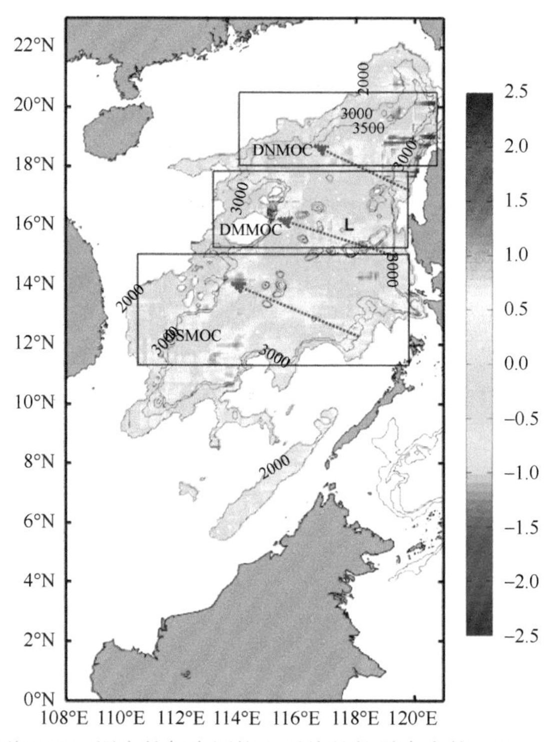

图4.32 南海2000m深度的每个网格上平均的粒子净个数（Shu et al., 2014）

正值表示上升，负值表示下降。三个黑色的方框代表南海深层三个子MOC单元。三个箭头表示海盆中间三个深层水的上升带，L是中间位置的上升带

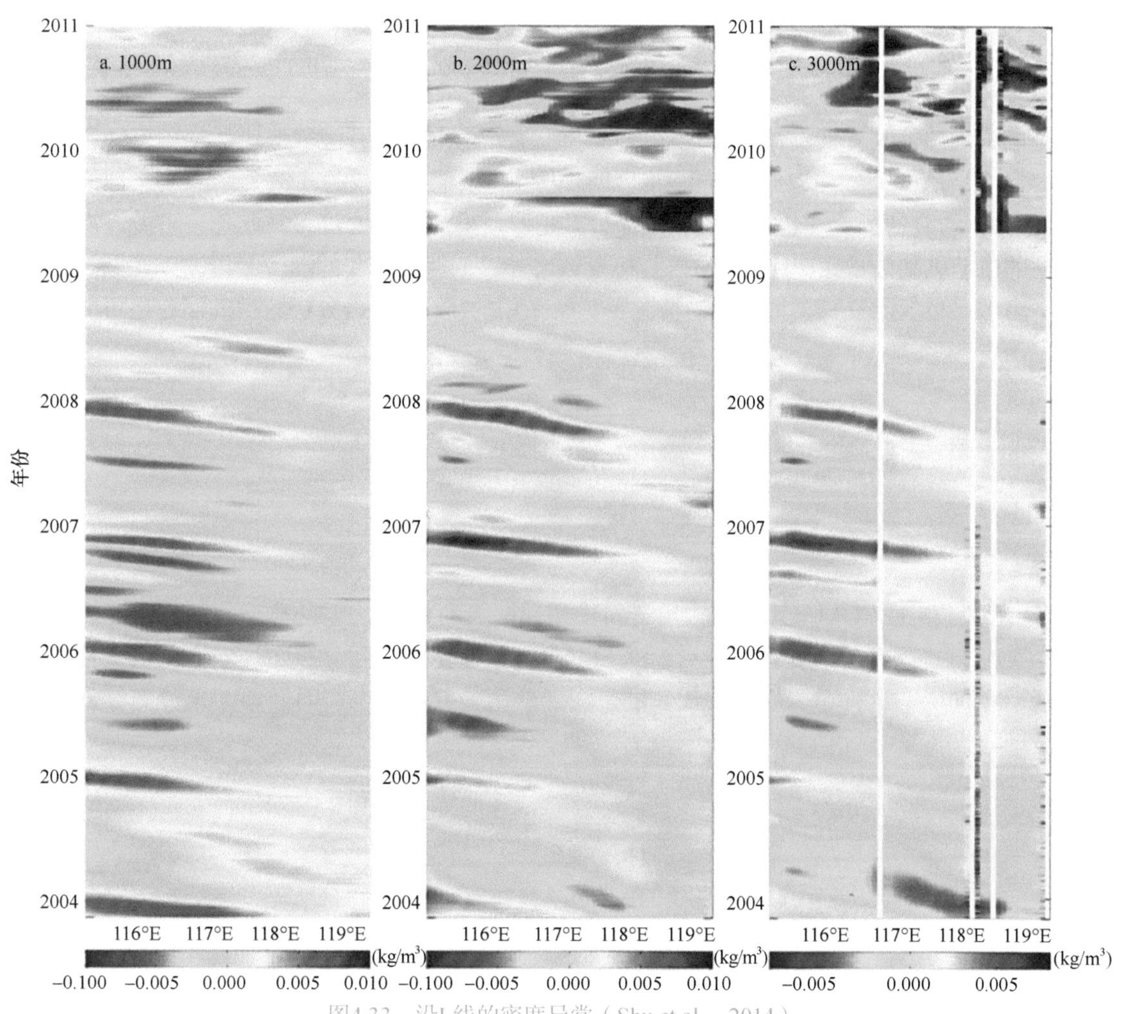

图4.33 沿L线的密度异常（Shu et al., 2014）

深度上均能体现。而且，它们有几乎相同的相位。这些信号从东边传播到西边需要大约3个月，速度约为5.5cm/s，接近第一模态斜压罗斯贝波在南海的传播速度。

类似地，沿海盆边缘等深线进行气旋式传播的地形陷波可以从3500m等深线上3000m深度处的密度异常看出（图4.34a）。这里有两种传播速度的地形陷波：在吕宋海峡西侧到中沙群岛北边是慢速移动的波（约7.6cm/s），剩下的区域是快速移动的波（约26cm/s）。

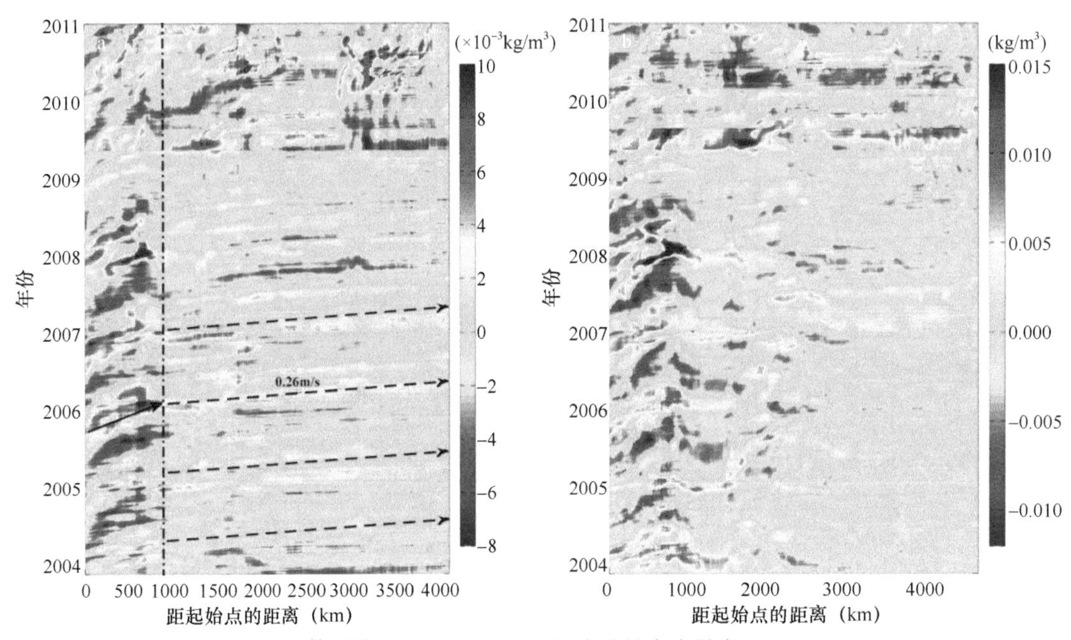

图4.34 沿3500m等深线上3000m、2000m深度处的密度异常（Shu et al.，2014）

图a中铅垂线的左边代表自起点沿3500m等深线到中沙群岛的部分，其右边代表剩余的部分

上述讨论的地形陷波与罗斯贝波的相互作用只是南海深层MOC上升区域形成的一种可能机制。许多细节问题还需要在今后的研究中加以解决。例如，①能否得到该地形陷波的频散关系？②这种地形陷波是否符合Rhine（1970）的波动解？③什么决定了东部边界是罗斯贝波的起源位置？此外，可能还有一些其他的海水垂向交换的驱动机制被排除在HYCOM再分析资料之外，如混合引起的潮汐和内波，尤其是当它们遇到突变地形时。当然，在观测资料非常有限的情况下，所采用的HYCOM再分析数据的误差也可能使上述结果存在一定的不确定性。

4.3.3 南海深层经向翻转环流的高频变率

1. 逐日输出资料中的特征

图4.35是LICOM和HYCOM模式逐日输出资料中相邻两天的MOC之差的典型空间分布图。可以看出，LICOM和HYCOM模式逐日输出资料都显示，SCSMOC高频变化的空间分布在经向上正负交替、垂向上以单一胞体为主。垂向上的这种单一性主要代表的是海洋的第一斜压模态，而经向上这种交替分布，显示的可能是一种波动。

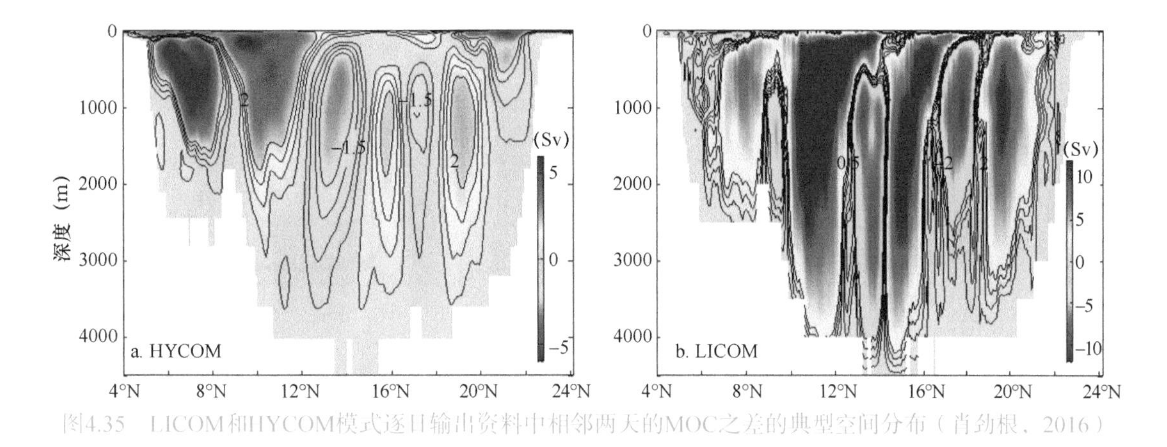

图4.35 LICOM和HYCOM模式逐日输出资料中相邻两天的MOC之差的典型空间分布（肖劲根，2016）

图4.36a为HYCOM中MOC偏差的经验正交函数（empirical orthogonal function，EOF）分解后的前9个模态。它们的解释方差分别为19.95%、12.26%、8.52%、8.24%、7.00%、5.53%、4.63%、3.87%、3.59%。从图4.36a可以看出，第2至第9模态都呈现正负交替变化。从9个模态的时间系数谱分析图（图4.36b）可以看出，9个模态都存在通过置信度为95%的显著性检验的1～3d周期。

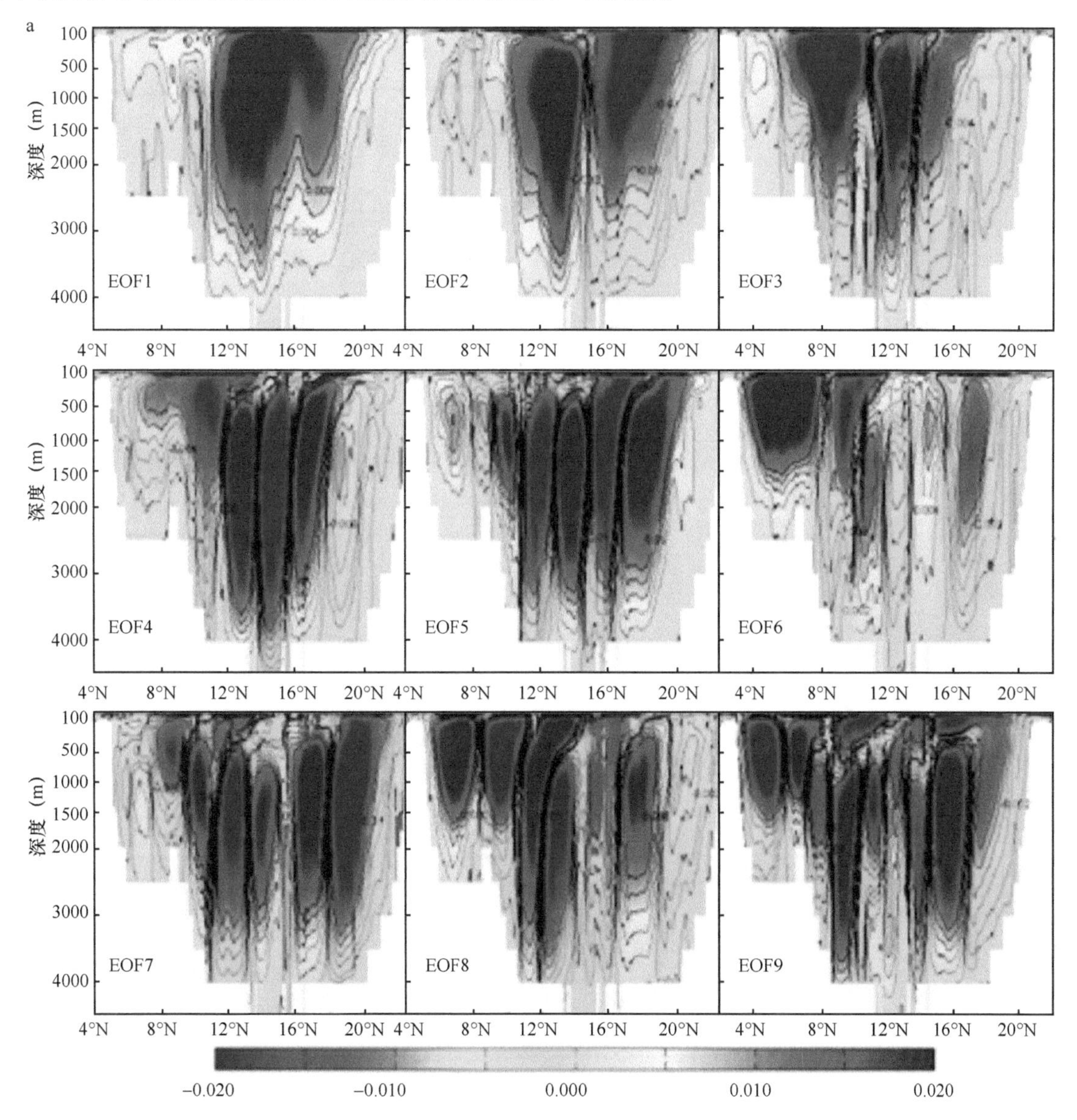

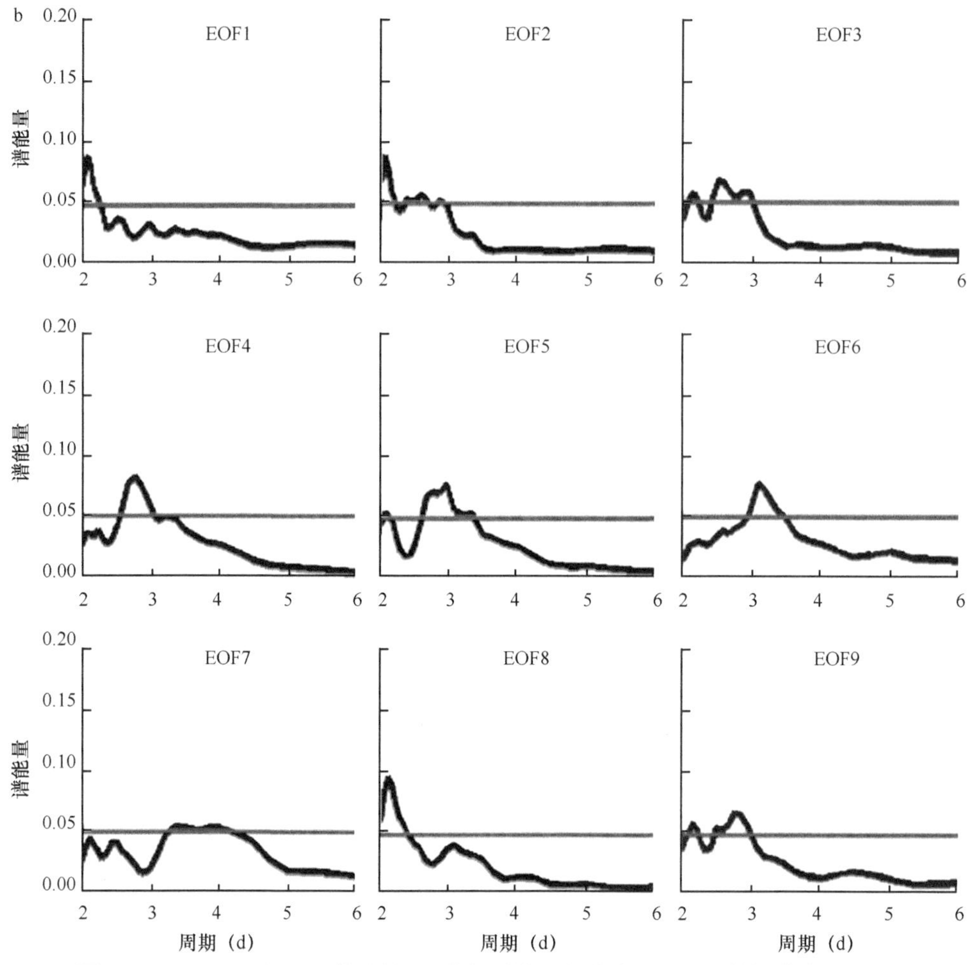

图4.36　HYCOM中MOC偏差的EOF分解后的空间分布及时间系数的谱分析（肖劲根，2016）

图4.37a为LICOM中MOC偏差的EOF分解后的前9个模态。它们的解释方差分别为24.85%、16.01%、12.51%、9.92%、7.36%、4.76%、3.43%、2.59%、2.07%。从图4.37a可以看出，第2至第9模态都呈现正负交替变化。从9个模态的时间系数谱分析图（图4.37b）同样可以看出，9个模态都存在通过置信度为95%的显

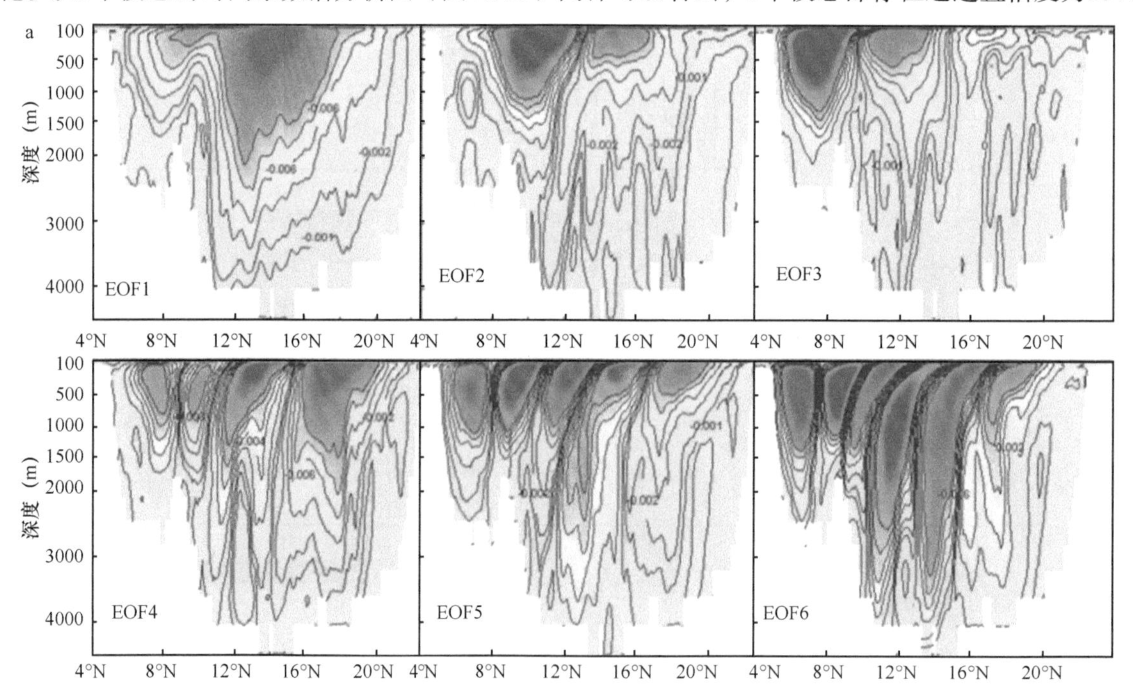

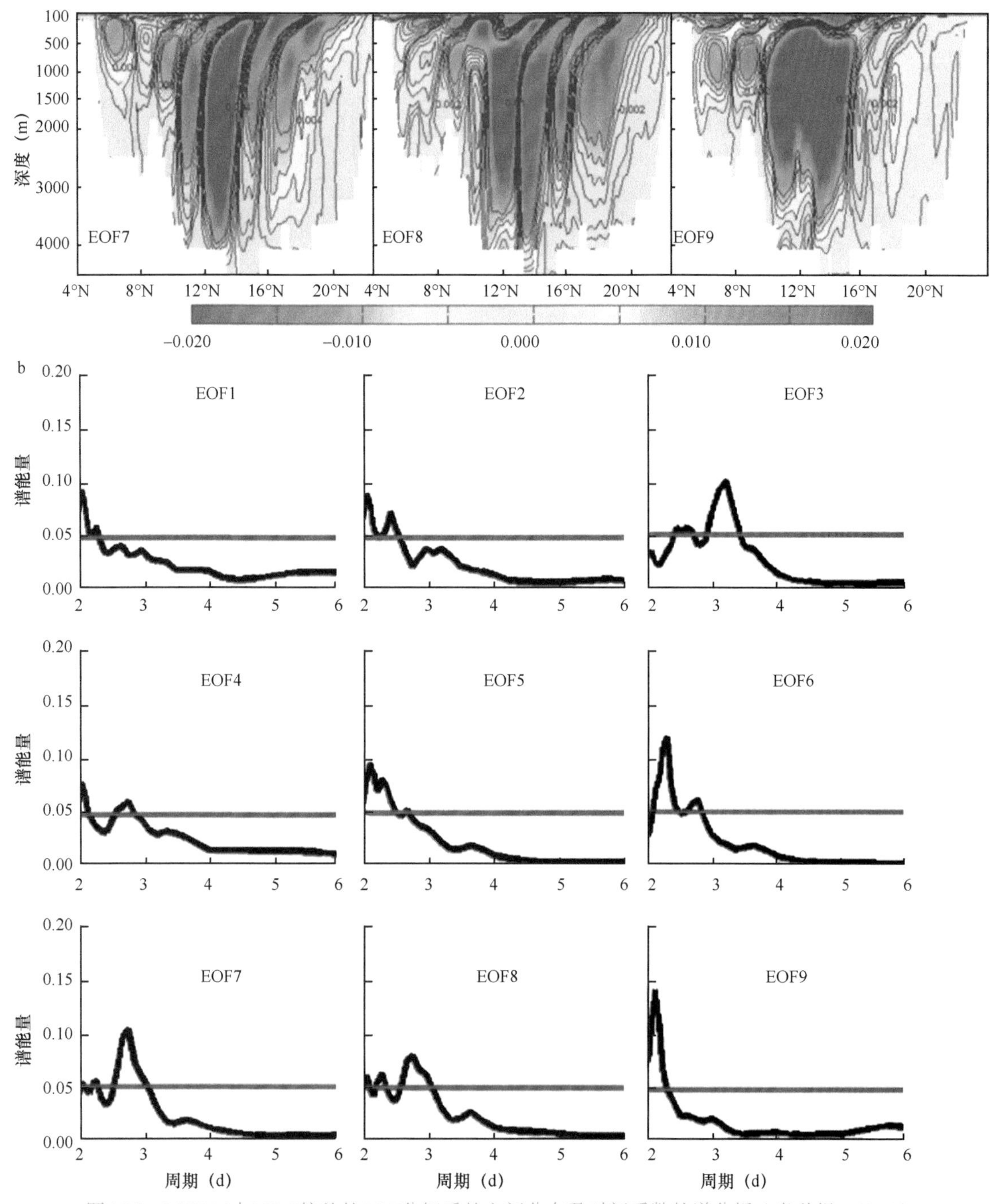

图4.37　LICOM中MOC偏差的EOF分解后的空间分布及时间系数的谱分析（肖劲根，2016）

著性检验的1～3d周期。对比图4.36与图4.37可以发现，两者各模态在空间分布上有相似的变化规律，且具有类似的周期。

2. HYCOM三小时模式输出资料中的特征

1）资料验证

图4.38显示了分别基于HYCOM逐日输出资料（GLBa0.08）和三小时输出资料（GLBu0.08）的2004～2010年平均的南海经向翻转流函数。GLBa0.08是由NOGAPS驱动的，而GLBu0.08的驱动场是CFSR（climate forecast system reanalysis）。从图4.38可以看出，两种模式都得出一个上层半封闭顺时针、中层逆时针和深层顺时针的经向翻转环流圈。主要的不同在于，GLBu0.08得出的中层环流圈的流场更强，上层环流圈到达的深度更深，而GLBa0.08得出的深层环流圈可以延伸到更低纬度。与逐日输出的GLBa0.08相比，

GLBu0.08三小时输出更有利于研究几天周期的高频运动，因此本小节选择2010年GLBu0.08来分析南海经向翻转环流的近惯性变化特征。

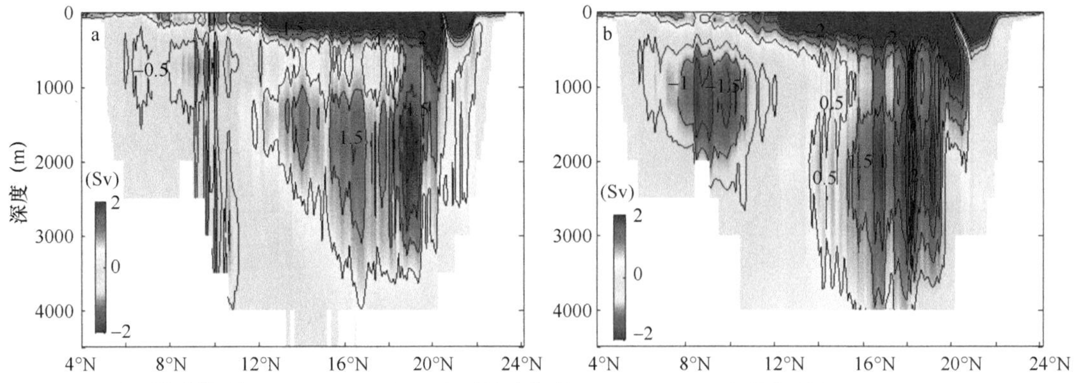

图4.38　HYCOM逐日输出资料（GLBa0.08）与三小时输出资料（GLBu0.08）中的气候态SCSMOC（Xiao et al.，2016）

图4.39为HYCOM三小时输出资料和锚定海流计实测数据的纬向流速与经向流速的功率谱图。锚定点位于17.99°N、114.57°E，水深约为3500m。海流计放置在底部以上300m处。采样时间为2006年3月21日至9月19日，采样间隔为1h。自2006年4月1日以后的120d的模式数据和实测数据被用于本小节的研究。从图4.39可以看出，模式输出资料和海流计实测的纬向流速与经向流速均存在惯性振荡现象，实测和模式资料都显示这种振荡的周期比局地近惯性振荡略小。

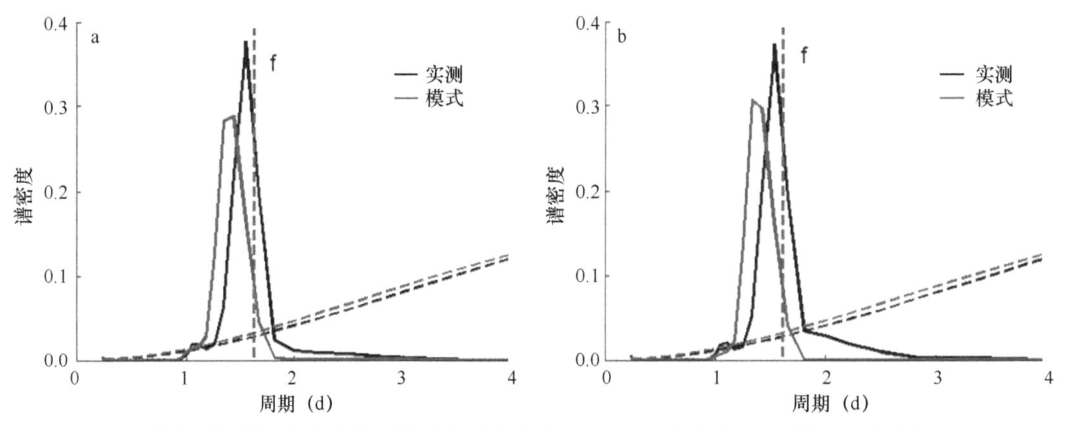

图4.39　HYCOM三小时输出资料和海流计实测数据的纬向流速（a）与经向流速（b）的功率谱分析（Xiao et al.，2016）

图中红线为局地近惯性周期，虚线为通过置信度为95%的显著性检验

综合以上分析可知，HYCOM三小时输出资料具有一定的可信性，可以用于南海经向翻转的高频振荡研究。

2）频谱特征

图4.40为2010年1月到4月14°N 1500m深度处SCSMOC时间序列和该序列的小波功率谱与傅里叶功率谱。从SCSMOC时间序列图可以看出，序列中存在一个明显的季节内变化及持续性的高频波动。对该序列进行小波分析可以得出，其存在一个1～3d的全时间域周期和一个16～32d的季节内周期。傅里叶功率谱图进一步证实，该序列存在一个显著的1～3d周期。图4.41为2010年1月不同纬度1500m深度处SCSMOC序列的功率谱，可以看出，不同纬度处均存在1～3d的显著周期。图4.42为2010年1月14°N不同深度处SCSMOC序列的功率谱，可以看出，不同深度处均存在1～3d的显著周期。图4.43为2006年14°N 1500m深度处不同季节SCSMOC序列的功率谱，可以看出，不同季节均存在1～3d的显著周期。这种振荡的周期略低于局地近惯性周期。可见，这种近惯性振荡在这套资料中是一直存在的。

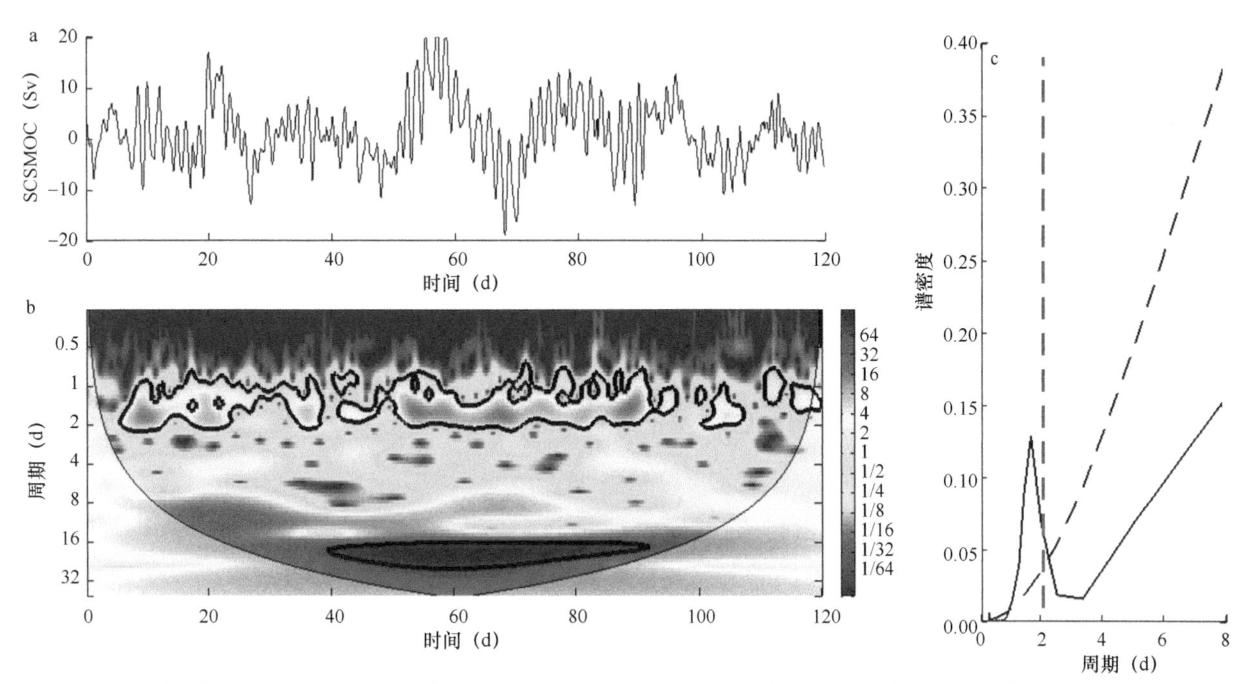

图4.40　2010年1月到4月14°N 1500m深度处SCSMOC时间序列（a）和该序列的小波功率谱（b）与傅里叶功率谱（c）（Xiao et al.，2016）

图c中红线为局地近惯性周期，虚线为通过置信度为95%的显著性检验

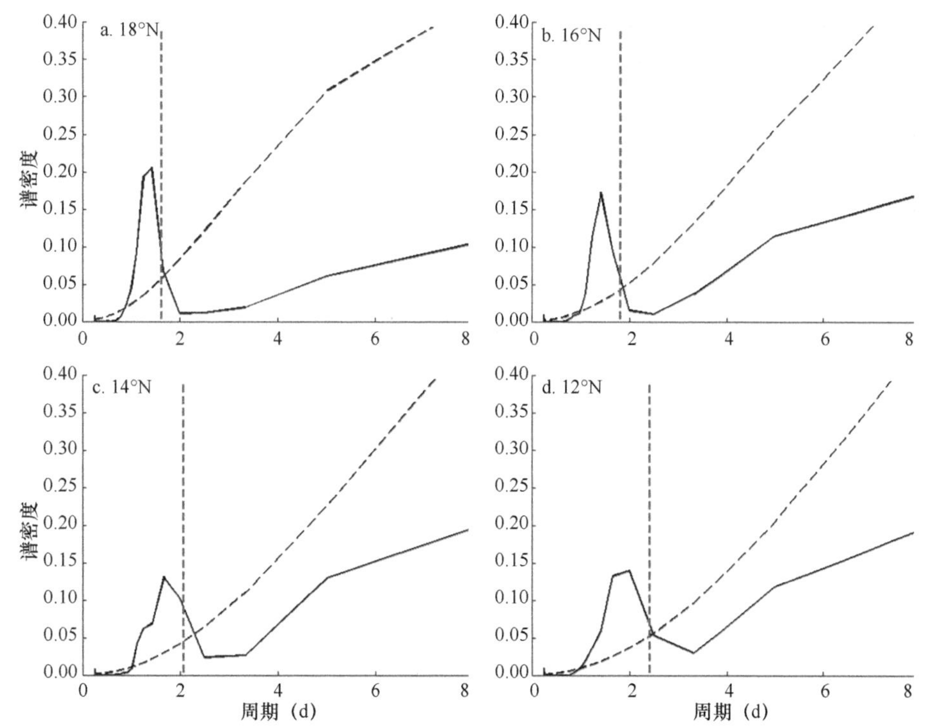

图4.41　2010年1月不同纬度1500m深度处SCSMOC序列的功率谱分析（肖劲根，2016）

图中红虚线为局地近惯性周期，虚线为通过置信度为95%的显著性检验

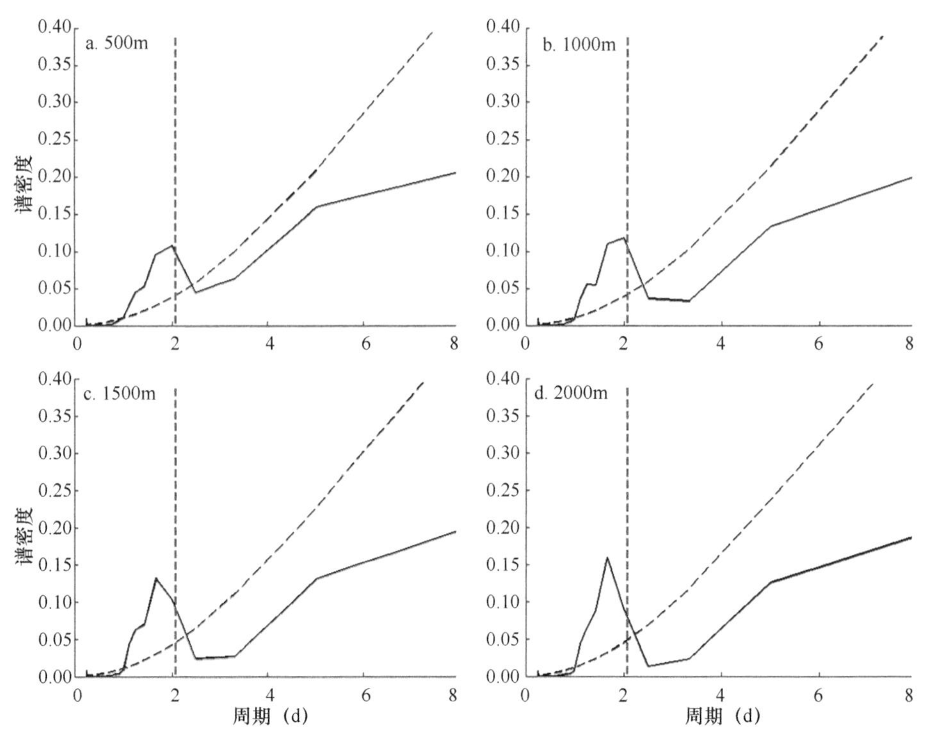

图4.42　2010年1月14°N不同深度处SCSMOC序列的功率谱分析（肖劲根，2016）

图中红线为局地近惯性周期，虚线为通过置信度为95%的显著性检验

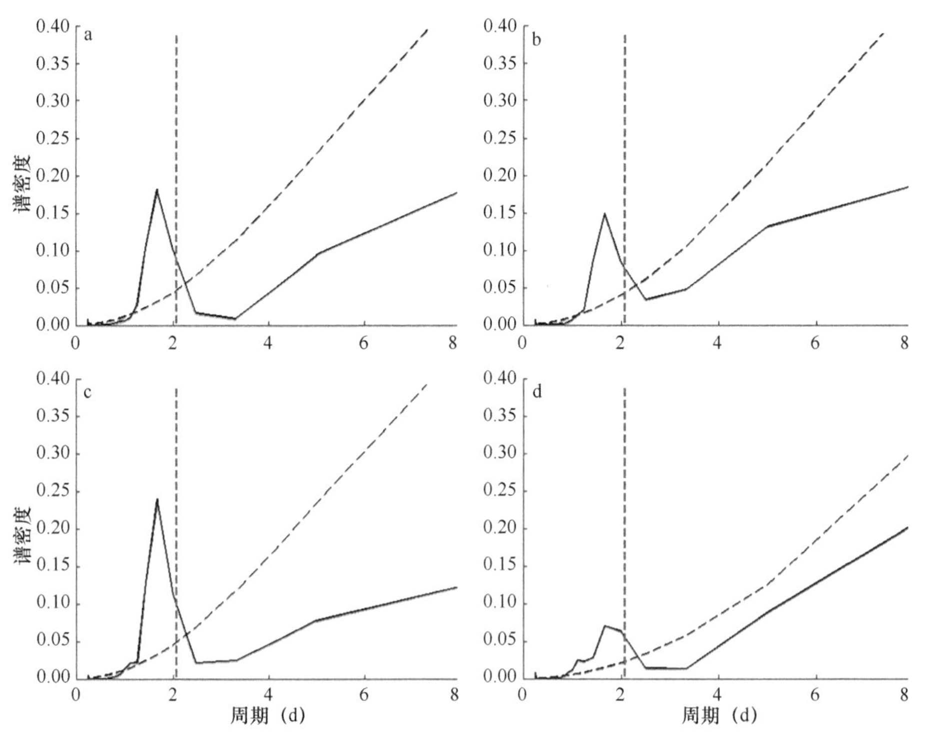

图4.43　2006年1月、4月、7月和11月14°N 1500m深度处SCSMOC序列的功率谱分析（肖劲根，2016）

图中红线为局地近惯性周期，虚线为通过置信度为95%的显著性检验

图4.44为SCSMOC时间序列中功率谱峰值对应的周期及其与局地惯性周期之比，可以看出，朝着赤道方向，SCSMOC时间序列中功率谱峰值对应的周期变长，在20°N时周期为1d，在10°N时周期为2.5d。南海

的近惯性带为10°～20°N，其周期分别对应3.59d和1.46d（Chen et al.，2014）。从SCSMOC时间序列中功率谱峰值所对应的周期与南海的局地惯性周期之比可看出，南海深层经向翻转环流周期小于局地惯性周期，而南海浅层经向翻转环流周期与局地惯性周期基本一致。但在8°～10°N，南海经向翻转环流周期大于局地惯性周期。

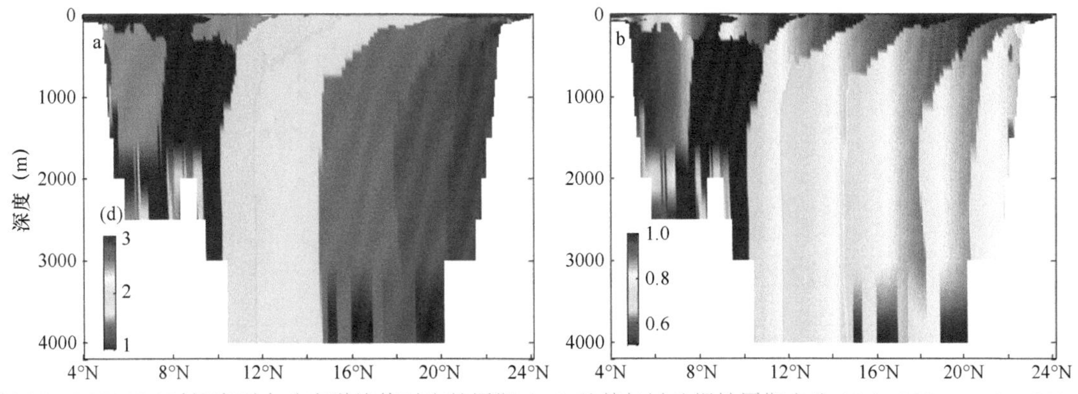

图4.44 SCSMOC时间序列中功率谱峰值对应的周期（a）及其与局地惯性周期之比（b）（Xiao et al.，2016）

3）空间结构特征

为了提取南海经向翻转环流的近惯性信号，利用Butterworth滤波器对每个纬度和深度的南海经向翻转环流时间序列做滤波处理。频率设置为0.33～1，这与1～3d的周期段一致。图4.45为HYCOM模式三小时输出资料中SCSMOC的标准差及1～3d信号的标准差。图4.45b显示，南海经向翻转环流滤波信号的最大标准差将近4Sv，是图4.45a中2010年南海经向翻转环流最大标准差的一半左右。500～2500m层存在南海经向翻转环流的最大近惯性信号，北部16°～20°N及南部12°～14°N是两个高标准差的中心，在吕宋海峡附近约20°N存在一个南海浅层经向翻转环流变化的最大值，其位于100～500m层。图4.45b中南海经向翻转环流的近惯性变化模态与太平洋、大西洋的变化模态很相似（Komori et al.，2008；Blaker et al.，2012；Sévellec et al.，2013），例如，大西洋经向翻转环流的近惯性变率出现在10°～40°N，500～4000m深度上存在明显的高值中心，表明这块区域近惯性波的活动比较强烈。

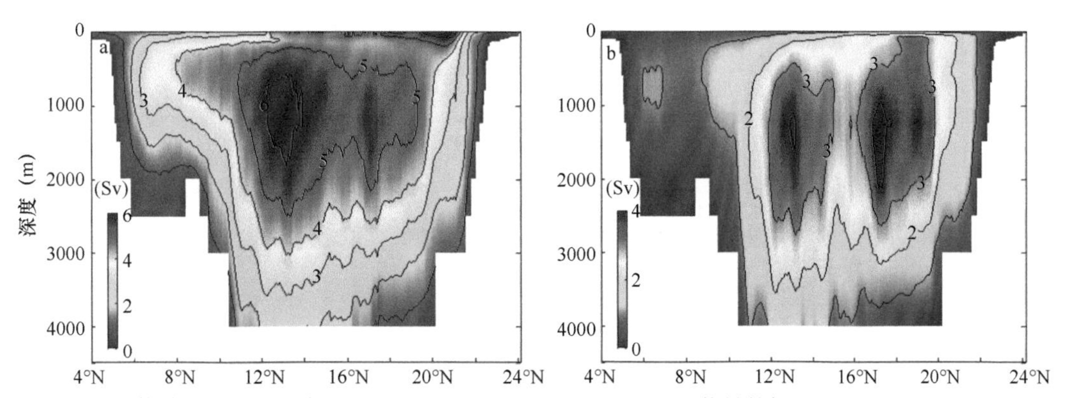

图4.45 HYCOM模式三小时输出资料中SCSMOC的标准差（a）及1～3d信号的标准差（b）（Xiao et al.，2016）

从图4.46a可以很明显地看出，海底到1000m水深垂向积分的经向速度场存在规律的正负交替现象。进一步利用Butterworth滤波器得到SCSMOC异常（图4.46b），可以看到，SCSMOC异常存在有规律的正负交替现象，最大振幅为5Sv。大多数环流圈集中在10°～20°N，深度位于1000～3000m，在上层海洋，环流圈则不明显。这些环流圈在垂直方向上被拉伸，而不是在经向，说明每一个环流圈都包含了强的上升流分支和下降流分支。4°～10°N、20°～22°N也存在弱环流圈。前人通过高分辨率的模式模拟出开阔海域（如大西洋、太平洋）的中层也存在上升流和下降流（Komori et al.，2008；Von Storch，2010）。

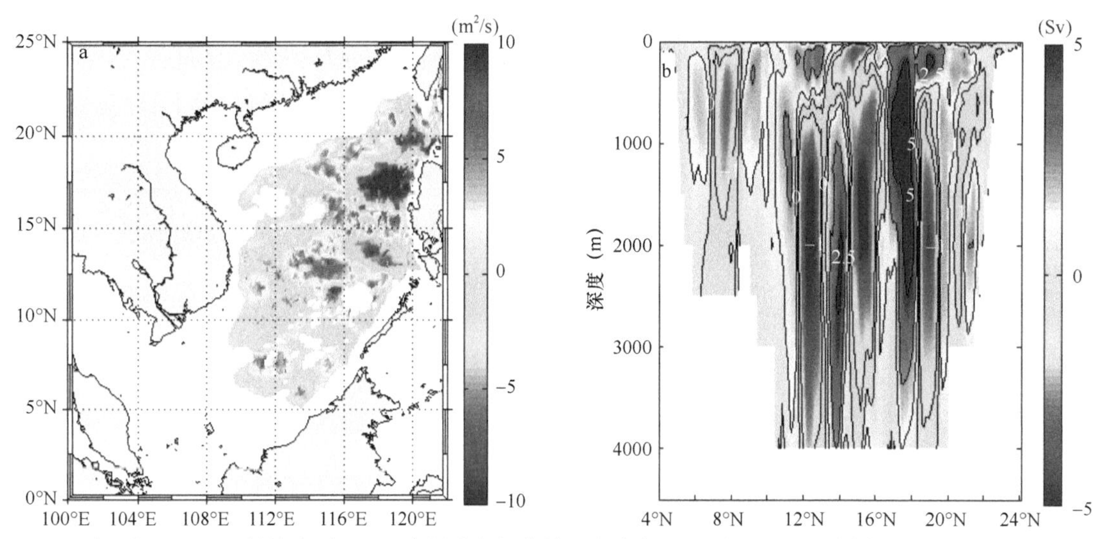

图4.46　2010年1月15日24:00的海底到1000m水深垂向积分的经向速度（a）和SCSMOC异常（b）（Xiao et al.，2016）

4）传播特征

为了研究南海经向翻转环流在500～2500m深度上近惯性信号的经向传播，图4.47显示了1月、4月、7月和10月四个典型月份1500m深度上滤波后的近惯性信号的经向结构。可以看出，在这些不同月份里绝大多数信号是从吕宋海峡附近海区传播过来的，传播速度为1～3m/s。近惯性重力波通常接近科氏频率并且在β频散效应作用下向南传播（Anderson and Gill，1979；Garrett，2001）。

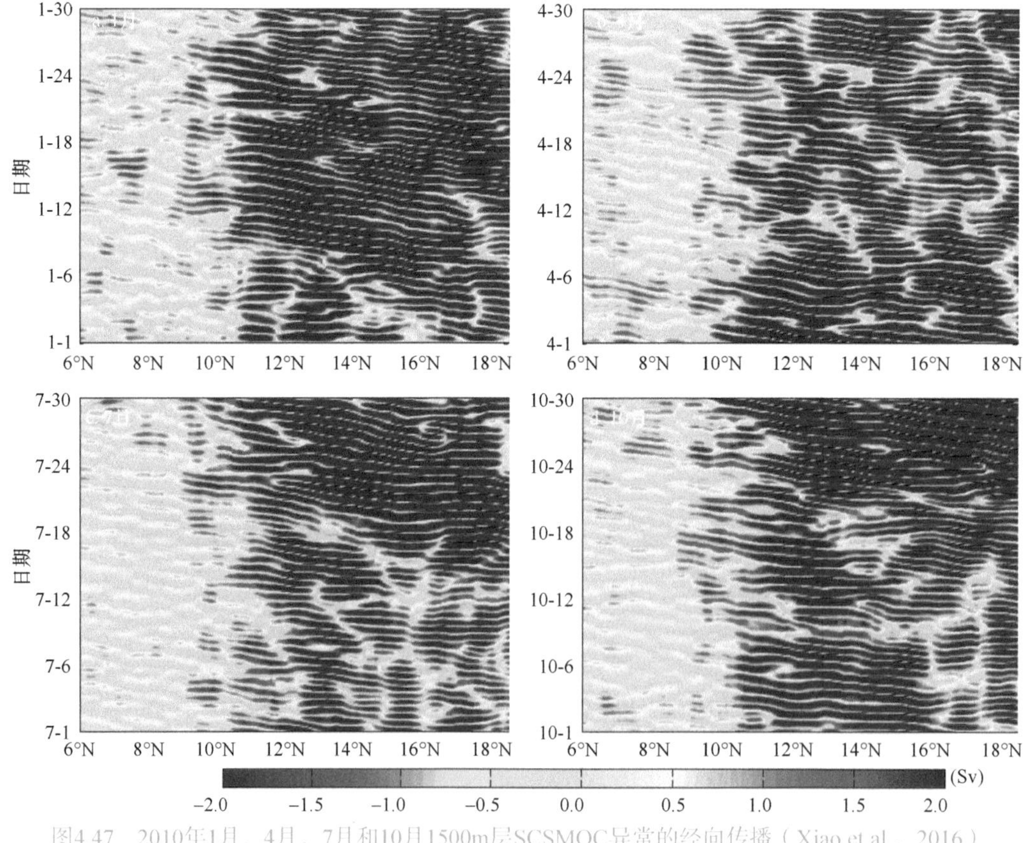

图4.47　2010年1月、4月、7月和10月1500m层SCSMOC异常的经向传播（Xiao et al.，2016）

图4.48显示了1月、4月、7月和10月四个典型月份在14°N滤波后的近惯性信号的垂向传播，可见SCSMOC异常在垂向上不存在明显的倾斜，呈单一胞体分布。根据经向翻转流函数的定义，这表明流速上层和下层是反向的，因而SCSMOC的近惯性信号在垂向上以第一斜压模态为主。

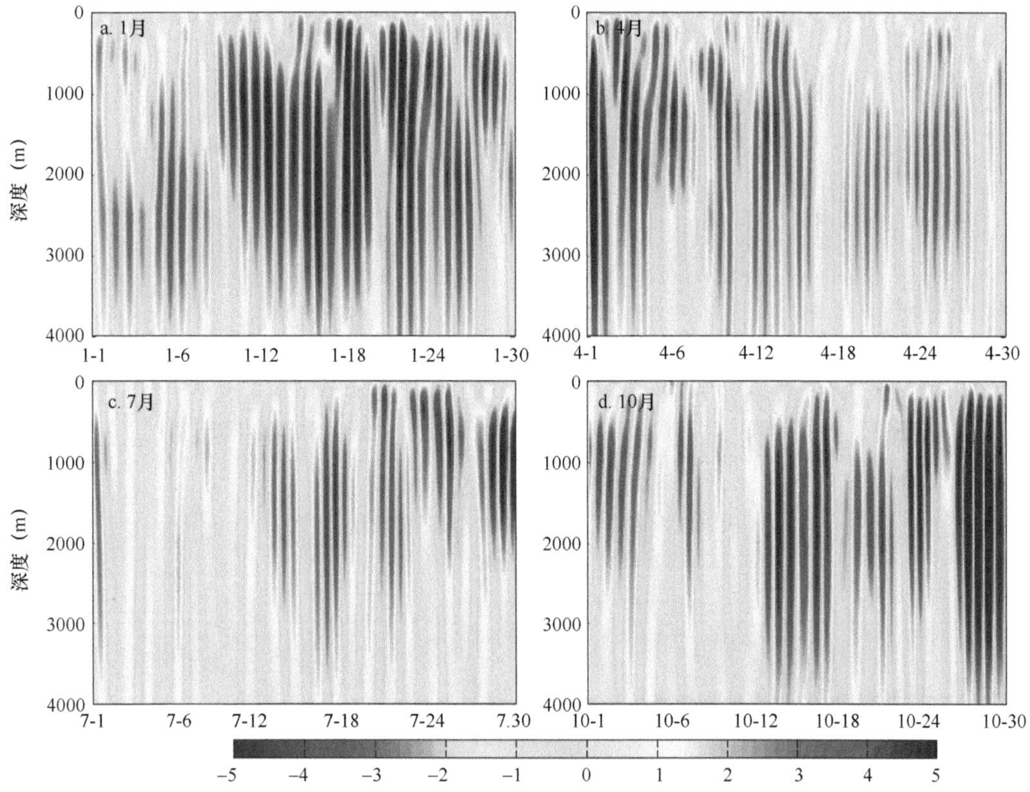

图4.48　2010年1月、4月、7月和10月14°N处SCSMOC异常的垂向传播（肖劲根，2016）

5）可能的能量来源

图4.49为2010年1月、4月、7月和10月的月平均风生近惯性能量通量，可见由风引起的近惯性能量通量在吕宋海峡西侧最大（Xiao et al.，2016）。在春季，强的高频风在吕宋海峡及其附近海域激发近惯性重力波。此外，平均每年大约有7个台风从西北太平洋经过吕宋海峡（Wang et al.，2007；Ling et al.，2015）进入南海。以2010年为例，7月有2个台风，10月有1个台风进入吕宋海峡西侧。台风可以向海洋输入大量的近惯性能量（图4.49c、d），因此经过吕宋海峡附近海域的西北太平洋台风也可以驱动近惯性重力波。从海底积分到1000m的平均近惯性能量的水平分布与风场的近惯性能量输入基本是一致的（图4.49，图4.50），可见风场对SCSMOC近惯性扰动具有重要作用。此外，黑潮在吕宋海峡通常形成一个强的密度锋面（Wang et al.，2001），诱导在黑潮以西海域形成正涡度区，而在黑潮以东存在负涡度区。一方面，锋面的扰动（黑潮）可以通过地转调整触发近惯性重力波（Kunze，1985；Wang et al.，2009；Whitt and Thomas，2013）。另一方面，负涡度场的存在有利于近惯性能量向深海传播（Lee and Niiler，1998；Zhai et al.，2005）。当近惯性重力波离开密度锋面时，由于β频散效应，近惯性能量将向赤道传播（Anderson and Gill，1979；Garrett，2001）。因此，吕宋海峡附近强的近惯性重力波能在吕宋海峡西南直至10°N的南海深层经向翻转环流的高频变率中被发现。

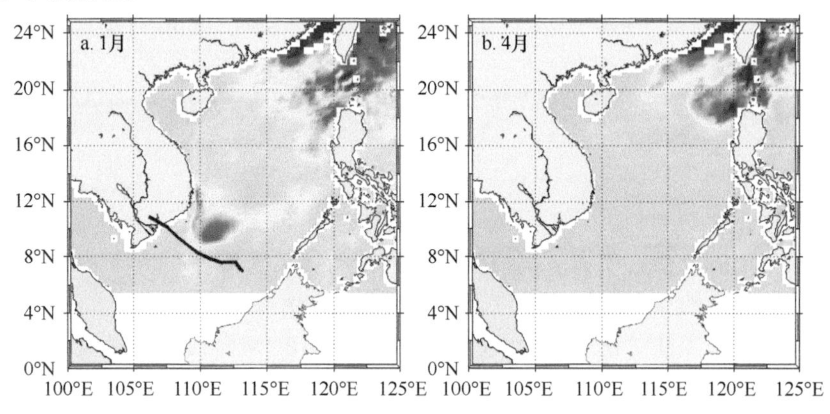

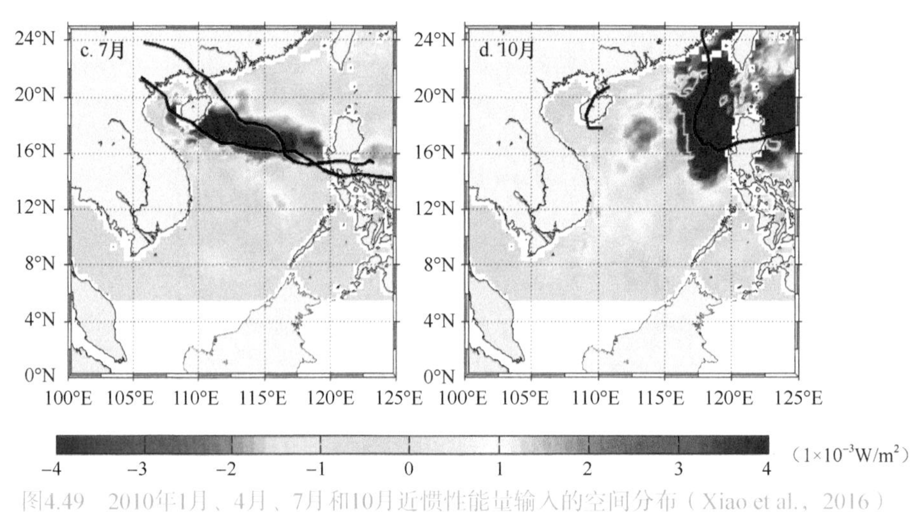

图4.49 2010年1月、4月、7月和10月近惯性能量输入的空间分布（Xiao et al.，2016）

黑色线为JTWC（联合台风预警中心）发布的最佳台风路径

（南海南端附近空白区域专题资料暂缺）

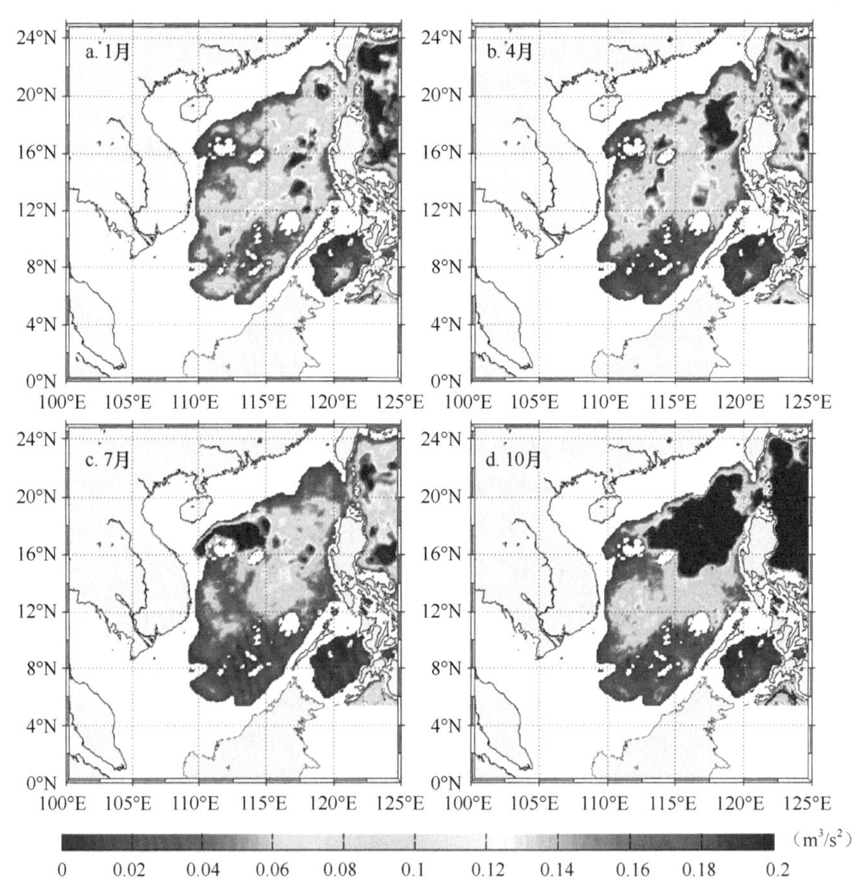

图4.50 2010年1月、4月、7月和10月从海底积分到1000m层的平均近惯性能量分布（Xiao et al.，2016）

4.4 小结与展望

本章在南海中层水团与环流方面，回顾了南海中层水的分布特征及其与吕宋海峡水交换关联性的相关进展，着重从南海经向翻转环流的角度对南海中层水分布特性进行解析，并利用观测资料指出南海中层水具有较显著的年际和年代际变化。针对秋季东沙中层分离流，利用POM模式数值模拟再现分离流，指出斜压地形联合效应（JEBAR）的负值中心是驱动东沙中层流的关键因素；在南海深层水团与环流方面，从观测和模拟上总结了南海深层水来源与南海深层环流基本特征的相关进展，利用多套准全球高分辨率海洋模式资料，分析了南海深层和底层环流的基本特征，指出模式地形的差异可以明显引起环流强度的变化，进而构造了考虑潮汐和中尺度涡影响的南海底层流诊断模型；在南海深层经向翻转环流方面，基于HYCOM再分析资料研究了南海经向翻转环流（SCSMOC）的结构特征，认为吕宋海峡入流是SCSMOC最主要的驱动源，并指出吕宋海峡附近海域风场的高频变率对南海经向翻转环流的近惯性变化有重要的作用。目前关于中深层环流的研究已经取得了一些进展，但是仍有一些问题尚未解决。

（1）目前关于南海深层环流和经向翻转环流的研究结果几乎都是基于数值模式或者诊断模型，除了吕宋海峡深层环流有一定的观测研究，南海内区尚无直接针对南海中深层翻转环流的观测，因而亟待开展相应的深层水文观测。

（2）南海三层环流不是独立的，而是相互联系在一起。但是目前并不知道三层环流之间的动量、涡度、热量、盐度是以什么途径在什么尺度上交换的，而这种物质能量的交换对各自的维持及变异有怎样的作用也尚不清楚。要解决这些问题，除了要加强现场观测，还需要在理论上考虑潮汐混合、地形、垂直水体交换、表面大气压等要素在三层环流驱动中的作用。

（3）利用反射地震法推测南海底层流水道，海洋地质学者取得了丰硕的研究结果。结合更多的高精度反射地震资料，借助更精细的深水沉积体系，可以推测出以往年代的大尺度南海底层环流格局及小尺度南海内区海槽和海山环流，可以进一步增进对现代南海深层环流及经向翻转环流的认识。

参考文献

赫崇本, 管秉贤. 1984. 南海中部NE-SW断面海水热盐结构以及海盆冷水来源的分析. 海洋与湖沼, 15(5): 411-418.

李凤岐, 李磊, 王秀芹, 等. 2002. 1998年夏、冬季南海的水团及其与太平洋的水交换. 中国海洋大学学报(自然科学版), 32(3): 329-336.

李凤岐, 苏育嵩. 2000. 海洋水团分析. 青岛: 海洋大学出版社.

李薇, 李立, 刘秦玉. 1998. 吕宋海峡及南海北部海域的水团分析. 台湾海峡, 17(2): 207-213.

刘增宏. 2001. 联合国政府间海洋学委员会会议决议(XX-6)Argo计划. 海洋技术学报, 20(3): 26-27.

刘增宏, 李磊, 许建平, 等. 2001. 1998年夏季南海水团分析. 海洋学研究, 19(3): 2-11.

刘长建. 2006. 南海次表层-中层水团分析. 中国科学院南海海洋研究所硕士学位论文.

刘长建, 杜岩, 张庆荣, 等. 2008. 南海次表层和中层水团年平均和季节变化特征. 海洋与湖沼, 39(1): 55-64.

毛明, 王文质, 黄企洲, 等. 1992. 南海海洋环流的三维数值模拟. 热带海洋学报, 11(4): 34-41.

田天, 魏皓. 2005. 南海北部及巴士海峡附近的水团分析. 中国海洋大学学报(自然科学版), 35(1): 9-12.

王凡, 张平, 胡敦欣, 等. 2001. 热带西太平洋环流及其季节变化. 科学通报, 46(23): 1998-2002.

王胄, 陈庆生. 1997. 南海东北部海域次表层水与中层水之流径. 热带海洋学报, 16(2): 24-41.

肖劲根. 2016. 南海经向翻转环流时空结构的诊断研究. 中国科学院南海海洋研究所博士学位论文.

肖劲根, 谢强, 刘长建, 等. 2013. 一个考虑潮汐、中尺度涡和地形影响的南海底部环流诊断模型. 海洋学报, 35(5): 1-13.

谢骏. 2004. 南海水团分析. 中国海洋大学硕士学位论文.

谢玲玲. 2009. 西北太平洋环流及其与南海水交换研究. 中国海洋大学博士学位论文.

谢强, 肖劲根, 王东晓, 等. 2013. 基于8个准全球模式模拟的南海深层与底层环流特征分析. 科学通报, 58(20): 1984-1996.

杨庆轩. 2008. 吕宋海峡通量及南海混合研究. 中国海洋大学硕士学位论文.

赵德平, 王卫强, 覃慧玲, 等. 2014. 南海18°N断面中层水的年代际变化. 海洋学报, 36(9): 56-64.

郑红波, 阎贫, 邢玉清, 等. 2012. 反射地震方法研究南海北部的深水底流. 海洋学报, 34(2): 192-198.

Aaboe S, Nøst O A. 2008. A diagnostic model of the Nordic Seas and Arctic Ocean circulation: Quantifying the effects of a variable bottom density along a sloping topography. Journal of Physical Oceanography, 38: 2685-2703.

Anderson D L T, Gill A E. 1975. Spin-up of a stratified ocean, with application to upwelling. Deep Sea Research and Oceanographic Abstracts, 22(9): 583-596.

Anderson D L T, Gill A E. 1979. Beta dispersion of inertial waves. Journal of Geophysical Research: Oceans, 84(C4): 1836-1842.

Blaker A T, Hirschi J J M, Sinha B, et al. 2012. Large near-inertial oscillations of the Atlantic meridional overturning circulation. Ocean Modelling, 42: 50-56.

Bretherton F P, Haidvogel D B. 1976. Two-dimensional turbulence above topography. Journal of Fluid Mechanics, 78: 129-154.

Broecker W S, Patzert W C, Toggweiler J R, et al. 1986. Hydrography, chemistry, and radioisotopes in the southeast Asian basin. Journal of Geophysical Research: Oceans, 91: 14345-14354.

Chang Y T, Hsu W L, Tai J H, et al. 2010. Cold deep water in the South China Sea. Journal of Oceanography, 66: 183-190.

Chao S Y, Shaw P T, Wu S Y. 1996. Deep water ventilation in the South China Sea. Deep Sea Research Part Ⅰ, 43(4): 445-466.

Chen C T A. 2005. A Tracing tropical and intermediate waters from the South China Sea to the Okinawa Trough and beyond. Journal of Geophysical Research: Oceans, 110(C5): C05012.

Chen C T A, Huang M H.1996. A mid-depth front separating the South China Sea water and the Philippine Water. Journal of Oceanography, 52: 17-25.

Chen C T A, Wang S L. 1998. Influence of intermediate water in the western Okinawa Trough by the outflow from the South China Sea. Journal of Geophysical

Research: Oceans, 103(C6): 12683-12688.

Chen C T A, Wang S L. 1999. Carbon, alkalinity and nutrient budgets on the East China Sea continental shelf. Journal of Geophysical Research: Oceans, 104(C9): 20675-20686.

Chen C T A, Wang S L, Wang B J, et al. 2001. Nutrient budgets for the South China Sea basin. Marine Chemistry, 75(4): 281-300.

Chen H, Xie X N, Van Rooij D, et al. 2013. Depositional characteristics and special distribution of deep-water sedimentary systems on the northwestern middle-lower slope of the Northwest Sub-Basin, South China Sea. Marine Geophysical Research, 34: 239-257.

Chen H, Xie X N, Van Rooij D, et al. 2014. Depositional characteristics and processes of alongslope currents related to a seamount on the northwestern margin of the Northwest Sub-Basin, South China Sea. Marine Geology, 355: 36-53.

Chu T Y. 1972. A study on the water exchange between Pacific Ocean and the South China Sea. Acta Oceanographica Taiwanica, 2: 11-24.

Döös K. 1995. Interocean exchange of water masses. Journal of Geophysical Research: Oceans, 100(C7): 13499-13514.

Döös K, Nycander J, Coward A C. 2008. Lagrangian decomposition of the Deacon Cell. Journal of Geophysical Research: Oceans, 113: C07028.

Fang G, Susanto D, Soesilo I, et al. 2005. A note on the South China Sea shallow interocean circulation. Advances in Atmospheric Sciences, 22: 946-954.

Fang G, Wang Y, Wei Z, et al. 2009. Interocean circulation and heat and freshwater budgets of the South China Sea based on a numerical model. Dynamics of Atmospheres and Oceans, 47(1-3): 55-72.

Garrett C. 2001.What is the near inertial band and why is it different from the rest of the internal wave spectrum. Journal of Physical Oceanography, 31(4): 962-971.

Gong G Q, Liu K K, Liu Z T, et al. 1992. The chemical hydrography of the South China Sea west of Luzon and a comparison with the west Philippine Sea. Terrestrial, Atmospheric and Oceanic Sciences, 3: 587-602.

Holloway G. 1987. Systematic forcing of large-scale geophysical flows by eddy-topography interaction. Journal of Fluid Mechanics, 184: 463-476.

Holloway G. 1992. Representing topographic stress for large-scale ocean models. Journal of Physical Oceanography, 22: 1033-1046.

Holloway G. 2008. Observing global ocean topostrophy. Journal of Geophysical Research: Oceans, 113: C07054.

Komori N, Ohfuchi W, Taguchi B, et al. 2008. Deep ocean inertia-gravity waves simulated in a high-resolution global coupled atmosphere-ocean GCM. Geophysical Research Letters, 35: L04610.

Kunze E.1985. Near-inertial wave propagation in geostrophic shear. Journal of Physical Oceanography, 15(5): 544-565.

Lan J, Wang Y, Cui F, et al. 2015. Seasonal variation in the South China Sea deep circulation. Journal of Geophysical Research: Oceans, 120: 1682-1690.

Lan J, Zhang N, Wang Y. 2013. On the dynamics of the South China Sea deep circulation. Journal of Geophysical Research: Oceans, 118: 1206-1210.

Lee D K, Niiler P P. 1998. The inertial chimney: The near-inertial energy drainage from the ocean surface to the deep layer. Journal of Geophysical Research: Oceans, 103: 7579-7591.

Li J, Liu J, Cai S, et al. 2015. The spatiotemporal variation of the wind-induced near-inertial energy flux in the mixed layer of the South China Sea. Acta Oceanologica Sinica, 34(1): 66-72.

Li L, Qu T D. 2006. Thermohaline circulation in the deep South China Sea basin inferred from oxygen distributions. Journal of Geophysical Research: Oceans, 111: C05017.

Ling Z, Wang G H, Wang C Z. 2015. Out-of-phase relationship between tropical cyclones generated locally in the South China Sea and non-locally from the Northwest Pacific Ocean. Climate Dynamics, 45(3-4): 1129-1136.

Liu C J, Wang D X, Chen J, et al. 2012. Freshening of the intermediate water of the South China Sea between the 1960s and the 1980s. Chinese Journal of Oceanology and Limnology, 30(6): 1010-1015.

Liu C T, Liu R J. 1988. The deep current in the Bashi Channel. Acta Oceanographica Taiwanica, 20: 107-116.

Liu Z Y, Wu L X, Bayler E.1999a. Rossby wave-Coastal Kelvin wave interaction in the extratropics. Part Ⅰ: Low-frequency adjustment in a closed basin. Journal of physical oceanography, 29(9): 2382-2404.

Liu Z Y, Wu L X, Hurlburt H. 1999b. Rossby wave-Coastal Kelvin wave interaction in the extratropics. Part Ⅱ: Formation of island circulation. Journal of physical oceanography, 29(9): 2405-2418.

Lüdmann T, Wong H K, Berglar K. 2005. Upward flow of North Pacific Deep Water in the northern South China Sea as deduced from the occurrence of drift sediments. Geophysical Research Letters, 32: L05614.

Nilsson J, Walin G, Broström G. 2005. Thermohaline circulation induced by bottom friction in sloping-boundary basins. Journal of Marine Research, 63(4): 705-728.

Nitani H. 1972. Beginning of the Kuroshio//Stommel H, Yoshida K. Physical Aspects of the Japan Current. Seattle: University of Washington Press: 129-163.

Nøst O A, Isachsen P E. 2003. The large-scale time-mean ocean circulation in the Nordic Seas and Arctic Ocean estimated from simplified dynamics. Journal of Marine Research, 61(2): 175-210.

Qu T D. 2000. Upper layer circulation in the South China Sea. Journal of Physical Oceanography, 30(6): 1450-1460.

Qu T D. 2002. Evidence for water exchange between the South China Sea and the Pacific Ocean through the Luzon Strait. Acta Oceanologica Sinica, 21(2): 175-185.

Qu T D, Du Y, Meyers G, et al. 2005. Connecting the tropical Pacific with Indian Ocean through South China Sea. Geophysical Research Letters, 32: L24609.

Qu T D, Du Y, Sasaki H. 2006a. South China Sea throughflow: A heat and freshwater conveyor. Geophysical Research Letters, 33: L23617.

Qu T D, Girton J, Whitehead J A. 2006b. Deepwater overflow through Luzon Strait. Journal of Geophysical Research: Oceans, 111: C01002.

Rhines P. 1970. Edge-, bottom-, and Rossby wave in a rotating stratified fluid. Geophysical and Astrophysical Fluid Dynamics, 1(3-4): 273-302.

Sévellec F, Hirschi J J M, Blaker A T. 2013. On the near-inertial resonance of the Atlantic meridional overturning circulation. Journal of Physical Oceanography, 43(12): 2661-2672.

Shao L, Li X, Geng J, et al. 2007. Deep water bottom current deposition in the northern South China Sea. Science in China Series D: Earth Sciences, 50(7): 1060-1066.

Shu Y Q, Xue H J, Wang D X, et al. 2014. Meridional overturning circulation in the South China Sea envisioned from the high-resolution global reanalysis data GLBa0.08. Journal of Geophysical Research: Oceans, 119(5): 3012-3028.

Shu Y Q, Xue H J, Wang D X, et al. 2016. Persistent and energetic bottom-trapped topographic Rossby waves observed in the southern South China Sea. Scientific Reports, 6: 24338.

St. Laurent L C. 2002. Estimating tidally driven mixing in the deep ocean. Geophysical Research Letters, 29(23): 2106.

St. Laurent L C. 2008. Turbulent dissipation on the margins of the South China Sea. Geophysical Research Letters, 35(23): L23615.

Stommel H, Arons A B. 1960a. On the abyssal circulation of the world ocean—I. Stationary flow patterns on a sphere. Deep Sea Research, 6: 140-154.

Stommel H, Arons A B. 1960b. On the abyssal circulation of the world ocean—Ⅱ. An idealized model of the circulation pattern and amplitude in oceanic basins. Deep Sea Research, 6: 217-233.

Tian J W, Qu T D. 2012. Advances in research on the deep South China Sea circulation. Chinese Science Bulletin, 57(24): 3155-3120.

Tian J W, Yang Q X, Liang X F, et al. 2006. Observation of Luzon Strait transport. Geophysical Research Letters, 33: L19607.

Tian J W, Yang Q X, Zhao W. 2009. Enhanced diapycnal mixing in the South China Sea. Journal of Physical Oceanography, 39(12): 3191-3203.

Von Storch J S. 2010. Variations of vertical velocity in the deep oceans simulated by a 1/10 OGCM. Ocean Dynamics, 60(3): 759-770.

Wang D X, Liu Q Y, Huang R X, et al. 2006. Interannual variability of the South China Sea throughflow inferred from wind data and an ocean data assimilation product. Geophysical Research Letters, 33: L14605.

Wang D X, Liu X B, Wang W Z, et al. 2004. Simulation of meridional overturning in the upper layer of the South China Sea with an idealized bottom topography. Chinese Science Bulletin, 49(7): 740-747.

Wang D X, Liu Y, Qi Y Q, et al. 2001. Seasonal variability of thermal fronts in the northern South China Sea from satellite data. Geophysical Research Letters, 28(20): 3963-3966.

Wang D X, Wang Q, Zhou W D, et al. 2013. An analysis of the current deflection around Dongsha Islands in the northern South China Sea. Journal of Geophysical Research: Oceans, 118(1): 490-501.

Wang D X, Wang W Q, Shi P, et al. 2003. Establishment and adjustment of monsoon-driven circulation in the South China Sea. Science in China Series D: Earth Sciences, 46(2): 173-181.

Wang G H, Huang R X, Su J L, et al. 2012. The effects of thermohaline circulation on wind-driven circulation in the South China Sea. Journal of Physical Oceanography, 42: 2283-2296.

Wang G H, Su J L, Ding Y H, et al. 2007. Tropical cyclone genesis over the South China Sea. Journal of Marine Systems, 68(3): 318-326.

Wang G H, Xie S P, Qu T D, et al. 2011. Deep South China Sea circulation. Geophysical Research Letters, 38: L05601.

Wang J. 1986. Observation of abyssal flows in the Northern South China Sea. Acta Oceanographica Taiwanica, 16: 36-45.

Wang S G, Zhang F Q, Snyder C. 2009. Generation and propagation of inertia-gravity waves from vortex dipoles and jets. Journal of the Atmospheric Sciences, 66(5): 1294-1314.

Whitt D B, Thomas L N. 2013. Near-inertial waves in strongly baroclinic currents. Journal of Physical Oceanography, 43(4): 706-725.

Wyrtki K. 1961. Physical oceanography of the Southeast Asian waters. NAGA Report, 2: 1-195.

Xiao J G, Xie Q, Wang D X, et al. 2016. On the near-inertial variations of meridional overturning circulation in the South China Sea. Ocean Science, 12(1): 335-344.

Xie Q, Xiao J G, Wang D X, et al. 2013. Analysis of deep-layer and bottom circulations in the South China Sea based on eight quasiglobal ocean model outputs. Chinese Science Bulletin, 58: 4000-4011.

Xu F H, Oey L Y. 2014. State analysis using the Local Ensemble Transform Kalman Filter (LETKF) and the three-layer circulation structure of the Luzon Strait and the South China Sea. Ocean Dynamics, 64: 905-923.

Yang J Y, Price J F. 2000. Water-mass formation and potential vorticity balance in an abyssal ocean circulation. Journal of Marine Research, 58: 789-808.

Yang Q X, Tian J W, Zhao W. 2010. Observation of Luzon Strait transport in summer 2007. Deep Sea Research Part I, 57: 670-676.

Yang Q X, Tian J W, Zhao W. 2011. Observation of material fluxes through the Luzon Strait. Chinese Journal of Oceanology and Limnology, 29(1): 26-32.

Yang Q X, Tian J W, Zhao W, et al. 2014. Observations of turbulence on the shelf and slope of northern South China Sea. Deep Sea Research Part I, 87: 43-52.

Yang Q X, Zhou L, Tian J W, et al. 2013. The roles of Kuroshio intrusion and mesoscale eddy in upper mixing in the northern South China Sea. Journal of Coastal Research, 30(1): 192-198.

You Y Z, Chern C S, Yang Y, et al. 2005. The South China Sea, a *cul-de-sac* of North Pacific Intermediate Water. Journal of Oceanography, 61(3): 509-527.

Yu Z, Shen S, McCreary J P, et al. 2007. South China Sea throughflow as evidenced by satellite images and numerical experiments. Geophysical Research Letters, 34: L01601.

Yuan D L. 2002. A numerical study of the South China Sea deep circulation and its relation to the Luzon Strait transport. Acta Oceanologica Sinica, 21: 187-202.

Zhai X M, Greatbatch R J, Zhao J. 2005. Enhanced vertical propagation of storm-induced near-inertial energy in an eddying ocean channel model. Geophysical Research Letters, 32: L18602.

Zhang N, Lan J, Cui F. 2014a. The shallow meridional overturning circulation of the South China Sea. Ocean Science Discussions, 11(2): 1191-1212.

Zhao W, Zhou C, Tian J W, et al. 2014. Deep water circulation in the Luzon Strait. Journal of Geophysical Research: Oceans, 119(2): 790-804.

Zheng H B, Yan P. 2012. Deep-water bottom current research in the northern South China Sea. Marine Georesources & Geotechnology, 30(2): 122-129.

Zhou C, Zhao W, Tian J W, et al. 2014. Variability of the Deep-Water Overflow in the Luzon Strait. Journal of Physical Oceanography, 44(11): 2972-2986.

Zhu M Z, Graham S, Pang X, et al. 2010. Characteristics of migrating submarine canyons from the middle Miocene to present: implications for paleoceanographic circulation, northern South China Sea. Marine and Petroleum Geology, 27(1): 307-319.

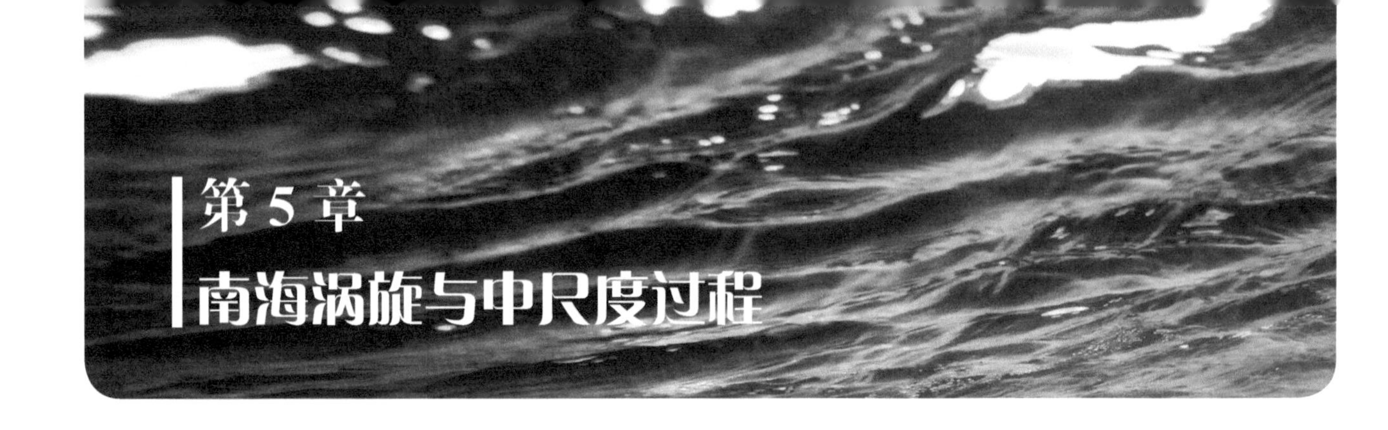

最早被中外学者提及的南海涡旋，是夏季越南中部外海的冷涡（黄企洲等，1992）。徐锡祯等（1982）给出了吕宋岛西北海区的冬季气旋涡和越南东南部外海夏季的反气旋涡等南海气候态（季平均）结果。钟欢良（1990）给出了南海中北部海区多个冷涡和暖涡。李立等（1997）根据调查资料认为，进入南海北部的一个暖涡是由黑潮入侵南海脱落产生。黄企洲（1994）根据南沙海区的调查资料指出，南海南部海区存在多个涡旋，如南沙海槽区冬夏季上层为气旋式环流（涡）等。总体来看，20世纪关于南海涡旋的发现和研究，主要是根据船舶航次的调查资料，偶然性比较大。但南海的多涡结构特征开始被人们认识和重视，人们对涡旋的复杂多变也有了初步印象。

本章将对目前的涡旋资料进行统计分析，对典型涡旋做个例刻画，对中尺度涡的物理和生态效应做简要论述，并探讨台风引发的中尺度涡的能量传递和海水近惯性振荡等现象。

5.1 南海中尺度涡的总体特征和个例研究

南海中尺度涡现象活跃（苏纪兰，2001；管秉贤和袁耀初，2006），其由背景流、黑潮不稳定（李立和伍伯瑜，1989；Li et al.，1998；Metzger and Hurlburt，2001；Jia and Liu，2004；Yuan et al.，2006；Gan and Qu，2008），流的涡度输送（Wang et al.，2006b），风应力旋度（Chi et al.，1998；Yang and Liu，2003；Wang et al.，2008b）等因素诱发。随着水文和卫星遥感资料的日益丰富，南海涡旋的统计和个例特征正逐渐被认识。

结合卫星高度计资料和数值模拟，南海上层涡旋的生消演变统计特征已被诸多科研人员揭示（Hwang and Chen，2000；Wang et al.，2003；Chen et al.，2011；Xiu et al.，2010；林鹏飞等，2007；Lin et al.，2015）。基于海洋观测，多个涡旋个例亦被报道，如1998年吕宋岛西北一个冷涡（Chu and Fan，2001）、2003/2004年南海东北部的反气旋涡（Wang et al.，2008a）、2006年台湾岛西南的一个暖涡（Zu et al.，2013）、2010年南海西部的一个强暖涡（Chu et al.，2014）、2012年台湾岛西南的一个涡旋对（Zhang et al.，2013）等。几个具有季节性特征的涡旋亦被发现，如秋冬季产生于吕宋岛西北的吕宋冷涡（杨海军和刘秦玉，1998；Shaw et al.，1999；Qu，2002）、夏秋季产生于吕宋岛西北的吕宋暖涡（Yuan et al.，2007；Wang et al.，2008b，2012a；Chen et al.，2010a；姜良红和胡建宇，2010）、18°N断面夏秋季暖涡（Nan et al.，2011）、东沙冷涡（Chow et al.，2008）、越南偶极子涡（Wu et al.，1999；Wang et al.，2006b；Chen et al.，2010b；Hu et al.，2011）、南海西部春季暖涡（He et al.，2013）等。

5.1.1 南海中尺度涡的总体特征

基于1992年10月至2009年10月高度计资料，利用Winding-angle算法，Chen等（2011）较为系统地研究了南海涡旋的发生频率、半径、生命、运动学性质及涡旋的运动演化特征，讨论了南海中尺度涡的季节、年际变化及其对跃层的影响。

1. 涡旋的基本特征

1）涡旋的产生与出现概率

1992年10月至2009年10月，南海共有434个反气旋涡（AE）和393个气旋涡（CE）被辨认追踪（Chen et al.，2011；陈更新，2010）。涡旋主要产生在南海东北-西南向对角线上和吕宋岛西南海域，而在南海的东南和西北海域产生较少（图5.1）。吕宋海峡以西海域是涡旋的频发区域，该区域涡旋的产生可能与风应力旋度变化、黑潮入侵锋的不稳定（Wang et al.，2000）、从黑潮中脱落（Li et al.，1998；Wang et al.，2008a）、涡度的西向平流输送和冬季风喷射（Wang et al.，2008b）等有关。季节性涡旋，如吕宋冷涡（Shaw et al.，1999；Qu，2000；Yang et al.，2003）和吕宋暖涡（Yuan et al.，2007；Chen et al.，2010a），也在该区域产生。越南东部海域是南海的另一个涡旋多发区域。观测研究表明，在西南季风期间该海域存在一对偶极子涡（Chen et al.，2010b）。偶极子涡的产生与局地风应力旋度密切相关。另外，沿岸强流的不稳定也是该区域涡旋产生的重要原因。在南海东南海域，反气旋涡是气旋涡数目的2倍。Cai等（2002）指出，强的正压陆架流与地形的相互作用有利于该海域产生反气旋涡。值得注意的是，1992年10月至2009年10月共计17年间仅有11个涡旋是从太平洋传入南海的。

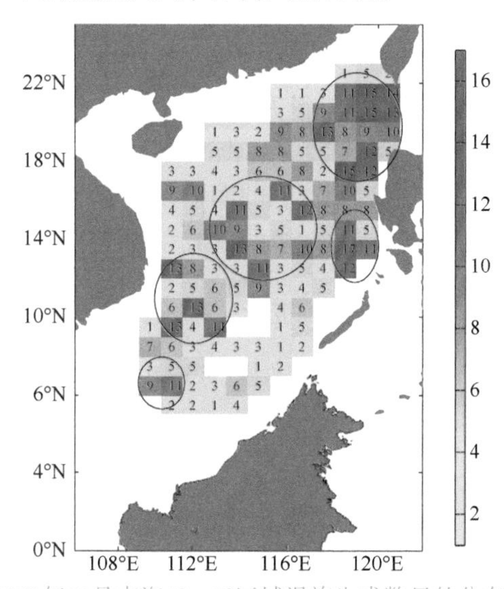

图5.1　1992年10月至2009年10月南海1°×1°区域涡旋生成数目的分布（Chen et al.，2011）

图5.2a显示了南海出现涡旋的概率空间分布。涡旋概率定义为：某海域在观测时间内处于涡旋内的时间比例。可以发现，南海涡旋概率的变化范围为0%～73%，平均涡旋概率为27%。中尺度涡不仅在越南以东

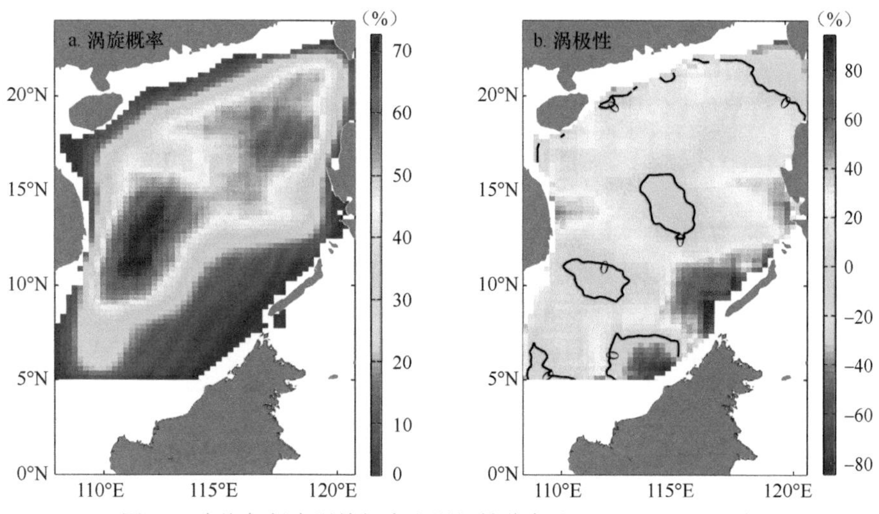

图5.2　南海气候态涡旋概率和涡极性分布（Chen et al.，2011）

（南海南端附近空白区域专题资料暂缺）

海域频繁发生，涡旋概率达到40%～70%，还在南海东北海域频繁出现，涡旋概率达到35%～60%。较大的涡动动能（eddy kinetic energy，EKE）也位于这两个区域（Chen et al.，2009），这应该与涡旋概率的分布有关。由于南海东南海域仅有较少的涡旋产生及传播，涡旋概率相对较小。最小的涡旋概率（小于10%）出现在南海周边沿岸，这主要是因为涡旋在海区沿岸难以充分发展，并且水深小于100m海域的数据被忽略，因此风角（WA）算法不能捕获封闭的流线。

涡极性代表位于涡旋内的某点处于反气旋涡内（涡极性＞0）或气旋涡内（涡极性＜0）的概率（Chaigneau et al.，2009），计算公式为：（FAE−FCE）/（FAE+FCE），其中，FAE和FCE分别为该点处于反气旋涡与气旋涡内的概率。图5.2b显示了南海涡极性的分布。最显著的极性位于南海东南部，尽管该区域涡旋频率较低。另三个负的涡极性区域是台湾西南部，南海中部12.5°～16°N、113.5°～115.5°E区域和越南东南部9.5°～11°N、110°～112.5°E区域，这些区域的涡极性为–15%～–5%。然而，Wang等（2003）指出，台湾西南主要被反气旋涡所占据。结论的不一致是因为他们的结果主要聚焦于较长生命的涡旋，所以忽略了更多的冷涡。由于反气旋涡拥有更长的生命周期，南海大部分区域更多时间被反气旋涡所占据，尤其在越南东部12.5°～15°N、109°～113°E区域，吕宋岛西南13.5°～16°N、117°～119°E区域和南海西北区域更为明显，涡极性达到20%～40%。

2）涡尺寸与生命周期

南海涡半径的概率密度函数呈瑞利分布，峰值为130km（图5.3a）。64%的涡半径为100～200km；半径大于200km的涡旋较少，仅占总数的14%。半径大小和纬度变化有一定关系，从21°N的大约100km增长到9°N的160km。但随着纬度进一步降低，涡半径又逐渐减小至6°N的110km。Chaigneau等（2009）研究了全球东边界4个上翻区域的涡半径，指出在这4个区域的涡半径呈现赤道向增加趋势。这与南海涡半径变化的结论不同。南海南部较小的涡半径可能是被当地较窄的海域和较浅的水深所限制，因此涡旋不能得到充分发展。图5.3c描述了涡能量密度 $\mathrm{EI}=\dfrac{\overline{\mathrm{EKE}}}{\pi r^2}$ 与涡半径的变化关系，其中EKE为涡动动能，r为涡半径。EI随涡半径增加呈高斯函数形式递减，从涡半径50km时的约$2.5\times10^{-2}\mathrm{cm}^2/(\mathrm{s}^2\cdot\mathrm{km}^2)$下降到300km时的约$2\times10^{-3}\mathrm{cm}^2/(\mathrm{s}^2\cdot\mathrm{km}^2)$。涡度与涡半径呈抛物线关系，涡度最大值约为$6\times10^{-6}\mathrm{s}^{-1}$，对应涡半径为170km。

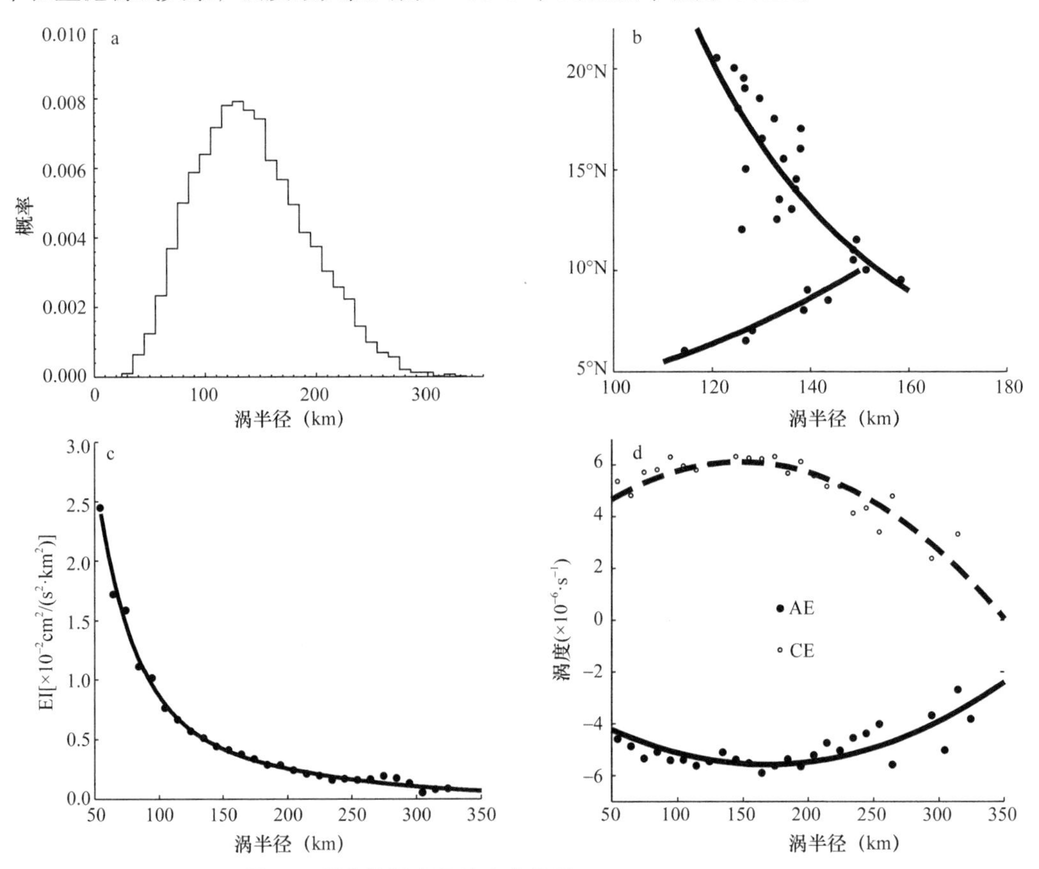

图5.3　涡参数随半径的变化特征（Chen et al.，2011）

图5.4a显示了追踪的827个涡旋的生命周期分布。涡旋的平均生命周期为8.8周（约62天）；反气旋涡生命较长，为9.3周；气旋式涡为8.1周。累积率分布表明（图5.4a红线），生命短于10周的涡旋数目占总数目的74%，并且涡旋数目随着生命周期的增加而快速下降。最长生命的涡旋是1993年1月产生于越南东部的一反气旋涡，该涡在产生位置附近活跃了48周，直至1993年12月消失。生命短于10周的涡旋中，反气旋涡和气旋涡数目相当；而生命长于10周的涡旋中，反气旋涡数目约是气旋涡数目的2倍，每周约有12.5个涡旋产生。这和Wang等（2003）的结果较为一致，表明前文提及的和Wang等（2003）的结果存在差异主要是因为他们研究关注的是生命周期较长的涡旋而忽略了生命周期较短的涡旋。生命周期长于31周的涡旋全是反气旋涡。

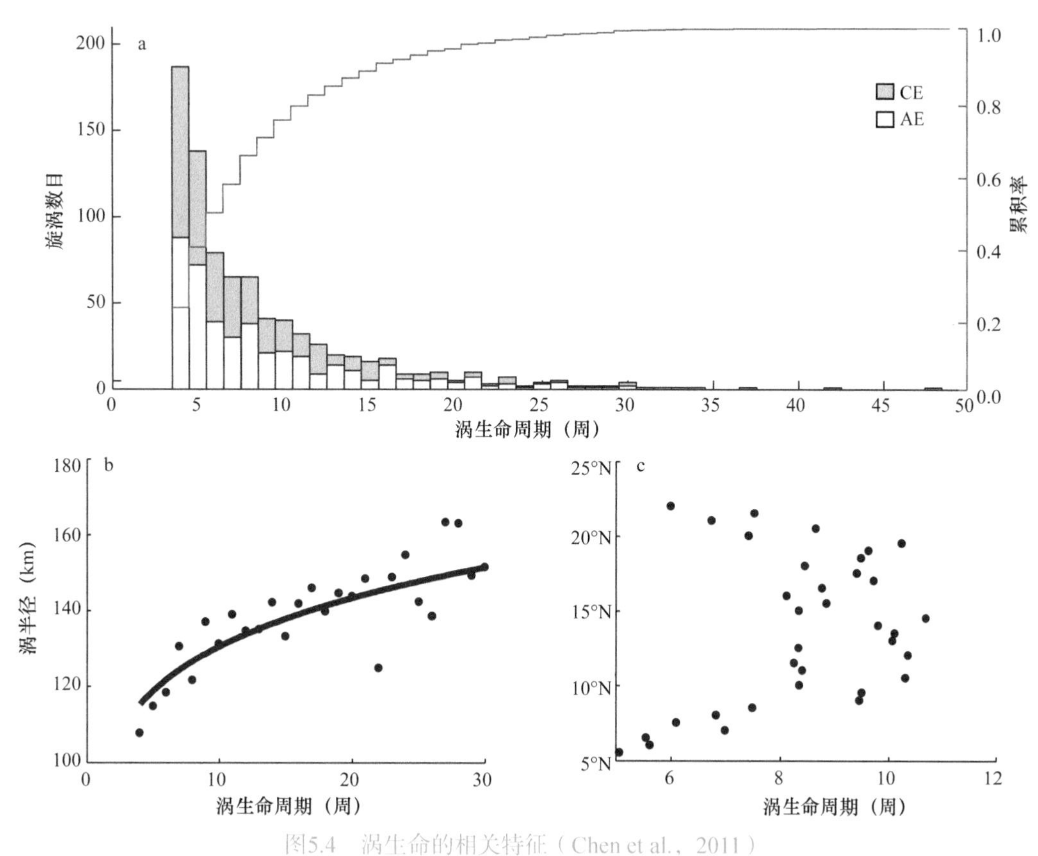

图5.4　涡生命的相关特征（Chen et al.，2011）

有意思的是，涡平均生命周期从4周增加到30周时，涡半径相应地从约110km增加到约150km（图5.4b）。这意味着尺寸较小的涡旋虽然能量更加集中（图5.3c），但生命周期较短。另外，涡生命周期长短和涡旋的产生地点有一定的关系。产生在9°～19.5°N的涡旋，平均生命周期为8.2～10.7周；而产生在更北或者更南的涡旋，涡生命周期呈准线性递减。

3）涡旋的传播与演化

在南海各网格点上对1992年10月至2009年10月涡旋的传播速度进行矢量合成，可以得到涡旋的传播速度场（图5.5）。在南海北部，涡旋主要沿陆架呈西南向传播，速率为5.0～9.0cm/s。在南海中部（13°～17°N，108°～121°E），涡旋呈准西向传播，但伴有轻微辐散，速率为2.0～6.4cm/s。在8°N以南，涡旋主要呈西向或西南向传播，传播速率为2.0～7.7cm/s。南海亦存在两个涡旋传播速度较小的区域，一个位于南海东部沿岸，该区域只有较少的涡旋经过；另一个位于越南东南部8°～12.5°N、111°～114°E海域，虽然该海域涡旋频繁出现，但由于它位于南海西南部，产生于该海域的涡旋没有统一的传播方向，并且该海域的东侧涡旋产生较少，因此很少有涡旋经过。上述结果表明，南海涡旋并非自由罗斯贝波，因为罗斯贝波的第一斜压模态在南海的运动速度大约为7.1cm/s且呈西向传播（Yuan et al.，2007）。

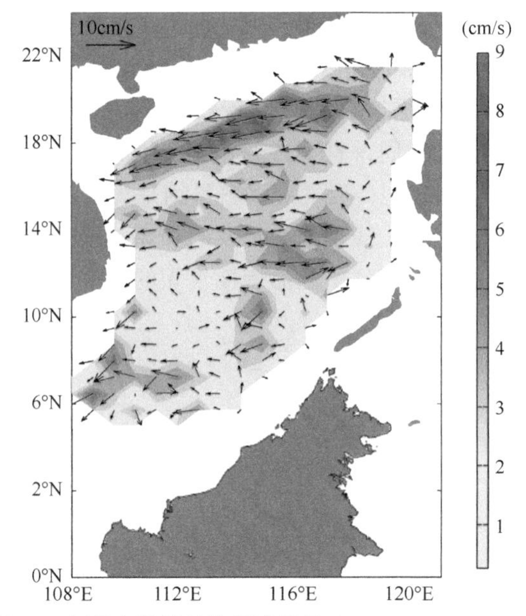

图5.5 气候态涡旋的传播速度场（Chen et al.，2011）

为了更好地了解涡旋的传播特征，对生命周期超过22周（约5个月）的涡旋做进一步研究。这些分析是建立在24个（14个）长生命反气旋涡（气旋涡）的基础上的。图5.6显示了这些涡旋的传播轨迹。为了方便讨论，我们把这些涡旋根据产生地点分为4个部分，区域的划分方式和Wang等（2003）的一致。在Z1区域，4个长生命涡旋中有3个是反气旋涡，并且这些涡旋都产生在东北季风期，这可能和黑潮入侵导致的背景流不稳定有关。该区域的涡旋主要沿陆架陆坡西南传播至海南岛东南部，传播距离（从起点至终点的直线距离）约为778km，传播速率（每周拉格朗日速率的平均值）为6.1cm/s。Z2区域大多数的反气旋涡产生在吕宋岛西北海域，而该区域大多数气旋涡则产生在吕宋岛西部海域。部分涡旋消失于北部陆架或者东沙群岛海域，其他涡旋皆传播至西海岸。涡旋的平均传播距离约为657km，传播速率为5.5cm/s。Z3区域大多数长生命涡产生于吕宋岛西南海域。由于没有陆架等的影响，反气旋涡和气旋涡自由传播，且各自呈极向或赤道向偏移。该区域涡旋的传播距离约为617km，传播速率为4.0cm/s。Z4区域涡旋的传播总体方向性差，尤其是在12.5°N以南区域。涡旋的传播距离较小，仅为278km，但传播速率为4.6cm/s，并不显著低于其他区域的涡旋传播速率。这进一步表明图5.5中西部海盆的低涡旋传播速率主要是因为该海域涡旋比较没有一致的传播方向。

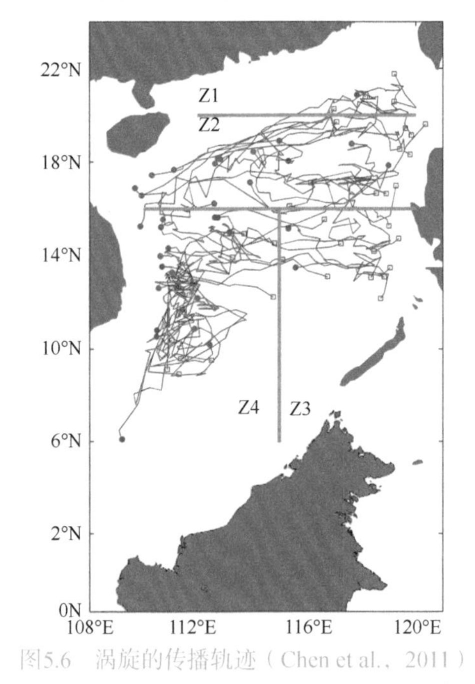

图5.6 涡旋的传播轨迹（Chen et al.，2011）

方块和圆点分别代表这些涡旋的产生和消失位置；红线和蓝线分别代表反气旋涡和气旋涡的传播路径

由于β效应，反气旋涡和气旋涡分别倾向于有较小的赤道向和极向偏移。然而，南海情形有些不同。在18°N以北和13°N以南，涡旋的传播路径明显受到地理位置的影响（图5.5，图5.6）。而在13°～18°N区域，反气旋涡有北向（极向）偏移的趋势（图5.7），在第25周，共偏移1.2个纬度；气旋涡前19周持续西行，然后出现轻微南向（赤道向）偏移。Wang等（2003）也指出，该区域反气旋涡倾向于西向和西北向传播。这也许跟该区域的环流结构有一定关系。这种特殊的涡旋传播路径辐散在全球其他区域也有出现，正如Chelton等（2007）所述，全球反气旋涡赤道向、纯纬向（0°±1°）和极向偏转分别占60%、9%和31%，而气旋涡分别占34%、8%和58%。

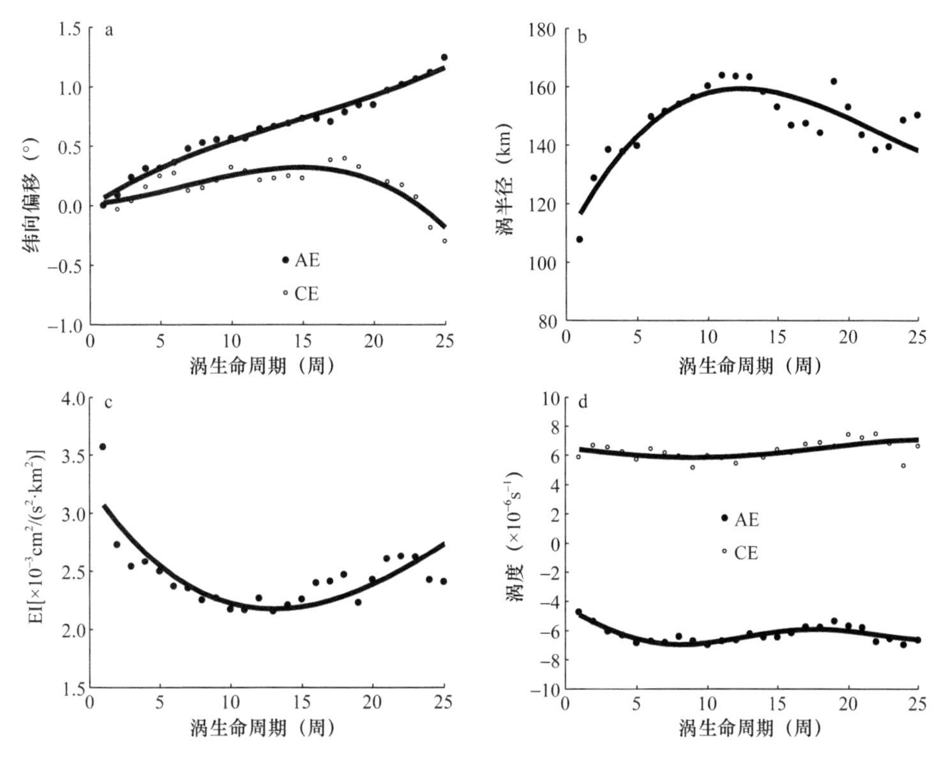

图5.7　长生命涡旋的平均性质（Chen et al.，2011）

利用这38个长生命涡，我们进一步研究涡旋的演化特征。涡半径在前3周以每周10km的速度增长，随后增长速度有所放慢，约为每周3km。涡旋在传播12周以后开始减弱，涡半径以每周2km的速度下降（图5.7b）。涡能量密度（EI）在前3周下降了30%，在接着的8周内又下降了15%，最小值为$2.196\times10^{-3}cm^2/(s^2\cdot km^2)$。在12周以后，EI开始增长，并且增长速度仅为下降速度的2/3（图5.7c）。另外，涡度在涡旋的产生及消亡中变化较小（图5.7d），可以认为它是一个准守恒量。

2. 涡旋的季节、年际变化及其对温度分布的影响

下面讨论的涡旋的时间变化是建立在追踪的434个反气旋涡和393个气旋涡基础上的。图5.8显示了涡旋平均性质的季节变化。可以发现，气旋涡和反气旋涡有不同的季节变化特征。春夏秋冬四季，气旋涡的产生比例分别为26%、17%、24%和33%，而反气旋涡的产生比例分别为28%、29%、23%和20%，即更多的气旋涡产生在冬季，而更多的反气旋涡产生在夏季。实际上，南海产生涡旋数目的季节变化主要被Z2和Z4区域产生涡旋数目的季节变化所控制。在冬季，强的气旋式风应力旋度（Qu，2000）和黑潮锋引起的涡度西向平流输送（刘先炳等，1992）有利于吕宋岛西北海域涡旋的产生。越南南向沿岸流与外凸岸形的相互作用有利于气旋涡的产生（Gan et al.，2008）。在夏季，从越南中部分离的东北向离岸流有利于反气旋涡的产生（Gan et al.，2008）。巴布延群岛西侧（位于Z2区域）也是反气旋涡的高发区域（Metzger and Hurlbut，2001）。

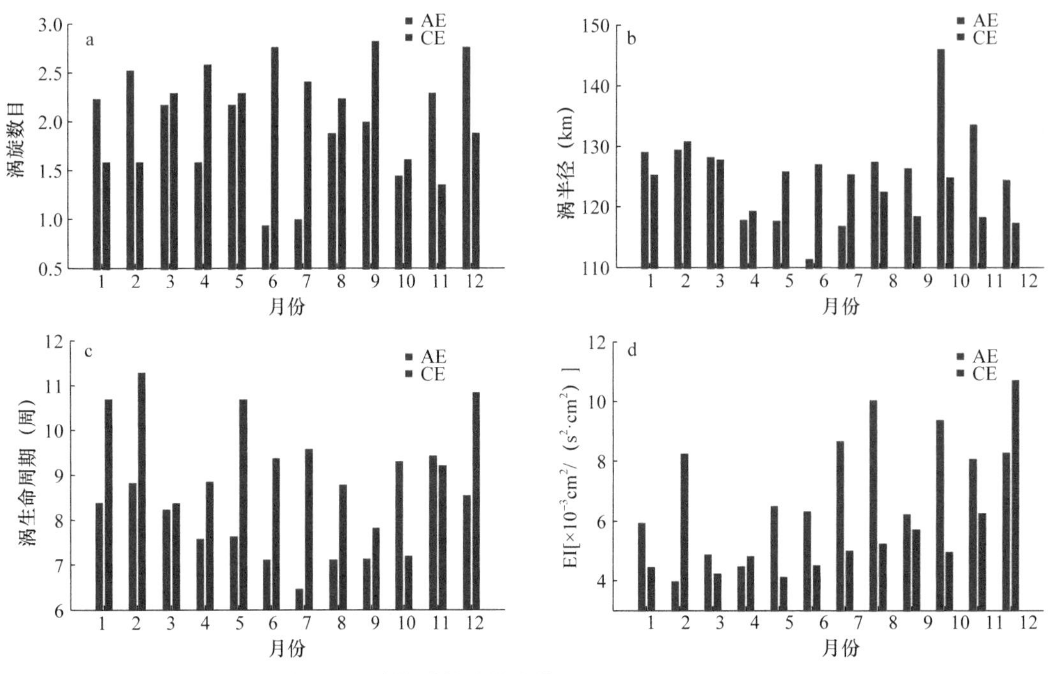

图5.8 涡旋性质的季节变化（Chen et al.，2011）

和涡旋数目变化类似，最小平均涡半径（118km）和最短平均生命周期（6.9周）的气旋涡出现在夏季，最大平均涡半径和最长平均生命周期的气旋涡出现在冬季。冬季气旋涡的平均半径为127km，平均生命周期为8.6周。和气旋涡情况不同，形成于秋季的反气旋涡的平均半径最小且平均生命周期最短，分别为121km和8.1周；而出现在冬季的反气旋涡平均半径和平均生命周期最长，分别为125km和10.9周。正如前文所述，反气旋涡的生命周期较气旋涡更长，除了10月和11月（图5.8c）。反气旋涡的EI在冬季高出平均值37%，而在春季低于平均值18%，在其他两个季节变化较弱，不超过10%（图5.9d）。反气旋涡的EI在后半年比前半年高出58%。

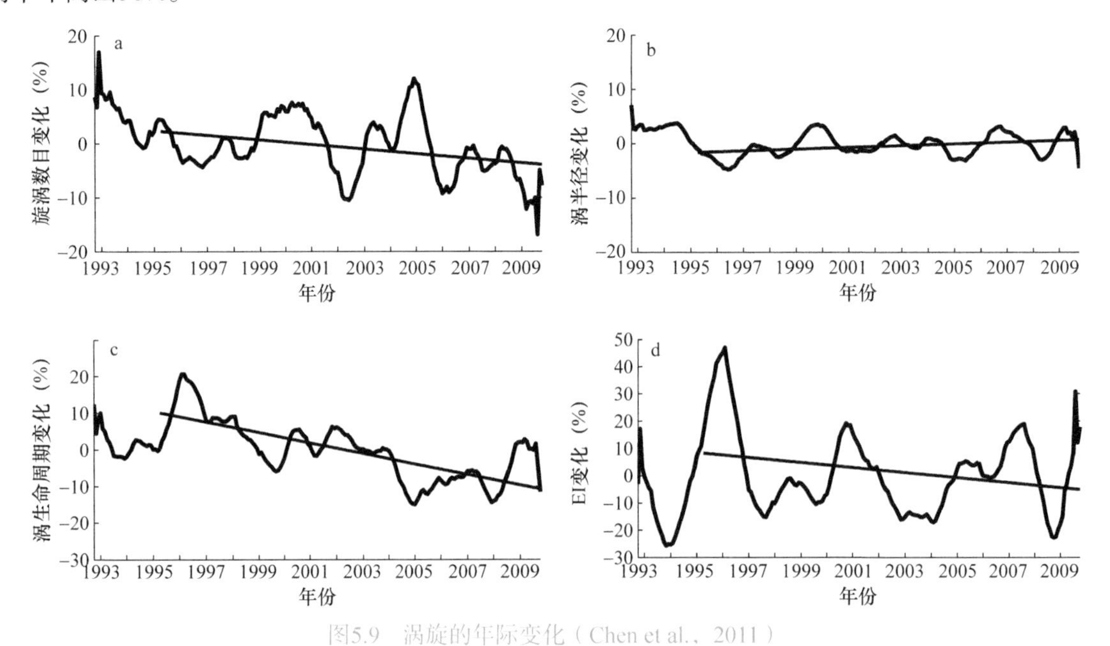

图5.9 涡旋的年际变化（Chen et al.，2011）

有趣的是，虽然Z1区域的长生命涡主要是反气旋涡，但是该区域两种类型的涡旋数目并无显著差异。前文提到反气旋涡生命长于气旋涡生命，这主要归因于Z1和Z4区域的反气旋涡较气旋涡有更长的生命。EKE在Z1和Z4区域远大于Z2和Z3区域，并且Z1和Z4区域最大EKE分别出现在冬季和夏季。这与Chen等（2009）用15年高度计资料分析的EKE分布和变化结果一致。

涡旋数目展现较弱的年际变化，1999～2001年涡旋数目呈正相位，接着在2002年出现负相位，在2003年及2004年至2005年出现正相位。涡旋数目的年际变化率一般仅为–10%～10%（图5.9a）。我们从1995年4月开始计算（1994年1月至1995年3月ERS-1数据缺失）涡旋数目的变化，结果表明，从1995年4月至2009年10月涡旋数目下降了6%。涡半径也呈现较弱的年际变化，变化范围小于5%。从1995年4月至2009年10月涡半径增加了2%（图5.9b）。涡生命周期显著的正相位出现在1995～1999年，在1996年呈现明显的降低趋势。15年（1995～2009年）来，下降了21%。

EI在1994年出现显著下降，幅度达25%（图5.9d）。这和全球EKE在1994年下降30%较为一致，主要是因为此时ERS-1数据缺失。类似的情况在全球4个主要上翻区域（Chaigneau et al.，2009）及巴西沿岸等（Chaigneau et al.，2008）皆被观测到。EI在1995～1996年急剧增大，变化幅度为10%～45%，另有两个正相位分别出现在2000～2002年和2006～2008年，三个负相位分别出现在1997～2000年、2002～2005年和2008～2009年。为了了解EI的年际变化是否与某些气候有关，我们对Niño3区域（5°S～5°N，90°～150°W）的海表温度异常（SSTA）进行了11月滑动滤波，将得到的结果与EI年际信号进行相关性分析。结果表明，当Niño3区域SSTA领先EI变异一个月时，它们的相关系数达到–0.42（置信度高于95%）。那么，El Niño如何影响南海EI呢？Chen等（2009）曾指出，El Niño通过大气桥——风应力旋度来影响南海EKE的年际变化。为了了解风和EI的变化关系，我们对南海逐月QuickSCAT风应力旋度和经向风同样进行了11月滑动滤波。相关性分析结果表明，当风提前一个月时，EI和风应力旋度及经向风的相关系数分别达到0.30和0.32（置信度高于95%）。较弱的相关性可能是因为风数据的时间序列较短。一个初步解释是：南海风场在El Niño期间显著减弱，风应力旋度和经向风相应减弱（Chen et al.，2009），较弱的风应力旋度和经向风导致较小的EI。为了更好地解释这些现象，进一步研究是十分必要的。

利用匹配的763个被涡旋影响的浮标观测温度剖面数据，我们得到了涡旋引起的最大温度异常的概率分布（图5.10a）。反气旋涡引起海域温度上升的最大幅度为2～5℃，峰值为4℃。而气旋涡引起海域温度降低的最大幅度为0～3℃，峰值为–1℃。进一步，我们研究了涡旋引起的平均温度异常随深度的分布（图5.10b）。在表层，两种类型的涡旋皆对温度分布的影响较小。而随着深度的增加，差异逐渐明显。反

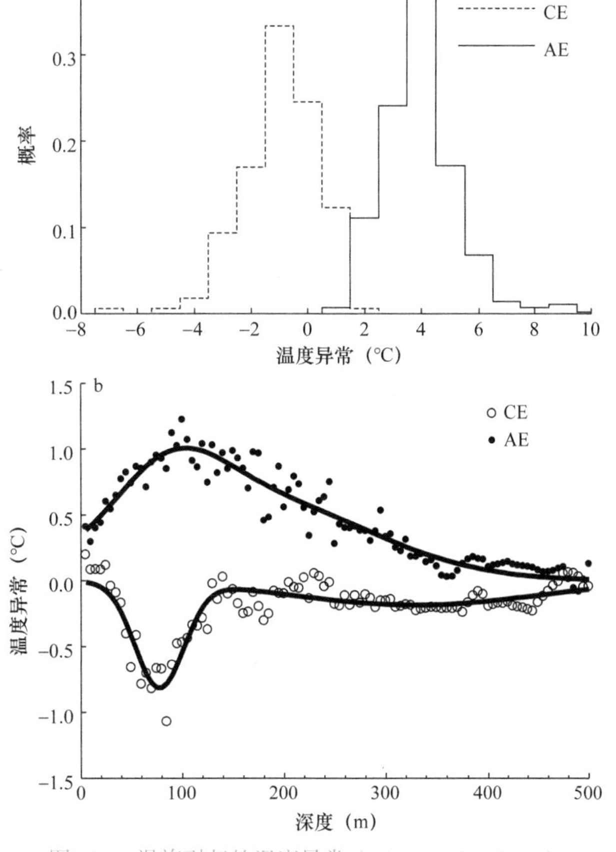

图5.10 涡旋引起的温度异常（Chen et al.，2011）

气旋涡引起的温度异常在110m以浅快速增加，在接下来的400m中逐渐变弱。而气旋涡引起的温度异常在80m以浅急剧下降，而在接下来的80m中又急剧上升，在160m以深，气旋涡对温度分布的影响较小。以上结果表明，次表层温度较表层温度能较好地反映涡旋的存在。另外，反气旋涡能引起上层500m温度异常，并且最显著的影响深度位于110m附近；而气旋涡能引起上层160m温度异常，并且最显著的影响深度位于80m附近。这些结果和越南偶极子涡的情形一致。进一步分析结果表明，位于反气旋涡和气旋涡内部的温跃层深度分别大约为110m和80m。这主要是因为反气旋涡压迫温跃层，而气旋涡抬升温跃层。

5.1.2 卫星和航次观测的南海个例涡旋

1. 季节性涡旋

本部分介绍吕宋暖涡、越南偶极子涡和南海西部春季暖涡三例季节性涡旋。吕宋暖涡产生于吕宋海峡西北侧，常挟带吕宋海峡高盐水横跨南海北部，对南海北部水团、跃层等具有重要影响（Yuan et al.，2007；Chen et al.，2010a）；越南偶极子涡与南海风应力旋度、南海海洋环流、厄尔尼诺等都有密切联系（Wang et al.，2006a；Chen et al.，2010b；Li et al.，2014b；Chu et al.，2014），对越南东部夏季水华亦有重要贡献（Chen et al.，2014）；南海西部春季暖涡是近期发现的季节性涡旋（He et al.，2013），初步研究表明其对海气相互作用有显著影响，但其相关特征尚不明确，需进一步研究。

1）吕宋暖涡

南海东北部是涡旋的频发区域（苏京志等，2002；Wang et al.，2003；林鹏飞等，2007）。先前的研究表明，该区域涡旋可能来源于黑潮（Li et al.，1998；Wang et al.，2008a）脱落或者局地生成。由于水文资料缺失，这些涡旋的垂向结构和演化特征很少被研究。

通过分析海水的温盐等特征，Li等（1998，2002）指出，1994年9月初，在南海北部捕获一反气旋型的黑潮分离流环。该流环为中心位于21°N、117.5°E，直径约150km，垂直尺度超过1000m的反气旋涡。然而，Yuan等（2007）通过分析同时期的高度计资料指出，这个反气旋涡是西向传播的产生于吕宋海峡西北侧的“吕宋暖涡”（LWE）。Yuan等（2007）还指出，LWE是一个季节性涡旋，其与经向风有较密切的关系。

为了更好地了解LWE，Chen等（2010a）对1993～2008年共计16年的6月海表高度异常（SLA）进行EOF分解，同样的做法也应用到7～12月及1月等各月。由于EOF分解对区域的选择有一定的敏感性，为避免其他区域的干扰，在对不同月份的SLA进行分解时，选取不同的区域数据（图5.11）。结果表明，6月至次年2月第一模态权重分别为66%、79%、83%、82%、82%、61%、71%、55%和52%。因此，各月第一模态即可描述该区域SLA的主要特征。

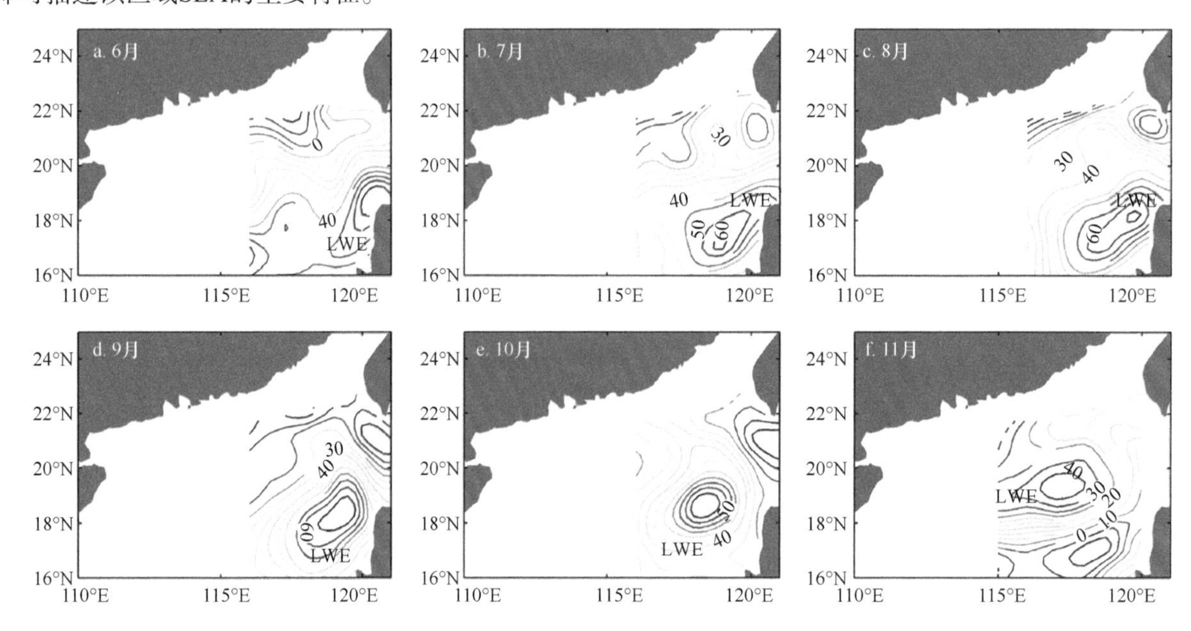

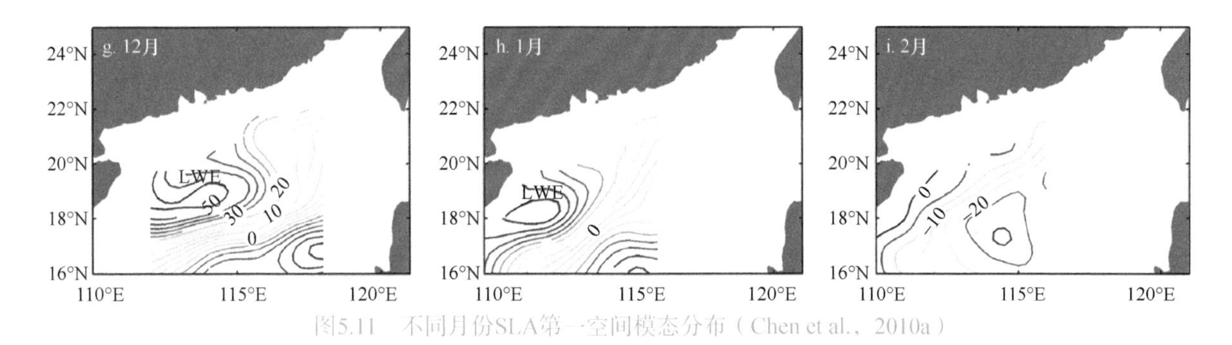

图5.11　不同月份SLA第一空间模态分布（Chen et al.，2010a）

图5.11表明，通常LWE于6月开始产生，形成于7月，8月和9月逐渐增强，LWE于10月开始脱离吕宋岛并向西传播，12月开始减弱，消失于次年2月。LWE的传播速度逐月各异，8月至次年1月的速度分别为3.0cm/s、2.1cm/s、3.9cm/s、6.3cm/s、14.3cm/s和9.9cm/s。冬季和夏季速度的较大差异可能是因为季风的反转。冬季，南海盛行北东北季风，南海北部呈现较强的气旋式环流，这些都可能有利于涡旋向西传播。LWE的平均直径是305km，这和Wang等（2005）估计的307km一致，大于Yuan等（2007）报道的结果。

2006年的LWE捕获了一个Argo浮标（编号：2900391）。Chen等（2010a）通过此浮标来研究LWE的垂向结构，建立了随LWE移动的坐标系（坐标原点取涡中心位置），根据浮标与LWE的相对位置和温盐异常分布，Chen等（2010a）得到了LWE的纬向温盐异常的分布图（图5.12a、b）。由于浮标一直位于LWE中心的东部，因此仅仅得到了LWE的东部纬向结构。如图5.12a所示，LWE在温跃层附近有最大的温度异常5℃。这意味着次表层的温度分布能更好地体现LWE的存在。温盐异常分布表明，LWE对温盐结构的影响主要位于50～200m深度。根据LWE内部温度和盐度分布，取1000m深度为零速度参考面，利用地转关系得到了LWE引起的流速分布（图5.12c）。可见，LWE垂向上超过500m，较大地转速度位于200m以浅，最大速度为0.6m/s。流速自涡中心至偏离涡中心0.6个经度区域逐渐增大，随后逐渐减小。

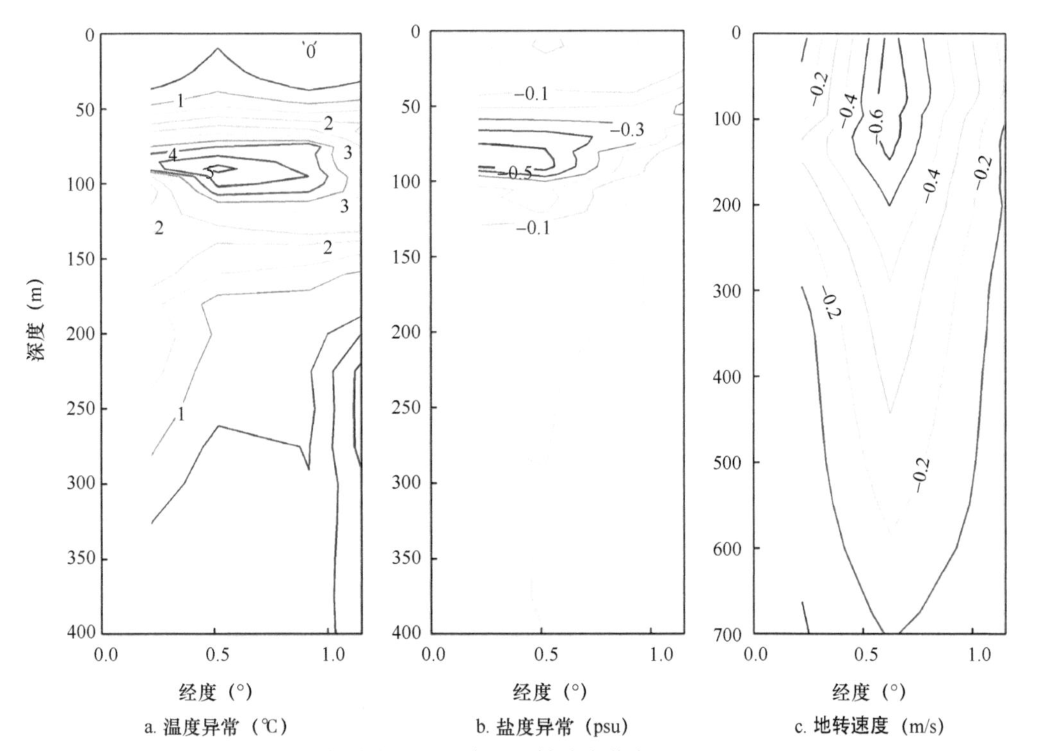

图5.12　LWE的纬向温盐异常及地转速度分布（Chen et al.，2010a）

图5.13是浮标的剖面*T-S*点聚图。第5个剖面观测到的最高盐度约为34.8psu，对应的温度约为23℃，这显然不是南海水的特征。然而，位势密度超过26.0kg/m^3（大约250m深）的水体却呈现明显的南海水特征。第9个剖面（浮标观测此剖面时已经被LWE捕获）的温盐曲线表明，LWE卷入了高温高盐水。虽然第13、15和16剖面皆位于LWE的涡中心附近，但它们的温盐特征明显不同。第15剖面是典型的南海水特征，而第13和16剖面上层水体则呈现南海水和西太平洋海水的混合水特征。这些剖面不同的水体特征意味着LWE卷入了西太平洋海水，并且卷入的海水并未被很好地混合，仅被挟带西行。

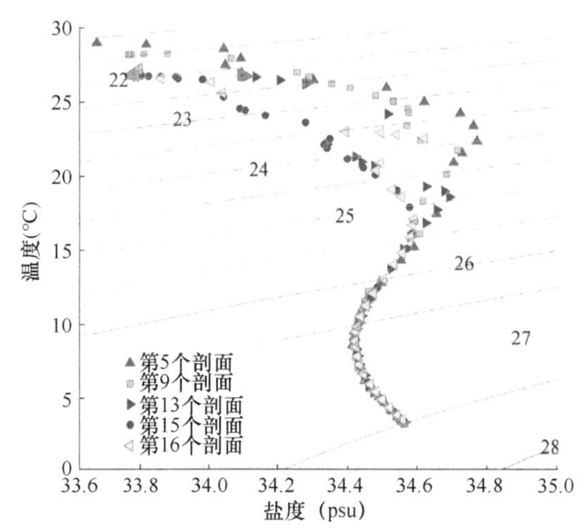

图5.13　不同剖面的*T-S*点聚图（Chen et al.，2010a）

灰色线条是等位势密度线

2）越南偶极子涡

南海上层环流主要受季风驱动（Qu，2000；Su，2004）。在季风的驱动和地形的影响下，越南以东海域呈现显著得多涡特征（He et al.，2002；Wang et al.，2003；Chen et al.，2009）。夏季，南海北部正的风应力旋度和南部负的风应力旋度驱动了南海北部气旋式环流与南部反气旋式环流，并伴有一支离开越南东部海岸的离岸流（Fang et al.，2002；Shaw et al.，1999；Wu et al.，1998，1999）。在这支离岸流的南北两侧常常伴随着一个反气旋涡和一个气旋涡，称之为偶极子涡。Wu等（1999）把高度计资料同化到模式后认为，越南以东确实存在偶极子涡现象，他们还指出在1994～1995年的厄尔尼诺期间，这个偶极子涡现象减弱或消失。Wang等（2006b）指出，偶极子涡和该区域的东向离岸流有关，越南中部沿岸强的离岸流向东北方向延伸，并在其两侧形成了偶极子形式的回流，分别对应北侧的冷涡及南侧的暖涡。此东向离岸流在各种时间尺度上的变化都与亚洲季风有关，如季节内（Xie et al.，2007）、季节（Fang et al.，2002）、年际（Chen and Wang，2015；Li et al.，2014b）、年代际（Wang et al.，2010）。Wang等（2006b）利用一层半约化重力模式进行了敏感性试验，得出风应力旋度是驱动此处偶极子涡的关键因素；Chen等（2010b）指出，偶极子涡强弱的年际变化与风应力旋度有关。偶极子涡及东向离岸流对南海物理、生态等方面皆有显著影响（Xie，2003；Tang et al.，2004；Xie et al.，2007；Chen et al.，2014）。

1997年6月底至11月初的SLA分布显示，越南以东海域存在一个气旋涡和一个反气旋涡（图5.14），这便是上述所谈的偶极子涡。偶极子涡生成于6月底，其中冷涡中心位于12°N、109°E越南沿岸，涡中心SLA值约为–15cm和12cm，而暖涡中心位于9°N、110°E，涡中心SLA值约为12cm。随后，偶极子涡逐渐变强并一定程度上向东扩展。至8月27日，冷、暖涡中心的SLA值分别达到–20cm和20cm，两涡旋的纬向直径分别超过400km和450km。9月底偶极子开始变弱，并且有向南移动的趋势。11月5日，随着暖涡的南向移动并消失，偶极子涡最终消失。进一步研究表明，偶极子涡是一对季节性涡旋，通常产生于6月底或7月初，8～9月逐渐增强，10月开始变弱，10月底消失。并且，暖涡比冷涡更早消散。10月底南海受东北季风控制，南海表层气旋式环流的形成与发展（Shaw et al.，1999）应该是偶极子涡南向消失的原因。

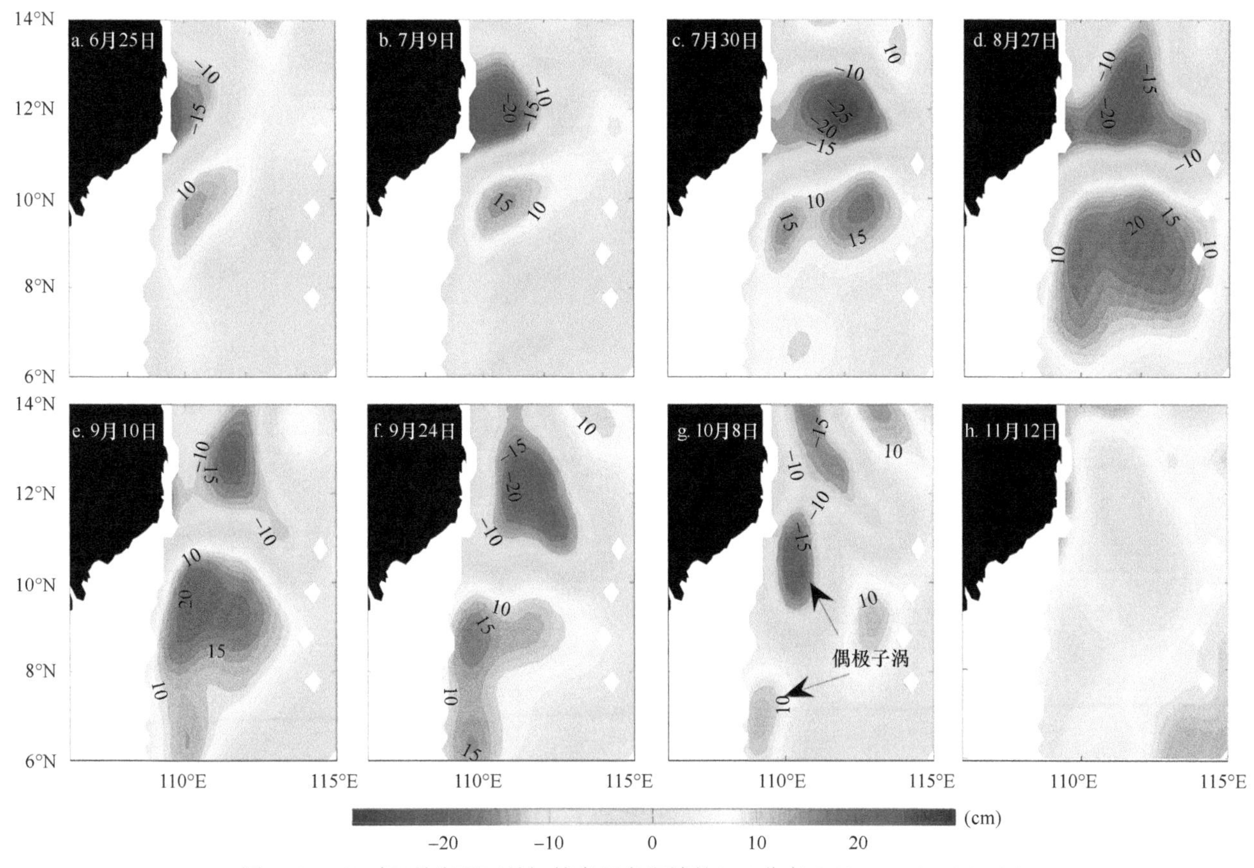

图5.14 1997年6月底至11月初越南以东海域的SLA分布（Chen et al.，2010b）

等高线间距为5cm；图中白色区域水深低于100m

2007年9月初由“东方红2”科考船对偶极子涡之冷涡进行了观测（图5.15）。图5.16是观测到的涡旋温度、涡度、垂直速度的三维分布，其中垂直速度是利用准地转Omega方程计算的（Martin and Richards，2001）。从图5.16可以看到，表层冷涡的半径大约为90km，半径随深度增加未显著减小，在500m层仍然有65km。垂直速度的最大值大约出现在80m层。冷涡的正涡度随深度的增加快速减小，在表层大于$2.0\times10^{-5}s^{-1}$，到100m层则减小到小于$0.6\times10^{-5}s^{-1}$。涡度的分布与急流的位置是一致的，在急流的南北两侧分别是正涡度和负涡度。上升速度基本与正涡度相关，但是下降速度与负涡度却不相关。等温线及等盐度线向上的拱起可以由涡旋中心附近的上升运动及西、东侧的下沉运动共同引起（Hu et al.，2011）。图5.17进一步展示了区域平均的涡半径、上升和下沉速度随深度的变化特征。

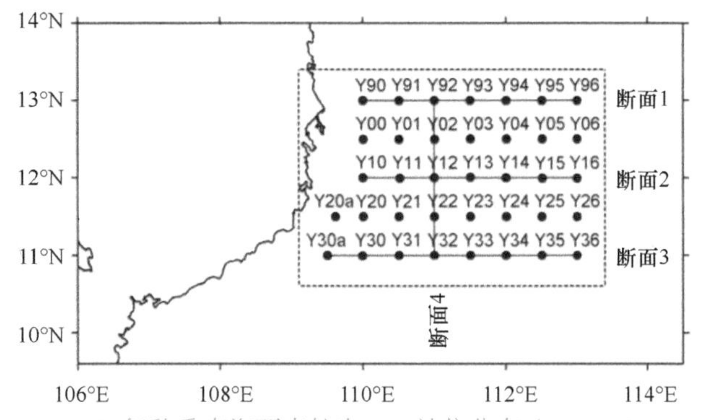

图5.15 2007年秋季南海西南航次CTD站位分布（Hu et al.，2011）

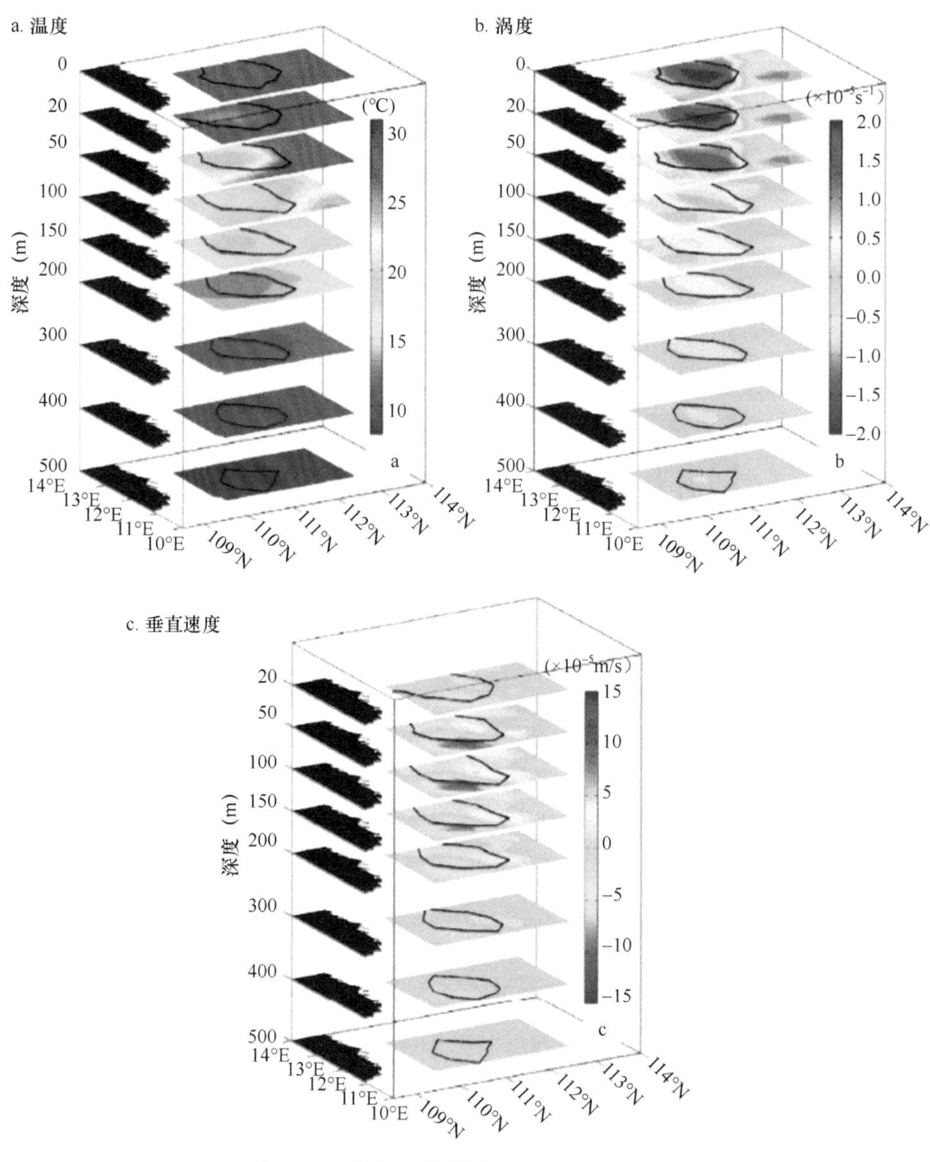

图5.16　涡旋的三维结构（Hu et al.，2011）

垂直速度向上为正；图中黑线为涡旋边界

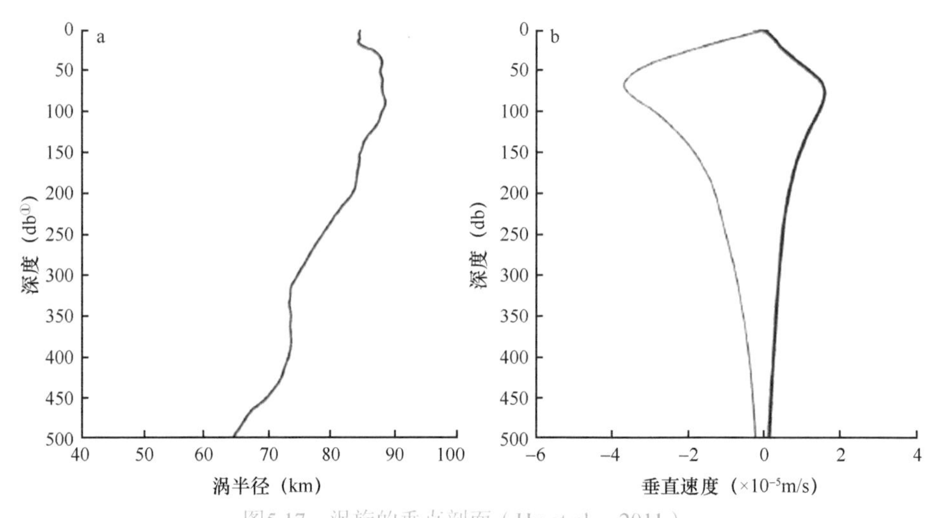

图5.17　涡旋的垂直剖面（Hu et al.，2011）

垂直速度向上为正，平均范围由Okubo-Weiss参数决定

② db为非法定计量单位，1db≈1m。

偶极子涡具有显著的年际变化。基于越南东部区域50年（1958～2007年）9月的SODA数据的海表高度异常（SSHA）进行经验正交分解（EOF）（分解区域为6°～15°N、106°～115°E，剔除了水深低于100m的数据），得到的前三模态权重分别为47.3%、29.9%和10.0%，因此，第一和第二模态即可描述该区域SSHA年际变化的主要特征。第一模态（图5.18a、c）表明，9月越南以东海域存在一对偶极子涡，南部暖涡中心位于9.5°N、111°E，北部冷涡中心位于12.5°N、111.5°E，并且暖涡强于冷涡。第二模态（图5.18b、c）显示海域北部有一涡旋。如果第一模态时间系数与第二模态时间系数反位相，那么海域出现一对显著的偶极子涡，如1994年；如果第一模态时间系数与第二模态时间系数同位相，那么海域将出现一强的暖涡，如1998年。EOF分解结果进一步证明了越南东部海域夏季偶极子涡的存在及上文分析偶极子涡年际变化的正确性。对第一时间模态进行功率谱分析，结果表明偶极子涡最显著的年际变化周期为5.6年和3.6年。同时注意到，该区域风应力旋度场第一时间模态年际变化的显著周期为3.7年和5.6年。风应力旋度第一模态的空间分布和年际变化周期同SSHA第一模态的空间分布和年际变化周期基本一致，因此该区域风应力旋度的年际变化对偶极子涡的年际变化起重要作用。

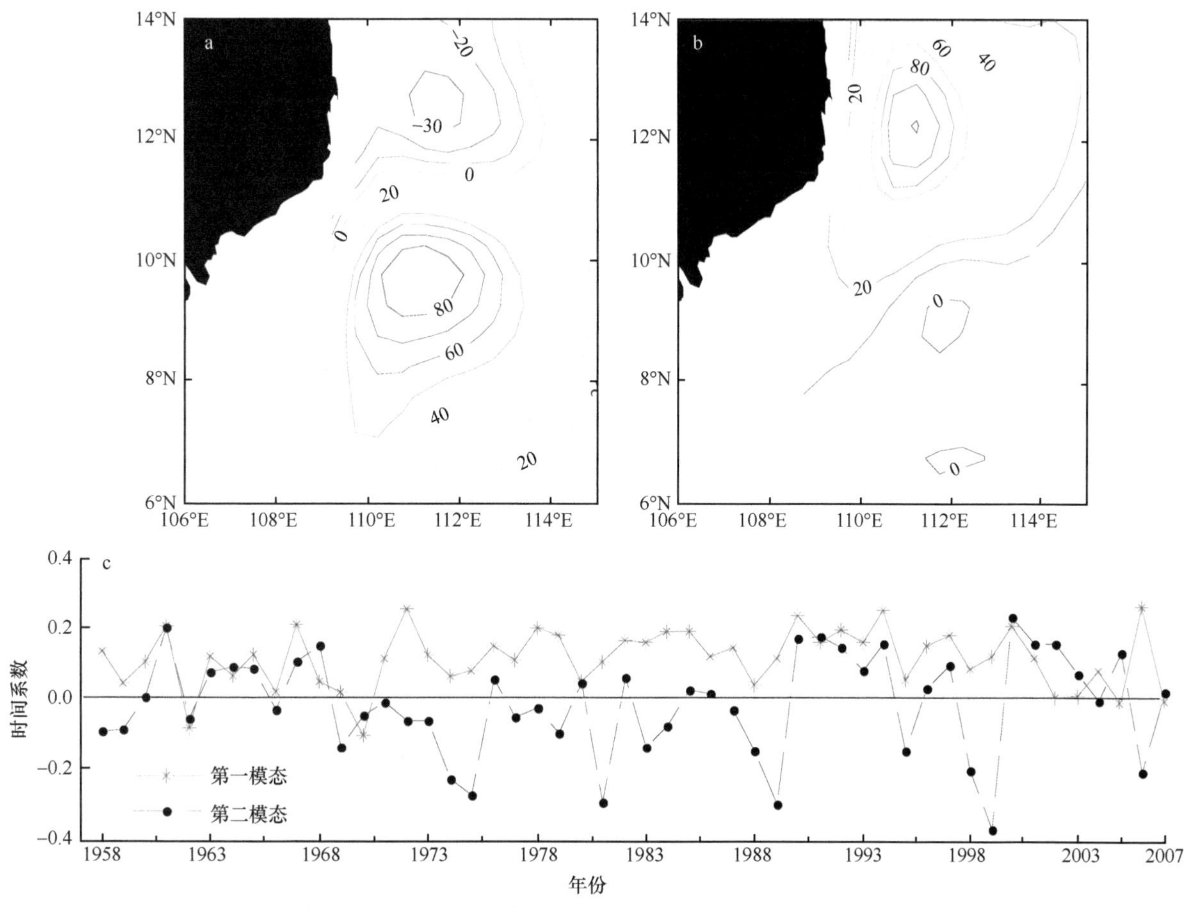

图5.18　越南东南海域SSHA的第一、第二空间和时间模态（Chen et al.，2010b）

3）南海西部春季暖涡

越南以东的南海西部海域，除了夏秋季节出现的偶极子涡旋对，现场水文观测的历史资料和卫星遥感数据还揭示了春季出现的暖涡结构。该暖涡一般2月在越南中部以东海域开始形成，首先出现一小块海表高度异常值大于5cm的闭合区域（图5.19）；3月，海表高度异常高值区域逐步扩大并向北移动，迅速发展为独立的暖涡结构；4月，海表高度异常高值区域范围继续扩大，暖涡进一步增强；5月，范围继续扩大到包括了西部到东部的整个南海北部海盆，中尺度涡结构开始衰退，表现为较大尺度的“暖池”特征。该涡旋中心温度较高、盐度较低（图5.20），尽管其强度和空间范围表现出显著的年际变化特征（图5.21），但是它出现的时间（2～5月）和位置（12°～16°N，110°～114°E）相对比较稳定。He等（2013）通过数值敏感性试验和气候态风场风应力分布特征分析指出，季节转换由春入夏时风应力及其旋度变化是该暖涡形成的重要原因，同时冬季风造成的位势能量释放也有重要贡献。He等（2013）还发现，该暖涡与其上空降水分布有很好的相关性，降水高值正好对应着暖涡中心（图5.22），暖涡伴随的较高SST可通过增强其上空大气对流，从而增加局地降水量。

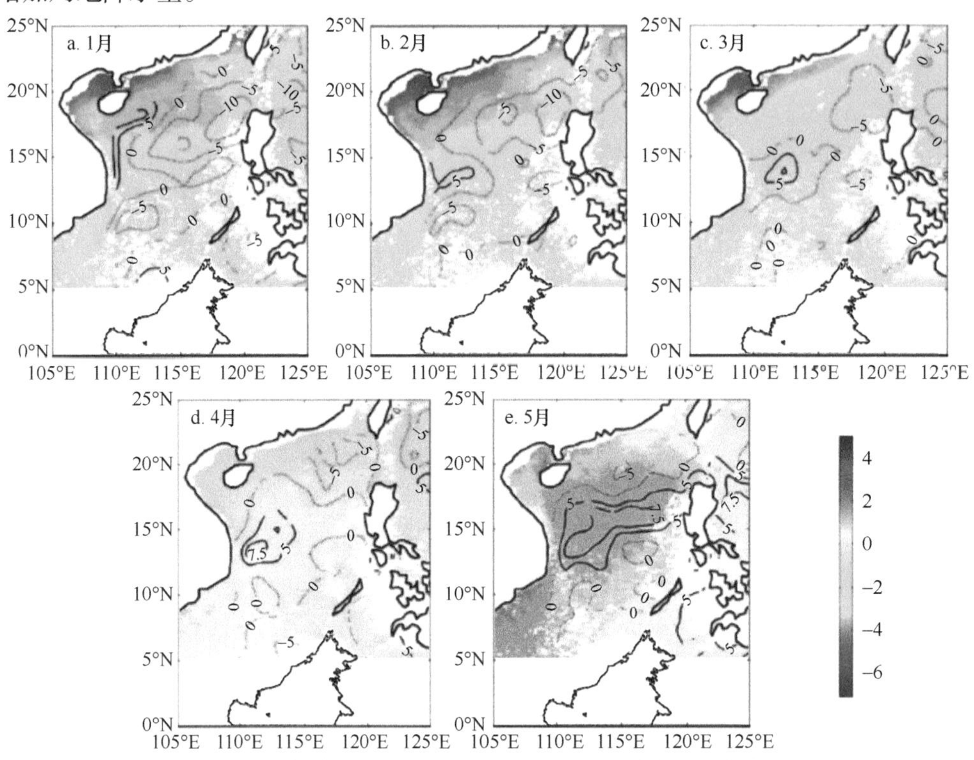

图5.19 气候态1～5月的海表高度异常场（等值线，单位：cm）和海表温度异常场（彩色填充，单位：℃）（He et al.，2013）

（南海南端附近空白区域专题资料暂缺）

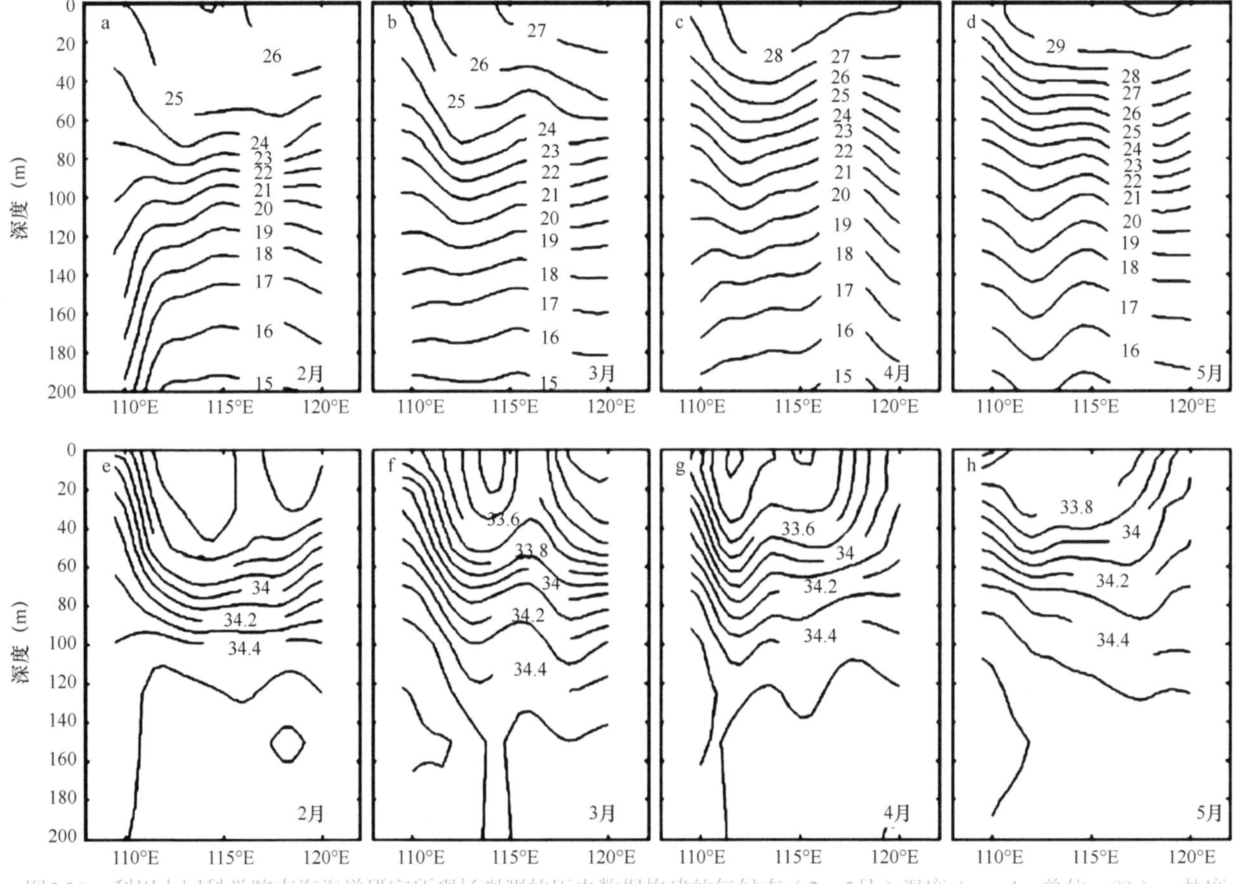

图5.20 利用中国科学院南海海洋研究所现场观测的历史数据构建的气候态（2～5月）温度（a～d，单位：℃）、盐度（e～h，单位：psu）在14.5°N断面的分布（He et al.，2013）

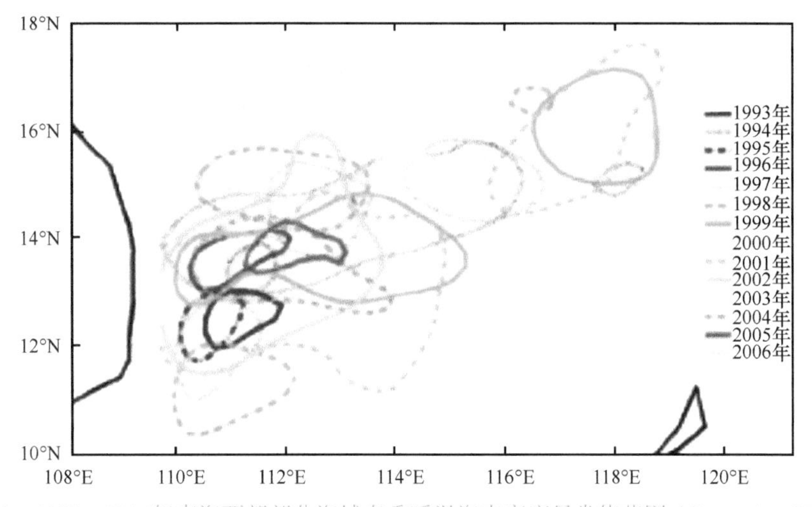

图5.21　1993～2006年南海西部部分海域春季暖涡海表高度异常值范围（He et al.，2013）

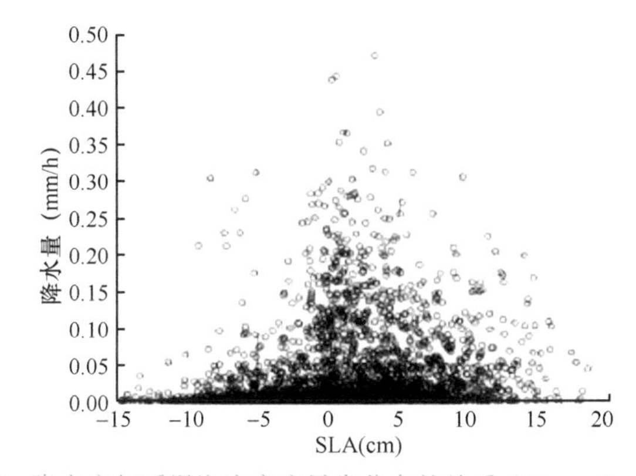

图5.22　降水率与暖涡海表高度异常分布的关系（He et al.，2013）

2. 南海北部反气旋涡航次观测

本部分介绍中国科学院南海海洋研究所航次观测的反气旋涡个例，包括2003/2004年冬季南海东北部反气旋涡观测（Wang et al.，2008a）、2007年夏季18°N断面三个反气旋涡观测（Nan et al.，2011）和2010年夏季极端反气旋涡个例观测（Chu et al.，2014）。

1）2003/2004年冬季南海东北部反气旋涡观测

2003年12月及2004年1月，中国科学院南海海洋研究所在南海北部台湾附近分别投放了两个浮标，标号分别为22918、22517。Wang等（2008a）利用这两个浮标和同期收集到的观测及遥感资料，分析了南海东北部反气旋涡的特征及来源。图5.23是2003/2004年冬季海表高度异常及浮标22517的轨迹（将浮标投放日定义为第0天），并定义了AE1和AE2两个反气旋涡。从海表高度异常的分布可以看到，AE1可能源自东沙群岛附近的反气旋涡，并且逐渐向西南移动。

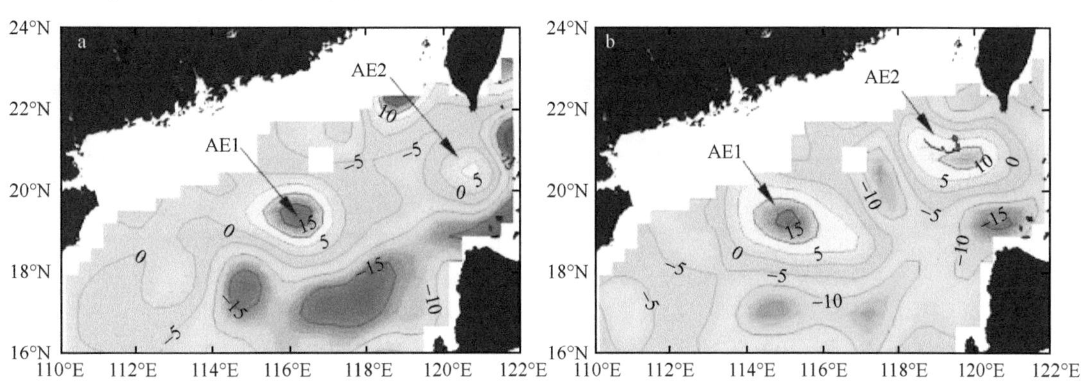

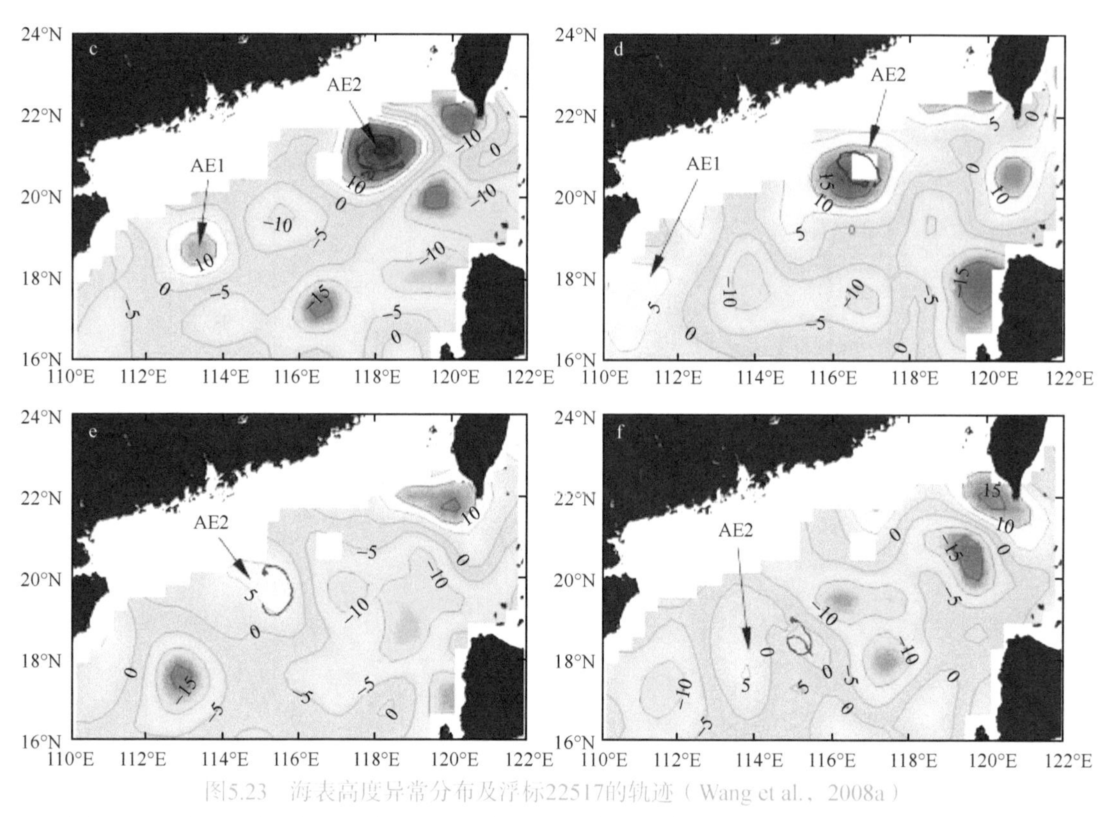

图5.23 海表高度异常分布及浮标22517的轨迹（Wang et al.，2008a）

a. 2004年1月14日的海表高度异常；b. 第4到11天的浮标22517轨迹及1月28日的海表高度异常；c. 第27到34天的浮标22517轨迹及2月18日的海表高度异常；d. 第45到53天的浮标22517轨迹及3月10日的海表高度异常；e. 第66到73天的浮标22517轨迹及3月31日的海表高度异常；f. 第81到88天的浮标22517轨迹及4月14日的海表高度异常

两个浮标分别被反气旋涡所捕获，并且在局地涡旋及大尺度环流的共同作用下移动。浮标22918在2003年12月4日投放，从4日到23日其在AE1内绕行了两圈（图5.24a），然后从AE1中脱离出来并向西南方向漂流。在AE1之后，另一个反气旋涡AE2出现在了吕宋海峡中部（2004年1月14日）。浮标22517于1月20日在AE2的北侧投放。AE2基本上沿陆坡向西南方向移动，而浮标被AE2捕获后在其内部旋转（图5.24b）。随着AE2的西移，其强度也在不断减弱，到第85天之后AE2已经非常衰弱，而浮标也已经脱离AE2的控制落在其后侧。浮标22517在第8天进入AE2，并且开始在其内部旋转。从第20到30天，浮标轨迹和AE2的轨迹开始出现较大的偏差，说明这期间AE2较快速地向西南移动。从第40到50天，浮标随AE2快速向西南移动。第50到85天，浮标的旋转开始逐步减慢，第85天之后浮标脱离AE2，并最终进入吕宋冷涡。

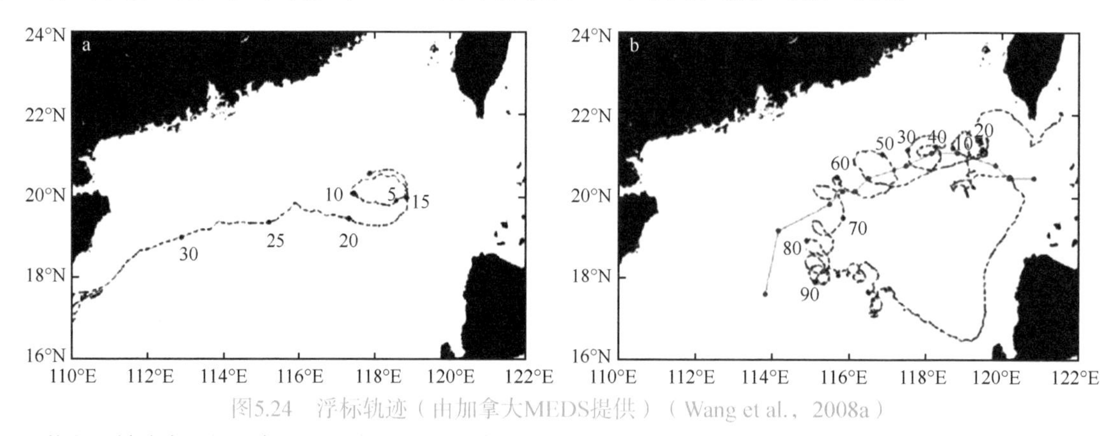

图5.24 浮标轨迹（由加拿大MEDS提供）（Wang et al.，2008a）

a. 浮标22918轨迹，黑色点表示从2003年12月4日到2004年1月3日每5天的位置；b. 浮标22517轨迹，黑色点表示从2004年1月20日到4月19日每10天的位置，蓝线是从卫星海表高度异常资料中提取的反气旋涡的中心轨迹（与浮标同期）

此外，从图5.23还可看到，2004年3月又有涡旋在台湾岛西南海域和吕宋海峡生成，这从侧面证明了吕宋海峡和南海东北部是涡旋的高发区。

在涡旋演变期间，中国科学院南海海洋研究所一个航次的三个断面观测到了AE1和AE2（图5.25）。图5.26是三个断面的温盐分布。在断面A中，50m层20.4°N至近岸存在低盐、高温水舌，A1站温度最高，达23.2℃，说明该站点靠近AE2。相对的低盐、高温水一直延伸到A5站。断面B比断面A更靠近AE2，B2至B5站的温盐断面分布与A1至A5的比较相似，但是盐度更低、温度更高。图5.26c是断面D的温盐分布，在靠近D3的位置，上层同样表现出低盐、高温的特征，这表明AE1位于D3站50m层附近。

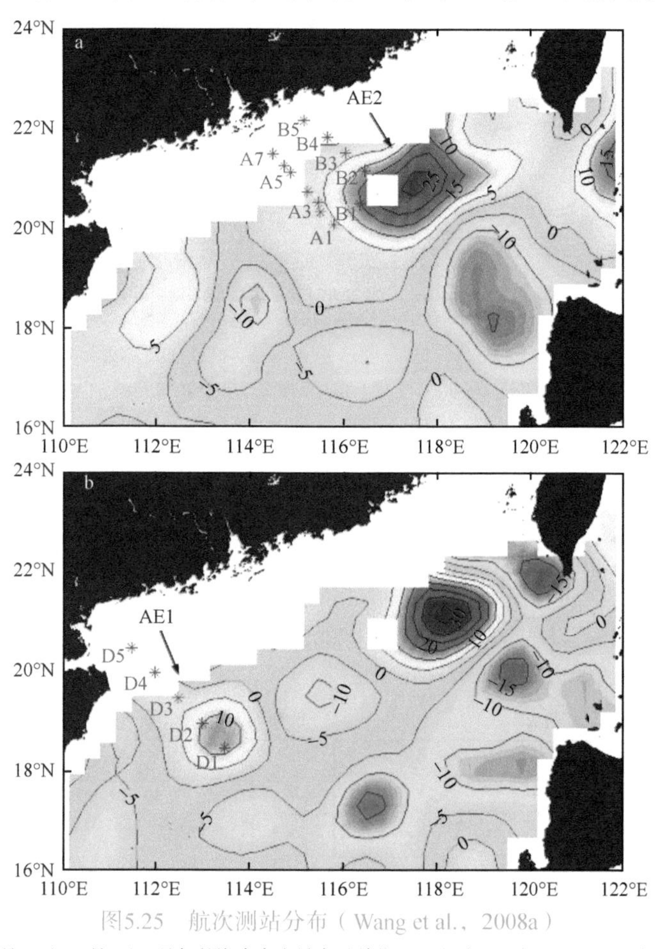

图5.25 航次测站分布（Wang et al., 2008a）

a. 断面A、B的观测时间是2004年2月27日至3月4日，叠加的海表高度异常（单位：cm）为2004年3月4日；b. 断面D的观测时间是2004年2月18～19日，叠加的海表高度异常（单位：cm）为2004年2月18日

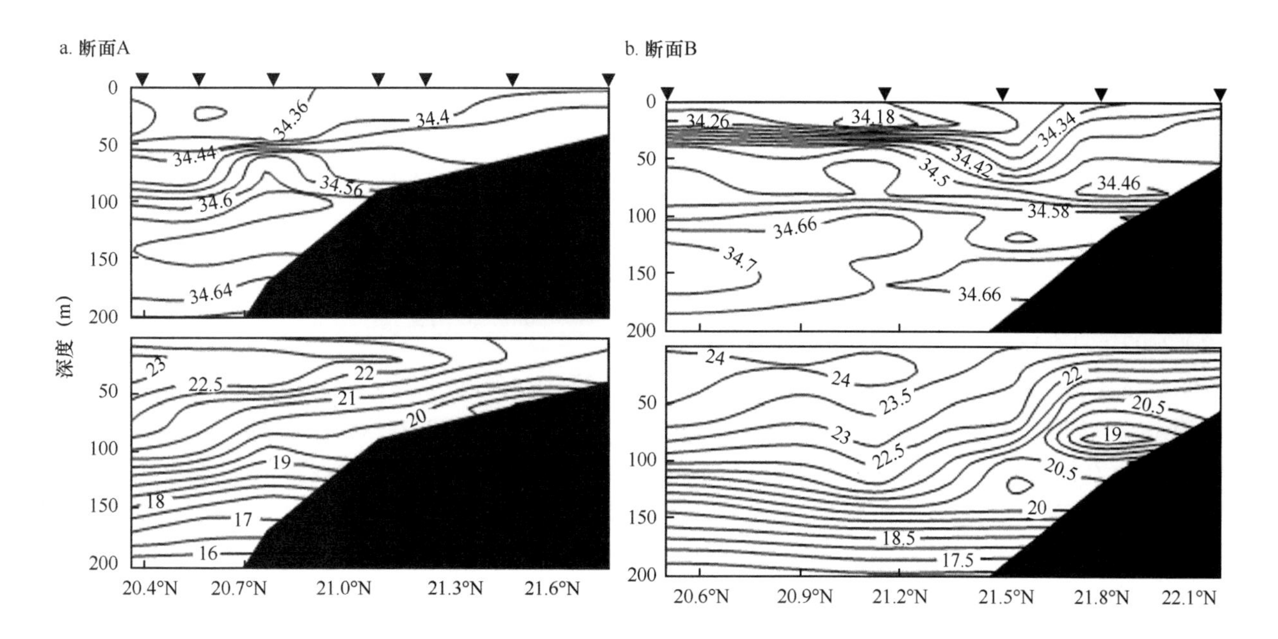

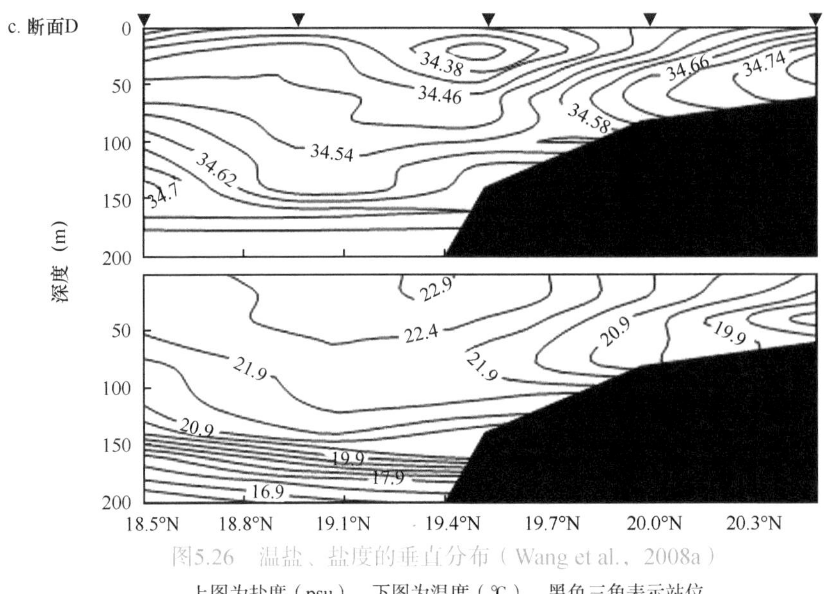

图5.26　温盐、盐度的垂直分布（Wang et al.，2008a）

上图为盐度（psu），下图为温度（℃），黑色三角表示站位

图5.27是断面B、D的*T-S*点聚图，在AE2、AE1内外站位分别画出以对比涡旋内外的差异。从图5.27a可以看到，B3～B5站的位势密度比B1、B2站的大，表明AE2内部的浮力要大于其外部。涡旋中心的低盐、高温特性可能源自表层。在深层（sigma 23.6到sigma 24.8）B1、B2站与B3～B5站的差异仍然存在，表明AE2在深层仍然很强。图5.27b是断面D的AE1内外部特征的差异，可以看到D2、D3站与D1、D4、D5站的差异比B断面的差异小，并且在sigma 23.9以上，水体的特征差异逐渐减小，一直到sigma 24.4。这种逐渐减小的差异表明断面D的观测是在AE1衰亡阶段。

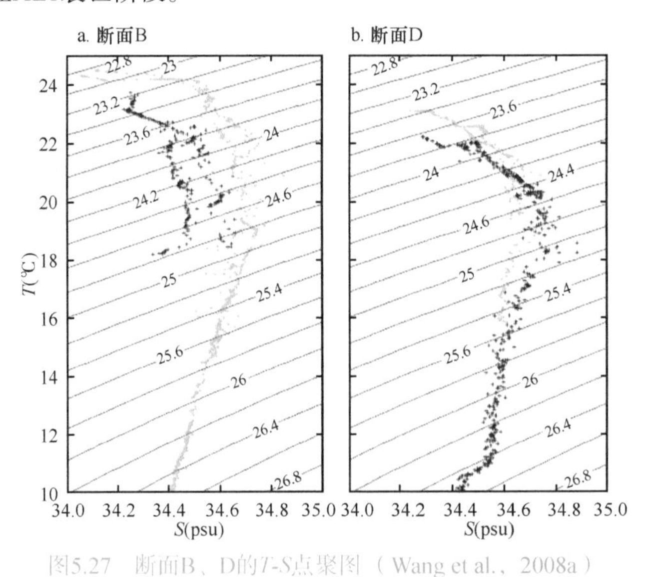

图5.27　断面B、D的*T-S*点聚图（Wang et al.，2008a）

绿点分别是B1、B2站和D2、D3站；黑点分别是B3～B5站和D1、D4、D5站，黑线是等位势密度线（单位：kg/m^3）

2）2007年夏季18°N断面三个反气旋涡观测

2007年8月底，中国科学院南海海洋研究所科考船在南海18°N断面观测到三个反气旋涡（图5.28），从左到右依次为ACE1、ACE2和ACE3（Nan et al.，2011）。图5.29是由CTD得到的18°N断面的温度、盐度、密度及声速。在温跃层以上，由于混合的作用，温度、盐度、密度及声速都比较均匀；在温跃层以下，温度和声速随深度增加而逐渐减小。最大盐度层（约34.65psu）出现在约150m，最小盐度层（约34.45psu）大约在500m；最大声速层（约1540m/s）在表层，并且在1000～1200m层分布有最小声速层。在300m以浅，18°N断面温度、盐度、密度及声速分布有两个峰值及三个谷值。峰值分别位于114°E及116.5°E附近，而谷

值分别位于112°E、115°E及118.5°E附近。其中，谷值为三个反气旋涡的中心。反气旋涡中心的温度和声速与周围的差异要远大于盐度、密度与周围的差异。在300～1500m，峰值、谷值的分布与上层呈类似特征。图5.30是观测断面地转速度的垂直分布。ACE1核心速度较小，约为0.15m/s；ACE2约为0.60m/s；ACE3有两个核心，即ACE3（1）和ACE3（2），其速度分别约为0.15m/s和0.40m/s。ACE2、ACE3（2）的显著影响深度（0.05m/s等值线）接近900m。

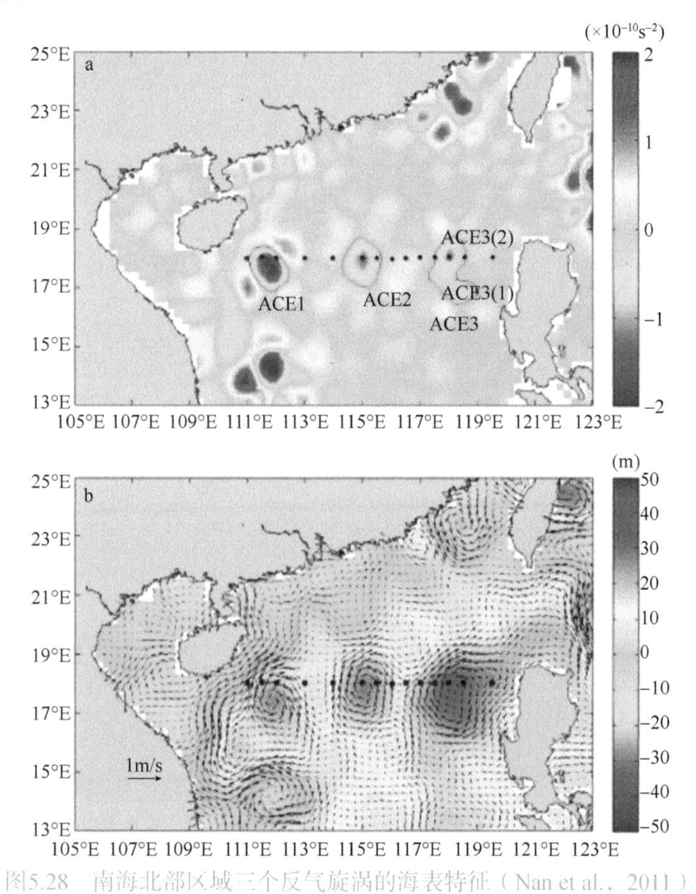

图5.28　南海北部区域三个反气旋涡的海表特征（Nan et al.，2011）

a. 由Okubo-Weiss参数确定的2007年8月22日三个反气旋涡的分布；b. 2007年8月22日海表高度异常分布及其对应的表面地转流。图中的黑圆点为观测站位，从左至右为1～14站位

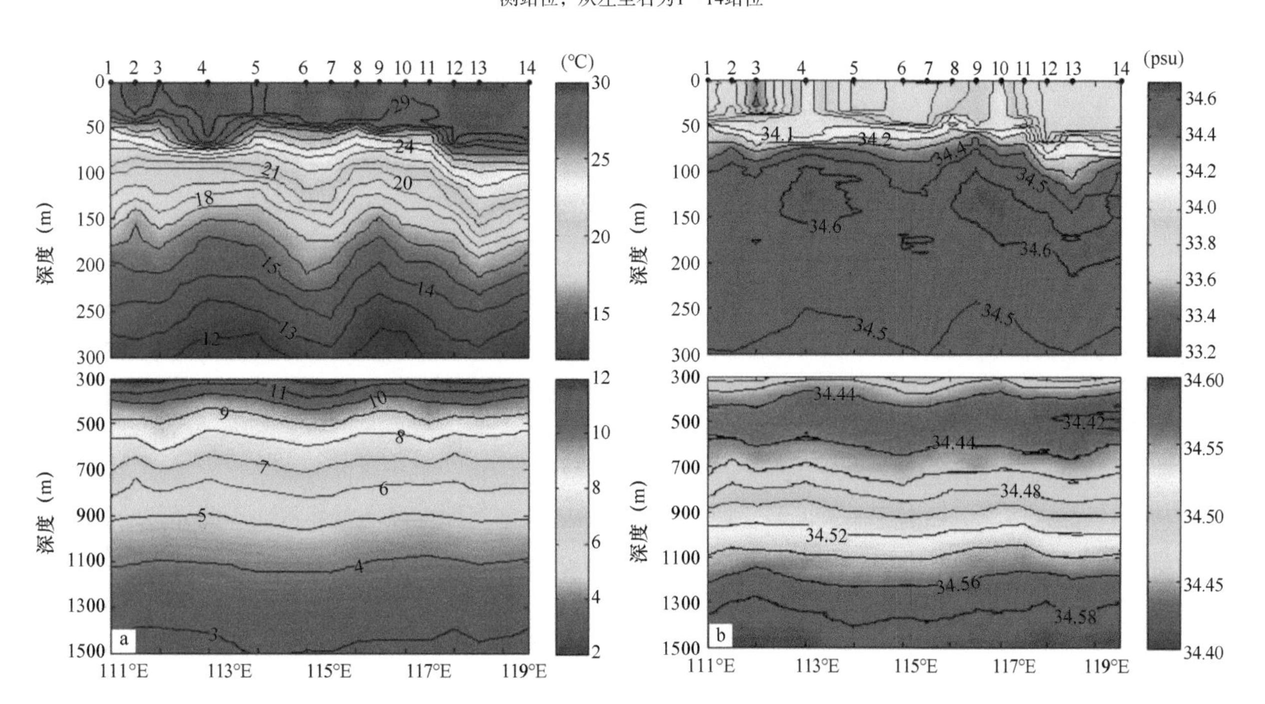

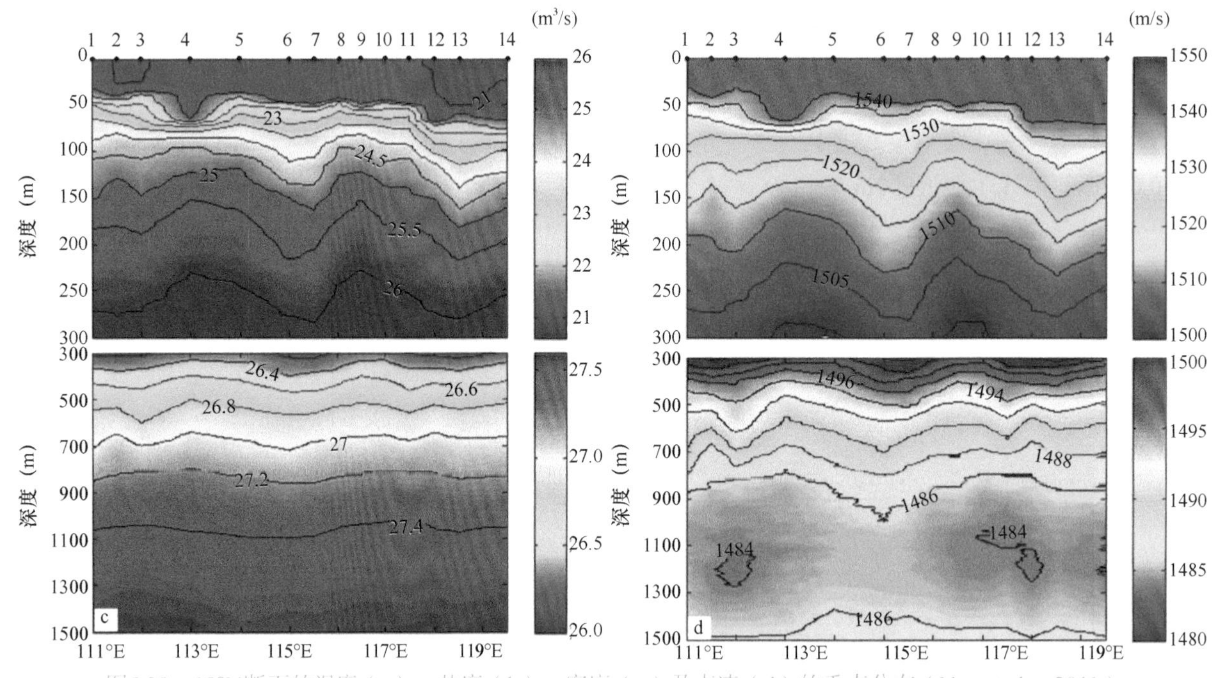

图5.29 18°N断面的温度（a）、盐度（b）、密度（c）及声速（d）的垂直分布（Nan et al., 2011）

图上方1～14代表图5.28所示的14个观测站位

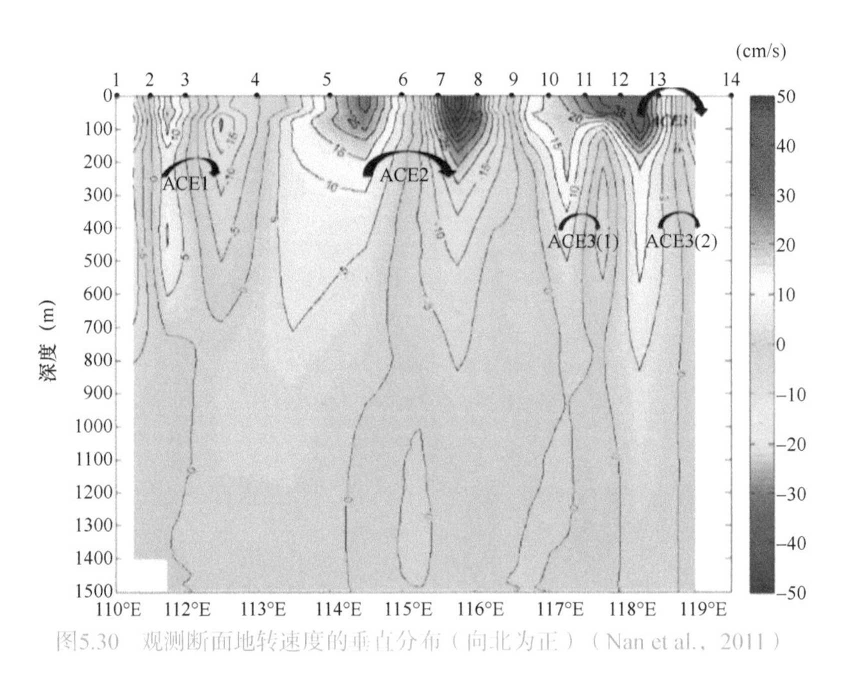

图5.30 观测断面地转速度的垂直分布（向北为正）（Nan et al., 2011）

3）2010年夏季极端反气旋涡个例观测

20多年的验潮站资料表明，西沙海域水位在2010年8月出现了一个极端高值事件，远远超过该处水位的历史纪录（Chu et al., 2014）。中国科学院南海海洋研究所的航次观测资料和高度计资料表明，此次极端水位由一个水平尺度大于400km的强反气旋涡引起（图5.31）。涡旋追踪表明，此涡旋由越南东部海域传播到西沙海域，其生命周期长达8个多月。研究表明，2009/2010年的厄尔尼诺事件改变了南海夏季风和西部边界流。从5月开始，南海的西南部季风偏弱，西北部季风偏强，南海西部风向整体偏北。此异常的季风影响了越南沿岸风应力旋度空间分布和流场结构。南海西部边界流由正常年的偶极子式结构变为强的北向流。此北向流挟带涡旋北移，并在北移过程中通过正压、斜压转换把能量传递给涡旋，从而导致涡旋不断变大增强。

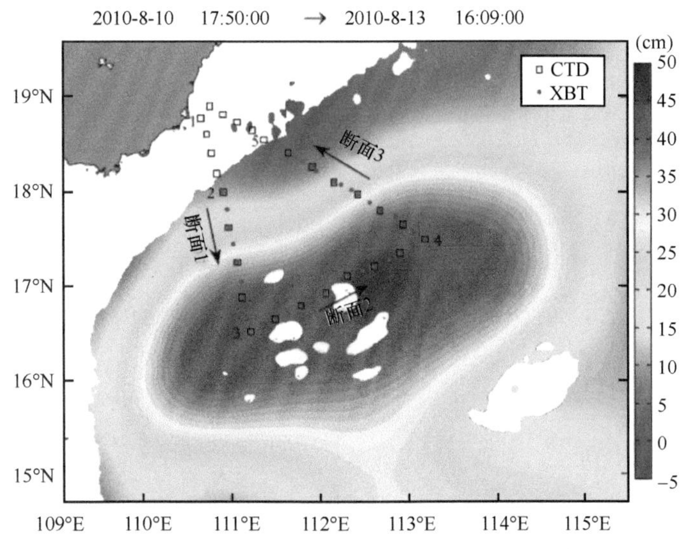

图5.31 观测站位（黑色方框及蓝色点）和平均海表高度异常（观测期间的平均值）（Chu et al.，2014）

图5.32是图5.31所示的5个站位观测的温盐分布。位于涡旋中心的3、4站位的温度远大于2、5站位的温度；盐度则正好相反。因南海处于热带地区，涡旋引起的温度异常在表层并不明显，但在75m层处达7.7℃。盐度最大的异常也是位于75m附近，大约为–0.78psu。季节性温跃层被涡旋加深了40多米。利用重构的温盐场，Chu等（2014）揭示了该反气旋涡的三维结构特征（图5.33）。涡旋引起的强流能延伸至600m以深，在表层最强；涡旋导致的高温、低盐、高密度则主要出现在次表层和中深层。

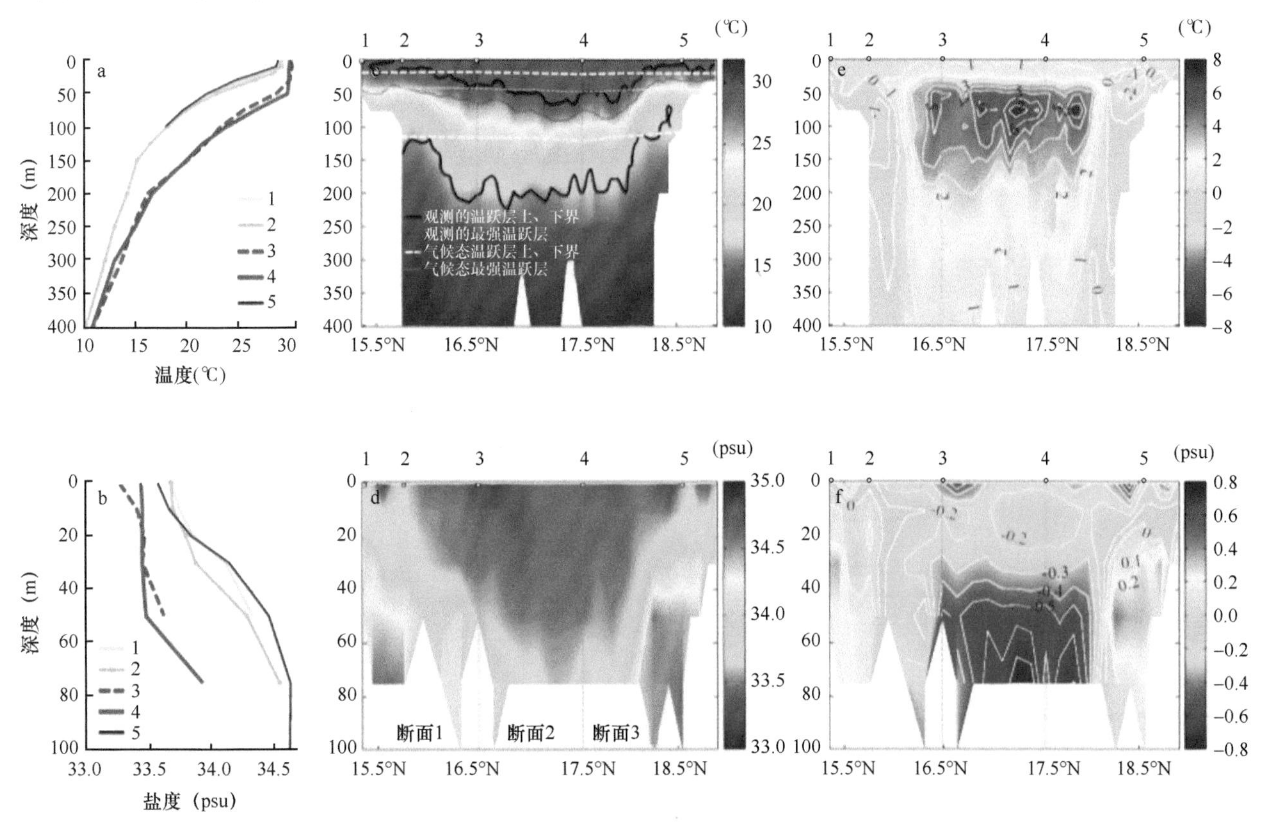

图5.32 5个站位观测的涡旋温盐结构及异常（Chu et al.，2014）

a. 温度垂向分布；b. 盐度垂向分布；c. 温度断面分布，温跃层定义为温度梯度大于0.05℃/m的位置；d. 盐度断面分布；e. 温度异常断面分布，相对于WOA09气候态数据；f. 盐度异常断面分布。图中用到的1～5站位标记在图5.31中

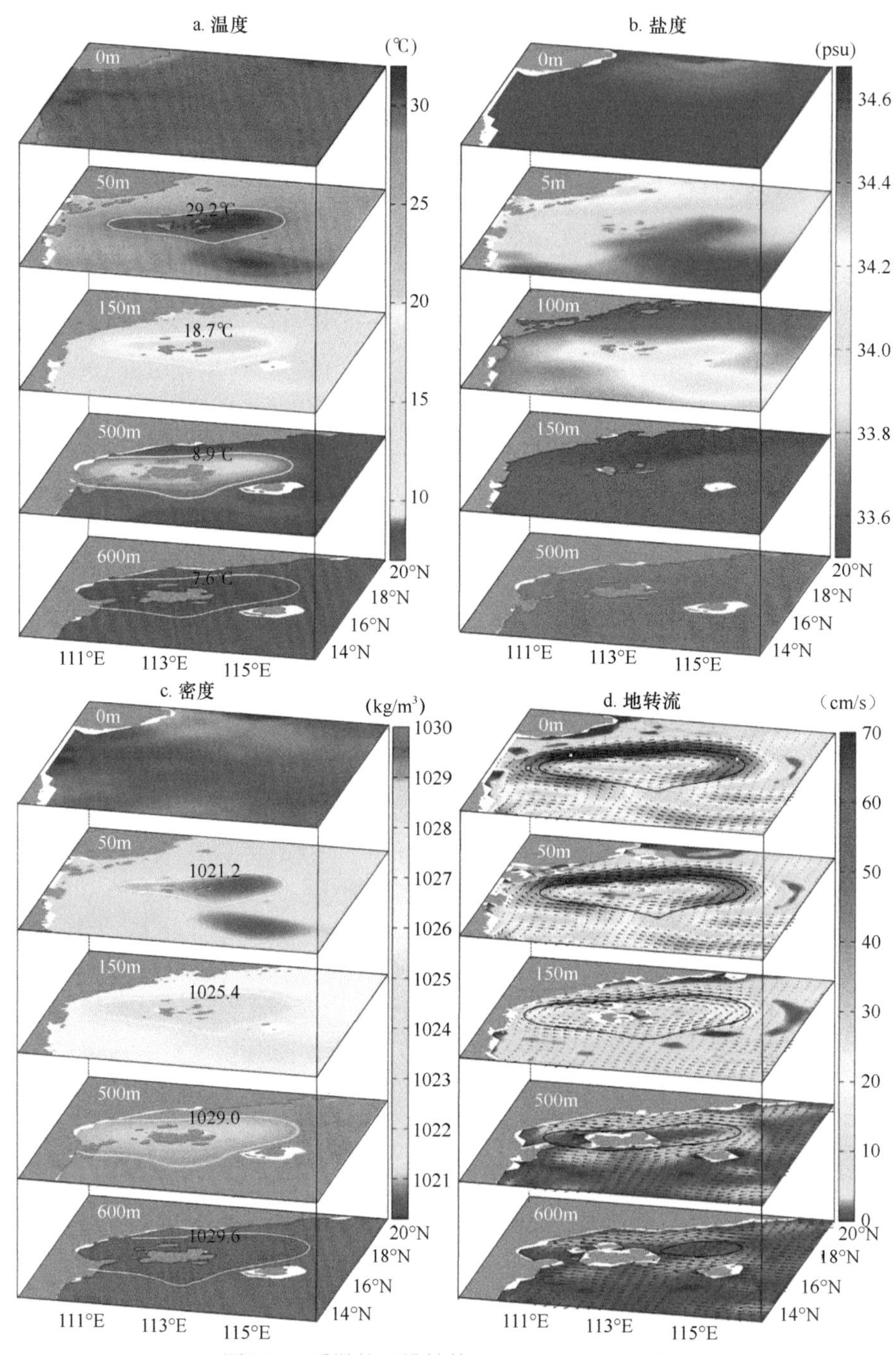

图5.33 暖涡的三维结构（Chu et al.，2014）

所有数据来自重构数据

3. 涡旋的潜标观测

1）西沙中尺度涡能量变化的潜标观测

2009年5月到2010年5月在西沙群岛进行了为期一年的潜标海流观测，观测的海流的能量变化具有明显的中尺度变化特征（Wang et al.，2014）。图5.34是观测海流的动能变化，以及正压压力做功和风应力做功。

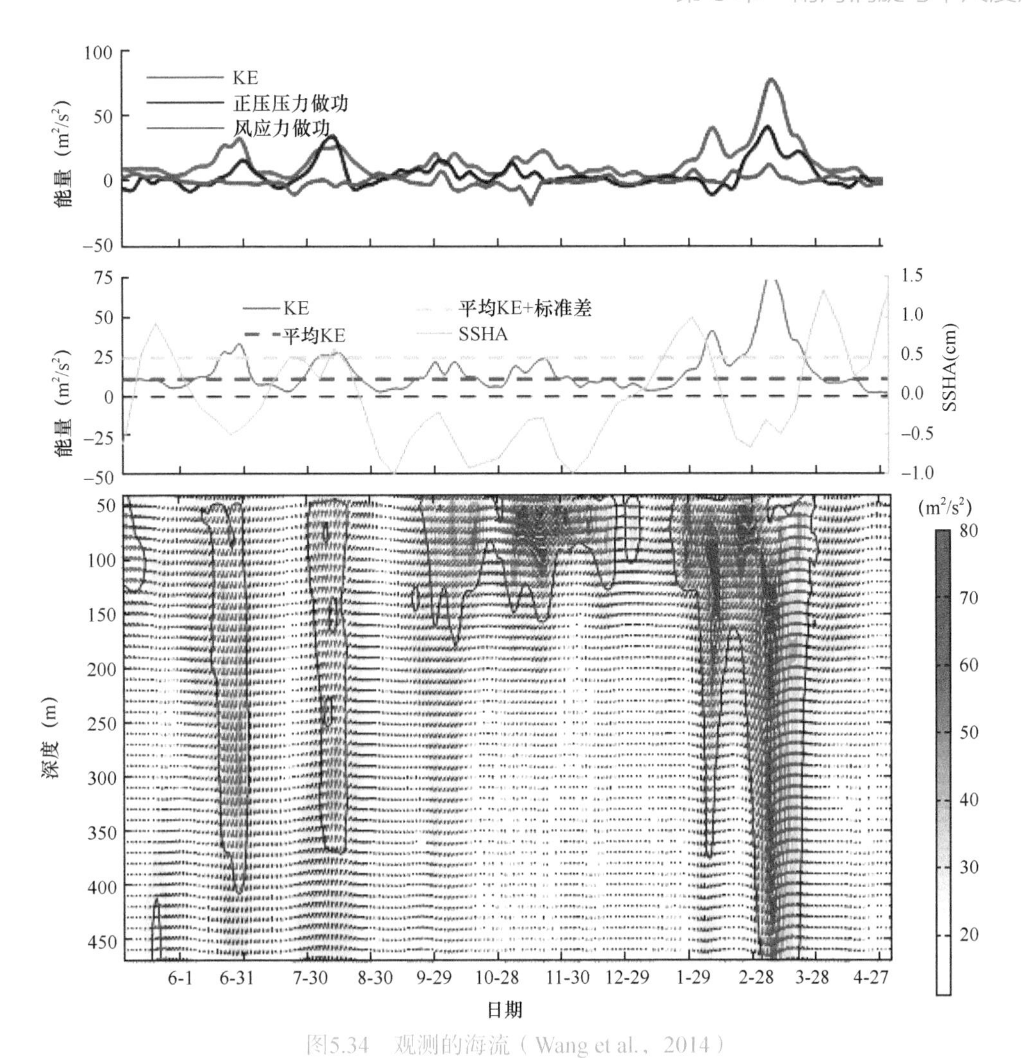

图5.34 观测的海流（Wang et al.，2014）

a. 根据西沙测流数据计算的动能（乘以10^3）、正压压力做功（乘以2×10^7）及风应力做功（乘以4×10^8）；b. 平均垂直积分的动能及其时间平均的动能和标准差（均乘以10^3）；c. 动能随时间的垂直分布（乘以10^3），动能大于平均值加标准差的值被画出，蓝线表示平均能量的界限，矢量是流速（向上为北）

简化的动能方程为

$$\frac{1}{2}\frac{\partial\overline{u}^2}{\partial t}=-g\cdot\overline{u}\cdot\nabla\eta+\frac{\overline{u}\cdot\tau}{\rho_0 H}$$

式中，右边第一项是正压压力做功，第二项是风应力做功。从图5.34可以看到，动能的分布存在四个显著的阶段，前两个阶段影响比较深，第三个阶段比较浅，第四个阶段则开始比较浅随后突然加深。从动能曲线与风应力做功曲线及正压压力做功曲线的比较来看，动能主要受正压压力做功的影响。而正压压力做功主要受海表高度梯度影响。从叠加的海表高度可以看到，第一个阶段是由气旋涡影响，第二个阶段是反气旋涡，而第三个阶段是两个连续的气旋涡，第四个阶段则是交替的气旋涡与反气旋涡影响。

2）南海深海涡旋的潜标观测

基于潜标观测（图5.35中A和B所示位置），Chen等（2015）首次发现了南海深海涡旋（一种在海洋上层无印迹的涡旋）。该深海涡旋出现在2012年4～5月西沙海域，半径为23～28km，以（1.27±0.45）cm/s速度向西迁移。涡旋在海洋深层引起的流速高达0.18m/s（图5.36b、f），远高于平均流速0.03m/s和中位数流速0.02m/s。涡旋导致1200m深度处等温线下沉达120m（图5.36g），显著增强了海洋深层混合并使得2012年5月沉积物出现成倍增长。

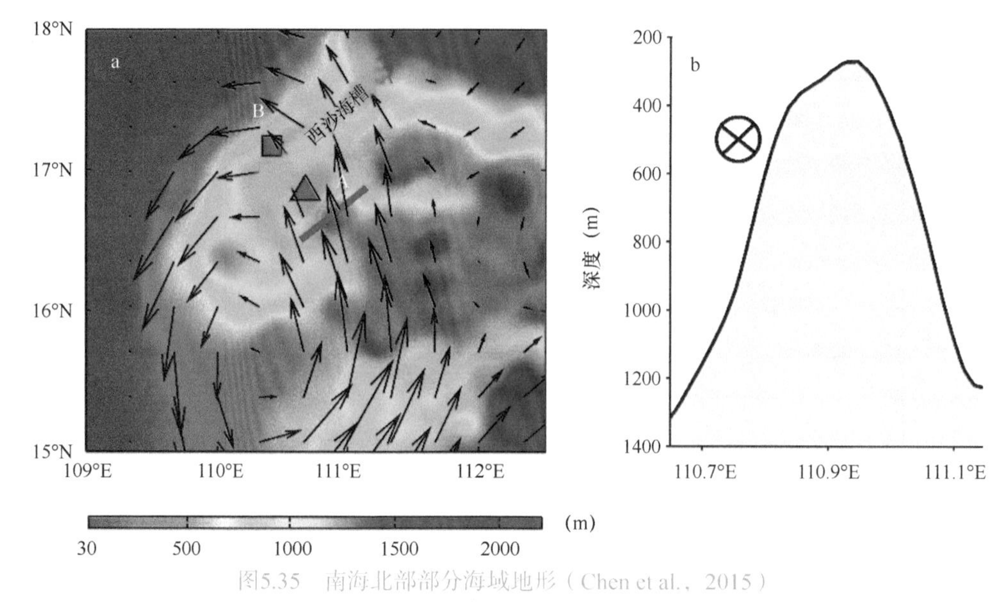

图5.35　南海北部部分海域地形（Chen et al.，2015）

a. 图中颜色代表南海北部地形，箭头为海表2012年4月18日高度计地转流，A、B为潜标所在位置；b. a图中黑色方框所示区域的地形和表层地转流；c. b图中红色线条所示的海山剖面图

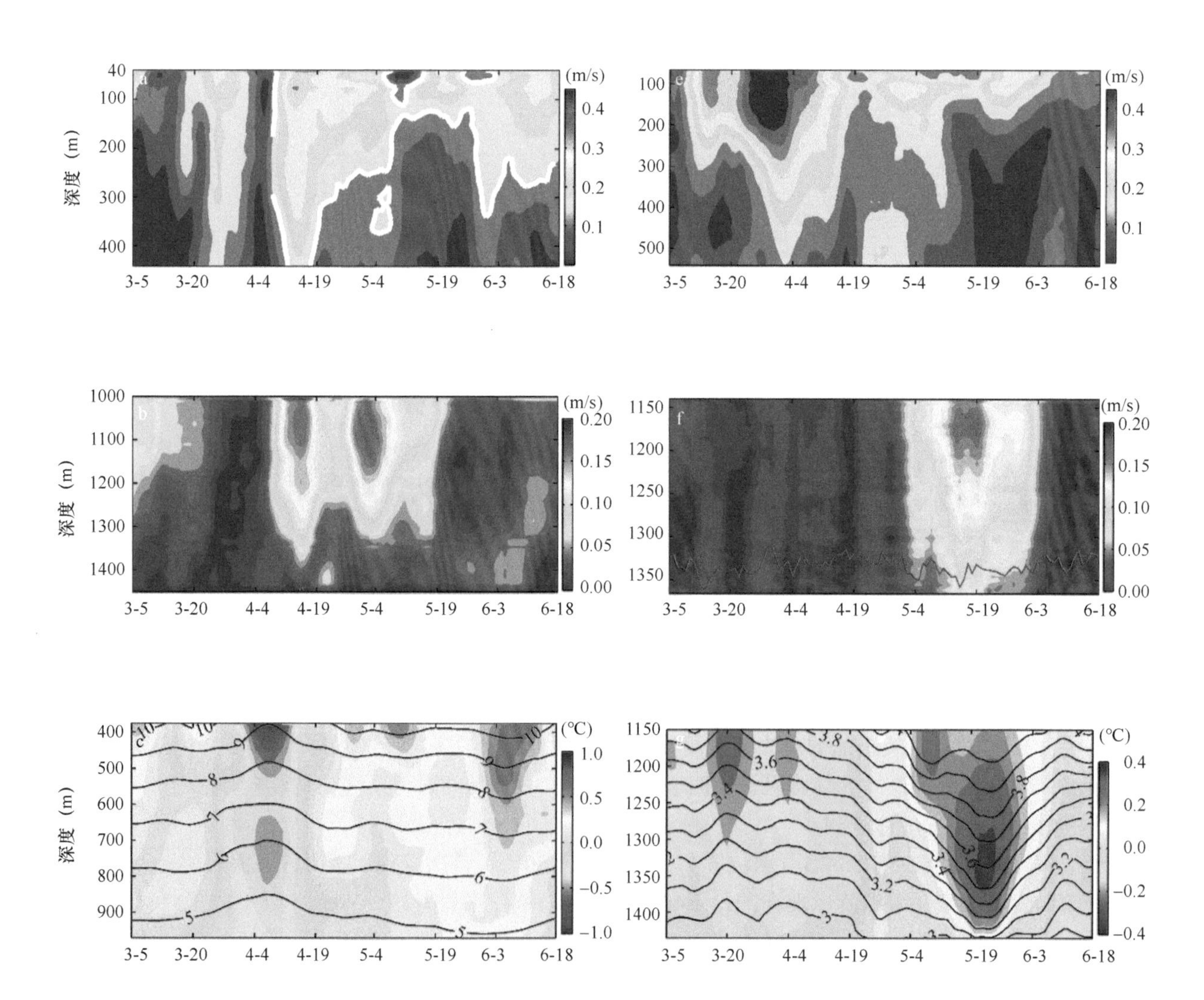

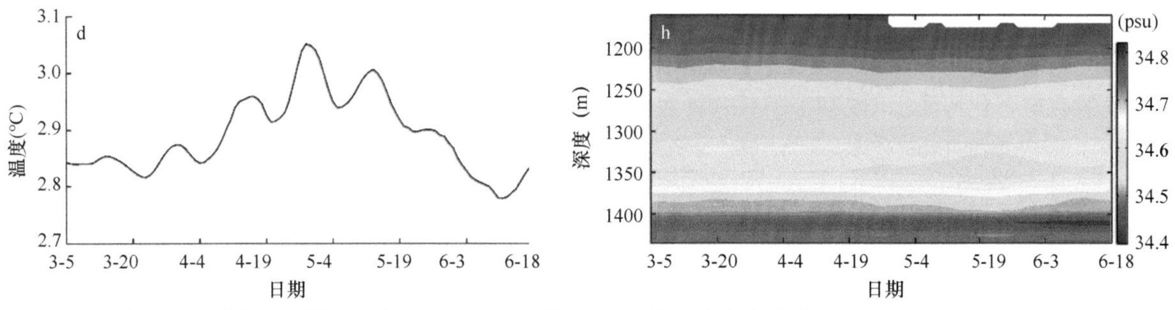

图5.36 潜标观测的2012年3月5日至2012年6月18日海流和温度盐度（Chen et al., 2015）

a. 潜标A观测的40～440m水平流速大小；b. 潜标A观测的1000～1450m水平流速大小；c. 潜标A观测的400～950m温度（等值线）和温度异常（填色）；d. 潜标A观测的1463m处海温；h. 潜标B观测的1160～1435m盐度。e～g同a～c，但a～c为潜标A观测，e～g为潜标B观测，观测深度亦有不同

研究表明，该深海涡旋是被上层强气旋涡（图5.35a）诱发的强流流经海山（图5.35b）时所激发产生。数值模拟表明，西沙海域上层的强气旋涡诱发了强的西北向流（图5.35a）。当该西北向流流经海山时，在海山北面600m以深诱发一强劲深海涡旋（图5.37c～e）。敏感性试验表明，当该海山被移除，深海涡旋亦消失不见（图5.37f）。这是因为当垂向剪切流流经海山时，海山和流的摩擦破坏了近底层层结，形成了一个底混合层或底边界层，并导致水平密度锋面和激流的形成，激流不稳定因而诱发产生深海涡旋。以往的研究表明，强流经过海岛能诱发涡旋。Chen等（2015）的观测和模拟表明，上层强流经过海山同样能引起涡旋，但是涡旋出现在深层而非表层。

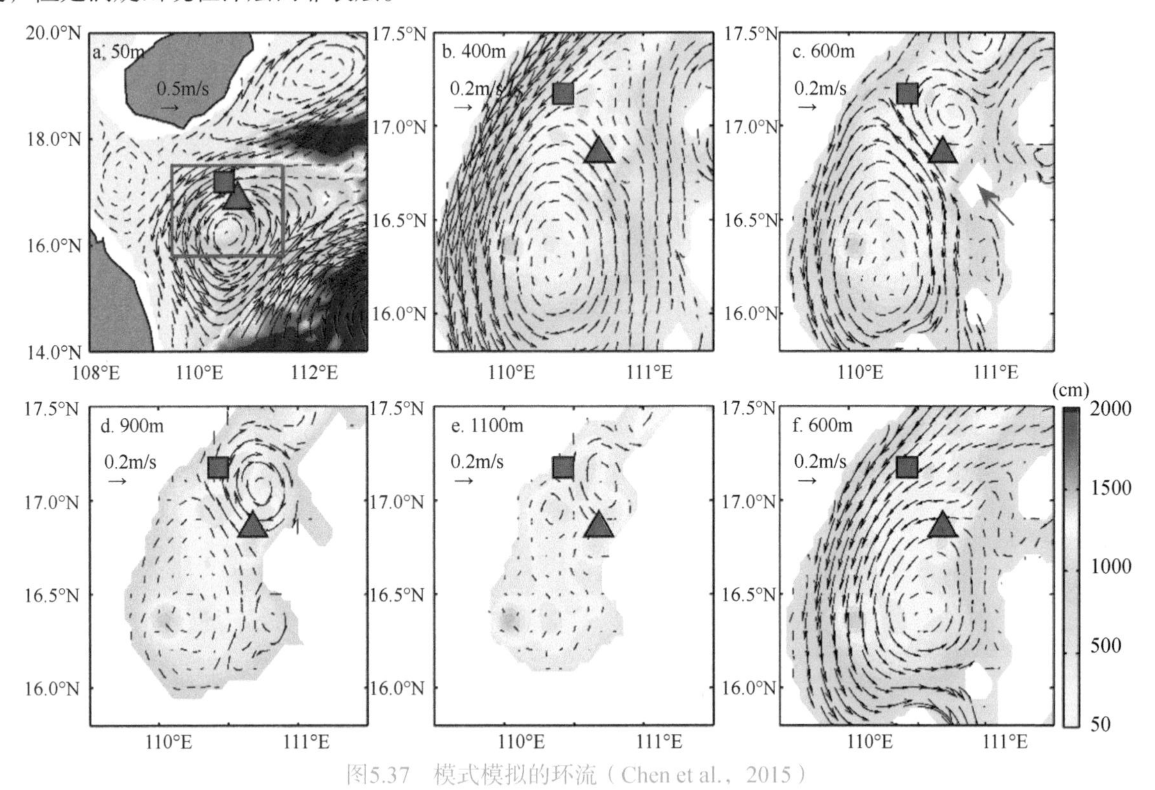

图5.37 模式模拟的环流（Chen et al., 2015）

f图同e图，但为c中海山被移除后的结果。彩色代表水深，白色为陆地

西沙海域是南海西边界流的必经之地，也是大量南海上层中尺度涡的产生和途径之地（Chen et al., 2011）。模拟研究表明，在南海西边界流和中尺度涡的影响下，西沙海槽产生众多深海涡旋，这些涡旋受β效应、深层背景流的影响等呈不同方向传播，西沙海槽俨然是南海深海涡旋的发源地之一。

深海涡旋由于其高能量和强混合，对海底光缆、海底石油管道、深海探测、深海沉积物及深海的生态有非常大的影响。由于观测技术的限制，以及深海涡旋自身的变异特征和在上层海洋无印迹的特点，深海涡旋观测非常少、极难被发现；深海涡旋的影响亦少有揭示，亟待进一步研究。南海深层强流亦可能来自地形罗斯贝波的激发。以南沙群岛海域（图5.38）为例，利用永暑礁北侧长期潜标资料，研究深海地形罗斯贝波的演变与垂向结构特征。发现在永暑礁北侧1400m以深海域，流速存在周期为9～14d的振荡。这种振荡具有明显的底层强化特征（图5.38），且这种底层强化特征在近5年的时间序列里面均能看到。

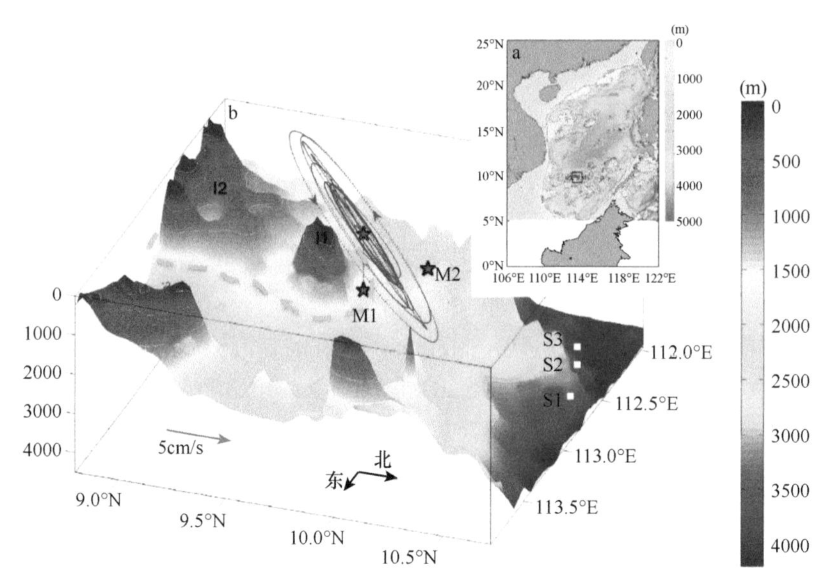

图5.38 南海地形（a）及南沙地形（b）（Shu et al.，2016）

b图中的星号代表潜标观测位置。玫红色虚线代表观测的地形罗斯贝波振荡速度（以M1为中心，投影到表层）；灰色虚线代表地形罗斯贝波可能的传播路径

4. 涡旋及中尺度现象的地震波探测

传统的海洋观测方法在海洋次级中尺度（sub-mesoscale）至小尺度（fine scale）结构的观测中遇到了瓶颈，很大程度上限制了对相应尺度的海洋动力过程与混合过程的研究。然而，“地震海洋学”（即用反射地震方法研究海洋现象）可为研究海洋中小尺度现象提供全新的视角。例如，相对于传统站位式观测涡旋手段，地震方法在水平分辨率上显著提高了3个数量级，可对涡旋内部及其周边结构做出精细描述。Tang等（2013）利用海洋多种地震历史资料研究南沙海域水体细结构时发现，在水体次表层存在一透镜状中尺度结构，结合海洋模式数据资料，他们认为该结构是一次上层海流的流核截面，而非通常认为的涡旋（图5.39）。

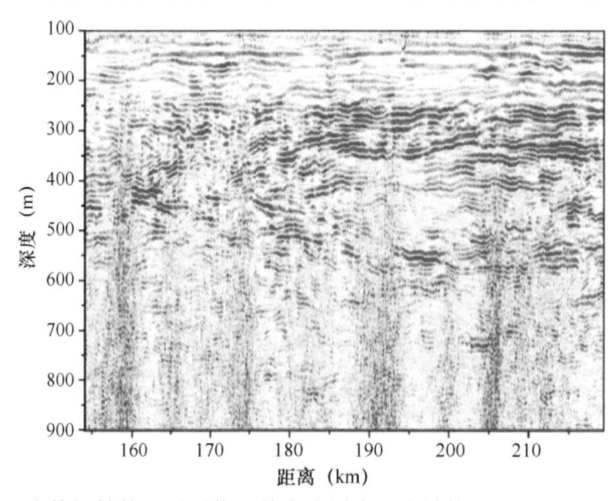

图5.39 水体细结构地震图像及其次表层中尺度结构（Tang et al.，2013）

黄兴辉等（2013）使用地震数据估算了南海个例涡旋的地转流速。数据采集于2009年5月30日至6月1日的南海西南次海盆，位置如图5.40所示。为避开大潮时段，调查曾中断将近5h，图5.40中以不同颜色的测线标出。该次地震调查震源系统采用BOLT枪阵，近炮检距为250m，炮间距为37.5m。记录采用480道水听

器，道间距为12.5m，记录总长度为12s，采样间隔为2ms。地震数据处理过程首先以时间窗0～6s、空间窗1～240道将地震数据中能够反映海水水体反射波信息的部分截取出来，然后进行常规的处理工作，包括定义观测系统、去除直达波、滤波、速度分析、动校正和叠加处理。强烈的直达波能量掩盖了相对微弱的水体反射波能量，因此去除直达波是必要的。

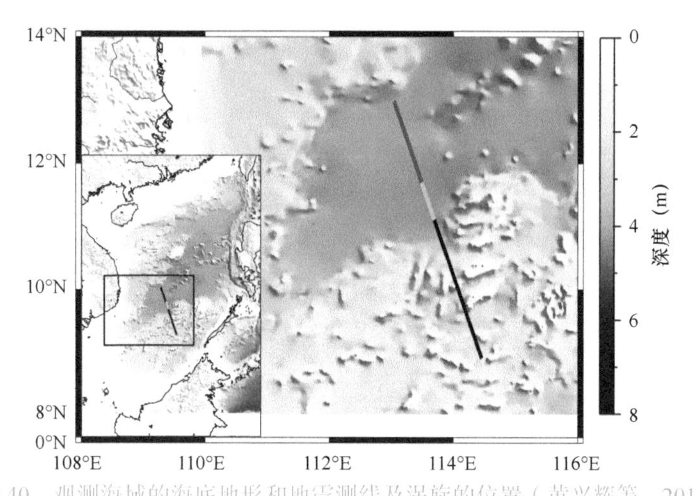

图5.40 观测海域的海底地形和地震测线及涡旋的位置（黄兴辉等，2013）

蓝线和黑线位置连续，但调查时间间隔将近5h，绿线为蓝线的一部分，指示涡旋的空间范围

图5.40显示，透镜状结构位于南海西南次海盆，中心位置约为11.4°N、113.6°E。从图5.41a地震剖面可以看出，它的中心深度约为450m，中心厚度约为300m。由于探测过程为避开大潮时段而停留了将近5h，地震测线并没有捕捉到透镜体的全貌，但是仍然可以推测出它的直径为55～65km，具有典型的中尺度涡特征。结合海表高度异常图和地转流场，黄兴辉等（2013）将其解释为一个反气旋结构。黄兴辉等（2013）用黑线大概勾画了透镜状结构的下边界及其影响区域。地震剖面上，黑线以上的反射强烈而清晰，以下的反射微弱而杂乱，由于地转剪切和地转流速是根据反射同相轴计算的，因此认为计算结果在黑线以上可信度比较大，而在黑线以下受噪音影响严重，视其为无效的计算结果。从图5.41b和图5.41d可以看出，涡旋的中心深度为400～450m，与地震图像吻合得很好。地转流速的计算结果显示，速度最大值约为0.7m/s，左侧（西北）为正，右侧（东南）为负，整体呈现出顺时针的转动方向，说明了它是一个反气旋结构。

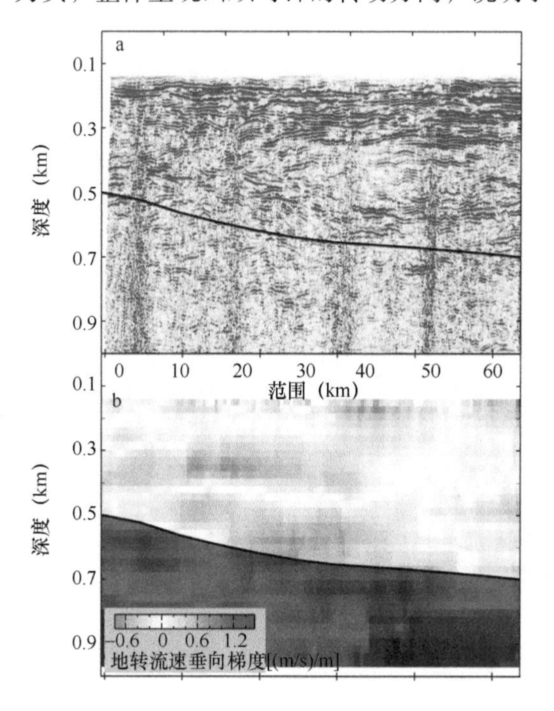

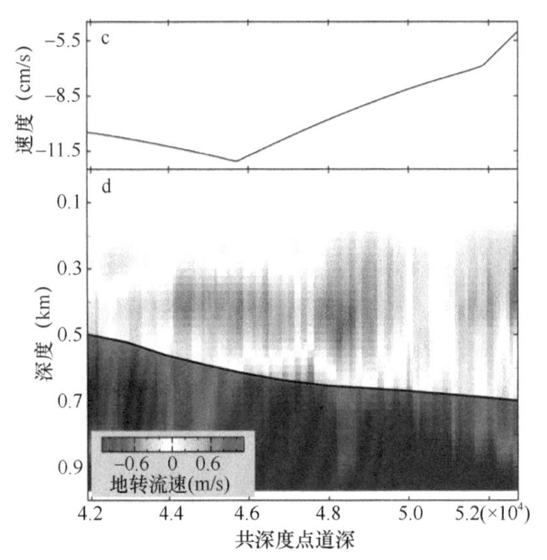

图5.41　涡旋的地震图像和速度场相关变量（黄兴辉等，2013）

a. 南海中尺度涡的地震图像，黑线大概勾画出了涡旋的下边界及其影响区域；b. 计算的地转流速的垂向梯度；c. 海表地转流场在垂直于地震测线方向的分量，来自AVISO；d. 利用地转流速的垂向梯度和海表速度场进行垂向积分计算得到的绝对地转流速场。b、d中的黑线具有同样的意义，黑线以下的暗色区域被视为无效的计算结果

目前，“地震海洋学”可对海洋中诸如海洋锋面、海流、边界层、温跃层、涡旋、内波等物理海洋现象进行观测，突显其刻画水体细结构的能力，具有高效率、高水平分辨率（约10m）、全深度的观测优势。依托国家自然科学基金委员会共享航次，在南海东北部组织开展了国内首次地震-物理海洋联合观测，捕捉到了一前一后两个内孤立波（图5.42），从地震波资料可以看到，内孤立波的垂向和水平尺度分别为50m和1～2km（Tang et al.，2014）。Tang等（2014）基于地震波资料研究了海洋混合参数的提取方法，并以南海内波和地中海涡旋为例进行了计算与分析。结果显示，南海内波在200～600m深度所引起的湍流混合率可达$10^{-2.79}m^2/s$左右，比大洋的统计结果$10^{-5}m^2/s$高出两个数量级以上。而地中海涡旋（图5.43）所引起的湍流混合率可达$10^{-3.44}m^2/s$左右，与大洋统计结果相比，高出1.5个数量级左右，并且地中海涡旋下边界的混合要强于上边界，另外涡旋上边界之上及侧边界的外侧也具有非常高的混合率。

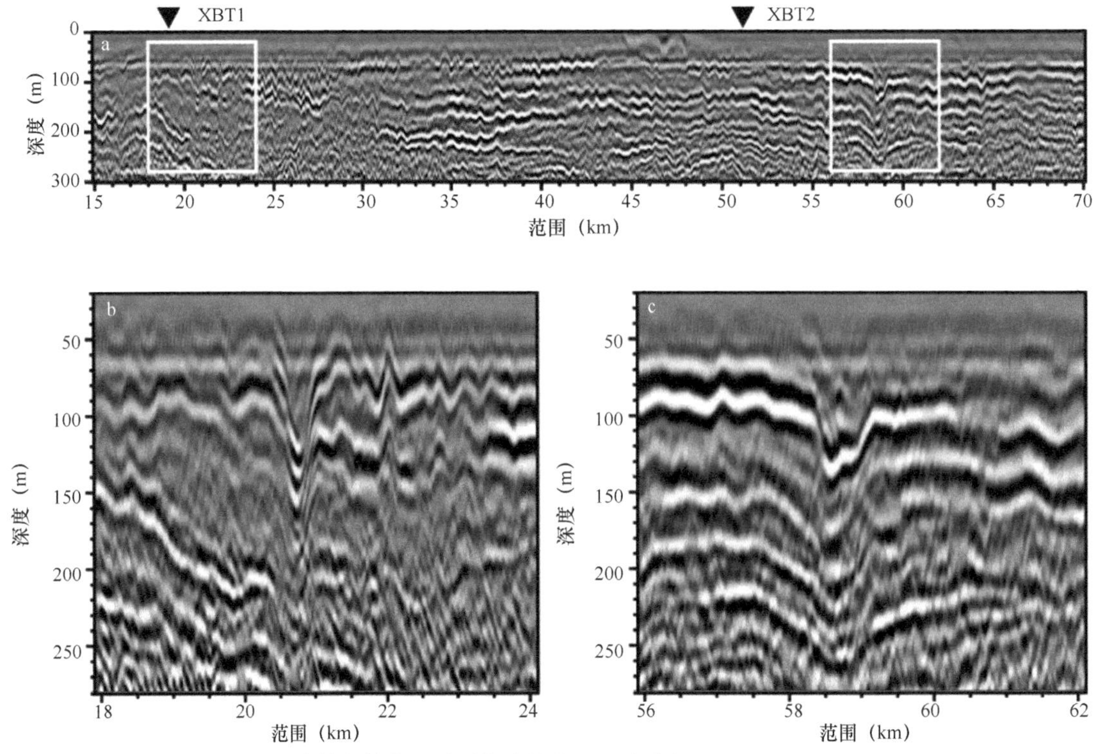

图5.42　水体细结构地震图像及其内孤立波形态（Tang et al.，2014）

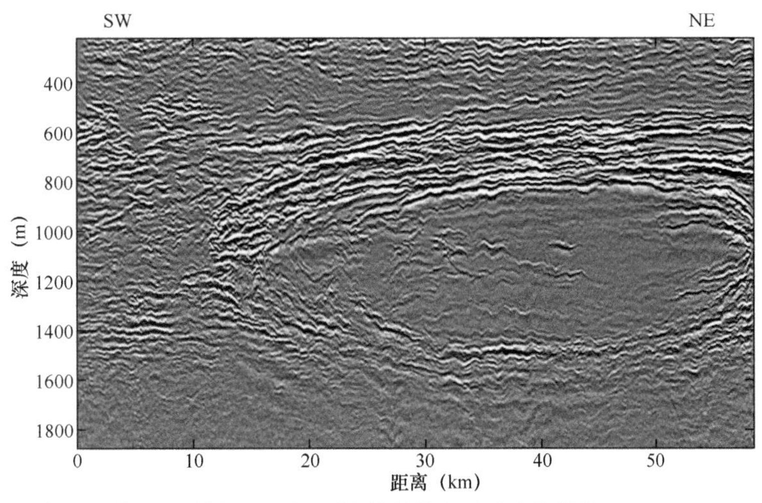

图5.43 地中海涡旋的地震剖面（图中透镜状结构表示地中海涡旋）（Tang et al.，2014）

地震海洋学方法为今后研究中小尺度海洋学现象提供了一种新的观测方法和研究思路。其由于具有经济、高效、高分辨率的优势，应用前景广泛，有望成为传统海洋观测方法的重要补充，有望给物理海洋研究带来新的突破。

5.2 南海中尺度涡的物理和生态效应

中尺度涡具有显著的动力、热力和生态效应。南海中尺度涡活跃，贡献于海洋中的能量和水体输送（Li et al.，1998；Chen et al.，2012；Wang et al.，2012b），对南海叶绿素a的分布（Chen et al.，2007，2014；Zhang et al.，2009；Lin et al.，2010；Xiu and Chai，2011；Song et al.，2012；Xian et al.，2012；Liu et al.，2013）、海洋初级生产率（Lin et al.，2010）、海表温度和风（Chow and Liu，2012）、温跃层（Liu et al.，2001）、海洋混合（Tian et al.，2009）、近惯性振荡（Chen et al.，2013）等皆有重要影响。对南海深层环流变化（Zhang et al.，2013）和底层沉积物搬运（Zhang et al.，2014b）亦有显著贡献。

5.2.1 中尺度涡的动力、热力效应

1. 涡旋与平均流相互作用的能量传递

通常情况下，涡旋能量主要来源于风驱动的大尺度环流由斜压不稳定导致的有效位能的释放（Gill and Niller，1973；Beckmann et al.，1994）。涡旋与平均流的相互作用不仅会影响涡旋自身的生消演化，还可以影响大尺度环流的强度、结构和稳定性。海洋中涡旋与平均流的相互作用，如西边界流（黑潮、湾流）和南极绕极流区的涡流相互作用，一直是人们关注的热点。南海是全球最大、最深的边缘海之一，其海盆尺度环流也表现出显著的西向强化（第2章里已详细介绍），这支西向强化流被称为南海西边界流，也是南海贯穿流的重要部分，这支流的变化对整个南海海盆的环流及物质、能量输送有重要影响。同时，在5.1节的讨论中，我们清晰地看到南海东部和东北部中尺度涡西传、大部分最终在南海西边界流区域消亡的特征。这些涡旋活动和涡流相互作用的过程如何调制南海的环流及涡旋的演变？接下来将从涡旋与平均流相互作用的能量转换的角度对其展开进一步探讨。

首先简要介绍研究涡旋与平均流相互作用的能量转换的模型：海洋机械能收支四箱模型。早期开拓性的工作中，Lorenz（1955）首先提出了大气有效位能的估算方式及平均流和涡旋机械能收支的四箱模型，根据该模型，流体总动能（有效重力位能）可以分解为平均流动能和涡旋动能（有效重力位能）之和，

二者可以通过正压（斜压）不稳定性进行能量转换，这一模型给出了流体系统机械能的源、汇及系统内部的能量传递途径，从能量学角度揭示了涡流相互作用的机制，成为地球流体能量循环的标准，并广泛应用于海洋环流动力学研究中（Böning and Budich，1992；Beckmann et al.，1994；Ivchenko et al.，1997；Treguier，1992；Xue and Mellor，1993；Von Storch et al.，2012）。依据Lorenz（1955）理论，海洋机械能收支四箱模型可以用图5.44表示。

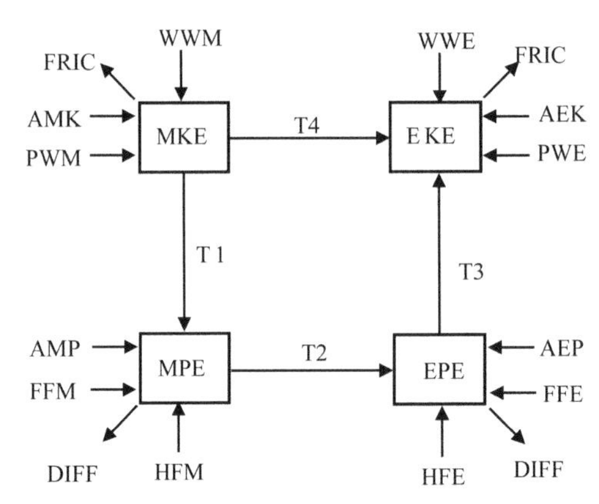

图5.44 海洋机械能收支四箱模型简图（Böningand Budich，1992）

MKE、MPE、EKE、EPE分别代表平均流动能、平均流有效势能、涡动动能、涡动有效势能；T1、T2、T3、T4分别代表这四种能量之间的相互转换和传递；WWM和WWE分别代表风应力对平均流和涡旋做的功；FRIC代表摩擦力做功；AMK、AEK、AMP、AEP分别代表平均流动能（MKE）、涡动动能（EKE）、平均流有效势能（MPE）、涡动有效势能（EPE）的平流项；PWM、PWE是压力做功的散度项；HFM、HFE、FFM、FFE分别代表海面热通量与淡水通量对平均流势能和涡势能的贡献；DIFF表示势能的耗散项

依据Oort等（1989）提出的对海洋中的动能和有效位能的定义，并结合Xue和Bane（1997）的方法，分别定义单位质量海水的平均流动能（MKE）、涡动动能（EKE）、平均流有效势能（MPE）和涡动有效势能（EPE）如下：

$$\mathrm{MKE}=\frac{1}{2}\vec{v}_{\mathrm{m}}\cdot\vec{v}_{\mathrm{m}} \tag{5.1}$$

$$\mathrm{EKE}=\frac{1}{2}\vec{v}'\cdot\vec{v}' \tag{5.2}$$

$$\mathrm{MPE}=-\frac{g\bar{\tilde{\rho}}^2}{2\rho(\partial\bar{\rho}_\theta/\partial z)} \tag{5.3}$$

$$\mathrm{EPE}=-\frac{g\tilde{\rho}'^2}{2\rho(\partial\bar{\rho}_\theta/\partial z)} \tag{5.4}$$

式中，$\tilde{\rho}(x, y, z, t)=\rho(x, y, z, t)-\rho_{\mathrm{b}}(z)$，其中$\rho$为海水密度，$\bar{\tilde{\rho}}$为$\rho$的空间异常，$\tilde{\rho}'$为中尺度异常，$\rho_{\mathrm{b}}(z)$代表背景密度剖面，此处定义为年平均密度的水平平均值；$\bar{\rho}_\theta$表示年平均位势密度的水平平均值，它的垂向偏导数表征海水的稳定度；$\vec{v}_{\mathrm{m}}$和$\vec{v}'$分别代表背景流速和中尺度流速异常。对于MKE和EKE收支过程中每一项的具体表达式可参考文献Ivchenko等（1997）。其源汇项包括海面风应力做功（WWM和WWE）、摩擦力做功（FRIC）、浮力做功导致的动能和势能之间的能量转换（T1和T3）及由涡旋和平均流相互作用导致的动能转换（T4）。而海洋内部的动能平流项（AMK和AEK）及压力做功散度项（PWM和PWE，假定海面气压的作用可忽略）并不产生动能，仅是改变动能的空间分布。对于MPE和EPE，其源汇项包括海面热通量与淡水通量对平均流势能和涡势能的贡献（HFM、HFE、FFM、FFE）、势能的耗散项（DIFF）、T1、T3及斜压不稳定导致的MPE与EPE之间的转换（T2）。平流项（AMP和AEP）则改变了势能在海洋内部的空间分布。

正压不稳定导致MKE和EKE的能量转化T4（正值代表MKE转化为EKE）的表达式为

$$T4=-\left(u'u'\frac{\partial u_{\mathrm{m}}}{\partial x}+u'v'(\frac{\partial v_{\mathrm{m}}}{\partial x}+\frac{\partial u_{\mathrm{m}}}{\partial y})+v'v'\frac{\partial v_{\mathrm{m}}}{\partial y}\right) \tag{5.5}$$

斜压不稳定导致的MPE和EPE之间的能量转换T2为

$$T2=-\frac{g}{\rho(\partial\overline{\rho}_{\theta}/\partial z)}\left(u'\tilde{\rho}'\frac{\partial\overline{\tilde{\rho}}}{\partial x}+v'\tilde{\rho}'\frac{\partial\overline{\tilde{\rho}}}{\partial y}\right) \tag{5.6}$$

MKE和MPE之间的能量转换T1为

$$T1=\frac{g}{\rho}\overline{\tilde{\rho}}\overline{w} \tag{5.7}$$

EKE和EPE之间的能量转换T3为

$$T3=-\frac{g}{\rho}\tilde{\rho}'w' \tag{5.8}$$

因此，研究南海涡旋与平均流的相互作用，我们主要关注能量四箱模型中的MKE、EKE、MPE、EPE、T2、T4的分布和变化。

2. 南海涡能量的空间分布和季节变化

南海较大的EKE出现在春夏季越南东南沿岸和冬季台湾西南海域（He et al.，2002；Chen et al.，2009；Cheng and Qi，2010）。利用全球涡分辨模型OFES（OGCM for the Earth Simulator）（Sasaki et al.，2004）的模拟结果，选用1999年7月至2006年12月逐日的QuickSCAT风场作为动力强迫场的一套数据（简称OFES_QS），根据式（5.2）和式（5.4），Zhuang等（2013）计算各个深度层次上的涡动动能（EKE）和涡势能（EPE），并进行垂向积分，得到整层水柱总的EKE和EPE。年平均的EKE和EPE分布特征很相似（图5.45a、b），二者都在南海内区存在两个高值区（见图5.45a、b中的矩形区域）。EKE与EPE之和即涡旋总能量（total eddy energy，TEE），其年平均的分布特征也表现为吕宋海峡以西沿着1000～3000m等深线及越南东南外海1000～3000m等深线附近存在高能量（图5.45c）（Zhuang et al.，2010）。TEE的高值区域正好沿着南海贯穿流从东北向西南的运动路径，并且对应着T2和T4的高值区，这意味着南海贯穿流区域伴随着较活跃的中尺度涡活动，并且西边界流及涡旋产生较多的吕宋海峡西部和越南东南部海域也是涡旋与平均流相互作用最强烈的区域，对应最强的正压和斜压不稳定性。

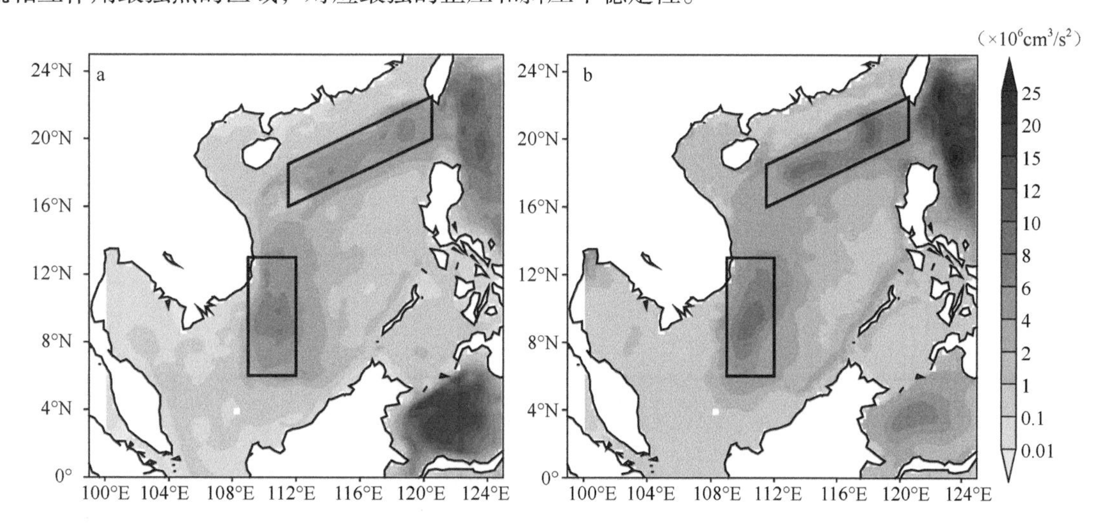

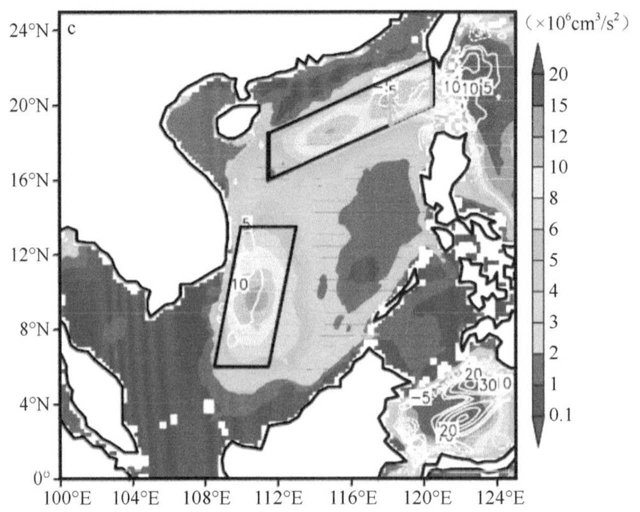

图5.45 年平均垂向积分EKE（a）、EPE（b）和TEE（彩色填充）与T2+T4（白色等值线）（c）的空间分布特征（庄伟，2008；Zhuang et al.，2010）

对于TEE的季节变化，由图5.46可知，浅水区的季节变化较小，而深水区的较显著。吕宋海峡以西（图5.45c中北部平行四边形区域）的TEE在冬季达到最大值，春季开始减小，夏季达到最小值，而后从秋季开始增大。在越南东南外海（图5.45c中的南部平行四边形区域），TEE在秋季达到最大值，冬季稍有减小但量值依然相当可观，到春季达到最小值，夏季TEE比春季稍有增大，高值中心位于11°N附近。

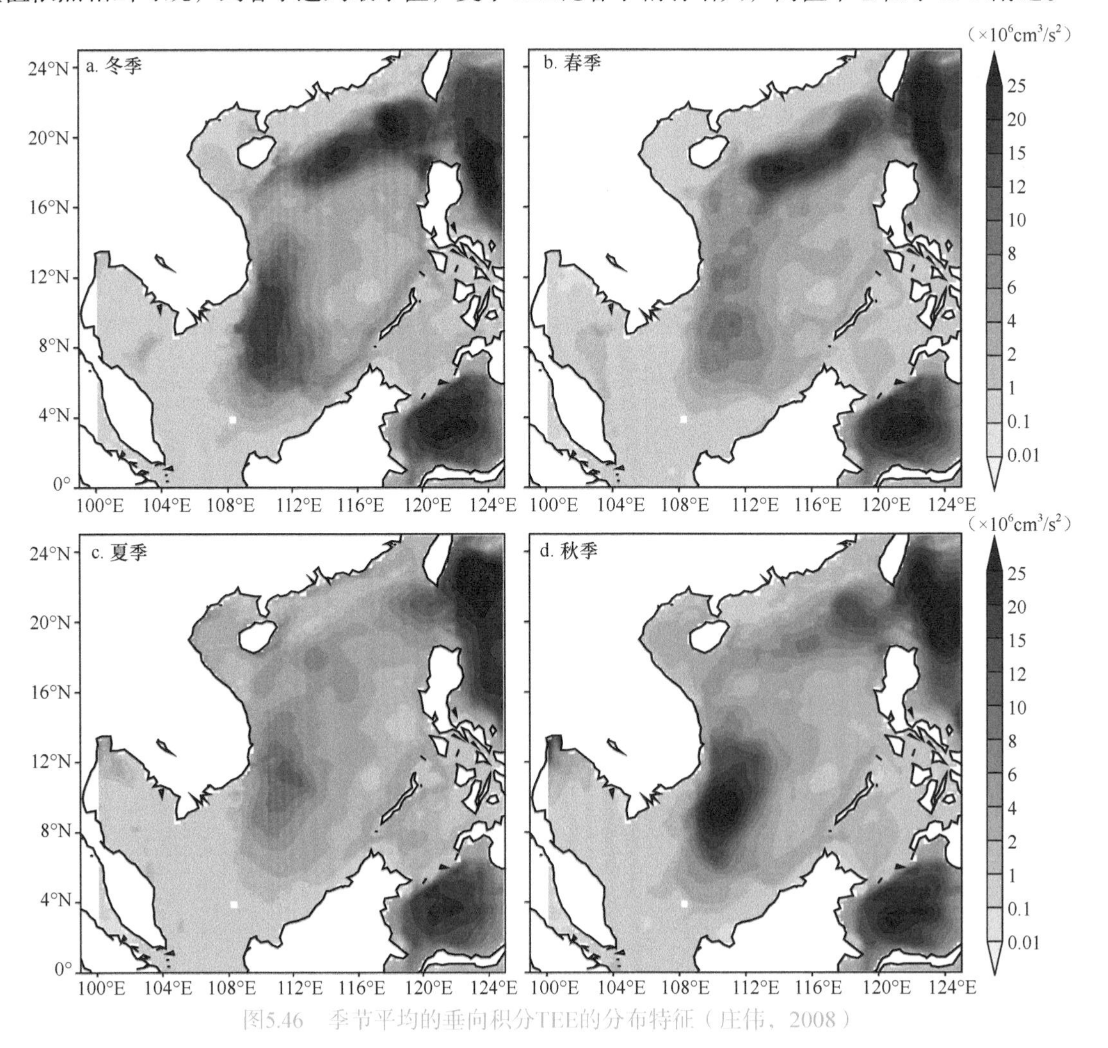

图5.46 季节平均的垂向积分TEE的分布特征（庄伟，2008）

对上述图5.45c中两个平行四边形区域内的涡能量分别进行区域平均，再将2000～2006年的结果进行气候态5天平均，从而得到两个区域涡能量及涡旋与平均流能量转化的季节特征（图5.47）。对于吕宋海峡西侧海域，TEE在1～2月可达$15\times10^6\text{cm}^3/\text{s}^2$左右，随后3月迅速减小，在8月降至约$4\times10^6\text{cm}^3/\text{s}^2$，9月到10月开始缓慢增加，11～12月又很快增加到$10\times10^6\text{cm}^3/\text{s}^2$以上。斜压和正压不稳定导致平均流向涡旋的能量转换（T2和T4）与TEE的变化趋势一致，它们的高值均出现在TEE高值的东侧（图5.45c中白色等值线），二者之和（T2+T4）远大于TEE的水平平流项（$\vec{v}\cdot\nabla\text{TEE}$）（图5.47a）。因此，吕宋海峡附近TEE的高值主要是由黑潮入侵南海路径的变化及其伴随的正压、斜压不稳定导致的，并随着平均流或者波动向西南方向传播，TEE的水平平流项主要影响了TEE在高值区域的分布特征。Jia和Liu（2004）、Jia等（2005）最早应用正压、斜压不稳定性伴随的能量转换探讨了吕宋海峡附近黑潮主轴入侵南海形成的大弯曲导致的涡旋脱落的过程和机制。Zu等（2013）研究台湾西南暖涡的生消演化过程时发现，黑潮入侵的正压、斜压不稳定导致的能量从平均流向涡旋的输送是涡旋演变的主要能量来源（图5.48a），尽管风应力强度变化正好与涡旋的成长和消退对应，但是风应力对涡旋直接做功对涡动动能（EKE）的贡献相对T4（图5.48b）要弱。并且从1993～2006年10月和11月台湾西南暖涡形成时期T4和风应力做功（表5.1）可见，平均流通过正压不稳定向涡旋输入的能量（T4）总是大于涡旋从风应力做功直接获得的能量（WW）。因此不难推断东北季风的强弱变化激发了黑潮入侵南海流轴的变化和正压、斜压不稳定，这种不稳定导致的能量转换是涡旋形成的直接因素，而风应力做功间接影响涡旋的形成。吕宋海峡西侧的反气旋涡既可以在季风驱动的背景环流的平流作用下沿南海北部陆架陆坡区继续向西南运动（Zu et al.，2013），又可以Rossby波形式向西南传播（Wang et al.，2008）。Wang等（2008）对南海北部2003～2004冬季两个反气旋涡的发展过程的研究显示，它们在沿南海西边界流运动的过程中，涡旋瞬时速度及涡强度都在发生变化，这也暗示着涡旋与平均流有复杂的相互作用过程。一方面，涡旋在南海北部向西南运动过程中自身能量的耗散，或者涡动动能通过T4传递给了背景平均流（Yuan et al.，2006）；另一方面，也可能因为背景流的不稳定，涡旋通过T4从平均流获得能量补充。

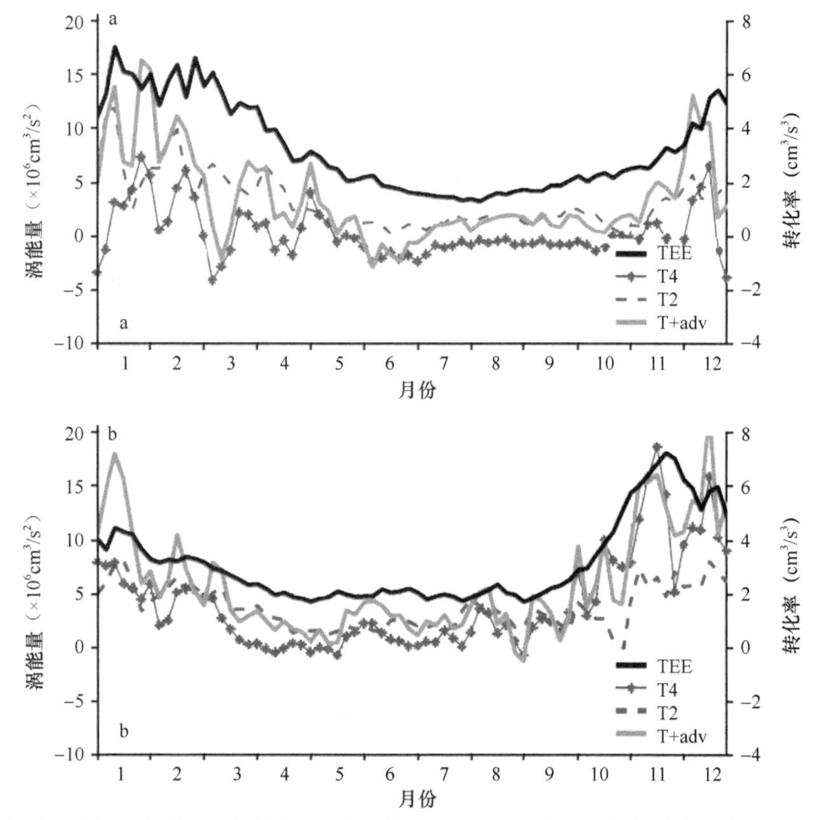

图5.47　图5.45c中两个平行四边形区域气候态5天平均的TEE、T4、T2和TEE的水平平流项（T+adv）随时间的变化（Zhuang et al.，2010）

a. 吕宋海峡以西海区；b. 越南东南外海

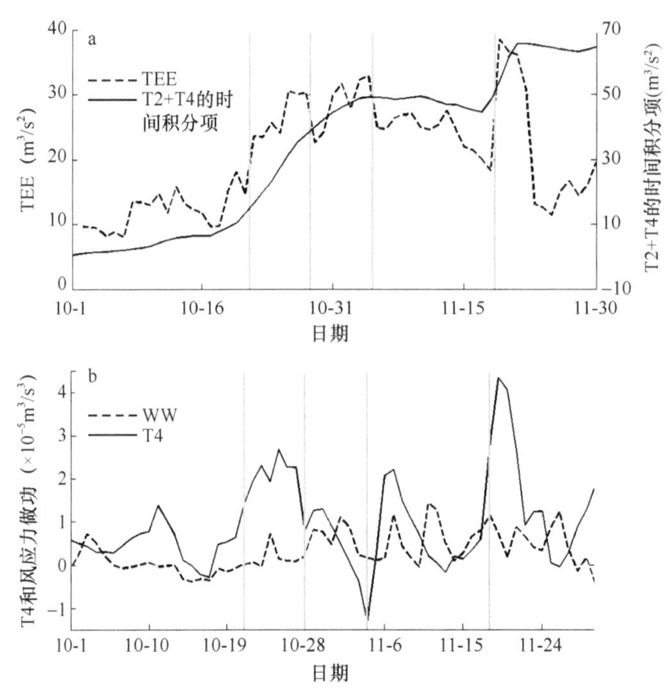

图5.48 2006年10～11月台湾西南反气旋暖涡生消过程中TEE与T2+T4的时间积分项的变化（a）及风应力做功（WW）与T4的变化（b）（Zu et al.，2013）

表5.1 1993～2006年10月和11月台湾西南暖涡形成时期T4和风应力做功WW （单位：$10^{-5}m^3/s^3$）

年份	T4	WW
1993	1.7	0.01
1995	0.96	0.13
1996	1.1	0.16
1997	1.6	–0.02
2000	0.81	0.14
2001	1.6	–0.44
2002	1.2	0.4
2003	1.2	0.08
2004	0.78	0.31
2005	5	1.6
2006	0.82	0.34

对于越南东南外海，TEE在秋季迅速增大，11月底达到最大值；TEE在冬季则快速减小，从12月初到次年2月底，大致从$1.5\times10^7 cm^3/s^2$减小至$8\times10^6 cm^3/s^2$，约小了一半；春季和夏季则分别呈缓慢减小趋势和基本保持平稳（图5.47b）。T2和T4与TEE的变化趋势大致相同。Chu等（2014）在研究2010年春季异常强的西沙暖涡的成因中发现该反气旋涡来自越南东南海域，不同于经常观测到的在西沙局地生成或者从南海东北部传过来的暖涡。2009～2010年发生的一个强中部太平洋型厄尔尼诺事件，使得夏季西北太平洋产生了反气旋式的大气环流异常（Wang et al.，2006；Xie et al.，2009），减弱了南海东部和南部的夏季风强度，增强了南海西北部的夏季风强度。因而，越南东南13°N以北的西边界流由气候态较弱的南向流转为较强的北向流（图5.49）。这支北向的异常流动在5月形成、7月达到最强、9月减弱，而在这段时间，越南沿岸的反气旋涡被这支流带到了西沙群岛附近，与一个沿南海北部陆架陆坡区向西南方向运动的稍弱的反气旋涡最终合并。从涡旋整个生命期的能量收支变化来看（图5.50），TEE在5～7月这段时间一直增加。其中，5～6月夏季风爆发前，T2大多为正值，意味着平均流通过斜压不稳定将能量传输给涡旋。6～7月夏季风最强盛

时期，T4的突然增加意味着平均流通过正压不稳定将能量传输给涡旋，在两个涡旋相遇合并时期T4突然减弱。之后，随着季风的减弱和转向，以及边界流的转向，涡旋逐步减弱，其TEE逐渐减小。

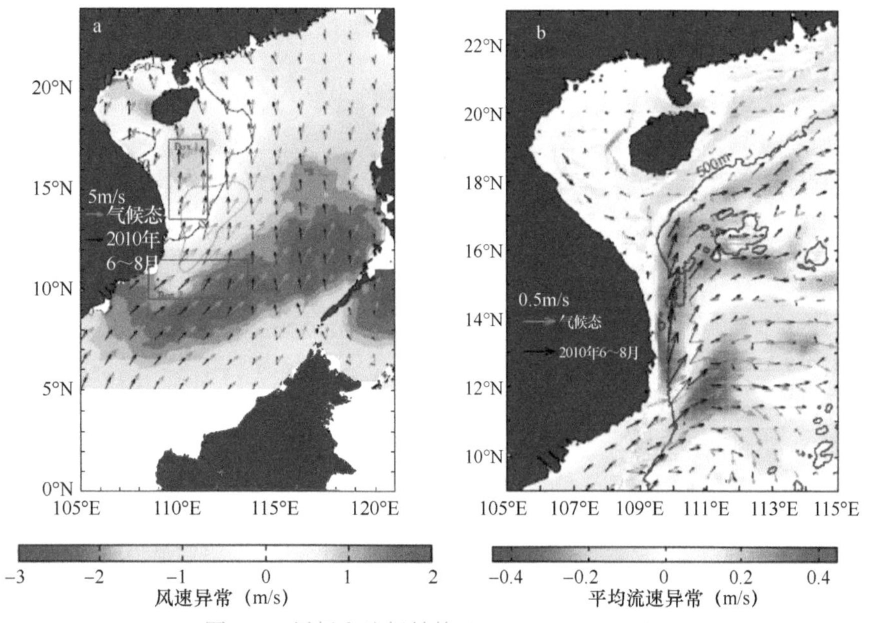

图5.49　风场和流场结构（Chu et al.，2014）

a. 气候态（灰色箭头）与2010年6～8月（黑色箭头）的风速及二者的差异（填色），绿色闭合实线表示涡旋在2010年6月1日的边界。b同a，但为10m水深的平均流场分布

（南海南端附近空白区域专题资料暂缺）

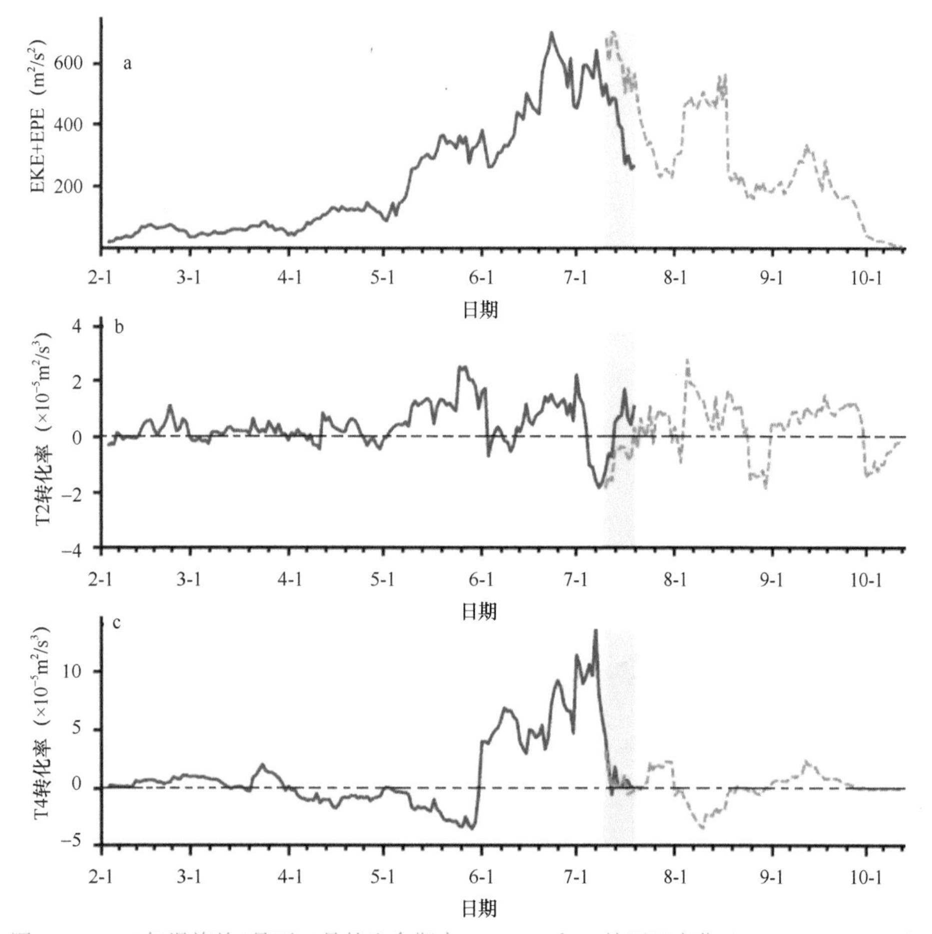

图5.50　2010年涡旋从2月至10月的生命期中TEE、T2和T4的逐日变化（Chu et al.，2014）

灰色区域表示南、北两个涡旋在西沙海区相遇合并的时间

这些涡旋与大尺度环流的相互作用过程多发生在南海西边界强流区域，对涡旋生命期的研究发现它们在演化过程中除随着平均流的路径传播外，还伴随着与平均流之间的能量转换。

3. 南海涡致输送

海洋在全球热量平衡中扮演着重要角色，而中尺度涡在其中的贡献不可忽视。Chen等（2012）通过分析高度计、CTD和Argo资料观测到的中尺度涡发现，由于上层海洋的强混合和深海小的温盐梯度，涡旋引起的热盐输送分别主要发生在温跃层和盐跃层（图5.51）。同时，由于障碍层的存在，盐跃层显著浅于温跃层，因此近表层盐输送依旧很大。而由于中尺度涡的垂直结构并非关于涡中心对称，因此经向上存在净输送。

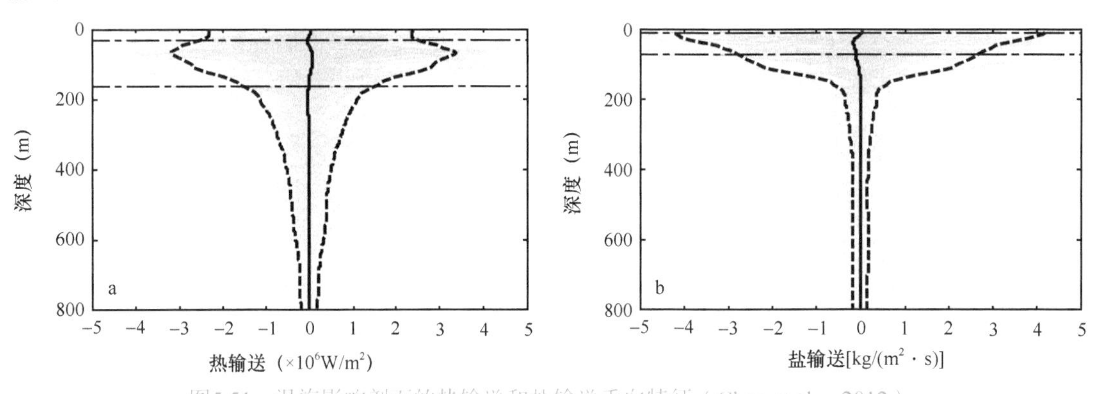

图5.51 涡旋影响剖面的热输送和盐输送垂向特征（Chen et al., 2012）

图中灰线为各个水文剖面的特征；黑色实线为平均结果；黑色虚线为均值的上下2倍方差；点线代表温跃层和盐跃层的位置。正值代表北向输送，负值代表南向输送

利用参数化方法，Chen等（2012）进一步揭示了南海海盆尺度的涡输送特征。较大的极向涡致热输送发生在夏季的越南东部海域、冬季的吕宋岛西部海域，而较大的赤道向涡致热输送发生在冬季的吕宋海峡西部海域（图5.52）。由于海温倾向于从赤道向两级递减，因此涡致热输送在南海主要呈极向，冬季吕宋海峡西部海域的赤道向涡致热输送，主要是黑潮水的入侵致使该区域温度梯度反向。涡致盐输送和涡致热输送的空间分布特征类似，但却主要呈现赤道向输送。这是因为南海上层盐度分布主要呈赤道向递减，而这可能是南海水团来源于太平洋水团所致。

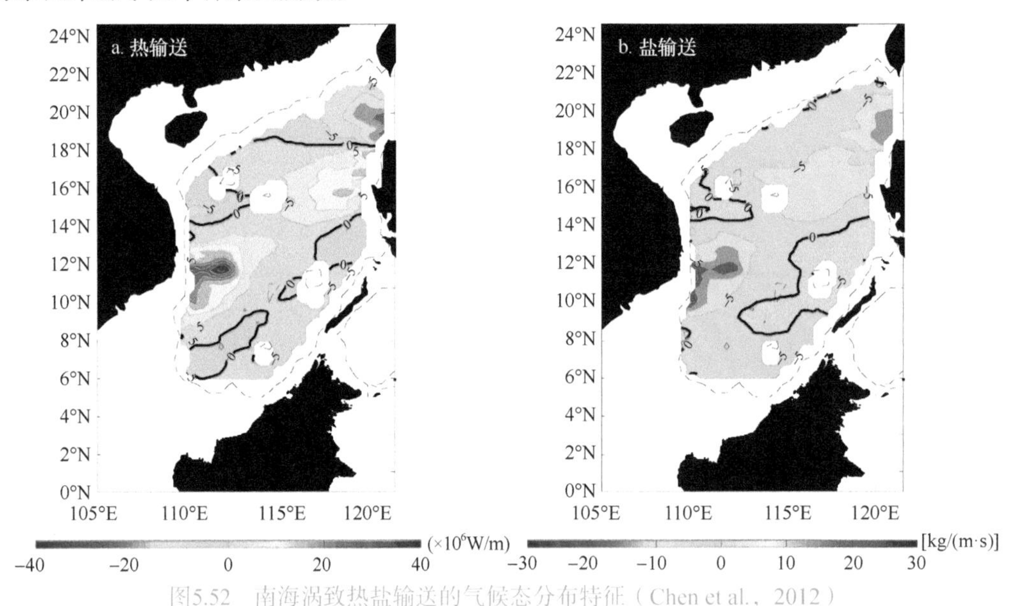

图5.52 南海涡致热盐输送的气候态分布特征（Chen et al., 2012）

理论论证表明，南海涡致热盐输送的季节变化由背景流场的斜压不稳定所控制。冬季，由于流速的弱剪切，吕宋海峡西部海域发生斜压不稳定，这使得该区域涡动动能增强，从而显著增加热输送。而吕宋岛

西部海域的不稳定主要是冬季较强的流速剪切所致。由于越南东部地处低纬度地区且夏季层结甚强，因此该地区夏季的斜压不稳定来源于局地流速的强剪切。

5.2.2 中尺度涡的生态效应

1. 中尺度涡影响生物地球化学循环过程的特征与机制

作为一个相对独立的流体，中尺度涡对海洋生物地球化学循环过程的影响受到广泛关注。中尺度涡对生物地球化学循环过程的影响取决于涡旋在形成阶段捕捉的水体的营养盐和生物量的水平，同时，涡旋的生命过程中存在复杂的水平和垂向运动，其亦会对营养盐和生物量起再调节作用，从而影响海洋生物地球化学循环过程。中尺度涡对生物地球化学循环过程的影响主要存在几种机制，分别为涡致抽吸（eddy pumping）、涡/风相互作用下的Ekman抽吸、水平平流运动和次中尺度过程。

涡致抽吸是指涡旋在形成阶段，通过抬升或者压制等位势密度面，在涡内形成上升流或下降流的过程。涡致抽吸是最先被认识的中尺度涡影响生物地球化学循环过程的机制。早前的研究发现，基于输出生物量进行耗氧计算得到的真光层内新生产量比真光层内估算的新生产量大，真光层内实际新生产量需要的多余的营养盐可能来自涡致抽吸的输送（McGillicuddy et al.，1998）。在气旋涡中，等位势密度面被抬升，涡内形成上升流，真光层下的高营养盐水体进入真光层，有利于浮游植物的生长。在反气旋涡中，等位势密度面被压制，涡内形成下降流，有机物和营养盐往下输送，减少了真光层的生物活动。

风和涡旋表层流的相对运动产生风应力，由此引起的垂向运动被称为涡/风相互作用下的Ekman抽吸（McGillicuddy et al.，2007；Siegel et al.，2011；Gaube et al.，2013）。均匀风经过涡旋时，与表层流场作用，会产生与该涡极性相反的旋度。有研究表明，由涡/风相互作用导致的Ekman抽吸是中尺度涡垂向运动的可能机制之一，这种相互作用在气旋涡内部产生下降流，相反，在反气旋涡中产生上升流，且在大风事件中其尺度可以达到1m/d（Martin and Richards，2001）。在东北大西洋的中尺度涡生态观测中，McGillicuddy等（2007）发现模态水中尺度涡内部的硅藻藻华现象与气旋涡的产生机制不同，这种藻华与经过涡旋表面的风速相关，这证实了涡/风相互作用下的Ekman抽吸能使反气旋涡中产生上升流，促进涡内藻华发生。在南印度洋，通过分析遥感资料获得表层叶绿素a数据，该机制作用下的生态响应也得以被观察和证实（Gaube et al.，2013）。

由于涡旋的水平平流作用，当涡旋穿过在水平方向存在营养盐梯度或者浮游植物浓度梯度的水体时，涡旋会将进入涡内的高浓度水体转移到低浓度区域，同时将低浓度水体转移到高浓度区域。对表层叶绿素a浓度异常值的合成分析，证明了涡旋的水平再调节作用对叶绿素a浓度分布起到重要的影响（Chelton et al.，2011）。

次中尺度过程是指水平尺度在1～10km，时间尺度为O（1d），Rossby数为O（1）的过程。数值模拟表明，次中尺度过程产生的垂直运动可以达到100m/d，其量级一般大于涡/风相互作用下的Ekman抽吸速度（Martin and Richards，2001；Mahadevan and Tandon，2006）。次中尺度过程可能是由于水平密度梯度的强化，混合层不稳定或者沿锋面的风引起穿越锋面的非线性Ekman输送后强化的垂向运动（Legal et al.，2007；Fox-Kemper et al.，2008；Thomas et al.，2013）。早前针对斜压不稳定射流产生的次中尺度和中尺度过程的模拟工作就发现，次中尺度过程加强了浮游植物的初级生产力（Lévy et al.，2001）。而后，一些研究发现，次中尺度过程不仅可以短暂地增加真光层营养盐含量，而且由于延长了浮游植物在真光层的滞留时间，从而增加了光合作用时间，因此提高了初级生产量（Lévy et al.，2012；Mahadevan et al.，2012）。

南海中尺度涡的生物地球化学循环响应也受到广泛关注。Chen等（2007）首次报道了南海冷涡的生态效应。其在对吕宋海峡东西两侧的走航采样中捕捉到了从黑潮脱落进入南海的冷涡，将此冷涡与代表南海内部和代表黑潮源区的站点作对比后发现，营养盐、初级生产率、叶绿素a浓度等生物参数在冷涡的表层和真光层内都要显著高于南海内部和黑潮源区采样点。通过耦合的物理-生物地球化学循环模型的模拟分析，气旋涡增强浮游植物繁殖以及反气旋涡抑制浮游植物繁殖的过程也得以再现。这些实测和模拟分析佐证了南海中涡旋对生物地球化学循环过程有重要影响的观点（Xiu and Chai，2011）。其他机制作用下南海中尺度涡的生态效应也有一些相关的研究。对南海北部中尺度涡内部叶绿素a浓度异常的合成分析发现，水平对流作用主导了南海北部叶绿素a浓度的再调节分布（Liu et al.，2013）。也有研究发现，南海中反气旋涡的形状和风向一致时，其表层叶绿素a浓度较高，风速与叶绿素a浓度有很大相关性，这暗示涡/风相互作用可能导致南海反气旋涡内叶绿素a浓度增加，且这种相互作用受涡形状和风速方向的影响（Li et al.，2014a）。目前对南海次中尺度过程的生态效应研究还比较缺乏。在南海的贫营养盐海域，对放射性^{234}Th流的检验发现，反气旋涡内部的^{234}Th向下输出量比非涡旋占据区域高1.6～1.9倍，数值模式试验认为放射性同位素来源于涡旋的边缘。在强的次中尺度过程中，涡旋的边缘由生物活动产生的颗粒物大大增加，在水平对流的作用下其被输送到涡旋中间。该研究间接说明了南海次中尺度过程对生物地球化学循环的影响可能是重要的（Zhou et al.，2013）。

除了中尺度涡的空间影响机制，中尺度涡的生命周期变化也会对其内部的生物地球化学变量产生影响。通过对高分辨率耦合模式ROMS-CoSiNE模拟的南海所有气旋涡的生物地球化学变量做合成分析，发现气旋涡内的物理变量（海表高度异常SLA）、生物变量（小型浮游植物S1、硅藻S2等）和化学变量（硅酸盐SiO_4、硝酸盐NO_3）均表现出不同的时间变化过程（Guo et al.，2015）。以浮游植物为例，小型浮游植物的量达到极值的时刻要比硅藻早，而硅藻的时间变化曲线则与物理过程SLA变化耦合相对较好。同时，由于捕食竞争关系，硅藻浓度达到最高值的时候，小型浮游植物的量反而非常小，有时甚至会低于气旋涡外部的背景场浓度。颗粒物（颗粒氮DD、颗粒硅DDSi）的输出浓度也是在涡旋生命周期的某一段时间内呈现高值，其他时刻浓度均相对较低，或低于背景场的浓度。因此，对于同一个中尺度涡，现场观测的时刻就显得比较重要，涡旋在其生长期、成熟期和消亡期会表现出不同的生物地球化学特征。

2. 南海中尺度涡对生态系统的影响

南海北部由于受到黑潮入侵、季风及陆源河流的影响，其生物地球化学过程的变异很大程度上与海洋中尺度过程联系在一起。Huang等（2010）根据来自卫星高度计的海表高度异常数据、漂流浮标数据和现场采样数据研究了从黑潮脱落的吕宋海峡西侧暖涡和南海北部生成的暖涡的生态效应，并进行了比较。该次调查同时测量了暖涡涡内涡外的浮游植物叶绿素a浓度及浮游植物种群结构，结果发现位于暖涡内部的水体营养盐含量比周围水体低，水体总叶绿素a浓度同周围环境场相比没有明显变化。但是，浮游植物种群结构表现出了非常明显的差异。如图5.53所示，由黑潮入侵形成的暖涡，其透光层内部的浮游植物主要由原绿藻组成；而在南海北部局地形成的暖涡内，由于受到近岸水体的影响，其浮游植物主要由鞭毛藻组成。通过卫星数据追踪这些中尺度涡的生命发展过程，发现这些涡内部浮游植物种群结构的差异主要由中尺度涡产生的源地及观测时暖涡处于什么样的生长期决定。由于不同的浮游植物种群对水体内的碳、氮、磷等元素的循环具有不同的作用和效率，因此暖涡影响下的浮游植物种群结构的不同对海洋碳循环过程具有重要的作用。

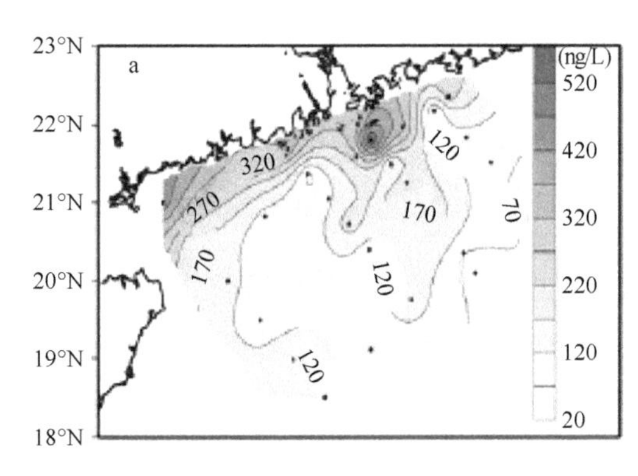

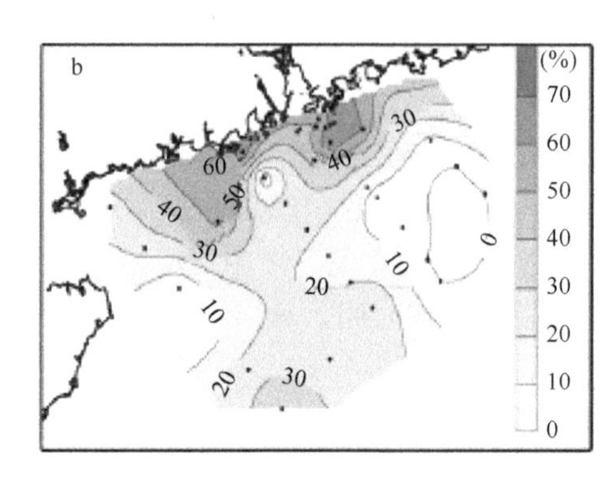

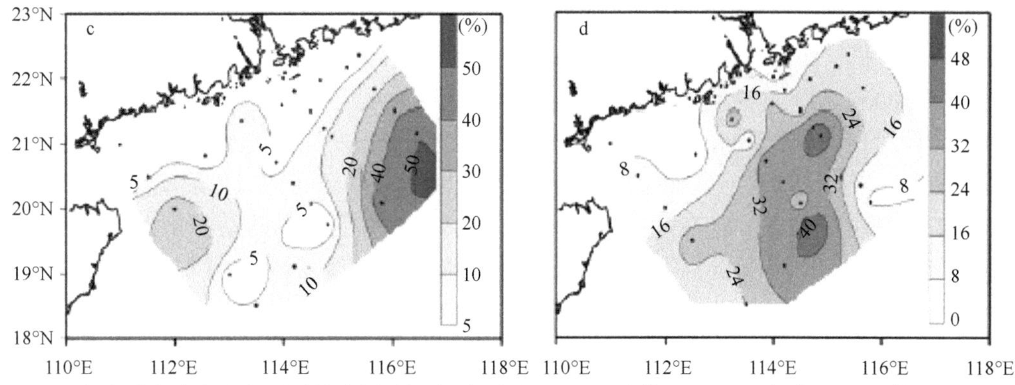

图5.53 2003/2004年冬季在南海北部观测的表层叶绿素a的浓度（a）及硅藻（b）、原绿藻（c）和鞭毛藻（d）在所有浮游植物中所占的比例（Huang et al.，2010）

黑潮入侵导致的暖涡中心大约位于20.5°N、116.5°E，南海北部局地形成的暖涡中心大约位于19.5°N、113.5°E

吕宋岛西北部海区每年冬季都会出现浮游植物水华现象。Zhao等（2012）利用卫星遥感资料得到的海表温度、海表风速、叶绿素a浓度及模式模拟的混合层深度进行研究发现，高叶绿素a浓度通常与高的次表层水温、高的海表风速、高的垂向夹卷速度及强的垂向Ekman抽吸等环境因素相伴，并且叶绿素a浓度与这些环境因素在年际尺度上具有较好的相关性。通过这些统计相关性，Zhao等（2012）的进一步研究表明，风场引起的Ekman垂向抽吸及对水体垂向的混合搅拌可能是导致吕宋岛西北部海区冬季高叶绿素a浓度的主要因子（图5.54）。

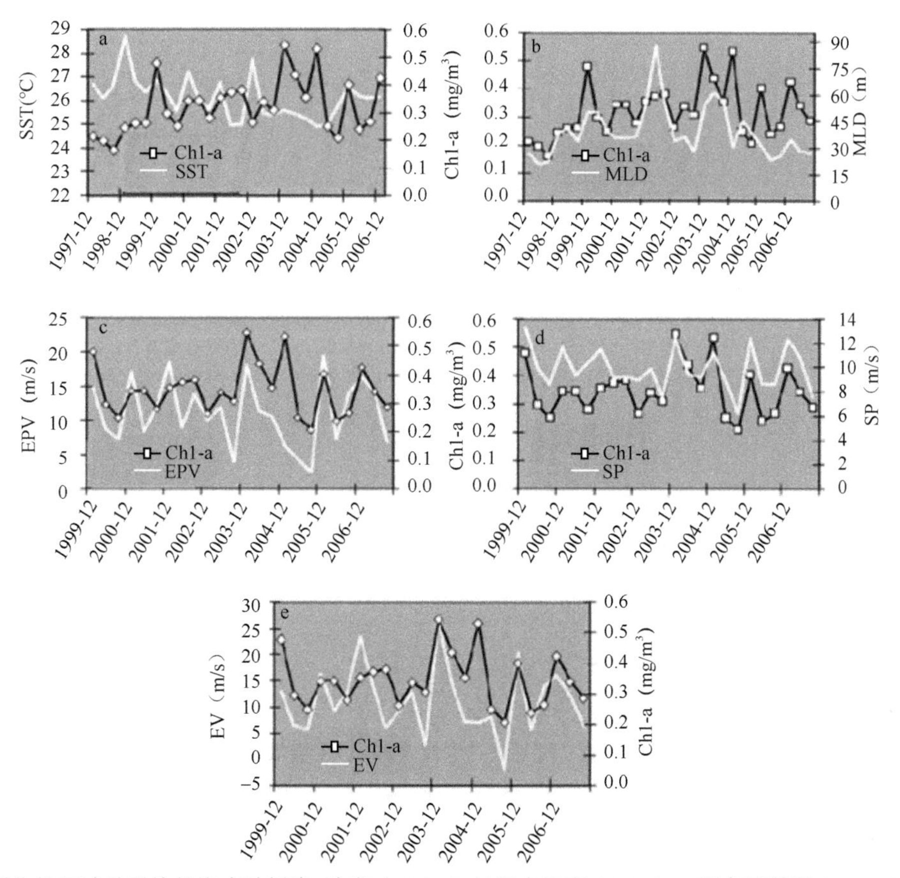

图5.54 吕宋岛西北部区域月平均的海表叶绿素a浓度（Chl-a）与海表温度（SST）、混合层深度（MLD）、Ekman抽吸速度（EPV）、海表风速（SP）及垂向夹卷速度（EV）的关系（Zhao et al.，2012）

台风作为比较强的中尺度过程，对南海北部上层海洋的生态系统结构也会产生明显的影响。Zhao等（2013）在南海北部研究了两个浮游植物水华现象。其中一个水华现象发生在东沙岛附近，并且是在2级台风Nuri的移动路径上。台风Nuri经过该海域一周以后，水华开始形成，核心区的叶绿素a浓度达到0.5mg/m³。通过卫星和现场观测数据，研究发现台风经过后该海区海表温度降低了大约3℃，并且伴随着强的风速（>20m/s）和降雨（>100mm/d）。这些环境因子的变化及浮游植物浓度的快速升高证实了台风引起的上升流和垂向混合可以为浮游植物生长带来充足的营养盐，是导致该水华发生的主要因素。考虑到每年会有多个台风产生或经过南海海域，它们会对营养盐传输及浮游植物生长产生不可忽视的影响。

Chen等（2014）研究了物理和生态效应在越南东部水华现象中各自所扮演的角色。过去的观点认为，越南东侧海域水华是上升流引起高营养盐促进生态发展所致，然而Chen等（2014）的研究表明，南海西边界流和中尺度涡导致的水体平流输送是该区域发生水华现象的关键因子。平流输送直接将沿岸高浓度的浮游植物输送至越南东侧海域（图5.55），同时亦将高营养盐和浮游动物输送至此。虽然高营养盐有利于浮游植物的生长，但高捕食率却抑制了叶绿素a的增加。研究表明，生态效应对越南东侧水华为负的净贡献，即使得叶绿素a减少。随着离岸距离的增加，平流所致的高捕食率下降，生态效应对远岸的叶绿素a水舌的维持扮演着重要角色。

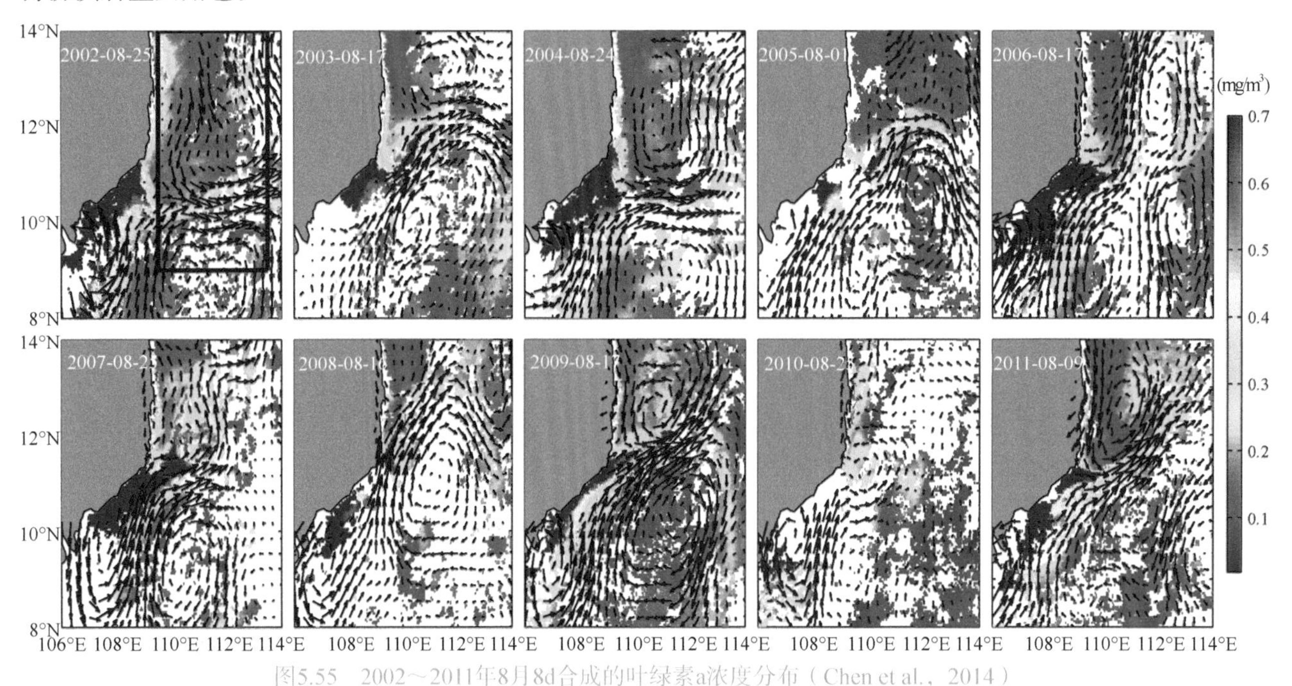

图5.55 2002～2011年8月8d合成的叶绿素a浓度分布（Chen et al.，2014）

由于云层遮挡，各子图展现的是每年8月卫星数据覆盖面最广时段的情形。箭头代表对应时间的地转流

5.3 中尺度涡影响下南海的近惯性能量特征

上层海洋的近惯性振荡现象在全球海洋中普遍存在，主要由风驱动产生（Pollard and Millard，1970）。近惯性动能（NIKE）占海洋表层动能的一半（Pollard and Millard，1970），对维持混合层的强混合（D'Asaro，1985）、海洋深层混合和内波（Gill，1984）等皆有重要贡献。背景涡度场能够调制近惯性频率，使之较局地科氏频率产生明显的偏移（Kunze，1985），海洋中活跃的反气旋涡对NIKE的垂向输送起着重要作用（Young and Jelloul，1997）。南海是西北太平洋最大的深水边缘海，动力过程复杂。东亚季风转换对南海上层环流形态和变化产生显著影响（苏纪兰，2001），亦可能激发显著的NIKE。南海亦是台风频繁活动的区域，来自西太平洋和局地生成的台风也必然导致南海显著的近惯性振荡。同时，南海中尺度涡现象活跃（Wang et al.，2003；Yuan et al.，2007；Hu et al.，2011），对近惯性频率的红移和蓝移、NIKE的强弱和耗散周期、近惯性波的传播等都有显著影响。

5.3.1 中尺度涡、台风影响下西沙海域的近惯性能量特征

NIKE呈现明显的季节变化。利用潜标观测资料，Silverthorne和Toole（2009）指出，北大西洋NIKE冬季显著强于其他季节。基于仅保留风驱动项和耗散项深度积分的模型，他们成功模拟了该区域NIKE振幅特征及其季节变化。Park等（2005）利用表层漂流浮标，统计研究了北太平洋、南大洋等区域近惯性振荡特征，指出夏季近惯性振幅较冬季高出15%～25%。里海（Caspian Sea）的近惯性振幅达到14cm/s，且夏季几乎是冬季的2倍。利用超过3年的潜标观测资料，Chen等（2013）研究了南海西北区域NIKE的季节变化特征和观测期间的强近惯性振荡事件（NIKE大于均值的一倍标准差）。结果表明，次表层（30～450m）显著的NIKE发生在秋季（此处定义为8～10月）。所有的强近惯性振荡事件皆由过往的热带风暴所诱发，它们大多数的e折时间尺度超过了7d。进一步，Chen等（2013）系统研究了这些强近惯性振荡事件的相速度、垂向波长、频率红移和蓝移等。观测期间，最大的NIKE发生在2008年4月，由台风Neoguri所诱发；正交模态分析表明，前4个斜压模态控制了此NIKE的垂向分布特征，即表层、深层大而30～70m小（图5.56）。

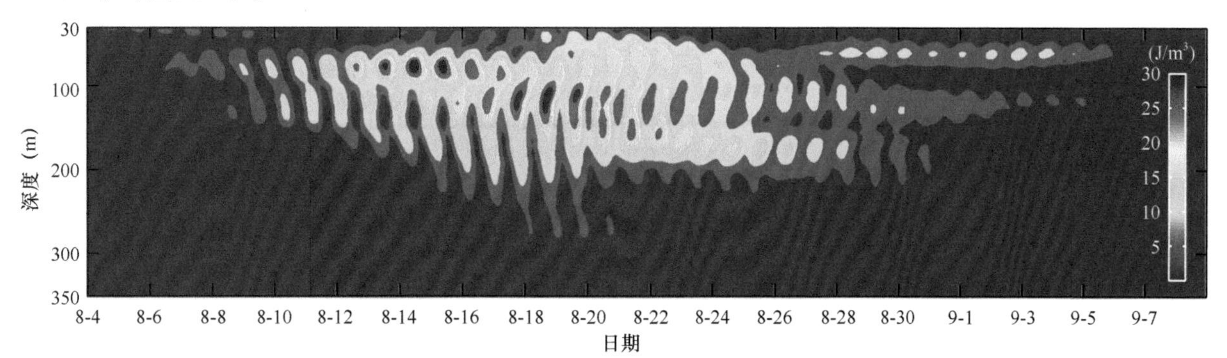

图5.56　2007年8～9月中尺度涡影响下持续时间达1月之久的近惯性振荡事件（Chen et al.，2013）

颜色代表NIKE

中尺度涡及涡度场能显著影响近惯性波的传播，对NIKE的垂向输送产生重要影响。混合层的近惯性波更容易被负涡度场区域所捕获，且快速地向温跃层传播，而正涡度区域的近惯性波则主要增强垂向流速剪切和夹卷冷却（Jaimes and Shay，2010）。涡度场诱导下的近惯性波反射导致了近惯性波的水平方向变异，进而控制着近惯性波的垂向传播（Danioux et al.，2008）。海洋中活跃的反气旋涡对于NIKE的垂向输送起着重要作用（Young and Jelloul，1997），能像“烟囱”一样将NIKE从混合层传递至深海（Lee and Niiler，1998），导致近惯性波在涡旋内部反射（Byun et al.，2010）。基于数值模拟研究，Zhai等（2005）对比了气旋涡和反气旋涡影响下南大洋NIKE能量的垂向传播，指出反气旋涡能显著促进NIKE从混合层向深层传播，验证了Lee和Niiler（1998）的结果。观测结果表明，通过湍流耗散和波辐射的方式，大多数NIKE在一周内被耗散（Park et al.，2009）。朱大勇和李立（2007）利用潜标资料研究了1986年台风Wayne过后南海北部陆架海域的近惯性振荡特征，指出台风过境对当地海水运动造成的影响持续6～8d。而2007年8月发生在西沙群岛的近惯性振荡事件（图5.56），其NIKE的e折时间尺度达到13.5d；并且其NIKE不仅往海底方向传播，还往海面方向传播（Chen et al.，2013）。Chen等（2013）利用潜标资料研究指出，主要由高模态控制的次表层NIKE的持续时间较表层长，且显著受反气旋涡的影响。结合射线追踪（ray-tracing）模型，Chen等（2013）指出，同期一反气旋涡导致的增强的垂向流速剪切和削弱的层结使得近惯性波在涡旋内部反射，因而使得NIKE持久且呈不同方向传播。虽然NIKE来源于风驱动，但NIKE复杂的传播和分布特征则由多种多样的海洋过程引起的相异的水体结构特征所实际控制。

5.3.2 南海季风爆发和中尺度涡导致的强近惯性振荡

热带气旋Mirinae于2009年10月26日生成于北太平洋西部，生成时的级别为热带低压（TD），此后其向西移动。Mirinae于2009年10月31日零时横穿菲律宾后进入南海，强度由抵达菲律宾前的台风（TP）衰减为强热带风暴（STS）。此后Mirinae向西横穿南海，于2009年11月2日零时离观测点最近，此时它已衰减为热带风暴（TS），最终于2009年11月3日凌晨在越南南部消失（图5.57）。

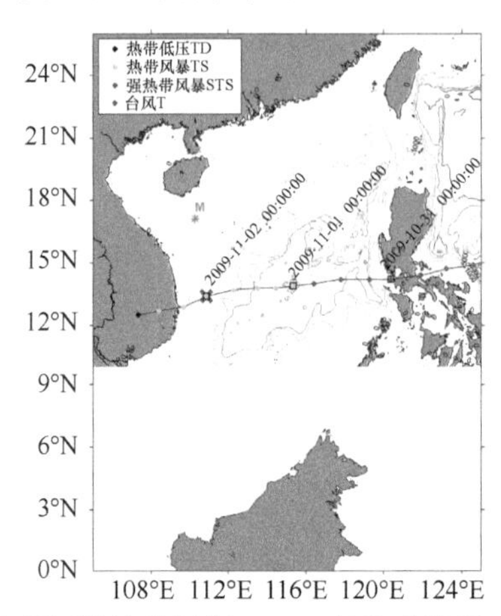

图5.57 南海中、北部区域热带气旋Mirinae的移动路径（万云娇等，2015）

粉色星号为观测点所在位置；细实线为水深等值线（m）；点线为Mirinae每6小时所在位置，颜色代表其强度（参考图例），红色叉号为该气旋距离观测点最近时的位置

（南海南端附近空白区域专题资料暂缺）

Mirinae强度低、移速快、离观测点远（图5.57星号位置），其不足以激发西沙观测点处显著的近惯性振荡（万云娇等，2015）。那么是什么因素导致西沙海域显著的近惯性振荡呢？研究表明，Mirinae活跃于南海之时，正值南海冬季风盛行时期，观测点被强的东北季风所控制。Mirinae在移动的过程中，北部旋臂上的风向恰好与东北季风的方向基本一致，二者融为一体，增强了东北季风，同时东北季风的方向也因Mirinae的西移而有一定程度的变化。这一变化使得主要受控于东北季风的观测点上方的风场也发生了改变，如图5.58a、d所示。

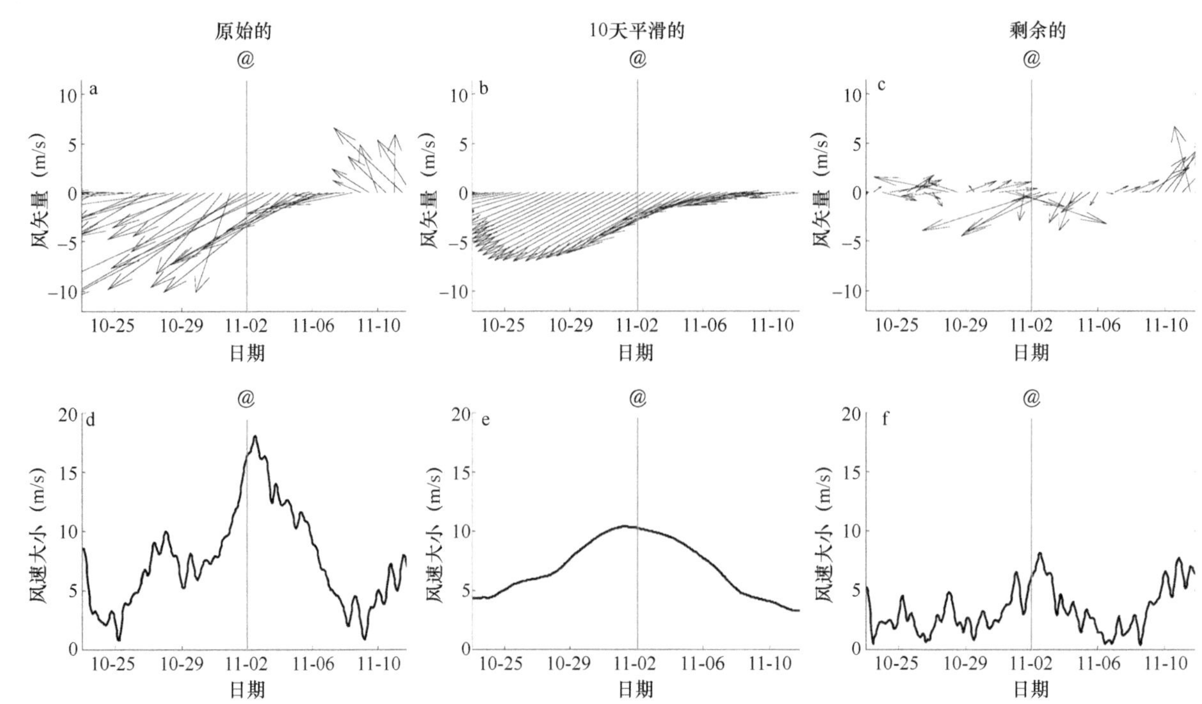

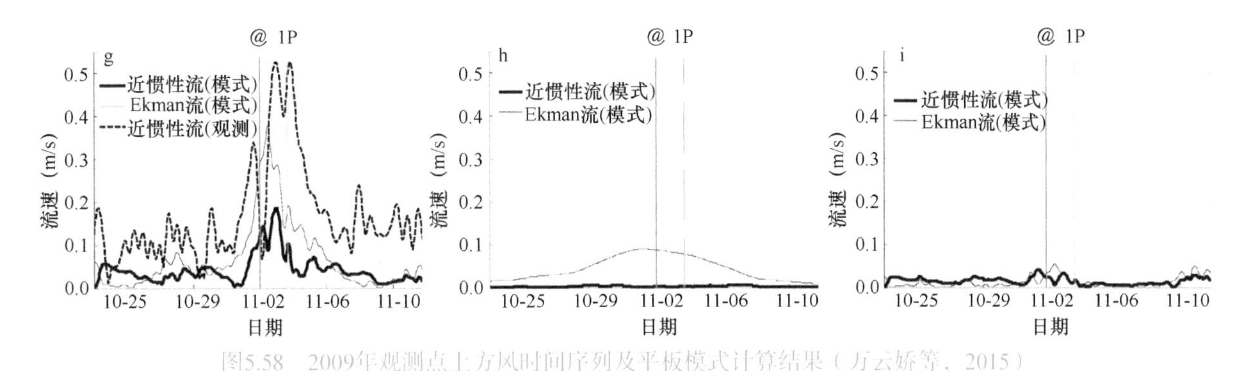

图5.58　2009年观测点上方风时间序列及平板模式计算结果（万云娇等，2015）

风矢量时间序列：a. 原始的；b. 10天平滑的；c. 剩余的（10天平滑的减去原始的）。风速大小时间序列：d. 原始的；e. 10天平滑的；f. 剩余的。不同的风时间序列输入阻尼平板模式后得到的近惯性流和Ekman流：g. 原始的；h. 10天平滑的；i. 剩余的。图g中同时给出了观测的混合层内平均的近惯性流。红色竖线为Mirinae距离观测点最近的时刻

由阻尼平板模式计算出的观测点上方风驱动的Ekman流和混合层内的近惯性流如图5.58g所示。模式结果显示，Mirinae使得观测点产生了强的Ekman流，流速最大值接近0.4m/s，也产生了显著的近惯性流，流速最大值接近0.2m/s。这一结果在形态上与锚定ADCP的结果（图5.58g中虚线所示，该虚线给出了观测的近惯性流在混合层中的平均值）具有较好的一致性。但是由于阻尼平板模式自身存在的一些缺陷（模拟的主要是受迫阶段，受迫之后的松弛阶段未能模拟出）及真实海洋的复杂性，模拟值比观测值（最大值约0.5m/s）偏小。由此推测，Mirinae在观测点产生的显著的近惯性振荡，与局地风场的变化密切相关。将观测点上方2009年风时间序列取10天平滑后（Mirinae的生命史接近8天，取10天平滑以扣除其在小尺度上对风场造成的影响），截取研究时段的风时间序列绘于图5.58b、e中，其输入阻尼平板模式后的结果如图5.58h所示。可以看出，Mirinae影响下风驱动的Ekman流和近惯性流有小幅增强趋势，但是增幅不大，最大值为0.05m/s左右。上述分析显示，单一的热带气旋或东北季风作用产生的Ekman流和近惯性流皆很弱，但二者耦合后产生了很强的Ekman流和较显著的近惯性流。

简言之，在热带气旋Mirinae和冬季风共同作用下，南海西北部海域产生了显著的近惯性振荡。与以往研究热带气旋激发显著近惯性振荡的文献相比，Mirinae虽然距离观测点远、强度低、移速快，但同样在观测点诱发了显著的近惯性振荡。分析结果表明，Mirinae由东至西横穿南海时，北部旋臂与此时盛行的东北季风融为一体，增大了东北季风的风速，并改变了其方向，使得主要受控于东北季风的该观测点上方风场在强度和方向上都发生了改变，而且风矢量随时间的推移发生了顺时针偏转，从而使得观测点产生显著的近惯性振荡。

1998/1999年南海季风试验期间潜标观测到夏季风爆发时，南海海盆中间激发出强的近惯性振荡，近惯性流速度达到0.25m/s，其强度与台风激发的近惯性振荡能量相当。然而夏季风爆发期间，风速明显小于台风风速，强近惯性振荡是怎样被激发的呢？通过数值敏感性试验研究发现，浅的混合层深度和变化的风速大小及风向有利于在混合层激发出较强的近惯性振荡。夏季风爆发前，南海混合层深度异常浅（小于30m），季风爆发期变化的风场在薄的混合层内能激发出相对强的近惯性振荡。基于射线追踪（ray-tracing）模型的研究表明，该季节南海中部存在的较强暖涡（暖池）将周围区域传输到涡旋区域的近惯性能量“捕获”（trap）在涡旋区域（图5.59），因而南海海盆中部近惯性振荡能量远高于南海南部、北部潜标观测到的近惯性振荡能量。综上所述，变化的风场、薄的混合层厚度及中尺度暖涡这三个因素是在1998/1999年夏季风爆发期间南海中部观测到强近惯性振荡的主要原因。利用HYCOM 3小时每次的再分析数据，我们进一步证实了较多年份夏季风爆发时南海中部亦会产生较强的近惯性振荡。南海春季混合层厚度总是较薄，而春季暖涡多数年份均能出现，因而夏季风爆发时，南海中部负涡度区域常能观测到较强的近惯性振荡。

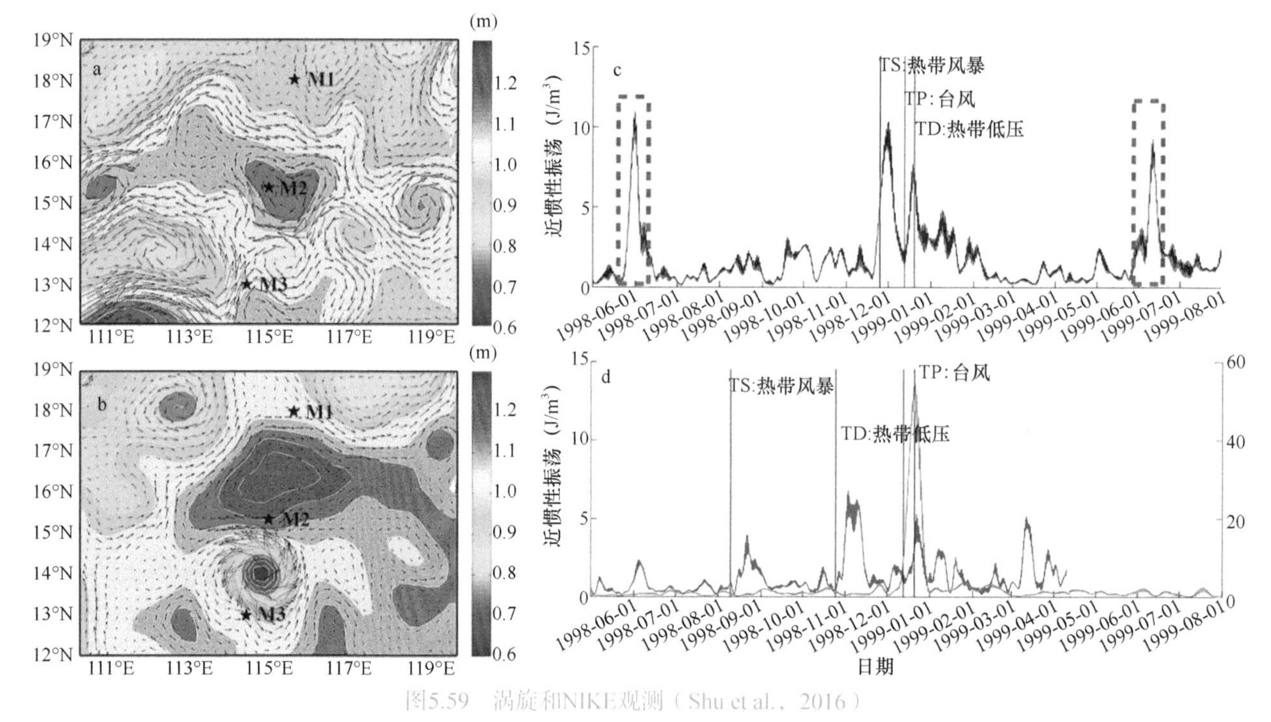

图5.59 涡旋和NIKE观测（Shu et al.，2016）

a. 1998年5月21日至6月1日海表高度和地转流分布，其中，M1～M3为潜标观测位置；b. 1999年6月1～10日海表高度和地转流分布；c. M2潜标观测的20～170m平均NIKE；d. M1潜标（蓝线）和M3潜标（绿线）观测的NIKE

5.4 小结与展望

本章回顾了南海中尺度涡的时空特征，基于卫星和航次观测叙述了南海代表性涡旋的三维结构、演化过程及生成机制。在此基础上，进一步分析了南海中尺度涡的动力、热力和生态效应：刻画了涡旋和大尺度环流的能量转化过程，揭示了涡致热力和水体输运特征及其机制，阐述了涡旋对生物地球化学循环过程和生态系统的影响。本章亦从中尺度涡和台风、中尺度涡和南海季风的协同作用等角度，探讨了中尺度涡影响下的南海近惯性能量特征。

受资料所限，目前对中尺度涡的研究主要局限于海洋上层，对海洋中深层中尺度涡的认识较少。已有观测表明，上层强流流经海山，能在深海产生涡旋，且这种涡旋在海面上鲜有印迹。然而深海涡旋的特征和生成机制尚缺乏系统的研究。中尺度涡连接着大尺度环流和小尺度海洋现象，能量如何级串、中尺度涡能量如何耗散、涡旋如何消亡等都是待解决的科学问题。中尺度涡有显著的动力和热力效应，被证实对海气相互作用有显著贡献，然而相关过程和机制研究尚处于起步阶段。中尺度涡的生态效应明显，目前尚缺乏长时间、精细化的观测来刻画相关过程，其对生态系统的定量贡献也需针对性研究加以揭示。

参考文献

陈更新. 2010. 南海中尺度涡的时空特征研究. 中国科学院大学博士学位论文.

管秉贤, 袁耀初. 2006. 中国近海及其附近海域若干涡旋研究综述: Ⅰ. 南海和台湾以东海域. 海洋学报, 28(3): 1-16.

黄企洲. 1994. 南沙群岛海区的海流//中国科学院南沙综合考察队. 南沙群岛海区物理海洋学研究论文集Ⅰ. 北京: 海洋出版社.

黄企洲, 王文质, 李毓湘, 等. 1992. 南海海流和涡旋概况. 地球科学进展, 7(5): 1-9.

姜良红, 胡建宇. 2010. 吕宋冷涡的季节变化特征及其与风应力的关系. 应用海洋学学报, 29(1): 114-121.

黄兴辉, 宋海斌, 拜阳, 等. 2013. 利用地震海洋学方法估算南海中尺度涡的地转流速. 地球物理学报, 56(1):181-187.

李立, 苏纪兰, 许建平. 1997. 南海的黑潮分离流环. 热带海洋, 16(2): 42-57.

李立, 伍伯瑜. 1989. 黑潮的南海流套?——南海东北部环流结构探讨. 台湾海峡, 8(1): 89-95.

林鹏飞, 王凡, 陈永利, 等. 2007. 南海中尺度涡的时空变化规律: Ⅰ.统计特征分析. 海洋学报, 29(3): 14-22.

苏纪兰. 2001. 中国近海的环流动力机制研究. 海洋学报(中文版), 23(4): 1-16.

苏京志, 卢筠, 侯一筠, 等. 2002. 南海表层流场的卫星跟踪浮标观测结果分析. 海洋与湖沼, 33(2): 121-127.

万云娇, 陈更新, 舒业强, 等. 2015. 南海冬季风潮背景下热带气旋诱导的近惯性振荡: Mirinae (0921)个例分析. 热带海洋学报, 34(6): 11-18.

徐锡祯, 邱章，陈惠昌. 1982. 南海水平环流的概述//《海洋与湖沼》编辑部. 中国海洋湖沼学会水文气象学会学术会议1980论文集. 北京: 科学出版社.
杨海军, 刘秦玉. 1998. 南海上层水温分布的季节特征. 海洋与湖沼, 29(5): 501-507.
钟欢良. 1990. 密度环流结构//马应良, 许时耕, 钟欢良. 南海北部陆架邻近水域十年水文断面调查报告. 北京: 海洋出版社.
朱大勇, 李立. 2007. 台风Wayne过后南海北部陆架海域的近惯性振荡. 热带海洋学报, 26(4): 1-7.
庄伟. 2008. 南海海面高度和涡能量的季节内变化特征. 中国科学院研究生院（南海海洋研究所）博士学位论文.
Beckmann A, Böning C W, Brügge B, et al. 1994. On the generation and role of eddy variability in the central North Atlantic Ocean. Journal of Geophysical Research, 99(C10): 20381-20391.
Böning C W, Budich R G. 1992. Eddy dynamics in a primitive equation model: Sensitivity to horizontal resolution and friction. Journal of Physical Oceanography, 22(4): 361-381.
Byun S S, Park J J, Chang K I, et al. 2010. Observation of near-inertial wave reflections within the thermostad layer of an anticyclonic mesoscale eddy. Geophysical Research Letters, 37(1): 483-496.
Cai S Q, Su J L, Gan Z J, et al. 2002. The numerical study of the South China Sea upper circulation characteristics and its dynamic mechanism, in winter. Continental Shelf Research, 22(15): 2247-2264.
Chaigneau A, Gérard E, Dewitte B. 2009. Eddy activity in the four major upwelling systems from satellite altimetry (1992-2007). Progress in Oceanography, 83(1-4): 117-123.
Chaigneau A, Gizolme A, Grados C. 2008. Mesoscale eddies off Peru in altimeter records: Identification algorithms and eddy spatio-temporal patterns. Progress in Oceanography, 79(2-4): 106-119.
Chelton D B, Schlax M G, Samelson R M. 2011. Global observations of nonlinear mesoscale eddies. Progress in Oceanography, 91(2): 167-216.
Chen C L, Wang G H. 2015. Interannual variability of the eastward current in the western South China Sea associated with the summer Asian monsoon. Journal of Geophysical Research Oceans, 119(9): 5745-5754.
Chen G X, Gan J P, Xie Q, et al. 2012. Eddy heat and salt transports in the South China Sea and their seasonal modulations. Journal of Geophysical Research: Oceans, 117(C5): C05021.
Chen G X, Hou Y J, Chu X Q. 2011. Mesoscale eddies in the South China Sea: Mean properties, spatiotemporal variability, and impact on thermohaline structure. Journal of Geophysical Research Oceans, 116(C6): C06018.
Chen G X, Hou Y J, Chu X Q, et al. 2009. The variability of eddy kinetic energy in the South China Sea deduced from satellite altimeter data. Chinese Journal of Oceanology and Limnology, 27(4): 943-954.
Chen G X, Hou Y J, Chu X Q, et al. 2010a. Vertical structure and evolution of the Luzon Warm Eddy. Chinese Journal of Oceanology and Limnology, 28(5): 955-961.
Chen G X, Hou Y J, Zhang Q L, et al. 2010b. The eddy pair off eastern Vietnam: Interannual variability and impact on thermohaline structure. Continental Shelf Research, 30(7): 715-723.
Chen G X, Wang D X, Dong C M, et al. 2015. Observed deep energetic eddies by seamount wake. Scientific Reports, 5: 17416.
Chen G X, Xiu P, Chai F. 2014. Physical and biological controls on the summer chlorophyll bloom to the east of Vietnam. Journal of Oceanography, 70(3): 323-328.
Chen G X, Xue H J, Wang D X, et al. 2013. Observed near-inertial kinetic energy in the northwestern South China Sea. Journal of Geophysical Research: Oceans, 118(10): 4965-4977.
Chen Y L L, Chen H Y, Lin I I, et al. 2007. Effects of cold eddy on phytoplankton production and assemblages in Luzon strait bordering the South China Sea. Journal of Oceanography, 63(4): 671-683.
Cheng X H, Qi Y Q. 2010. Variations of eddy kinetic energy in the South China Sea. Journal of Oceanography, 66(1): 85-94.
Chi P C, Chen Y C, Lu S H. 1998. Wind-driven South China Sea deep basin warm-core/cool-core eddies. Journal of Oceanography, 54(4): 347-360.
Chow C H, Hu J H, Centurioni L R, et al. 2008. Mesoscale Dongsha Cyclonic Eddy in the northern South China Sea by drifter and satellite observations. Journal of Geophysical Research: Oceans, 113(C4): C04018.
Chow C H, Liu Q Y. 2012. Eddy effects on sea surface temperature and sea surface wind in the continental slope region of the northern South China Sea. Geophysical Research Letters, 39: L02601.
Chu P C, Fan C W. 2001. Low salinity, Cool-core cyclonic eddy detected northwest of Luzon during the South China Sea monsoon experiment (SCSMEX) in July 1998. Journal of Oceanography, 57(5): 549-563.
Chu X Q, Xue H J, Qi Y Q, et al. 2014. An exceptional anticyclonic eddy in the South China Sea in 2010. Journal of Geophysical Research Oceans, 119(2): 881-897.
Danioux E, Klein P, Rivière P. 2008. Propagation of wind energy into the deep ocean through a fully turbulent mesoscale eddy field. Journal of Physical Oceanography, 38(10): 2224-2241.
D'Asaro E A. 1985. The energy flux from the wind to near-inertial motions in the surface mixed layer. Journal of Physical Oceanography, 15(8): 1043-1059.
Fang W D, Fang G H, Shi P, et al. 2002. Seasonal structures of upper layer circulation in the southern South China Sea from in situ observations. Journal of Geophysical Research: Oceans, 107(C11): 3202.
Fox-Kemper B, Ferrari R, Hallberg R. 2008. Parameterization of mixed layer eddies. Part I: Theory and diagnosis. Journal of Physical Oceanography, 38(6): 1145-1165.
Gan J P, Qu T D. 2008. Coastal jet separation and associated flow variability in the southwest South China Sea. Deep-Sea Research Part I: Oceanography Research Papers, 55(1): 1-19.
Gaube P, Chelton D B, Strutton P G, et al. 2013. Satellite observations of chlorophyll, phytoplankton biomass, and Ekman pumping in nonlinear mesoscale eddies. Journal of Geophysical Research: Oceans, 118(12): 6349-6370.
Gill A E. 1984. On the behavior of internal waves in the wakes of storms. Journal of Physical Oceanography, 14(7): 1129-1151.
Gill A E, Niller P P. 1973. The theory of the seasonal variability in the ocean. Deep-Sea Research and Oceanographic Abstracts, 20(2): 141-177.
Guo M X, Chai F, Xiu P, et al. 2015. Impacts of mesoscale eddies in the South China Sea on biogeochemical cycles. Ocean Dynamics, 65(9-10): 1335-1352.
He Z G, Wang D X, Hu J Y. 2002. Features of eddy kinetic energy and variations of upper circulation in the South China Sea. Acta Oceanologica Sinica, 21(2): 305-314.

He Z G, Zhang Y, Wang D X. 2013. Spring mesoscale high in the western South China Sea. Acta Oceanologica Sinica, 32(6): 1-5.
Hu J Y, Gan J P, Sun Z Y, et al. 2011. Observed three-dimensional structure of a cold eddy in the southwestern South China Sea. Journal of Geophysical Research: Oceans, 116: C05016.
Huang B Q, Hu J, Xu H Z, et al. 2010. Phytoplankton community at warm eddies in the northern South China Sea in winter 2003/2004. Deep Sea Research Part Ⅱ: Topical Studies in Oceanography, 57(19-20): 1792-1798.
Hwang C, Chen S A. 2000. Circulations and eddies over the South China Sea derived from TOPEX/Poseidon altimetry. Journal of Geophysical Research Oceans, 105(C10): 23943-23965.
Ivchenko V O, Treguier A M, Best S E. 1997. A kinetic energy budget and internal instabilities in the fine resolution Antarctic model. Journal of Physical Oceanography, 27(1): 5-22.
Jaimes B, Shay L K. 2010. Near-inertial wave wake of hurricanes Katrina and Rita over mesoscale oceanic eddies. Journal of Physical Oceanography, 40(6): 1320-1337.
Jia Y L, Liu Q Y. 2004. Eddy shedding from the Kuroshio Bend at Luzon Strait. Journal of Oceanography, 60(6): 1063-1069.
Jia Y L, Liu Q Y, Liu W. 2005. Primary study of the mechanism of eddy shedding from the Kuroshio Bend in Luzon Strait. Journal of Oceanography, 61(6): 1017-1027.
Kunze E. 1985. Near-inertial wave propagation in geostrophic shear. Journal of Physical Oceanography, 15(5): 544-565.
Lee Chen Y L, Chen H Y, Lin I I, et al. 2007. Effects of cold eddy on phytoplankton production and assemblages in Luzon Strait bordering the South China Sea. Journal of Oceanography, 63(4): 671-683.
Legal C, Klein P, Treguier A M, et al. 2007. Diagnosis of the vertical motions in a mesoscale stirring region. Journal of Physical Oceanography, 37(5): 1413-1424.
Lévy M, Ferrari R, Franks P J S, et al. 2012. Bringing physics to life at the submesoscale. Geophysical Research Letters, 39: L14602.
Lévy M, Patrice K, Anne-Marie T. 2001. Impact of sub-mesoscale physics on production and subduction of phytoplankton in an oligotrophic regime. Journal of Marine Research, 59(4): 535-565.
Li J M, Qi Y Q, Jing Z Y, et al. 2014a. Enhancement of eddy-Ekman pumping inside anticyclonic eddies with wind-parallel extension: Satellite observations and numerical studies in the South China Sea. Journal of Marine Systems, 132(4): 150-161.
Li L, Nowlin Jr. W D, Su J L. 1998. Anticyclonic rings from the Kuroshio in the South China Sea. Deep Sea Research Part I: Oceanographic Research Papers, 45(9): 1469-1482.
Li Y L, Han W Q, Wilkin J L, et al. 2014b. Interannual variability of the surface summertime eastward jet in the South China Sea. Journal of Geophysical Research: Oceans, 119(10): 7205-7228.
Lin I I, Lien C C, Wu C R, et al. 2010. Enhanced primary production in the oligotrophic South China Sea by eddy injection in spring. Geophysical Research Letters, 37(16): L16602.
Lin X Y, Dong C M, Chen D, et al. 2015. Three-dimensional properties of mesoscale eddies in the South China Sea based on eddy-resolving model output. Deep Sea Research Part I: Oceanographic Research Papers, 99: 46-64.
Liu F F, Tang S L, Chen C Q. 2013. Impact of nonlinear mesoscale eddy on phytoplankton distribution in the northern South China Sea. Journal of Marine Systems, 123-124: 33-40.
Liu Q Y, Jia Y L, Liu P H, et al. 2001. Seasonal and intraseasonal thermocline variability in the central South China Sea. Geophysical Research Letters, 28(23): 4467-4470.
Lorenz E N. 1955. Available potential energy and the maintenance of the general circulation. Tellus, 7(2): 157-167.
Mahadevan A, D'Asaro E, Lee C. 2012. Eddy-driven stratification initiates North Atlantic spring phytoplankton blooms. Science, 337: 54-58.
Mahadevan A, Tandon A. 2006. An analysis of mechanisms for submesoscale vertical motion at ocean fronts. Ocean Modelling, 14(3): 241-256.
Martin A P, Richards K J. 2001. Mechanisms for vertical nutrient transport within a North Atlantic mesoscale eddy. Deep-Sea Research Part Ⅱ: Topical Studies in Oceanography, 48(4-5): 757-773.
McGillicuddy Jr. D J, Anderson L A, Bates N R, et al. 2007. Eddy/wind interactions stimulate extraordinary mid-ocean plankton blooms. Science, 316(5827): 1021-1026.
McGillicuddy Jr. D J, Robinson A R, Siegel D A, et al. 1998. Influence of mesoscale eddies on new production in the Sargasso Sea. Nature, 394(6690): 263-266.
Metzger E J, Hurlburt H E. 2001. The nondeterministic nature of Kuroshio penetration and eddy shedding in the South China Sea. Journal of Physical Oceanography, 31(7): 1712-1732.
Nan F, He Z G, Zhou H, et al. 2011. Three long-lived anticyclonic eddies in the northern South China Sea. Journal of Geophysical Research: Oceans, 116: C05002.
Oort A H, Ascher S C, Levitus S, et al. 1989. New estimates of the available potential energy in the world ocean. Journal of Geophysical Research, 94(C3): 3187-3200.
Park J J, Kim K, King B A. 2005. Global statistics of inertial motions. Geophysical Research Letters, 32(14): L14612.
Park J J, Kim K, Schmitt R W. 2009. Global distribution of the decay timescale of mixed layer inertial motions observed by satellite-tracked drifters. Journal of Geophysical Research, 114: C11010.
Pollard R T, Millard R C. 1970. Comparison between observed and simulated wind-generated inertial oscillations. Deep Sea Research & Oceanographic Abstracts, 17(4): 813-821.
Qu T D. 2000. Upper-layer circulation in the South China Sea. Journal of Physical Oceanography, 30: 1450-1460.
Qu T D. 2002. Evidence for water exchange between the South China Sea and the Pacific Ocean through the Luzon Strait. Acta Oceanologica Sinica, 21(2): 175-185.
Sasaki H, Sasai Y, Kawahara S, et al. 2004. A series of eddy-resolving ocean simulations in the world ocean-OFES (OGCM for the Earth Simulator) projectKobe: IEEE.
Shaw P T, Chao S Y, Fu L L. 1999. Sea surface height variations in the South China Sea from satellite altimetry. Oceanologica Acta, 22(1): 1-17.
Shu Y Q, Pan J Y, Wang D X, et al. 2016. Generation of near-inertial oscillations by summer monsoon onset over the South China Sea in 1998 and 1999. Deep Sea Research Part I: Oceanographic Research Papers, 118: 10-19.

Siegel D A, Peterson P, Mcgillicuddy D J, et al. 2011. Bio-optical footprints created by mesoscale eddies in the Sargasso Sea. Geophysical Research Letters, 38(13): L13608.

Silverthorne K E, Toole J M. 2009. Seasonal kinetic energy variability of near-inertial motions. Journal of Physical Oceanography, 39(4): 1035-1049.

Song X Y, Lai Z G, Ji R B, et al. 2012. Summertime primary production in northwest South China Sea: Interaction of coastal eddy, upwelling and biological processes. Continental Shelf Research, 48(5): 110-121.

Su J L. 2004. Overview of the South China Sea circulation and its influence on the coastal physical oceanography outside the Pearl River Estuary. Continental Shelf Research, 24(16): 1745-1760.

Tang D L, Kawamura H, Doan-Nhu H, et al. 2004. Remote sensing oceanography of a harmful algal bloom off the coast of southeastern Vietnam. Journal of Geophysical Research, 109(C3): C03014.

Tang Q S, Wang C X, Wang D X, et al. 2014. Seismic, satellite, and site observations of internal solitary waves in the NE South China Sea. Scientific Reports, 4: 5374.

Tang Q S, Wang D X, Li J B, et al. 2013. Image of a subsurface current core in the southern South China Sea. Ocean Science, 9(4): 631-638.

Thomas L N, Tandon A, Mahadevan A. 2013. Submesoscale Processes and Dynamics//Hecht M W, Hasumi H. Ocean Modeling in an Eddying Regime. Washington DC: American Geophysical Union: 17-38.

Tian J W, Yang Q X, Zhao W. 2009. Enhanced diapycnal mixing in the South China Sea. Journal of Physical Oceanography, 39(12): 3191-3203.

Treguier A M. 1992. Kinetic energy analysis of an eddy resolving, primitive equation model of the North Atlantic. Journal of Geophysical Research, 97(C1): 687-701.

Von Storch S V, Eden C, Fast I, et al. 2012. An estimate of the Lorenz energy cycle for the world ocean based on the STORM/NCEP simulation. Journal of Physical Oceanography, 42(12): 2185-2205.

Wang C Z, Wang W Q, Wang D X, et al. 2006a. Interannual variability of the South China Sea associated with El Niño. Journal of Geophysical Research-space Physics, 111(C3): C03023.

Wang D X, Xu H Z, Lin J, et al. 2008a. Anticyclonic eddies in the northeastern South China Sea during winter 2003/2004. Journal of Oceanography, 64(6): 925-935.

Wang G H, Chen D, Su J L. 2006b. Generation and life cycle of the dipole in the South China Sea summer circulation. Journal of Geophysical Research, 111(C6): C06002.

Wang G H, Chen D, Su J L. 2008b. Winter eddy genesis in the Eastern South China Sea due to orographic wind jets. Journal of Physical Oceanography, 38(3): 726-732.

Wang G H, Li J X, Wang C Z, et al. 2012a. Interactions among the winter monsoon, ocean eddy and ocean thermal front in the South China Sea. Journal of Geophysical Research Oceans, 117(C8): C08002.

Wang G H, Su J L, Chu P. 2003. Mesoscale eddies in the South China Sea observed with altimeter data. Geophysical Research Letters, 30(21): 2121.

Wang G H, Su J L, Li R F. 2005. Mesoscale eddies in the South China Sea and their impact on temperature profiles. Acta Oceanologica Sinica, 24(1): 39-45.

Wang G H, Wang C Z, Huang R X. 2010. Interdecadal variability of the eastward current in the South China Sea associated with the summer Asian monsoon. Journal of Climate, 23(22): 6115-6123.

Wang L P, Koblinsky C J, Howden S. 2000. Mesoscale variability in the South China Sea from the TOPEX/Poseidon altimetry data. Deep-Sea Research, Part I: Oceanographic Research Papers, 47(4): 681-708.

Wang Q, Zeng L L, Zhou W D, et al. 2014. Mesoscale eddies case study at Xisha waters in the South China Sea in 2009/2010. Journal of Geophysical Research Oceans, 120(1): 517-532.

Wang X D, Li W, Qi Y Q, et al. 2012b. Heat, salt and volume transports by eddies in the vicinity of the Luzon Strait. Deep-Sea Research Part I: Oceanographic Research Papers, 61: 21-33.

Wu C R, Shaw P T, Chao S Y. 1998. Seasonal and interannual variations in the velocity field of the South China Sea. Journal of Oceanography, 54(4): 361-372.

Wu C R, Shaw P T, Chao S Y. 1999. Assimilating altimetric data into a South China Sea model. Journal of Geophysical Research Oceans, 104(C12): 29987-30005.

Xian T, Sun L, Yang Y J, et al. 2012. Monsoon and eddy forcing of chlorophyll-avariation in the northeast South China Sea. International Journal of Remote Sensing, 33(23): 7431-7443.

Xie S P. 2003. Summer upwelling in the South China Sea and its role in regional climate variations. Journal of Geophysical Research, 108(C8): 3261.

Xie S P, Chang C H, Xie Q, et al. 2007. Intraseasonal variability in the summer South China Sea: Wind jet, cold filament, and recirculations. Journal of Geophysical Research, 112(C10): C10008.

Xie S P, Hu K, Hafner J, et al. 2009. Indian Ocean capacitor effect on Indo-Western Pacific climate during the summer following El Niño. Journal of Climate, 22(3): 730-747.

Xiu P, Chai F. 2011. Modeled biogeochemical responses to mesoscale eddies in the South China Sea. Journal of Geophysical Research: Oceans, 116: C10006.

Xiu P, Chai F, Shi L, et al. 2010. A census of eddy activities in the South China Sea during 1993-2007. Journal of Geophysical Research Oceans, 115(C3): C03012.

Xue H J, Bane J M. 1997. A numerical investigation of the Gulf Stream and its meanders in response to cold air outbreaks. Journal of Physical Oceanography, 27(12): 2606-2629.

Xue H J, Mellor G. 1993. Instability of the Gulf Stream Front in the South Atlantic Bight. Journal of Physical Oceanography, 23(11): 2326-2350.

Yang H J, Liu Q Y. 2003. Forced Rossby wave in the northern South China Sea. Deep-Sea Research Part I: Oceanographic Research Papers, 50(7): 917-926.

Young W R, Jelloul M B. 1997. Propagation of near-inertial oscillations through a geostrophic flow. Journal of Marine Research, 55(4): 735-766.

Yuan D L, Han W Q, Hu D X. 2006. Surface Kuroshio path in the Luzon Strait area derived from satellite remote sensing data. Journal of Geophysical Research Oceans, 111(C11): C11007.

Yuan D L, Han W Q, Hu D X. 2007. Anti-cyclonic eddies northwest of Luzon in summer-fall observed by satellite altimeters. Geophysical Research Letters, 34(13): L13610.

Zhai X M, Greatbatch R J, Zhao J. 2005. Enhanced vertical propagation of storm-induced near-inertial energy in an eddying ocean channel model. Geophysical Research Letters, 32(18): L18602.

Zhang Y, Sintes E, Chen J N, et al. 2009. Role of mesoscale cyclonic eddies in the distribution and activity of *Archaea* and *Bacteria* in the South China Sea. Aquatic Microbial Ecology, 56(1): 65-79.

Zhang Y W, Liu Z F, Zhao Y L, et al. 2014b. Mesoscale eddies transport deep-sea sediments. Scientific Reports, 4: 5937.

Zhang Z W, Zhao W, Tian J W, et al. 2013. A mesoscale eddy pair southwest of Taiwan and its influence on deep circulation. Journal of Geophysical Research: Oceans, 118(12): 6479-6494.

Zhao H, Han G Q, Zhang S W, et al. 2013. Two phytoplankton blooms near Luzon Strait generated by lingering Typhoon Parma. Journal of Geophysical Research: Biogeosciences, 118(2): 412-421.

Zhao H, Sui D D, Xie Q, et al. 2012. Distribution and interannual variation of winter phytoplankton blooms northwest of Luzon Islands from satellite observations. Aquatic Ecosystem Health & Management, 15(1): 53-61.

Zhou K B, Dai M H, Kao S J, et al. 2013. Apparent enhancement of ^{234}Th-based particle export associated with anticyclonic eddies. Earth and Planetary Science Letters, 381: 198-209.

Zhuang W, Xie S P, Wang D X, et al. 2010. Intraseasonal variability in sea surface height over the South China Sea. Journal of Geophysical Research: Oceans, 115(C4): C04010.

Zu T D, Wang C Y, Belkin I, et al. 2013. Evolution of an anticyclonic eddy southwest of Taiwan. Ocean Dynamics, 63(5): 519-531.

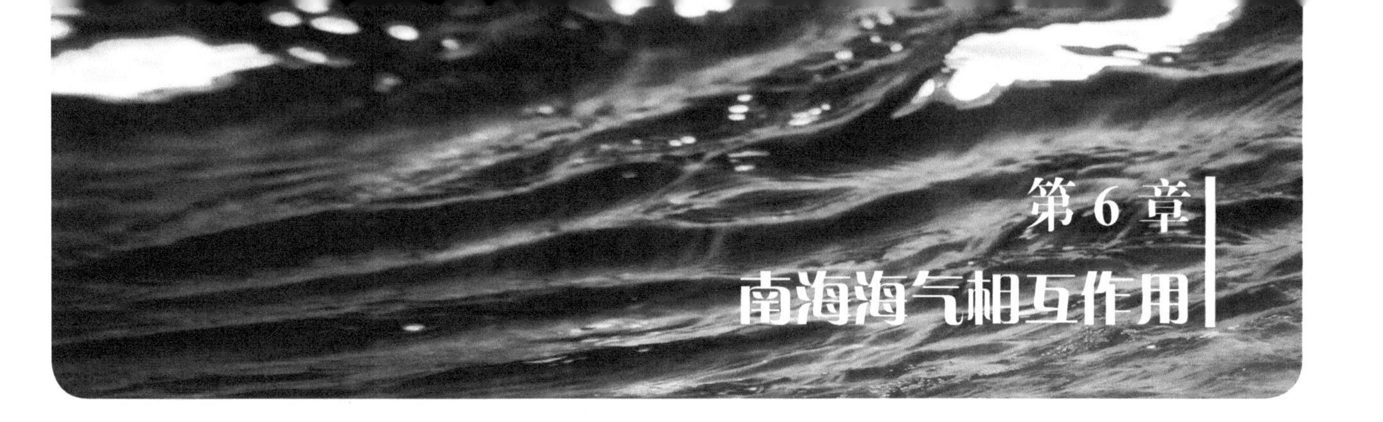

第6章 南海海气相互作用

6.1 南海海温的变化特征

海温是上层海洋热力状态的重要标志，是海-气耦合系统中的重要因子，是气候变化的敏感指标。海温变化的研究已成为当前全球变化和区域性气候研究中的重要课题之一。近年来，运用海表温度开展海洋对某些重要天气系统、大气环流、气候变化等方面影响的研究有了长足的进展，许多成果已用于中长期天气预报和气象变化的业务预报，并取得了显著的成效。南海水温变化几乎具有热带海洋所有的时间尺度变化特征，如日变化、季节内变化、年际变化和年代际变化等。

6.1.1 南海海温的日变化和季节内变化

1. 南海海温的日变化

在全球气候系统中，由于太阳的强迫作用，最基本的变化是日变化和季节变化。作为气候系统最基本的变化，日变化已成为检验一个数值模式正确性的关键，而且日变化对现有海气通量计算方案的改善有重要的意义。但在以前，由于缺少高时间分辨率的数据，难以进行海表温度（sea surface temperature，SST）日变化的研究。

1998年进行的南海夏季风试验中投放的三个ATLAS定点浮标为SST日变化的研究提供了高时间分辨率的海温数据，使对SST日变化的研究成为可能。臧楠（2005）对1998年南海夏季风爆发前后10日三个站点处的SST数据在相同的时间点做多日平均，并计算各个时间点的方差，结果如图6.1所示。可以看出，在夏

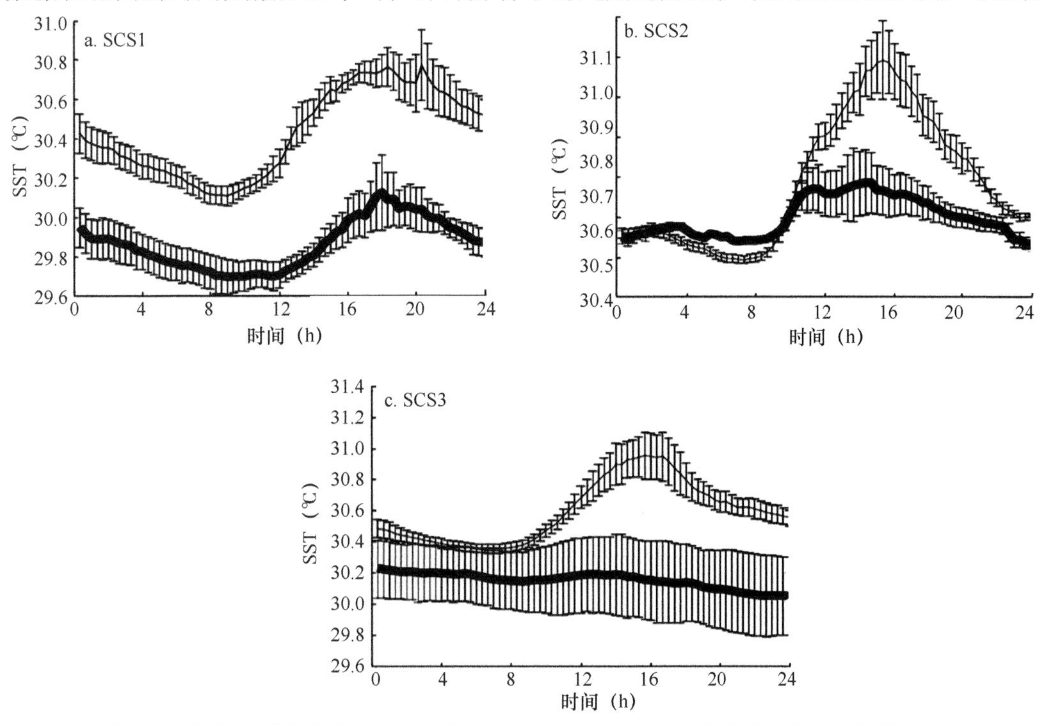

图6.1 夏季风爆发前后10日三个站点SCS1、SCS2和SCS3处的日平均SST及其方差

细实线为夏季风爆发前；粗实线为夏季风爆发后

季风爆发前，SST呈现明显的日变化形态，有明显的峰谷特征。其中，站点SCS1处多日平均SST最大值为30.76℃，出现在18时；最小值为30.11℃，出现在9时。站点SCS2处最大值为30.99℃，出现在15时；最小值为30.49℃，出现在7时。站点SCS3处最大值为30.95℃，出现在15时；最小值为30.36℃，出现在7时。由于夏季风爆发前每日相同时刻SST之间变化较小，方差也较小。在夏季风爆发以后，SST的日变化曲线相对平缓，没有明显的峰值。其中，站点SCS1处多日平均SST最大值为30.12℃，出现在18时；最小值为29.70℃，出现在9时。站点SCS2处最大值为30.69℃，出现在14时；最小值为30.53℃，出现在24时。站点SCS3处最大值为30.23℃，出现在0时；最小值为30.05℃，出现在23时。而且夏季风爆发后SCS2和SCS3两个站点的SST日变化变得不规则，方差明显增大。对比夏季风爆发前后的SST日变化曲线，夏季风爆发前，南海三个浮标站的SST有明显的峰谷结构，24小时时段的能量较大，呈现规则的日变化形态；夏季风爆发后，SST振幅减小，24小时时段的能量降低，呈现不规则的日变化。在夏季风爆发前，SST处于升温状态；在夏季风爆发后，上层海洋处于失热状态，SST降低。

夏季风爆发前，云量少，太阳辐射对SST的加热作用占主导地位，太阳短波辐射有明显的日变化，海洋-大气之间的热量交换及海洋下层的动力过程相对稳定，SST表现出规则的日变化。夏季风爆发后，由于对流增强，云量增多，太阳辐射对海面的加热作用受阻；同时由于夏季风爆发，潜热通量增大，与SST发展相关的一维热平衡发生了改变，而这种过程一般不足以维持爆发前海表温度和海气通量的日变化幅度，SST呈现不规则的日变化。在整个研究时段内，海面热通量对SST的变化有决定性的作用。在夏季风爆发前，太阳短波辐射对SST变化的贡献占主导地位，潜热通量次之；在夏季风爆发后，潜热通量对SST变化的贡献加大，太阳短波辐射次之。在日变化尺度上，水平平流热输送与SST的变化有很好的相关关系，但是对SST的影响很小；垂向夹卷过程可以引起SST的短暂降温，但是在研究时段内出现的次数较少，对SST变化的贡献不大。

2. 南海海温的季节内变化

热带SST季节内变化在年内尺度变化中的贡献可以达到50%左右（Jones et al.，1998）。它对气候变化的影响和可预报性有举足轻重的作用，因而近十几年来备受关注。在热带地区，南海地形独特，而且这里的冬季风和夏季风活动是最显著的。由于观测资料匮乏，有关南亚季风区SST季节内变化的研究相对较少。Zhou和Ding（1995）通过传统的傅里叶变换，对为期只有半年（1985年5～10月）位于南海北部的几个站点的观测资料进行功率谱估计，最早发现南海SST存在显著的季节内变化。南海SST季节内变化是一种强信号。在季节内尺度上，SST变化如果在空间上存在差异，将会对大气产生非均匀加热效应，从而影响气候变化。

“高荣珍（2002）小波分析结果对南海中央海盆（113.5°E，11.5°N）处的海表温度进行小波分析。小波能量谱（图6.2b）以及总体小波谱（图6.2c）在季节内频段（30～90天）都通过95%置信度的显著性检验。可见，南海海表温度存在显著的季节内变化是毋庸置疑的。季节内尺度平均的小波能量曲线（图6.2d）表明，南海SST季节内变化还存在着年变化和年际变化。SST季节内尺度平均的能量变化一般是夏半年较强，冬半年较弱。此外，它还存在着显著的2～4年周期变化。

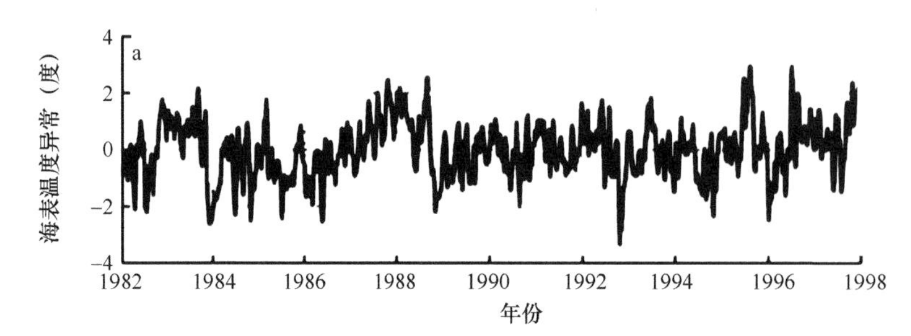

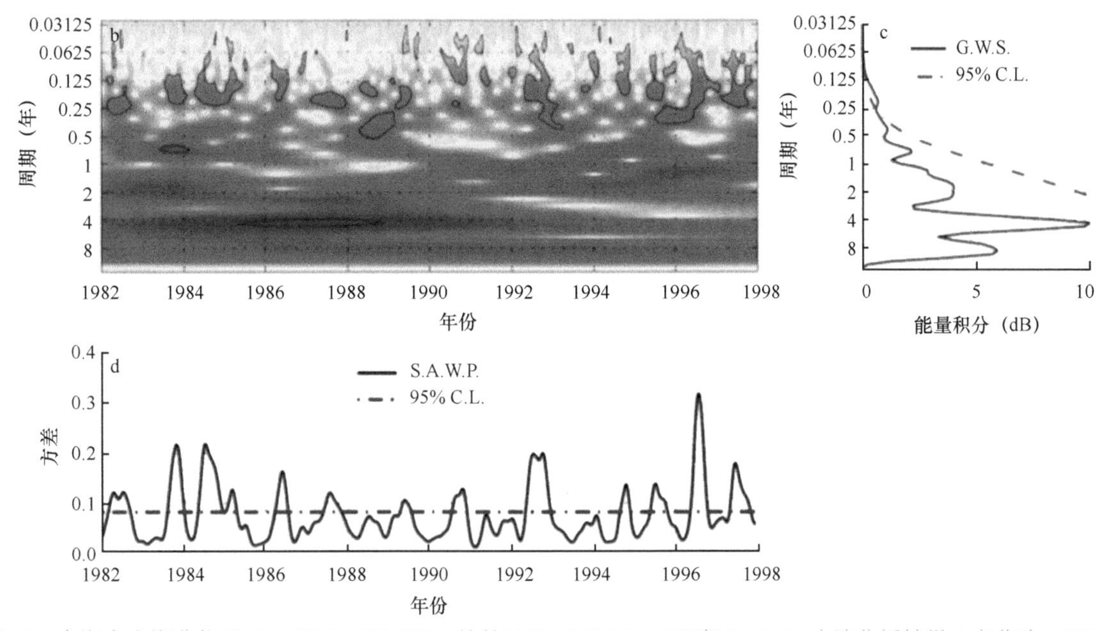

图6.2 南海中央海盆位于（11.5°N，113.5°E）处的SSTA（1982～1997年）Morlet小波分析结果（高荣珍，2002）

a.（11.5°N，113.5°E）处标准化的SSTA序列；b. 小波能量谱，等值线以内范围表明超过95%置信度；c. 总体小波谱（G.W.S.）和95%置信度水平（95% C.L.）；d. 30～90天尺度平均的小波能量曲线（S.A.W.P.）和95%置信度水平（95% C.L.）

南海SST季节内变化的基本特征及其形成的物理过程均具有显著的季风特征。滞后相关分析表明，在季节内尺度上，夏季南海SST扰动与850hPa纬向风变化和伴随ITCZ而出现的对流变化（OLR）存在显著的滞后相关关系；冬季南海SST季节内扰动主要与850hPa经向风的季节内活动相关。滞后时间平均为5～10d。夏季，南海及其邻近季风区SST季节内变化的空间相关型呈准纬向分布，与季节内尺度850hPa纬向风异常的空间相关型有关；冬季，南海SST季节内变化的空间相关型呈准经向分布，与季节内尺度850hPa经向风的空间相关型有关，并且相关中心仅限于南海，这表明冬季南海SST季节内变化相对于夏季更具独立性。EOF分析表明，夏季南海SST季节内变化具有显著的从南向北的经向传播特征，这是对夏季风季节内模态经向传播的响应，传播速度为1m/s左右；冬季南海SST季节内变化主要表现为一种局地的振荡现象，具有准驻波特征，这与冬季风系统季节内变化的性质有关（Gao et al.，2000；Gao and Zhou，2002）。

夏季和冬季南海SST季节内变化均是对海表净热通量变化的直接响应，滞后时间同样平均为5～10d。同时，在不同的季风背景下，影响海表净热通量产生季节内变化的物理过程不同。夏季，南海上空盛行西南季风，控制海表净热通量季节内变化的主要分量是潜热输送与太阳短波辐射异常，这主要取决于南海局地的、季节内尺度上的对流异常（图6.3）。在对流旺盛区，其中心南侧的上空850hPa存在西风异常，使得平均西风加强，海表蒸发相应加强，即海洋向大气输送的潜热通量增加；同时，由于强对流和气旋式环流异常的存在，海表获得太阳短波辐射减少，两者的共同作用导致海表净热通量出现负异常，SST随之降低。反之，在对流抑制区，其中心南侧的上空850hPa存在东风异常，使得平均西风减弱，海表蒸发相应减弱，即海洋向大气输送的潜热通量减少；同时，由于对流活动相当弱和反气旋式环流异常的存在，海表获得的太阳短波辐射增加，两者的共同作用导致海表净热通量出现正异常，SST随之升高。

冬季，南海上空盛行东北季风，控制海表净热通量季节内变化的主要分量是潜热输送与感热输送异常，这主要取决于850hPa经向风的季节内变化，与冷涌活动相关（图6.4）。当南海上空850hPa出现南风异常时，此时冷涌活动相对少而弱，平均北风减弱，使得海-气温差及海-气水汽压差减小，海洋向大气输送的感热通量和潜热通量均相应减少，海表净热通量表现为正异常，导致SST升高。与此相反，当南海上空850hPa出现北风异常时，此时冷涌活动相对频繁而强，平均北风加强，使得海-气温差及海-气水汽压差增大，海洋向大气输送的感热通量和潜热通量均相应增加，海表净热通量表现为负异常，导致SST降低。

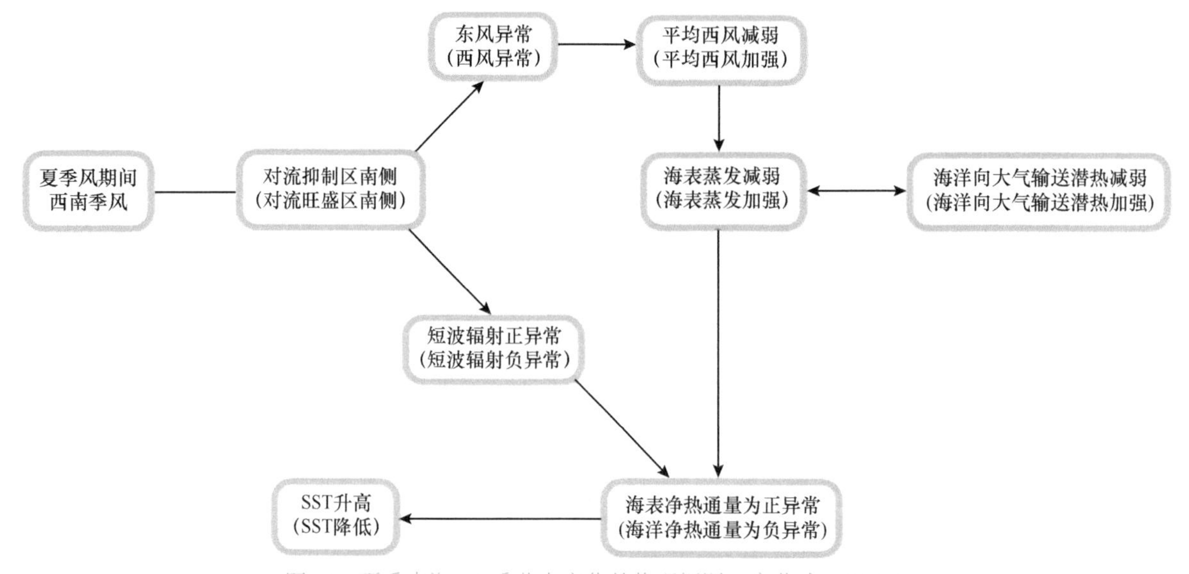

图6.3 夏季南海SST季节内变化的物理框图（高荣珍，2002）

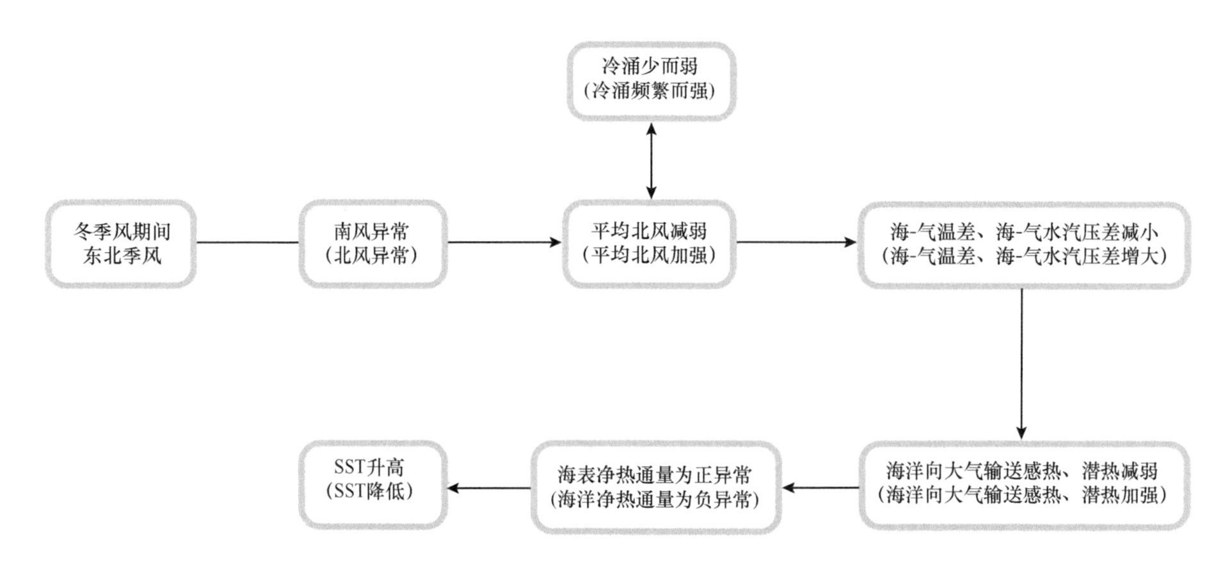

图6.4 冬季南海SST季节内变化的物理框图（高荣珍，2002）

6.1.2 南海海温的年际与更长时间尺度变化

1. 南海海温对El Niño的响应

El Niño作为起源于赤道太平洋地区、具有全球影响的气候事件，自从被发现以来，一直是世界气象和海洋学家关注的焦点。通过大气环流及海洋环流等，El Niño信号可以影响南海的海温变化。虽然南海是气候态暖池结构，但南海海温具有明显的年际变化特征。

1）南海SST年际变化的双峰结构

分析南海典型El Niño事件发生年和发生次年的海温异常序列，发现南海SST年际变化存在明显的双峰结构。南海的SST在El Niño事件发生次年的2月和8月有增暖现象（图6.5），它们是大气强迫和海洋环流共同作用的结果（Wang et al.，2006）。

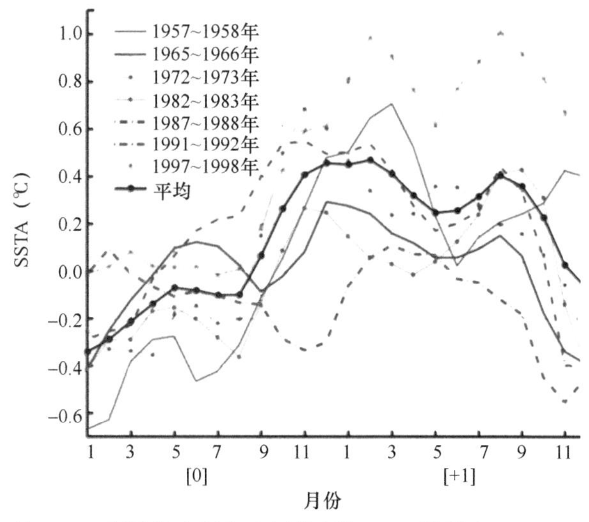

图6.5　典型El Niño事件发生年和次年的南海SSTA序列（Wang et al.，2006）

[0]表示El Niño事件发生年；[+1]表示El Niño事件发生次年

对El Niño事件期间南海混合层进行热收支诊断，评估净热通量、平流热输送和垂向热混合对南海SST异常双峰结构的相对贡献。第一个峰值由净热通量异常造成，而在热通量各项中，起主导作用的是短波辐射异常和潜热通量异常（图6.6）。在第一次增暖之后，净热通量减弱，Ekman平流和地转平流热输送的负异常使得南海海面冷却。第二个峰值出现在次年El Niño事件结束后的8月，平流热输送是造成此次增暖的主要因素，其中经向地转流热输送起关键作用。

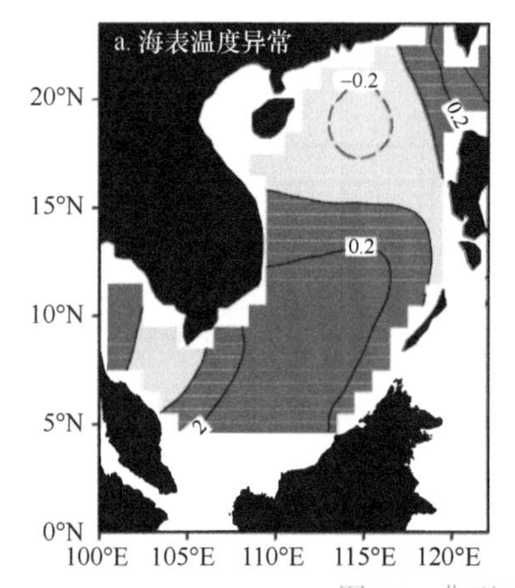

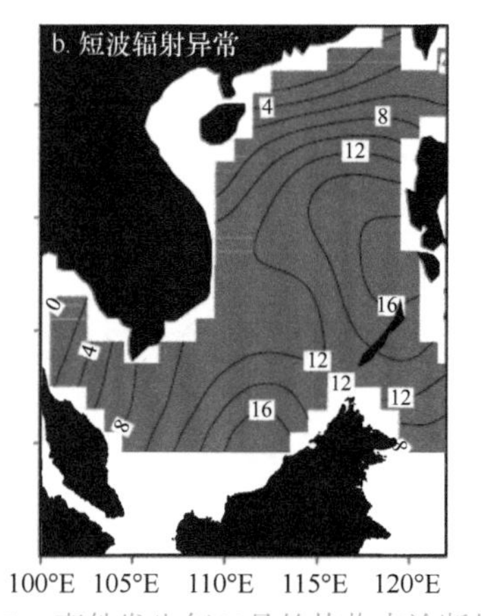

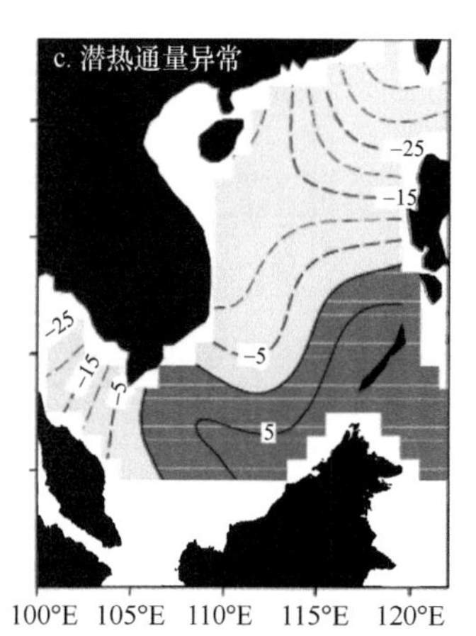

图6.6　典型El Niño事件发生年11月的热收支诊断的合成分析

（南海南端附近空白区域专题资料暂缺）

2）南海SST对东太平洋型和中太平洋型El Niño事件的响应

随着对El Niño事件的持续关注，近期的研究开始关注南海海温对不同El Niño事件的响应情况。针对东太平洋型（EP）和中太平洋型（CP）两种不同的El Niño现象，发现南海SST的变化特征有所不同（Liu et al.，2014）。在这两种El Niño事件期间，通过热收支诊断分析，发现南海海温最大差异表现在El Niño发展期的秋季，东太平洋型El Niño为正海温异常，中太平洋型El Niño则为负海温异常，而净热通量是主要控制因素（图6.7）。

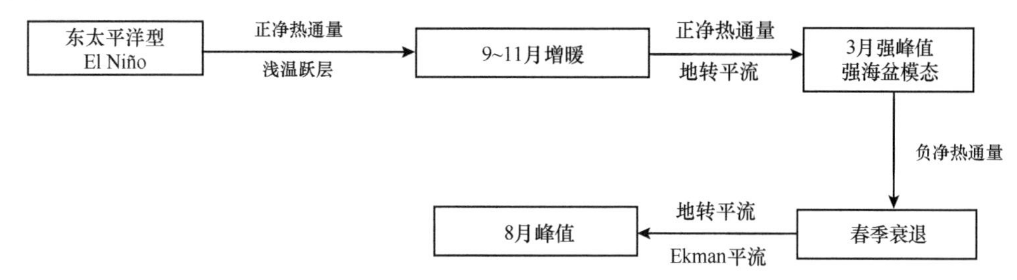

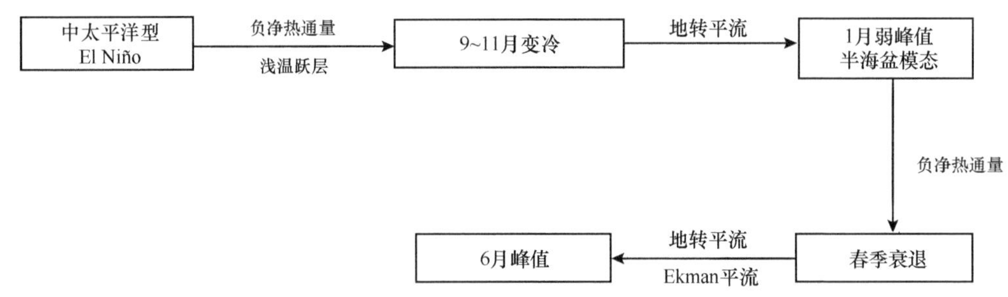

图6.7 南海SST对东/中太平洋型厄尔尼诺事件响应的机制示意图（Liu et al., 2014）

受秋季海温异常的影响，在中太平洋型El Niño事件发生后，南海仅能出现局限于西边界区域半海盆式的增暖特征，很难出现东太平洋型El Niño事件期间整个南海海盆增暖的特征，且西边界区域的增暖也是受地转暖平流控制的。除此以外，在中太平洋型El Niño事件期间海温为–/+型准两年变化，而在东太平洋型El Niño事件期间为+/–/+/–型年变化，东太平洋型对应的低海温位相锁定在晚秋季节。总体来看，净热通量变化与SST变化周期比较一致。对中太平洋型El Niño事件而言，除净热通量变化外，平均Ekman平流异常与SST变化周期也非常一致（图6.8）。

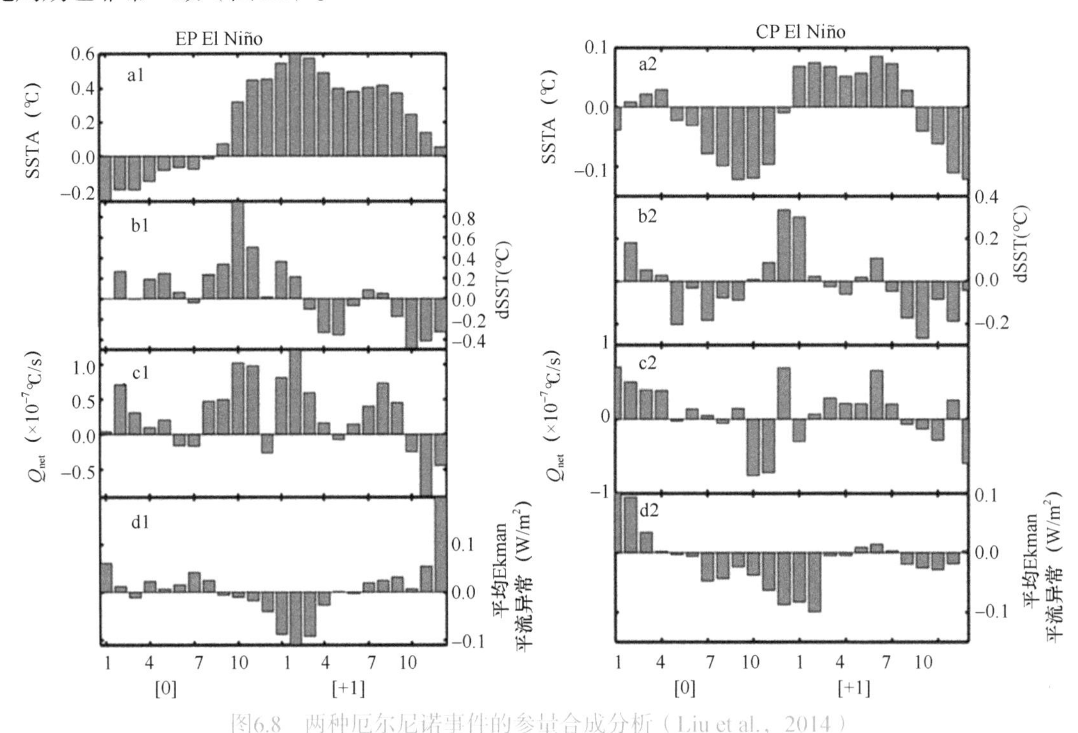

图6.8 两种厄尔尼诺事件的参量合成分析（Liu et al., 2014）

a. 海表温异常（SSTA）；b. 海表温度变化（dSST）；c. 净热通量（Q_{net}）；d. 平均Ekman平流异常。[0]表示El Niño事件发生年；[+1]表示El Niño事件发生次年

3）南海秋季SST对El Niño、El Niño Modoki Ⅰ和El Niño Modoki Ⅱ事件的响应

最近的研究结果显示，20世纪70年代末在全球气候经历了一次显著的跃变后，El Niño事件发生的频率降低，而出现一种类似El Niño的现象，并有越来越频繁出现的趋势，Ashok等（2007）将其命名为El Niño Modoki。相对于典型的El Niño而言，El Niño Modoki对全球海洋大气有独特的影响。根据对中国南方秋季降水的不同影响，Wang和Wang（2013）将El Niño事件进一步划分为传统El Niño、El Niño Modoki Ⅰ和El Niño Modoki Ⅱ。

在这三类El Niño事件的秋季，南海海表温度（SST）表现出不同的变化特征（Tan et al., 2016）。在传统El Niño年和El Niño Modoki Ⅰ年的秋季，南海SST表现为异常增暖，而在El Niño Modoki Ⅱ年的秋季则表现为冷异常（图6.9）。对南海海表温度进行热收支分析发现，潜热通量的改变是导致南海SST发生变化的主要原因。观测和CAM4模式结果都表明，在传统El Niño年和El Niño Modoki Ⅰ年的秋季，在南海东部的菲律宾海上空出现反气旋式环流异常，这使得南海地区受异常偏南风影响，减弱了秋季气候平均的东北季风，削弱的东北季风使潜热通量减少，即南海向大气释放的热量偏少，使海温异常增暖。而在El Niño Modoki Ⅱ年的秋季，异常反气旋式环流向西移至南海西部，这使南海上空出现偏北风异常，加强了的气候态东北季风增加了潜热释放，使南海海温降低。另外，由于南海在这三类El Niño事件的秋季都受异常反气旋的影响，抑制了南海上空的对流活动，短波辐射增强，因此在传统El Niño年和El Niño Modoki Ⅰ年，短波辐射同样有利于增暖，而对于El Niño Modoki Ⅱ年，短波辐射增暖的量值比潜热辐射低，最终使得南海海表温度下降。

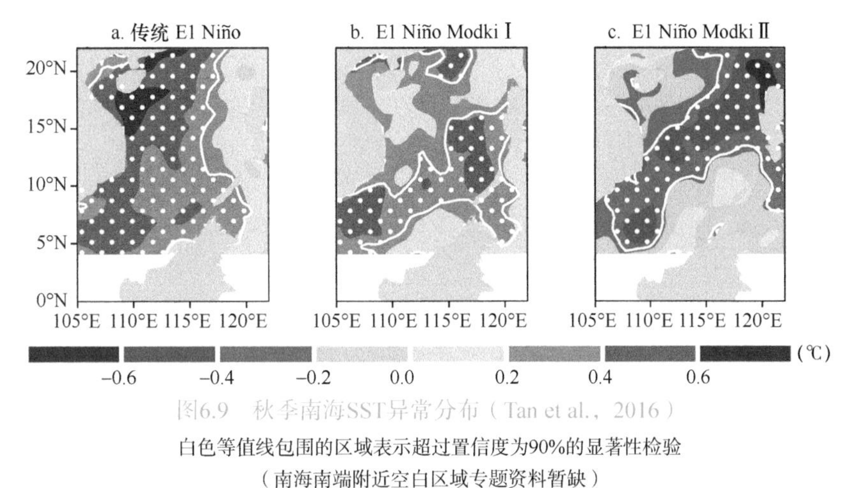

图6.9　秋季南海SST异常分布（Tan et al.，2016）

白色等值线包围的区域表示超过置信度为90%的显著性检验

（南海南端附近空白区域专题资料暂缺）

2. 珊瑚记录的南海海温长期变化

热带海洋中的珊瑚，是一种很好的气候记录的代用指标，它可以间接测量环境的物理、化学特征，如今已经广泛地应用在古气候变化的研究中。通过建立珊瑚中$^{18}O/^{16}O$比率与温度的关系，将从珊瑚骨骼中重构的海表温度和海表盐度数据用于研究气候变化。对南海滨珊瑚的研究表明，珊瑚生长率与海表水温呈高度线性相关关系（Wang et al.，2010b）。

云量直接影响地气系统的辐射平衡、热量平衡和温湿分布，可参与气候系统中的多种正负反馈过程，是重要的气象要素之一。就南海局地云量的变化而言，2～4月云量较少，一般低于5成，夏季风建立后云量逐渐增多，从1月开始云量逐渐减少。与此相反，珊瑚灰度则在夏季较低，冬季较高，这表明灰度大的浅色低密度带生长于冬季，而灰度小的深色高密度带生长于夏季，这与苏瑞侠和孙东怀（2003）对南海北部滨珊瑚生长特征的研究结果一致。由此可见，珊瑚生长的气候特征与云量之间存在负相关关系，该滨珊瑚灰度记录可以直接作为反映南海乃至热带海域上空云量变化的可靠指标。

作为珊瑚密度的代用指标，珊瑚灰度与珊瑚生长环境的综合质量有关，包括SST、降水和日照。南海北部年平均SST与珊瑚灰度有明显的正相关关系，二者的相关系数为0.14（n=123），通过了置信度为90%的显著性检验。因此，SST是影响珊瑚密度变化非常重要的环境变量。如图6.10所示，珊瑚灰度基本再现了南海海表温度的长期变化趋势，在1880年以后，南海的SST呈升高趋势，而珊瑚灰度则相反，呈下降趋势。

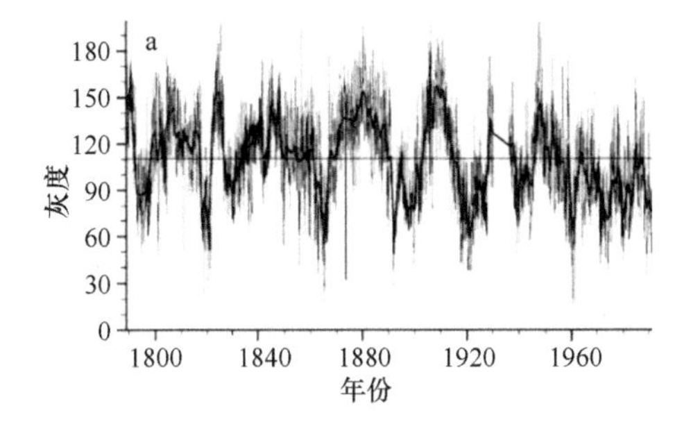

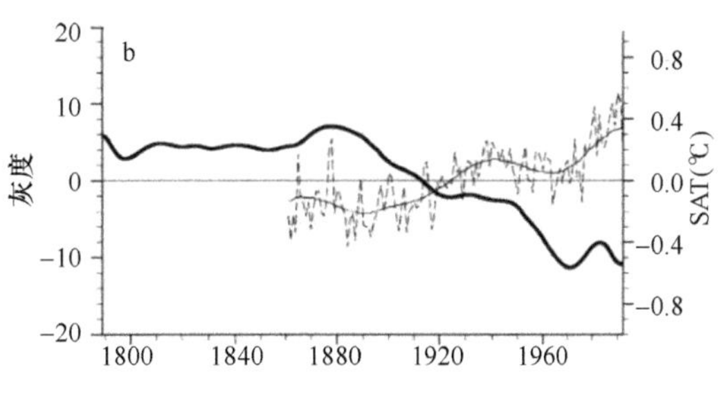

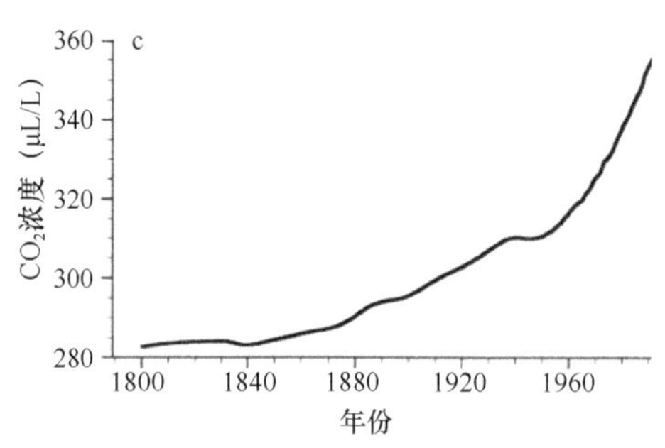

图6.10 珊瑚灰度、全球气温和CO_2浓度的变化（Wang et al.，2010b）

a. 永兴岛珊瑚的灰度时间序列（灰色实线）。黑色粗实线为年平均的灰度值，黑色直线为其在1789～1992年的平均值。b. 珊瑚灰度的长期变化趋势（粗实线）、年平均全球气温异常（SAT）（1862～1992年，虚线）及其长期的变化趋势（细实线）。灰度、气温的长期趋势变化都是由奇异谱分析得到的。c. 1800～1992年大气CO_2浓度的变化

6.1.3 南海上混合层/障碍层与海温变化

海-气通量变化过程和风浪搅拌作用使海洋近表层产生的厚度一定、特性均一的水层，被称为海洋混合层。海洋混合层内温度、盐度和密度垂直变化小，平均温度接近SST。南海的混合层热动力学具有明显的边缘海特征（王东晓等，2001），尤其是在夏季风期间，混合层的变换对西南季风的响应更为显著。与其他热带海区相比，南海的混合层要浅薄得多。南海的混合层受到典型季风系统及黑潮入侵等的影响（Qu，2001；Liu et al.，2004；Gan et al.，2006）。

1. 南海的上混合层特征

施平等（2001）和杜岩（2002）发现海洋混合层和大尺度环流存在密切联系，季风通过流场对混合层的时空分布产生重要影响，一方面通过海洋表层Ekman输送效应来影响混合层水平分布，另一方面通过大尺度环流造成的辐散或辐合来限制或促进混合层深度的发展。另外，研究还发现决定混合层内热含量或温度分布结构特征的主要因子为风应力、海面吸收的净热通量和海面淡水通量，其中以风应力的作用最为显著。

基于中国科学院南海海洋研究所推出的南海融合观测数据集SCSPOD14，Zeng等（2016）给出了南海混合层的气候态分布。年平均的混合层深度有两个深核，一个位于吕宋海峡至南海北部的陆架坡，另一个是在菲律宾群岛西南侧至加里曼丹岛西北侧的深度中心。混合层深度还有两个较浅区域，一个在越南东部海区，另一个在菲律宾群岛北部的西侧。南海的混合层深度存在显著的季节变化（图6.11）。1月，南海北部陆架坡附近的混合层达到最深，混合层深度由北向南变浅，在南海南部，混合层深度为30～40m。随着东北季风的减弱，风应力搅拌不能继续提供足够的垂向湍动能，深厚的混合层已无法在整个南海维持。3月，仅吕宋海峡附近的混合层深度在50m以上，在南海内区，混合层呈现出中心深厚而边缘浅薄的碗状结构，这和同期的流场的反气旋分布特征是一致的。4月、5月，南海进入季风转换时期，混合层继续变浅。其中，4月整个南海的混合层都小于35m，3月的南海碗状分布的混合层形态向南偏移；5月南海的混合层深度达到最小值，从大气得到的热量被局限在浅薄的表层，这与南海存在的春季暖池是一致的。伴随着夏季风的爆发，南海的混合层率先在南部开始加深。6月，在越南东南部海区，混合层深度大于35m，此处的混合层在7～9月持续加深。南海夏季的混合层深度呈不对称分布，沿越南东南角至台湾岛南部划一直线，直线两侧呈现截然不同的特征：该直线以下的东南海区，混合层深厚；而该直线以上的西北海区，混合层浅薄。在西北海区，混合层深度低于40m，为整个南海最浅。9月、10月，东北季风开始盛行，南海北部的混合层逐渐加深。12月，东北季风充分发展，在10°N以南的海区，混合层深度都大于50m。但是，混合层并不是在整个南海海区都深厚，在吕宋岛以西，有一浅薄的混合层中心。

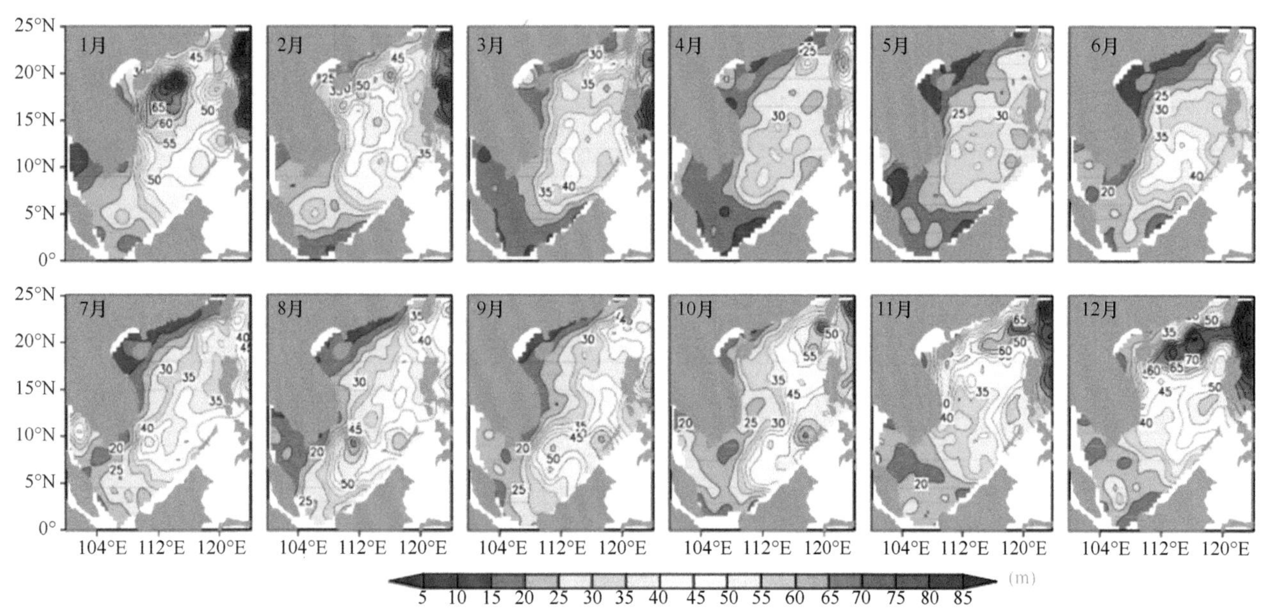

图6.11 基于南海融合观测数据集SCSPOD14得到的南海混合层深度气候态分布（Zeng et al.，2016）

2. 南海障碍层对混合层海温的影响

在混合层中，海水的温度、盐度、密度十分均匀，早期的研究由等温层来定义混合层深度。随着观测的实施，海洋学家发现在海洋上层，等温层和等密度层并非永远一致。当海洋盐度发生变化时，在海洋上混合层（和等盐层一致）和温跃层上界之间会产生障碍层（Lindstrom et al.，1987）。障碍层的存在，使得垂向层化加强，会抑制海表热量、动量和物质的向下传输。

潘爱军等（2006a）利用南海北部的航次观测资料指出，在吕宋海峡及南海东北部中心海域，障碍层出现概率较大。潘爱军等（2006b）利用南海中部的航次观测资料指出，降水机制及东南向的Ekman平流输送是夏季吕宋岛以西附近海域障碍层多发的原因，强降水是夏季中南半岛东南海域障碍层产生的关键。朱良生和邱章（2002）指出，南海南部的障碍层春季最浅，夏季最深，秋、冬季节逐渐变浅。该海区障碍层厚度的季节平均值不大，在12～25m。基于南海融合观测数据集SCSPOD14，Zeng等（2016）给出了南海障碍层的气候态分布（图6.12）。南海的障碍层在夏、秋季节分布最广，也最深厚。除了季节变化，各个海区的障碍层也显示出显著的空间变化。11月至次年2月，南海的障碍层主要出现在南部海区和北部的西边界流海区，但都很浅薄，小于10m。3～5月的季风转换期间，障碍层只在某些海区呈块状分布，出现最少。夏季风爆发后，南海的障碍层迅速增长，并显示出明显的不对称分布特征，和温跃层、混合层深度的不对称分布一致。与年平均分布特征类似，夏、秋季节的障碍层在东南部海盆广泛分布，并在9月达到最厚，大于20m。此外，吕宋海峡和菲律宾群岛西侧海域在此期间也产生了大于15m的障碍层。10月，南海的障碍层虽然涵盖了整个海盆，但比9月有所减弱。进入冬季后，障碍层开始迅速衰减。

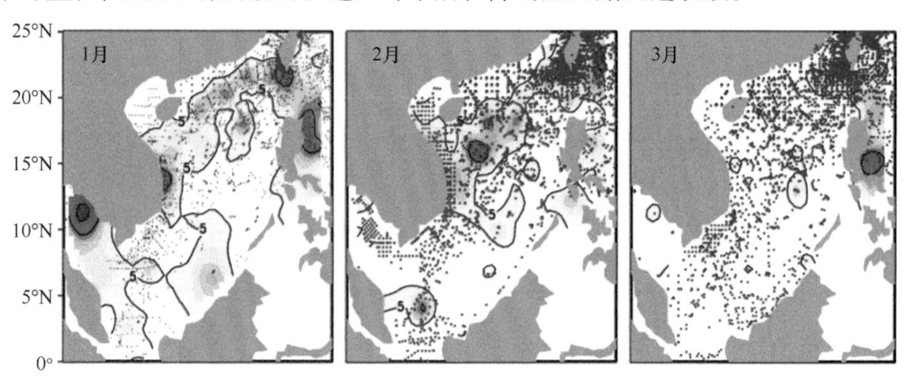

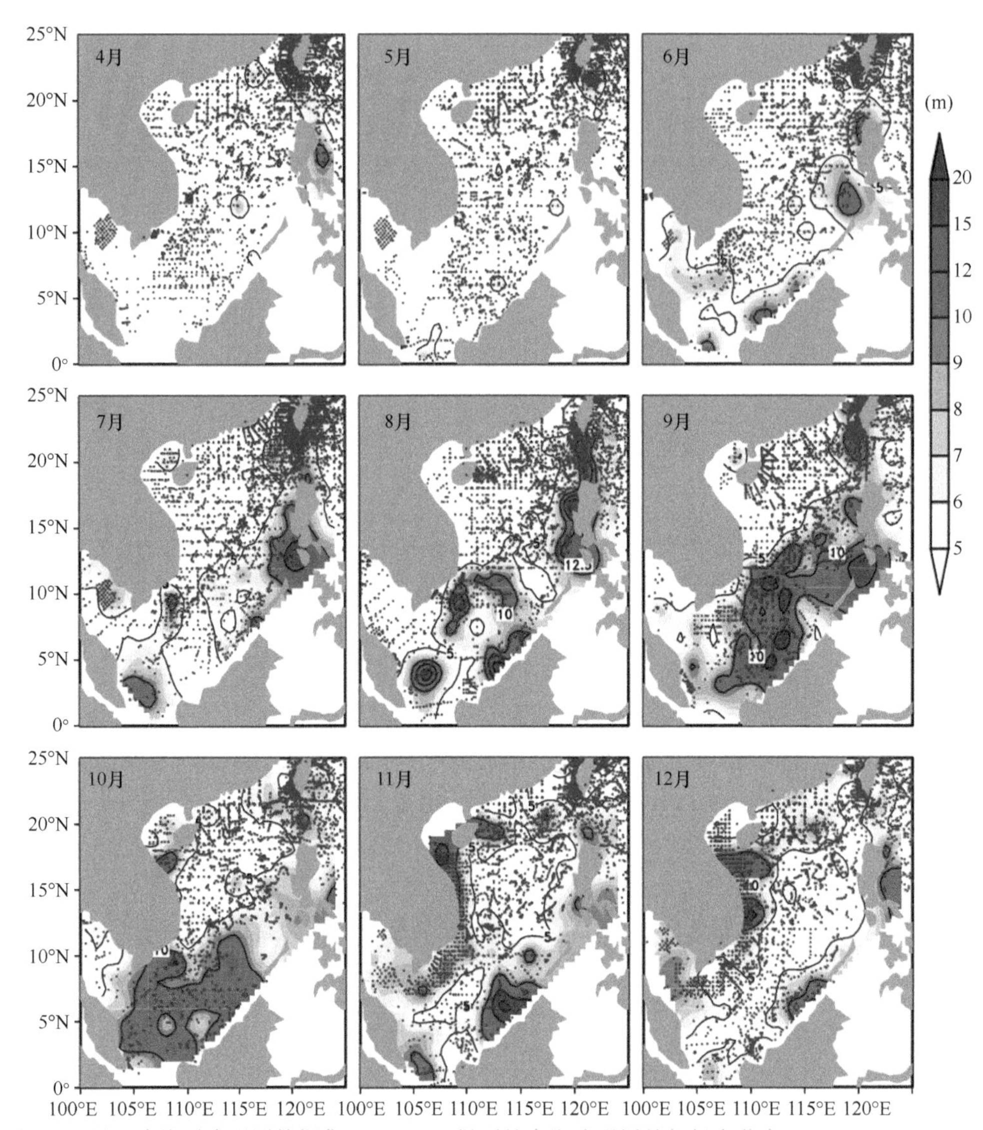

图6.12　基于南海融合观测数据集SCSPOD14得到的南海障碍层的气候态分布（Zeng et al.，2016）

如图6.13所示，夏季风期间，在西南季风驱动下，表层水向南海的东南部堆积。在南海东侧，菲律宾群

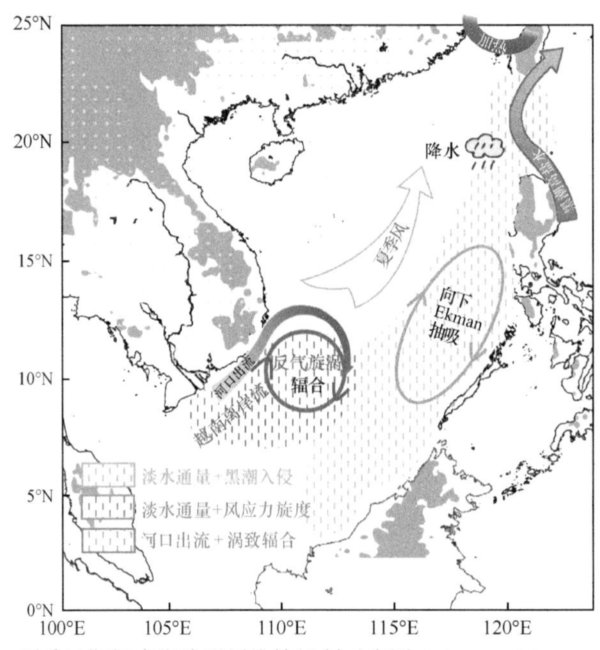

图6.13　夏季风期间南海障碍层维持机制示意图（Zeng and Wang，2017）

岛高山地形控制着当地非常充沛的降水，海洋表面聚集低盐水体，形成淡水盖效应，加强了上层海洋的盐度层结。在南海西侧，中南半岛上的安南山脉的背风一侧孕育着南海西侧上升流带，所对应的降水空洞区对表层淡水输入贡献微小。这种山地地形所引起的降水分布的显著性差异造成了南海障碍层不同的东西分布特征：东侧障碍层深厚且广为分布，西北侧障碍层不存在。湄公河在夏季的淡水出流为河口附近海区提供了充足的淡水来源，在西边界流向北流动过程中，淡水被带到南海内区；而西边界流离岸诱发的越南东南反气旋涡的辐合效应会带来下沉运动。平流效应带来的淡水盖遂漂浮在深厚的温跃层之上，形成深厚稳定的障碍层，这一点在以往的研究中并没有得到应有的重视。在吕宋海峡中部，局地降水和东向Ekman输送来的表层淡水，凌驾于黑潮弯曲进入海峡的高温高盐水之上，两种不同性质的水体相遇形成较浅的盐跃层，从而产生了此处的障碍层。

对南海而言，障碍层由于其独特的海气反馈特征，可能与南海暖水的形成、南海局地异常增暖等有密切联系。混合层内盐度越低，混合层越浅，则障碍层越深厚；而障碍层越深厚，对垂向热量的传输抑制效应就越明显，上混合层越暖。但并不是障碍层越深厚，增暖效应就越强。在南海，障碍层对混合层温度的影响可分为两个阶段：当障碍层厚度小于32m时，南海的混合层温度随着障碍层厚度增加而升高；而当障碍层厚度大于32m时，其对混合层温度不再有明显的增温效应。障碍层对上层海洋热含量的影响则是持续增长的。

6.2 南海海气界面与边界层

6.2.1 南海海气界面通量研究

海气通量交换是海气相互作用的关键环节，海洋和大气间相互影响、相互作用的过程最初都是由海气界面通量交换来实现的。一方面，海洋通过感热、潜热交换过程影响海洋大气边界层、提供水汽输送，进而影响大气环流；另一方面，海水运动的大部分驱动力也来自海气界面处的动量通量交换，海气界面处的感热通量、潜热通量及辐射通量是影响海洋上混合层乃至季节温跃层变化的重要因子，而动量通量则是海流、海浪的动力来源。海气通量交换先通过影响海洋上层海水的运动及海水温盐分布结构，再借助海洋内部的热力、动力调整过程进一步影响深层海水的运动。因此，海气通量交换是气候变化的重要机制之一，对于季节到年际时间尺度的气候变化及其预测，只有在充分了解大气和海洋的相互作用及其动力学机制的基础上才有可能得到解决。随着海洋学与气象学的发展，海洋与大气已经被作为一个耦合系统来研究。海气界面的动量、能量与质量通量是海洋与大气实现相互作用的唯一途径，因而海气通量观测也就越来越受到重视。海气通量的气候态变化特征及其与气候变化的关系是当前气候系统中各圈层相互作用研究的难点和重点。

海气界面热通量包含太阳短波辐射、海洋和大气的长波辐射（海洋向上的长波辐射和大气向下的长波辐射）、潜热通量和感热通量，还有海面的反射辐射。其中，短波辐射和潜热通量是主要的两项。潜热通量和感热通量的输送不仅对大尺度海气相互作用过程产生重要影响，还是导致气候变化的关键。明确南海海气界面热量交换特征对深入理解南海区域海气相互作用的机制有重要的作用。目前对于海洋热通量的观测仍很缺乏。南海对大气的强迫主要表现在感热通量和潜热通量上，特别是潜热通量影响更大。当海洋热力场发生变化时，海洋向大气的水汽输送也随着变化。季风爆发前潜热通量变化幅度较小，季风爆发后潜热通量的变化幅度增大。在降水过程中，潜热通量由于湿度大明显减小，其较大值一般出现在西南大风期和季风中断期（闫俊岳，1999；闫俊岳等，2007）。

为了精确地量化南海的海气通量，1994年的“南沙群岛及其邻近海区综合考察”项目及1998年的“南海季风试验”（SCSMEX）项目分别在南沙群岛及西沙岛礁上设立通量观测塔。为了系统认识南海西南季风爆发前后的天气演变过程，精确量化季风爆发前后海洋与大气之间的通量交换（感热、潜热、海洋热量净收支），研究海-气通量交换、能量输送的时空变化与南海季风发展乃至我国夏季降水的关系，在“南海季风试验”项目中设立了“南海夏季风爆发期间海-气通量特征及其对天气系统发生发展的影响研究”课题，之后国家自然科学基金委员会又陆续支持了面上项目“南海季风爆发期近海面层通量观测和湍流结构的观测研究”（2001～2003年）、“南海西南季风期海-气通量变化及其对季风影响程度的研究”（2006～2008年）。在上述项目支持下，中国科学院南海海洋研究所开展了3次（1998年、2000年、2002年）西沙海域通量试验，获得了3个典型年份（1998年西南季风爆发晚年、2000早年、2002年正常年）5～6月温度梯度、湿度梯度、辐射和风速、温度、湿度脉动资料。在观测试验基础上，初步分析了西南季风爆发前后近海面层大气湍流结构，计算了海-气热量、动量和水汽交换值，讨论了不同天气条件下海-气热量交换特点和海-气通量交换系数变化。吴迪生等（2005）为探索西沙海域和南沙海域海气热通量时间演变特征，用海洋站观测资料计算了1998年南海夏季风爆发前后，海-气热量交换值及海面热收支年循环。

1. 南海北部热通量的现场观测

在现场观测过程中，湍流观测资料受到了船体运动的影响。此外，设备安装的位置不合理，船体干扰了大气湍流结构，由于没有记录船体左右和前后摇摆及上下颠簸运动的设备，无法去除这些运动对传感器的影响，根据涡动相关法计算的潜热通量与感热通量结果不可信。但测量的水汽含量、气温、风速等资料的平均值是正确的，可利用这些资料通过块体动力学公式计算潜热通量与感热通量。

南海海-气热通量研究始于20世纪70年代末，1979年南海海洋研究所在南海中部调查中，进行了海-气通量的观测以研究南沙海域春季热量平衡（张庆荣，1998）。研究指出，太阳短波辐射的25%以反射和海面有效回辐射的形式输送给大气，40%以海气间湍流感热和潜热的方式输送给大气，这期间海水处于增温过程。1979年11月14～17日张庆荣等（1986）在南海北部珠江口进行了海面温、湿、风等的梯度观测研究，得出了有益结果。张庆荣等（1986）于1994年9月在南沙渚碧礁上利用涡旋相关性技术首次获得了湍流资料，分析计算了南沙海域的曳力系数、动量通量、感热通量和潜热通量。在南沙海域的多次调查，观测到不同天气形势下海气间感热通量和潜热通量有显著差异，无论是冬季季风潮期间还是夏季季风潮期间，都明显大于季风潮间歇期，说明感热通量和潜热通量是由风速（即大气）主导的。

2006～2007年实施的“我国近海海洋综合调查与评价专项”（简称“908专项”），实施了大量的船基通量观测。分别在2006年夏季、冬季和2007年春季、秋季实施了四个航次的调查，断面观测覆盖了从沿岸到陆坡的海域，每个季节CTD大面观测站各220个，在珠江口附近60m以浅海域，设立海洋水文、气象重点调查区域。南海北部珠江口附近，海洋特征复杂多变，上升流等都对该海域存在明显的影响。在“908专项”调查中，除了常规的温盐、气象观测，还进行了大面的海气通量观测、太阳辐射观测及走航海流和走航自动气象站的观测。基于2006～2007年四个季节的水文气象实测数据，Zhang等（2012）计算了南海北部海气热通量（潜热通量、感热通量和海面净热通量），并给出了季节变化和空间分布情况。

2. 南海潜热通量的季节内与高频变化

南海的潜热通量，除具有显著的季节变化（图6.14）和年际变化特征外（Zeng et al.，2009），季节内振荡和高频变化信号也很强烈（Zeng and Wang，2009）。基于逐周卫星潜热数据，谐波分析和功率谱分析显示南海的潜热通量存在显著的季节内变化信号。南海潜热通量的季节变化有两个显著周期，分别为28～35d和49～56d（图6.15）。

南海的季风活动与潜热通量的季节内变化密切相关，冬季潜热通量的季节内变化强于夏季但又不同于夏季。冬季和夏季潜热通量季节内变化的振幅分别为80W/m^{2}和35W/m^2。夏季南海潜热通量有微弱的东传和北传信号，而在冬季则像驻波一样（6～30W/m^2）。

夏季潜热通量的季节内信号主要受西南季风影响，冬季则与风速和海表比湿密切相关。为了讨论各相关参量对潜热通量季节内波动的影响，我们对夏季和冬季分别选取典型的季节内事件，进行合成分析。用滤掉季节内信号的SST、风速、大气比湿分别重新计算潜热通量，评估它们对潜热通量季节内变化的影响。

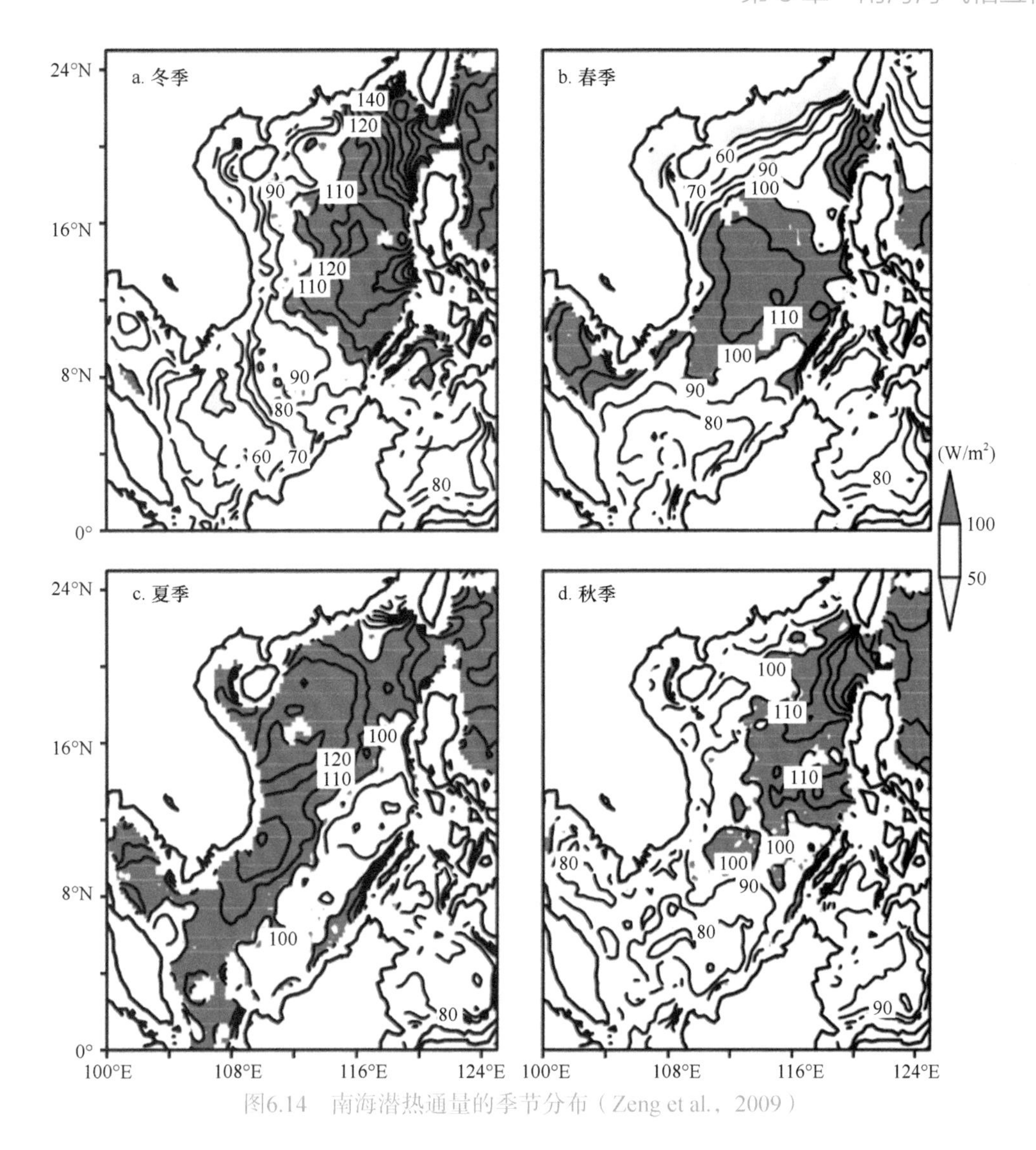

图6.14　南海潜热通量的季节分布（Zeng et al.，2009）

冬季SST的季节内变化会使潜热的季节内信号减弱20%，Shinoda等（1998）也曾指出，西太平洋海区也有这一现象。

通过分析西沙群岛自动气象站的海表和高空观测资料，发现南海北部有很强的天气尺度扰动过程（Zeng et al.，2012）。功率谱分析表明，海表和高空的气象要素的能量谱密度出现两个峰值，即5～8d扰动和3～4d扰动（图6.16）。1976～2011年共36年的天气尺度扰动的标准方差显示，西沙站的天气尺度扰动在8月最为活跃。在年际尺度上，南海北部的天气尺度扰动和El Niño密切相关。在El Niño暖事件发生后，天气尺度扰动出现两次活跃期，第一次出现在El Niño盛期，第二次出现在消亡年的夏季。相对于El Niño发展年的夏季而言，天气尺度扰动尤其是5～8d的扰动，在消亡年的夏季更为活跃。

基于西沙群岛自动气象站观测资料和逐日卫星潜热数据SCSSLH，发现南海的潜热通量存在显著的高频变化信号。南海的潜热通量高频变化主要是周期为5～8d的天气尺度扰动。南海的季风活动与潜热的高频变化密切相关，冬季潜热的高频变化强于夏季但又不同于夏季。冬季和夏季潜热通量季节内变化的振幅分别为40W/m^{2}和20W/m^2。夏季南海潜热的高频变化主要受西南季风影响，当抹去风速的高频信号时，潜热变化提前了1d左右。冬季，当抹去大气比湿的高频信号后，潜热的高频波动特征大为减弱，降幅达50%以上（Shi et al.，2015a）。

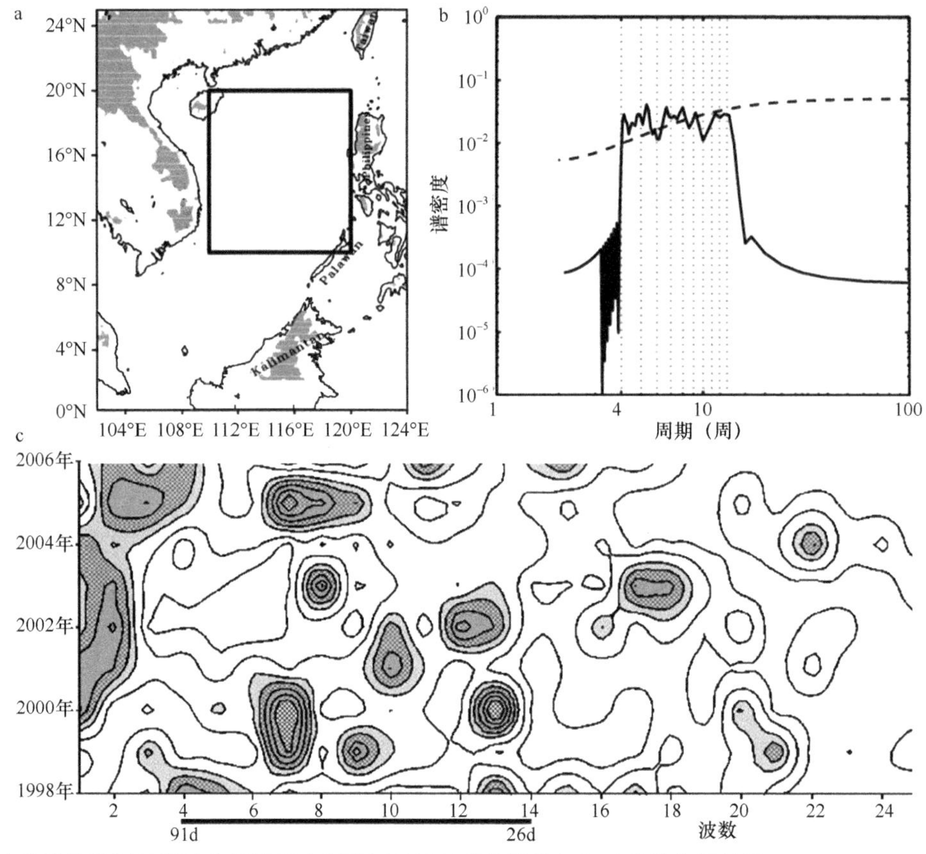

图6.15 南海潜热通量的谐波分析结果（阴影区通过显著性检验）和功率谱分析结果（Zeng and Wang，2009）

图a中方形为分析区域

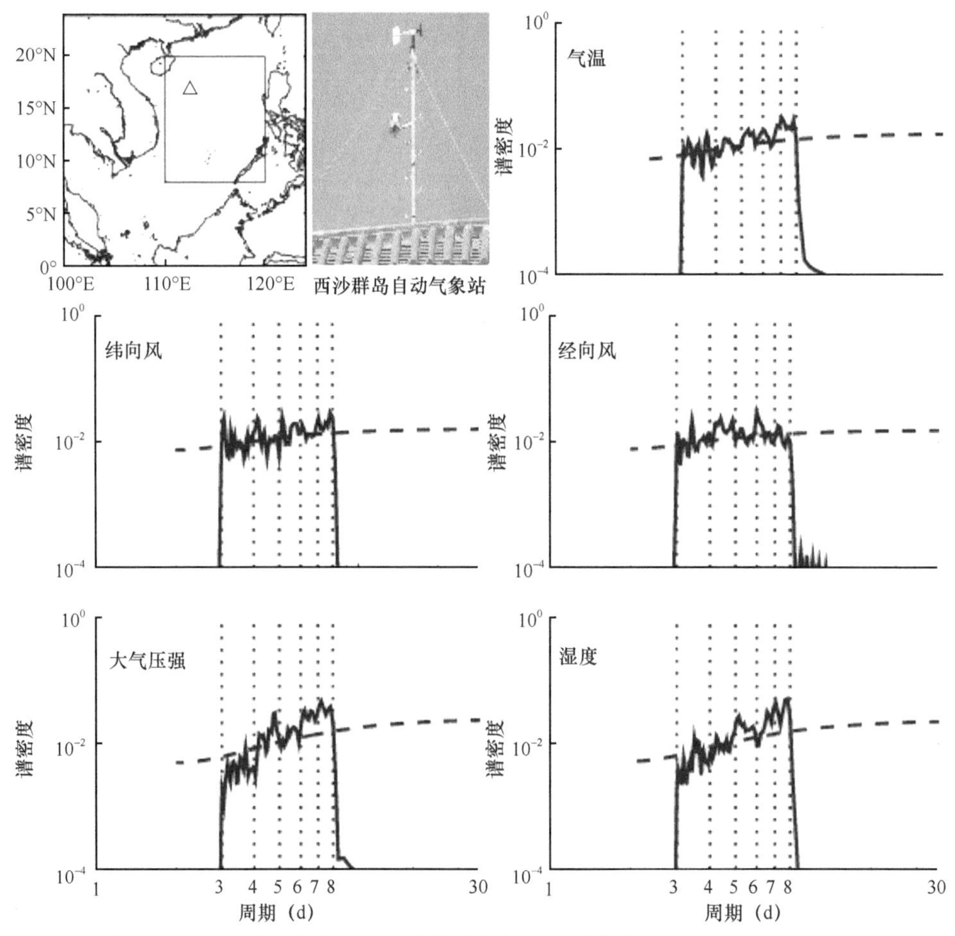

图6.16 西沙群岛自动气象站观测要素的功率谱分布（Shi et al.，2015a）

3. 南海潜热通量的遥感计算与评估

1）大气比湿参数化的准确性验证

对于海-气热通量的评估而言，最为关键的一项为潜热通量，即由蒸发产生的潜热通量。海水的蒸发不仅是海洋和大气之间进行水分交换和热交换的重要过程，还是决定海气界面的水分、热量和盐度平衡的主要因素。因此，了解和准确地计算海面蒸发量，有助于阐明海水的含盐量和洋流间的关系、揭示海上气团变性和大气环流等现象的内在规律。

蒸发量的直接测定，目前尚无很好的方法，不同学者设计出许多蒸发仪器，但多数只能在小块空间内测定。常用的蒸发仪器主要是各种类型水面蒸发器和各型土壤蒸发器及土壤蒸渗仪。船舶蒸发皿和蒸发计往往会受船体的影响，皿中的水面结构和周围的条件与实际的海况很不相同，所得的蒸发量也缺乏代表性。卫星的星载传感器对于大洋海气界面的通量交换观测方面具有巨大的潜力。由于海洋表层的气象观测要比高层观测容易实现得多，很长时间以来，气象学家都致力于用海表的气象要素来描述整层气柱的物理要素。Liu（1986）利用46个大洋岛屿测站、分布在世界主要大洋的17年的航次逐月大气观测资料推导出一个关于大气比湿和单位面积内的大气柱的水汽含量（也称可降水量W）的五项回归关系式，公式的均方根差为0.73g/g，其中W可以采用卫星观测数据。

通过比较由海气界面定点探测资料获取的大气比湿和由上述经验公式与卫星数据计算的大气比湿，证实了月平均全球大气比湿参数化公式在南海的可行性（Zeng et al.，2009）。为进一步计算逐日潜热通量数据，通过1727个高精度观测样本对潜热块体公式中的主要参量——海表温度、风速和大气比湿进行了准确性验证（Wang et al.，2013）。为评估月平均全球大气比湿参数化公式计算逐日南海潜热通量的准确性，采用1998～2012年共1016个垂向探空剖面进行了检验。图6.17给出了西沙群岛自动气象站和南海北部陆坡区定点浮标处大气比湿的观测值与SCSSLH和OAFlux两种潜热数据的大气比湿的时间序列。可以看出，在2008～2010年，SCSSLH的大气比湿更接近观测值，但在陆坡区，OAFlux的大气比湿准确度较高。除与现场观测值比较外，还与现有5种逐日潜热数据进行了比较，证实了SCSSLH的高准确度。

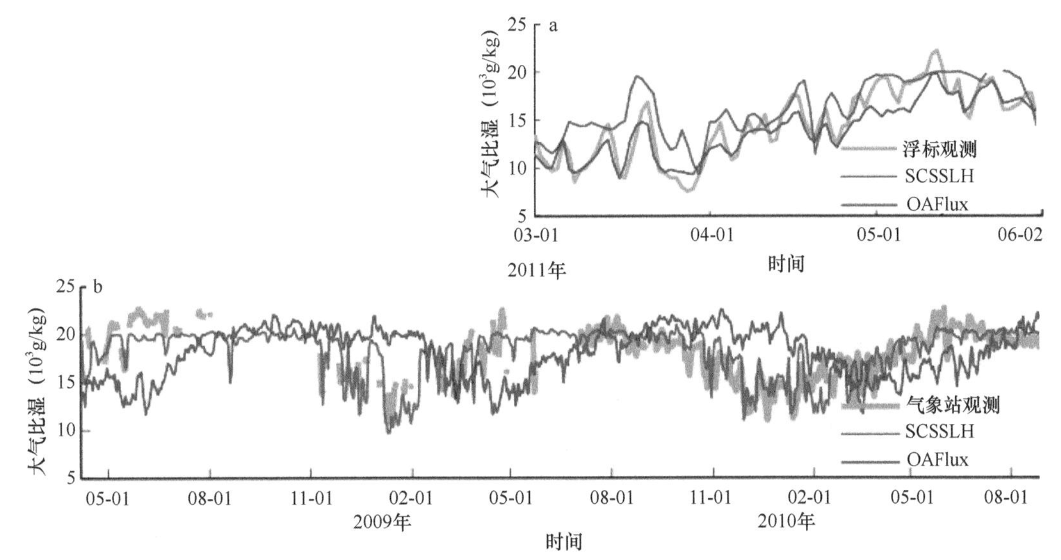

图6.17　陆架区浮标2011年3～6月和西沙群岛自动气象站2008～2010年现场观测的大气比湿和SCSSLH、OAFlux两种卫星潜热数据中大气比湿的比较（Wang et al.，2013）

2）通量观测铁塔与卫星遥感通量的比较

海洋与大气之间的通量交换，包括热通量和动量通量，可以影响海洋大气边界层及上层海洋结构，进而影响大气环流和海洋环流。此外，海-气通量作为海洋和气候模式的必要驱动条件，对模式的结果有不可忽视的影响。由于海-气通量的重要性，多种多样的再分析通量产品得到了广泛的应用。它们可以提供全球的、格点的、几乎实时更新的海-气通量数据。但是，不同的通量产品在同化观测数据、选取参数化方案等方面存在差异，导致这些通量产品间各自存在差异。近年来，海洋上的观测试验呈增多的趋势，这使得我们可以利用这些观测结果去评估通量产品的优劣。我们通过收集和整理近年来位于南海的浮标和通量塔等较为可靠的观测手段的数据，评估了5种常用的通量产品（ERA-Interim、OAFlux、TropFlux、NCEP2、JRA-55），以期明确通量产品的误差水平，为实际应用中选择合适的通量产品、改进和优化数值模式提供参考。观测数据没有被同化到任何再分析产品中去，这一点保证了评估工作的独立性和有效性。

图6.18给出了茂名、汕头、西沙三个浮标站和西沙铁塔观测的潜热通量月平均时间序列。可以看出，在月平均时间尺度上，通量产品和观测的变化趋势比较一致。而通量产品误差的季节性差异也很显著，特别是NCEP2，几乎都表现为一致偏大。而在夏季，通量产品的误差均比较微弱。

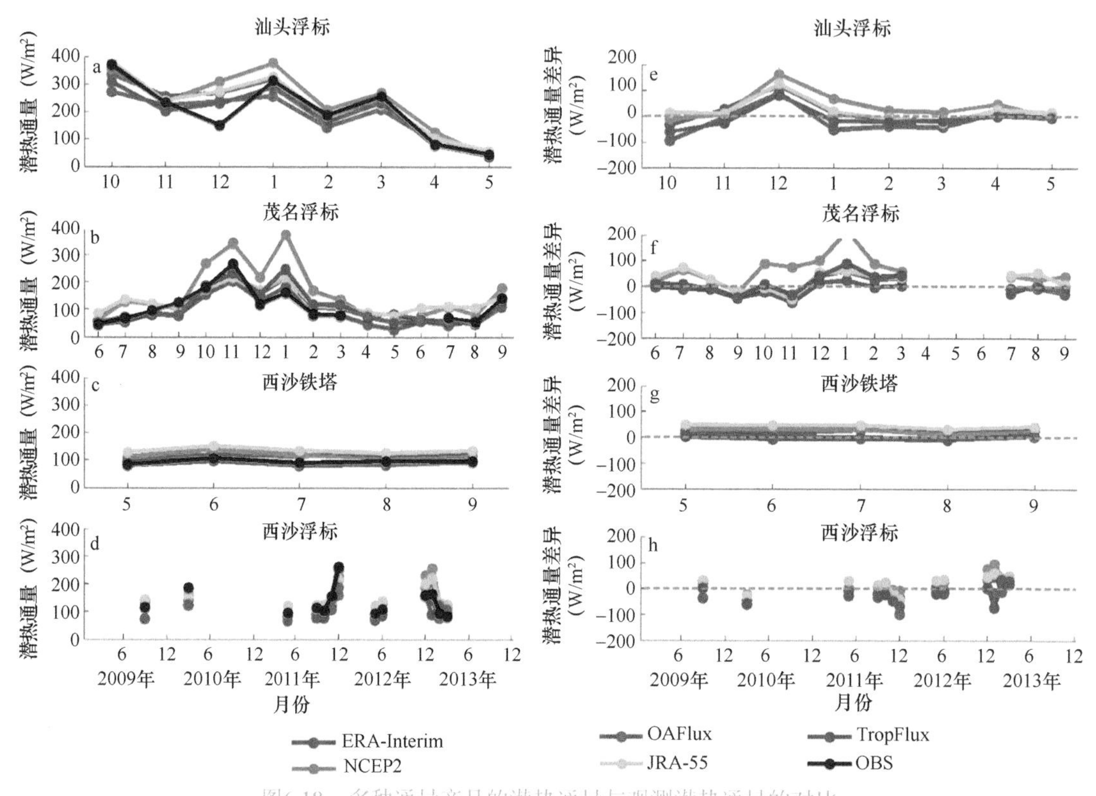

图6.18 多种通量产品的潜热通量与观测潜热通量的对比

所有数据均为月平均数据

为了分析造成通量产品误差的原因，我们分别给出了潜热通量误差（ΔLH）与4个块体变量误差（风速误差ΔU、海温误差ΔTs、气温误差ΔTa、比湿误差ΔQa）之间的散点图和拟合直线，如图6.19所示。为了便于衡量4个块体变量误差对潜热通量误差的贡献，所有数据都经过标准化处理。从图6.19可以看出，风速误差和海温误差与潜热通量误差是正相关关系，比湿误差与潜热通量误差是负相关关系，这些都是由它们在块体公式中的符号所决定的。而由于气温高时，海气温差小，海气比湿差就小，潜热通量就小，因此气温误差与潜热通量误差是负相关关系。通过比较图6.19中的4条拟合直线的斜率可以看出，比湿误差与潜热通量误差间的斜率绝对值最大，风速次之，然后是气温，海温最小。这说明潜热通量产品的误差主要是比湿误差造成的，而值得注意的是，潜热通量误差与海温误差的相关性最弱，表明虽然潜热通量误差与海温误差有一定关系，但对海温误差并不敏感。

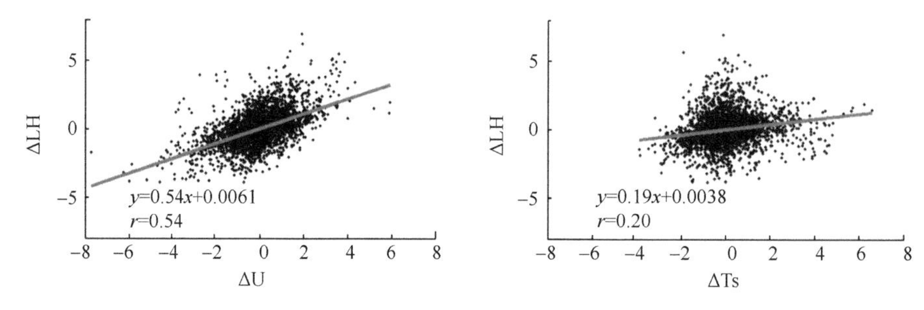

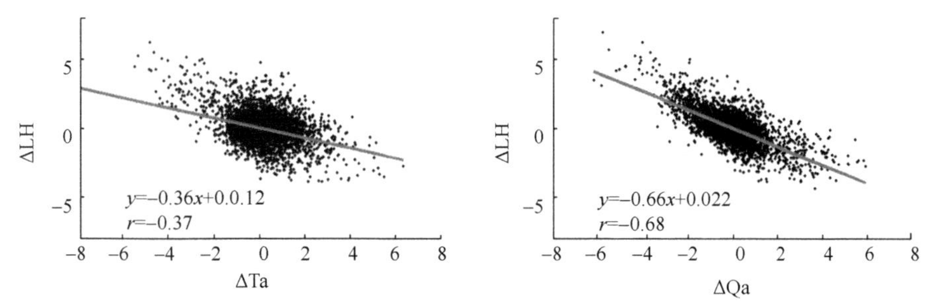

图6.19 潜热通量产品相对于观测值的误差与其块体变量相对于观测值的误差的散点图

灰色实线为最小二乘法拟合得到的直线；所有数据已经过标准化处理

在海洋模式或者海-气耦合模式中，海-气通量是必要的边界条件。而本研究评估的通量产品，在不同的数值模式中也有较为广泛的应用。由此可以看出，通量产品本身的误差，会对数值模式的结果造成一定的影响。我们知道，混合层以上的海温变化主要受海气界面的净热通量调控。而净热通量中最大的两项是太阳短波辐射和潜热通量，其中又以潜热通量的时间和空间变化最为显著。结合海温倾向方程，我们评估了通量产品中潜热通量的误差在模式计算中对SST的影响（图6.20）。一个显著的特点是，SST的变化无论是冬季还是夏季都比较强，只是冬季由于通量产品之间的不确定性更大，SST波动更大一些。虽然夏季潜热通量的误差小，但是由于混合层厚度薄，二者在海温倾向方程净热通量项的计算式中一个居于分子位置，另一个居于分母位置，结果就是较小的潜热通量误差对SST的影响也不容忽视。

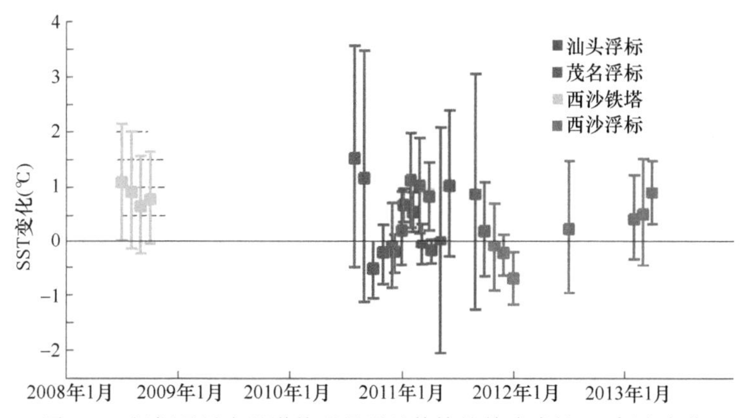

图6.20 根据通量产品潜热通量误差估算的其造成的SST倾向变化

综上所述，通量产品和观测数据均表明，潜热通量自身存在明显的季节变化，表现为冬强夏弱。而这种季节变化，导致潜热通量误差也存在季节性差异，亦表现为冬强夏弱。除此之外，通量产品之间存在的差异，在冬季也变得异常明显。借助海温倾向方程，我们估算了潜热通量误差可能引起的SST倾向变化，结果表明，SST的变化在冬季依然很明显，并且由于通量产品之间的差异显著，对SST变化的影响存在很大不确定性。从这里也可以看出选择合适的通量产品的重要性。选择不同的通量产品可能造成对SST的模拟差别较大。

6.2.2 南海海气边界层时空变化

海洋上方，海洋大气边界层（海面以上1000m左右的近海气层）厚度的时空变化相对较慢。由于海洋上层混合强，海表温度日变化极小。而海水有很大的热容量，缓慢变化且变化幅度很小的海表温度意味着一个缓慢变化且弱小的强迫力作用于边界层底部。大气环流通过海洋大气边界层影响海洋环境的变化。研究海洋大气边界层，有利于我们更好地研究海洋表层结构变化的影响机制，以及其与天气尺度现象发生发展机制的联系。通过海气界面连结的海洋大气边界层是人类在海洋上活动与生存的环境，对发生在海洋大气边界层过程的预测预报更是直接关系到海洋开发和利用、海洋灾害和海洋安全。因此，海洋大气边界层预测技术的发展是世界沿海国家涉及国防安全所关注的焦点之一。海洋与大气相互作用的媒介就是海洋大气边界层，它是海洋大气相互作用的纽带。因此，了解海洋大气边界层的风速、温度、湿度的性质及规律，对海洋环境数值预报具有重要的意义。本小节利用南海季风试验中的探空资料，分析季风爆发对南海海洋大气边界层结构的影响，同时利用多个航次探空观测资料分析南海海区几种海洋现象下海洋大气边界层的微观结构变化。

1. 夏季风影响下的海洋大气边界层

1）南海夏季风爆发期间海洋大气边界层的变化特征

海洋的热力学特性，使得海洋上的大气混合层的日变化不像陆地上那样明显，但是我们仍然可以看到海洋大气边界层的日变化。取相同时刻的边界层垂直结构并取平均值，由于南海南部和北部季风爆发的时间不一样，我们利用合成分析分别分析季风爆发前后的边界层。1998年南海北部的季风爆发日期大约为5月17日，而南海南部为5月22日。其中，在北部季风爆发前（后）有45（106）个探空数据，在南部季风爆发前（后）有72（80）个探空数据。南海南部的边界层在季风爆发前后结构比较稳定，整个低层大气水汽平均日变化比较大，季风爆发后日夜水汽差异减小；季风爆发后比季风爆发前水汽含量明显降低1～2g/kg。而南海北部，在边界层内日夜水汽差异比较小，边界层以上至高层大气，季风爆发前日平均水汽差异显著，季风爆发后性质比较均一，差异较小；季风爆发后比季风爆发前水汽含量明显升高1～2g/kg。比较南北之间的差异：季风爆发前低层水汽含量日变化南部大于北部，季风爆发后整层水汽含量日变化南部大于北部；季风爆发前水汽含量在南海南部比北部高1～2g/kg，季风爆发前后均是南海南部的边界层明显比北部深厚。统计得出虚位温平均日变化在0.5～1.0Kelvin，比湿平均日变化在0.2～0.8g/kg。

在边界层高度序列中选取相同时刻的量值的平均值作为合成事件的边界层高度。对北部季风爆发前（后）13（23）个探空数据、南部季风爆发前（后）18（18）个探空数据做了方差计算，得出整个南海南部和南海北部的平均边界层高度日变化（图6.21）。可以看出，在南海南部，在中午（06GMT）太阳辐射比较强盛的时候，边界层发展得深厚。边界层高度在季风爆发前有规则的日变化，其方差较小；而在季风爆发后日变化变得更加明显，但是不规则。中午时分，发展最深厚，其方差变大。在南海北部，在季风爆发前有规则的日变化，其方差较小；而在季风爆发后这种日变化趋于消失，其方差变大。季风爆发后云量的增多，削弱了南海北部的边界层日变化。

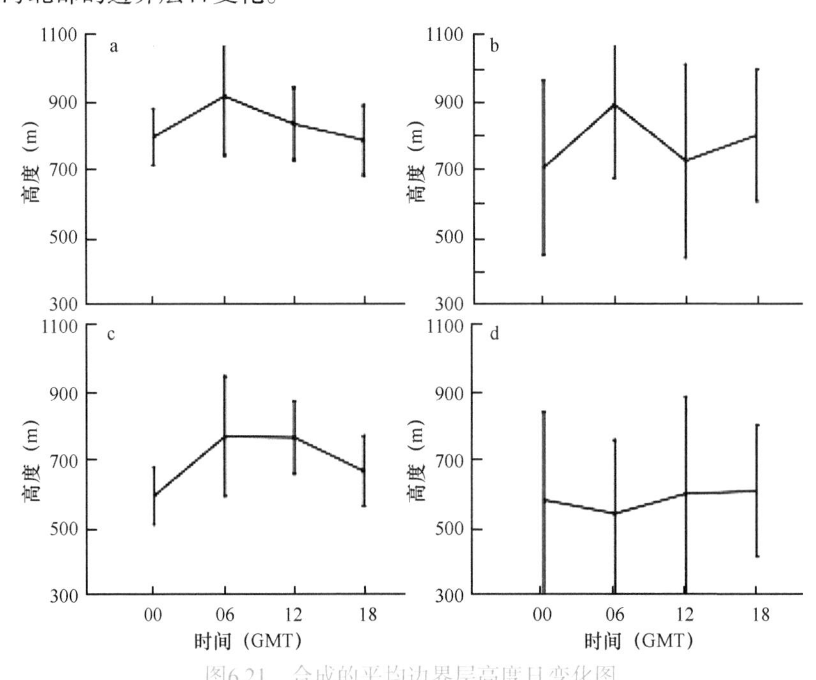

图6.21 合成的平均边界层高度日变化图

a. 季风爆发前南部；b. 季风爆发后南部；c. 季风爆发前北部；d. 季风爆发后北部。竖线代表方差大小

2）季风爆发前后长时间序列海洋大气边界层的变化特征

海洋大气边界层是表征大气与海洋之间交换的一个媒介，其中海洋大气边界层中的混合层最直接地感受海洋下垫面的水汽和热量，混合层升高代表着水汽从海洋向大气输送的能力强，它与海洋温度是密不可分的。海水温度升高对应着更多的水汽由海洋输送给大气。

季风爆发前后的海洋大气边界层，整体上是降低的。不同的是，在南海北部，大气中混合层高度有明显的起伏。在季风爆发后，随着SST降低，混合层高度降低，6月中旬SST升高，混合层高度也略有升高。而在季风爆发前，混合层的高度相对比较高，平均高度在760m，这个时间段内混合层高度虽然有起伏，但主要是集中在日变化上。1998年南海北部定点处观测到的季风爆发的时间是5月17日，而混合层高度在5月14日后就有一个明显的回落，主要集中在540m，此时SST也有一个回落，与混合层高度的变化呈现正相关关系，在6月的观测时间里，季风完全爆发后，随着SST的回升，混合层的高度才又逐渐升高。而在南海南部，在季风爆发前，由于该海域的水温高（SST＞29℃），海洋大气边界层内混合层发展深厚并维持稳定。5月22日左右季风爆发，从图6.22可以看出，在夏季风刚开始的时候，南海南部的混合层没有像南海北部那样，存在一个混合层厚度的快速下降过程，而是大体上保持与季风爆发前相同的厚度，直到6月中旬，混合层厚度才开始略有下降。在季风爆发前平均厚度约为830m，季风爆发后的平均厚度约为790m。

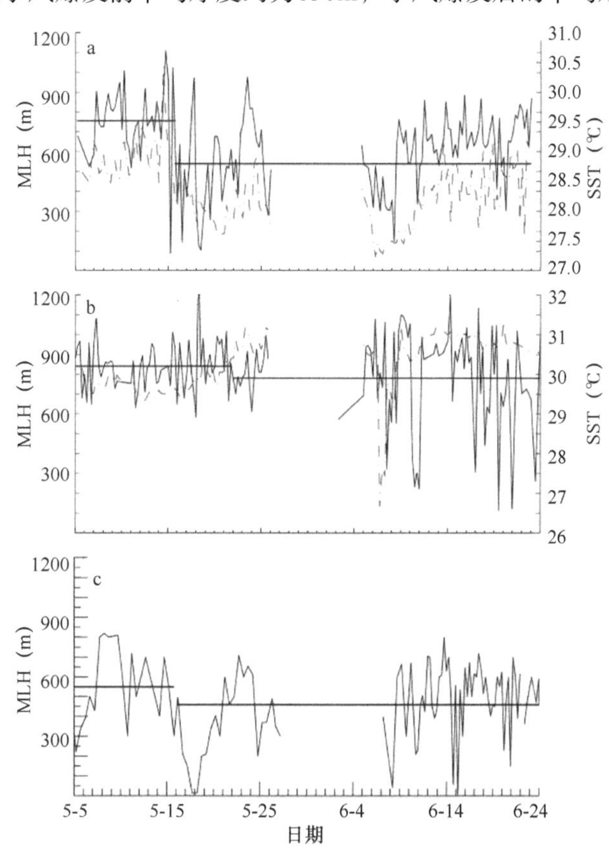

图6.22 1998年夏季风爆发期间海洋大气混合层厚度和SST的时间演变图

a. 南海北部；b. 南海南部；c. 东沙岛上的边界层高度

在南海南部，混合层变化的特征与北部明显不一样，虽然下垫面温度很高，但是混合层高度却始终维持在一个范围内。我们以前认为SST越高，混合层越发展，相对来说，南海南部季风爆发前后海水温度对应一个2℃的变化值，而这一水温的增加，并没导致季风爆发后混合层高度（MLH）的相应增长。在这里，SST与MLH不同于南海北部的变化规律使得我们推测海洋大气边界层的发展可能还被其他的因子控制。

比较季风爆发前后，我们知道当水温高于气温时，近海面大气层结不稳定，水面以上空气获得来自海水的热量，产生热力湍流和对流，能将所获得的能量迅速向上输送。这个过程会一直持续到海水失热直至两者温度相等。反之，则大气层结很稳定。南海北部的感热通量在季风爆发时相对较小，表征近海面的大气层结稳定，热量由大气传向海洋。而南海南部在季风爆发后感热通量增大，正好提供给混合层能量，使得混合层的发展更深厚。南海南部潜热的交换比北部量值大。潜热输送是海洋向大气输送热量的主要途径。南海南部蒸发大，水汽被源源不断地输送到大气中，使得大气混合层加深。北部季风爆发后相对季风爆发前潜热通量更低，而南部季风爆发后相对季风爆发前潜热通量增大。另外，考虑到大气本身的调整：高低层的配置在决定低层大气的结构上也起到一个非常重要的作用，抬升凝结高度表征大气中云底的高度。由于未饱和时空气块的干绝热递减率大于露点的垂直递减率，因此气块的温度和露点随气块的上升将逐渐接近，最终达到饱和而发生凝结，湿空气块刚开始凝结的高度称为抬升凝结高度。如果混合层高度比云底高度高，则在混合层中上部会有饱和现象发生，混合层高度也会继续发展。而如果混合层高度比云底高度低，会有一个混合层和其上的云层耦合，云层的盖顶作用会使混合层的发展受到抑制，即混合层的高度不会有大的发展。

南海南部混合层的发展受持续高温的下垫面影响，海气之间的热交换非常强，使得整体的混合层高度比北部高100m左右。但是在季风爆发后，混合层的高度没有降低，其中大气内部的调整也起到了非常关键的作用。南海南部的云层和混合层界限非常明晰，云层在混合层的下面，离开了云层的盖顶作用，混合层的发展可以持续下去。而北部由于云层的盖顶作用混合层不能突破云层的限制，因此发展得不深厚。也就是说，由于云层的盖顶作用，混合层的发展受到抑制。混合层高度降低，代表着释放这部分的能量以降雨的形式表现出来，即混合层高度降低与大气中降雨的发生存在负相关关系：在南海北部，当季风爆发时，5月15日开始混合层高度明显降低，而此时降雨发生；到了6月上旬，当混合层高度有明显的回升时，降雨停止。而在南海南部，在整个5月，混合层的高度都没有明显降低，此时对应南海南部的无降雨阶段；而到了6月，虽然混合层的整体高度没有明显降低，但是其中部分时刻，混合层的高度有明显的降低，这期间就对应着降雨的发生，从而再次验证了我们的猜测。混合层代表着大气和海洋的微观耦合，水汽和能量从海气界面向上传递到大气，并通过降雨的方式释放出来，水汽和能量从海气界面向上传递到大气，这更充分支持了边界层中混合层的高度受海洋强迫的影响。混合层高度的降低则预示着能量的释放，而能量的释放容易产生降雨。

2. 南海海洋锋面的天气尺度海气相互作用

大气和海洋是地球圈层中的一个耦合系统。海气相互作用不仅与全球气候变化及局地极端灾害性天气的发生有密切联系，还影响着海洋中的物理过程及生态环境变化。因此，对海气相互作用机制及其影响的研究，近年来已经成为大气海洋科学研究的热点与前沿。

海洋锋面及中尺度涡引起的SST变化对大气的影响，以及大气的反馈作用是海气相互作用研究中的重要科学问题。最新的研究进一步发现，大洋中的锋面、中尺度涡等造成的表层海温水平梯度结构对海洋大气边界层的动力结构产生影响，而且SST变化对海表涡度场、散度场及海洋大气边界层的风、湿度等大气要素的垂直结构等，都有显著的影响（Chelton，2013）。之前的研究大多关注开阔大洋中的海洋锋面区域，如东太平洋赤道区域（Lindzen and Nigam，1987；Wallace et al.，1989）、湾流及其延伸流域和黑潮及其延伸流域（Nakamura et al.，2012）。以上研究通过对卫星观测数据的分析及数值模拟，证实了海洋锋面附近的表层水温与海面风速存在正相关关系，即海表温度较高地区风速较快，海表温度较低地区风速较慢（Chelton et al.，2004；Small et al.，2008；Chelton and Xie，2010）。

大洋中的锋面、中尺度涡等导致的表层海温水平梯度引起的风场变化，会影响海洋大气边界层内辐聚辐散场及垂直气流的变化，对大气中水汽的水平及垂直输送都有重要影响，并且有可能通过上层大气环流传播到较远地区，进而影响全球及区域气候（Czaja and Blunt，2011；Nakamura et al.，2012；O’Reilly and Czaja，2014）。由中尺度涡引起的海表水温扰动虽然对海洋大气边界层中的风、湿度、降水及云的形成有一定的影响，但相对于这些变量的平均状态来说确实是一个很小的量，其对区域气候的影响也很有限（Frenger el al.，2013；Chelton，2013）。此外，大气风应力场对海洋锋面的响应对海洋内部物理过程的反馈作用，如影响Ekman抽吸的分布（Chelton et al.，2004；O'Neil et al.，2005）、上升流结构及海洋锋面和中尺度涡结构等也是值得关注的问题（Chelton，2013）。

海表水温异常导致海洋大气边界层的动力结构调整主要体现在海表风场的变化。关于海表风场对海洋锋面附近表层水温的响应机制，主要有两种理论。第一种是Lindzen和Nigam（1987）利用一维的边界层模式研究东太平洋赤道地区的海面风对表层水温变化的响应时提出的。他们认为，表层水温的变化引起海洋大气边界层的斜压效应，改变了水平压强梯度，产生了从冷水区域指向暖水区域的气压梯度力，从而造成海面风速的增大或减小。另外，Song等（2006）利用数值模式，研究了大西洋湾流地区表层水温变化对海洋大气边界层结构的影响，并从动力和热力学机制上进行了分析，研究结果表明，表层水温的热力强迫，造成扰动压力梯度力的改变，对由冷水区域向暖水区域的空气运动有加速作用，而对由暖水区域向冷水区域的空气运动有抑制和减速作用。Song等（2006）同时也发现，由水平辐聚辐散引起的空气的垂向运动，对海面风场的改变也有影响，而科氏力和水平平流的影响则是导致风场变化的相对次要因素。

针对上述海表风场对海洋锋面附近表层水温的响应机制，Wallace等（1989）及Hayes等（1989）提出了第二种理论。他们认为，如果压强梯度力是决定海洋锋面上海表风速变化的决定性因素，那么锋面上风速增大（减小）最强的区域则应该与表层水温梯度最大的区域相重合。但是，他们对东太平洋赤道地区的观测研究表明，这两个区域并不重合，而是有一定的位相差。因此，他们认为由垂直混合引起的动量输送，才是决定锋面对海表风场影响的主要因素：由于海表水温改变了海洋大气边界层的稳定度，暖水增强、冷水抑制边界层中的垂直混合，影响了边界层上下的动量交换过程，从而造成海表风速的变化。Skyllingstad等（2007）使用二维的大涡数值模式研究了风场对表层水温锋面的响应过程，模拟结果表明，湍流垂直混合随表层水温变化对风场的改变贡献较大，而压强梯度改变造成的影响则相对较弱。

海洋锋面不仅存在于大洋中，还存在于近岸海域。根据Yanagi和Koike（1987）的定义，海洋中的锋面可分为三大类：大洋锋（open ocean front）、陆架锋（shelf front）和沿岸锋（coastal front）。沿岸锋根据具体形成原因又可分为四类：①河口锋（estuarine front），由高盐水和低盐水形成于河口地区的盐度锋面；②热排水锋（thermal effluent front），由海岸边的发电厂等排放热水形成的锋面；③潮汐锋（tidal front），在由潮汐和地形引起的局部混合均匀海水与混合较弱的层结海水之间形成的锋面（Simpson and Hunter，1974），它多形成于夏季；④热盐锋。与大洋锋面相比，沿岸（近海）地区锋面的时空尺度较小，同时锋面上空风场存在较明显的日变化，所以沿岸海气相互作用的动力和热力机制则有可能与大洋不同。

南海是我国最大的边缘海，作为冬季的暖池和夏季的水汽输送通道，南海对我国华南地区及长江流域的天气气候起着重要的作用。南海北部锋面特征显著，如热盐锋、潮汐锋及上升流形成的锋面等。深入研究南海北部锋面与大气相互作用机制及其季节变化特征，进一步阐明南海北部海气相互作用的动力和热力学机制，对了解整个南海海气相互作用及其对区域气候的影响有重要的科学意义。因此，本部分对南海北部地区沿岸海洋锋面区域的海气相互作用机制及其对局地天气气候和近海内部物理过程的影响进行探讨。

1）南海北部冬季海洋锋面对海洋大气边界层结构的影响

使用高分辨率［（1/20）°］的2006～2011年月平均OSTIA（operational sea surface temperature and sea ice analysis）SST资料，分析了南海北部陆架区锋面的时空变化特征（图6.23）。卫星资料表明，在南海北部有3个区域存在明显的锋面活动，即北部湾、吕宋岛西北海区及广东—福建沿岸。其中，北部湾及吕宋岛西北海区的锋面仅发生在冬季，而广东—福建沿岸的锋面在一年四季都可以观测到。这里主要以位于广东—福建沿岸20～50m等深线的狭长带状锋面为研究对象，对南海北部锋面特征及其对局地海表风场的影响进行探讨。该锋面从台湾海峡南部向西南延伸，最远可至海南岛东部，并存在显著的季节变化。冬季锋面在东北季风盛行后的11月开始形成，并在12月迅速发展成熟，覆盖海区面积最广，东部锋面强度从12月到次年2月明显增强，而同一时段内西部锋面强度变化不明显。在进入春季（3月）后，东北季风开始减弱，冬季锋面开始消退，进入5月后覆盖海区面积剧烈地缩小为冬季的一半；进入夏季（6～8月）后，受西南季风盛行下的珠江冲淡水及广东—福建沿岸和台湾浅滩两支上升流系统的影响，夏季锋面在广东东部沿海及台湾海峡南部开始发展，但覆盖面积远小于冬季锋面。夏季风消退后，整个广东—福建沿岸区域锋面覆盖面积在9月达到最小。虽然冬季锋面覆盖面积远大于夏季锋面覆盖面积，但锋面区域内SST的平均梯度相当，冬季锋面发展成熟时期SST平均梯度约为0.021℃/km，夏季锋面发展成熟时期SST平均梯度约为0.017℃/km。

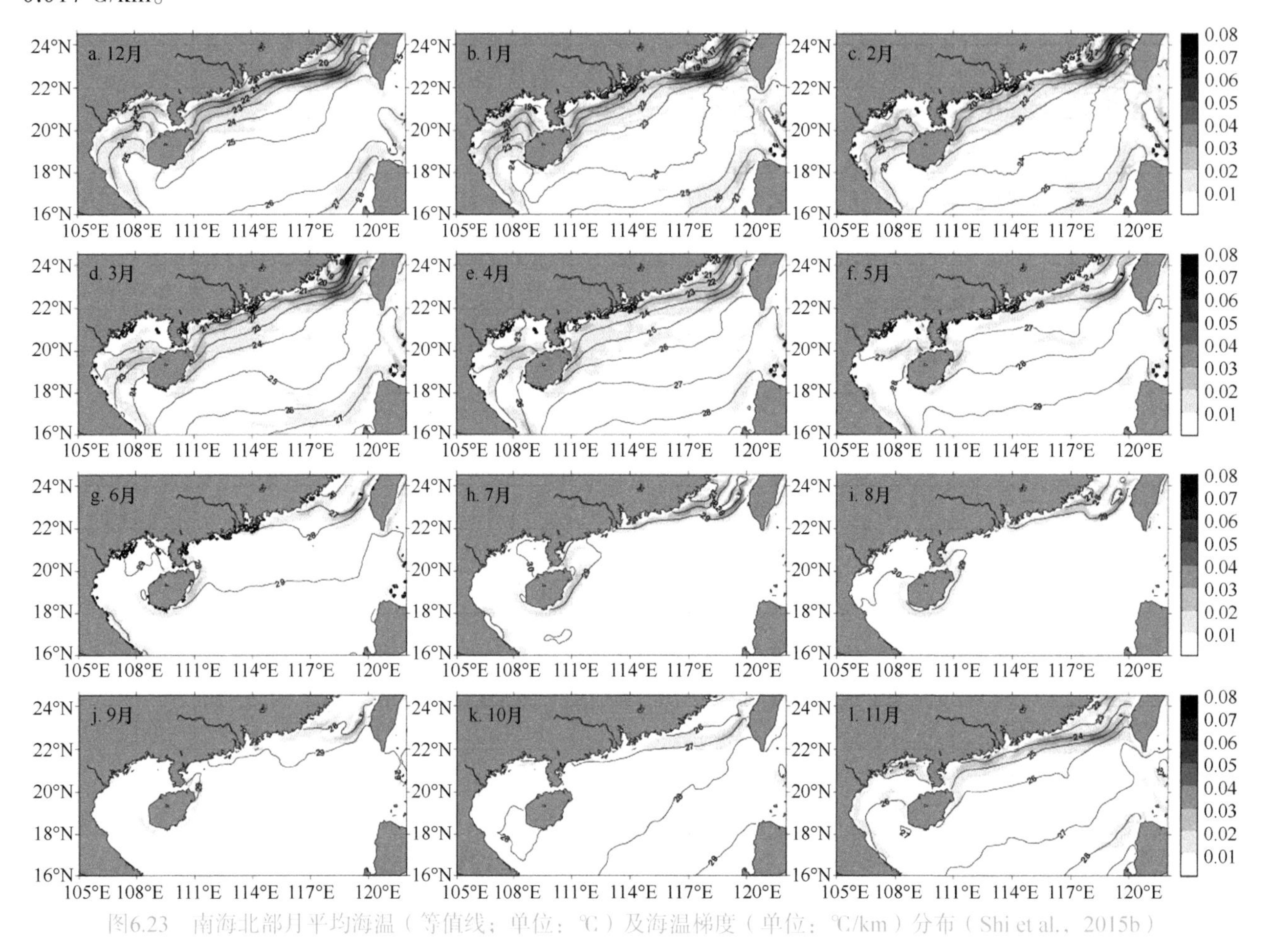

图6.23 南海北部月平均海温（等值线；单位：℃）及海温梯度（单位：℃/km）分布（Shi et al., 2015b）

对2008年月平均的QuickSCAT风速与OSTIA SST进行空间高通滤波处理后得到两者的扰动场。分析表明，南海北部锋面的局地SST扰动与风速扰动存在明显的正相关关系，即锋面暖水温区表层风速高，而冷水温区表层风速低，证明南海锋面对海表风场的局地变化存在影响（图6.24）。同时，锋面对海表风场的局地影响有显著的空间季节变化，冬季SST与海表风速的正相关关系在117°E以西显著，在117°E以东及台湾海峡

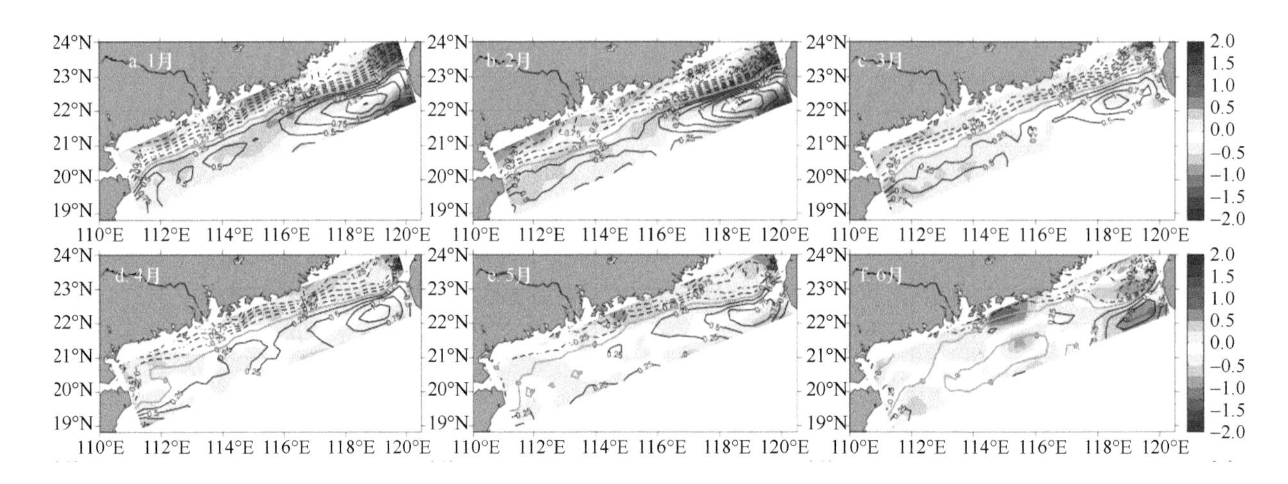

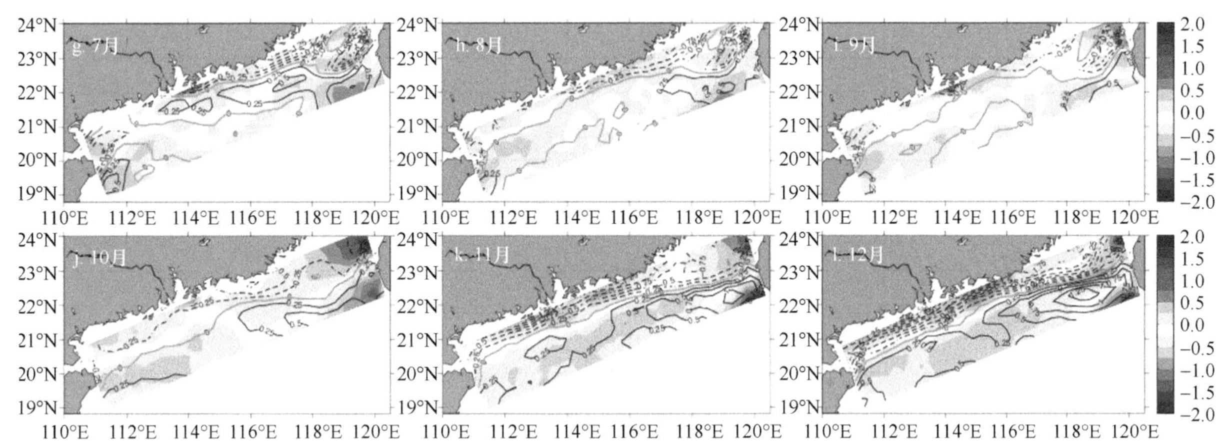

图6.24 对2008年月平均的QuickSCAT风速和OSTIA SST进行空间高通滤波处理后得到的海表水温（等值线；单位：℃）与海表风速（填色；单位：m/s）的扰动场（Shi et al.，2015b）

以南区域则是负相关关系；而夏季则在台湾海峡以南区域相关关系较为显著。冬季在117°E以东锋面对海表风速影响不显著的原因是台湾岛的阻挡作用及台湾海峡的狭管效应造成的风场空间分布特征相对锋面的影响更为重要，而夏季在台湾海峡以南区域较显著的原因则是夏季117°E以西锋面较弱，台湾海峡南部尤其是台湾浅滩附近海区锋面较强，锋面的局地作用得以突出。南海北部锋面对海表风场的局地影响也存在较明显的年际变化，2006年和2008年冬季锋面影响相对其他年份更为显著，根据SST和风场扰动的线性回归系数定义的海温-风速耦合系数约为0.5，高于其他年份的0.2～0.3。该年际变化的内在机制目前尚不明确，有待进一步研究。

通过对比控制试验及改变锋面SST梯度及位置的敏感性试验结果，发现锋面SST梯度变化最大区域的上方气压梯度力改变最大，并且两者呈正相关关系，因此海表风场的改变主要是由SST梯度导致的气压梯度力的改变所致，平流项和科氏力项起次要作用，垂直混合项则是前三者之和的平衡项。我们同时发现，在背景风场风速较高的情况下，锋面对风场的影响不明显，原因之一可能是背景风速大导致空气气团在锋面上空停留时间较短，空气气团来不及响应锋面两侧不同水温的变化，虽然这种情况下气团性质变化大小有限，但在近海面层风速廓线随高度变化的形态上仍然可以观测到锋面对海洋大气边界层的调节作用。

2）南海东北部夏季上升流锋面区域的海洋大气边界层结构特征

福建—广东沿岸海域是闽浙沿岸水、南海水、珠江冲淡水的交汇处。该海区地形是宽阔的陆架，主要受东亚季风影响，季节变化明显，夏季盛行西南风。夏季福建—广东沿岸海域存在上升流，西南季风及地形是该上升流发生的重要影响因素。一些研究分别利用现场观测资料和卫星遥感数据多次证实了该海区夏季存在上升流现象。通过比较卫星遥感海表温度（SST）和风场可知，上升流强度和风场的变化密切相关，海面风场平行于岸线分量的变化是夏季该区域上升流强度发生改变的重要原因。然而，上升流区域附近大气的微观活动状态还不是很清楚，我们利用探空数据来揭示海洋对大气强迫的响应。而海洋大气边界层的结构代表海洋影响大气的一个重要因子。

2006年9月，南海开放航次在粤东上升流区域做断面观测，共释放了7个气球，而2007年8月的开放航次中在相同的断面上释放了3个气球。从2006年9月9日卫星TMI三日平均SST（图6.25a）可以看出，沿岸海水的表层温度从西南向东北呈逐渐降低的趋势，116°E以东沿岸表层水温普遍低于29℃，其中近岸海域是表层水温低于28℃的低温区。QuickSCAT风场上，由于处在夏季环流和冬季环流的转型期间，西南季风比较弱，在近岸海域，盛行东风。而2007年8月航次中，观测海域盛行均一的西南风，上升流较强。沿岸海水的表层温度从西南向东北呈逐渐降低的趋势，116°E以东沿岸表层水温普遍低于28℃，有一个比较明显的冷涡出现。

在2006年9月9日大气探空数据的虚位温剖面图（图6.26）上可以清楚地看到，对应海洋温度呈现“左深右浅”的结构，有一个冷涌凸起出现在103°～104°E，致使该处的表面海水温度略低，而这个温度的改变，在大气的微观结构上也有所反映：上层大气虚位温在此区域有一个向下的“凹槽”，预示着该处的大气温度要比别处低，而在暖水区域低层大气温度明显比其他区域高。进一步分析发现，2006年9月断面上的

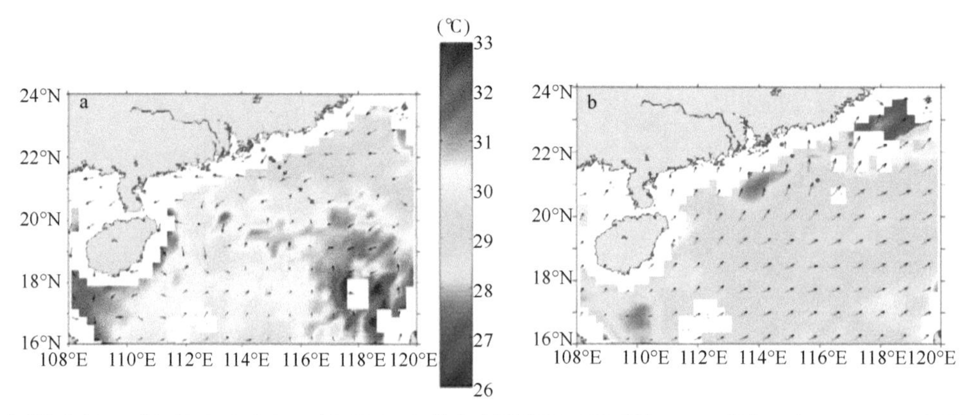

图6.25 南海北部区域2006年9月（a）和2007年8月（b）航次观测期间三日平均SST（彩色）与QuickSCAT风场（矢量箭头）

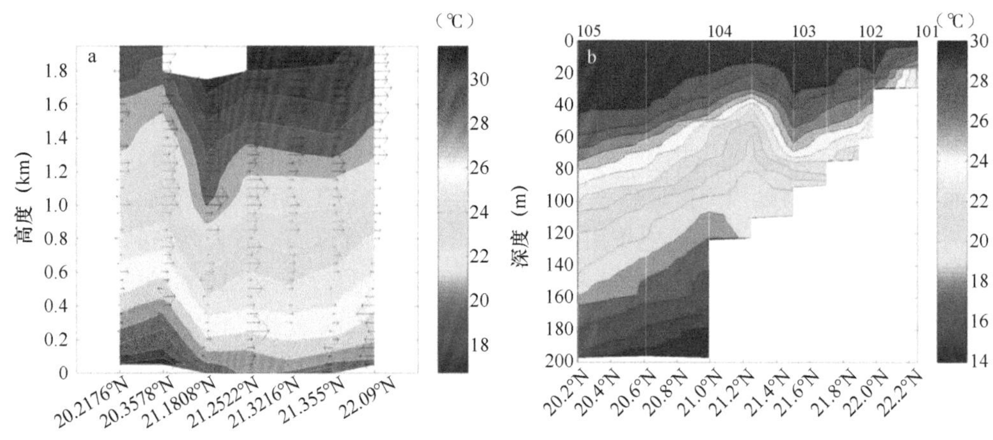

图6.26 2006年9月航次观测虚位温剖面图（a）与CTD站位水温图（b）

大气中存在一个明显的混合层，平均高度在200～500m，并可以看出混合层的厚度是逐渐升高的。在上升流区域，混合层高度在500m以下，而在暖水区域，混合层高度增加到大约500m，这个对比是显著的。在此次航程中我们还发现在航程过程中随着温度的变化，其他大气要素也有非常显著的变化。

3. 海洋大气边界层中的波导

大气波导是对流层大气中具有大气折射率随高度递减结构的特殊大气层。这种大气的超折射现象对现代雷达探测、电子通信等有重要影响，如能导致雷达出现超视距传播和探测盲区，从而影响雷达的探测性能。现代经济和军事不断发展，要求雷达系统、预警系统、通信系统等具有全天候工作能力，这就必须研究大气波导环境的出现规律及其预测和探测方法。

研究中常用大气折射率（M）的变化来研究大气波导，大气折射率的计算公式为

$$M=\frac{77.6}{T}\left(P+\frac{4810e}{T}\right)+\frac{Z}{R}\times10^{6}$$

式中，e为水汽压（hPa）；P为气压（hPa）；T为绝对温度（K）；Z为距离海表的高度（m）；R为平均地球半径，取6.371×10^{6}m。当修正大气折射率随高度递减时，即$\mathrm{d}M/\mathrm{d}Z<0$时，会出现大气波导现象。

在对流层大气环境中，通常按照大气折射率垂直梯度及其所在高度将大气波导分为悬空波导（抬升波导）、表面波导（包括陷获层接地的表面波导和陷获层悬空的表面波导）和蒸发波导3种类型。其中，波导底高、顶高、厚度、强度和陷获层等是描述大气波导性质和特征的主要参数。国内对大气波导的研究始于20世纪90年代，南海是大气波导的高发区，成印河等（2013）根据1998年季风试验期间的探空资料对南海海域大气波导特征进行了时空分布研究，结果表明，夏季风爆发后大气波导发生概率降低了，南海北部低空大气波导强度略有增大，南海南部和北部低空大气波导厚度都有所减少，并且湿度锐减是诱发其变化的

直接原因。Zhao等（2013）利用2010～2012年春季所收集的高分辨率探空数据，定量分析了春季各类大气波导在南海和热带东印度洋的发生概率及波导高度、强度和厚度的分布特征。

1）南海季风试验期间大气波导的统计特征

蒸发波导是常见的波导类型，是水汽蒸发引起大气湿度随高度锐减而形成的一种大气层结改变大气折射率结构的波导。海上蒸发波导是对流层大气波导研究中最重要的组成部分，为充分利用或避免蒸发波导环境所引起的传播效应，许多专家开展了海上蒸发波导环境特性研究。蔺发军等（2005）和杨坤德等（2009）基于蒸发波导模式对我国海域蒸发波导进行了统计分析，指出蒸发波导高度具有季节变化、月变化及空间变化等特征，并不是简单的南方比北方高、夏季比冬季高的时空分布特征。由此可见，蒸发波导环境具有地理和尺度特征，近岸处还有可能受陆地的影响，而我国南海海域受季风和环流影响较大，气象水文状况复杂，蒸发波导环境特性有所不同。

由于蒸发波导高度较低，一般小于40m，受到观测方法和手段的制约，海表低层大气的观测数据极其稀少。现有文献中蒸发波导研究大多采用蒸发波导模型反演，或用沿岸、近海定点台站稀少的、分辨率较低的数据。鉴于此，我们采用南海季风试验（SCSMEX）期间“实验3”号（20°29′N，116°57′E）和“科学1”号（6°15′N，110°0′E）科考船近2个月每天4次定点观测的高分辨率低层大气剖面数据，研究分析了南海季风爆发前后蒸发波导的特征及其成因。这种试验数据分布更能够代表季风爆发前后南海海域的大气状态及其南北差异，有利于分析南海蒸发波导环境区域特征。

南海季风试验期间，收集有效的探空资料共294时次，其中北部和南部均为147时次。1998年南海南部季风爆发时间为5月22日，南海北部季风爆发时间为5月17日。南海北部季风爆发前后探空剖面分别为42时次和105时次，南海南部季风爆发前后探空剖面分别为66时次和81时次。从表6.1可以看到，南海北部季风爆发前各个时刻蒸发波导发生概率分别为81.82%、70%、18.18%、30%，而季风爆发后的发生概率为60%、80.77%、48.15%、33.33%，显然，除了00GMT，其余时刻季风爆发后蒸发波导发生概率均比季风爆发前相应增加，南海南部只有12GMT和18GMT时刻才出现相同现象。由此表明，南海西南季风的爆发有利于蒸发波导的发生，从而使得海上波导的发生概率增大，这可能是由于西南季风爆发后，海气界面处水汽的蒸发加剧，因而更容易引起湿度锐减，形成波导结构。另外，南海北部蒸发波导发生概率在18.18%～81.82%，南部蒸发波导发生概率在68.75%～100%，可见，南海南部蒸发波导发生概率比北部高，说明随着海域纬度的降低蒸发波导的发生概率具有升高的趋势，这与以往的研究结果一致。结果还显示，蒸发波导出现的概率呈现出明显的日变化特征，南海北部和南部00GMT与06GMT时刻的蒸发波导发生概率大多比12GMT、18GMT时刻的高，即白天蒸发波导的发生概率大于夜间，而且北部的差别比南部更为明显，因为南部的蒸发波导发生概率均较高，季风爆发前后共有4时次的观测/发生概率达到100%。

表6.1 蒸发波导在南海北部和南部各时段的发生概率

时刻（GMT）	项目	南海北部			南海南部		
		季风爆发前	季风爆发后	合计	季风爆发前	季风爆发后	合计
00	波导发生次数	9	15	24	17	21	38
	观测次数	11	25	36	17	23	40
	所占百分比（%）	81.82	60	66.67	100	91.30	95
06	波导发生次数	7	21	28	17	18	35
	观测次数	10	26	36	17	18	35
	所占百分比（%）	70	80.77	77.78	100	100	100
12	波导发生次数	2	13	15	13	18	31
	观测次数	11	27	38	16	22	38
	所占百分比（%）	18.18	48.15	39.47	81.25	81.82	81.58
18	波导发生次数	3	9	12	11	18	29
	观测次数	10	27	37	16	18	34
	所占百分比（%）	30	33.33	32.43	68.75	100	85.29

为分析南海区域季风爆发前后蒸发波导强度和高度的日变化情况，分别对其进行统计，得出了南海北部和南部蒸发波导高度和强度的日变化。南海北部蒸发波导强度和高度基本呈“低—高—低”形式的日变化，强度和高度均在中午06GMT时刻达到最大，且强度比高度的日变化明显；在季风爆发前蒸发波导高度和强度的方差较小，日变化较弱；季风爆发后蒸发波导强度和高度方差变大，日变化比较剧烈。南海南部蒸发波导强度明显呈“低—高—低”形式的日变化，在中午06GMT时刻达到最大值，而蒸发波导高度的日变化较小，且中午时刻的高度并不是最高。与南海北部一样，季风爆发前蒸发波导高度和强度的方差比爆发后的小，表示季风爆发前蒸发波导高度和强度的日变化较弱。南海北部蒸发波导的平均强度和高度分别约为5M-unit和30m，南海南部平均强度和高度则分别约为10M-unit和20m。因此可得出结论，南海南部的蒸发波导强度比北部大，而高度比北部低。说明随着纬度的减小，蒸发波导高度具有降低的趋势，而强度有增大的趋势。

2）南海及东印度洋大气波导的统计特征

利用航次探空观测资料，中国科学院南海海洋研究所较早地开展了对南海及东印度洋海区的大气波导研究。2010～2012年春季（2010年4月12日至5月27日，2011年3月31日至5月15日，2012年2月25日至4月20日），中国科学院南海海洋研究所“实验1”号科考船完成了3次印度洋开放航次。考察航次期间，每天定时（00UTC、06UTC、12UTC和18UTC）释放4次高精度的GPS探空（共近2000个探空资料），通过对接收资料进行预处理和质量控制，最终获得380个有效GPS探空资料（航次路线及2012年3月11日12 UTC时次的探测个例由图6.27给出）。利用这些高精度GPS探空后处理资料，分析了南海及热带东印度洋上空3类典型大气波导的发生概率（波导发生次数/有效探空个数），并给出了波导相关特征量的统计结果。

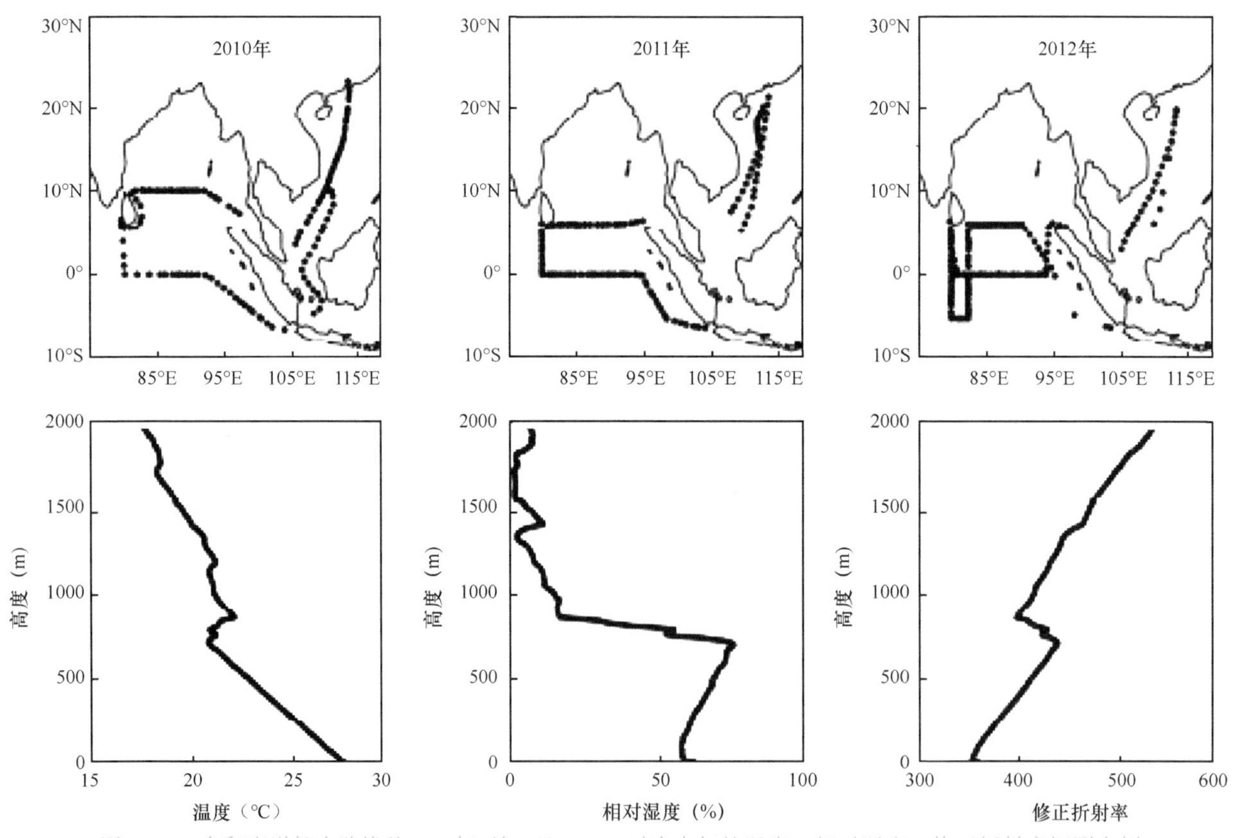

图6.27 3次印度洋航次路线及2012年3月11日12UTC时次大气的温度、相对湿度、修正折射率探测个例

研究发现蒸发波导为研究海区发生最为频繁的大气波导，其发生概率为75.3%，平均高度为15.3m；表面波导的发生概率为5%，平均高度为84.1m，平均厚度为14.9m，平均强度为10M-unit；悬空波导的发生概率为43.7%，平均高度为1003.6m，平均厚度为62.2m，平均强度为7.9M-unit。波导发生概率及波导特征量平均值的年际变化不大。由于表面波导的发生概率很低，其波导特征量的统计结果所依赖的实测个例较少，但从蒸发波导和悬空波导的统计结果可以看出，波导特征量在数值上基本服从正态分布。

6.3 南海热带气旋活动特征与分析

南海的热带气旋（tropical cyclone，TC）活动包括在南海局地生成的TC和在西太平洋生成后西行进入南海的TC，大约13.2%的南海热带气旋是南海局地生成的（陈联寿和丁一汇，1979）。在1949～2013年，南海总共有660个热带气旋活动，其中247个是在南海局地生成的。20世纪80年代以后南海局地生成的TC成倍增长，其中有98%生成于7～9月。夏季风在南海的爆发通常开始于5月中旬并持续到9月。研究表明，在夏（冬）季风期间，TC主要形成于南海北（南）部。南海TC的活动与海表温度（SST）及向外长波辐射（outgoing long-wave radiation，OLR）具有很好的相关性（Lee et al.，2006）。南海局地生成的TC的初始位置通常具有正的海表风相对涡度，而几乎没有TC产生在负相对涡度区域（Lee et al.，2006）。Lee等（2006）对1972～2002年5～6月生成于南海的20个热带气旋进行了分析，发现其中11个产生于梅雨锋内弱的斜压环境内，而除此之外的气旋则正压性更强且更易发展、加强为强热带气旋。通过分析遥感回波图像，发现可发展及过早消亡的热带扰动在柱状水汽、液态水含量及总潜热释放方面具有显著性差异。季风槽及山脉的走向通过引起大气的相对涡度的变化，进而影响热带气旋生成位置的分布特征。

6.3.1 南海热带气旋形成的影响因子

夏季平均流场提供了TC生成的有利环境条件，而中尺度扰动是激发个别热带气旋生成的主要因子。热带西太平洋中TC生成的中尺度前兆因子则主要包括：前期TC的能量频散所引起的罗斯贝波列（Rossby wave trains induced by energy dispersion of a pre-existing TC，TCED）、天气尺度波列（synoptic wave trains，SWT）和东风波（easterly wave，EW）。虽然南海和西太平洋的大尺度环流属于同一个西太平洋季风系统，但两个海域在大气和海洋条件方面还是有很多明显的不同之处。例如，南海属于半封闭边缘海，而西太平洋是开阔海域；夏季南海的低层风场主要是西南季风，而西太平洋则主要是受西北-东南走向的季风槽影响。对于南海的TC生成，初始扰动主要有四种类型，即热带辐合带扰动、信风扰动、季风扰动和斜压扰动。Lee等（2006）发现南海的部分TC与梅雨锋相关的弱斜压扰动有关。南海的TC生成还与季风和沿岸山脉走向相关。在北半球冬季风盛行的时候，加里曼丹岛的沿岸经常会有涡旋形成，其被称为婆罗洲涡旋（Borneo vortex，BV），通常是南海TC的前兆扰动。

从季节内到年际的大气低频振荡是TC生成的重要控制因素。与天气尺度扰动相比，大气低频振荡有更长的时间尺度和更宽的空间范围，可以作为天气尺度扰动的背景场。低频振荡一般是指时间尺度在10天以上，100天以内的大气振荡。热带大气季节内振荡（intra-seasonal oscillation，ISO）主要是通过低层大气的热带低压（tropical depression，TD）型或者SWT型扰动的强度和结构的变化对TC进行调制。TD型的扰动在ISO正位相的时候会增强，主要与ISO风场的旋转和辐散分量相关的正压能力转换有关。研究显示，准双周振荡（quasi-biweekly oscillation，QBWO）在调制TC活动上有重要作用。OLR场通常用于计算与ISO相关的对流活动。OLR能够很好地表明热带深对流的强弱（Salby and Hendon，1994；Riley et al.，2011）。20～100d带通滤波的OLR场一般可以作为决定ISO活动的局地位相（Riley et al.，2011），与全球的ISO位相不同。全球的ISO位相定义为实时的多变量的MJO指数，这个指数将热带地区划分为不同的MJO位相，且不考虑季节变化（Wheeler and Hendon，2004）。但是这个指数不能准确地描述ISO在夏季向北传至西北太平洋的特征。局地ISO位相的信号是基于每个时间点每个经度上的OLR滤波场的值计算得到的（Riley et al.，2011）。负的OLR大值代表ISO的局地强位相。虽然显著的ISO信号在冬天主要是向东传播，但是在夏季，ISO在西北太平洋不仅向东传播，还向北传播至副热带地区（Chen and Murakami，1988）。ISO在西北太平洋TC季节的传播特征有显著的季节变化（Huang et al.，2011）。在本小节中，主要讨论ISO如何调制与南海TC生成相关的中尺度扰动。

1. 天气尺度扰动前兆信号研究

根据前面的定义，2000～2011年南海有35个TC生成。使用TC生成前7天逐日的低层风场（3～10d带通滤波）辨别出6种前兆中尺度扰动类型。其中属于SWT、TCED、EW、BV、TCSV和其他的TC生成的前兆扰动分别有10个、5个、3个、4个、8个和5个其他的不属于前五种的第六种类型。SWT型比例最高，占总数的29%，其次为TCSV型（23%）和TCED型（14%），BV型和其他型分别占11%和14%，而EW型仅占9%。

如果TC形成于和前期TC生成无关的SWT中则命名为SWT型，是第一种类型。西北-东南走向的SWT多发生于西北太平洋（western Northern Pacific）的夏季。SWT的形成可能与在对流摩擦辐合正反馈存在的情况下夏季平均气流的不稳定有关。与WNP的情况类似，南海中大多数TC生成的前兆中尺度扰度也是西北-东南走向的SWT。SWT型的TC生成主要发生在8～9月。SWT型扰动在TC生成的前72小时的上层（250hPa）环流的合成场为辐散气流，与底层辐合区域相对应。

第二种类型为TCED型，这种类型的TC生成于嵌在由TC能量频散引起的西北-东南走向的波列中的气旋式环流。大部分TCED型的TC生成于8～9月。

第三种类型的TC形成于西传的东风波。在TC生成前72小时，在平均东风下存在一个波列，EW扰动缓慢向西移动且于TC生成前24小时发展成为一个封闭的气旋式环流并进入南海增强为TC移动到南海中部。EW型的TC生成主要发生在8～10月。EW扰动的迅速增强可能与在某一个临界经度上波动能量积累或者纬向波长突然变短所引起的波动能量辐合有关。

第四种类型的TC由局地的BV发展起来。BV经常发生在加里曼丹岛附近沿岸海域，是冬季季风系统在南海南部地区的一种天气尺度系统。BV形成并嵌于季风槽内部，多与来自高纬度的低层冬季风气流有关，一般会带来强烈的降水，影响马来西亚地区的天气，且通过大量的潜热释放影响行星尺度的大气环流。BV形成之后，经常会向西和向北移动，部分BV移动至南海后可能发展成为TC。因为BV主要发生在马来西亚地区，这种前兆扰动有别于其他类型的扰动。

第五种类型的TC由与前期TC相关的西南风切变发展起来，属于TC风切变引起的涡旋（TC shear flow induced vortex，TCSV）。与新生TC生成和前期存在TC的东南侧的TCED型不同，TCSV型的TC形成于前期存在TC的西南侧。通过分析TC生成前5天风场和相对涡度的合成发现前期存在的TC出现在台湾东北部，与之相联系的气旋切变还非常弱。随着前期TC向东北移动，该TC西侧的东北风增强会导致局地气旋切变增强，进而逐渐增强为封闭气旋式环流。与TCSV有关的TC主要生成于7～9月。剩余的不属于前五种类型的被分类为第六种扰动类型，即无法归类到前五种类型的前兆扰动类型定义为其他，其中包括梅雨锋（Lee et al.，2006）、对流层上层强迫或者低频振荡等。

此外，根据前兆扰动的源地，这35个TC还可分为两类：一类是扰动源在南海内部（13个）；另一类是扰动源来自南海外部（22个）。也就是说有63%的TC前期扰动来自南海外部。造成这一区别的原因主要是前期的结果仅通过JTWC（Joint Typhoon Warning Center）的数据判断TC的源地。但是从天气尺度扰动上讲，TC生成的前期扰动还可以再往前追溯。一般来说，EW型扰动来自南海外部，BV型的扰动存在于南海内部，其他四种类型的扰动都有可能存在于南海内部或者外部。

2. 南海中层涡旋诱发热带气旋的位涡诊断研究

中层涡旋是指出现在大气对流层中层（700～500hPa）的天气尺度系统。中层涡旋的初始扰动通常会有一个冷中心结构，且在下垫面表面没有明显的气旋式环流相对应。这与TC的暖中心结构明显不同。部分中层涡旋在南海能够形成TC，这样的过程一般被认为是从上往下的过程。位势涡度（potential vorticity，PV）是有很有意义的变量，可以同时包含热力和动力特性的变化。PV的概念由Rossby（1940）首次引入。PV在不考虑摩擦情况的非绝热状态下为守恒和可逆转的变量。早先PV经常被用于气块的追踪，后来主要作为一个动力变量来研究三维流。分片PV反演方法可以分离不同的物理过程及其相应的贡献。

已有的研究认为潜热在TC的形成和发展过程中起主要作用。高的PV和PV异常一般总是存在于飓风过程中，因为风眼墙和螺旋雨带能迅速释放潜热。PV分片反演方法也可以用于分析TC的生成。本部分使用非线性平衡的PV分片反演方法诊断南海由中层涡旋引起的Usagi（2001年）的动力和热力过程，包括上层扰动、中层至低层潜热及表层热状况异常的相对贡献。

Usagi起源于2001年8月南海的一个中层涡旋，其初始扰动最大位涡（PV）在500hPa附近，对应近海面有反气旋式环流和冷中心结构，低层和上层有弱的上升运动，中层上升运动较强。中层涡旋对应的云顶高度相对高。较大的相对湿度集中在中层，引起降水和中层气旋发展。中层涡旋显示出斜压结构并出现明显的暖中心气旋式环流。暖中心逐渐向下发展至表面，对应的低层为弱的上升运动，中高层为弱的下沉运动。在此期间，干空气和环境东风由上层切入，湿空气和降水主要发生在低层。随着对流向下发展，气旋涡度和暖中心结构也逐渐发展起来。随着环境场的变化，涡旋的斜压结构逐渐转变为准正压，低层出现较强的对流不稳定。同时湿度层逐渐加深，当位于气旋东北部的西太平洋副热带高压（WPSH）以下简称“西太副高”向西南偏移后，气旋式环流逐渐被整层东风控制，水平风垂直切变明显减小。伴随着有利的环境场，低层和中层的上升运动增强。中层的气旋环流和暖中心结构也随之增强，暖中心结构向下和向上同时发展，上层为强反气旋式环流，此时下层涡旋已加强为TC。这个过程可以用图6.28来表示。

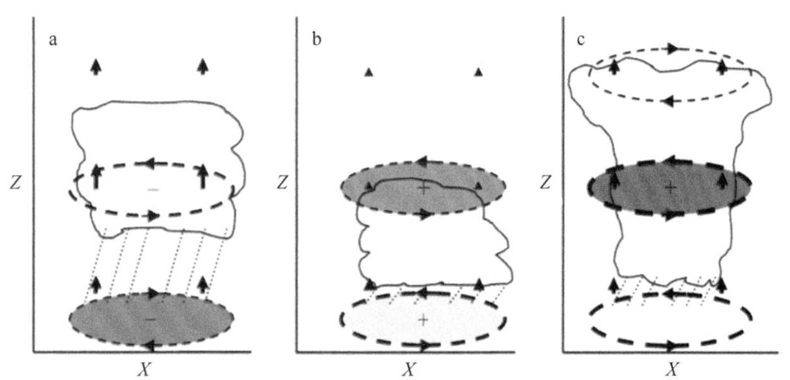

图6.28 由南海中层涡旋引起的Usagi生成过程图示（Yuan and Wang，2014）

a. 早期；b. 向下发展阶段；c. TC生成阶段。“+”代表暖中心；“–”代表冷中心

6.3.2 南海热带气旋的生成、强度和路径

TC的生成与海表温度（SST）、对流层中层湿度、垂直风切变等动力和热力因素紧密联系（Gray，1979；Camargo et al.，2007；Chia and Ropelewski，2002）。南海TC生成频数的年际变化很大程度上与ENSO有关（Lee et al.，2006）。最近的研究表明，南海TC生成频数在厄尔尼诺次年会增加，主要是因为厄尔尼诺次年印度洋会增暖，激发开尔文波动并向东传播至西太平洋（Xie et al.，2009），从而影响西太平洋和南海的大尺度环流。反之，在南海地区垂直风切变减小，从而有利于南海TC的生成（Du et al.，2011；Zhan et al.，2011）。除此之外，很多研究表明南海TC的生成也在不同尺度上与东亚季风密切相关（Wang et al.，2012；Li and Zhou.，2013）。

TC与其环境场之间的相互作用影响其周围的气流场，而涡旋则是被这种气流场的平流效应所引导。此外，TC运动的突变经常由大尺度环流的调整所引起，如副热带高压的进退、热带辐合带（ITCZ）的断裂、赤道缓冲带的形成和消退、行星波的传播及信风和季风的交替等。大尺度环流从一种状态向另一种状态的转变将引起TC周围环境引导气流的突然变化，从而导致路径的突变。TC的移动主要是以下五个基本因子相互作用的结果：大尺度环流引导气流、不同尺度环流系统的相互作用、β效应、台风涡旋的非对称结构和下垫面影响。大尺度环流引导气流是引导TC移动的主要控制因子，其主导因素占70%～90%（Englebretson，1992）。数值模拟和观测研究均显示，β效应项只在TC强度很弱时使TC路径产生很强的系统偏移（Carr and Elsberry，1990；Franklin et al.，1996）。引导气流通常定义为大气层的垂直积分，通常代表大尺度环流引导TC移动的一个平均气流（Holland，1983）。对于大气层积分的高度不同的研究中有不同的选取。例如，Chu等（2012）选择850～300hPa作为积分层，而Chan和Gray（1982）则认为900～200hPa的风场积分与TC移动路径相关性最好。大部分TC会在大尺度背景引导气流的作用下移动，然而有一些TC的路径会与大尺度背景引导气流不同，甚至相反，这些TC则是由其他异常的海洋或者气候因子的影响所导致的异常引导气流所引导。

南海TC生成和路径与季风槽的位置关系也十分密切（Xie et al.，2003）。季风槽是越赤道气流与信风气流辐合形成的槽。季风槽在南海有显著作用，不仅为TC活动提供有利的动力学条件，同时表征其强度的低层纬向风异常同样会对热带气旋的路径有重要影响。南海的季风槽在5月开始增强，在南海北部徘徊直到9月后移到南海南部。南海TC平均生成位置一般会与季风槽的位置相差几个纬度（Chia and Ropelewski，2002）。例如，在10月，南海TC的平均位置在南海中部（13°N），而此时季风槽已经移到了南海的南部（10°N以南）。

1. 个例数值模拟和分析

本部分分别以台风“珍珠”（2006年）和“杜鹃”（2010年）的过程为例，用数值模拟的手段研究TC强度及其路径变化。

1）台风“珍珠”（2006年）

“珍珠”（2006年）是2006年进入南海的第一个热带气旋，其最大持续风速在其迅速加强期间达到46m/s。它是香港天文台历史记录中在5月进入南海的台风中最强的一个。“珍珠”（2006年）于5月8日产生于西太平洋，强度级别为热带低压。之后其迅速增强至台风级别，并在菲律宾群岛连续登陆两次后于5月13日进入南海。“珍珠”（2006年）在进入南海后迅速加强并于5月14日后加强为4级台风（Saffir-Simpson热带气旋分类等级）。“珍珠”（2006年）在进入南海后先沿西北方向移动，然后又迅速折向北北东方向，最后在广东省东部的汕头附近登陆。

本部分使用MM5对台风进行模拟，并与卫星和再分析数据进行对比。数据包括OAFlux（Objectively Analyzed Air-sea Fluxes）和由AMSR-E（the Advanced Microwave Scanning Radiometer-Earth Observing System）反演的潜热、TRMM（the Tropical Rainfall Measuring Mission satellite）三小时降水、QuickSCAT（Quick Scatterometer）反演的风场、广东省86个台站的降水资料及JTWC台风数据。总共设计了5个试验（1个控制试验和4个敏感性试验）。所有的模拟都是从2006年5月12日00时，也就是“珍珠”（2006年）快要进入南海时运行。模式具有两个嵌套模拟区域，大区域和嵌套的小区域的精度分别为15km和5km。垂直分层为27层。将NCEP的NCEP FNL（Final）Operational Global Analysis的6小时资料作为模式的初始和边界条件。模式的下边界条件海表温度是用全球的海温资料（RTG）驱动。控制试验（CTL）中主要采用Blackdar边界层、Resiner2湿度和Betts-Miller积云参数化方案。4个敏感性试验分别采用MRF边界层方案（PBL_MRF）、Grell积云参数化方案（CUM_G）、整个台风发展过程中保持海温不变（SST_C）以及在台风加强前一天的经向分布均匀的暖池（SST_U）的边界条件。

台风“珍珠”（2006年）在南海移动和发展过程中，按其路径的特点可以分为西行和东北行两部分。所有模式结果都能够较好地模拟出东北行部分的路径，但是对于西行部分的模拟却相差较大。PBL_MRF模拟的东北行部分的台风移动速度与观测的移动速度最为接近，而其他试验模式模拟的台风的移动速度过快，从而导致台风登陆的地点与实际的登陆地点相差达200km左右（也就是在实际登陆地点的北部）。在台风东北行部分的模拟过程中，除PBL_MRF外，其他的4个试验模式模拟的路径均偏东，其中CTL模拟的路径偏差最小。模拟结果显示，Grell积云参数化方案或者海温的不同分布没有对台风路径有明显的影响，但是MRF边界层方案（PBL_MRF）的不同却明显影响台风的路径。使用MRF边界层方案会导致边界层湿度偏小，也就有可能意味着从孟加拉湾或南半球过来的暖湿空气偏弱，这就有可能导致较强的北部干冷空气南侵，从而使副热带高压（以下简称“副高”）的位置偏东。副高的位置通常被认为是控制台风路径的主导气流。因此，不同的边界层结构尤其是与湿度相关的参数化方案就有可能会影响台风的路径。

CTL模式在台风迅速加强阶段对中心气压的模拟结果较好，但是在台风进入南海初期对强度的加强速度模拟得过快。所有模式对台风的最大风速的模拟都较观测偏低。MRF边界层方案趋向于产生过强的垂直混合，在台风眼墙周围可达2～3km，这就导致其模拟的边界层偏干。因此，PBL_MRF倾向于模拟出较弱的台风——中心气压最高，最大风速最低。CUM_G的结果与PBL_MRF的结果类似，只是其模拟的台风强度要比PBL_MRF模拟的稍强。如果在台风发展过程中保持海温不变，由于更多的潜热通量会从海洋输送给大气，模拟出的台风强度会偏强，这种现象在台风迅速加强后表现得更为明显，这与前人的研究结果一致。在台风迅速加强前使用均一的海温分布相当于会减弱台风周围的海温，也就是海洋提供给台风的能量较控制试验少，从而模拟的台风强度也会减弱。

台风中心下方的海-气潜热通量在台风的生成和迅速加强过程中起着至关重要的作用。潜热通量通常由块体公式计算而来，主要需要一些表面的气象变量，如表面风速、大气温度、海洋表面温度、大气比湿及海表饱和湿度。这些变量可以通过多种方式获得，如船舶海洋表面天气报告、卫星遥感观测和数值天气预报模式。在热带气旋发展过程中，尤其是在强台风的情况下，直接的观测几乎是不可能的。因此卫星遥感是获得台风情况下各种数据的最好方式。目前，TMI反演的潜热和OAFlux的潜热都是被广泛应用的潜热通量产品。然而这些遥感数据在有台风的情况下会有一定的局限性。在本研究中，模式模拟的潜热通量主要与AMSR-E反演计算的潜热通量和OAFlux的潜热通量及感热通量进行对比分析。

计算模式模拟的沿着台风移动的轨迹且以台风中心为中心的800km区域范围内的潜热通量、感热通量及6小时的累积降水，并与卫星资料进行比较。结果表明，PBL_MRF、CUM_G和SST_C模拟的潜热通量在台风迅速加强期间都会有一个明显的增加，这与AMSR-E观测的结果一致，但是OAFlux观测的结果却不明显。CTL和SST_U模拟的潜热通量在台风发展过程中的增加相对合理（图6.29）。卫星观测在恶劣的天气条件下有较大的技术局限性，例如，QuickSCAT风速在大于40m/s以上时误差较大。尽管OAFlux和AMSR-E被认为是比较好的通量产品，但是对于这些数据的评估通常只是在正常的天气条件下进行的。而在台风条件下，这些资料的实用性则会受到质疑。台风“珍珠”在5月14日就已经超过了40m/s，也就是QuickSCAT风场的误差极限。在“珍珠”的发展过程中，AMSR-E的潜热通量比OAFlux的更合理。CTL与AMSR-E的潜热通量相关性最好，尽管在量值上前者比后者高出很多。高出的这部分潜热通量有可能与在模拟之初放置的初始涡旋或者使用RTG的海温资料有关系。模式对感热资料的模拟也有类似的结果。除CTL和SST_U外，PBL_MRF对于感热通量的模拟也有较好的结果。SST_C模拟的感热通量较高，主要是忽略了台风引起的海温变冷所致。

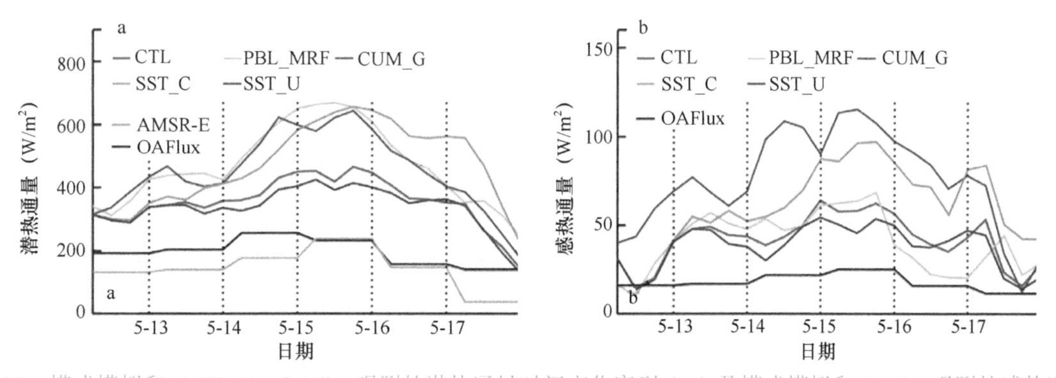

图6.29 模式模拟和AMSR-E、OAFlux观测的潜热通量时间变化序列（a）及模式模拟和OAFlux观测的感热通量时间变化序列（b）

模式模拟的6小时累积降水与TRMM结果的主要差异是在台风迅速加强前的一段时间，这是因为TRMM资料受到岛屿等地形的影响。对台风迅速加强后的模拟误差最大的是SST_C的结果。CTL和SST_U在台风迅速加强前对降水量的模拟则有偏低的估计，幅度大概为10mm。对比模拟和卫星观测在台风加强前期（5月14日）、加强期间（5月15日）及加强以后（5月17日）的结果，发现与卫星资料相比，这5个模式都对降水量的估计偏高，对最大风速的估计偏低。较大的降水量区域主要集中在降水中心的西侧和西北侧。使用MRF边界层方案会大大减小台风的强度，这也反映在对最大风速的模拟上。在台风发展过程中保持不变的海温将会给台风的发展提供更多的能量，从而导致台风强度的明显增强和对降水量及最大风速的过高估计。不同的海洋大气边界层条件和积云参数化方案可以导致潜热和降水的变化，但是不会影响台风的强度——最大风速和中心气压。然而海温的变化则在影响潜热和降水变化的同时，也会对台风的强度有较大的影响。

2）台风“杜鹃”（2003）

2003年8月28日台风“杜鹃”在菲律宾东部的西北太平洋上形成，然后主要沿着西北偏西路径移动，9月1日18时左右其通过巴士海峡进入南海，然后继续沿着西北偏西方向移动，2日12时左右在深圳一带登陆，3日进入广西减弱为低压并逐渐消亡。

SST的变化在TC的发展过程中有重要的作用。与周平均的SST相比，日平均的SST时间分辨率较高，能反映出更为细致的SST空间分布状况，可以作为SST不同分布的个例。本研究主要讨论分别采用日平均和周平均SST（TMI-AMRSE）作为模式模拟的下垫面输入对台风“杜鹃”的路径和强度的不同影响。模式模拟的路径与观测相比，除12h位置明显偏北外，其他时次都比较接近；其中，24h和48h的台风路径误差都在200km以内。在前24h，日平均SST和周平均SST模拟的台风路径比较接近。但总体来看，在前36h日平均SST比周平均SST的模拟结果更接近观测，而在36h以后周平均SST比日平均SST的模拟结果更接近观测，说明采用不同的SST对模拟台风“杜鹃”的路径有一定的影响。

使用日平均SST模拟的台风强度比周平均SST的稍弱。从模拟结果来看，在SST差异最大值处会迅速激发出海表风场的差异，并随模式积分影响其他地区；随着台风的移动和登陆，台风附近的地面风场出现明显的差异。在台风环流范围内，不同的SST会影响海洋对大气的水汽输送，进而影响台风带来的降水。日平均SST模拟的台风24h降水主要分布在台风中心的南侧，并有多个降水大值中心；日平均和周平均SST模拟的24h降水有明显的差异，最大降水差值达到40mm以上（位于21.5°N、116.5°E附近）（图6.30）；同时，大的降水差值区域与南海北部大的SST差异区域比较一致。

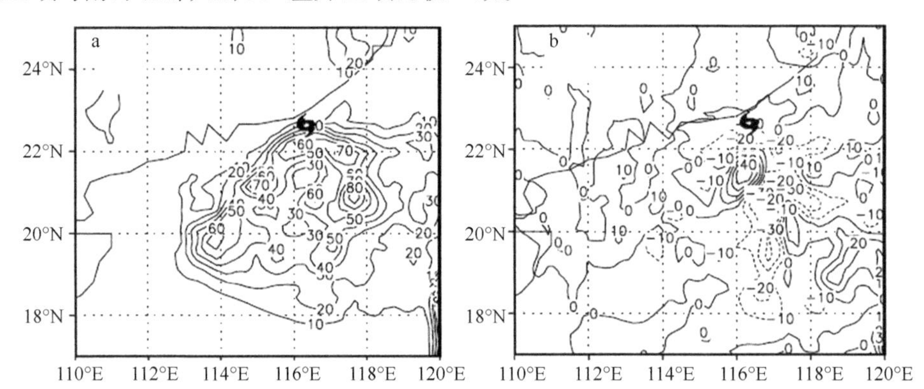

图6.30 日平均（a）TMI-AMSR-E SST模拟的台风24h降水和日平均与周平均（b）TMI-AMSR-E SST模拟的台风24h降水差值的分布（单位：mm）（陈颖珺等，2009）

作为下垫面热力强迫源，热带海洋还通过热量输送的形式对上层大气造成影响。采用日平均SST模拟出的潜热通量和感热通量都比周平均SST模拟出的结果明显要高，一方面有利于海洋向大气输送水汽，另一方面也有利于减小台风的冷却作用。潜热通量比感热通量要大一个量级，说明潜热通量相对更重要，这也与实际观测相符合。

2. 路径特征分析

1）季节和年际变化

本研究首先运用“混合多项式回归曲线分类模型”对1980～2009年南海局地生成的TC路径进行20次随机试验后将其归为三类：①西北行；②西行；③北行。在1980～2009年共有63例TC生成，其中西北行路径最多（34例），西行次之（24例），北行最少（仅5例）。而从三类TC初始生成位置的空间分布情况可以看出，对于占半数以上的西北行TC，其初始生成位置多集中分布在南海中北部；西行类别的初始生成位置除经向上靠近菲律宾群岛以西外，其在南海北部和南部均有分布，整体来看空间分布在纬向上比较均匀，此类TC的路径也相对较长；5例北行TC的初始生成位置分散在南海北部的西沙群岛、中沙群岛附近。

南海局地生成的西行、西北行TC在频数上的“单峰”特征显著，峰值均位于夏季风和冬季风转换期的9月，部分原因是季风转换期水平风场的垂直切变较小，有利于海面热带扰动的发展；西行TC在9月之后逐月减少，主要是因为强劲东北季风的逐渐盛行。西行类别的次峰在10月，而西北行类别的次峰在8月。西行与西北行两类别在季节分布上具有“接力”特征。西北行路径多发生在夏季风盛行期，即从夏季风大规模爆发的5月到夏季风开始退却的10月；而西行路径主要发生在冬季风开始盛行时的9～11月。此外，5例北行TC有3例发生在季风转换期（4～5月及9月），另2例发生在盛夏（8月），其时间上的相关性不显著。

年际变化上，El Niño年西北行路径的TC多于西行路径，西行、北行路径尤其在强El Niño事件中增加明显。在1998～1999年的强La Niña事件中，西行路径显著增多，而在1980～2009年有40%的北行热带气旋发生在1999年。

2）引导气流

三类TC的引导气流在南海中北部存在不同程度的偏东分量，而该偏东气流主要由其北部的反气旋式环流系统及其南部气旋式环流系统共同制约（图6.31）。其中，西北行热带气旋的偏东引导气流具有较为显著的偏南分量；西行热带气旋的偏东引导气流最平直、宽广；而在北行热带气旋生成位置集中的西沙群岛、中沙群岛附近，偏东气流较弱且不平直。从500hPa的位势高度合成场上可以看到，西北行、北行热带气旋发生时，西太副高西伸不明显，西脊点位于135°E以东。副高主体外的5870gpm线均未延伸至大陆上空，整体形态为经向型。西行热带气旋发生时，西太副高西伸最显著，西脊点可达到125°E，副高主体外的5870gpm线可覆盖广东、福建的大部分地区，整体形态纬向型显著，西北行、西行TC发生时的西太副高中心轴线均维持在25°N附近，而北行TC发生时副高位置较为偏南。

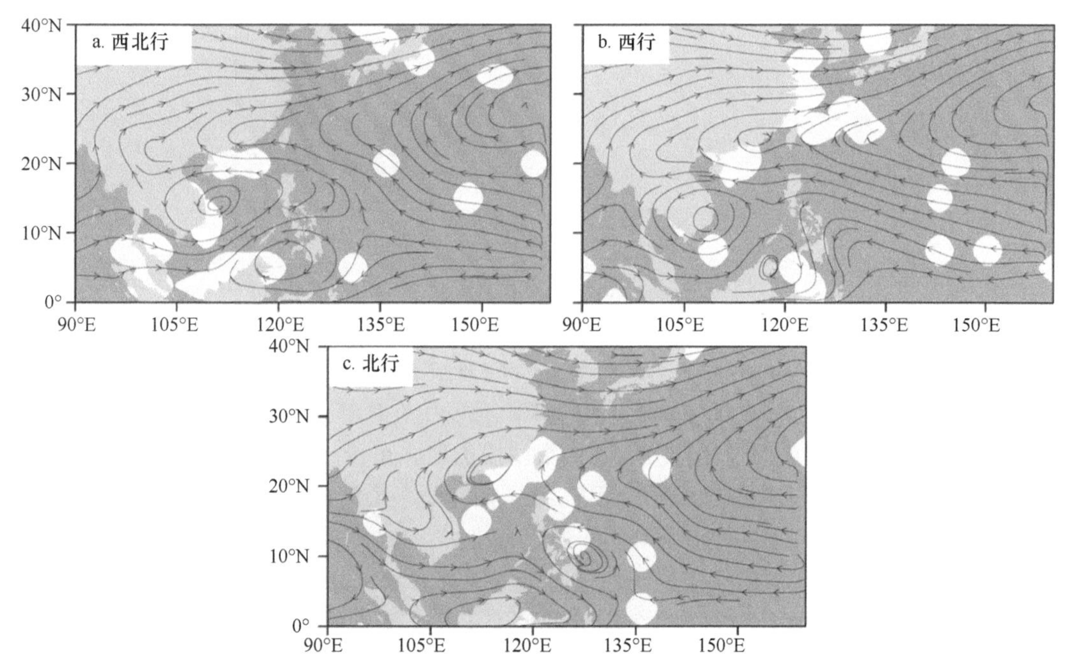

图6.31　南海局地生成的三类热带气旋的引导气流流场（对每例热带气旋生命期间内所有天数进行合成）
阴影区域通过置信度为95%的显著性检验

3）与ISO的关系

将南海局地生成的TC路径进一步归类，可以分为西行（包括西北行、西南行和西行）和东行（包括东北行、东南行和东行）。东行的TC主要是在我国及菲律宾、日本登陆，其中，在我国TC主要在台湾登陆，偶尔折回在华南登陆，而西行的TC则主要在我国华南地区和越南沿岸登陆。对于西太平洋TC的研究虽然大致包括了南海局地生成的TC，但是南海局地生成的TC在强度、频数和路径的变化上都有别于西太平洋TC，它的独特性说明有必要对其进行单独研究。

在1970～2010年，南海在4月到9月共有154个TC形成，其中105个TC向西移动，而49个向东移动。西向移动的TC显示显著的季节变化，在9月达到峰值，而向东移动的TC则无明显的季节变化，峰值在5月。尽管在5～7月，总的TC数目没有发生明显变化，但是东行与西行TC数目的比例有明显变化。在7～12月，这个比例明显小于1，即7月之后，西行的TC显著多于东行的TC，而在5～7月，东行的TC基本多于西行的TC。

本研究主要讨论南海TC活动频繁时期，即6～10月（JJASO）。JJASO期间大多数的TC（84个）向西行，仅有29个TC向东行。大部分的TC生成于南海北部，该区域主要受东南气流控制，会引导大部分TC向西行。但是有1/3的TC与大尺度背景环流背道而驰。

将20～100d滤波的OLR场和TC引导气流场分别按照东行和西行路径发生时间的前三天进行合成分析（图6.32）。JJASO期间，东行和西行都是正的对流活动主导整个南海和西北太平洋的北部。东行TC期间正的对流活动异常区域呈西南-东北走向，两个最大值区域分别位于南海北部和菲律宾以东的海域，并且菲律宾以东海域的对流活动更强。ISO对流活动在TC主要生成区域及菲律宾以东引起很强的东向引导气流异常。东行的TC主要分布在向东的引导气流异常的主流轴上，这体现了引导气流的异常对TC路径的重要性。ISO引起的东向引导气流异常与该区域原始的东向引导气流的量级相当，也就是说，ISO引起的东向引导气流异常对TC的东行起到了决定性的作用。而对于西行TC的合成分析表明，西北太平洋包括南海也是受正的对流活动主导。然而，无论是对流活动的强度还是对流活动引起的引导气流异常，西行期间同东行期间相比都明显减弱。在西行期间，正的对流活动异常区域呈西-东走向。在TC主要生成区域，由此对流活动引起的引导气流异常与原始西向的引导气流相比很弱，因此对TC的路径影响很小。较强的引导气流异常发生在南海南部，而JJASO期间TC很少在该区域生成（Xie et al.，2003）。

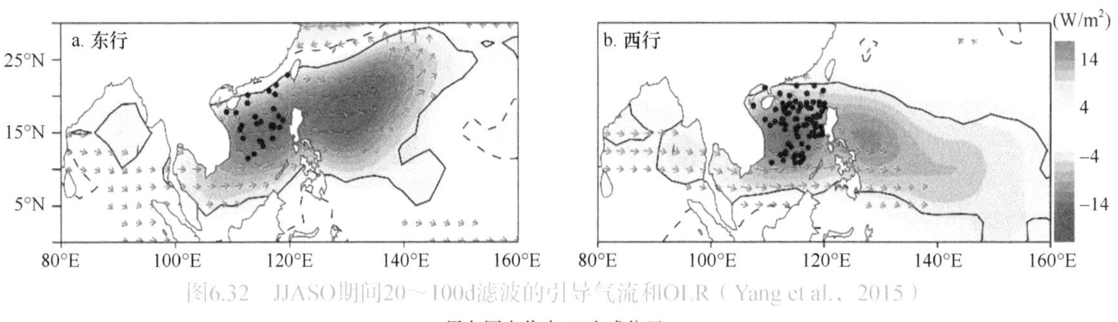

图6.32　JJASO期间20～100d滤波的引导气流和OLR（Yang et al.，2015）

黑色圆点代表TC生成位置

为了进一步研究TC路径与ISO关系的季节性变化，将JJASO期间的TC分为6～8月（JJA）和9～10月（SO）两个阶段。结果显示，JJASO期间东行的TC有70%都发生在JJA阶段，而西行的TC在JJA和SO两个阶段发生的数目相当。与ISO有关的对流活动分布在两个阶段类似。东行路径期间，无论是JJA还是SO，位于南海和西太平洋的对流活动中心均很强。相较而言，JJA期间位于南海的更强，SO期间位于西太平洋的更强。而且，JJA期间对流活动异常分布相比SO期间的更紧凑。在JJA期间，与ISO相关的对流活动从南海一直延伸至西北太平洋的北部，对流最大值处于吕宋海峡的西部海域，并引起强烈的东向引导气流异常。在SO期间，对流活动区域分解成两个部分，一个位于南海，呈西-东走向，另一个位于菲律宾群岛以东海域，呈西南-东北走向。由JJA到SO的对流活动模态变化的整体效果就是由这两个对流活动中心引起的引导气流有一部分会相互抵消，导致东向引导气流减弱。

使用简单的两层模式（Lee et al.，2009），并分别用东行和西行路径期间的OLR异常作为强迫场进行模拟，以进一步证实ISO对流活动与所引起的引导气流异常的关系。东行路径的模式结果显示，可以分别在东亚地区和西北太平洋看到一个气旋式和反气旋式环流。反气旋式环流呈西北-东南走向，与之相对应在南海和西北太平洋为强西风（750～250hPa）。而西行路径期间的OLR异常所引起的正压气流在南海则明显减弱且松弛（图6.33）。从两者的差异上可以看到，在南海尤其是南海北部出现了强烈的西风正压气流异常，对应着TC的东行路径。

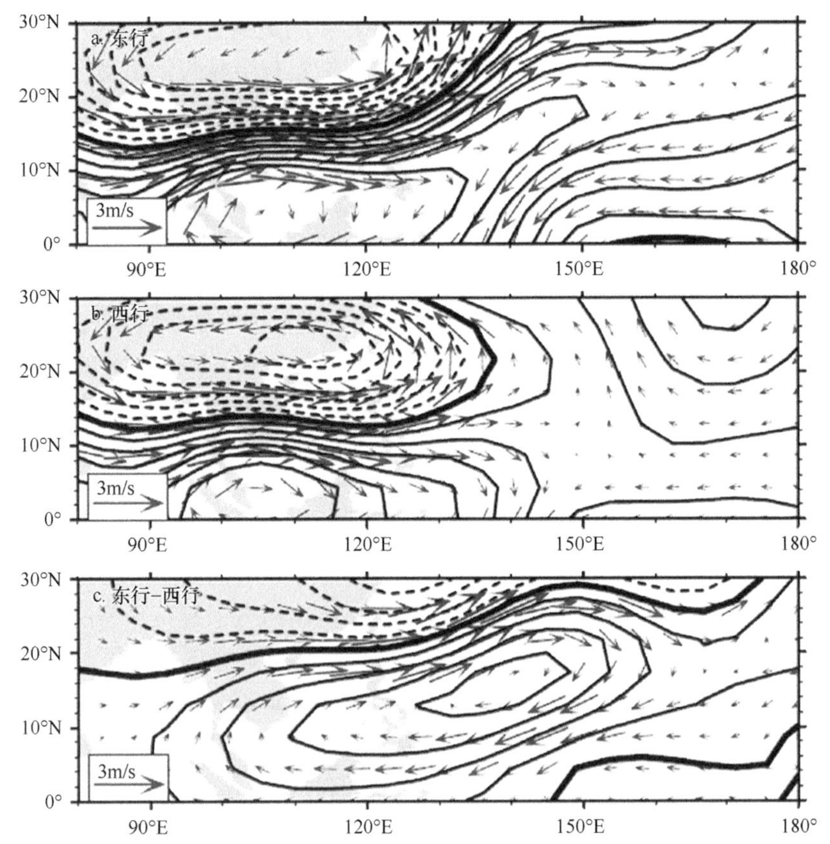

图6.33 用JJASO东行（a）和西行（b）路径期间OLR异常场作为强迫场得出的正压流函数（单位：$10^6 m^2/s$）和风场（单位：m/s）及二者的差异（c）（Yang et al.，2015）

6.3.3 南海热带气旋生成频数的年际和年代际变化

TC路径与不同的ENSO位相所引起的大尺度风场的异常密切相关。传统的厄尔尼诺，是指东部太平洋的海温异常，而最近20年，科学家发现了一种与中部太平洋海温异常相联系的新型厄尔尼诺——中太平洋型厄尔尼诺或者伪厄尔尼诺（Ashok et al.，2007）。目前一般采用EMI和Niño3.4指数作为对中太平洋（CP）型厄尔尼诺和东太平洋（EP）型厄尔尼诺事件的判据（Chen and Tam，2010）。

1. 年际变化

本研究主要采用IBTrACs提供的TC数据探讨1965～2010年CP型和EP型厄尔尼诺对南海TC生成的影响机制。根据两类厄尔尼诺指数在1965～2010年各选取6个事件，分别为CP（1968年/1969年，1990年/1991年，1994年/1995年，2002年/2003年，2004年/2005年和2009年/2010年）、EP（1965年/1966年，1972年/1973年，1982年/1983年，1991年/1992年，1997年/1998年和2006年/2007年）。同时还选取了7个拉尼娜事件（1970年/1971年，1973年/1974年，1975年/1976年，1988年/1989年，1998年/1999年，1999年/2000年和2007年/2008年）。

南海TC主要生成于5～11月，本研究将TC生成季节分为夏季（JJA）和秋季（SON）两个季节。除生成位置有明显差别外，时间变化规律也明显不同。JJA期间TC年际变化不明显，而年代际变化相对突出，TC频数在20世纪70年代之后比之前明显增多（Kim et al.，2011）；而对于SON期间，TC年际变化显著，这可能与ENSO有关。本研究主要探讨ENSO发展年，TC生成的年际变化与两种厄尔尼诺的关系。SON期间，生成的TC与EP指数相关性较差，而与CP指数具有1～3个月的超前相关关系，这种关系从前一年的JJA开始逐渐增强，说明夏末和秋初的CP指数可以作为SON期间TC生成的一个很好的前兆因子。而JJA期间TC生成与CP指数关系较弱，但与东亚夏季风关系较密切。最近10年EP型厄尔尼诺发生频次减少，而CP型发生频次增多（Ashok et al.，2007）。同时，南海的海温在1970年前后也呈现年代际变化（Wang et al.，2010），Wang

等（2014）采用谱分析方法发现TC的年际变化在1978～2010年明显强于1965～1977年；利用小波分析方法分析了CP型厄尔尼诺指数与SON期间TC生成的关系，发现它们具有明显的负相关关系。

1）热力因子

热力因子如SST、对流层中层湿度影响TC的生成。深对流至少要在SST达28℃以上才能发展，南海仅有南部在秋季能达到该温度。在两种不同的厄尔尼诺事件中，SST的表现显著不同。与EP型厄尔尼诺对应的SST暖异常主要在南海的东部显著，这与厄尔尼诺驱动的大气和海洋环流有关（Xie et al.，2003；Liu et al.，2006）。一般SST暖异常可以给海气边界提供充足的水汽以供给深对流的发展。然而EP型厄尔尼诺指数与TC生成指数却是负相关，说明除SST外的热力或者动力因子更强烈地影响着TC的生成。相对而言，CP型厄尔尼诺对南海的正海温异常的影响较弱，显著的负SST异常发生在菲律宾以东海域。与TC生成相关的第二个热力因子是对流层中层湿度。两种厄尔尼诺事件期间，南海的大气中层均偏干，CP型厄尔尼诺期间湿度更小，不利于TC的生成。

2）动力因子

在EP型和CP型厄尔尼诺期间都会在西北太平洋形成一个反气旋。与CP型厄尔尼诺相关的反气旋明显强于EP型厄尔尼诺年。在500hPa上，尽管两类厄尔尼诺事件在南海的遥相关作用均显著，但是与CP型厄尔尼诺相关的北风或者东北风明显更强。在低层，CP型厄尔尼诺在南海会引起很显著的反气旋式环流异常，尤其是在南海东南部，在西太平洋引起气旋式环流异常，从而导致南海的东北风异常增强；而EP型厄尔尼诺在低层对南海的影响则很弱（Ashok et al.，2007；Chen and Tam，2010）。南海中层湿度的维持主要依赖于局地蒸发和外来水汽输送。尽管EP型厄尔尼诺能够引起SST暖异常，但是大气中、低层风速异常较弱，不利于蒸发，因此大气中层的水汽得以保持；而CP型厄尔尼诺在南海引起的强而干的东北风则有利于蒸发，从而导致大气中层偏干。两类厄尔尼诺在南海引起的垂直风切变异常明显不同。EP型厄尔尼诺指数与南海中部风的垂直切变关系较弱，而CP型厄尔尼诺则显示很强的正垂直风切变，这就说明西太平洋中部的暖异常能够导致南海垂直风切变增强，不利于TC生成。

2. 年代际变化

1）与东亚夏季风的变化相关

1965～2004年南海TC中约一半的TC（49.2%）是在夏季（6～8月，JJA）生成。秋季（9～11月，SON）的TC频数仅次于夏季。而在冬季和春季TC则很少，分别约占3%和11%。南海TC的生成位置也有明显的季节变化，夏季约82%的TC形成于15°N以北，而冬季约66.7%的TC形成于15°N以南（Lee et al.，2006）。TC生成位置随纬度的变化与东亚夏季风（EASM）的经向位移有关。以下的讨论中分夏季（JJA）和秋季（SON）两个季节进行讨论。

谱分析结果显示，南海TC生成有一个显著的10年周期，而秋季TC显示4年周期的年际变化。因此可以认为年代际的TC频数的变化主要发生在夏季。夏季TC频数的11年滑动平均显示，20世纪70年代中期至90年代中期TC数目偏少，在70年代中期之前和90年代中期之后TC数目偏多。由于夏季TC主要生成于南海北部，因此我们使用Lepage方法进一步证实了南海北部夏季TC的年代际变化（图6.34）。

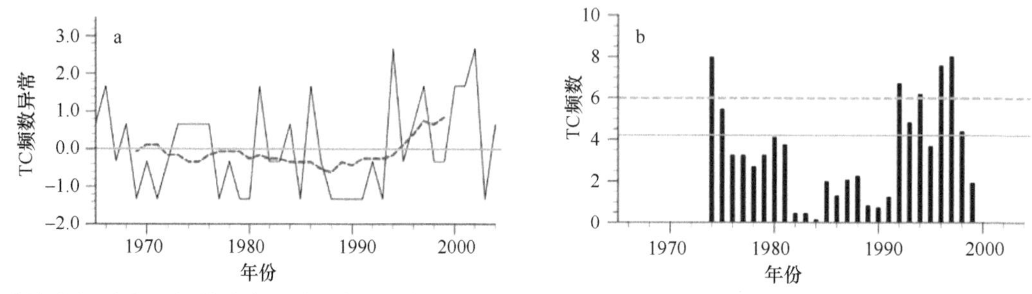

图6.34 南海北部夏季TC频数异常的时间序列（实线）和11年平均（虚线）（a）及南海北部TC频数的Lepage检验（b）（Wang et al.，2012）

b图中的实线和虚线分别代表Lepage检验超过90%和95%置信度

1965～2004年EASM曾发生两次大的突变，即20世纪70年代末期（Li et al.，2010）和1993～1994年（Wu et al.，2010）。为与EASM的年代际变化相呼应，将南海夏季生成的TC分成TC生成偏多的两个时段1965～1974年和1995～2004年，以及TC生成偏少的1979～1993年。TC生成频数在上述三个时段分别为1.9、0.8和2。偏多和偏少的年平均频数变化超过95%置信度。通过对比偏多和偏少期间的垂直风切变发现，TC偏多时期对应显著的弱的风切变。

东亚急流（EAJS）是EASM的重要组成成分，与东亚气候变化密切相关。对200hPa夏季纬向风进行经验正交分解（EOF）以分析EAJS的变化规律。第一模态（34%）的主成分（PC1）显示存在一个经向的偶极子结构，零线位于40°N附近，这意味着EAJS有经向的位移，这与以前的研究结果一致，而第二模态（19%）的主成分（PC2）在经向上显示出“三明治”结构，即在30°～45°N、80°～130°E区域为正值，而在其南部和北部均为负值。PC1有显著的年代际变化，在20世纪70年代末期有一个向赤道的位移，PC2也有明显的年代际变化，即在1979～1993年偏强，在另外两个阶段偏弱。在这里，可以认为PC1和PC2分别代表EAJS的经向位置和强度。WNPSH指数（500hPa位势高度异常平均场：10°～30°N，120°～140°E）也显示出明显的年代际变化，即在20世纪70年代末期有明显西伸的趋势。

1995～2004年，TC生成与EAJS的经向位置显著相关，在1965～1974年和1995～2004年其与EAJS的强度显著相关，而在1979～1993年则与WNPSH显著相关。尽管在1995～2004年WNPSH西伸程度强于1979～1993年，然而EAJS的强度在1979～1993年比1995～2005年更高，因此对垂直风切变影响更大。

2）与大气和海洋因子变化有关

最近的一些研究发现，在20世纪90年代中期东亚和西太平洋夏季风存在年代际变化（Kwon et al.，2005，2007；Yim et al.，2008）。东亚副热带急流区纬向风的强度在20世纪90年代中期后逐渐降低，与之相伴随的是华南地区降水明显增加（Kwon et al.，2007）。纬向风的衰减是对该地区降水增多从而释放热量增多的一种正压反应（Kwon et al.，2007）。东亚和西太平洋季风之间的关系在1993～1994年也呈现了年代际的变化。在1994～2004年，两个季风系统之间的相关性很强，在1979～1993年这种相关性明显减弱（Kwon et al.，2005）。东亚和西太平洋区域夏季平均降水从1979～1993年与ENSO相关的模态转变成了与西太平洋季风相关的模态（Kwon et al.，2005）。这些结果在混合的耦合模式中得到了验证（Yim et al.，2008）。1970～1992年华南的降水一直是偏少的，而在1993～2004年则高于平均水平。降水的这种显著变化被认为是与东亚夏季风的减弱有关（Kwon et al.，2007），与之相对应的是低层辐合、高空辐散的增强（Wu et al.，2010）。夏季风的减弱有可能与初春青藏高原雪盖的增加及中东太平洋海温增加而导致的海陆温度差异的减小有关（Wu et al.，2010）。Wu等（2010）发现，相对于1980～1992年，在1993～2002年南海—西北太平洋、中国华北—蒙古为两个异常的高压中心，这两个高压中心的出现直接与华南地区降水的增加相关。西太平洋台风活动的增强也有可能是20世纪90年代中期之后华南地区降水增加的一部分原因（Kwon et al.，2007）。本研究主要通过探讨大气和海洋因子的变化来讨论南海TC活动的年代际变化及其机制。

图6.35给出的是1979～2008年南海7～9月（JAS）TC，包括强TC（Cat4）频数和相应的南海区域月平均海表温度（SST）的年际变化。可以看到，南海热带气旋活动和SST具有明显的年代际变化特征，且在1993年之后有一个明显的跃变，也就是说在这之后TC频数明显增加。在1979～1993年的JAS时段南海只有

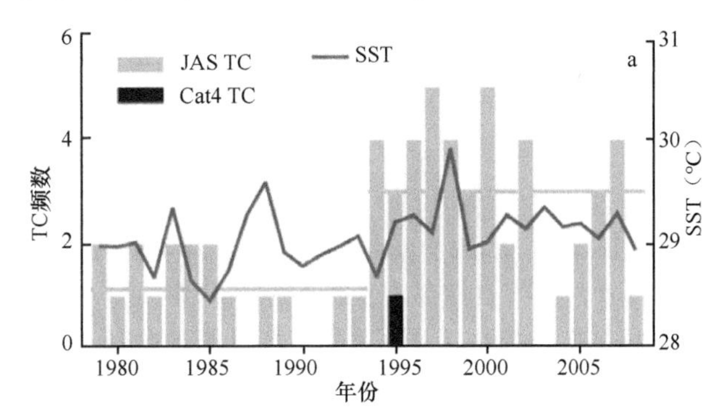

图6.35 1979～2008年南海JAS TC（灰色）和强TC（Cat4，黑色）频数和区域月平均SST的年际变化（Yang et al.，2012）

17个TC生成，而在1994～2008年则有43个TC生成。但在南海局地生成的TC很少能达到超强台风的级别。在过去的30年中南海的TC中只有1995年一个TC达到了超强台风级别（4级）。暖的SST能够为TC的生成和发展提供足够的能量（Gray，1968）。相应的时间段，西太平洋的TC频数则有明显的下降趋势，反映了东亚和西太平洋夏季风的相反关系（Kwon et al.，2005）。

在TC的季节变化图（图6.36）上可以看到，1979～1993年在7月没有TC生成，而在同一时间的1994～2008年有13个TC生成。垂直风切变小和高的SST对应TC的多发季节，显示了环境因素对TC生成的重要影响。1985～1993年与1994～2002年两个阶段TC生成频数的悬殊对比更明显。1994～2002年7～9月的TC共有33个，而相应月份的1985～1993年的TC仅有8个。SST和海洋上层热含量的差异显示，在后一阶段南海北部的SST整体暖于前一阶段，但上层热含量并不是整体偏高，而有局部海区偏低，表明上层热含量并不能完全体现较弱TC的生成机制。大气方面，较小的垂直风切变、较高的中层湿度和低层相对涡度及强的对流活动，均能够为TC的生成和发展提供有利条件。副热带高压带在前一阶段明显偏西，也就是说前一阶段相对后一阶段受较强的副高控制，从而抑制了对流活动的发展，不利于TC生成。

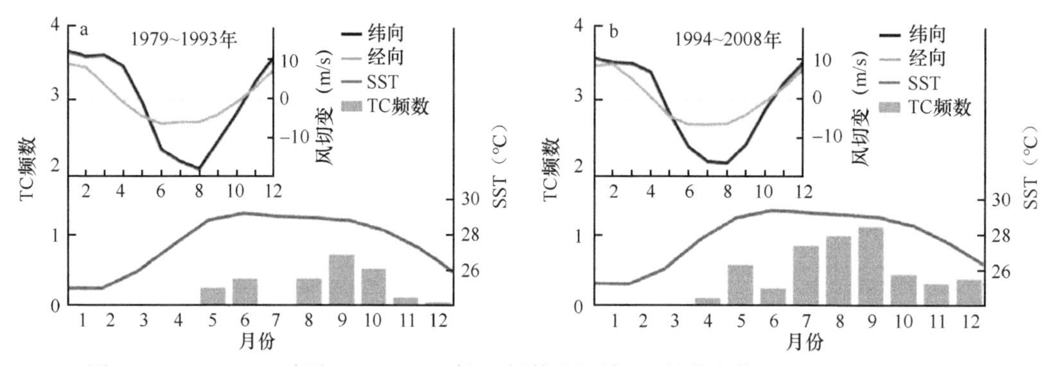

图6.36　1979～1993年和1994～2008年TC频数及区域SST的月变化（Yang et al.，2012）

从大尺度环流的差异上看，在1994～2002年整个印度洋、南海及西太平洋均有明显的增暖趋势，这种增暖在黑潮延伸区域更明显，可能与副高北移有关（图6.37）。位于我国北部和黑潮延伸区的高压异常中心的出流（东北风）与来自南海的西南暖湿气流相遇形成气旋式环流，有利于南海北部TC的生成和发展。

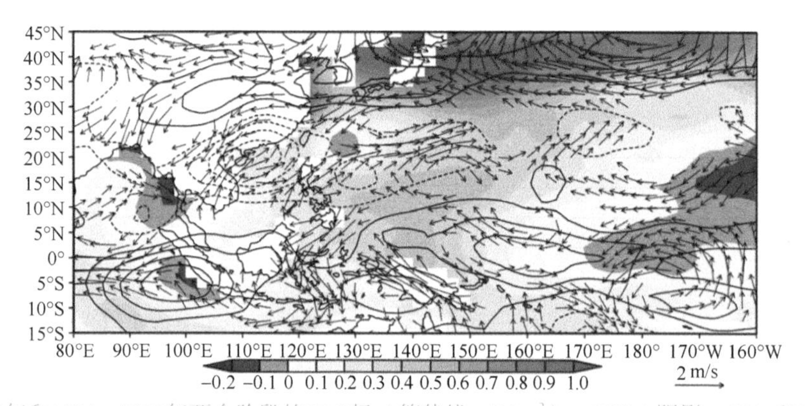

图6.37　1985～1993年和1994～2002年两个阶段的OLR场（等值线，W/m²）、SST（阴影，℃）和850hPa风场（矢量，m/s）的差异（Yang et al.，2012）

6.4　南海上层海洋和大气异常信号中的季节内信号

南海季风是东亚季风的重要成分，南海夏季风在亚洲夏季风中爆发最早，约每年5月中旬前后爆发（闫俊岳，1997）。南海夏季风爆发的早晚会影响夏季风强弱，对我国汛期降水也有显著影响，而且对东亚以至于北半球的大气环流及气候都有重要作用。南海大气环流是一个受多尺度调控的大气环流系统。从能量方面讲，季节变化是居于首要位置的，其次是季节内变化（丁一汇等，2004），再次，2～8d天气尺度的变化和年际尺度的变化也对南海大气有重要的影响。

南海对于亚洲季风来说是一个敏感海域，其上层海洋热力结构（包括热含量及海温等）的变化对大气环流，特别是对东亚季风和我国南方天气气候，具有极其重要的影响（王东晓和秦曾灏，1997；Zhou et al.，1999）。南海上层海洋和大气异常信号中的季节内信号与天气尺度信号（包括极端天气的影响）对我国气候有不可忽略的影响，甚至影响整个北半球的天气变化。

6.4.1 南海季节内振荡的北传特征

1. OLR在南海的北传性

赤道东传的ISO主要影响南海南部，对于南海北部和华南地区的影响较小，而印度洋的北传振荡信号和太平洋的西传振荡信号对于南海影响显著（Wang and Rui，1990）。因此，对OLR通过傅里叶变换方法进行带通滤波得到季节内信号（10～90d），将每天的数据做候平均，进行径向（105°～122.5°E）平均，可以看出OLR的季节内振荡在南海南北方向的传播特征（图6.38）。在2002～2011年，不仅存在来自赤道的北传过程，还存在来自中高纬度的南传过程，显著的北传主要出现在夏季，并且振幅要高于南传过程，北传过程对南海夏季对流和降水的影响远强于南传过程。南传主要表现为亚洲大陆冬季高压和南海海陆热力差异的影响。南海ISO强弱也存在明显的年际差异，如在2004年和2006年夏季北传不显著，其余年份夏季北传显著，而冬季很少出现北传现象，但是2008年初却是个例外，2007年底到2008年初是一个持续时间较长的ISO过程，这也是2008年春季的“冻雨”事件。北传的周期平均在22～26d，振幅一般为–40～40W/m^2，平均速度为43.2km/h。

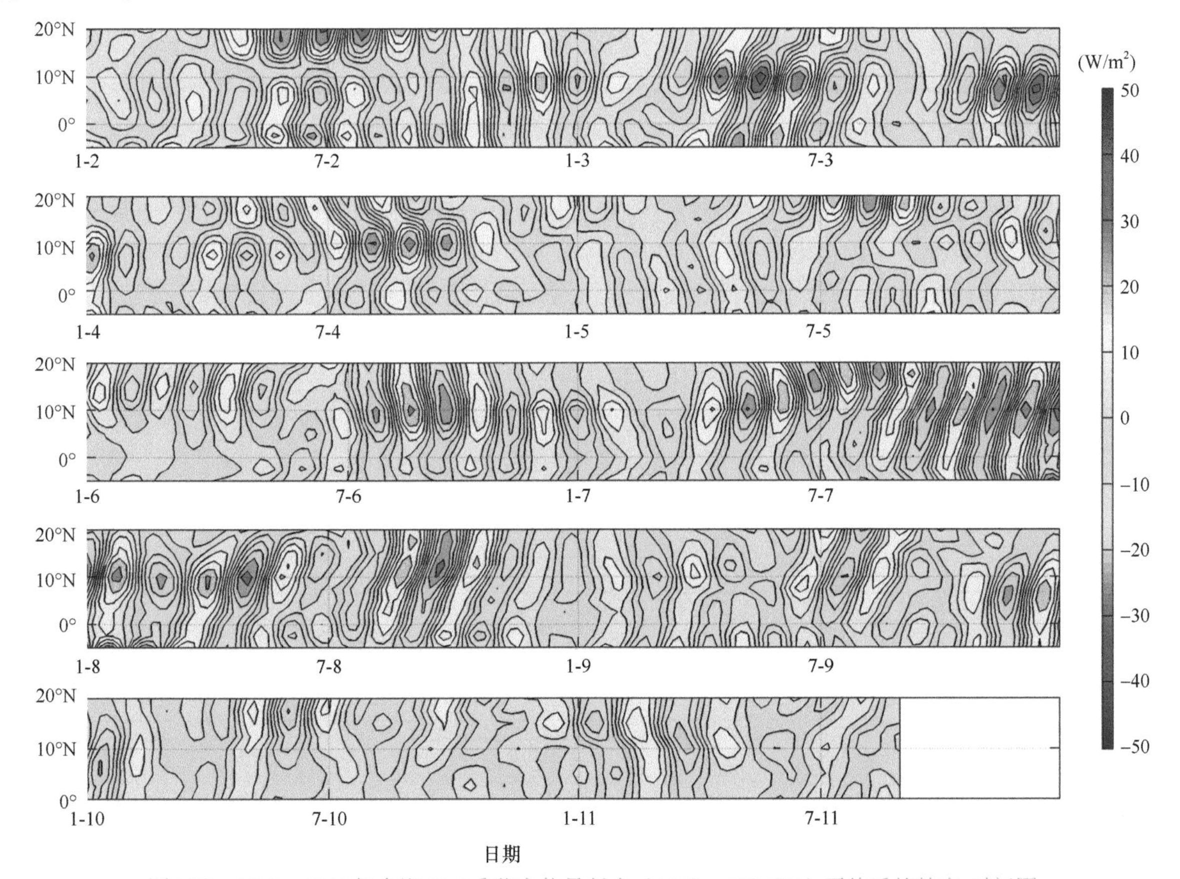

图6.38 2002～2011年南海OLR季节内信号径向（105°～122.5°E）平均后的纬向-时间图

2. OLR在南海的北传性的SST响应

大气季节内振荡（intra-seasonal oscillation，ISO）主要有准两周和30～60d两个周期，它们影响了热带地区的海气变化过程。太阳辐射与“印-太暖池”的潜热作用对于驱动SST的季节内振荡起到重要作用。暖池区域内西风异常引发蒸发增强，潜热通量增加，这一过程发展大约一周的时间后，对流增强，太阳辐射减弱，SST降低；SST降低又导致蒸发减弱，潜热通量减少，两周之后对流重新开始增强。

南海SST对大气南北方向的传播也有响应。使用同一时间的SST并利用与OLR同样的处理方式来研究OLR北传过程对于南海海洋所产生的影响。SSTA也有同样的北传响应，强度为0.6～0.8℃。这种SST的北传依赖于OLR北传，所以南海的OLR北传强的年份，SST变化也相对增大。当然，南海SST受到多种因素影响，除了大气，太阳短波辐射、海洋内部平流扩散及其他非线性加热过程的影响均会使SST发生变化，所以SST的信号只是趋势与OLR一致。

SST与OLR的超前滞后相关性表明，在南海的低纬度区域SST的暖异常超前于OLR的强对流2～3个候，在SSTA滞后OLR的2～3候，SSTA的振幅由正转为负。这可能是季节内北传与MJO的东传分离的结果，也体现了南海局地海气相互作用对于季节内变化的响应。在北传前，南海大气垂向结构逐渐瓦解，底层水汽静力作用和中层干燥沉降运动在SST正异常的影响下，使得大尺度环流与局地降水能量改变而失去平衡，当北传进入南海后，促发潜热正异常，对流活动加强，蒸发作用加强，云团出现，水汽辐合，引起大气结构不稳定，水汽和潜热开始释放，降水出现的同时也会使海洋表层海温降低，完成南海季节内变化的一个周期。因此，海气界面处的湍流动量、热量和水汽交换是表征下垫面强迫和与其上层大气相互作用的一个重要参数，它可以强烈地影响海洋大气边界层结构，进而影响大气环流。大气通过热量、质量交换及风场动量输入直接影响海洋的环流结构及SST的时空分布。

3. 西沙海域季节尺度下的海气相互作用特征

西沙海域是南海北部季风爆发较早的区域。本研究利用2008～2010年近3年西沙海域长期气象观测资料分析了多变量的季节性转变过程。在夏季风建立前西沙海域风向变化很大，东北风占主导地位，在2008年5月第3～4候（即28候）季风爆发，风向转为西南，而OLR表征这年的季风爆发要晚于风向转角2个候，表现为这年的大气环流更多地影响局地海气相互作用，同时西沙海域湿度一直很高，气压在副高东退后维持在1004hPa左右，夏季过程中的高SST和气温稳定维持，风速3～5m/s，7月和9月分别有2次季风中断；而在2009年夏季风爆发比较晚，大约接近6月（32候），而OLR表征这年的季风爆发要早于风向转角3个候，表现了局地海气相互作用在这年的影响比较明显，并且在季风爆发的开始阶段，湿度很高，对流作用也有所加强，到7月以后，对流性降水显著减弱，平均风速与2008年相比较小，季风中断在7月主要出现了2次，8月出现了1次，夏季风退却也比2008年早；2010年夏季风爆发时间在5月16日，与2008年接近，OLR与风向表征季风爆发时间基本一致，表明这年的季风爆发受到的整体大气环流和局地海气的影响基本相同，同时在6月有一个较长时间的中断，继而再次爆发一直持续到8月后出现再次中断（图6.39）。

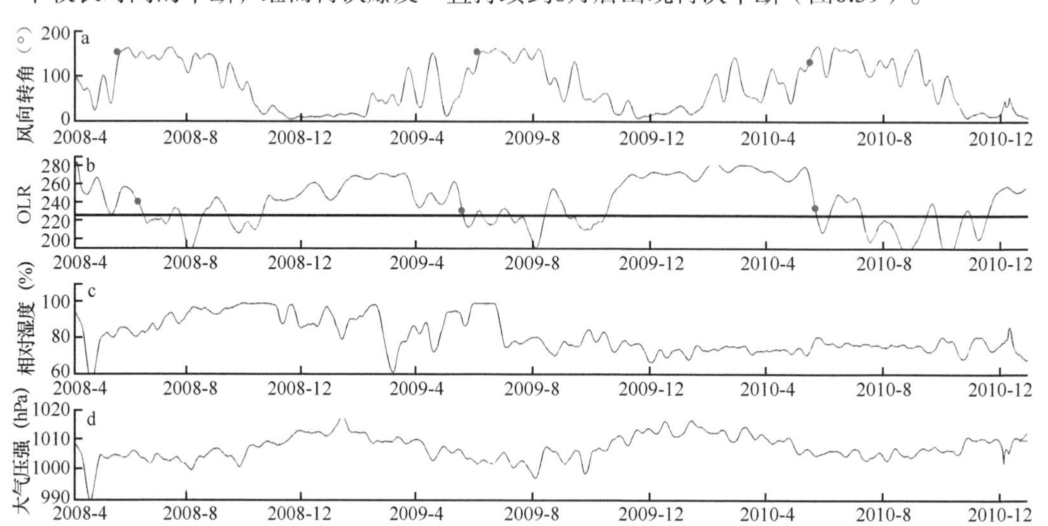

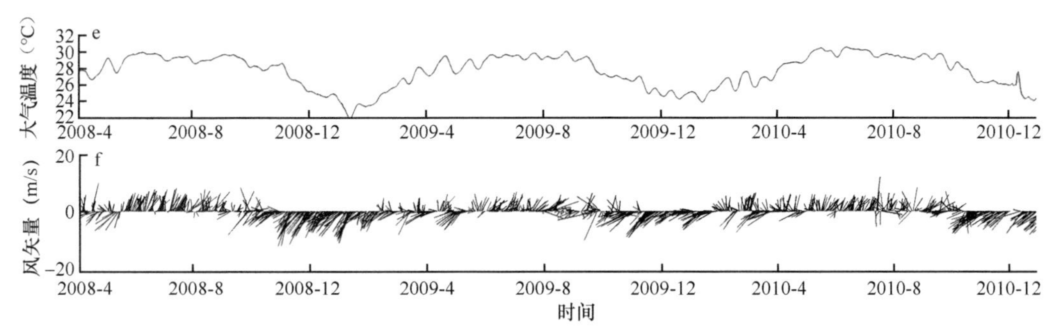

图6.39 2008年4月至2010年12月西沙站多个大气变量季节变化过程

a. 5天平均的风向转角；b. 5天平均的对外长波辐射，黑线代表季风爆发的标志线235W/m²；c. 相对湿度；d. 大气压强；e. 大气温度；f. 风矢量。红色点分别为这两年季风爆发的时间点

南海不同区域夏季风气候态爆发时间由于不同变量定义和不同资料分析而有所差异，而且南海夏季风爆发一直也被认为是一个多变量复合型突变的结果，这本身也是南海海气相互作用响应地球环境变化的过程。对于南海夏季风爆发的机制，从冬季到夏季的季节变化与相应的热带大尺度环流系统和热力状况的季节演变决定爆发的总体进程，进而影响季风推进过程。在夏季风的制约下，低频振荡发生锁相，从而导致夏季风爆发。

在季风活跃期间，海洋会接收大气更多的降水，并完成对流有效位能与动能之间的转换；在季风中断期间，南海北部增暖，蒸发量大于降水量，海洋向大气输入水汽，这种水汽循环过程是一种大尺度动力学和SST驱动的共同结果，南海的10～20d模态和30～60d模态在经向和纬向的传播对南海季风建立与发展起到不同作用。10～20d模态在向西北方向传播过程中主要削弱了副热带高压的影响，而在热带印度洋形成的30～60d模态形成了强的对流中心，正是二者的相互作用，减弱了南海气旋式环流，西风进入并占据整个南海。南海季风强弱与我国夏季雨带类型之间有一定的联系，夏季风偏强的年份，长江流域—日本南部一带夏季降雨量偏少，华北一带降雨量偏多（丁一汇等，2002）。Zhou和Yu（2005）揭示了大气中的水汽输送与中国典型的异常夏季降水模态之间的关系：第一种模态夏季雨带沿长江流域中下游的水汽来自孟加拉湾和南海，而源头是菲律宾海；第二种模态夏季雨带沿淮河流域的水汽来自南海，源头是东海。

6.4.2 南海季节内振荡的来源

Chen和Xie（1988）认为，在澳大利亚、孟加拉湾和南海，夏季风的建立和撤退是在季节变化条件具备后，由低频振荡触发的，即这是一个低频波的波群与季节循环直接发生非线性相互作用的过程。南海季风试验（SCSMEX）研究清楚地表明，南海夏季风活动主要有准两周和30～60d的低频振荡特征。Chen等（1995）从30～60d和12～24d变化两个时间尺度对1979年南海夏季风爆发及其生命周期开展研究，结果表明30～60d振荡对季风槽、脊的形成具有重要作用，12～24d振荡则起到了触发夏季风的作用。在夏季风期间，有两次季风的活跃和中断过程。在这两次过程中，30～60d振荡在传入南海过程中相对涡度为正，低层大气辐合，高层大气辐散，对流加强；而10～20d振荡从中纬度传入南海过程中，第一次是促进对流活动，第二次是对对流有抑制作用（Johnson and Ciesielski，2001）。Gao和Zhou（2002）发现，SST在夏季风期间的季节内振荡呈纬向分布特征，而且具有北传特性。SST与纬向风和OLR的季节内振荡信号有很好的相关性，这证明了南海季节内信号在海气相互作用中具有重要作用。袁金南和梁建茵（2006）使用1958～2000年南海西北部西沙站降水和1980～2001年850hPa风场资料，发现该站降水与风场都存在10～20d和30～50d季节内振荡，但是降水和850hPa风场季节内振荡强弱年与季风强弱并不一致。Wu等（2010）使用1998～2007年TRMM数据，发现南海季风爆发过程中存在季节内信号。南海夏季风的季节内振荡开始于西太平洋赤道地区，北传到菲律宾海，然后西传进入南海。传播过程中涉及的海气相互作用机制主要有风-蒸发反馈机制和云团-辐射机制，进而使底层大气处于不稳定状态，并把南海与菲律宾海联系在一起。因此，南海季节内振荡的海气相互作用的研究主要针对南海局地海气相互作用，并没有结合南海季节内振荡的来源。同样，Roxy和Tanimoto（2012）主要研究了南海夏季30～60d季节内信号占主导作用下的海气相互作用过程。SST与降水具有显著的相关关系（r=0.44），南海SST暖异常使大气对流活动持续增强，产生的负海平面气压异常会导致季节内信号向北增强，同时也会有降水产生。

季节内信号从动力学机制上而言，属于行星尺度的环流与大尺度对流耦合，南海是太平洋的一个边缘海，前人的研究工作主要集中在大洋尺度季节内振荡，而对南海的影响和它自身的作用研究较少，并且使用传统的MJO八相位分解的方法很难理解季节内信号在南海中的作用和意义。

根据南海季节内信号主要有准两周振荡和30～60d振荡的特点，把南海这两种主要信号分离，分别研究二者在北传中的不同传播特征；然后设定以进入南海前为0°相位、离开南海为360°相位，整个过程为一个周期，把不同周期和来源的聚类合成不同的北传过程来研究其对南海的影响。分离南海ISO的标准为：①有从太平洋或者印度洋北行进入南海的OLR负异常信号；②能够影响超过南海1/2的区域；③低值区低于20W/m^2，就被认为是一个南海季节内振荡的北传过程。这种新方法不仅能从时间上能很好地分辨ISO在南海的发展过程，还能从空间上将不同来源的信号分离。分离后的聚类合成主要包括：北传的准两周振荡主要有46个个例来自西北太平洋，而30～60d振荡的北传有28个个例，其中有12个来自西北太平洋西传返回南海，其他16个从印度洋北传至南海。

北传过程聚类合成场主要有：①图6.40为准两周振荡的北传过程，分为0°、120°、240°三个相位，准两周振荡主要来自赤道150°E附近，从菲律宾海西北向进入南海，对南海的影响时间为10～15d，因此，一般认为南海准两周振荡主要出现在夏季风期间，通过天气系统对季风建立起调制作用；②图6.41为30～60d振荡的北传过程，来自太平洋，分为0°、72°、144°、216°、288°五个相位，这种振荡同样也是来自赤道150°E附近，从菲律宾海西北向进入南海，主要受到西太暖池作用，对流异常变化较大；③30～60d振荡的北传过程，来自印度洋，分为0°、60°、120°、180°、240°、300°六个相位，这种振荡来自赤道60°E附近，从孟加拉湾东北向进入南海。准两周振荡主要来自西北太平洋，而来自印度洋的准两周振荡对南海作用不大，从影响的时间来看，准两周振荡最短，来自太平洋的30～60d振荡要短于印度洋的30～60d振荡；从影响的强度来看，印度洋的30～60d振荡强于太平洋的30～60d振荡，而准两周振荡最弱。

同样，南海SST响应OLR的季节内信号反映了南海海洋对季节内信号的北传响应。根据SST与OLR的超前滞后关系，这里不仅计算了一个周期的南海SST响应过程，还计算了超前和滞后OLR两个相位的合成结果。对于来自太平洋的准两周振荡，超前2个相位的南海SST处于暖异常，海温升高大约0.2℃，暖中心主要位于南海北部西沙海域的东侧；随着暖信号的北行消亡，冷异常自太平洋赤道150°E区域开始向西北传播，最终形成一条西南-东北向冷条带。与准两周振荡不一样，来自太平洋的30～60d振荡，其SST在超前相位增

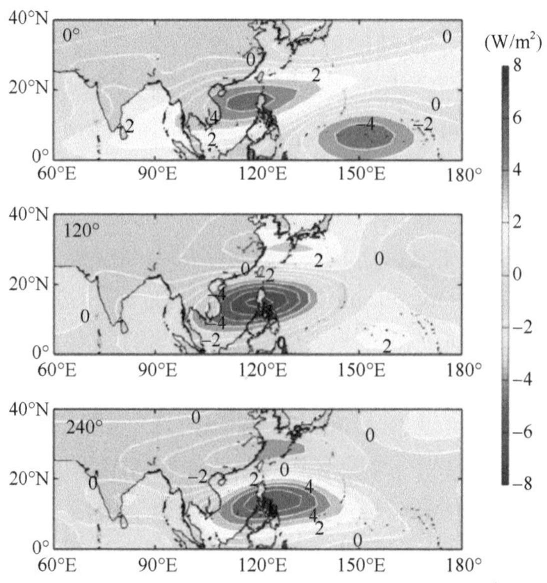

图6.40　太平洋准两周振荡北传入南海的合成（0°、120°、240°）OLR相位图

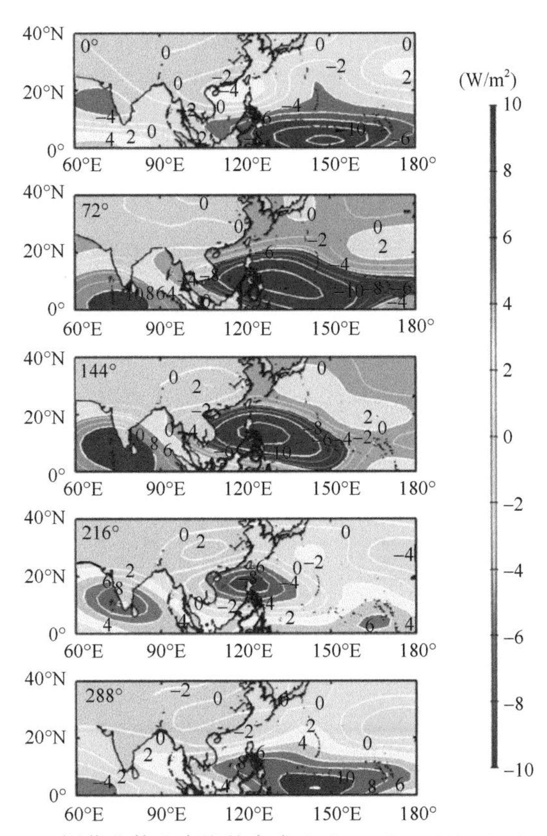

图6.41　太平洋30～60d振荡北传入南海的合成（0°、72°、144°、216°、288°）OLR相位图

暖的程度要高出0.05℃，而在滞后两个相位中随着冷异常明显加强，不仅程度增加，而且范围相应扩大；来自印度洋的30～60d振荡的SST与来自太平洋的类似。

6.4.3　印度洋影响南海ISO的基本特征

影响南海的印度洋30～60d季节内振荡主要产生在赤道地区，从合成场来看，在季节内信号向东北传播的过程中，由于中南半岛的阻挡，局地的水汽和热源供给不足会使印度洋信号北传过程出现不同于太平洋的海气相互作用特征。本研究使用OAFlux数据，选择2007年6月14日至7月13日和2008年8月26日至9月30日这两个印度洋信号北传入南海的例子来研究印度洋30～60d季节内振荡对南海局地产生影响的过程。

从图6.42可以看出，ISO东行分成两个分支，中心分别在南海和东印度洋中部。首先在2007年6月24日东印度洋潜热通量升高和大气中水汽通量增加，风向基本为西风，到6月26日潜热和水汽达到最大，南风增

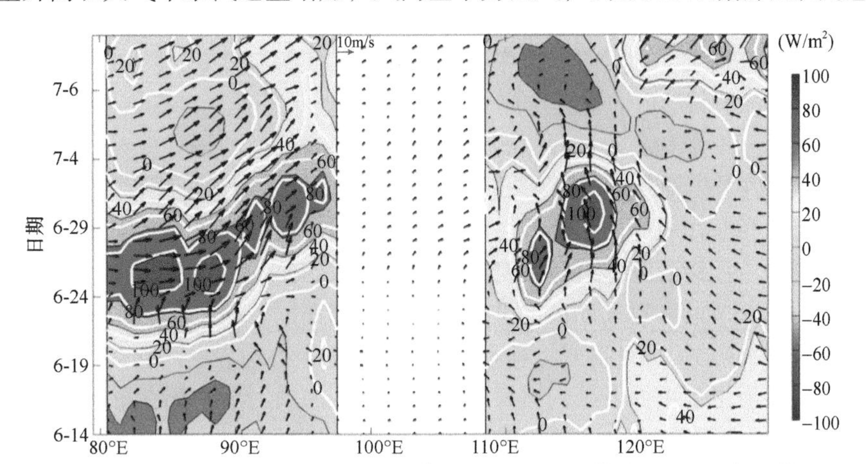

图6.42　2007年6月14日至7月13日潜热通量（阴影，W/m²）、水汽通量（等值线）和风场（箭头，m/s）的变化分布

强影响大气进一步发展，印度洋局地海气相互作用促使对流增强，这时ISO分成两支，一支最早进入南海的信号在6月26日首先开始出现潜热通量升高和大气中水汽通量的增加，使局地大气振荡发展并活跃，6月29～30日潜热和水汽达到最大，纬向风从西风转为东风。在此过程中南海的OLR北传也有一个先增强后削弱的过程，即从6月24日开始对流增强，6月30日OLR减小15W/m^2，7月4日OLR增加。

图6.43给出了发生于2008年8月26日至9月30日的ISO对印度洋及南海的潜热通量、水汽通量的改变，同样可以清楚地看出信号在中南半岛的阻挡作用下分成两个分支。这两个个例区别在于第一个个例影响最为显著的是南海分支，而另一个个例主要停留在孟加拉湾，对南海的影响较弱。

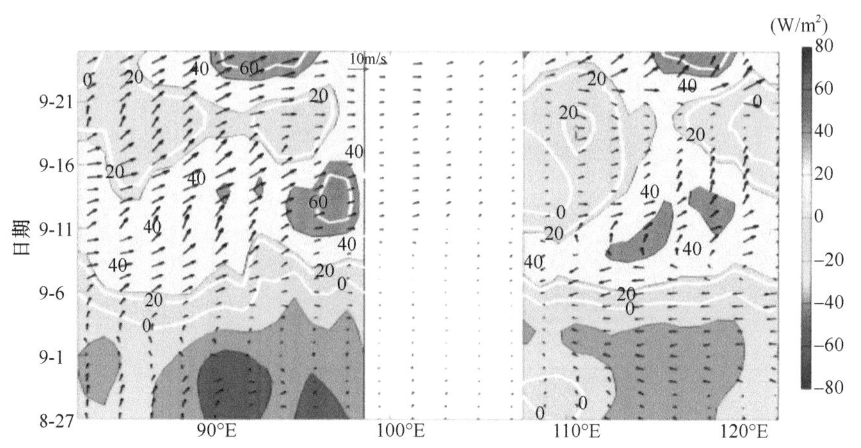

图6.43　2008年8月26日至9月30日潜热通量（阴影，W/m^2）、水汽通量（等值线）和风场（箭头，m/s）的变化分布

印度洋30～60d的北传过程具有年际特征。统计结果表明，在2003年和2008年发生次数较多，分别为3次和4次，而2002年、2004年及2009～2011年发生次数较少，其中2002年和2011年未发生，而其他3年仅有1次，其主要原因可能是进入南海的北传较弱，而更多地停留在印度洋局地发展并消亡。北传过程的发生频率与产生的源地和南海内部SST有密切联系。本研究对南海季节内信号的北传在每年发生的次数与印度洋（0～10°N，60°～70°E）SST、南海中部（10°～20°N，110°～120°E）SST做相关分析，拟合系数分别为1.69和–1.65，由此可见南海冷异常与印度洋的暖异常提高了印度洋北传的频率。

6.5　小结与展望

本章回顾了南海的上混合层热动力学、海气界面通量交换、大气边界层结构、热带气旋活动和南海季节内震荡的来源情况。

南海的上混合层热动力学具有明显的边缘海特征，海表和上混合层温度变化几乎具有热带海洋所有的时间尺度变化特征，如日变化、季节内变化、年际变化和年代际变化等。南海夏季风试验中投放的定点浮标为海表温度日变化的研究提供了高时间分辨率的海温数据，使海温日变化的研究成为可能。南海海表温度的季节内变化的基本特征及其形成的物理过程均具有显著的季风特征。ENSO信号通过大气环流及海洋环流等影响桥梁，在极大程度上影响着南海海温的年际变化。南海的珊瑚是一种天然的气候记录仪，显示南海的海表温度在1880年以后呈显著升高趋势。

海气通量交换是海气相互作用的关键环节，南海的海气热通量观测研究始于20世纪70年代末。近年来积累的船载通量观测、定点浮标观测和通量观测塔资料为南海的海气通量特征和变化分析、遥感反演热通量数据的准确性验证、模式通量参数化评估提供了关键的观测证据。在海洋上方，海洋大气边界层（海面以上1000m左右的近海气层）结构的时空变化相对较慢，但南海大气边界层的日变化仍然存在。南海的锋面和中尺度涡等造成的表层海温水平梯度结构对海洋大气边界层的动力结构都有重要影响。探空观测资料为分析南海海区不同海洋现象下海洋大气边界层的微观结构变化提供了宝贵的观测数据，也为分析各类大气波导在南海的发生概率及波导高度、强度和厚度的分布特征提供了关键的观测支撑。

南海的热带气旋活动包括在南海局地生成的热带气旋和在西太平洋生成后西行进入南海的热带气旋。南海局地生成的热带气旋在强度、频数和路径的变化上都有别于西太平洋热带气旋，路径差异与不同类型ENSO位相所引起的大尺度风场的异常密切相关。对南海夏季和秋季的热带气旋而言，秋季的热带气旋年际变化显著，在1978年以后明显强于1965～1977年。在年代际尺度上，夏季的热带气旋生成有一个显著的10年周期，而秋季则没有。

南海上层海洋和大气异常信号中的季节内信号对我国气候有不可忽略的影响。南海的季节内振荡的来源主要包括赤道的东传振荡信号、印度洋的北传振荡信号和太平洋的西传振荡信号。南海季节内震荡强弱存在明显的年际差异，冬季很少出现北传现象，但是2008年初却是个例外，一个持续时间较长的季节内震荡过程，引发了2008年春季的“冻雨”事件。

目前还缺乏对南海海洋与大气之间海气耦合过程与机理的系统研究。尽管现有研究对南海的热动力过程有所探究，但依然尚未解释南海在局地海气相互作用和气候变化中如何扮演一个主动性的影响因子。今后的研究应更关注南海如何在气候系统中发挥作用。

参考文献

陈联寿, 丁一汇. 1979. 西太平洋台风概论. 北京: 科学出版社.

陈颖珺, 谢强, 蒙伟光, 等. 2009. 不同海表面温度对南海台风“杜鹃”的影响试验. 热带气象学报, 25(4): 401-406.

成印河, 周生启, 王东晓, 等. 2013. 夏季风爆发对南海南北部低空大气波导的影响. 热带海洋学报, 32(3): 1-8.

丁一汇, 李崇银, 何金海, 等. 2004. 南海季风试验与东亚夏季风. 气象学报, 62(5): 561-586.

丁一汇, 柳艳菊, 张锦, 等. 2002. 南海季风试验研究. 气候与环境研究, 7(2): 202-208.

杜岩. 2002. 南海混合层和温跃层的季节动力过程. 中国海洋大学博士学位论文.

杜岩, 王东晓, 施平, 等. 2004. 南海障碍层的季节变化及其与海面通量的关系. 大气科学, 28(1): 101-111.

高荣珍. 2002. 南海上层海洋水温季节内变化的观测研究. 中国海洋大学博士学位论文.

蔺发军, 刘成国, 成思, 等. 2005. 海上大气波导的统计分析. 电波科学学报, 20(1): 64-68.

潘爱军, 万小芳, 许金电, 等. 2006a. 南海东北部障碍层特征及其形成机制. 科学通报, 51(8): 951-957.

潘爱军, 万小芳, 许金电, 等. 2006b. 南海中部海域障碍层特征及其形成机制. 海洋学报, 28(5): 35-43.

施平, 杜岩, 王东晓, 等. 2001. 南海混合层年循环特征. 热带海洋学报, 20(1): 10-17.

苏纪兰. 2001. 南海环境与资源基础研究前瞻. 北京: 海洋出版社: 38-47.

苏瑞侠, 孙东怀. 2003. 南海北部滨珊瑚生长的影响因素. 地理学报, 58(3): 124-133.

王东晓, 秦曾灏. 1997. 南海年际尺度海气相互作用的初探. 气象学报, 55(1): 33-42.

王东晓, 谢强, 周发琇. 2001. 南海及邻近海域异常海温影响局域大气环流的初步试验. 热带海洋学报, 20(1): 82-90.

吴迪生, 许建平, 王以琳, 等. 2005. 南海海洋站观测海气热通量的时间演变特征. 热带气象学报, 21(5): 517-524.

闫俊岳. 1997. 南海西南季风爆发的气候特征. 气象学报, 55(2): 174-186.

闫俊岳, 刘久萌, 蒋国荣, 等. 2007. 南海海-气通量交换研究进展. 地球科学进展, 22(7): 685-697.

闫俊岳. 1999. 中国邻海海-气热量、水汽通量计算和分析. 应用气象学报, 10(1): 9-19.

杨坤德, 马远良, 史阳. 2009. 西太平洋蒸发波导的时空统计规律研究. 物理学报, 58(10): 7339-7350.

袁金南, 梁建茵. 2006. 用南海西沙站观测资料诊断研究南海季风季节内振荡. 海洋学报: 中文版, 28(1): 18-25.

臧楠. 2005. 南海SST日变化特征及夏季风爆发对SST日变化的影响. 中国海洋大学硕士学位论文.

张庆荣. 1998. 南沙海域海气相互作用研究. 北京: 全国大气环境学术会议.

张庆荣, 蔡亲炳, 林锡贵. 1986. 南海北部近海面大气梯度观测试验的初步分析. 热带海洋, 5(2): 75-81.

朱良生, 邱章. 2002. 南海南部海区障碍层季节变化及其对垂向热传输的影响. 海洋学报, (S1): 171-178.

Ashok K, Behera S K, Rao S A, et al. 2007. El Niño Modoki and its possible teleconnection. Journal of Geophysical Research: Oceans, 112(C11): C11007.

Camargo S, Sobel A H, Barnston A G, et al. 2007. Tropical cyclone genesis potential index in climate models. Tellus A: Dynamic Meteorology and Oceanography, 59(4): 428-443.

Carr III L E, Elsberry R L. 1990. Observational evidence for predictions of tropical cyclone propagation relative to steering. Journal of the Atmospheric Sciences, 47(4): 542-546.

Chan J C L, Gray W M. 1982. Tropical cyclone movement and surrounding flow relationships. Monthly Weather Review, 110(10): 1354-1374.

Chelton D. 2013. Ocean-atmosphere coupling: Mesoscale eddy effects. Nature Geoscience, 6(8): 594-595.

Chelton D B, Schlax M G, Freilich M H, et al. 2004. Satellite measurements reveal persistent small-scale features in ocean winds. Science, 303(5660): 978-983.

Chelton D B, Xie S P. 2010. Coupled ocean-atmosphere interaction at oceanic mesoscales. Oceanography, 23(4): 52-69.

Chen G, Tam C Y. 2010. Different impacts of two kinds of Pacific Ocean warming on tropical cyclone frequency over western North Pacific. Geophysical Research Letters, 37(1): 70-75.

Chen L X, Xie A. 1988. Westward propagating low-frequency oscillation and its teleconnection in the eastern hemisphere. Journal of Meteorological Research, 2(3): 300-312.

Chen T C, Chen J M, Pfaendtner J, et al. 1995. The 12-24-day mode of global precipitation. Monthly Weather Review, 123(1): 140-152.

Chen T C, Murakami M. 1988. The 30-50 day variation of convective activity over the Western Pacific Ocean with emphasis on the northwestern region. Monthly Weather Review, 116(4): 892-906.

Chia H H, Ropelewski C F. 2002. The interannual variability in the genesis location of tropical cyclones in the Northwest Pacific. Journal of Climate, 15(20): 2934-2944.

Chu P S, Kim J H, Chen Y R. 2012. Have steering flows in the western North Pacific and the South China Sea changed over the last 50 years? Geophysical Research Letters, 39(10): L10704.

Czaja A, Blunt N. 2011. A new mechanism for ocean-atmosphere coupling in midlatitudes. Quarterly Journal of the Royal Meteorological Society, 137(657): 1095-1101.

Du Y, Yang L, Xie S P. 2011. Tropical Indian Ocean influence on Northwest Pacific tropical cyclones in summer following strong El Niño . Journal of Climate, 24(1): 315-322.

Englebretson R E. 1992. Joint Typhoon Warning Center (JTWC92) Model. Science Applications International Corporation.

Franklin J L, Feuer S E, Kaplan J, et al. 1996. Tropical cyclone motion and surrounding flow relationships: Searching for beta gyres in omega dropwindsonde datasets. Monthly Weather Review, 124(1): 64-84.

Frenger I, Gruber N, Knutti R, et al. 2013. Imprint of Southern Ocean eddies on winds, clouds and rainfall. Nature Geoscience, 6(8): 608-612.

Gan J P, Li H, Curchitser E N, et al. 2006. Modeling South China Sea circulation: Response to seasonal forcing regimes. Journal of Geophysical Research Oceans, 111: C06034.

Gao R Z, Zhou F X. 2002. Monsoonal characteristics revealed by intraseasonal variability of sea surface temperature (SST) in the South China Sea (SCS). Geophysical Research Letters, 29(8): 1222.

Gao R Z, Zhou F X, Fang W D. 2000. SST intraseasonal oscillation in the SCS and atmospheric forcing system of the South China Sea. Journal of Oceanology and Limnology, 18(4): 289-296.

Gray W M. 1968. Global view of the origin of tropical disturbances and storms. Monthly Weather Review, 96(10): 669-700.

Gray W M. 1979. Hurricanes: Their formation, structure and likely role in the tropical circulation. Meteorology over the Tropical Oceans, 52(1): 351-354.

Hayes S P, Mcphaden M J, Wallace J M. 1989. The influence of sea-surface temperature on surface wind in the Eastern Equatorial Pacific: Weekly to monthly variability. Journal of Climate, 2(12): 1500-1506.

Holland G J. 1983. Tropical cyclone motion: Environmental interaction plus a beta effect. Journal of Atmospheric Sciences, 40(2): 328-342.

Huang P, Chou C, Huang R. 2011. Seasonal modulation of tropical intraseasonal oscillations on tropical cyclone geneses in the Western North Pacific. Journal of Climate, 24(24): 6339-6352.

Johnson R H, Ciesielski P E. 2002. Characteristics of the 1998 summer monsoon onset over the northern South China Sea. Journal of the Meteorological Society of Japan, 80(4): 561-578.

Jones C, Waliser D E, Gautier C. 1998. The influence of the Madden-Julian Oscillation on ocean surface heat fluxes and sea surface temperature. Journal of Climate, 11(5): 1057-1072.

Kim H S, Kim J H, Ho C H, et al. 2011. Pattern classification of typhoon tracks using the fuzzy *c*-means clustering method. Journal of Climate, 24(2): 488-508.

Kwon M H, Jhun J G, Ha K J. 2007. Decadal change in east Asian summer monsoon circulation in the mid-1990s. Geophysical Research Letters, 34(21): 377-390.

Kwon M H, Jhun J G, Wang B, et al. 2005. Decadal change in relationship between east Asian and WNP summer monsoons. Geophysical Research Letters, 32(16): 101-120.

Lee C S, Lin Y L, Cheung K K W. 2006. Tropical cyclone formations in the South China Sea associated with the mei-yu front. Monthly Weather Review, 134(10): 2670-2687.

Lee S K, Wang C Z, Mapes B E. 2009. A simple atmospheric model of the local and teleconnection responses to tropical heating anomalies. Journal of Climate, 22(2): 272-284.

Li J, Wu Z, Jiang Z, et al. 2010. Can global warming strengthen the East Asian summermonsoon? Journal of Climate, 23: 6696-6705.

Li R C Y, Zhou W. 2013. Modulation of western North Pacific tropical cyclone activity by the ISO. Part Ⅱ: Tracks and landfalls. Journal of Climate, 26(9): 2919-2930.

Lindstrom E, Lukas R, Fine R, et al. 1987. The western equatorial Pacific Ocean circulation study. Nature, 330(6148): 533-537.

Lindzen R S, Nigam S. 1987. On the role of sea surface temperature gradients in forcing low-level winds and convergence in the tropics. Journal of the Atmospheric Sciences, 45(17): 2418-2436.

Liu Q Y, Wang D, Wang X, et al. 2014. Thermal variations in the South China Sea associated with the eastern and central Pacific El Nino events and their mechanisms. Journal of Geophysical Research-Oceans, 119(12): 8955-8972.

Liu Q Y, Xia J, Xie S P, et al. 2004. A gap in the Indo-Pacific warm pool over the South China Sea in boreal winter: Seasonal development and interannual variability. Journal of Geophysical Research-Oceans, 109: C07012.

Liu W T. 1986. Statistical relation between monthly mean precipitable water and surface-level humidity over global oceans. Monthly Weather Review, 114(8): 1591-1602.

Liu W T, Xie X, Niiler P P. 2006. Ocean atmosphere interaction over Agulhas Extension meanders. Journal of Climate, 20(23): 5784-5797.

Nakamura H, Nishina A, Minobe S. 2012. Response of storm tracks to bimodal Kuroshio path states south of Japan. Journal of Climate, 25(21): 7772-7779.

O'Neill L W, Chelton D B, Esbensen S K, et al. 2005. High-resolution satellite measurements of the atmospheric boundary layer response to SST variations along the Agulhas Return Current. Journal of Climate, 18: 2706-2723.

O'Reilly C H, Czaja A. 2015. The response of the Pacific storm track and atmospheric circulation to Kuroshio Extension variability. Quarterly Journal of the Royal Meteorological Society, 141(686): 52-66.

Qu T D. 2001. Role of ocean dynamics in determining the mean seasonal cycle of the South China Sea surface temperature. Journal of Geophysical Research: Oceans, 106(C4): 6943-6955.

Riley E M, Mapes B E, Tulich S N. 2011. Clouds associated with the Madden-Julian Oscillation: A new perspective from *CloudSat*. Journal of the Atmospheric Sciences, 68(12): 3032-3051.

Rossby C G. 1940. Planetary flow patterns in the atmosphere. Quarterly Journal of the Royal Meteorological Society, 66: 68-87.

Roxy M, Tanimoto Y. 2012. Influence of sea surface temperature on the intraseasonal variability of the South China Sea summer monsoon. Climate Dynamics, 39(5): 1209-1218.

Salby M L, Hendon H H. 1994. Intraseasonal behavior of clouds, temperature, and motion in the tropics. Journal of the Atmospheric Sciences, 51(15): 2207-2224.

Shi R, Guo X, Wang D, et al. 2015b. Seasonal variability in coastal fronts and its influence on sea surface wind in the Northern South China Sea. Deep-Sea Research Part Ⅱ: Topical Studies in Oceanography, 119: 30-39.

Shi R, Zeng L, Wang X, et al. 2015a. High-frequency variability of latent-heat flux in the South China Sea. Aquatic Ecosystem Health & Management, 18(4): 378-385.

Shinoda T, Hendon H H, Glick J. 1998. Intraseasonal variability of surface fluxes and sea surface temperature in the tropical western Pacific and Indian Oceans. Journal of Climate, 7(7): 1685-1702.

Simpson J H, Hunter J R. 1974. Fronts in the Irish Sea. Nature, 250(5465): 404-406.

Skyllingstad E D, Vickers D, Mahrt L, et al. 2007. Effects of mesoscale sea-surface temperature fronts on the marine atmospheric boundary layer. Boundary-layer meteorology, 123(2): 219-237.

Small R J, Deszoeke S P, Xie S P, et al. 2008. Air-sea interaction over ocean fronts and eddies. Dynamics of Atmospheres & Oceans, 45(3): 274-319.

Song Q, Cornillon P, Hara T. 2006. Surface wind response to oceanic fronts. Journal of Geophysical Research, 111(C12): C12006.

Tan W, Wang X, Wang W, et al. 2016. Different responses of sea surface temperature in the South China sea to various El Niño events during boreal autumn. Journal of Climate, 29(3): 1127-1142.

Vautard R, Ghil M. 1989. Singular spectrum analysis in nonlinear dynamics, with applications to paleoclimatic time series. Physica D: Nonlinear Phenomena, 35(3): 395-424.

Wallace J M, Mitchell T P, Deser C. 1989. The influence of sea-surface temperature on surface wind in the eastern equatorial Pacific: seasonal and interannual variability. Journal of Climate, 2(12): 1492-1499.

Wang B, Rui H. 1990. Synoptic climatology of transient tropical intraseasonal convection anomalies: 1975-1985. Meteorology & Atmospheric Physics, 44(1-4): 43-61.

Wang C, Wang W, Wang D, et al. 2006. Interannual variability of the South China Sea associated with El Niño. Journal of Geophysical Research: Oceans, 111(C3): C03023.

Wang C, Wang X. 2013. Classifying El Niño Modoki Ⅰ and Ⅱ by different impacts on rainfall in Southern China and Typhoon Tracks. Journal of Climate, 26(4): 1322-1338.

Wang D, Zeng L, Li X, et al. 2013. Validation of satellite-derived daily latent heat flux over the South China Sea, compared with observations and five products. Journal of Atmospheric and Oceanic Technology, 30(8): 1820-1832.

Wang G, Li J, Wang C, et al. 2012. Interactions among the winter monsoon, ocean eddy and ocean thermal front in the South China Sea. Journal of Geophysical Research Oceans, 117(C8): C08002.

Wang L, Lau K H, Fung C H, et al. 2010a. The relative vorticity of ocean surface winds from the QuickSCAT satellite and its effects on the geneses of tropical cyclones in the South China Sea. Tellus A: Dynamic Meteorology and Oceanography, 59(4): 562-569.

Wang X, Wang D X, Gao R Z, et al. 2010b. Anthropogenic climate change revealed by coral gray values in the South China Sea. Chinese Science Bulletin, 55(13): 1304-1310.

Wang X, Zhou W, Li C, et al. 2014. Comparison of the impact of two types of El Niño on tropical cyclone genesis over the South China Sea, International Journal of Climatology, 34(8), 2651–2660, DOI: 10.1002/joc.3865.

Wheeler M C, Hendon H H. 2004. An all-season real-time multivariate MJO index: Development of an index for monitoring and prediction. Monthly Weather Review, 132(8): 1917-1932.

Wu R G, Wen Z P, Yang S, et al. 2010. An interdecadal change in Southern China summer rainfall around 1992/93. Journal of Climate, 23(9): 2389-2403.

Xie S P, Hu K, Hafner J, et al. 2009. Indian Ocean capacitor effect on Indo–western Pacific climate during the summer following El Niño. Journal of Climate, 22(3): 730-747.

Xie S P, Xie Q, Wang D, et al. 2003. Summer upwelling in the South China Sea and its role in regional climate variations. Journal of Geophysical Research, 108(C8): 3261.

Yanagi T, Koike T. 1987. Seasonal variation in thermohaline and tidal fronts, Seto Inland Sea, Japan. Continental Shelf Research, 7(2): 149-160.

Yang L, Du Y, Wang D, et al. 2015. Impact of intraseasonal oscillation on the tropical cyclone track in the South China Sea. Climate Dynamics, 44(5-6): 1505-1519.

Yang L, Du Y, Xie S P, et al. 2012. An interdecadal change of tropical cyclone activity in the South China Sea in the early 1990s. Chinese Journal of Oceanology and Limnology, 30(6): 953-959.

Yim S Y, Jhun J G, Yeh S W. 2008. Decadal change in the relationship between east Asian-western North Pacific summer monsoon and ENSO in the mid-1990s. Geophysical Research Letters, 35(20): 229-237.

Yuan J, Tim L, Wang D. 2014. Precursor synoptic-scale disturbances associated with tropical cyclogenesis in the South China Sea during 2000-2011. Intternational Journal of Climatology, 35(12): 3454-3470.

Yuan J, Wang D. 2014. Potential vorticity diagnosis of tropical cyclone Usagi (2001) genesis induced by a mid-level vortex over the South China Sea. Meteorology and Atmospheric Physics, 125(1-2): 75-87.

Zeng L, Li X, Du Y, et al. 2012. Synoptic-scale disturbances over the northern South China Sea and their responses to El Niño. Acta Oceanologica Sinica, 31(5): 69-78.

Zeng L, Ping S, Liu, et al. 2009. Evaluation of a satellite-derived latent heat flux product in the South China Sea: A comparison with moored buoy data and various products. Atmospheric Research, 94(1): 91-105.

Zeng L, Wang D. 2009. Intraseasonal variability of latent-heat flux in the South China Sea. Theoretical & Applied Climatology, 97(1-2): 53-64.

Zeng, L., Wang, D. 2017. Seasonal variations in the barrier layer in the South China Sea: characteristics, mechanisms and impact of warming. Clim Dyn 48, 1911–1930.

Zeng L, Wang D, Chen J, et al. 2016. SCSPOD14, a South China Sea physical oceanographic dataset derived from *in situ* measurements during 1919-2014. Scientific Data, 3: 160029.

Zhan R, Wang Y, Lei X. 2011. Contributions of ENSO and East Indian Ocean SSTA to the interannual variability of Northwest Pacific tropical cyclone frequency. Journal of Climate, 24(2): 509-521.

Zhang Y, Wang D, Xia H, et al. 2012. The seasonal variability of an air-sea heat flux in the northern South China Sea. Acta Oceanologica Sinica, 31(5): 79-86.

Zhao X, Wang D, Huang S, et al. 2013. Statistical estimations of atmospheric duct over the South China Sea and the Tropical Eastern Indian Ocean. Chinese Science Bulletin, 58(23): 2794-2797.

Zhou F, Ding J Y. 1995. The intraseasonal oscillation of sea surface temperature in the South China Sea. Journal of Ocean University of Qingdao, 25(1): 1-6.

Zhou F, Zhang Y, Huang F, et al. 1999. Spatial pattern of the air-sea interaction near the South China Sea during winter. Chinese Journal of Oceanology & Limnology, 17(2): 132-141.

Zhou T J, Yu R C. 2005. Atmospheric water vapor transport associated with typical anomalous summer rainfall patterns in China. Journal of Geophysical Research Atmospheres, 110(D8): D08104.

7.1 南海海洋观测

20世纪80年代以前，南海海洋观测资料十分匮乏，且大多集中在陆架区域。徐锡祯等（1982）在研究南海中、上层环流时，从日本海洋资料中心仅取得6000余个站次的温度、盐度资料［截至1970年，包括了台湾和香港地区参加的黑潮联合调查（CSK）的南海资料］，且分布很不均匀，如南海中部深水区、南沙群岛海域的资料可谓寥若晨星。20世纪60年代的第一次全国海洋普查，由于条件限制，测站都在陆架内。中国科学院南海海洋研究所在1959年成立后，在南海北部陆架区、琼州海峡和北部湾进行过多次调查，其中1964年北部湾本底调查、1969年4～7月北部湾定点周日海流连续观测和1971年南海北部陆架区连续半年的大面水文观测（后两项调查均投放了锚定浮标站进行多日测流）最具特色。自1973年起我国对南海西沙群岛、中沙群岛及其邻近海域进行了多次综合调查，拉开了深海观测的序幕。在此基础上，中国科学院南海海洋研究所分别于1977～1978年对南海中部海区（12°00′～19°00′N，109°30′～118°00′E）和1979～1982年对南海东北部海区（17°00′～23°00′N，112°30′～120°00′E）进行了综合考察，将研究成果汇编成《南海海区综合调查研究报告（一）》和《南海海区综合调查研究报告（二）》，并分别于1982年和1985年出版。1984年起有组织地实施了与台湾大学海洋研究所在南海东北部海区的配合调查，1994年8～9月又参与了扩展至吕宋海峡东北部的范围更广的第二次配合调查，相关研究成果已发表在1996年《中国海洋学文集6》和1997年《热带海洋16（2）》上。

除上述规模较大的综合性调查外，根据当时的任务要求，中国科学院南海海洋研究所还在南海北部进行过多次物理海洋学调查。例如，1982年2～3月的“南海暖流动力学实验”，设在汕头外海的深水浮标站成功地获取了7～8级风况下连续7天的海流观测资料，为冬季逆风而动的南海暖流提供了宝贵的实测流证据；1983年夏季的调查，在南海北部陆架边缘获得了当时我国首例热带风暴下的浮标站海流实测资料。

自然资源部南海局在南海北部陆架区开展的断面调查至今仍在继续，观测断面做过几次调整。前期调查成果已汇编成《南海北部陆架邻近水域十年水文断面调查报告》，并于1990年出版。1983年4月至1985年1月，国家海洋局也组织了南海中部海区（12°00′～20°00′N，111°00′～118°00′E）的综合考察，并在1988年出版了《南海中部海域环境资源综合调查报告》和相应图集。

20世纪80年代前中国水产科学研究院南海水产研究所在南海中、北部先后做过两次较大规模的渔业调查（含水文气象）。第一次在20世纪60年代早期，第二次在70年代末，两次调查均有物理海洋学方面的报告，同时也包括不少小规模的渔场调查、捕鱼季节的温度和盐度观测。至于近岸浅水区，当推70年代末至80年代初的海岸带调查及90年代的海岛调查，且均有相应的调查报告出版。海湾方面，以1984～1986年中国科学院南海海洋研究所开展的大亚湾本底调查最为全面（1982～1983年曾做过温度、盐度等调查），并有专著《大亚湾环境与资源》问世。因大亚湾核电站的建设，中山大学也在大亚湾做过水文气象方面的调查。

以上仅对南海三个主要涉海科研单位20世纪80年代以前影响较大的海洋调查做了扼要介绍。虽然当时条件较艰苦，但广大海洋工作者（包括石油化工和矿产资源部门）仍然满怀豪情、克服困难，尽可能地多做工作，为后代留下了宝贵的第一手观测资料。20世纪80年代前的调查资料已由国家海洋信息中心收集整编出版。下面将介绍80年代后南海各个主要航次。

20世纪80年代中期，国家启动南沙专项调查任务，调查任务由中国科学院南海海洋研究所牵头组织实施，参加单位涵盖国内各部门数十家研究和业务机构，其核心在于岛礁及其周边水域的多学科综合调查，调查区域比较局限，在水动力环境方面主要针对的是岛礁周边小范围的水动力学特征，缺少关键断面的重复采样观测。

20世纪90年代末期的中国南海季风试验（SCSMEX）是首次针对整个南海海盆的国际联合观测计划，国内参加单位囊括了各海洋和气象研究机构。SCSMEX主要解决南海季风爆发前后上层海洋动力、热力环境变化，海气界面交换特征及低层大气变化等问题，采用多船同步观测，以定点时间序列观测为主，同时在1998年夏季风爆发前后实施了两个航次的大面观测任务，其观测恰逢1998年La Niña事件。

随后，在南海海洋环流973计划项目的资助下，针对南海海洋环流动力学基本特征，于2000年夏季和冬季（2001年初）设计并执行了2次覆盖整个南海的大面调查航次，并获得了南海东北部南海黑潮分支及中部西边界流等时间序列观测结果。

进入2000年以后，南海南部南沙综合科学考察计划航次在传统的登礁作业内容之外，逐渐重视重点海区关键断面的重复观测，尤其是其后续观测研究计划——南沙基础断面调查计划。通过一系列关键断面的重复观测刻画了南海中南部海域水动力环境的季节和年际变化特征。

2004年以来，中国科学院南海海洋研究所开始组织每年一次的南海北部开放航次。航次的站点基于研究南海海洋环流和海气相互作用的动力特征而设计。南海北部开放航次的实施为众多相关涉海研究机构和团队提供了非常关键的基础支撑平台，吸引了更多的研究团队投身海洋学研究，对南海北部的海洋动力过程、生物资源格局和形成机制及海洋地质构造等有了更深刻的认识。2010年以后，在南海北部开放航次的引领和推动下，国家自然科学基金委员会（简称“基金委”）启动了基金委共享航次计划。基金委共享航次计划的推行，积累了大量的第一手调查数据，有力地促进了各参试项目的成果产出。

同时，以满足国家战略需求和提升中国科学院海洋科学研究自主创新能力为目标，中国科学院南海海洋研究所以海洋上层和水下大型浮体为观测平台，在南海西北部代表性海域——西沙群岛永兴岛建立了以物理海洋为主的综合性海洋观测研究台站。综合部署大气、上层海洋、水体、深海过程为一体的全天候、长期连续监测系统，根据不同要素的观测需求和数据时效性要求，针对性地建设了4大类别的观测和应用平台：针对海面要素和近岸观测要素，建设了南海北部水文气象实施观测网络；针对水体要素，主要建设了潜标观测阵列系统；针对水体-水面-低层大气要素，设计了航次大面观测体系；针对用户需求和数据产出需求，建立了南海海洋环境数值预报与再分析平台。以航次调查为骨架，以台站为支点形成了兼有综合观测功能与专项调查功能的区域性海洋观测研究网。

7.1.1 航次大面观测

1. 南海南部航次观测

南海南部航次观测最早起源于“八五”国家科技专项——南沙群岛及其邻近海区综合科学考察项目，中国科学院南海海洋研究所从1984年开始负责组织实施“八五”国家科技专项——南沙群岛及其邻近海区综合科学考察项目。其主要的考察目标集中在岛礁及其周边邻近海域的水文环境、生物资源等常规项目调查。从1985年到2005年前后，共实施了24个航次，获得了大约3300余站次的CTD剖面数据和常规海面气象观测记录，基本覆盖了南沙群岛海区的主要岛礁和开阔海域。相关调查数据填补了国际上在该海区的数据观测盲区，具有重要的科学意义。

20世纪90年代后期，除例行的登礁调查作业外，针对南海南部次海盆尺度环流动力学特征的常规水文气象调查所占比重逐渐增加。调查区域不再集中在岛礁区周边，同时覆盖了深水海盆区。受登礁作业需要良好海况条件的限制，相关调查基本都集中在每年4～5月执行，主要获得春季季风转换期南海南部海域的动力和热力特征。

南沙综合科学考察20多年的观测数据综合分析结果表明，在多年平均季节循环尺度上，2～4月海盆中部存在暖性涡旋西移，并最终导致冬季流场向夏季流场转变；夏季风期间，越南离岸流在7月开始形成，在

8月达到顶峰，10月消亡，在纳土纳群岛东北部存在明显的气旋涡活动（万安气旋）；9～10月，存在冷性涡旋从西沙以南海域向南进入南海南部，并最终导致夏季流场向冬季流场转变；冬季风期间，纳土纳群岛东北部海域和越南东南部海域都存在很强的气旋式冷涡。

观测还发现，南海中层水和深层水的水团属性变化不是一种单调的、线性的变化过程，某些时段变化比较剧烈，存在"跳跃性"的变化；有些时段，变化又不是很显著，水团属性演变比较缓慢。同时，相关观测记录表明，观测时段内南海中深层水体在不同深度上存在不同的变化趋势，南海中层水核心深度附近的温度在过去20年里呈上升趋势，但是700m以深的中层水下部和深层水的上部，水体温度呈下降趋势，下降的幅度为0.0035～0.007℃/a，变化最快的是1100m附近。盐度在300m以深各层的变化趋势基本一致，都在20世纪80年代中后期经历了一次由增到减的过程，从90年代初至今都主要表现为增加趋势，总体而言，盐度的增加幅度为0.006～0.007psu/a（图7.1）。

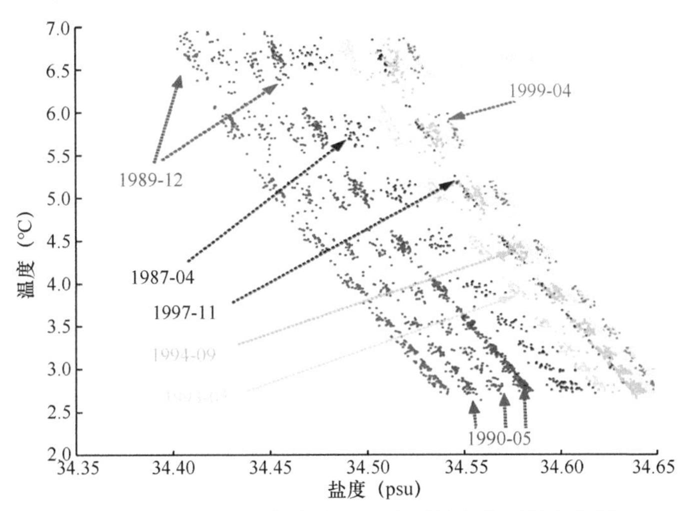

图7.1　1987～1999年南沙航次中下层水体温盐点聚图

2009年以后，为了与国际气候变化研究计划（CLIVAR）的18°N断面观测衔接、满足分析南海海洋环流的季节和年际变异对断面数据的需求和综合南沙低纬度海区利用珊瑚重建过去年际到年代际的气候序列需要，科技部设置了科技基础性南海海洋断面科学考察计划。该计划前后执行了4次，其固定断面为"三横一纵"布局（图7.2）：在18°N、10°N、6°N断面和113°E子午向断面共布设了75个站位，其中18°N断面20个站位，10°N断面20个站位，6°N断面13个站位，113°E子午向断面25个站位（含3个重复站位），且分别于2009

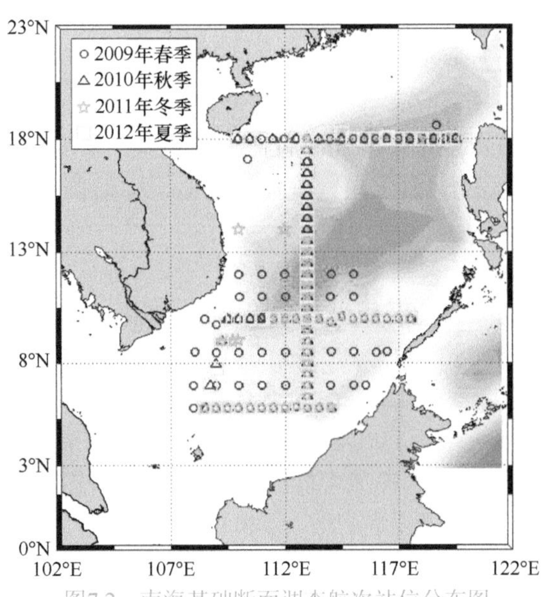

图7.2　南海基础断面调查航次站位分布图

年春季、2010年秋季、2011年冬季和2012年夏季，完成了相关断面的季节全覆盖调查任务。

在实际执行过程中，2009年航次结合南沙综合调查任务需求，在南海进行了102个站位的CTD观测；MVP拖曳式CTD投放3次，观测120n mile；回收和布放观测潜标3套，在南沙海域获得连续2年的海流观测数据；TurboMap海洋湍流微结构观测40个站；全程走航ADCP海流观测；全程走航表层海水温盐观测；全程走航自动气象站观测。观测结果（图7.3）显示，在不同季节南海水体属性比较稳定，尤其是中下层水团水体属性相对单一。观测时段内未发现明显带有西北太平洋水体属性的水团分布。

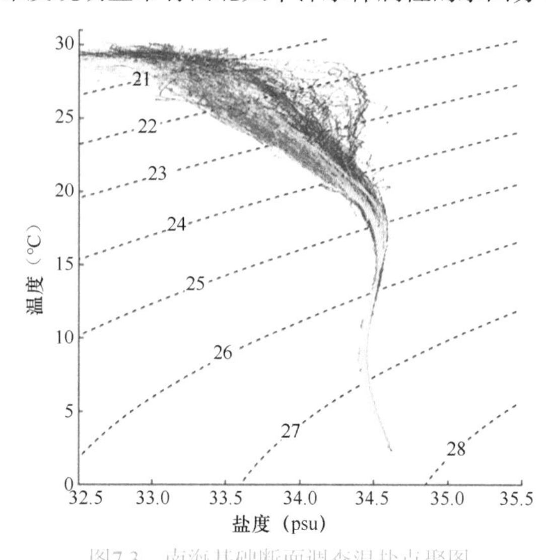

图7.3　南海基础断面调查温盐点聚图

红色. 2009年春季；紫色. 2010年秋季；绿色. 2011年冬季；黄色. 2012年夏季

春季航次调查期间，6°N断面西侧200m以浅存在明显的高温区，有暖水活动，在113°E附近，40～80m存在低盐核，该低盐水体在2007年6月南沙综合考察时也曾被发现。10°N断面西侧200m以浅有气旋冷涡活动，发生温跃层通风现象。18°N断面混合层深度较浅薄，等温线呈西高东低的趋势。113°E断面等温度线由南向北抬升；在8°～10°N与16°～18°N有局地暖水生成。

夏季航次调查期间，6°N断面东侧表层存在高温水舌，温跃层出现在60～90m。10°N断面在113°E周围表层出现相对高温区，深度达60m，断面西侧也存在高温区，深度为50m，温跃层出现在70～110m；混合层较薄，断面西侧（110°～112.5°E）水深110～180m处出现相对低盐区。18°N断面表层温度分布东低西高，西边高温水层厚度较浅，东侧130～150m存在高盐水，盐度最高34.78psu。113°E断面表层温度南低北高，南部温跃层在70～140m，北部温跃层在30～80m，11°N存在强的温度梯度和盐度梯度。

秋季航次调查期间，天气较为恶劣，海上作业受天气影响较大。根据实际情况，位于九段线之外的站被迫放弃。18°N断面的20个站，由于海况恶劣只完成11个站观测。18°N、10°N、6°N断面水体都表现为温度东高西低，盐度东低西高。113°E断面南部比北部温度约高1.5℃，盐度约高1psu，主要由于2010年东北季风比往年较早南下侵入南海，10月底至11月上旬，南海北部遍布大风区。温盐跃层分布在60m以下，厚度大约为40m。

冬季航次调查期间，既遭受东北季候风影响，又遭遇1次南海南部本地形成的热带低压和1次热带风暴“天鹰”影响。46天考察期间，考察作业时间只有13天，整个航程仅完成43%的大面观测站任务。6°N断面混合层深度东深西浅，东边达到60m，西边只有20m。在110°～111°E处，水深50～60m处存在比周边温度低的海水；表层低盐度区出现在断面西侧，低盐度水体深度东侧比西侧深；盐跃层在30～50m。113°E断面200m以浅温度南高北低，差异极大值为2.0℃。表层高温水侵入深度南端达60m以上，北端为30m以上。10°N附近的水体温度相对较低，表明这一海域可能存在冷涡活动。表层低盐中心出现在断面南端，断面上，盐跃层分布水深为30～50m，80m以下为高盐区，180m以下盐度趋于稳定。

2. 南海北部开放航次观测

为发挥多方科研力量的综合优势，加强海洋现场数据的长期积累，推动南海北部海洋环境动力变化过程及其生态效应的长期观测研究及重大成果产出，促进海洋科学研究的多学科交叉与整合和所内外科学家的交流与合作，中国科学院南海海洋研究所从2004年起在国内率先实施南海北部开放航次计划。该计划以珠江口和南海北部海域多尺度海洋动力与环境过程为观测对象，以提高认知和预测自然与人类活动对南海近海生态系统影响的能力为目标，在每年夏秋季节，以南海北部海域的8条重复观测断面为骨架，开展持续的多学科综合观测，为南海海洋管理可持续发展与决策提供科学依据。中国科学院南海海洋研究所每年为该计划提供30天左右的海上作业船期，欢迎国内所有具有海上调查作业需求的研究团队免费参加航次调查，相关基础调查数据也实时给参加航次的研究团队免费共享，这一开创性的开放共享海上调查平台，吸引了众多有意投入海洋研究但缺少相关资源的团队进入海洋研究领域，促进了相关学科发展。

南海北部开放航次计划针对珠江冲淡水、近岸上升流、台湾浅滩、绕海南岛环流、吕宋海峡输运等重要科学对象设计了8条断面（图7.4）。18°N断面是热带和副热带的边界，被设定为CLIVAR的常规断面，以研究海洋经向输送、大气经向环流及季风活动。考察内容包括海洋水文观测、海流及气象观测、上层海洋光学参数测量、海洋生物与生态及化学要素观测、气溶胶测量、海洋沉积物取样等。其核心调查研究海区位于南海北部及其邻近海区的我国传统疆界线内。在海洋水文方面，搭载仪器主要包括温盐深测量仪（conductivity-temperature-depth system，CTD）、走航温盐仪（underway-CT）、移动船载剖面仪（moving vessel profiler，MVP）、声学多普勒海流剖面仪（acoustical Doppler current profiler，ADCP）、下放式声学多普勒海流剖面仪（lowered acoustical Doppler current profiler，LADCP）、微结构湍流剖面仪（turbulence ocean micro-structure acquisition profiler，Turbo-MAP）、锚定浮标/潜标（mooring）、走航二氧化碳分压检测仪（automated flowing pCO_2 measuring system）、GPS探空（global positioning system sounding）、自动气象站（automatic weather station，AWS）、海气通量观测系统（air-sea flux observation system）等。自2006年以后，开放航次开始加载辐射仪和探空观测，开启了南海海洋气象观测的新时代。探空气球观测是获得海洋上空大气温湿垂直结构的有效方法。中国科学院南海海洋研究所开放航次在航次进行中按时释放探空气球以获得风、温度、湿度及气压的垂直廓线。观测网络主要选择了中国科学院大气物理研究所的中层大气和全球环境观测实验室研发的GPS-TK探空与航天新气象科技有限公司研制的CF-06-A探空气球。与Vaisala探空气球在热带海区的对比试验结果表明，CF-06-A探空也有很理想的结果（Xie et al.，2014）。AWS上配有完备的气象观测仪器，包括净辐射仪、大气温度和气压传感器、风速和风向观测设备及湿度观测仪器。

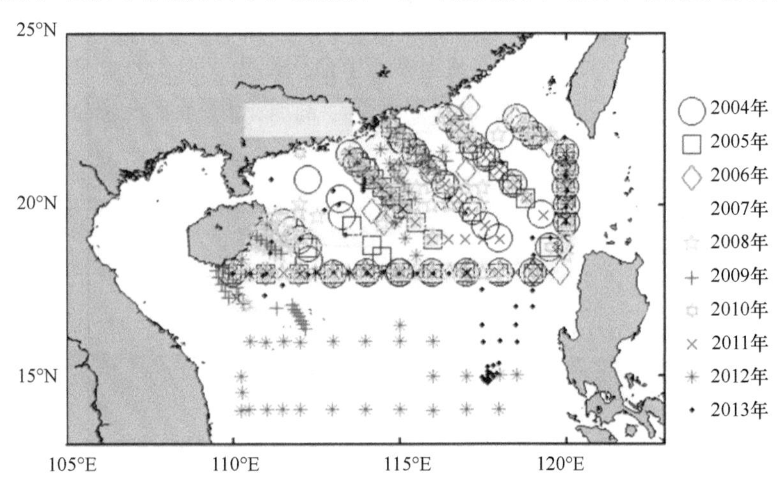

图7.4　2004～2013年南海北部开放航次温盐深测量仪（CTD）站位分布（Zeng et al.，2009）

开放航次为南海北部的综合性研究积累了大量的基础观测数据，在海洋和气象研究领域已促进了一系列研究成果产出：①揭示了海洋水团的特征与变化，包括上层海洋温盐属性与层结特征、水团入侵与海峡水交换、中深层水团年际变化；②揭示了环流和涡旋结构的演变特征，提供了南海暖流的观测事实、发现东沙分叉流并解释其动力机制、中尺度涡的三维结构；③进行海气通量和大气边界层研究，包括海气界面参量的高频变化、热通量参数化的评估验证、大气边界层结构及对海洋的反馈等。

受南海北部开放航次计划的启迪，中国科学院南海海洋研究所于2006年在黄海和东海海域启动了类似的开放航次计划，国家自然科学基金委员会在2010年启动了覆盖中国海域并延伸到西太平洋和东印度洋的、更为庞大的和可持续的基金委共享航次计划。

3. 基金委共享航次观测

在中国科学院南海海洋研究所开放航次的引领和带动下，国家自然科学基金委员会在2010年启动了“国家自然科学基金委南海海洋学综合航次”计划。该计划是基金委为贯彻落实《国家自然科学基金“十一五”发展规划》的战略部署而设立的共享航次计划，旨在为必须进行海上考察的国家自然科学基金资助项目提供船舶运行时间，以确保科学基金项目海上考察任务的实施。根据《国家自然科学基金海洋调查船时费专款试点实施办法》的规定，基金委采用财政补贴式方法，为各共享航次提供必要的基础经费保障，为基金资助的项目进行海上调查提供稳定、可靠的船时保障，并以此为契机探索海上观测平台共享机制，加强海洋现场数据的长期积累，促进海洋科学研究多学科交叉与融合，以及科学家之间的交流与合作，推动重大成果产出，为我国科学家研究海洋环境与资源、解决需要长期观测的重大科学问题等提供现场试验和观测场所。

南海海洋学综合航次的科学目标确定为通过多学科综合航次的观测，研究南海海洋环境科学问题，了解和探索全球变化背景下南海区域海洋动力、环境与生态过程的区域响应，以及自然与人类活动对南海生态系统的影响。通过物理海洋、海洋生物、海洋化学和海洋地质等多学科的综合调查研究，获取区域海洋样品和环境参数记录，更好地理解南海海洋环境变化规律，服务于我国海洋资源开发和生态环境保护，同时为南海高精度海洋综合预报系统的研发提供数据与技术支撑。

在2010年基金委共享航次刚启动时，在南海仅安排了1个航次。经过2年的运行，获得了良好的效果，吸引了大量基金项目投入南海海洋观测研究。由于观测需求的大量增加，仅依靠1个共享航次已经远远不能满足相关项目的观测需求，2012年在南海海域设置了南海北部航次和南海航次。随着观测需求井喷式增加，2013年根据核心观测区域分别设置了南海北部、南海中部和南海西部航次，2016年又专门针对南海西部航次中珠江口近岸观测项目比较集中的特点，设置了珠江口调查独立航段。

4. 南海中西部海域暖涡观测

在南海中西部海域，春夏季节环流具有非常明显的中尺度运动特征，尤其是在春末，该海域经常出现持续时间较长的中尺度暖性涡旋（图7.5），该涡旋典型生命周期为3～4个月，通常在3月初开始形成，5月达到最强，到6月消失，中心最大强度超过25cm（SLA）。对其开展持续的综合观测研究，对保障西沙群

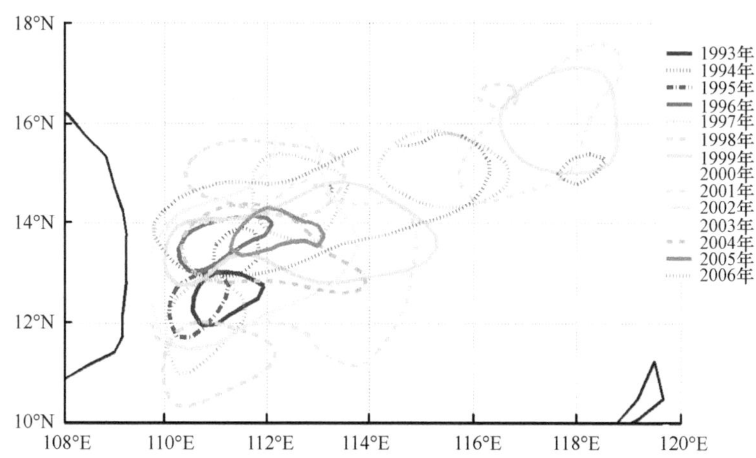

图7.5　由1993～2006年遥感海表高度距平3～5月平均值所得到的暖涡位置（暖涡区域SLA＞8cm，其中1994年、1996年相对较弱，SLA＞5cm）（He et al.，2013）

岛海域军民生活安全和政府决策，以及揭示海洋环境动力变化过程及其生态效应的特征具有重要意义。为此，中国科学院南海海洋研究所通过组织暖涡专项调查和搭载航次调查，对西沙海域的中尺度暖性涡旋进行了多年持续观测。

2010年西沙暖涡航次水文观测组基本完成了航次实施计划的考察任务。该航次共航行约500n mile，历时5d，实现全程走航CTD观测，完成27个CTD站位观测（图7.6），CTD投放深度在深水处为1500m，在浅水中为离底10m。另外，共投放XBT 43个，完成了39个XBT站位观测。

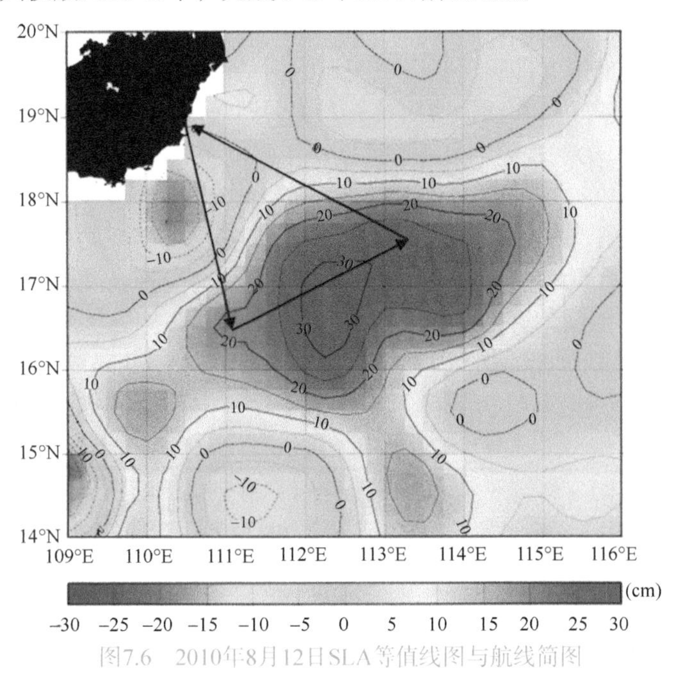

图7.6 2010年8月12日SLA等值线图与航线简图

2011年，中国科学院南海海洋研究所搭载“实验2”号综合科考船沿着海南岛到西沙海域的测线，采用走航式调查和采样器取样等方式进行调查。实际布设CTD站位20个，全程走航CTD观测，每隔2h投放GPS探空气球，定点投放XBT，全程自动气象站观测。

2012年5月15日，“实验1”号科考船从三亚出发，期间进行投弃式XBT和GPS探空作业；进行了11个站的冷泉采样；收、放浮标站1个。整个航次约4d顺利结束。

2013年4月西沙群岛附近逐渐形成暖涡融合，在此海洋背景下进行了海洋气象观测（图7.7）。共布设26个CTD，60个XBT和48个GPS探空站。其中，45个探空站顺利获得超过10 000m高度范围的大气温湿廓线。

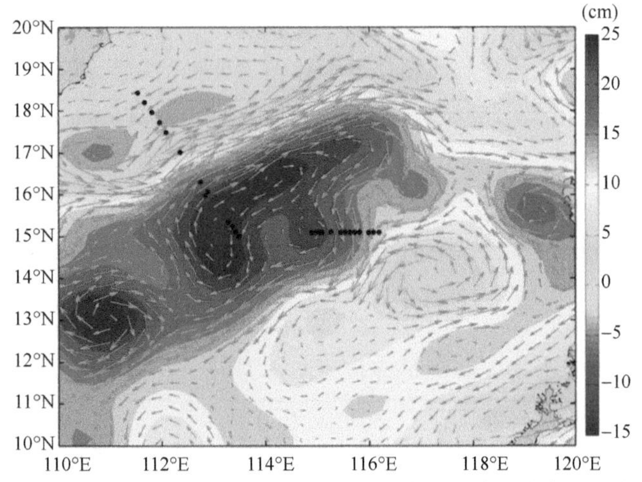

图7.7 2013年4月观（探）测站位（黑点）、观测期间的海表高度异常（填色）及其对应的地转流（矢量）

2014年基金委印度洋航次在航渡途中针对西沙暖涡进行了加密观测，目的是揭示西沙暖涡对季风和热带天气系统变化的快速调整规律。观测计划包括走航观测：自动气象站，38kHz ADCP，走航二氧化碳分压检测仪和走航温盐仪。大面站观测：XBT与CTD间隔投放（间隔30n mile），GPS探空（每天4次）。观测实施情况：2014年3月30日下午4时开始投放GPS探空和XBT，针对西沙暖涡（15°～17°N，100°～112°E），获得温盐剖面8个站位，GPS探空10个站位，以及走航观测的自动气象站、38kHz ADCP、走航二氧化碳分压检测仪和走航温盐仪的资料。

2017年8月，在中国科学院"热带西太平洋海洋系统物质能量交换及其影响"战略性先导科技专项（以下简称"WPOS先导专项"）南海北部暖涡联合观测航次的基础上，针对西沙海域较强暖涡活动的状况，中国科学院南海海洋研究所组织了一次西沙暖涡补充观测。该航次完成CTD观测站20个（34站次）。走航ADCP观测；走航海表温盐（CTD）观测；自动气象站观测，包括风速、瞬时风速、风向、气温、气压、相对湿度；抛投17个XCTD，释放GPS探空9次，投放温度链浮标1套。

连续多年观测的温盐场都有西沙暖涡的踪迹，不过该涡旋每年出现的位置、强度存在一定的差异。2004年春季的暖涡在2004年5月的航次资料上也有所显示，是一个典型的春季暖涡代表。1998年春季在南海西部出现两个暖性涡旋中心，1998年4月、6月两个航次的观测发现暖涡结构呈现倒漏斗形，表层影响直径范围大约为2个经度，影响深度达到400m左右。通过与同期对应的风场、降雨场的对比发现，风速在暖涡区域有转向和切变的趋势，降雨在暖涡区域则明显偏多，暖涡对海面的局地对流也有一定的影响。

除了针对西沙暖涡及其天气尺度海气相互作用展开针对性观测，在"南海海气相互作用与海洋环流和涡旋演变规律"项目资助下，国家海洋局第二海洋研究所主持完成的西沙海域PIES锚系观测（Zhu et al., 2015），通过搭载"实验3"号科考船于2012年10月沿着T/P114号下降轨道在南海西北次海盆陆坡区域布设了5台PIES锚系阵列，结合卫星高度计资料反演重建得到的南海北部长达22年的流量长期序列结果，探讨了中尺度涡对流量的影响，为认识南海海洋环流季节变化提供了新的资料，揭示了中尺度涡对近惯性波的传播、能量生消的重要影响。同时指出2010年发生在西沙海域的史上最大暖涡在迁徙过程中从西部边界流获取大量能量，并且出现异常的北向远距离迁徙。

5. 其他航次观测

除了上述在时间上具有较好持续性的观测计划，针对南海不同的物理过程还实施了一系列其他观测计划，影响比较大的有以下几个观测计划。

最有影响力的是由多个国家和地区联合组织实施的国际合作研究计划——南海季风试验（SCSMEX，1996～2001年）。该计划针对南海季风爆发前后海气通量和海洋相应特征的相关变化，组织海上大面走航和定点观测相结合的国际联合调查，以揭示南海夏季风爆发机制及其动力和热力学特征。针对南海夏季风爆发、维持和变化过程，设计了多船同步、大面走航和定点观测相结合的海洋气象综合观测研究方案。1998年南海夏季风爆发前后，实施了两个阶段（IOP1/IOP2）的海陆联合观测，观测时段分别为1998年4月22日至5月26日和6月4日至7月21日，海上观测任务主要由"实验3"号（SY3）、"海监74"号（HJ74）（第二阶段任务由"向阳红14"号调查船接替）和"科学1"号（KX1）科考船实施。其中，SY3主要在南海北部实施3条断面观测和1个定点连续站观测，HJ74实施走航大面观测，KX1除在南海南部实施定点连续站观测外还开展部分断面观测，3条船在第一阶段总共完成497站次的CTD观测和气象观测任务，第二阶段总共完成796站次的CTD观测。同时实施的还有东沙和西沙等岛屿上的雷达、探空等手段，以及台湾的锚定浮标和CTD观测。

从季风爆发前的温盐点聚图（图7.8a）可以看出，1998年春季航次期间存在西太平洋次表层高盐水体和中层低盐水体进入南海活动的迹象，更深的深度上，有西太平洋深层水入侵南海的明显迹象（温盐点聚图在深层分离）。需要注意的是，其中一条温盐廓线可能存在问题（带问号的廓线）。夏季风爆发后（图7.8b），西太平洋次表层水（或者是次表层混合水）和中层水活动减弱，但是深层水入侵南海的迹象仍然比较明显；在表层，仍然有与西太平洋表层水相似属性的水体活动。还有一个值得注意的现象就是，夏季风爆发后，南海表层水的盐度比季风爆发前显著减小，这可能与夏季风爆发后带来的充沛降水直接相关。此外，从温盐点聚图上还可以看出，次表层水具有明显的分叉，其中季风爆发前的分叉更为明显，表明季风爆发前，南海次表层水分化更为明显。

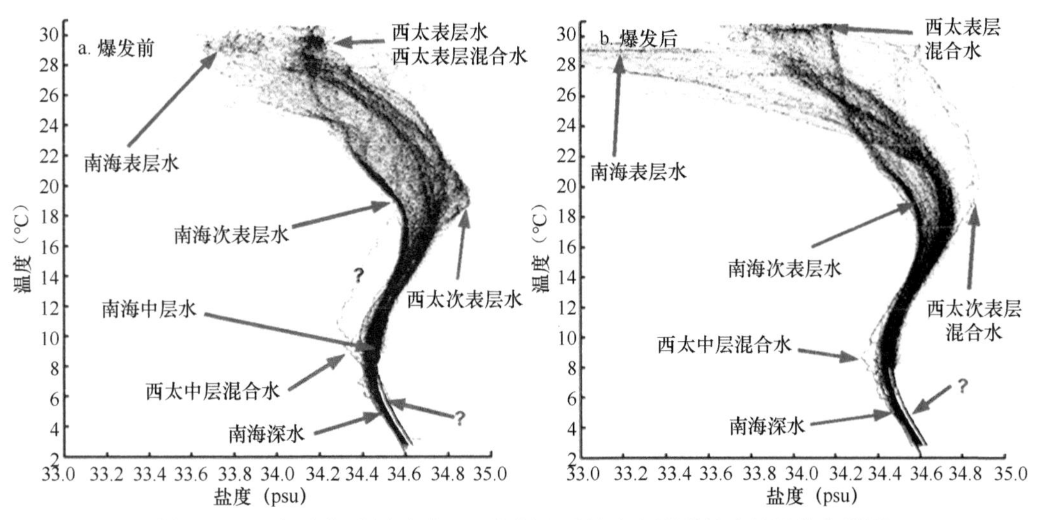

图7.8 1998年南海季风试验IOP1期间春季航次和夏季航次的温盐点聚图

SCSMEX观测结果表明，30～60d和10～20d的季节内模态对南海季风及与之相关的降水分布有重要的影响（Xu and Zhu，2002），揭示了在大尺度环流和中尺度对流系统之间的正反馈作用且南海的暖SST对南海季风的爆发和强度有重要影响（Ding et al.，2004）。SCSMEX的观测结果也被应用于区域数值模式以改善模拟和提高短期预报能力（Liu and Ding，2003；Ren and Qian，2001）。

除多国和多地区联合组织的国际合作研究计划外，在“南海海气相互作用与海洋环流和涡旋演变规律”973计划项目及中国科学院战略性先导科技专项“热带西太平洋海洋系统物质能量交换及其影响”（简称WPOS专项）资助下，国家海洋局第一海洋研究所与印尼海洋渔业研究局合作对卡里马塔海峡的海流和底层温盐进行了连续观测（Fang et al.，2010）。卡里马塔海峡是太平洋—印度洋贯穿流南海分支的重要通道，它是南海与印尼众海域之间热量和淡水通量的重要传输纽带，对南海及其邻近海域表层海水的温度分布有重要影响。观测结果显示，卡里马塔海峡的流量季节变化显著，冬季（北半球）卡里马塔海峡的月平均流量最大达-3.6Sv，平均为-2.7Sv，从南海流入爪哇海；夏季月平均流量最大为2.6Sv，平均为1.2Sv，从爪哇海流入南海。该海峡年平均流量为-0.6Sv，从南海流出。观测结果还显示，在海峡底层常年存在一支南向流动，表明除了季风风场的控制，海流还受南海与爪哇海海面高度差的影响，也再次证明了南海分支的存在。

此外，还有一系列针对南海北部陆架区和陆坡区近海海洋学过程及珠江口动力学等的观测航次。观测研究的问题包括珠江冲淡水的扩展、冬季咸潮入侵，粤西下降流和粤东上升流等。

2007年6～7月针对南海北部近岸海洋学特征，尤其是粤东上升流的相关动力学特征，中国科学院南海海洋研究所、中国科学院大气物理研究所、厦门大学、国家海洋局第三海洋研究所和香港科技大学联合组织实施了SCOPE-PILOT观测航次（图7.9）。该航次由“实验3”号科考船执行，在粤东近岸进行多学科大面综合调查，并布设了3套潜标观测底层冷水跨陆架输送和沿着陆架的输送特征。2016年7月，在充分挖掘和消化了SCOPE-PILOT观测航次调查数据的基础上，再次组织实施了SCOPEⅡ航次，该航次针对夏季风盛行期及季风间歇期上升流动力调整及其生态和环境相应特征进行研究，选择了一次低压活动前后开展多学科综合观测。

20世纪90年代末至今，在珠江口进行了数十个航次的观测，例如2016年（图7.10）。多年观测发现，珠江淡水径流量和东亚季风的显著季节、年际变化使得珠江冲淡水羽状流的扩展和强度存在明显的季节和年际差异。Ou等（2009）将珠江冲淡水在南海北部陆架的扩展方式归纳为四种形态，即向海扩展型、粤西扩展型、粤东扩展型和对称扩展型。Zu和Gan（2009，2015）、Luo等（2012）和Zu等（2014）利用基于观测数据建立的珠江口环流数值模式也对珠江冲淡水及其锋面对风、潮、径流等物理驱动变化的快速响应进行了详细的研究和探讨。

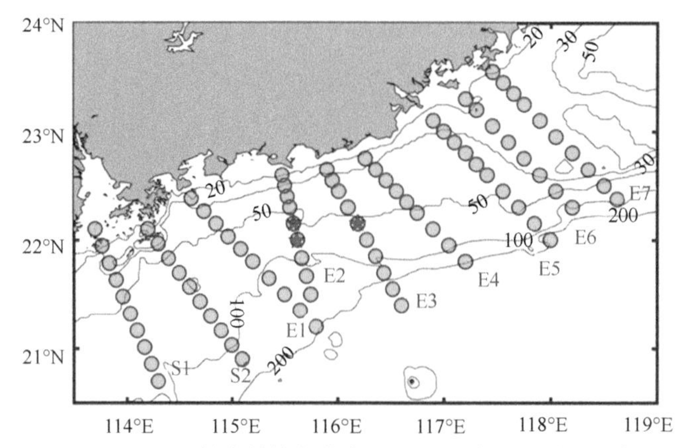

图7.9 2007年6月20日至7月10日SCOPE-PILOT航次的站位分布（E1～E7断面）及2016年7月23～31日SCOPEⅡ航次期间的站位分布（S1～S2断面、E1～E7断面）

图中三个五角星标志为两个航次的潜标观测站

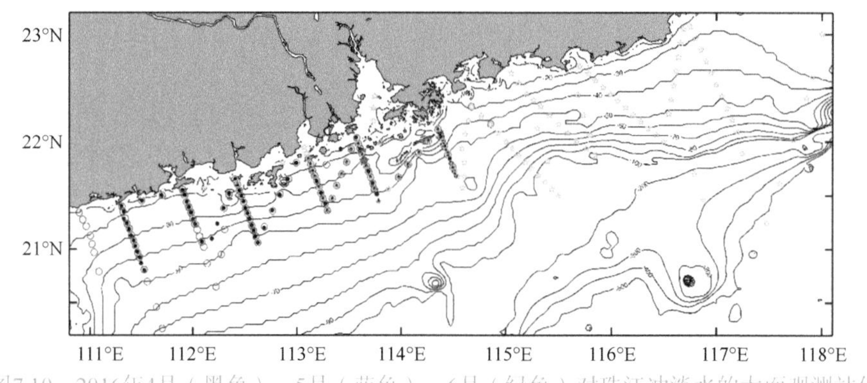

图7.10 2016年4月（黑色）、5月（蓝色）、6月（绿色）对珠江冲淡水的大面观测站位

冬季径流量骤减，海水上溯（倒灌），咸淡水混合造成上游河道水体变咸，形成咸潮是珠江三角洲地区一个重要的环境问题。通过2007年冬季（图7.11）、2009年冬季、2010年冬季等多个珠江口航次调查，对咸潮入侵的强度与气象、径流和潮流的关系进行了研究（罗琳等，2010）。外海盐水沿虎门水道和磨刀门

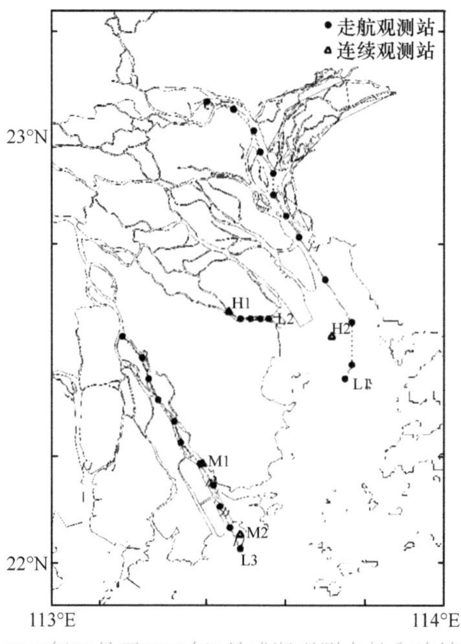

图7.11 2007年12月至2008年1月咸潮观测走航和连续观测站位

水道上溯，影响范围可达广州地区和珠海各水厂；横门水道基本上没有受到影响。咸潮入侵的过程中，地形、径流、潮汐和风等因素对它均有一定影响。在不同的口门水道、不同的时间，径流和潮流有不同的作用强度。径流量的增加会压制咸水的上溯，口门外浅滩区对咸潮的上溯起阻滞作用，沿河道指向下游的风有利于密度环流的增强，潮汐混合的减弱增强了压强梯度力，后两者促进了外海水向口门的运动。为了研究冬季珠江口的咸潮入侵，Zhou等（2014）基于观测数据和EFDC模式建立了一个珠江口的水动力模式，通过数值实验研究了径流、潮汐、风及海平面上升对咸潮入侵的影响。

7.1.2　近海和台站观测网络

1. 南海水文气象实时观测网络

南海水文气象实时观测网络针对海面要素和近岸观测要素，实时采集观测数据并传输到研究和应用平台。该系统包括在线观测节点23个，主要由以下几部分组成：①依托西沙群岛永兴岛布设的自动气象站、浪潮仪和边界层铁塔等组成的岛屿/岛缘观测系统；②以海洋气象浮标组成的上层海洋环境观测系统；③海洋光学浮标观测系统；④在粤西沿岸布设的高频地波雷达观测系统（图7.12）。

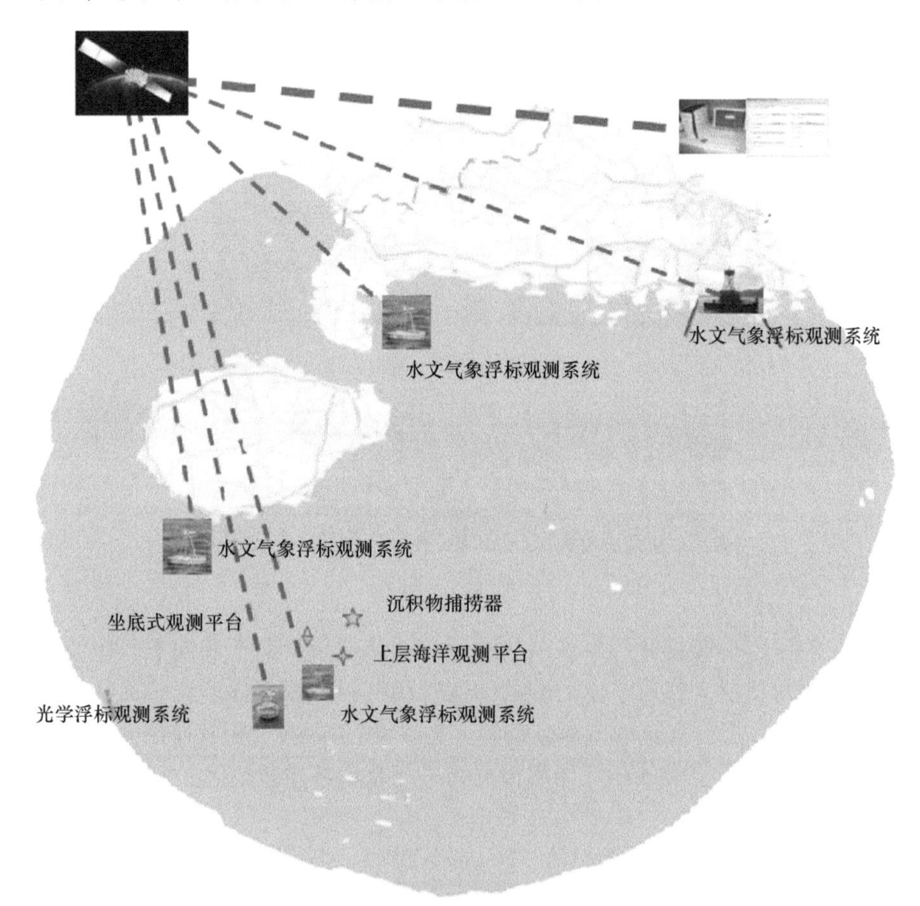

图7.12　西沙群岛海域及南海北部部分区域水文气象实时观测网络节点分布图

观测参数包括气温、湿度、气压、风速、风向、能见度、降雨、表层流、剖面流、波浪、潮位、水温、盐度、海洋光学衰减剖面和海洋水体光学吸收系数等，该观测网络是军民兼用，海洋、大气、生态多学科共用的海洋观测网络，可实现南海中北部海洋水文气象环境立体连续同步观测，积极探索和建立可行的分层次资料共享机制，为国内海洋研究机构提供精确的监测数据，同时为海洋各圈层集成研究提供试验平台，有效服务于海内外海洋科学研究和实际应用。该观测网络在组网同步观测、数据加密传输、C/S架构数据服务平台、实时参数校正、数值预报模式精度等技术方面取得了突破创新。

1）岛屿/岛缘观测系统

岛屿/岛缘观测系统主要由以下几部分组成：岸基自动气象站、波潮仪/水位计和海气通量观测铁塔等子节点。

➢ 岸基自动气象站

在西沙群岛永兴岛办公楼楼顶设置一个8m高的安装支架，在支架顶端设置机械式风速风向测量仪器及温度、湿度和气压传感器，用于观测岛屿陆面观测要素。相关观测数据通过3G网络实时回传到数据采集中心。

➢ 波潮仪/水位计

应用中国科学院南海海洋研究所自主研发的压力式波潮仪，采用海床基坐底式安装支架并将其固定安装在潟湖珊瑚礁上面，安装水深20m以上，距离海岸100m以上，波潮仪通过铺设在海底的铠装电缆实时供电与通信，在岸边设置太阳能板和数据采集箱，并通过3G网络完成数据实时传输。

➢ 海气通量观测铁塔的建设

海气通量观测铁塔塔身高20m，主体结构为镀锌管自立式铁塔（图7.13）。根据海气通量要素的观测需求，梯度通量观测系统包括：在5m、10m、15m和18m设四层梯度Veisalla HMP155A温湿探头（4个），安装Met-One风速风向传感器，采样频率为1次/s；在10m处安装两对向上、向下的Kipp&Zonen CMP 22短波辐射传感器和Kipp&Zonen CGR 4长波辐射传感器，采样频率均为1次/s。涡相关快速反应仪器为在20m安装Gill In. R3-50三维超声风/温仪及Li-cor7500A红外水汽二氧化碳探测仪，采样频率为10次/s。表层水温系统目前包括红外表面温度计（10m高）。

图7.13 海气通量观测铁塔仪器安装完成全貌

利用梯度及涡相关算法，可获得海气界面潜热通量、感热通量、向上和向下长短波辐射及净辐射等数据。可连续、高频率地取得低层大气风、温、湿的梯度观测资料及海气界面潜热通量、感热通量、向上和向下长短波辐射及净辐射等数据。大量的观测数据将有力推动区域海-气相互作用对热带天气系统及上层海洋物理过程影响的研究，以及对与海-气相互作用相关的海气通量过程参数化方案的改进。

2）上层海洋环境观测系统

上层海洋环境观测浮标主要搭载温盐传感器、Nortek ADP及YSI生态传感器，分别测量近海面温盐要素、海流和溶解氧及叶绿素a等多参数要素；浮标塔架上的测风仪、能见度仪、气象仪分别测量风速和风向、能见度、气温和相对湿度；塔架上的电子罗盘，用于测量浮标的方位，与风向传感器合成后得到真实风向。

浮标下端安装Nortek公司的“阔龙”多普勒海流计，在20m范围内可测量每米一层的海流，YSI生态传感器可观测温度、盐度、溶解氧、叶绿素a、pH等5个生态参数。塔架上还安装有GPS模块，用于测量浮标所在位置的经纬度。浮标体内安装有气压传感器和温度传感器，分别用于观测气压和舱温。中央控制器也安装在浮标内，控制数据的采集和处理，将数据送到塔架上的GPRS模块，GPRS模块将信号发送到公共无线通信网并进入因特网，由用户端的网络接口进入用户的计算机。系统的电源由蓄电池组提供，太阳能板产生的电能对蓄电池组进行充电。用户通过因特网接收数据，系统的可视化集成软件对实时接收到的观测数据进行分析计算，在屏幕上显示风速、风向、气压、气温、相对湿度、能见度、舱温、流速、流向、水温、电导率、波高、波周期、溶解氧、叶绿素a、pH、浮标经纬度等参数的变化过程曲线。系统的数据采集间隔为10min（多参数仪例外，采集间隔为30min），并具有数据自容功能，现场数据存储器可存储一年以上的观测数据。中央控制器设计包括电源系统、太阳能充放电控制器、时钟接口电路、IIC接口电路、串口扩展电路、SD卡存储SPI接口电路、A/D转换接口电路等。控制器采用高性能的DSP作为控制器，软件在CCS3.3环境下编写。浮标传感器主要技术参数见表7.1。

表7.1　浮标节点搭载传感器表

参数	范围	精度	推荐型号	备注
风速	0～60m/s	±2%@12m/s	MetPak-RG气象站 XFY3风向风速传感器	英国Gill公司 国家海洋技术中心
风向	0°～360°	±3°@12m/s		
气压	600～1 100hPa	±0.5hPa		
气温	−35～70℃	±0.1℃		
相对湿度	0%～100%	±0.8%@23℃		
能见度	10～20 000m	±10%（10～10 000m时） ±15%（10～20km时）	PWD22	芬兰维萨拉公司
溶解氧	0～500mg/L	±2%	6600EDS	美国YSI公司
营养盐	0.007～28mg/L	±0.08mg/L		
叶绿素a	0～400μg/L	±5%		
pH	0～14	±0.2		
水温	−5～35℃	±0.01℃	MiniCT	上海精导代理
电导率	0～80mS/cm	±0.01mS/cm		
有效波高	0～10m	±（0.3+5%×测量值）m	TRIAXYS传感器	加拿大AXYS公司
有效波周期	3～30s	±1s		
主波向	0°～360°	±10°		
多普勒流速	±10m/s	±1%（±0.5cm/s）	Nortek公司的600K ADP	挪威Nortek公司

3）海洋光学浮标观测系统

根据国际上光学浮标技术的发展水平和趋势的特点，以海洋浮体、光辐射测量技术为基础，结合海洋特点完成高技术集成，研制了一套光学浮标并长期应用于西沙群岛海域（图7.14），实现了海上获取水体光谱数据，实验室通过通信系统实时接收数据，已获取半年数据。

图7.14　海洋光学浮标

该浮标系统在水下浮体姿态稳定、光学传感器防污染技术方面获得了突破，整个系统达到了国际同类设备的技术水平，技术处于国内领先，标志着我国海洋光学浮标技术达到了世界前沿水平。通过对现场实时光谱数据进行处理和分析，可提取遥感反射率、光衰减系数、离水辐亮度等次级参数。

4）高频地波雷达观测系统

表层海流的大面同步观测对研究近岸上升流、近海中尺度涡等具有重要意义，尤其是对极端天气条件下的近海海洋水动力环境的研究具有重要意义。在中国科学院修缮购置专项资助下，中国科学院南海海洋研究所于2011年采购了2台武汉德威斯公司生产的采用便携式收发天线的国产高频地波雷达设备。2012年设备到位后首先在茂名市气象局博贺气象站进行了设备单站工作性能检验和测试，获得了比较理想的雷达工作参数，并开始业务运行。随后，2014年完成双站系统建设，两个观测站分别置于湛江市硇洲岛和茂名市博贺镇（分别为图7.15中的斗龙站和博贺站）。

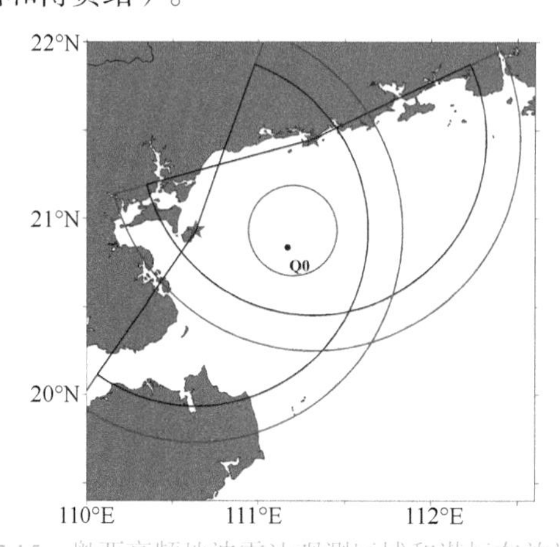

图7.15 粤西高频地波雷达观测区域和潜标布放站位

蓝色扇形和黑色扇形分别为两个雷达的最大探测区域和有效探测区域

观测结果（图7.16）显示，博贺站和斗龙站探测径向流的均方根误差仅分别为8.62cm/s和13.79cm/s，高精度区域内出现明显的不规则半日潮信号，中心海域的M_2分潮潮流表现出明显的往复流特征。

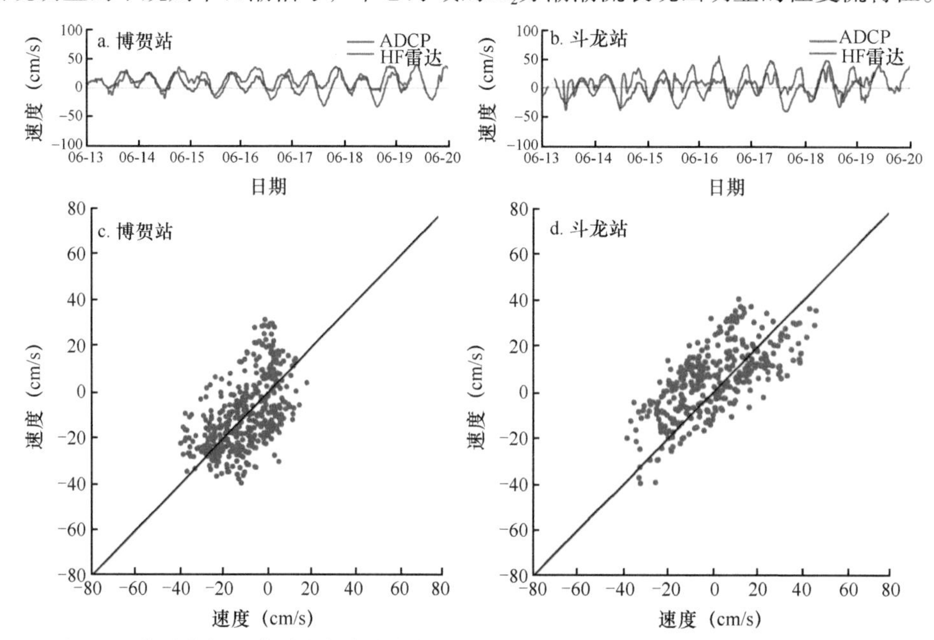

图7.16 单站高频地波雷达径向流速与ADCP潜标观测的径向流速对比曲线和散点图

2. 南海潜标观测网络

1）西边界流观测系统

南海西边界流是南海最强的流动，是南海的主动脉。以往对于南海西边界流的认识主要通过动力计算、船舶漂移、海面漂移浮标等资料及数值模拟结果获得，未曾采用过直接的海流连续观测获得南海西边界流的流速和流量。在南海西边界流的关键海域，流量最大的冬季通过布放潜标/海床基观测系统获取了海流连续资料和部分温盐资料。

中国科学院南海海洋研究所针对南海西边界流的时间序列观测最早可以追溯到2004年南沙综合科学考察航次南海中部海盆西侧14沙综布设的潜标，2005年9月成功获得超过1年的连续海流剖面观测数据，获得了这一海区海流垂直结构及其季节与季节内演变特征资料，并给出了清晰的斜压潮流信号。随后，在中国科学院近海海洋观测台站建设项目资助下，中国科学院南海海洋研究所从2007年开始在西沙及其邻近海域针对南海西北部西边界流开展系统观测研究，针对与西边界流有关的海洋过程，如西边界流与中尺度涡相互作用、西沙深层涡旋、西北次海盆底地形Rossby波等，设置潜标观测阵列（图7.17）进行长时间持续观测，投入的设备包括ADCP、SBE37 CTD、SBE56T、安德拉海流计、ALEC CT及MCLANE爬升CTD等。

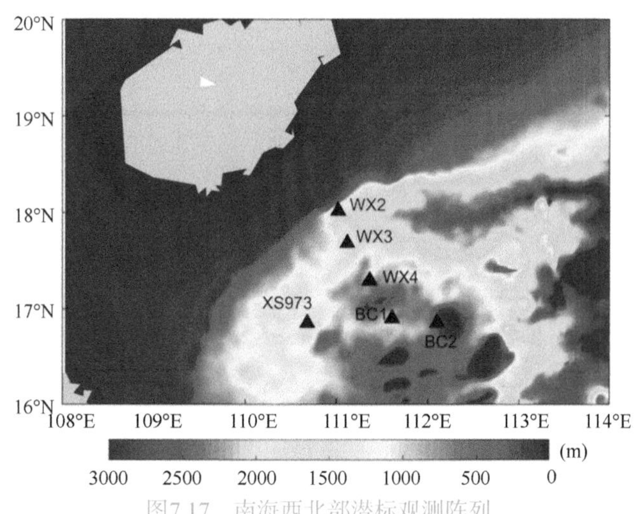

图7.17　南海西北部潜标观测阵列

2013年12月至2015年7月，在“南海海气相互作用与海洋环流和涡旋演变规律”及WPOS先导专项联合资助下，中国科学院南海海洋研究所和国家海洋局第一海洋研究所联合在海南万宁至西沙观测断面组织实施了多个联合观测航次，投放了3套潜标和1套海床基观测系统进行南海西边界流的海流和温盐连续观测。2015年7月以后，在WPOS先导专项和中国科学院重大仪器产业化专项项目资助下，该观测阵列得到了进一步的扩充与维持。到目前为止，针对南海西北部西边界流的观测持续时间已经超过10年。

观测结果表明，冬季西边界流强度在陆架海域远大于深海海域，其流幅宽度在海南岛东南方的宽度大约为160km（包括陆架宽度约70km），深度可达到800m以上，中间无逆流；西边界流的体积输送量为（14.7 ± 3.0）Sv，其中流经陆架的大约有（2.6 ± 1.1）Sv。

2）东沙分离流观测系统

基于南海北部开放航次多年的走航ADCP调查资料，利用多项式滤潮的方法进行滤潮处理后的结果（图7.18）表明，在秋初时候南海北部陆坡的中层流动（500m左右）在东沙群岛以西的陆坡海水基本沿等深线向东北方向流动，当流到东沙群岛南侧时，海水开始脱离等深线的约束，跨越等深线向深海流动，此即东沙分离流。

南海海洋环流973计划项目强化观测夏季航次2000年8月在东沙群岛附近放置的安德拉海流计观测结果（图7.19）也证实了东沙分离流的存在，在整个观测期间，除10月和3月出现跨等深线向浅水流动外，其他时间均有明显的向深海流动的特征，与走航ADCP分析的结果是基本一致的。

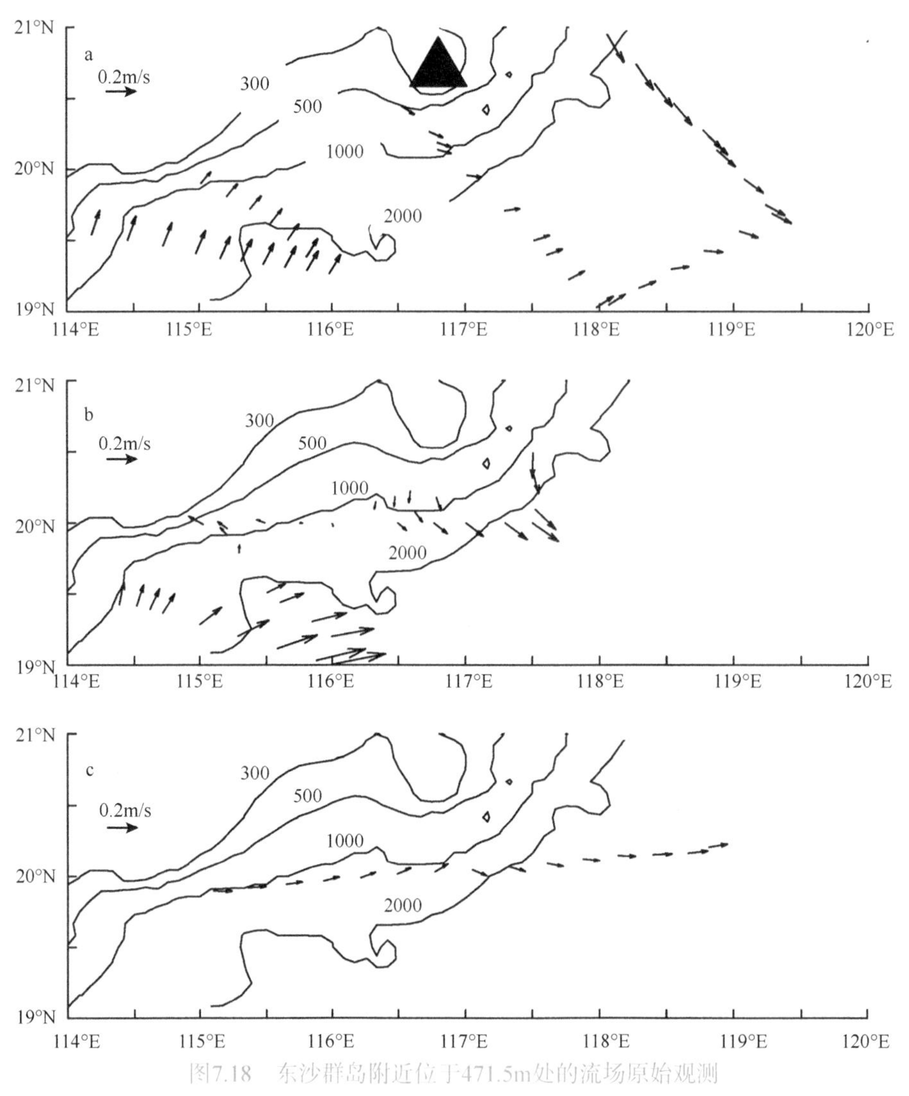

图7.18 东沙群岛附近位于471.5m处的流场原始观测

黑色三角为东沙群岛位置。走航ADCP数据获取时间分别为：a. 2004年9月5～23日；b. 2008年8月11日至9月2日；c. 2010年9月5～23日

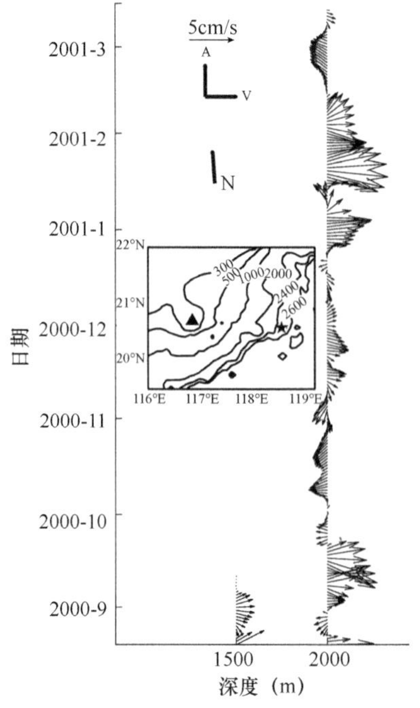

图7.19 安德拉海流计观测到的1500m和2000m处的流速资料

观测时间为2000年8月20日至2001年3月17日。“A”表示沿等深线方向（向东为正），“V”表示垂直等深线方向（向浅水方向为正）；小图中的五角星为观测站位置，三角为东沙群岛位置。资料已经做7天平滑处理

为厘清东沙群岛附近流场的分布情况，确定东沙群岛东西两侧陆坡环流的驱动机制，中国科学院南海海洋研究所与国家海洋局第一海洋研究所合作在东沙群岛组建了一个由5套潜标组成的观测阵列（图7.20），在垂直陆坡方向和沿着陆坡方向，分别设置了一条测线。在5套潜标均设置了上层海洋温度链。其中，DS03和DS04设置双温度链，其中一条设置在离海底250m深度范围内，另一条设置在离海面150～400m深度。上层海洋温度链主要针对次-中层水和中层水上部水体的温度、盐度和溶解氧特性等，其中溶解氧3层、电导率3层、温度39层和压力1层，配合ADCP压力探头使用。下层海洋温度链主要针对深层水温度、盐度和溶解氧特性等，其中溶解氧4层、电导率8层、温度11层（1层为海流计自带温度计）、海流1层和压力3层。

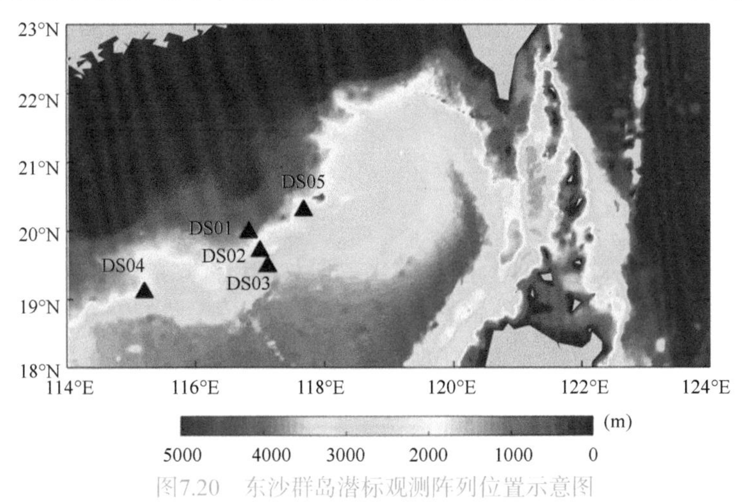

图7.20　东沙群岛潜标观测阵列位置示意图

3）吕宋海峡通量观测系统

中国科学院南海海洋研究所针对吕宋海峡通量的观测最早开始于2001年，在南海海洋环流973计划项目强化观测航次的资助下实施，当时观测点距离吕宋海峡尚有一定距离，目的是监测南海黑潮分支的基本情况。随后，在“863项目”和中国科学院近海海洋观测台站建设项目资助下，从2008年开始，中国科学院南海海洋研究所对吕宋海峡西侧海流剖面进行连续观测。初期只设置了2个观测站，分别位于21°N、120°E和19.5°N、120°E。观测设备包括ADCP、单点海流计、自容式温盐深测量仪、ALEC温度盐度计等。随后在西沙和南沙台站建设项目资助下在20.5°N、120°E维持1个连续海流剖面观测点。2015年在WPOS先导专项支持下，为了更好地观测吕宋海峡通量，将观测点向东平移到120.5°E，在20°N和21°N分别设置海流时间序列观测站，2016年以后在20.5°N再次增加一个测站，以提高吕宋海峡海流观测能力（表7.2）。

表7.2　吕宋海峡潜标观测站基本情况表

站位	仪器开机时间	实际位置		水深（m）
		纬度	经度	
E402	2008年8月18日	21°N	120°E	3150
E405	2008年8月20日	19°30′N	120°E	4174
吕宋海峡口潜标	2010年11月25日	20°30′N	120°E	3295
吕宋海峡口潜标	2011年09月06日	20°30′N	120°E	3342
吕宋海峡口潜标	2012年08月12日	20°30′N	120°E	3352
LS01	2015年09月20日	21°N	120°30′E	1650
LS02	2015年09月20日	20°N	120°30′E	3855
LS01	2016年06月19日	21°N	120°30′E	1606
LS02	2016年06月20日	20°N	120°30′E	3866
LS03	2016年06月20日	20°30′N	120°30′E	2193
LS01	2017年07月15日	21°N	120°30′E	1606
LS02	2017年07月15日	20°N	120°30′E	3866
LS03	2017年07月15日	20°30′N	120°30′E	2193

在未来的观测网络发展中应该鼓励使用更高端的观测技术。潜标阵列由于可以提供长期、连续的高精度时间序列资料，已经被广泛应用于全球和区域的观测网络中。因此南海观测网络的未来发展中应该增加潜标阵列的观测网络，类似于TAO/TRITON、RMMA（McPhaden et al.，2009）、PIRATA（Bourles et al.，2008）、BOOS（Dahlin，1997）及MONGOOS。水下滑翔机可以在水中利用浮力和双翼进行垂直与水平的剖面观测，是一种非常高效且可以进行多种观测的长期观测手段（Rudnick et al.，2004）。水下滑翔机的观测数据已经被成功地用于揭示大气遥相关在2009/2010年El Niño期间对加利福尼亚州环流系统的重要影响。这样的观测如果是采用常规的船载观测将耗费大量的财力和人力（Todd et al.，2011）。因此在南海观测网络的未来发展中将会引入大量的潜标阵列和水下滑翔机，从而获得长期连续的高空间和时间分辨率的观测数据。

7.1.3 南海观测数据库

随着观测数据的不断积累，对迅速增长的多样化数据及描述数据的管理成为观测数据管理的核心问题。因此有必要出台一套完整的管理程序，包括网络扩展设计、传感器的安装和校正、数据的收集、数据质量控制及数据的存储等。目前航次数据在每个航次结束后会直接储存于数据服务器，台站的观测则可以实时传输至数据服务器。所有的数据会被逐一地进行仔细的质量控制。单独航次的数据可以在中国科学院南海海洋研究所数据网站上查看，并通过申请获得相关资料（徐超等，2010；Huo et al.，2012）。关于观测网络中的各种观测仪器设备的详情可以在中国科学院南海海洋研究所开放航次网站上获得。

观测网络的数据还用来与其他来源的数据融合，开发南海特色数据库。在收集WOD、Argo浮标等开放数据的基础上，融入大量中国科学院南海海洋研究所实施的实测数据，经多重严格的质量控制，汇集了51 392个温盐廓线。经过网格化处理及平滑处理等步骤，建立了包含南海气候态平均的温盐和温跃层/混合层深度/障碍层厚度的格点化数据集SCSPOD14。该数据集的建立为分析南海区域的热力学过程、水团的时空变化及南海海盆尺度和中尺度海洋结构特征等提供了可靠的数据支撑。

中国科学院南海海洋研究所工作人员通过1727个探空观测样本对潜热块体公式中的主要参量海表温度、风速和大气比湿参数化进行了准确性验证，并进一步利用西沙自动气象观测站2008～2010年和陆架区浮标2011年3～5月的连续观测验证了新计算大气比湿参数化的高准确度。同时与美国NASA喷气推进实验室科学家W. Timothy与Liu合作，集合了卫星遥测和海气界面定点探测资料，构建了一套南海高分辨率日平均潜热通量数据集（SCSSLH），并与现有5种全球潜热通量数据进行比较与评估。结果显示，SCSSLH可较好地分辨海气通量交换的中小尺度过程和多时间尺度特征，有助于南海海气界面通量交换及海洋响应方面的相关研究。

7.2 南海数据同化与再分析产品

由于海洋环境的特殊性及海洋观测的高投入等，海洋观测在时空分布上仍存在一定的缺陷。例如，卫星遥感观测只能提供海洋表面的信息；浮标观测及航次观测数量非常有限，且在空间上和时间上均不连续。海洋资料同化则能有效地将现有的海洋观测资料融入海洋模式中，从而可以提供时空分布上更加完善的再分析资料。

20世纪60年代，Cressman同化方法（Cressman,1959）的应用标志着业务化的同化方法雏形开始形成。随后，最优插值等基于统计理论的方法在线性系统中被发展。而在非线性系统中，通过求解代价函数的最小值，变分方法（包括三维变分和四维变分）也相继被提出。但四维变分由于需要求解海洋预报方程的伴随方程，且计算量较大，因此在业务化海洋预报中应用较少。作为和四维变分方法同样先进的同化方法，卡曼滤波是在20世纪60年代初期针对线性系统提出来的，其特点是模式的背景场信息可以随着时间的积分向前传递，保证了同化过程中动力系统的一致性与稳定性。由于卡曼滤波在模式积分过程中需要存储背景误差协方差矩阵，而这个矩阵非常大以至于在现有的计算条件下很难被实际应用于真实的海洋三维原始方程模式中。集合卡曼滤波是在卡曼滤波的基础上由Evensen（1994）引入到海洋资料同化中的。集合卡曼滤波利用蒙特卡洛方法计算背景场的误差协方差矩阵，克服了卡曼滤波需要线性化的模型算子和观测算子的难点。由于集合卡曼滤波不需要显式求解背景误差协方差矩阵，使其对计算资源的要求比卡曼滤波明显低，因此在最近十多年以来快速发展。集合卡曼平滑是在资料同化过程中某时刻的分析场不仅利用此时刻前的观测资料，还利用此时刻后的观测资料。这种方法在海洋资料再分析中有明显优势，但相对于集合卡曼滤波，集合卡曼平滑需要更大的计算量。

鉴于计算资源的限制，现在国外业务化的海洋数据同化系统大多数还是采用三维变分和最优插值的同化方法，如英国气象局建立的FOAM同化系统、日本气象厅的ENSO预测系统、美国国家环境预测中心的全球海洋资料同化系统GODAS、意大利的地中海预测系统SOFA等。这些同化系统同化的资料主要是卫星观测资料、浮标观测资料及其他现场观测资料。在我国，海洋资料同化起步较晚，其中相对较早的海洋资料同化系统为朱江等于2006年建立的基于三维变分的OVALS同化系统。此同化系统主要应用于太平洋区域的卫星高度计资料及浮标温盐资料的同化。国家海洋信息中心利用多重网格三维变分方法建立了一套在我国海域能同时同化南森采水器资料、浮标温盐廓形观测资料、多源卫星海表高度异常和卫星遥感海表温度观测资料的再分析系统。

近年来，南海海域的航次观测资料及可获得的遥感海表观测资料日益增多。南海特殊的地理位置及其丰富的海洋资源决定了其在环境保护以及科学研究上的重要性。为更好地了解南海的动力和热力过程，并为南海的预报提供更准确的初始条件，中国科学院南海海洋研究所针对南海海域不同科学需求建立了基于最优插值、集合卡曼滤波、集合卡曼平滑、三维变分等同化方法的多套海洋数据同化系统，并提供了一套南海区域海域20年（1992～2011年）高时空分辨率的再分析产品（REDOS）（Zeng et al.，2014）。

7.2.1　最优插值方法在同化海表温度中的应用

由于海洋资料同化对计算资源的要求较高，因此最优插值同化方法在当今业务化海洋资料同化中仍占据着重要的地位。同化海表温度的关键在于如何将海表信息往下投影，基于最优插值的多种同化方案已经在大洋海表温度同化中被广泛研究。而南海处在一个季节性反转的季风系统中，其混合层的深度季节性变化较大，且相对于大洋，南海的混合层深度较浅。这些特殊的情况决定了在南海表层海温与次表层海温的相关关系随混合层深度的变化与大洋有不同之处。因而，为了检验这些海表温度同化方案在南海同化系统中的性能和区别，以便为南海的海表温度同化提供参考，将4种已存在的基于最优插值的海表温度同化方案应用到南海，并利用南海季风试验航次观测的温盐资料对其进行对比评估，旨在找出一种适用于南海的海表温度同化方案（Shu et al.，2009）。方案1是利用表层海温与次表层海温的统计相关关系直接往下投影海表信息，得到次表层的伪观测，进而逐层同化；方案2是对方案1的改进，垂向投影海表观测值之前，在表层对海表温度进行客观分析，得到表层每个模式格点上的伪观测，再利用方案1进行同化；方案3是利用混合层的定义（混合层内是充分混合的，具有一致的温度）在混合层内投影海表温度信息；方案4是对各层上的模式结果分别进行EOF分解，假设其空间模态不变，向下投影其时间系数。考虑到垂向相邻两层的相关关系好于表层与次表层的直接相关关系，将方案4分为方案4a（利用相邻两层的相关关系逐层往下投影海表信息）和方案4b（利用表层与次表层的相关关系投影海表信息）。

研究结果表明，上述4种同化方案都能在表层极大改善模式的模拟结果，能较好地校正模式的冷偏差（图7.21）。相对来说，基于EOF分解，逐层向下投影EOF主成分的方案4a能加深海表信息往下投影的深度，不破坏次表层的温度结构，是南海海表温度最优插值同化的一种相对更有效的方案。但同时也发现4种同化方案在对南海涡旋活跃区域次表层温度的细微结构的改善方面存在一定困难。

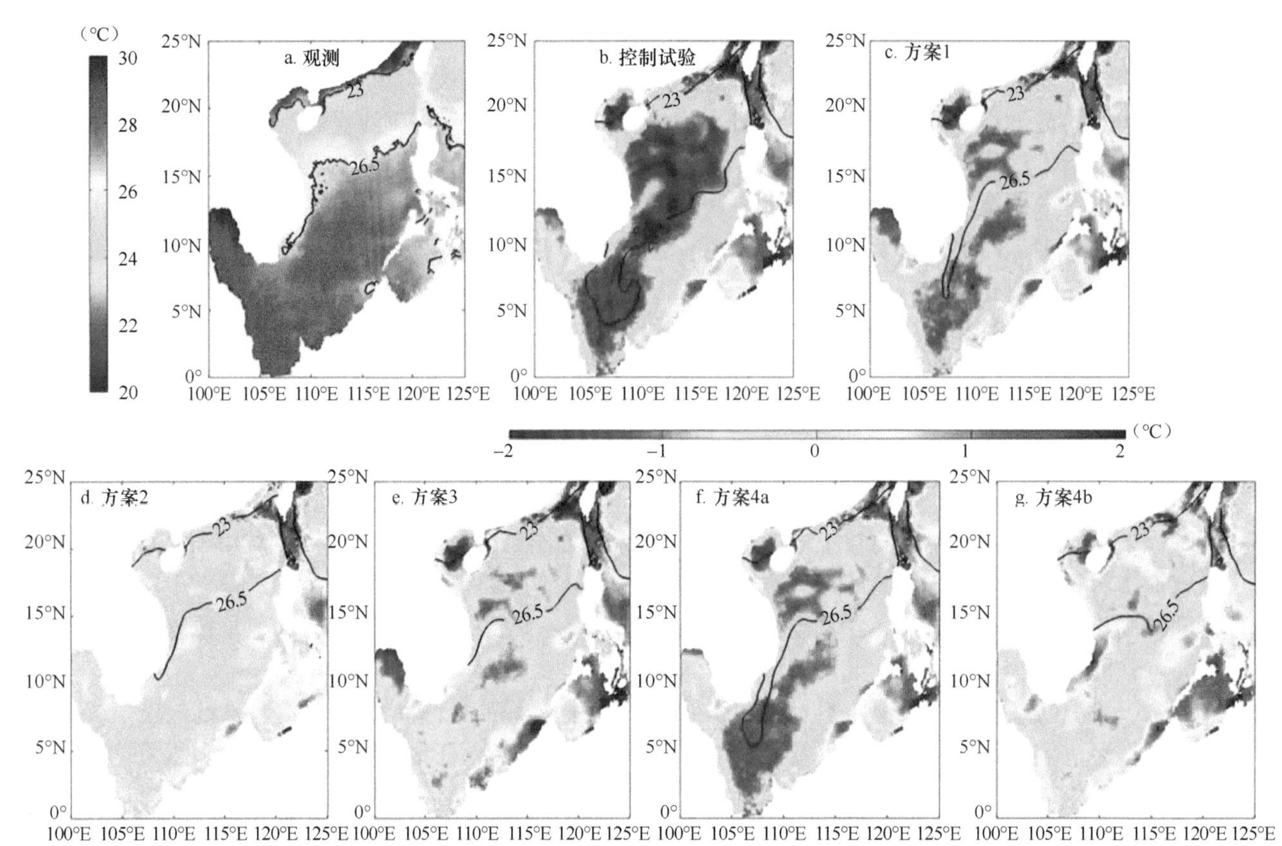

图7.21　1998年1月平均的AVHRR SST（a）和控制试验及各同化试验SST与AVHRR SST的1月平均偏差（b~g）（Shu et al.，2009）

7.2.2　集合卡曼滤波及集合卡曼平滑同化在南海的应用

考虑到最优插值等单变量同化方案导致陆架海洋过程中动力的不平衡，因此在南海北部建立了一个能同时更新所有模式预报量的先进的集合卡曼滤波同化系统（Shu et al.，2011b）。在最优插值同化系统中，已经证实了只同化海表温度对次表层的改善是有限的。而近年来中国科学院南海海洋研究所在南海北部积累了大量的航次温度、盐度观测资料。因此在此同化系统中，同时同化了海表温度与航次观测的温盐资料。基于集合卡曼滤波同化方法的海洋数据同化系统具有很好的性能，能较大程度地改善对模式上升流强度及结构的模拟，呈现更准确的珠江冲淡水主轴的位置。同时一定程度上矫正了模式在温跃层以上的盐度偏差（图7.22，图7.23）。

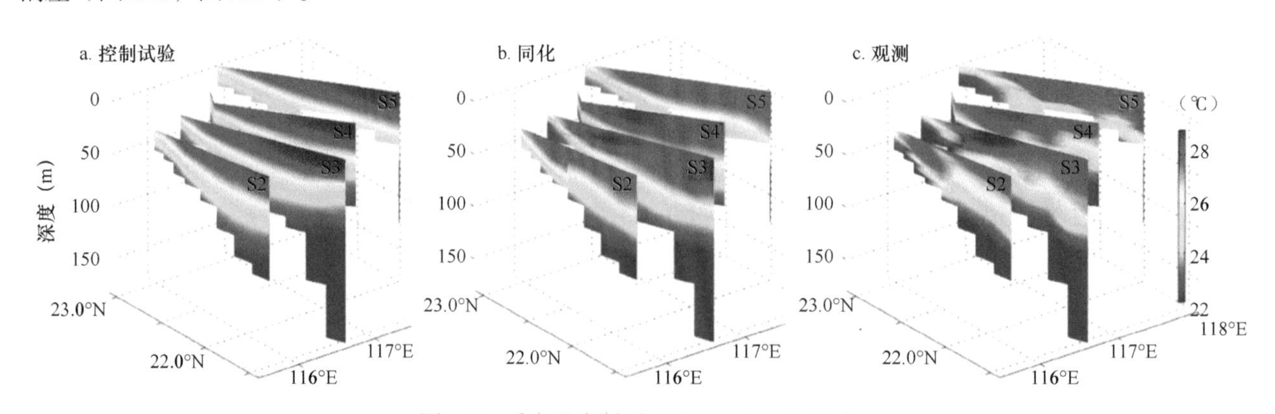

图7.22　垂向温度断面（Shu et al.，2011b）

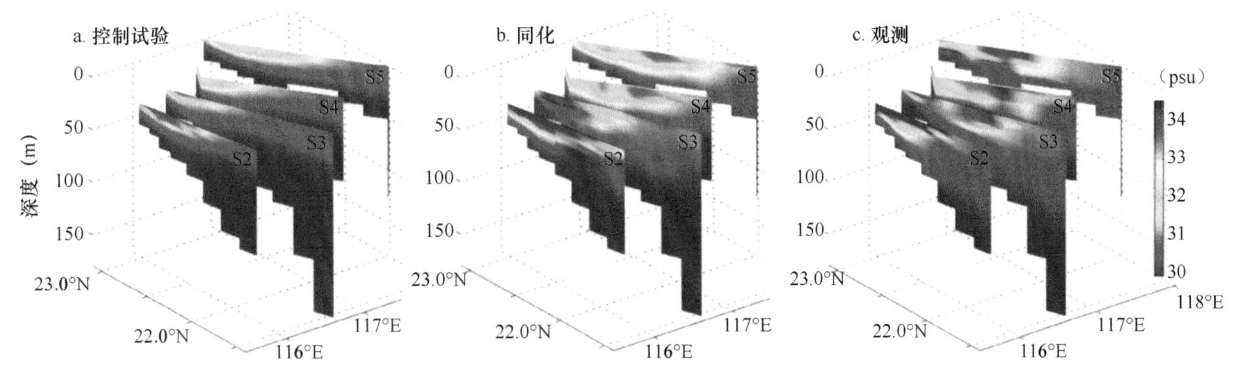

图7.23　垂向盐度断面（Shu et al.，2011b）

相对于集合卡曼滤波同化方法，集合卡曼平滑同化方法由于能同时向前、向后传递观测信息，因而在资料同化系统中有独特的优越性。但同时集合卡曼平滑是一种更耗费计算资源的资料再分析方法，目前尚难以进行长时间、大面积、高分辨率的数据同化。为了更有效地利用南海北部航次观测资料，得到较短时间内（一般指航次观测期间）的高质量的区域海洋数值分析资料，在上述南海北部集合卡曼滤波同化系统基础上，建立了一套基于集合卡曼平滑同化方法的资料同化系统。

运用该资料同化系统同化SCOPE-PP航次的温盐观测资料，揭示了夏季珠江冲淡水东传的路径及强度，南海北部上升流的空间分布特征及时间演变，以及珠江冲淡水与上升流相互作用的机制等（Shu et al.，2011a）。

7.2.3　REDOS再分析产品

南海海洋热动力过程及其时空变率的研究需要一套长期连续高分辨数据集作为支撑。近年来，尽管南海的Argo浮标、潜标及船舶观测的现场温盐数据在不断增加，但相对于广阔的海洋，特别是海洋深层，现场温盐观测的空间分辨率仍然较低，时间上也很不连续。卫星观测在过去二三十年提供了时空分辨率优于传统现场观测的海洋信息，但是卫星观测的信息局限于海洋表层，对海洋内部无能为力。

作为提供海洋数据集的另一种可能，模式结果能提供时间连续的格点化海洋信息且获取相对容易。但目前南海及其邻近海域的数值模拟尚有很大不确定性，如南海与外海的水交换、南海中尺度动力过程的生消演化、海气热交换、南海内部混合、南海各主流系的多变等问题。由于数值计算的误差积累和参数化方案不能完全拟合真实海洋状况，单纯的数值模式难以准确预报海洋环流，引入观测信息的资料同化是对数值模式一个很好的补充。

尽管全球海洋再分析产品及部分区域海洋再分析产品覆盖了南海区域，但是它们的水平分辨率都较低，在南海区域的水平分辨率一般为（1/3）°到（1/2）°，不足以用于研究南海复杂的中尺度过程。过去二三十年来，在国家自然科学基金委员会等的支持下，中国科学院南海海洋研究所通过一系列的航次观测，积累了大量的南海现场温盐观测资料。这些宝贵的现场观测资料，以及卫星观测的海表高度及海表温度资料，为构建一套针对南海海洋高分辨率再分析产品提供了保证。

REDOS再分析产品是一套南海区域20年（1992～2011年）高时空分辨率的再分析产品，其将南海及其周边海域多年的卫星观测海表高度、海表温度和历史温盐剖面资料同化进南海区域海洋环流模式中。

1. REDOS再分析产品的制作

海洋再分析产品的制作需要一个海洋资料同化系统。海洋资料同化系统的组成一般包括三个部分：海洋动力模式、资料同化技术及观测资料。

同化系统的动力模块采用区域海洋模式系统（regional oceanic modeling system，ROMS）。区域范围为

1°～30°N、99°～134°E，包括了整个南海及西北太平洋部分海域。模式水平分辨率约为10km。模式侧边界使用的海表高度及三维温盐流资料来自SODA月平均结果。西边界为闭合边界，其余三个边界为开边界，选择的边界条件为辐射边界。风场资料来自Cross-Calibrated Multi-Platform（CCMP）6小时一次的风速资料。将风场资料通过块体公式转化为风应力。来自NCEP再分析资料的海表大气温度、湿度、降水率、长短波辐射等也通过块体公式转化为热通量及淡水通量。模式暂无考虑河流径流及潮汐。

同化方法采用的是多尺度三维变分同化方法，该方法可以解决同化中的“牛眼”现象，即稀疏的观测资料在一个较高分辨率网格上同化时，容易出现局地较大的观测增量，影响模式的稳定性。因此，需要在一个较低分辨率的网格上得到一个平滑的大尺度信息，然后在高分辨率的网格上得到观测资料的小尺度信息。而高分辨率的观测资料则只需要在高分辨率的网格上进行同化。同时多尺度三维变分同化系统考虑了两种平衡关系：静压平衡及地转平衡。即在同化某一要素时，依据动力关系，同时调整其他要素，使状态场接近动力平衡。

同化系统中背景误差协方差矩阵（***B***矩阵）的构造方法是，将海洋模式状态变量每天的模拟值与其前后共90d时间长度的状态变量的平均值之差作为预报误差。由此得到一个长时间的状态变量误差序列，并基于此序列计算状态变量标准偏差空间分布及垂向相关性，最后估算***B***矩阵。而构造***B***矩阵的数据来自南海20年的模拟结果。

参与同化的观测资料分为三大类：海表高度资料、海表温度资料及温盐剖面资料。

海表高度信息来自AVISO计划的延时沿轨资料。延时资料经过一定的质量控制。具体做法如下：①与一个12年平均的气候平均场做比较，剔除大于3倍标准差的观测值；②利用一个Lanczos滤波器去除小尺度信息；③对资料进行重采样，使资料稀疏化。另外，卫星海表高度观测在近岸容易受“污染”，而且浅水区域的潮汐模型结果较差，滤除潮汐信号后得到的海表高度异常资料在浅水区域的准确性较低。因此，在研制南海海洋再分析产品时，水深浅于200m区域的海表卫星观测数据暂不参与同化。

海表温度资料来自卫星观测及船舶观测。卫星观测来自两个方面，1992～1998年采用AVHRR Pathfinder Version 5.2资料，1999～2011年采用MCSST，其为经过美国舰队数值气象和海洋学中心（FNMOC）的质量控制后的AVHRR海表温度资料。船舶观测的海表温度数据来自美国全球海洋同化试验（USGODAE）结果。

温盐剖面资料主要来自WOD09及WOD13、Argo计划数据集及中国科学院南海海洋研究所航次观测的CTD及XBT数据。WOD09及WOD13资料中区域内的观测类型有CTD、XBT等。Argo浮标数据来自法国资料中心。PFL数据里面也包含了部分Argo浮标数据，质量控制时需要进行查重。温度及盐度剖面的空间分布如图7.24所示。可以看出，西北太平洋区域观测数量最多，南海区域观测点则集中于南海北部，南海南部的观测点较少，特别是南海东南部弱流区。另外，陆架区的观测非常稀少，除广东沿岸有较多观测外，东海、台湾海峡、北部湾及泰国湾等浅水区域的温盐剖面观测非常稀少。

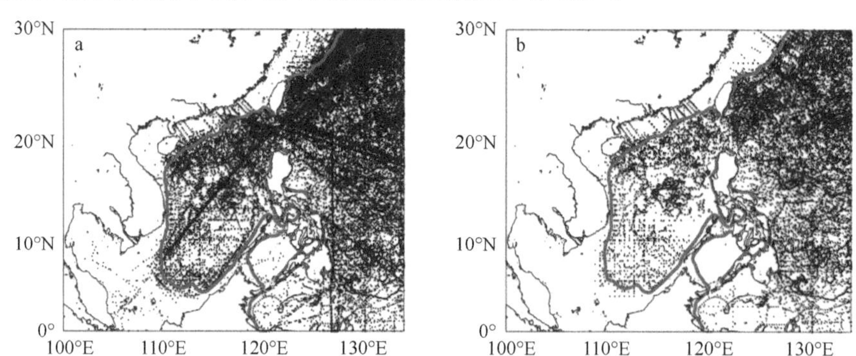

图7.24　1992～2011年模式范围内温度剖面（a）和盐度剖面（b）的空间分布（曾学智，2015）

2. REDOS再分析产品的检验

将REDOS与多种独立观测及其他再分析资料进行对比分析。初步结果表明，REDOS结果能较好地再现海洋海表高度、温盐场及流场状态，对南海的一些涡旋过程、黑潮入侵南海的形式及温跃层、混合层、障碍层的分布也有较好的模拟。

1）温盐场的验证

与2000多条独立的温盐剖面资料的对比（图7.25）表明，REDOS各层平均的温度（盐度）均方根偏差均小于1℃（0.1psu），最大值位于季节性跃层，约为1.2℃（0.12psu），垂向均值约为0.6℃（0.06psu）。与REDOS相比，模拟结果的温度（盐度）垂向平均及最大均方根偏差分别为1.24℃（0.16psu）及2℃（0.24psu），大约为REDOS的2倍。另外，还将REDOS结果与HYCOM再分析产品的结果做比较。HYCOM的温度（盐度）垂向平均及最大均方根偏差分别为0.7℃（0.14psu）及1.1℃（0.22psu）。REDOS的温盐结果均优于HYCOM结果（特别是盐度结果）的原因可能有两个：一是REDOS针对南海及西北太平洋构造了***B***矩阵；二是REDOS相对于HYCOM同化了更多的南海区域的观测资料。

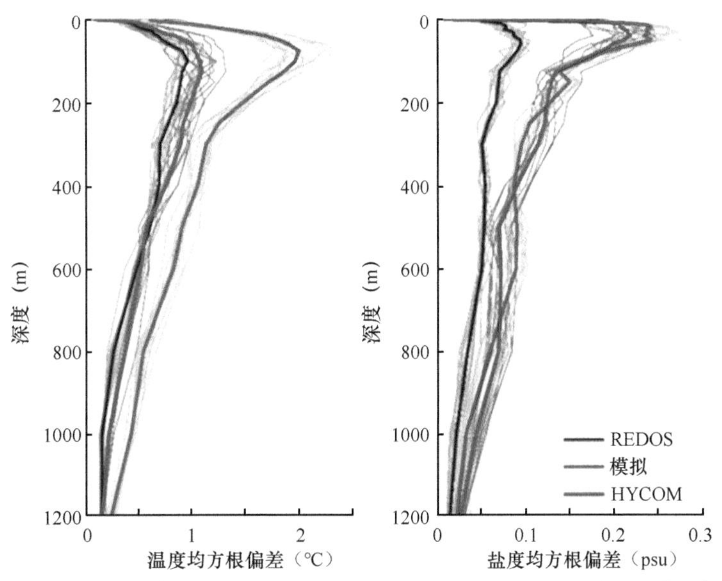

图7.25 REDOS、模拟结果及HYCOM温盐数据与独立观测的对比验证（曾学智，2015）

浅色线表示12个月每个月的结果；粗色线表示12个月平均的结果

2）高度场的验证

海表高度场的验证主要与卫星观测的海表高度信息和水文站观测的水位资料进行对比。图7.26给出了1992～2010年REDOS海表高度场与卫星观测海表高度场的相关系数及再分析产品海表高度场和卫星观测海表高度的标准偏差场。可以看出，在大部分海区，再分析产品与卫星观测结果相关性很好，相关系数达到0.8以上（通过置信度为95%的显著性检验）。多涡区域的相关性较差，如黑潮区、越南以东海域、吕宋海峡以西海域及棉兰老海域。而从标准偏差场的分布上看，REDOS与卫星观测结果也比较吻合，海表高度变率的大值位于棉兰老海区、台湾以东黑潮区、吕宋海峡以西海域及泰国湾。

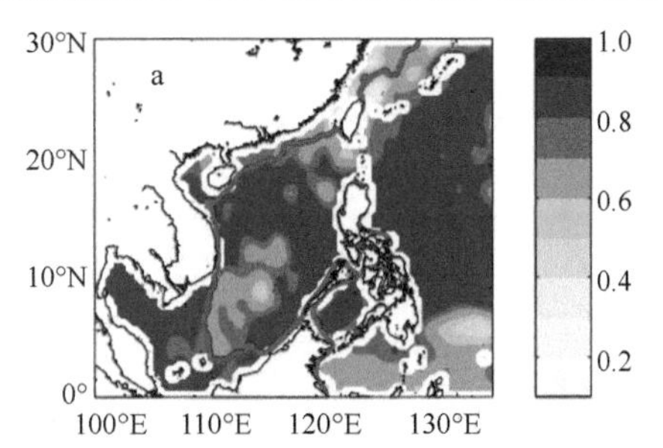

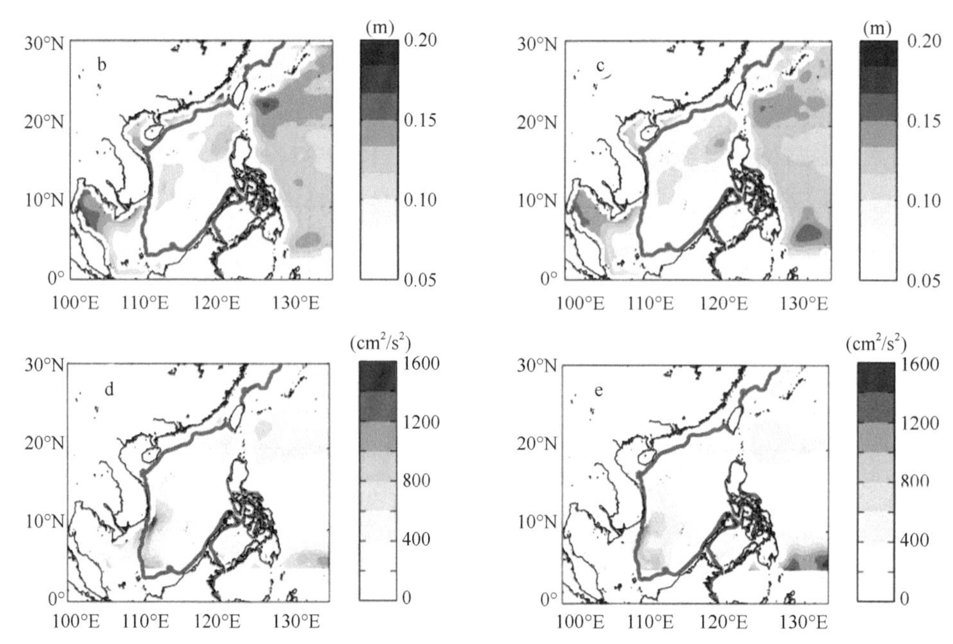

图7.26　1992～2010年REDOS与卫星观测海表高度场的相关系数（a）；1992～2010年卫星观测（b）及REDOS（c）海表高度场的标准偏差场（单位：m）；1992～2010卫星观测（d）及REDOS（e）的平均涡动能（单位：cm^2/s^2）（曾学智，2015）

红色等值线表示100m等深线

另外，依据地转关系由海表高度异常得到地转流异常，并由此计算了REDOS及卫星观测数据的涡动能。赤道附近区域不满足地转平衡关系，因此涡动能的计算只在5°N以北区域进行。卫星观测及REDOS的平均涡动能分布分别如图7.26d和图7.26e所示。结果显示，REDOS及卫星观测的平均涡动能的分布形态基本吻合，涡动能大值区位于越南以东海域、北赤道逆流区及台湾岛以东黑潮区。REDOS平均涡动能在越南以东海域及台湾岛以东黑潮区相对于卫星观测结果偏弱，而在北赤道逆潮区则偏强。

3）流场的验证

利用Surface Velocity Program提供的漂流浮标轨迹资料对REDOS的流场进行了定性的对比。图7.27给出了漂流浮标轨迹及同时段内REDOS再分析产品海表高度场与15m层流场的分布。结果表明，REDOS的次表层流场与漂流浮标轨迹高度吻合，特别是在一些涡旋区域，如越南东部海域（图7.27a）、海南岛东部海域（图7.27b）、黑潮区（图7.27c）及台湾岛东部海域（图7.27d）。值得注意的是，REDOS也成功地再现了黑潮入侵南海的多种方式，如流套形式的入侵（图7.27e）、涡脱落形式的入侵（图7.27f）及直接入侵（图7.27g）。

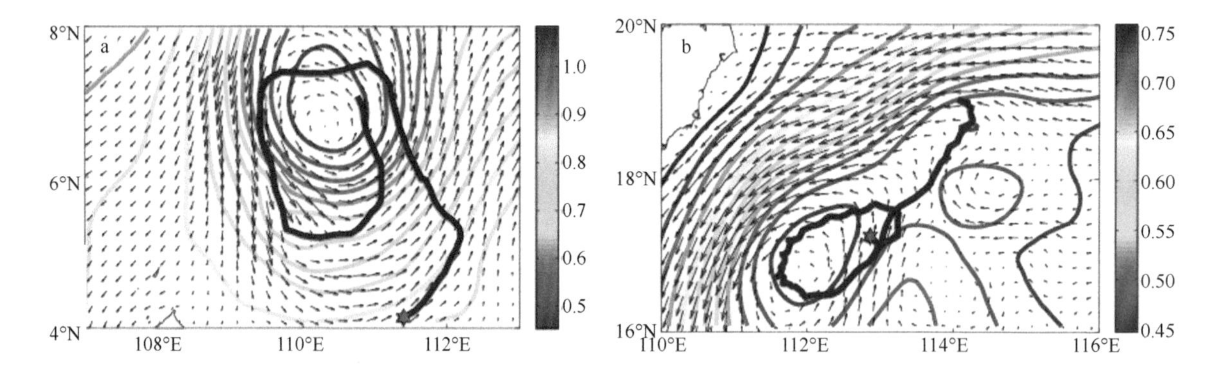

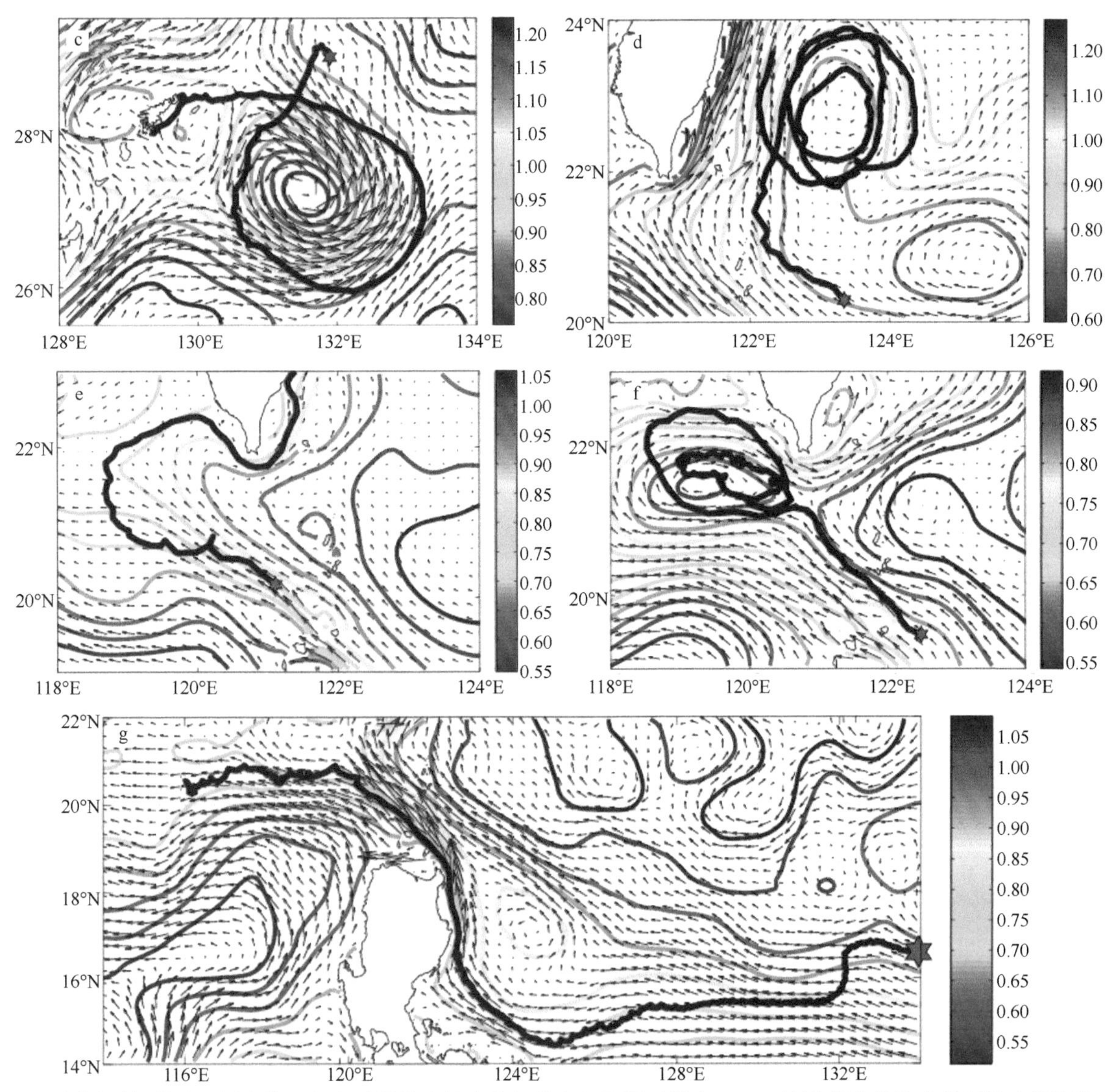

图7.27　漂流浮标轨迹（黑色线，红色星号代表轨迹的起始点）及同时段内REDOS再分析产品海表高度场（等值线，单位：m）与15m层流场（单位：m/s）的分布（曾学智，2015）

7.3　小结与展望

当前南海已初步形成了重点面向南海关键区域环流动力过程研究和服务保障的区域海洋观测网，观测内容不仅涵盖了吕宋海峡水交换、南海北部陆坡流及西边界流等南海贯穿流中重要的大尺度环流的关键区域，还涵盖了海岸上升流（如南海北部、海南岛和越南沿海上升流）、中尺度涡活跃和小型暖池普遍存在的区域。观测网结合多种观测设备和手段，兼有综合观测与专项调查功能。除针对上层环流系统外，南海观测网还不断借助潜标等观测设备向南海中深层进行拓展。南海观测网积累的长期观测数据，有力支撑了南海海洋环流、中尺度涡、内波、混合等多尺度动力过程科学研究的系统开展。未来，南海海洋观测网建设将进一步填补重点区域监测空白，并优化现有的观测。南海海洋观测网的发展应包括类似于其他海盆中的潜标阵列的子网，以实现长期和持续观测。同时在稳定观测网中，配套建设无人艇、水下滑翔机等针对极端及典型快速海洋变化过程观测的机动观测组网，加快南海观测网由上层向中深层的三维立体扩展，加强观测网建设与观测技术研发的协调发展。此外，需要提高必要观测数据的实时传输和管理整合能力，及时服务于预报系统及海洋安全保障。

在南海数值同化方面，借助南海海洋观测网的建设以及同化技术和数值模式的发展，当前模式及再分析数据对于南海上层大、中尺度过程时空演变模拟的准确度得到极大提高。同时，南海海洋及天气灾害等短期预报能力也不断增强。未来，需要进一步借助资料同化技术，加强南海目标观测研究与同化系统的结合。进一步配以多观测要素、多时空尺度动力平衡的海洋资料同化技术，以更精细化分析过去及当前南海物理环境特征，提高观测数据在面对海洋灾害业务化预报中的应用水平。并探索南海海洋环流中长期变化过程的可预报性问题，建立高度自动化的南海海洋环流集合中长期分析预测系统。

参考文献

罗琳, 陈举, 杨威, 等. 2010. 2007-2008年冬季珠江三角洲强咸潮事件. 热带海洋学报, 29(6): 22-28.

徐超, 李莎, 米浦春. 2010. 南海物理海洋数据的OPeNDAP服务实现. 热带海洋学报, 29(4): 174-180.

徐锡祯，邱章，陈惠昌，等. 1982. 南海水平环流的概述//《海洋与湖沼》编辑部. 中国海洋湖沼学会水文气象学会学术会议(1980)论文集. 北京: 科学出版社: 127-145.

曾学智. 2015. 南海海洋再分析产品及其在南海中尺度涡研究中的应用. 中国科学院大学博士学位论文.

Bourles B, Lumpkin R, Mcphaden M J, et al. 2008. The PIRATA program: History, accomplishments, and future directions. Bulletin of the American Meteorological Society, 89(8): 1111-1125.

Cressman.,1959. An operational objective analysis system. Monthly Weather Review, 87:367-374.

Dahlin H. 1997. Towards a baltic operational oceanographic system "BOOS". Proceedings of the First International Conference on EuroGOOS, 62: 331-335.

Ding Y, Li C, Liu Y. 2004. Overview of the South China Sea monsoon experiment. Advances in Atmospheric Sciences, 21: 343-360.

Evensen G. 1994. Sequential data assimilation with a nonlinear quasi-geostrophic model using Monte Carlo methods to forecast error statistics. Journal of Geophysical Research Oceans, 99: 10143-10162.

Fang G, Susanto R D, Wirasantosa S, et al. 2010. Volume, heat, and freshwater transports from the South China Sea to Indonesian seas in the boreal winter of 2007-2008. Journal of Geophysical Research, 115: C12020.

He Z, Zhang Y, Wang D. 2013. Spring mesoscale high in the western South China Sea. Acta Oceanologica Sinica, 32: 1-5.

Huo D, Li S, Xu C. 2012. Service system of the South China Sea science data products based on Visual DB. Journal of Tropical Oceanography, 31: 118-122.

Liu Y, Ding Y. 2003. Simulation of heavy rainfall in the summer of 1998 over china with regional climate model. Acta Meteorologica Sinica, 16: 348-362.

Luo L, Zhou W, Wang D. 2012. Responses of the river plume to the external forcing in Pearl River Estuary. Aquatic Ecosystem Health & Management, 15: 62-69.

McPhaden M J, Meyers G, Ando K, et al. 2009. RAMA: The research moored array for African-Asian-Australian monsoon analysis and prediction. Bulletin of the American Meteorological Society, 90: 459-480.

Ou S, Zhang H, Wang D. 2009. Dynamics of the buoyant plume off the Pearl River estuary in summer. Environmental Fluid Mechanics, 9: 471-492.

Ren X, Qian Y. 2001. Development a regional coupled air-sea model and its simulated results for summer monsoon onset in 1998. Acta Meteorologica Sinica, 15: 385-396.

Rudnick D L, Davis R E, Eriksen C C, et al. 2004. Underwater gliders for ocean research. Marine Technology Society Journal, 38: 73-84.

Shu Y, Wang D, Zhu J, et al. 2011a. The 4-D structure of upwelling and Pearl River plume in the northern South China Sea during summer 2008 revealed by a data assimilation model. Ocean Modelling, 36: 228-241.

Shu Y, Zhu J, Wang D, et al. 2009. Performance of four sea surface temperature assimilation schemes in the South China Sea. Continental Shelf Research, 29: 1489-1501.

Shu Y, Zhu J, Wang D, et al. 2011b. Assimilating remote sensing and in situ observations into a coastal model of northern South China Sea using ensemble Kalman filter. Continental Shelf Research, 31: 24-36.

Todd R E, Rudnick D L, Davis R E, et al. 2011. Underwater gliders reveal rapid arrival of El Niño effects off California's coast. Geophysical Research Letters, 38: 256-357.

Xie Q, Huang K, Wang D, et al. 2014. Intercomparison of GPS radiosonde soundings during the eastern tropical Indian Ocean experiment. Acta Oceanologica Sinica, 33: 127-134.

Xu G, Zhu W. 2002. Feature analysis of summer monsoon LFO over SCS in 1998. Journal of Tropical Meteorology, 18: 309-316.

Zeng L, Du Y, Xie S, et al. 2009. Barrier layer in the South China Sea during summer 2000. Dynamics of Atmospheres and Oceans, 47: 38-54.

Zeng X, Peng S, Li Z, et al. 2014. A reanalysis dataset of the South China Sea. Scientific Data, 1: 140052.

Zhou J, Falconer R A, Lin B. 2014. Refinements to the EFDC model for predicting the hydro-environmental impacts of a barrage across the Severn Estuary. Renewable Energy, 62: 490-505.

Zhu X, Zhao R, Guo X, et al. 2015. A long-term volume transport time series estimated by combining in situ observation and satellite altimeter data in the northern South China Sea. Journal of Oceanography, 71(3): 1-11.

Zu T, Gan J. 2009. Process-oriented study of the circulation and river plume in the Pearl River estuary: Response to the wind and tidal forcing. Advances in Geosciences, 12: 213-230.

Zu T, Gan J. 2015. A numerical study of coupled estuary-shelf circulation around the Pearl River estuary during summer: Responses to variable winds, tides and river discharge. Deep Sea Research Part Ⅱ: Topical Studies in Oceanography, 117: 53-64.

Zu T, Wang D, Gan J, et al. 2014. On the role of wind and tide in generating variability of Pearl River plume during summer in a coupled wide estuary and shelf system. Journal of Marine Systems, 136: 65-79.